LEÇONS SUR LA PHYSIOLOGIE

NORMALE ET PATHOLOGIQUE

DU SYSTÈME NERVEUX PÉRIPHÉRIQUE

DU MÊME AUTEUR

LEÇONS SUR LA PHYSIOLOGIE NORMALE ET PATHOLOGIQUE DU SYSTÈME NERVEUX. (Paris, 1873-1874, 2 volumes in-8° avec figures. Prix : 10 fr.)

RECHERCHES SUR L'ANATOMIE PATHOLOGIQUE ET LA NATURE DE LA PARALYSIE GÉNÉRALE, en collaboration avec M. le Dr BONNET. (Annales médico-psychologiques, 4e année, t. XII, septembre 1868.) Réimprimé en 1876. 1 vol. in-8° avec 23 planches.

RECHERCHES SUR LA NATURE ET LE SIÉGE DE L'AMIDON ANIMAL. (Comptes rendus de la Société de Médecine de Nancy, 1861-1862.)

LA GLYCOGÉNIE JUSTIFIÉE PAR L'EXAMEN DES EXCRÉTIONS CHEZ LES DIABÉTIQUES. (Mémoires de l'Académie de Stanislas, 1863.)

ÉTUDE PHYSIOLOGIQUE SUR LE MAGNÉTISME ANIMAL. (Mémoires de l'Académie de Stanislas, 1865.)

NOTE SUR LES TUMEURS PERLÉES. (Comptes rendus de la Société de Médecine de Nancy, 1862-1863.)

NOTE SUR LA STRUCTURE DES REINS DE LA ROUSSE. (Mémoires de l'Académie de Stanislas, 1863.)

NOTE SUR LES TUMEURS CONGÉNIALES DE LA RÉGION SACRO-PÉRINÉALE. (Comptes rendus de la Société de Médecine de Nancy, 1867.)

NOTE SUR L'ACTION PHYSIOLOGIQUE DE LA DELPHINE. (Comptes rendus de la Société de Médecine, 1866.)

RECHERCHES SUR L'ANATOMIE ET LA PHYSIOLOGIE DE LA GLANDE THYROÏDE. (Mémoires de l'Académie de Stanislas, 1868, et Comptes rendus de la Société de Médecine de Nancy, 1870.)

NOTE SUR L'INNERVATION DE LA GLANDE THYROÏDE. (Extrait du *Journal de l'Anatomie et de la Physiologie* de M. Ch. Robin. N° de septembre 1876.)

Nancy, imp. Berger-Levrault et Cie.

LE
SYSTÈME NERVEUX

PÉRIPHÉRIQUE

AU POINT DE VUE

NORMAL ET PATHOLOGIQUE

LEÇONS DE PHYSIOLOGIE

PROFESSÉES A NANCY

PAR

Le Docteur POINCARÉ

Professeur adjoint à la Faculté de médecine de Nancy,
Membre titulaire de l'Académie de Stanislas et de la Société de médecine de Nancy

AVEC FIGURES INTERCALÉES DANS LE TEXTE

Ouvrage faisant suite
aux *Leçons sur la Physiologie normale et pathologique du système nerveux,*
en deux volumes

PARIS

<table>
<tr><td>BERGER-LEVRAULT ET Cie</td><td>J.-B. BAILLIÈRE ET FILS</td></tr>
<tr><td>LIBRAIRES</td><td>LIBRAIRES</td></tr>
<tr><td>5, Rue des Beaux-Arts</td><td>19, Rue Hautefeuille</td></tr>
</table>

1876

LEÇONS

SUR

LA PHYSIOLOGIE

NORMALE ET PATHOLOGIQUE

DU

SYSTÈME NERVEUX

QUARANTE-DEUXIÈME LEÇON.

DES ANNEXES DES CENTRES NERVEUX.

MESSIEURS,

Les centres nerveux, dont nous avons tracé le mécanisme physiologique et pathologique dans les leçons précédentes, possèdent des agents extrinsèques de perfectionnement, visant avant tout leur protection et leur nutrition. Ces organes, annexés à l'axe cérébro-spinal, contractent avec lui des relations fonctionnelles tellement intimes qu'ils en demeurent inséparables dans l'état normal, et plus encore dans l'état de maladie. En effet, les altérations des enveloppes du cerveau éveillent constamment une symptomatologie qui relève incontestablement de ce centre nerveux. On ne saurait donc négliger leur étude, surtout quand on a pour but principal d'appliquer les données de la physiologie aux déviations morbides de l'organisme.

Sous le titre d'*Annexes des centres nerveux*, nous allons comprendre les diverses membranes qui séparent l'axe cérébro-spinal des parois osseuses du crâne ou du rachis, et le liquide appelé céphalo-rachidien. Rappelons d'abord les notions anatomiques qui doivent servir de base à nos vues physiologiques et pathologiques.

Considérations anatomiques sur les annexes.

Jusque dans ces dernières années, tous les traités d'anatomie ont décrit trois membranes bien distinctes par leur conformation, leur texture et leur destination : 1° une externe, nommée *dure-mère*, de nature fibreuse, tapissant la face interne du crâne et du rachis auxquels elle servirait de périoste interne ; 2° une moyenne, dite *arachnoïde*, identique à toutes les séreuses de l'économie, représentant par conséquent comme elles un sac sans ouverture auquel on pourrait reconnaître deux feuillets, dont l'un, le *pariétal*, serait intimement uni à la face interne de la dure-mère, et l'autre, le *viscéral*, offrirait ceci de particulier qu'il ne suivrait pas le viscère enveloppé dans tous ses accidents de surface et qu'il passerait d'une circonvolution à l'autre, touchant seulement leur sommet et formant comme une série de ponts au-dessus des sillons qui les séparent ; 3° une enveloppe cellulo-vasculaire, appelée *pie-mère*, qui serait comme la membrane nourricière des centres nerveux et qui, pour mieux accomplir ce but, accompagnerait la substance corticale de la manière la plus intime dans tous ses plis et replis.

Depuis quelque temps, bon nombre d'anatomistes se montrent portés à nier l'existence de l'arachnoïde en tant que membrane séreuse réelle et représentant un sac sans ouverture. Pour eux, le prétendu feuillet pariétal ne serait autre chose que la couche la plus interne de la dure-mère, et le feuillet viscéral la couche la plus externe de la pie-mère, toutes deux modifiées d'une façon spéciale par suite des mouvements de glissement qu'elles exécutent l'une sur l'autre. Mais on serait tout aussi autorisé à considérer les deux lames fibreuses de la plèvre comme résultant du tassement du tissu cellulaire de la paroi thoracique et de celui de la périphérie du poumon et à regarder leur revêtement épithélial comme une modification histologique due au frottement. L'individualité anatomique est tout aussi justifiée dans un cas que dans l'autre. Du reste, peu importe la manière dont on envisage les choses. Ce qu'il y a de certain, c'est que la face interne de la dure-mère ne contracte aucune adhérence avec ce qu'on a appelé le feuillet viscéral ; c'est que ces deux membranes sont par conséquent libres de glisser l'une sur l'autre, comme le feuillet viscéral de la plèvre sur son feuillet pariétal ; c'est que ces deux surfaces sont tapissées, absolument comme toutes les séreuses, d'une couche épithéliale qui, rien que par sa présence, vient attester de l'existence de glissements. Incontestablement, les conditions mécaniques et histologiques des séreuses existent, et, au point de vue physiologique, les conséquences demeurent identiques. D'une part, le crâne avec sa membrane fibreuse à revêtement épithélial, d'autre part, l'encéphale avec son atmosphère celluleuse à surface externe tassée et à couche pavimenteuse, représentent : le premier, la surface de glissement, et le second, le corps glissant, en même temps que les véritables contenant et contenu.

L'existence de l'arachnoïde étant ainsi justifiée, sinon au point de vue anatomique, du moins au point de vue de la mission à accomplir, revenons sur chacune des parties énumérées précédemment, dans le double but de vous rappeler les quelques particularités d'anatomie descriptive offrant un intérêt fonctionnel ou symptomatique, ainsi que les différences qui existent entre les annexes de l'encéphale et celles de la moelle, et de porter à votre connaissance le résultat des recherches récentes des anatomistes sur ce sujet.

Dure-mère. — Il serait évidemment oiseux de vous décrire ici les replis que forme la dure-mère crânienne conjointement avec le représentant du feuillet pariétal de l'arachnoïde et qui, sous les noms de faux du cerveau, de faux et de tente du cervelet, s'insinuent entre les deux hémisphères cérébraux, les deux hémisphères du cervelet et entre ces deux départements de l'encéphale, ainsi que les cavités tubulaires qui sont creusées dans son épaisseur et qui transforment en sinus les troncs des veines encéphaliques. Quoique ce soit surtout par ces conditions particulières que la dure-mère rende des services à la fonction de l'innervation, elles constituent toutefois des données trop élémentaires pour avoir besoin d'être remises en mémoire. Je tiens seulement à attirer un instant votre attention sur les nerfs de cette membrane, sur son plexus interne et sur les espèces de fentes que cette tunique fibreuse semble présenter.

La dure-mère, du moins dans sa portion crânienne, se montre plus riche en filets sensitifs que toutes les autres membranes de même nature, ce qui explique la vive sensibilité qu'elle peut acquérir dans l'état pathologique, la violente céphalalgie qui accompagne le plus souvent ses états inflammatoires et les retentissements réflexes qu'elle peut provoquer dans les diverses régions du système nerveux. Ces faits symptomatologiques se comprennent d'autant mieux que tous les filets que reçoit la dure-mère encéphalique émanent du trijumeau, qui est de tous les nerfs celui qui donne lieu aux névralgies les plus intenses et qui exerce sur les centres nerveux l'influence réflexe la plus puissante.

A la face interne de la dure-mère se trouve un réseau vasculaire dont l'existence est connue depuis un certain temps, mais sur la nature duquel on n'est pas encore fixé. Key et Retzius le regardent comme appartenant au système veineux. Recklinghausen en fait au contraire une dépendance de l'appareil lymphatique. Bœhm développe même cette dernière interprétation en faisant communiquer ce réseau, d'une part, avec la cavité de l'arachnoïde, et d'autre part avec les capillaires sanguins de la dure-mère. Il y aurait eu là une disposition anatomique capable de jeter un nouveau jour sur les produits pathologiques que l'on peut rencontrer dans la cavité arachnoïdienne. Mais des recherches plus récentes de Michel tendent à donner raison à Key et Retzius. En pratiquant des injections dans les veines, il a pu remplir trop complétement et trop rapidement ce réseau, pour qu'il ne soit pas une dépendance immédiate du système veineux. Il a constaté en outre que ce réseau interne est uni à un autre réseau externe, formé de veines plus volumineuses, par des veinules qui traversent perpendiculairement l'épaisseur de la dure-mère. Ce sont sans doute ces communiquantes qui ont conduit Bœhm à faire communiquer son réseau lymphatique avec les capillaires sanguins de la dure-mère. Il ne faut certainement pas négliger ce réseau veineux interne dans la recherche du mode de formation des hématomes de la dure-mère.

Quand on examine au microscope le tissu de la dure-mère, on constate que les faisceaux de fibres conjonctives laissent entre eux çà et là des lacunes linéaires, comme des fentes analogues aux stigmates des végétaux. On est naturellement porté à voir là le produit de déchirures résultant de la préparation elle-même. Mais Michel n'hésite pas à les considérer comme des ouvertures naturelles parce que leurs lèvres sont tapissées, dit-il, de cellules aplaties et à noyaux. Il a pu injecter facilement ces fentes à l'aide de la seringue de Pravaz et faire passer le liquide à injection dans la cavité arachnoïdienne, de sorte que l'idée de Bœhm qui tend à enlever à l'arachnoïde son caractère de cavité close, se trouverait reproduite sous une autre forme et avec d'autres agents anatomiques dont le réseau interne ne ferait pas partie. Mais en faisant des injections de gélatine dans le tissu conjonctif d'autres organes, je l'ai trouvé tellement perméable, j'ai vu ses divers éléments se laisser refouler avec une telle facilité, que je crains bien que Michel n'ait méconnu ce qu'il y avait d'artificiel dans ses préparations. Quoi qu'il en soit l'erreur n'est pas assez démontrée pour que les pathologistes ne prennent pas en considération son assertion, d'autant plus qu'il a constaté que la propagation de l'injection se faisait beaucoup plus facilement de dehors en dedans que de dedans en dehors. Ainsi l'injection faite par la surface externe de la dure-mère pénètre rapidement dans la cavité de l'arachnoïde, tandis que le liquide injecté directement dans cette cavité ne dépasse jamais les couches les plus internes de la dure-mère. Il explique ainsi la fréquence des méningites et des résorptions purulentes à la suite des plaies de tête.

Arachnoïde. — L'arachnoïde dont nous avons défendu l'existence en tant que cavité analogue à celle des séreuses, n'a en effet de paroi propre bien distincte que dans son feuillet viscéral. Car ce dernier se fusionne beaucoup moins avec la pie-mère que le pariétal avec la dure-mère. On n'y a pas encore rencontré d'artères, ni de veines, ce qui suffirait déjà pour autoriser à ne pas le confondre avec la pie-mère, si riche en vaisseaux. Il paraît aussi dépourvu de nerfs. Il a moins de vie que la dure-mère et par suite ses états morbides doivent rester plus souvent latents et avoir moins de retentissement sur les centres nerveux. Il en serait du moins ainsi si les altérations pouvaient rester limitées à cette membrane si mince. On n'a pas signalé pour lui, comme pour la dure-mère et le feuillet pariétal, la présence de pertuis et la moindre tendance à la perméabilité, de sorte qu'en tenant pour vraie l'assertion de Michel, la cavité arachnoïdienne, qui se trouverait limitée en dehors par une espèce de crible, serait absolument close en dedans et sans communication avec les espaces sous-arachnoïdiens. Mais M. Sée fait observer qu'en raison de l'extrême délicatesse de ce feuillet, il doit se produire encore assez souvent des solutions de continuité donnant accès au liquide céphalo-rachidien dans la cavité de l'arachnoïde. C'est là une supposition qui est tout au moins fort gratuite.

Pie-mère. — Classiquement, cette membrane cellulo-vasculaire est considérée comme étant appliquée de la manière la plus immédiate sur l'axe nerveux. Mais Schwalbe prétend qu'elle en est séparée par un espace libre. Celui-ci, tout en offrant un grand développement en surface, aurait en hauteur des proportions tellement minimes que l'œil nu serait tout à fait dans l'impossibilité de constater sa présence. Son épaisseur ne dépasserait pas $0^{mm},006$. Çà et là on y rencontrerait de petits prolongements qui seraient comme des clous fixant la pie-mère à la substance corticale, ou des piliers soutenant la voûte de la pie-mère. Ces prolongements ne pourraient être évidemment que les vaisseaux destinés aux tissus nerveux et entourés d'une gaîne conjonctive. Il renfermerait un liquide offrant tous les caractères histologiques de la lymphe et il communiquerait plus ou moins directement avec toutes les gaînes lymphatiques qui entourent, à la manière d'un manchon, la plupart des artères de la substance nerveuse. Ce serait comme une cavité lymphatique étalée et servant de déversoir commun au système lymphatique intime du cerveau. Cet espace épi-cérébral et épi-spinal est toutefois nié par la plupart des anatomistes modernes, qui déclarent avoir toujours trouvé la pie-mère intimement unie à la couche corticale. Golgi, de Pavie, a de plus injecté dans les gaînes péri-vasculaires des liquides très-pénétrants et jamais il ne les a vus s'étaler en forme de nappe au-dessous de la pie-mère. Je n'ai point pratiqué d'injections, mais sur les différentes coupes verticales que j'ai examinées au microscope, rien n'est venu me faire entrevoir l'existence de ce prétendu espace libre.

Pendant que nous sommes dans le domaine des assertions hypothétiques, signalons encore celle d'Obersteiner, lequel entoure chaque cellule nerveuse d'un espace lymphatique particulier qui serait pour elle ce que l'espace sous-jacent à la pie-mère serait pour l'ensemble du centre nerveux. Il est probable qu'il a été induit en erreur par ces fissures artificielles que provoquent souvent dans les tissus la dessiccation ou les réactifs chimiques employés. Du reste, Golgi, dans ses injections, n'a pas vu les cellules s'entourer d'une couche de la matière colorante.

La pie-mère, sur la moelle comme sur le cerveau, se continue de la manière la plus manifeste avec le névrilème qui accompagne les nerfs émanant de ces deux centres jusque dans leur distribution périphérique. Elle n'est autre qu'une dépendance du névrilème général, devenu excessivement vasculaire et moins fibreux au niveau d'organes dont la vie nutritive et fonctionnelle est de beaucoup supérieure à celle des nerfs. Ce névrilème central se modifie même, sous ce double rapport, au niveau des différents segments de l'axe. C'est sur les lobes cérébraux que l'élément conjonctif s'efface le plus, pour faire place à une richesse vasculaire portée au plus haut degré, ce qui indique que l'exercice de la pensée exige une dépense matérielle des plus considérables. Cette plus grande puissance vasculaire de la pie-mère cérébrale lui concède, par contre, plus de friabilité et plus d'aptitude aux processus inflammatoires. A mesure qu'on la suit sur les pédoncules, la protubérance, le bulbe et la moelle, on la voit devenir de plus en plus dense et résistante, parce qu'elle gagne en tissu conjonctif et perd en vascularité.

Les filets nerveux que nous avons vus exister en nombre déjà remarquable dans la dure-mère, et qui ont semblé disparaître au niveau de l'arachnoïde, se montrent ici avec surabondance, parce que là où il se déploie une plus grande activité nutritive, il faut à côté des moyens de transport du liquide sanguin les agents nerveux capables d'en régler la distribution. Aussi les nerfs qui rampent dans la première sont-ils tous vaso-moteurs et peut-être en partie trophiques. Ils proviennent tous de la portion cervicale du sympathique qui tient sous sa direction toutes les modifications vasculaires qui peuvent survenir dans l'encéphale, dans l'ordre physiologique comme dans l'ordre pathologique. Les nerfs de la dure-mère émanent au contraire presque tous du trijumeau et font que cette enveloppe représente, pour ainsi dire, la couche sensitive des téguments des centres nerveux, tandis que la pie-mère en représente la couche vasculaire. Aussi les irritations de la dure-mère sont-elles plus aptes à provoquer les manifestations réflexes des centres locomoteurs, et celles de la pie-mère à produire les processus inflammatoires. Dans les cas de traumatisme du crâne, la pie-mère est là pour répondre par ses modifications vasculaires réflexes aux incitations sensitives nées sur la dure-mère.

La pie-mère ne se contente pas de revêtir la surface des centres nerveux jusque dans leurs plus minces détails, elle forme en outre des prolongements plus ou moins compliqués qui s'étalent dans les cavités ventriculaires. Dans le crâne, elle forme ainsi ce qu'on a appelé la toile choroïdienne, les plexus choroïdes cérébraux, les plexus choroïdes cérébelleux. Dans toutes ces dépendances, elle se montre plus riche encore en filets nerveux; Benedikt a pu suivre ces derniers jusque dans le bulbe qui paraît les innerver d'une façon toute spéciale. Leur vascularisation est beaucoup plus exubérante encore. Cette richesse vasculaire a sans doute pour but l'exhalation du liquide céphalo-rachidien ; car l'isolement dans lequel se trouvent ces plexus et cette toile doit leur faire refuser un rôle de nutrition. Ils représentent un artifice anatomique capable de fournir à une transsudation rapide. Les ramifications ultimes de leurs vaisseaux présentent de petites concrétions calcaires qui font penser à ces balles de plomb placées à l'extrémité d'un filet, et qui sont peut-être comme des dépôts d'alluvion résultant de la transpiration séreuse active qui s'opère en ce point. Quelques auteurs regardent aussi la membrane qui tapisse les ventricules comme une dépendance de la pie-mère. Dans le rachis, les prolongements importants de cette membrane ne se portent plus dans l'intérieur du centre nerveux, mais en dehors de lui. C'est ainsi qu'elle fournit de chaque côté, entre les racines antérieures et postérieures des nerfs spinaux, un repli qui, continu dans le voisinage de la moelle, éprouve ensuite des segmentations partielles qui lui créent l'aspect d'un bord festonné. Les sommets de ces festons vont s'attacher à la ligne correspondante de la face interne de la dure-mère. L'ensemble prend, comme vous savez, le nom de *ligaments dentelés*. Une autre expansion qui termine la pie-mère en bas constitue le *ligament coccygien*.

Grande cavité sous-arachnoïdienne. — La disposition relative de la pie-mère et du feuillet viscéral de l'arachnoïde transforme forcément les sillons qui séparent les circonvolutions cérébrales en autant de canaux prismatiques triangulaires, circonscrits à leur base, c'est-à-dire dans leur portion la plus large, par l'arachnoïde ; sur les côtés et à leur sommet par la pie-mère et la substance cérébrale sous-jacente. Ces canaux ne sont pas absolument libres. Ils sont traversés en tous sens par des brides ou trabécules qui s'étendent d'une paroi à l'autre, ce qui a fait dire, avec une certaine apparence de raison, qu'il y avait là non des espaces ménagés entre les deux méninges, arachnoïde et pie-mère, mais du tissu cellulaire excessivement lâche, appelé à combler les vides que les circonvolutions laissent entre elles. Cependant ces trabécules sont tellement rares et tellement incomplètes qu'elles n'enlèvent nullement à ces espaces leur qualité de canaux libres où un liquide peut circuler. D'après Key et Retzius, ces trabécules seraient tapissées par un épithélium qui transformerait ainsi les mailles circonscrites par elles en véritables cavités séreuses, et qui attesterait déjà par sa présence de la mobilité du liquide qui s'y trouve. Un examen attentif, fait à l'aide d'une injection ou à l'aide d'un stylet dont on promène la pointe au fond des nombreux méandres dessinés par ces canaux, démontre que ces derniers communiquent tous entre eux d'une façon plus ou moins directe, et qu'après des détours plus ou moins compliqués, on peut toujours arriver d'un canal quelconque dans un autre donné. Tous peuvent aussi communiquer avec d'autres espaces plus considérables que les deux méninges laissent entre elles dans les points où l'arachnoïde passe, toujours à la manière d'un pont, d'une région de l'encéphale sur une autre qui s'en trouve beaucoup plus écartée que ne le sont deux circonvolutions voisines. C'est ainsi qu'un de ces espaces, appelés *confluents*, se rencontre en avant de la protubérance et en arrière des nerfs optiques (*confluent inférieur*) ; qu'un autre siége entre les nerfs optiques et la partie antérieure du corps calleux (*confluent antérieur*); qu'un troisième enfin existe entre le bulbe et la scissure médiane du cervelet (*confluent postérieur*).

Il importe au physiologiste de savoir que ces espaces communiquent entre eux et avec les canaux sous-arachnoïdiens; que par l'intermédiaire du confluent postérieur l'ensemble précédent communique encore avec l'espace tubulaire que laissent entre elles la pie-mère et l'arachnoïde rachidiennes, dans toute l'étendue de la moelle. Dans ce tube, en forme de manchon, se trouvent encore, comme dans les anfractuosités du cerveau, des brides de tissu conjonctif qui, d'après Retzius et Key, seraient assez nombreuses pour ne permettre un certain degré de circulation qu'au niveau du bord libre du ligament dentelé. Mais tous les autres anatomistes s'accordent à dire, au contraire, qu'il n'existe des brides que sur la ligne médiane, en avant et en arrière, où elles forment deux cloisons excessivement incomplètes.

Les espaces sous-arachnoïdiens du crâne et du rachis, qui entourent ainsi de toutes parts la périphérie des diverses régions de l'axe cérébro-spinal, ne constituent pour ainsi dire que la partie extérieure d'un système plus général de cavités communiquantes. Car ce dernier se trouve encore comprendre les ventricules de l'encéphale et le canal central de la moelle qui en représentent la partie intérieure. Les injections colorées et facilement coagulables pratiquées par Mierzejewsky ont montré que les points de communication entre ces deux départements externe et interne sont au nombre de quatre. L'un siége en avant à la base du cerveau, vers l'extrémité de la portion sphénoïdale du ventricule, entre le crochet de la corne d'Ammon et les tubercules quadrijumeaux ; les trois autres se trouvent en arrière, au niveau du quatrième ventricule. Quant à la communication des ventricules avec le canal central de la moelle, elle se fait tout naturellement par la continuité de ce canal avec le quatrième ventricule, qui n'en est en réalité que l'évasement. Au point de vue histologique, il existe toutefois des différences entre les deux systèmes extérieur et intérieur. Dans les ventricules et dans le canal médullaire, l'épithélium est cylindrique et vibratile, au lieu d'être simplement pavimenteux comme dans les espaces sous-arachnoïdiens. Mais il se modifie d'une manière insensible et les cellules s'aplatissent et se dépouillent de leurs cils au fur et à mesure qu'on approche des points où les ventricules sont en rapport avec ces espaces.

C'est dans ce vaste appareil de cavités irrégulières qui, pour sa formation, profite non-seulement de toutes les anfractuosités que présente la surface extérieure de l'axe nerveux, mais qui va même se creuser des cavernes au sein de la substance centrale, que se trouve contenu le liquide céphalo-rachidien, liquide dont nous apprécierons les caractères physiques, chimiques et fonctionnels dans la partie physiologique. Les travaux récents de Mierzejewsky, de Key et de Retzius tendent à accorder à ce système déjà si considérable une extension plus grande encore. Le premier a constamment vu ses injections pénétrer dans les organes de l'ouïe et de la vue ; les deux autres dans les enveloppes névrilématiques de tous les nerfs du corps. Selon eux, les injections passent sans difficulté des dernières gaînes nerveuses dans les espaces sous-arachnoïdiens et réciproquement. Le liquide céphalo-rachidien baignerait non-seulement les centres nerveux, mais encore les tubes des nerfs en les suivant jusque dans leur distribution la plus périphérique. L'endothélium qui tapisse les trabécules sous-arachnoïdiennes se retrouverait dans les gaînes névrilématiques des cordons nerveux.

Corpuscules de Pacchioni. — On trouve dans la région des méninges crâniennes de petits appendices blanchâtres qui sont connus sous le nom de glandes de Pacchioni. Leur siége varie, de sorte qu'on ne peut pas les rattacher à une seule des trois enveloppes de l'encéphale. On en trouve dans le tissu sous-arachnoïdien, dans les deux feuillets de l'arachnoïde et dans la dure-mère. Mais un examen attentif permet de constater que cette multiplicité de siéges n'est qu'apparente et la conséquence d'un véritable envahissement. En réalité, ces glandes prennent naissance dans le tissu cellulaire sous-arachnoïdien ; mais au fur et à mesure que le sujet avance en âge, elles tendent à se multiplier tout en s'agglomérant en de petites masses qui, pour se faire place, perforent successivement les deux feuillets de l'arachnoïde et la dure-mère. Leur puissance de développement est telle qu'elles se creusent même des cavités dans la paroi osseuse du crâne. Plus souvent elles s'engagent dans les parois des sinus, dans la cavité desquels elles font saillie et se montrent coiffées uniquement par la tunique interne. Elles ont des lieux d'élection qui sont la partie supérieure et interne des hémisphères cérébraux, l'extrémité antérieure et supérieure du cervelet, le voisinage du sinus droit. Prises isolément, elles ont le volume d'un grain de millet. Elles sont douées d'une grande consistance. Pacchioni en avait fait de véritables glandes, dont les canaux excréteurs venaient s'ouvrir dans le sinus longitudinal. Cette idée première est aujourd'hui complétement abandonnée, parce qu'on n'a jamais pu apercevoir ces conduits d'excrétion. Comme la pie-mère adhère souvent au cerveau, au niveau de ces granulations, Meckel et Blandin les aavient regardées comme un produit pathologique résultant d'une série d'irritations latentes. Mais comme ces corpuscules se multiplient surtout pendant la vieillesse, il est peut-être plus logique de les considérer, avec Ruysch, comme étant dus à la dégénérescence graisseuse sénile qui tend à se produire dans une foule de tissus.

Résumons les considérations anatomiques qui précèdent dans un schéma qui reproduira, suivant une coupe verticale, la disposition relative des parties dans le crâne. On aperçoit ainsi d'abord une voûte osseuse (*a*), à laquelle adhère une membrane fibreuse épaisse etrevêtue d'une couche épithéliale. Cette membrane fibro-épithéliale (*b*) résulte de la fusion de la dure-mère et du feuillet pariétal de l'arachnoïde. Dans son épaisseur rampent deux réseaux veineux interne et externe (*c* et *d*). Çà et là on aperçoit les fentes ou ouvertures plus ou moins naturelles signalées par Michel (*e*). Au-dessous de cette enveloppe complexe apparaît une solution de continuité de tissu, un vide, par conséquent. C'est là un premier espace libre qui mérite de conserver le nom de cavité arachnoïdienne (*f*). Inférieurement, cette cavité est limitée par une lame conjonctive

mince dont la face supérieure est tapissée par des cellules éphithé-
liales et dont la face inférieure rase le sommet des circonvolutions
(*g*). C'est là tout au moins le représentant du feuillet viscéral d'une
séreuse. Au-dessous et au niveau des sillons qui séparent les circonvolutions, une série d'espaces prismatiques qui, malgré les brides
conjonctives qui les traversent en tous sens, peuvent être considérés
comme des cavités à peu près libres. C'est leur ensemble qui a reçu
le nom d'*espaces sous-arachnoïdiens* (*h*). Une dernière membrane,
constituée par une trame conjonctive, servant de support à d'innombrables vaisseaux, suit les sinuosités de la surface cérébrale,
tapissant tous les versants des circonvolutions, s'enfonçant dans les
profondeurs les plus intimes des sillons et venant s'accoler à la face
interne de l'arachnoïde au niveau des sommets de tous les replis
cérébraux. C'est la pie-mère (*i*). Au-dessous de cette enveloppe sera

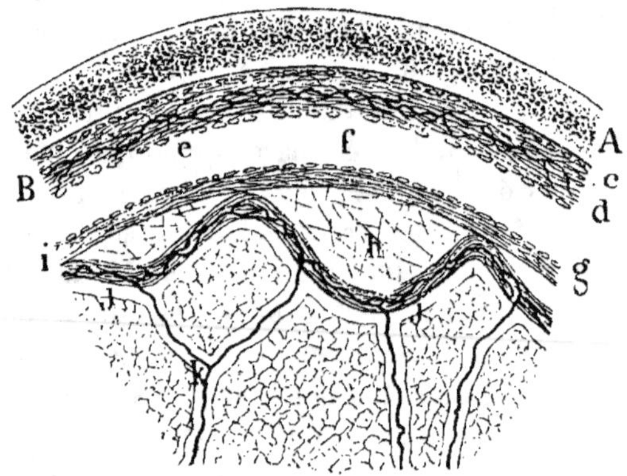

Fig. 50.

représenté un second espace libre dont l'existence est problématique.
C'est l'*espace péricérébral de Schwalbe* (*j*), dans lequel viennent
déboucher les gaines (*k*) lymphatiques des vaisseaux de la substance
nerveuse.

Physiologie normale des annexes.

Nous allons étudier successivement le mécanisme fonctionnel et
les services que sont appelés à rendre la dure-mère, l'arachnoïde,
la pie-mère et le liquide céphalo-rachidien.

Physiologie de la dure-mère. — En vertu de sa charpente fibreuse, la dure-mère est manifestement destinée à jouer un rôle de protection vis-à-vis des centres nerveux. Chacun de nous a pu juger, dans les autopsies, de sa grande efficacité sous ce rapport. Le marteau broie les os du crâne et, malgré les esquilles formées, le plus souvent cette membrane reste intacte et continue à maintenir la configuration normale de l'encéphale. Ses replis ont en outre des missions protectrices spéciales qui résultent de leur disposition même. C'est ainsi que la faux du cerveau s'interpose entre les deux lobes cérébraux, à la manière d'un *bat-flanc* d'écurie, et empêche que l'un de ces lobes ne pèse sur l'autre dans le décubitus latéral ; que la faux du cervelet agit de même entre les deux lobes cérébelleux ; que la tente du cervelet protége cet organe contre le poids du cerveau dans la station verticale. Indirectement, elle fixe la moelle à l'intérieur du canal vertébral. En effet, par sa face interne, elle donne attache aux prolongements de la pie-mère, connus sous le nom de ligaments dentelés. Grâce à ces points d'insertion, la moelle ne saurait se déplacer sans entraîner avec elle la dure-mère. Or, comme celle-ci est elle-même fixée au rachis, il s'ensuit qu'elle ne cède pas aux tractions exercées par le ligament dentelé.

En second lieu, par sa position, la dure-mère constitue un véritable périoste de la table interne des os du crâne ; et, comme tout périoste, elle fournit des vaisseaux au tissu osseux voisin. Aussi, quand la dure-mère vient à se décoller en un point, sous une influence quelconque, il se produit dans la région correspondante une nécrose, absolument comme pour les autres os qui se trouvent séparés de leur membrane nourricière. Toutefois la dure-mère spinale est incapable de remplir ce rôle accessoire vis-à-vis du rachis, car elle en est séparée par une couche cellulo-adipeuse assez considérable.

Enfin, la dure-mère qui, par sa résistance, protége déjà très-efficacement l'encéphale contre les conséquences des fractures du crâne, lui rend encore un service peut-être plus considérable en transformant les troncs veineux de cet organe en sinus, c'est-à-dire en canaux toujours béants. Vous savez, messieurs, que lorsque le thorax s'est dilaté par le mécanisme de l'inspiration, l'air n'est pas le seul fluide qui se précipite dans la cavité thoracique pour y combler le vide relatif qui vient de s'y former. C'est lui, il est vrai, qui s'y engouffre avant tout, en raison même de sa plus grande fluidité.

Mais tous les liquides qui peuvent avoir accès dans le thorax obéissent aussi à cette aspiration, seulement à un moindre degré. C'est ainsi que, dans ce moment, le sang veineux qui arrive par les veines caves augmente momentanément de vitesse, et que le sang artériel qui est en train de s'éloigner du thorax est retardé dans sa marche. On pense toutefois que cette action aspiratrice que l'inspiration exerce sur le sang veineux ne s'étend pas au loin et reste limitée aux vaisseaux abrités par le thorax contre la pression atmosphérique et à ceux qui, comme la sous-clavière, sont maintenus béants par une aponévrose ; que, partout ailleurs, le poids de l'atmosphère vient affaisser les veines dans lesquelles le vide tend à se faire. Les vaisseaux à parois flasques s'aplatiraient sous cette pression, comme le ferait un tube à parois molles adapté à la machine pneumatique. On a peut-être été trop loin dans cette assertion, car dans les veines où la colonne sanguine est continue, là où les parois ne peuvent pas être amenées au contact, de façon à fermer complétement la lumière du vaisseau, le poids de l'air ne peut, au moment de l'inspiration, que favoriser le cours du sang en le poussant vers le cœur, grâce aux valvules. Quoi qu'il en soit, il est bien certain que l'influence accélératrice doit se faire sentir à un plus haut degré dans les vaisseaux dont le calibre ne peut pas diminuer. C'est tout justement ce qui a lieu pour le sang qui abandonne le cerveau. Il rencontre jusqu'au cœur un système continu de conduits incompressibles. Des sinus de la dure-mère, il passe dans les jugulaires, que l'aponévrose cervicale maintient béantes, jusqu'à la veine cave, abritée, de son côté, par le thorax. Je ferai remarquer cependant que, par leur situation dans la boîte crânienne, les sinus échappent déjà à la pression atmosphérique, de telle sorte que leur résistance a dû être calculée avant tout en vue des causes intérieures de compression qui pourraient naître dans le crâne et diminuer la surface de section de la colonne qui progresse. Du reste, l'immobilisation des parois veineuses par la dure-mère rend tout autant de services à l'intégrité fonctionnelle du cerveau en les rendant inextensibles et en empêchant ainsi des dilatations variqueuses et des accumulations de sang qui comprimeraient le cerveau. La moindre compression nuit aux fonctions de cet organe. Il fallait donc éviter autant que possible, dans son système particulier de circulation, toutes les entraves qui surgissent souvent ailleurs. Il fallait, autant que faire se pouvait, mettre le cerveau à l'abri de ces accumulations momentanées de sang veineux qui passent inaperçues dans tous les autres organes, mais qui, dans l'encéphale, peuvent avoir les conséquences les plus graves, ainsi que nous l'avons vu dans l'étude des congestions cérébrales. Aussi la nature a-t-elle non-seulement favorisé l'influence heureuse de l'inspiration sur la sortie du sang par la béance des sinus et prévenu les accumulations par leur inextensibilité, elle a encore évité d'appliquer aux veines cérébrales la loi qu'elle suit partout ailleurs. Elle ne leur a pas donné une direction parallèle à celle des artères, disposition qui place dans de mauvaises conditions hydrauliques le passage du sang de la voie d'aller dans la voie du retour. Le double réseau veineux signalé par Retzius et Key doit aussi avoir sa raison d'être dans la nécessité d'éviter à l'encéphale toute espèce de compression accidentelle, car il ne saurait être motivé par les besoins particuliers d'irrigation de la dure-mère. Comme les sinus, ces réseaux sont, pour ainsi dire, creusés dans la charpente fibreuse de cette membrane; comme eux, ils restent à peu près béants en toutes circonstances; au moment de l'expiration ou dans les cas d'obstacles à la circulation veineuse cervicale ou thoracique, ils peuvent servir de déversoir à l'excès de sang veineux jusqu'à ce que l'aspiration inspiratrice vienne les débarrasser d'une partie de leur contenu, et alors même qu'ils sont dans cet état de plénitude, ils n'augmentent nullement l'épaisseur de la dure-mère et ne diminuent en rien la contenance de la boîte crânienne.

Physiologie de l'arachnoïde. — L'arachnoïde offre, nous l'avons dit, toutes les conditions des séreuses ; par conséquent, elle ne peut avoir sa raison d'être que dans l'existence de mouvements que la masse encéphalique serait capable d'exécuter. Reconnaissant la nécessité d'un pareil motif, quelques physiologistes ont pensé que, dans les chocs directs ou dans les chutes, que dans les mouvements brusques de la tête et du corps, le cerveau reçoit forcément une impulsion qui lui imprime de légers déplacements par glissement contre la voûte du crâne. Il est évident que rien que la possibilité de ces secousses communiquées et accidentelles suffirait pour rendre indispensables des moyens de glissement, afin que la force reçue s'use en des déplacements de totalité et non en des ébranlements moléculaires qui seraient excessivement dangereux pour des éléments aussi délicats que les cellules nerveuses. Il fallait, pour ainsi dire, que le cerveau pût plier pour ne pas se rompre. Mais sont-ce bien là les seuls mouvements que l'encéphale soit appelé à exécuter?

Je ne le crois pas. Il en est d'autres tout à fait réguliers et sans cesse répétés, dont on a eu le tort de contester la persistance chez l'adulte, à l'état normal.

Lorsque vous aurez l'occasion d'examiner un nouveau-né, appliquez la main sur la tête de l'enfant, au niveau de l'une des fontanelles, et votre main recevra des impulsions intermittentes des plus accentuées. Lorsque dans les salles de clinique chirurgicale vous rencontrerez un adulte atteint d'une lésion traumatique ayant détruit une portion de la voûte du crâne, vous verrez, d'une manière plus manifeste, même à distance, que la masse cérébrale s'élève et s'abaisse alternativement. Si enfin, après avoir appliqué chez un animal une couronne de trépan, vous fixez dans l'ouverture artificielle un tube contenant un liquide coloré, vous remarquerez plus facilement encore les oscillations imprimées à la colonne par le cerveau. Dans les deux derniers cas, il vous sera même loisible de pousser plus loin l'analyse et de constater que l'encéphale exécute simultanément deux espèces de mouvements. Sur le blessé, vous verrez, d'une part, le cerveau s'enfler et se resserrer alternativement, d'une manière relativement lente. De temps en temps, il semblera vouloir faire hernie au dehors et se retirer ensuite plus profondément dans la cavité crânienne. D'autre part, tout en subissant les deux modifications précédentes, il se montrera agité par de véritables soubresauts plus multipliés. Sur le tube, vous constaterez que la colonne, tout en étant perpétuellement agitée par des secousses intermittentes,

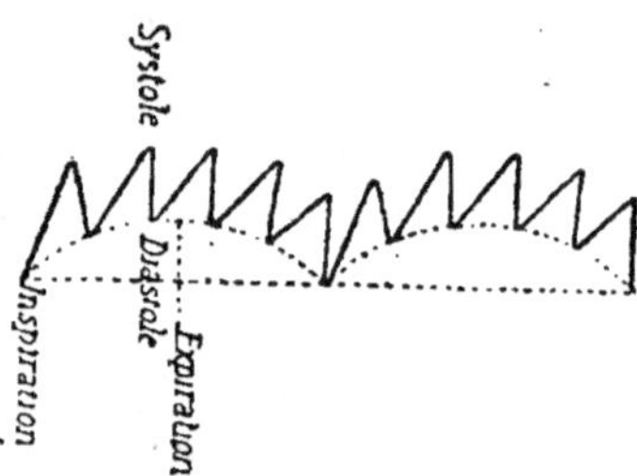

Fig. 51.

s'élève lentement à un certain niveau maximum pour s'abaisser ensuite à son minimum de hauteur. La hernie de l'encéphale et l'élévation graduelle de la colonne coïncident toujours avec l'expiration. Son retrait et l'abaissement du liquide correspondent, au contraire, avec l'inspiration. Les soubresauts du cerveau du blessé et les secousses de la colonne sont toujours isochrones avec le pouls. A l'aide d'un appareil enregistreur, vous pourrez obtenir la confirmation graphique de ce double résultat de l'analyse, et vous aurez un tracé analogue à celui de la figure 51.

Il me semble donc bien établi que le cerveau exécute, comme je vous l'ai annoncé, deux espèces de mouvements qui marchent de front; que les uns, les plus fréquents, consistent en un déplacement réel et total et sont isochrones avec le pouls; que les autres, plus rares, résultent d'une variation dans le volume de l'organe, ne produisent qu'un déplacement relatif et sont liés au rhythme de la respiration. De telle sorte que l'encéphale éprouve, dans l'espace d'une minute, de 16 à 20 alternatives d'expansion et de retrait, et que, pendant chacune de ces alternatives, il exécute 4 à 5 soubresauts alternant avec le même nombre de chutes.

A quoi sont dus ces deux sortes de mouvements? Pour ceux qui sont isochrones avec le pouls, il est de la dernière évidence qu'ils sont un résultat éloigné de la systole ventriculaire. Les troncs artériels se trouvent réunis à la base de l'encéphale et font que cet organe repose sur un véritable terrain mouvant. A chacune de leurs pulsations ils soulèvent brusquement le cerveau, d'autant plus que le plan résistant représenté par la base du crâne s'oppose, jusqu'à un certain point, à ce que leur segment inférieur se dilate, et qu'il réfléchit en haut la portion d'impulsion cardiaque qui devrait être employée à produire cette dilatation inférieure. Projeté ainsi, au moment de la systole, l'encéphale retombe ensuite par son propre poids au moment où la diastole cardiaque et l'élasticité artérielle permettent aux vaisseaux de revenir à leur diamètre de repos.

L'explication n'est pas aussi naturelle et ne s'impose plus d'elle-même pour les mouvements coïncidant avec les phénomènes respiratoires. Parmi les théories proposées à ce sujet, la plus rationnelle et la plus généralement admise est celle que Flourens a donnée dans ses *Recherches expérimentales sur le système nerveux* (p. 340) et qu'on peut exprimer en ces termes : L'expiration diminue la capacité du thorax et en chasse non-seulement une partie de l'air qu'il renferme et qui, en raison de sa fluidité, obéit très-facilement à la pression subie, mais aussi une partie du sang qui y circule. Le sang veineux est retardé dans sa marche. Il reflue même hors du thorax. Ce reflux réagissant de proche en proche détermine une stagnation momentanée du sang veineux dans la tête. De plus, l'expiration a aussi pour résultat d'accélérer un instant le cours du sang artériel. Au moment de cet acte mécanique de la respiration, le cerveau se trouve donc recevoir plus de sang artériel et perdre moins de sang veineux que d'habitude. Somme toute, il renferme une masse sanguine plus considérable. De là une augmentation de volume et un soulèvement apparent; mais ce n'est pas un soulèvement, c'est, en réalité, une expansion par suite d'une augmentation de masse. Pendant l'inspiration, des phénomènes inverses se produisent. Le sang veineux est attiré dans la poitrine et abandonne le cerveau en plus grande quantité. Le sang artériel, retenu un instant dans le thorax et retardé dans sa marche, arrive moins largement dans la tête. De là diminution dans la masse encéphalique, son retrait et son abaissement apparent.

Si tous les physiologistes sont d'accord sur l'existence des mouvements du cerveau lorsque le crâne présente une solution de continuité due soit à une blessure chez l'adulte, soit à la présence des fontanelles chez le nouveau-né, si presque tous sont aussi d'accord sur la nature et le mécanisme de ces mouvements, il n'en est plus de même sur leur possibilité chez l'homme fait quand la boîte crânienne est parfaitement close et inextensible. La plupart des auteurs les regardent, avec Longet, comme étant complétement empêchés par la résistance de la boîte crânienne. Ils reconnaissent naturellement que, dans ces conditions d'occlusion absolue, les forces impulsives existent encore et tendent à exercer leur influence, mais ils pensent qu'elles sont étouffées dès leur naissance par l'inextensibilité du crâne. Malgré leurs sollicitations, le cerveau resterait incapable de se déplacer faute d'espace. Je ne peux partager cette manière de voir. Car où rencontre-t-on des séreuses dans l'économie? Uniquement là où il y a des mouvements. La plèvre est là pour les déplacements du poumon, le péritoine pour ceux des viscères abdominaux, les synoviales pour ceux des articulations. Jamais on n'en trouve au niveau des parties immobiles. Pourquoi donc alors la masse encéphalique est-elle entourée de l'arachnoïde? On peut objecter, il est vrai, que cette membrane a été créée en vue de la première période de l'enfance; qu'elle n'a rempli son rôle de séreuse que jusqu'au moment où les sutures se sont soudées et qu'elle a persisté uniquement parce qu'elle avait été faite. Mais une séreuse qui n'est pas entretenue par le mouvement disparaît bientôt, du moins comme cavité, grâce aux adhérences qui se forment. Je n'en donnerai d'autre preuve que ce qui se passe dans les articulations que les traitements chirurgicaux condamnent à une immobilité prolongée. Pour moi donc, si l'arachnoïde persiste, c'est que l'encéphale se meut. Les frottements accidentels que peuvent produire les chutes et les mouvements brusques de la tête ne sont même pas suffisants pour expliquer cette persistance. La séreuse doit être entretenue par des mouvements rhythmiques et répétés analogues à ceux qui, dans le thorax, entretiennent la plèvre et le péricarde. En admettant même qu'il ne puisse pas se faire de vide dans la cavité crânienne, on ne serait pas en droit de dire que le cerveau ne peut pas se déplacer faute d'espace, car cet espace n'est nécessaire que pour un mouvement de locomotion totale, que pour un transport se faisant de bas en haut ou de haut en bas, ou enfin latéralement. Il n'est pas besoin de cet espace pour qu'il s'opère un léger glissement d'une surface sur une autre. Ce glissement n'entraîne et ne nécessite que des changements de rapports. En réalité le cerveau reçoit, par suite de la circulation, une impulsion qui tend à le soulever de bas en haut; mais il rencontre la voûte résistante du crâne et dès lors une partie de l'impulsion acquise se réfléchit sur cette surface osseuse de façon à produire un léger glissement parallèle à sa courbe. Chez l'enfant, le soulèvement initial s'achève parce que les fontanelles permettent à l'impulsion de conserver sa direction primitive. Chez l'adulte, elle se voit forcée de changer sa direction comme la bille de billard qui vient frapper la bande, et, vu les conditions mécaniques qui existent dans la tête, elle se transforme en un glissement. L'inextensibilité du crâne qui ne fait que transformer l'impulsion communiquée par le cœur pourrait, il est vrai, rendre tout à fait impossible l'expansion produite par l'expiration. Mais toutes les parties de l'encéphale ne sont pas également vasculaires, toutes n'augmentent pas de volume dans les mêmes proportions. Certaines parties doivent céder devant les autres, et de là encore la possibilité de glissements partiels se substituant à la dilatation générale dont on est témoin dans le cas de solution de continuité.

Les conditions ne sont évidemment plus les mêmes pour la moelle. Les ligaments dentelés l'immobilisent à peu près complétement. En outre, elle ne repose pas, comme le cerveau, sur un support artériel. Elle ne doit donc même pas être soumise aux secousses systoliques. Tout ce qu'elle est susceptible de subir, ce sont les alternatives d'expansion et de retrait. Mais son peu de vascularité relative doit encore réduire considérablement ce double effet de la respiration.

Du reste, l'observation démontre, après l'ablation des lames verté-
brales et de la dure-mère, que la moelle n'éprouve aucun déplacement. Ce fait semble réduire à néant le mode d'argumentation que
j'employais tout à l'heure, car l'arachnoïde est tout aussi persistante
dans le rachis que dans le crâne; mais c'est qu'ici les rôles changent. Dans la tête, c'est la masse nerveuse qui se déplace sur les
parois immobiles de la boîte crânienne. Dans la colonne vertébrale,
ce sont les pièces du contenant qui se meuvent sur le contenu, devenu
à son tour le plan fixe. Dans les mouvements de flexion et d'extension, de torsion et d'inclinaison latérale, les vertèbres se déplacent
forcément sur l'axe qu'elles enveloppent. Très-limités à la région
dorsale, ces mouvements acquièrent déjà plus de fréquence et
d'étendue aux lombes et beaucoup plus encore au cou, et ils suffisent bien certainement pour motiver la présence d'une cavité
séreuse.

Physiologie de la pie-mère. — De toutes les annexes, la pie-mère
est incontestablement celle qui joue le rôle le plus important et c'est
peut-être celle qui prête le moins à des développements, tout justement parce qu'il suffit d'énoncer sa destination pour en faire comprendre toute la portée. Elle est l'entrepôt général des moyens d'alimentation de l'encéphale, qui, de plus, se charge de conduire tous
les produits à leurs destinations dernières. Elle concentre en elle
tous les arrivages de la circulation céphalique et est disposée de
façon à les répartir partout proportionnellement aux besoins locaux.
Elle est le nerf de l'activité cérébrale. Sans elle, l'admirable mécanisme du cerveau resterait inerte et serait comme non avenu. Elle
porte la vie partout où s'insinuent ses innombrables replis et trabécules. C'est un périoste, mais un périoste dont la puissance nutritive
s'est mise à l'unisson avec la puissance fonctionnelle de l'organe
qu'il entoure.

On regarde aussi généralement la pie-mère comme étant secondairement chargée de sécréter le liquide céphalo-rachidien. Un seul
auteur, Cruveilhier, a prétendu que c'était l'arachnoïde qui avait
cette mission. Il se basait sur ce fait qu'il avait vu souvent de la
sérosité en dehors des cavités séreuses, que par conséquent celles-ci
sont susceptibles d'exhaler aussi bien par leur face externe que par
leur face interne. Mais cela n'a lieu que dans des circonstances
pathologiques. Ce n'est qu'anormalement qu'on rencontre des collections aqueuses en dehors des feuillets séreux. Donc, au lieu de

se mettre hors la loi commune, il vaut mieux attribuer à la pie-mère la sécrétion du liquide céphalo-rachidien, d'autant plus que cette membrane, en raison de sa grande vascularisation, est mieux disposée que toute autre à l'exhalation. Je crois du reste que, comme je l'ai déjà indiqué dans la partie anatomique, cette sécrétion s'opère surtout dans l'intérieur des ventricules et qu'elle est plus particuliè-rement l'œuvre des appendices de la pie-mère, appelés toile choroï-dienne et plexus choroïdes, et dont la vascularisation est plus exa-gérée encore que celle de la pie-mère proprement dite, sans qu'elle puisse profiter beaucoup à la nutrition du tissu nerveux. Tout dans leur siége, leur disposition et leur constitution prouve qu'ils ne peu-vent servir qu'à produire une exhalation considérable.

Physiologie du liquide céphalo-rachidien. — Entrevu pour la première fois par Cotugno en 1769, ce liquide ne fut réellement connu, sous le rapport de son véritable siége et de ses qualités, qu'à la suite des travaux que Magendie a publiés en 1825. C'est à ce mo-ment seulement que l'on sut qu'il occupe la grande cavité anfrac-tueuse comprise entre l'arachnoïde et la pie-mère. Il est loin de la remplir complétement, fait qui explique la possibilité des mouve-ments dont nous allons le voir agité. A l'état normal, sa quantité ne dépasse guère 60 à 62 grammes chez l'adulte. Les écarts autour de ce chiffre dépendent de la taille ou du moment où se fait l'extraction. Plus il s'est écoulé de temps entre la mort et l'autopsie, moins on trouve de liquide, parce qu'il en passe toujours une certaine por-tion dans les tissus ambiants par imbibition; même à l'état physio-logique, les vieillards en possèdent davantage, parce que l'exhalation tend toujours à combler les vides formés par l'atrophie sénile du cerveau. En tous cas, si ce liquide n'est jamais très-abondant, il paraît pouvoir se produire avec la plus grande facilité. Quand, à l'aide d'une ponction pratiquée entre l'atlas et l'occipital, on a retiré tout le liquide céphalo-rachidien d'un animal, dès le lendemain on peut en retirer autant par le même procédé, et de même pour les jours suivants.

Le liquide ainsi obtenu est alcalin et d'une saveur un peu salée. Il est très-limpide, presque incolore ou seulement un peu citrin. Examiné au microscope, il ne présente aucun élément morphologi-que à lui appartenant. On y aperçoit seulement quelques débris cel-lulaires provenant de l'épithélium des ventricules ou des trabécules sous-arachnoïdiennes. Je n'accorde aucune valeur pratique, dans un cours, à ces tableaux qui fixent en colonnes les résultats des analyses chimiques. Ces chiffres bruts ne laissent absolument rien dans l'esprit. Je crois plus utile de signaler, en les commentant, les principales particularités qualitatives et quantitatives du liquide qui nous occupe.

Tout en ayant les apparences physiques du sérum du sang, le liquide céphalo-rachidien en diffère cependant sous plusieurs rapports. Il est aussi très-distinct du liquide des œdèmes, ce qui prouve que s'il est le résultat d'une simple transsudation, celle-ci se fait tout au moins d'une manière spéciale. Il renferme à peine de l'albumine, cent fois moins que le sérum. Aussi est-il beaucoup plus aqueux que ce dernier. C'est qu'en effet le liquide céphalo-rachidien est là pour remplir un rôle purement mécanique pour lequel les principes organiques étaient à peu près inutiles. Il n'a pas non plus rompu aussi complétement que le sérum avec le caractère chimique spécial du plasma; car il renferme un peu de fibrine. C'est là un fait qui n'est pas à négliger pour expliquer la rapidité avec laquelle les espaces sous-arachnoïdiens se remplissent d'exsudats fibrineux dans les méningites. Il n'y a là qu'une exagération considérable d'une exhalation rudimentaire à l'état normal. Parmi les sels, il en est un qui mérite d'être signalé, c'est le chlorure de sodium. Il y abonde au point qu'on en trouve deux fois plus que dans le sérum. Comme éléments accidentels on y rencontre souvent quelques-uns des principes immédiats particuliers à la substance nerveuse. Cela n'a rien d'étonnant, puisque ce liquide est en contact presque immédiat avec le tissu encéphalique, surtout dans les ventricules. Une chose a frappé les expérimentateurs, c'est la rapidité avec laquelle il se charge de la plupart des substances étrangères introduites dans le sang, soit directement, soit par la voie stomacale. Le cyanure de potassium et l'iodure de potassium peuvent y être signalés presque immédiatement après leur ingestion. Cela tient probablement à la grande fluidité du liquide céphalo-rachidien. Il serait plus riche en albumine que sa transsudation en éprouverait sans doute un certain retard. La vitesse de ce véhicule particulier profite à toutes les substances très-solubles dans l'eau du sang. Il y a lieu de tenir compte en thérapeutique de cette circonstance qui fixe ainsi certains médicaments, comme le bromure de potassium, dans l'atmosphère liquide des centres nerveux. Il en est de même pour la pathogénie de l'alcoolisme; car les recherches de Perrin et

Lallement ont démontré que l'alcool existe en grande quantité, chez les ivrognes, dans les espaces sous-arachnoïdiens, de telle sorte que leur cerveau est plongé dans un véritable bain d'alcool qui irrite et fait dégénérer la substance nerveuse, ainsi que ses enveloppes.

Pendant la vie, ce liquide ne reste pas immobile dans les cavités irrégulières qui le renferment, il est continuellement agité d'un double mouvement de va-et-vient, d'ascension et de descente, en rapport avec le double mouvement de la respiration. Pendant l'expiration, une partie du liquide contenu dans le canal vertébral remonte dans les anfractuosités du cerveau et surtout dans les ventricules. Pendant l'inspiration, au contraire, une partie du liquide contenu dans la cavité crânienne redescend dans le rachis. Il est facile de comprendre ce qui peut produire ces phénomènes : les sinus de la dure-mère ne peuvent pas varier de diamètre. Il n'en est plus de même des veines intra-rachidiennes, qui ne sont pas maintenues béantes par des feuillets fibreux. Elles peuvent, comme la plupart des autres veines du corps, se gonfler outre mesure ou se laisser déprimer complétement sous l'influence d'une pression quelconque. L'expiration qui fait refluer le sang veineux hors du thorax, accumule facilement ce liquide dans les veines intra-rachidiennes, qui sont très-dilatables. En se gonflant, ces veines occupent plus de place dans la cavité rachidienne et en chassent, pour s'y loger, une partie du liquide céphalo-rachidien qui s'y trouve. Ainsi déplacé, ce liquide remonte contre son propre poids dans le crâne, qui lui offre un refuge d'autant plus assuré que les ventricules ne sont jamais remplis et que les sinus n'occupent pas plus de place qu'avant l'expiration, malgré le reflux veineux ; vient ensuite l'inspiration, qui aspire au contraire dans le thorax une grande partie du sang contenu dans les veines intra-rachidiennes ; celles-ci diminuent de volume, produisent un vide dans le rachis, que vient aussitôt combler le liquide préalablement refoulé vers le cerveau. Il le fait d'autant plus facilement qu'il y est sollicité par la pesanteur et que l'inspiration ne produit pas de vide dans le crâne, puisque les sinus sont incompressibles.

Ce ne sont pas là des vues purement théoriques, du moins en ce qui concerne l'existence du mouvement de va-et-vient. Celui-ci a pu et peut être constaté *de visu* dans les vivisections. La clinique nous procure même sous ce rapport des expériences naturelles dont nous parlerons dans la partie pathologique. Quand on a enlevé une partie du cerveau de manière à permettre à l'œil de plonger dans les ventricules, on voit nettement le liquide arriver dans ces cavités au moment de l'expiration et disparaître en partie pendant l'inspiration. Si, à l'exemple de Magendie, on applique une couronne de trépan sur l'occiput et si on fixe ensuite dans l'ouverture un tube contenant un liquide coloré et plongeant jusque dans l'espace sous-arachnoïdien, on constate de même que la colonne s'élève pendant l'expiration et s'abaisse pendant l'inspiration. Il est vrai que lorsqu'on fixe ce même tube dans un point quelconque du rachis, la colonne exécute des mouvements qui paraissent être en désaccord avec notre énoncé. On voit dans ce tube, qui fait pour ainsi dire partie de la cavité rachidienne et dont le contenu devrait suivre les destinées de la portion vertébrale du liquide céphalo-rachidien, le niveau monter à chaque expiration, c'est-à-dire au moment où cette cavité devrait renfermer moins de ce liquide, à l'instant où le reflux devrait se faire vers la tête. C'est sans doute sous l'impression de cette dernière expérience que Richet a été conduit à déclarer que l'ascension du liquide se fait pendant l'inspiration et sa descente pendant l'expiration. Il a créé, pour expliquer le mécanisme de ce mouvement renversé, une théorie ingénieuse peut-être, mais très-compliquée et en tous cas inutile; car rien n'est plus facile que de saisir le pourquoi de l'anomalie apparente. Quand le liquide refoulé par les veines intra-rachidiennes, dilatées sous l'influence de l'expiration, cherche à se caser quelque part, il lui est beaucoup plus facile de s'engager dans le tube qui constitue pour lui un déversoir pour ainsi dire de plain-pied, que de remonter dans la cavité crânienne contre son poids. Voilà pourquoi le niveau monte dans ce tube au lieu de baisser pendant l'expiration. Dans l'état normal, le liquide céphalo-rachidien ne reflue vers le crâne que parce qu'il n'a pas à sa disposition d'issue plus facile.

Plusieurs rôles plus ou moins importants ont été attribués au liquide céphalo-rachidien. Magendie a prétendu que pendant la vie intra-utérine, avant la formation des os du crâne, il sert à protéger les centres nerveux contre la pression du liquide amniotique et que, sans ce contre-poids, cette pression pourrait fort bien compromettre la bonne configuration de l'encéphale. J'avoue que je ne saisis pas bien comment le liquide céphalo-rachidien pourrait remplir cet usage. En effet, ce ne sont pas les centres nerveux eux-mêmes qui se trouvent être interposés entre lui et le liquide amniotique. Ce sont la dure-mère et l'arachnoïde. Par conséquent, les deux liquides, en se faisant équilibre, n'assurent que la configuration de ces membranes et non pas celle des centres nerveux, qui eux, au contraire, sont soumis à la fois à la pression du liquide amniotique et à celle du liquide céphalo-rachidien. Si pendant cette première période de la vie intra-utérine ce dernier liquide peut contre-balancer la compression de l'encéphale par le liquide amniotique, ce ne peut être évidemment qu'en pénétrant dans les ventricules et en venant exercer ainsi à la surface interne du cerveau une pression capable d'empêcher cet organe de s'affaisser sous le poids de la masse liquide que supporte sa face externe.

Je comprends beaucoup mieux l'influence que Magendie a accordée au liquide céphalo-rachidien sur la conformation des os du crâne. Eux, en effet, se trouvent soumis à deux pressions contraires, celle du liquide amniotique et celle du liquide intra-crânien, et la régularité de la voûte, en voie de formation, doit dépendre de la répartition plus ou moins uniforme de ces deux pressions, de même que son élévation doit tenir au rapport qui existe entre elles. De là, sans doute, du moins en partie, ces déformations si variées et ces développements si différents que le crâne peut présenter. Ce service que le contenu des espaces sous-arachnoïdiens rend dans l'intérieur de l'utérus, il le rend encore pendant un certain temps après la naissance, car la pression atmosphérique pourrait altérer la forme du crâne tant que les sutures ne sont pas soudées. Du reste, au niveau des fontanelles, on peut dire qu'il protége l'encéphale lui-même contre le poids de l'atmosphère, en formant au-dessus de lui un véritable coussin élastique.

Le même auteur a encore étendu la protection exercée par le liquide céphalo-rachidien jusqu'aux vaisseaux artériels qui sont à la base du cerveau et qui, sans ce milieu liquide, seraient probablement déprimés par le poids de cette masse nerveuse. Ce dernier rôle protecteur ne serait plus momentané comme les précédents : il aurait lieu pendant toute la vie.

Enfin, Magendie a prétendu que, chez l'adulte et chez le nouveau-né, la pression exercée par le liquide céphalo-rachidien sur les centres nerveux était nécessaire à leur intégrité fonctionnelle. Il en a donné pour preuve ce fait incontestable, que tous les animaux auxquels on vient d'extraire ce liquide ne peuvent plus se mouvoir régulièrement, que souvent même ils tombent sur le côté et ne peuvent plus se relever. Comme contre-épreuve, il a fait remarquer, avec tout autant d'exactitude, que ces phénomènes disparaissent lorsque le liquide a eu le temps de se reformer. Depuis, Longet est venu s'inscrire contre ces conclusions en prétendant que les troubles de la locomotion observés dans cette circonstance étaient dus non pas à la suppression du liquide céphalo-rachidien, mais à ce que, pour faire son extraction, on était obligé de couper préalablement tous les muscles de la nuque et le ligament cervical. Il a fait voir, et tout le monde a été obligé de reconnaître avec lui, que quand on se contente de faire pratiquer cette section, sans ponctionner l'arachnoïde et sans donner issue, par conséquent, au liquide, on observait des troubles de coordination identiques qui, comme dans le cas d'extraction, finissaient par disparaître au bout d'un certain temps. Longet attribue cette influence de la perte des muscles de la nuque et du ligament cervical sur l'ensemble de la locomotion à ce que, chez les quadrupèdes, il en résulterait une flexion forcée et passive de la tête, produisant à son tour un tiraillement des pédoncules cérébelleux, tiraillement auquel ils finiraient cependant par s'habituer. De là le retour de la marche régulière. Schiff pense que cette flexion produit plutôt une compression de l'extrémité céphalique de l'artère vertébrale, qui entraînerait l'anémie de la partie postéro-inférieure de l'encéphale jusqu'au moment où les anastomoses, avec la carotide interne, rétabliraient une circulation suffisante. Quoi qu'il en soit de ces explications, la réapparition constante des mouvements normaux a permis à Longet de combiner sur un même animal des expériences qui réduisent à néant l'interprétation de Magendie. Après avoir fait la section des muscles et avoir obtenu les troubles habituels, il attendit le rétablissement de la locomotion normale. Il fit alors seulement une ponction pour extraire le liquide et cette évacuation n'altéra pas de nouveau la marche. La perte du liquide céphalo-rachidien ne trouble donc pas d'une manière très-apparente l'intégrité fonctionnelle des centres moteurs.

Un médecin de Lyon, M. Foltz, a émis une opinion tout à fait originale sur les fonctions du liquide céphalo-rachidien, qu'il a appelé le *ligament suspenseur des centres nerveux*. Il prétend que ces centres se trouvent dans ce liquide comme dans un bain, et qu'ils y perdent une partie de leur poids en vertu du principe d'Archimède. Mais il est évident que l'assimilation est plus que forcée. Le liquide ne forme d'abord pas une nappe continue autour de l'axe cérébro-spinal ; il n'est pas non plus complétement libre, car la cavité qui le renferme est parcourue en tous sens par des brides celluleuses qui doivent modifier les effets de la poussée et qui placent les choses un peu en dehors des conditions du principe d'Archimède. En outre, la moelle, en particulier, grâce aux ligaments dentelés qui la fixent à la dure-mère, ne profiterait pas plus du bénéfice de ce principe qu'un individu qui, étant plongé dans un bain, serait fixé par des liens aux parois de la baignoire. Comme lui, elle serait rendue incapable d'obéir à la poussée.

De ce que le liquide céphalo-rachidien ne saurait remplir le rôle suspenseur imaginé par Foltz, de ce qu'il n'a pas sur le fonctionnement du cerveau l'influence énorme que lui supposait Magendie, il ne s'ensuit pas qu'il soit un agent inutile. Il est là, avant tout, pour remplir un rôle que la plupart des auteurs ont méconnu et sur lequel quelques autres ont glissé trop rapidement. Sa présence est largement motivée par les modifications que la respiration fait éprouver à la cavité cérébro-spinale. A chaque instant, l'inspiration produit un vide dans la cavité du rachis, par l'intermédiaire du retrait des veines intra-rachidiennes. C'est là une conséquence hydraulique du mode d'agencement des systèmes respiratoire et circulatoire qu'on ne pouvait pas éviter. Eh bien ! si le liquide ne venait pas, en descendant du crâne, combler ce vide, il en résulterait, pour la vascularisation et la statique moléculaire de la moelle, des troubles considérables. Sous le rapport de sa circulation intime, le tissu médullaire serait un instant comme soumis à une ventouse, pour laquelle le cœur remplacerait la pression atmosphérique. Partout, du reste, où il peut se faire un vide dans la cavité cérébro-rachidienne, quelle que soit la cause de ce vide, le liquide est toujours prêt à s'y porter pour le remplir. Il est comme le coton dont on remplit les boîtes destinées à contenir et à protéger des objets précieux, qui est toujours prêt à céder de la place çà et là et qui s'étale toujours là où il est libre de le faire.

A côté de cette destination principale, pour laquelle il est constamment mis à contribution, il rend encore certainement bien des services accessoires ou momentanés. Il est d'abord évident que, pendant la formation du fœtus et pendant les premiers temps de l'existence, il sert de cintres à la voûte du crâne en voie d'ossification. D'autre part, s'il ne protége pas de même la surface externe du cerveau contre la pression du liquide amniotique, à la façon dont Magendie semble l'avoir compris, c'est-à-dire en lui faisant équilibre, il n'en est pas moins vrai qu'il concourt au maintien de la configuration préétablie de la substance corticale, en agissant à la manière d'un tampon. Il n'est pour rien, sans doute, dans la production des sillons de l'encéphale. C'est même peut-être parce que ces dépressions s'établissent en vertu des dispositions plastiques intrinsèques de l'organe et parce qu'il en résulte des vides, que le liquide est consécutivement exhalé. Mais les sillons, une fois formés et remplis de liquide, ce dernier, en transmettant la pression amniotique en tous sens, déprime le fond de ces ravins, refoule excentriquement les versants des circonvolutions voisines et empêche même ainsi l'affaissement de leurs sommets, qui sont directement soumis à l'action du liquide amniotique. C'est ainsi que le cerveau et le liquide céphalo-rachidien représentent, pour ainsi dire, deux moules, à reliefs inversement disposés, s'emboîtant parfaitement l'un dans l'autre et se consolidant mutuellement. Cet effet se réalise d'autant plus sûrement que, chez le fœtus et le nouveau-né, le liquide est plus abondant que chez l'adulte. Il diminue plus tard, lorsque la voûte, solidifiée, vient rendre ce mode d'action inutile, et lorsqu'il n'a plus qu'à combler, comme du coton, les vides formés par les modifications des vaisseaux. C'est aussi parce qu'il est plus abondant pendant la vie fœtale qu'il peut soutenir les parois des ventricules et les empêcher de s'affaisser. Il rend peut-être même un service analogue à ces cavités pendant la vie extra-utérine ; car il s'y engouffre au moment de l'expiration, justement dans l'instant où la congestion expiratrice gorge le tissu nerveux de sang et le gonfle aux dépens des espaces ménagés dans son intérieur. Là ne s'arrêtent pas les services mécaniques du liquide céphalo-rachidien. Dans toutes les circonstances de la vie, il est le complément heureux de l'arachnoïde. Celle-ci est appelée à amortir les chocs transmis au cerveau par les chutes et les grands mouvements du corps, ainsi que les ébranlements résultant du glissement intermittent de la masse encéphalique sur le crâne. Le liquide vient encore contribuer à atténuer toutes ces causes de perturbations moléculaires. Les vibrations qui naissent en même temps dans ce liquide usent une partie de la force destructive dont est menacée la substance nerveuse.

A tous ces rôles probables, sinon certains, du liquide céphalo-rachidien, je me permettrai d'en ajouter encore un que je reconnais être très-hypothétique et que je vais présenter sous forme d'une question, attendant un jugement ultérieur. Ne vient-il pas aider indirectement à la production du sommeil en comprimant et paralysant le cerveau ? Il est certain, d'une part, qu'une pression extérieure, exercée sur l'encéphale d'un animal, détermine un sommeil comateux instantané. D'autre part, on sait depuis longtemps qu'on endort subitement et profondément un poulet en soumettant son corps à un mouvement de rotation qui a pour résultat de faire refluer le liquide céphalo-rachidien dans le crâne en vertu de la force centrifuge. Enfin, le sommeil, pour nous, ne s'établit facilement que dans le décubitus horizontal qui, lui aussi, favorise l'arrivée du liquide céphalo-rachidien dans la cavité crânienne ; il est à remarquer que l'on dort d'autant plus profondément qu'on est couché la tête plus basse. Ces faits sont généralement expliqués par l'état de congestion qui peut résulter de ces diverses situations. Mais rien ne prouve que ce n'est pas le liquide céphalo-rachidien qui se trouve plus particulièrement mis en cause.

Anatomie pathologique des annexes.

Altérations de la dure-mère. — Malgré sa nature fibreuse, la dure-mère est susceptible de s'enflammer. Elle le fait toutefois rarement d'une manière spontanée. Presque toujours le travail phlegmasique de cette membrane est provoqué par une fracture du crâne ou par une périostite externe préexistante de cette boîte osseuse. La prolifération conjonctive que fait naître le processus inflammatoire peut aboutir à deux résultats différents. Tantôt les noyaux qui se sont multipliés passent par toutes les phases des éléments histologiques du tissu fibreux et créent ainsi de nouvelles couches qui viennent augmenter l'épaisseur de la dure-mère. Ces couches de nouvelle formation sont plus aptes aux déviations nutritives que le tissu régulier ; aussi les voit-on très-souvent s'ossifier. Tantôt il se fait une accumulation de leucocytes : que ceux-ci proviennent d'une transformation des noyaux ou de la sortie des globules blancs des vaisseaux, et un abcès apparaît généralement entre la dure-mère et le crâne.

La dure-mère rachidienne, qui présente les mêmes conditions de structure, qui, malgré la couche cellulo-adipeuse interposée entre elle et le canal vertébral, n'en reste pas moins solidaire des perturbations pathologiques de cette paroi osseuse, peut aussi être le siége d'un travail inflammatoire. Le rachis, en raison des masses qui le protégent et des moyens de résistance aux chocs que lui confèrent ses nombreuses articulations, est peut-être moins exposé que le crâne aux fractures et aux périostites traumatiques. Mais les caries et les tubercules sont très-fréquents dans les vertèbres et exposent assez souvent la dure-mère rachidienne à des inflammations de voisinage. Du reste, les recherches de Joffroy tendent à démontrer qu'elle est plus disposée à s'enflammer spontanément que la dure-mère crânienne, particulièrement dans la région cervicale. Ce siége de prédilection tient peut-être à ce qu'en ce point le rachis est plus exposé aux chocs extérieurs et à ce que les nombreux mouvements de flexion et de rotation qu'exécute le cou peuvent devenir une cause sans cesse répétée d'irritation. Dans tous les cas, cette localisation peut donner lieu, comme nous le verrons, à une symptomatologie caractéristique. La stratification des couches conjonctives de nouvelle formation atteint rapidement des proportions considérables, comme si la dure-mère avait plus de vitalité en ce point que dans le crâne, et bientôt la moelle se trouve entourée d'un manchon qui est toujours plus épais en arrière qu'en avant. Ces couches fibroïdes surajoutées sont vascularisées et offrent des vaisseaux à parois épaissies. Ce travail de prolifération appartient exclusivement au début à la dure-mère, surtout à sa face interne. Mais, plus tard, l'activité des membranes sous-jacentes se trouve éveillée, et elles entrent en ligne. La moelle soumise à cette épine sans cesse croissante s'enflamme bientôt à son tour. Il se forme dans la substance grise des lacunes, et, au milieu des parties détruites ou dégénérées, on trouve encore çà et là des îlots de substance blanche saine. Lorsque l'épaississement de là membrane s'étend aux gaînes qu'elle fournit aux nerfs au niveau des trous de conjugaison, celles-ci font naturellement éprouver aux cordons nerveux un étranglement qui, *à priori*, semblerait devoir entraîner leur destruction ou leur dégénérescence. Cet effet n'a encore été rencontré qu'une fois. Il est vrai qu'on n'a cherché à le constater que sur deux sujets. Toutefois le résultat négatif paraît si extraordinaire, en présence de la puissance de la cause de destruction, que Joffroy n'hésite pas à attribuer l'intégrité apparente à une régénération consécutive. Mais une compression capable de tuer un tube nerveux préexistant devrait aussi étouffer dans son berceau un tube nouveau-né. Il vaut mieux, pour les faits d'intégrité, accuser l'insuffisance de la cause irritante ou comprimante.

La dure-mère peut aussi devenir le siége de tumeurs classées par Cornil et Ranvier dans le groupe des sarcomes et qui semblent se greffer particulièrement les unes sur les nerfs, les autres sur les artères de cette membrane. Les premières, par entraînement de terrain et de voisinage sans doute, tendent à reproduire sous une forme pathologique les conditions morphologiques de la névroglie. On dirait que ces nerfs, par aberration nutritive, s'entourent d'une masse de trame conjonctive propre aux centres nerveux. Les secondes épanouissant, pour ainsi dire, le département vasculaire qui leur sert de base, présentent une série de bourgeons sanguins contenant un globe de substance calcaire. C'est la reproduction considérablement amplifiée d'un type normal emprunté encore aux dépendances de l'encéphale, les plexus choroïdes. Il faut le dire, ce dernier genre de sarcome est beaucoup moins fréquent dans la dure-mère que dans la pie-mère qui, par sa grande vascularisation, s'y prête davantage.

A la suite de chocs violents reçus sur le crâne, il arrive parfois que les vaisseaux qui relient la dure-mère à la voûte osseuse se rompent, de sorte qu'en même temps qu'ils privent cette membrane d'une partie de ses moyens d'attache, ils donnent lieu à un épanchement sanguin qui complète son décollement. Ce sont là des hémorrhagies et des poches sanguines qui dépendent parfaitement de la face externe de la dure-mère. Mais il est d'autres hémorrhagies plus fréquentes qui naissent spontanément et qu'on rapporte généralement aux couches internes de cette enveloppe, sous le nom d'*hématomes de la dure-mère*. Ici l'attribution n'est plus aussi nette à cause de la fusion incontestable de l'arachnoïde avec cette membrane ; car on peut aussi bien regarder ces hématomes comme appartenant à la cavité de l'arachnoïde qu'à la face interne de la dure-mère. C'est cette interprétation que nous adopterons, et nous étudierons ce genre d'épanchements à propos de l'arachnoïde.

Comme le périoste extra-crânien dont elle remplit les fonctions à l'intérieur, la dure-mère présente aussi un terrain d'élection pour les manifestations tertiaires de la syphilis. On voit souvent des gommes se développer à la surface externe de cette enveloppe.

Les sinus de la dure-mère se montrent assez fréquemment obstrués par des caillots. D'après Marty, c'est surtout dans le sinus longitudinal qu'on rencontre la thrombose veineuse, parce que deux causes tendent à y ralentir relativement le cours du sang ; d'une part, l'éloignement plus considérable pour lui de la poitrine où se produit le phénomène mécanique de l'aspiration, d'autre part, le voisinage des corpuscules de Pacchioni qui s'hypertrophient chez un si grand nombre de sujets et viennent faire saillie jusque dans la cavité veineuse en se coiffant de sa membrane interne. Il se forme aussi fréquemment des caillots dans les sinus transverse et pétreux à cause du voisinage du rocher, si sujet à la carie. Du reste, quel que soit son point d'origine, le caillot peut envahir peu à peu les divers sinus et s'étendre jusqu'au pressoir d'Hérophile. Il peut aussi suppurer et donner lieu à des abcès métastatiques.

Altérations de l'arachnoïde. — La pathologie vient, de son côté, confirmer la nature séreuse de cette cavité interposée entre la dure-mère et la pie-mère, car elle est susceptible des mêmes allures morbides que toutes les membranes séreuses. Son inflammation peut aboutir à une exhalation de sérosité parfaitement indépendante de celle qui existe normalement dans les espaces sous-arachnoïdiens et qui n'est pas amenée par des éraillures du feuillet viscéral, comme on l'a supposé. Ce liquide, examiné au microscope, renferme un grand nombre de cellules épithéliales et de leucocytes, même quand à l'œil il ne paraît pas sensiblement trouble.

Elle peut aussi donner lieu à la production de fausses membranes qui ne se rencontrent guère qu'au niveau de la voûte du crâne et plus particulièrement aux environs de la ligne médiane. La plupart des auteurs se refusant à admettre un feuillet pariétal, attribuent leur production à la face interne de la dure-mère. Mais du moment où elles n'existent pas au-dessus de la couche épithéliale, du moment où elles plongent, libres de tout revêtement, dans la cavité de l'arachnoïde, c'est à celle-ci qu'il faut les attribuer. On est tout au moins obligé de reconnaître qu'elles sont l'œuvre de la portion de la dure-mère qui se modifie pour remplir les fonctions d'une séreuse ; et, si on ne veut pas jouer sur les mots, il est évident que ce n'est déjà plus une dure-mère. Au début, elles sont tellement fines et transparentes qu'on a de la peine à les apercevoir. Mais plus tard, les couches s'ajoutant les unes aux autres, elles deviennent beaucoup plus épaisses et opaques. Un caractère qui les distingue des fausses membranes qu'on rencontre dans les autres cavités séreuses, c'est leur grande aptitude à l'organisation et la rapidité avec laquelle elles se créent des vaisseaux de nouvelle formation qui, dans leur genèse trop hâtive, restent d'une friabilité extrême. Aussi s'y produit-il fréquemment des suffusions sanguines qui leur communiquent une teinte rouge ou violette.

On rencontre souvent de véritables kystes remplis de sang qui semblent adhérer intimement à la dure-mère et qui font saillie dans la cavité de l'arachnoïde en refoulant d'une façon plus ou moins considérable son feuillet viscéral et la substance cérébrale sous-jacente. Celle-ci éprouve même tôt ou tard, sous l'influence de cette pression continue, un travail, soit d'atrophie, soit de ramollissement. C'est là ce qu'on a appelé, toujours avec la même tendance d'esprit : *Hématomes* de la dure-mère. Quand on les incise, on en voit sortir, suivant l'âge de l'hémorrhagie, tantôt du sang frais, tantôt des caillots plus ou moins décolorés et de la sérosité. La quantité de sang ainsi renfermée peut atteindre jusqu'au poids d'une livre. Parfois la cavité présente des cloisons incomplètes ; d'autres fois, elle est complétement libre.

Deux théories relatives au mode de formation de ces kystes sanguins sont encore en présence. L'une, à laquelle est particulièrement resté attaché le nom de Baillarger, suppose qu'en toutes circonstances l'épanchement sanguin précède la formation de la poche, que le sang est d'abord libre dans la cavité de l'arachnoïde, que sa présence y excite une inflammation dont la conséquence est la production d'une fausse membrane qui emprisonne après coup le liquide épanché. En 1873, Luneau, dans sa thèse inaugurale, a cherché à donner l'appui de l'expérimentation à cette hypothèse. Il a pratiqué des injections de sang dans la cavité arachnoïdienne chez divers animaux, et à l'autopsie il a trouvé le liquide injecté enkysté dans une néo-membrane parfaitement organisée. — L'autre théorie, qui compte le plus de partisans aujourd'hui, ne voit dans la production de l'hématome qu'un épiphénomène de la fausse membrane et que l'amplification des suffusions sanguines dont il a été question plus haut. C'est une rupture plus considérable des vaisseaux si friables de la néo-membrane qui donne tout à coup issue à une quantité plus grande de sang. Celui-ci par son poids dédouble la fausse membrane et s'y creuse une loge que des hémorrhagies subséquentes arrivent à distendre de plus en plus. Ici le contenant préexiste au contenu et le point de départ est une inflammation de la paroi fibroséreuse du crâne. Il est difficile de se prononcer d'une manière exclusive pour l'une ou pour l'autre de ces deux hypothèses; car si d'une part on a peine à comprendre pourquoi les hématomes siégent toujours à la voûte du crâne, tandis qu'un liquide libre dans la cavité de l'arachnoïde devrait avoir plutôt tendance, en vertu des lois de la pesanteur, à se porter à la base du cerveau; d'autre part, les expériences de Luneau semblent démontrer que ce sang, primitivement libre, finit presque toujours par être parfaitement circonscrit par des fausses membranes. En outre, on rencontre un certain nombre de kystes sanguins dont les parois sont complétement privées de vaisseaux. Dans l'état actuel de la science, le mieux est de prendre le parti que Christian a adopté dans sa thèse, c'est d'admettre la possibilité des deux origines; car on ne saurait nier ni l'existence des hémorrhagies interstitielles des néo-membranes, ni la possibilité de l'enkystement consécutif. Toutefois, c'est le premier fait qui doit se rencontrer le plus souvent, d'autant plus que dans l'espèce humaine l'arachnoïde se montre moins portée aux inflammations plastiques que chez les animaux. Il existe, en effet, un certain nombre de cas où on a trouvé du sang resté libre dans la cavité arachnoïdienne sans y avoir provoqué l'apparition de la moindre bride conjonctive.

Il est impossible de faire la part de l'arachnoïde dans la production de certains processus qui semblent intéresser à la fois toutes les méninges. Mais il est un genre d'altération localisée dans cette séreuse que Parrot a rencontrée chez un certain nombre de nouveaunés. Elle consiste en des plaques blanchâtres que le microscope montre être formées par des amas de granulations graisseuses et de gouttes huileuses. Cet auteur voit là le résultat d'une simple dégénérescence graisseuse, d'autant plus qu'il n'existe autour de ces plaques aucune trace d'inflammation. Il a pu, du reste, reproduire des plaques identiques sur de jeunes animaux chez lesquels il avait provoqué une stéatose. Ce genre de dégénérescence n'appartient pas, du reste, exclusivement aux jeunes enfants. L'adulte peut le présenter, beaucoup plus rarement il est vrai, mais alors dans des proportions plus grandes. Le feuillet viscéral donne naissance à de véritables kystes remplis de graisse mêlée à du carbonate de chaux. Disons toutefois que ces kystes prennent beaucoup plus souvent naissance dans la pie-mère.

Tout ce qui précède semble se rapporter à l'arachnoïde cérébrale.

Mais des faits analogues peuvent se montrer dans la séreuse spinale. Sous une forme chronique, l'inflammation peut y rester parfaitement localisée sans que la pie-mère y prenne part. Elle y fait naître des taches laiteuses dont beaucoup s'épaississent et peuvent même devenir cartilagineuses, ou s'incruster de sels calcaires. Des adhérences entre les deux feuillets, analogues à celles qu'on rencontre si fréquemment dans la plèvre, peuvent s'y former. Sous la forme aiguë, l'inflammation de l'arachnoïde spinale ne fait pour ainsi dire qu'accompagner un travail phlegmasique beaucoup plus intense qui siége dans la pie-mère. Mais, ici encore, on peut constater des productions qui sont l'œuvre exclusive de cette séreuse. La pesanteur accumule à sa partie inférieure de la sérosité purulente provenant de toute la surface arachnoïdienne. Ce fait se rencontre surtout dans la méningite cérébro-spinale épidémique.

Altérations de la pie-mère. — Dans l'étude de l'anatomie pathologique des annexes, on peut isoler jusqu'à un certain point la dure-mère de l'arachnoïde et celle-ci de la pie-mère. Mais il est impossible de séparer de cette dernière membrane les parois des espaces sous-arachnoïdiens, par la raison qu'ils sont en grande partie formés par les ondulations de cette lame conjonctivo-vasculaire, et parce que les brides elles-mêmes qui s'entre-croisent dans ces cavités n'en sont que des émanations presque aussi riches qu'elles en vaisseaux. On ne peut examiner à part que les modifications pathologiques du contenu, c'est-à-dire du liquide céphalo-rachidien.

La pie-mère, en raison même de sa riche vascularité qui lui donne une grande puissance nutritive, se trouve être le pivot de toutes les formations pathologiques qui peuvent apparaître dans les annexes, particulièrement dans les processus inflammatoires. C'est elle qui joue le rôle principal dans ces inflammations générales qu'on désigne en clinique sous le nom de *méningites*. De ce foyer central, l'irritation rayonne en pâlissant de plus en plus, en dehors vers les autres annexes, en dedans vers l'encéphale. Cette propagation semble se faire surtout avec une grande facilité dans cette dernière direction, parce que la pie-mère est la membrane nutritive de l'encéphale; qu'elle se continue même dans son intimité par les trabécules névrogliques qui ne sont que ses dépendances modifiées. Aussi ne saurait-il y avoir d'inflammation de la pie-mère sans qu'il y ait en même temps un degré plus ou moins marqué de périencéphalite. De là viennent en définitive tous les symptômes nerveux inhérents aux méningites. La connexion de l'encéphale avec la pie-mère est telle, que, si légère que soit l'inflammation, cette membrane se trouve adhérer intimement à la substance corticale. Schwalbe explique cette fusion morbide du contenu et du contenant par la coagulation du liquide de l'espace épi-cérébral, mais la tuméfaction des trabécules suffit pour en rendre compte. Le feuillet viscéral de l'arachnoïde, qui puise directement ses moyens d'alimentation sanguine à la même source et qui adhère par sa face profonde à l'atmosphère celluleuse de la pie-mère, offre avec celle-ci une solidarité presque aussi grande dans les processus inflammatoires, solidarité qu'il traduit alors en devenant friable, opalin et poisseux. Mais la cavité de l'arachnoïde vient toujours apporter une certaine limite à cette irradiation et rendre moins compromis le feuillet pariétal et la dure-mère. Cela tient non-seulement à l'interruption de la continuité des tissus qu'elle détermine, mais aussi à ce que le département vasculaire qui irrigue cette portion extérieure des annexes est distinct de celui qui se répand dans la portion située en deçà de la cavité séreuse. Toutefois si ce ne sont pas les mêmes troncs artériels qui fournissent à ces deux régions, c'est toujours le même centre nerveux, le sympathique cervical, qui règle leur vascularisation. C'est pourquoi il existe souvent entre elles un certain consensus inflammatoire. Cette remarque faite, limitons maintenant le champ de nos observations anatomiques à la pie-mère et à la trame solide des espaces sous-arachnoïdiens.

A la suite de traumatismes ou de carie spontanée des os du crâne, sous l'influence de l'insolation, de certaines substances toxiques, notamment de l'alcool, dans les affections rhumatismales, dans le cours d'un grand nombre de pyrexies, de maladies aiguës et chroniques, qui agissent ici par action sympathique, par dyscrasie du sang ou par des mécanismes inconnus, la pie-mère peut devenir tout à coup le siége d'une congestion active des plus intenses. Ses vaisseaux semblent se multiplier et effacer complétement le tissu conjonctif qui comble le réseau normal. Ce n'est plus qu'une vaste nappe rouge, violacée par places. C'est surtout dans le cas de rhumatisme cérébral que la teinte rouge se montre d'une vivacité extrême. On dirait que le sang vient d'être agité dans une atmosphère d'oxygène pur. Quelle que soit l'origine de l'inflammation, la dilatation des vaisseaux atteint dans certains endroits de telles proportions qu'il se produit des ruptures capillaires, et l'on aperçoit des globules rouges extravasés. Les vaisseaux non rompus se montrent entourés d'un manchon opalin qui se dessine de chaque côté par deux lignes blanches très-accentuées. Ce sont les gaînes lymphatiques qui sont pour ainsi dire solidifiées par une accumulation prodigieuse de globules blancs. Si l'inflammation atteint un plus haut degré d'intensité, l'exsudation du plasma franchit les limites de la gaîne lymphatique et la fibrine vient se solidifier en dehors des vaisseaux, à la surface de la pie-mère, où elle forme une fausse membrane générale et souvent continue. Cette couche fibrineuse peut atteindre jusqu'à 5 millimètres d'épaisseur. Elle est opaque et jaunâtre. Elle est loin d'être constituée exclusivement par la fibrine. Elle emprisonne une énorme quantité de globules de pus qui proviennent, pour les uns, de la prolifération des cellules plasmatiques de la pie-mère, pour les autres, de la transsudation des globules blancs. Dans tous les cas, ils représentent le résultat d'une véritable inflammation suppurative de la pie-mère. C'est du pus qui ici, comme dans la péritonite, se trouve emprisonné et solidifié par de la fibrine. Ce qu'il y a de remarquable pour la pie-mère, c'est la rapidité avec laquelle il se forme. En quelques heures, la surface de l'encéphale peut être littéralement couverte. Cette rapidité de production se montre surtout dans l'affection épidémique appelée *méningite cérébro-spinale épidémique* que Niemeyer regarde comme étant engendrée par un virus spécial, et que Laveran prétend n'être qu'une transformation des fièvres éruptives, particulièrement de la scarlatine. Chez les sujets atteints de cette affection, on est frappé non-seulement de la rapidité avec laquelle elle arrive à suppuration, mais encore de la puissance de généralisation qu'elle possède. Constamment, l'inflammation occupe à la fois la pie-mère cérébrale et la pie-mère rachidienne, ce qui est tout à fait exceptionnel dans les autres méningites. En outre, très-souvent elle envahit le vestibule, le limaçon et même la caisse du tympan. Ce fait semble justifier les vues anatomiques de Key et de Retzius sur l'existence de nombreux *diverticuli* pour la cavité sous-arachnoïdienne. Mais il est plus probable que ces collections extra-cérébrales de pus tiennent à l'action du virus répandu dans toute l'économie, car on voit apparaître aussi des infiltrations purulentes dans les chambres de l'œil et même dans la cornée.

Chez les ivrognes de profession et chez les aliénés, les inflammations de la pie-mère prennent une marche chronique. Cette méninge acquiert une opacité diffuse ; elle s'épaissit par le fait de la prolifération et de la transformation en fibres de ses noyaux plasmatiques. Sous l'influence de la même activité nutritive, les corpuscules de Pacchioni sont augmentés de volume, et c'est surtout dans ces circonstances qu'on les voit percer les deux autres méninges et venir faire saillie dans les sinus. Chez les buveurs, en particulier, les parois des vaisseaux de la pie-mère éprouvent en outre la dégénérescence graisseuse, ce qui les rend plus friables. Aussi leur trajet est-il maculé de taches hémorrhagiques, et si on examine celles-ci au microscope, on y aperçoit souvent des cristaux d'hématoïdine résultant des mutations chimiques éprouvées spontanément par la matière colorante du sang.

D'après Blacher et Luys, la cachexie syphilitique qui, elle aussi, pourrait déterminer une inflammation chronique de la pie-mère, donnerait à celle-ci un cachet tout particulier. Elle y fait naître des granules qui, à l'œil nu, peuvent parfaitement être pris pour des granulations tuberculeuses, mais qui, au fond, ne sont que des gommes à proportions lilliputiennes. Elles sont formées par des amas de matière granuleuse amorphe, au milieu de laquelle se trouvent des noyaux et des vaisseaux de nouvelle formation. D'autre part, les vaisseaux de la pie-mère, au lieu d'éprouver la dégénérescence graisseuse, comme chez les ivrognes, éprouvent une véritable sclérose. Leur tunique celluleuse s'hypertrophie.

En dehors de la syphilis et surtout chez les enfants, l'inflammation de la pie-mère peut être spécialisée par l'apparition de granulations que la plupart des auteurs regardent comme des tubercules miliaires, mais que d'autres considèrent, avec Empis, comme des productions fibro-plastiques. De là les deux dénominations appliquées à cette affection de *méningite tuberculeuse* et de *méningite granuleuse*, cette dernière épithète ne préjugeant en rien de la nature de ces produits pathologiques. Quoi qu'il en soit, elles sont réellement distinctes des petites gommes syphilitiques signalées plus haut et elles m'ont paru offrir, les unes les caractères du tubercule gris, les autres ceux du tubercule jaune, ayant, par conséquent, déjà éprouvé la dégénérescence caséeuse. Ce qu'il y a de remarquable, c'est que ces produits qui, il est vrai, peuvent exceptionnellement se rencontrer sur certains points de la surface convexe du cerveau, siégent presque exclusivement à la base. De là, pour ce genre de méningite, une symptomatologie toute spéciale en rapport avec l'origine des nerfs crâniens. Toutefois, les recherches récentes de Liouville tendent à démontrer que, quand même les granulations restent limitées à la base du côté du cerveau, elles se montrent parfois simultanément dans la pie-mère rachidienne. Elles sont toujours comme appendues aux vaisseaux, de manière à figurer de véritables grappes.

Un examen attentif montre qu'elles appartiennent encore plus à la gaîne lymphatique qu'au vaisseau sanguin lui-même. Elles résultent de la prolifération des noyaux de cette gaîne. En même temps, il se produit des caillots dans la plupart des vaisseaux correspondants. De là, en définitive, la mort des éléments des granulations et leur transformation caséeuse. Cette obstruction des artérioles a encore un autre résultat : c'est de donner lieu, par stase sanguine, à un œdème de la substance corticale. Cet œdème, joint à l'insuffisance de la nutrition, amène bientôt la mort des cellules nerveuses et, par suite, le ramollissement de la substance grise. Dans d'autres points, au contraire, les vaisseaux restés perméables apportent dans leur département nerveux une quantité de sang d'autant plus considérable que sa distribution est empêchée ailleurs. De là, irritation nutritive de la névroglie, multiplication des noyaux, qui donne bientôt lieu à des corpuscules de Gluge. Comme dans les cas de méningite simple, la pie-mère obéit à sa grande aptitude à la suppuration, et les granulations tuberculeuses plongent dans un abondant exsudat fibrino-purulent. Leur présence donne à ce dernier un aspect différent de l'exsudat de la méningite non granuleuse. Elles lui procurent plus de consistance. C'est du pus plus concret et une teinte moins verte parce qu'en réalité le pus y est moins abondant et moins pur.

Les vaisseaux de la pie-mère peuvent dégénérer au même titre que ceux de l'encéphale, devenir comme eux friables et donner lieu, même en l'absence de tout travail inflammatoire apparent, à des *hémorrhagies interstitielles*. Cette membrane se montre alors mamelonnée et d'un rouge carminé par places. On l'a comparée avec raison dans cette circonstance au placenta. Cet aspect est surtout très-marqué dans les plexus choroïdes qui, à l'état normal, semblent être des éponges toutes prêtes à s'imbiber de sang. La pie-mère rachidienne, quoique moins vasculaire que la pie-mère crânienne, peut aussi s'infiltrer de sang; mais le fait est rare. On l'a rencontré surtout comme épiphénomène dans le tétanos et dans des chorées graves.

La pie-mère, qui représente le foyer principal des inflammations méningées, est aussi le terrain de la plupart des tumeurs des annexes. C'est dans sa trame qu'on rencontre le plus souvent ces kystes contenant de la stéarine et de la cholestérine. C'est dans les trabécules qu'elle envoie dans les espaces sous-arachnoïdiens que la plupart des tumeurs fibreuses prennent naissance. Il en est de même des tumeurs fibro-plastiques qui empruntent à ce tissu artériel sa richesse vasculaire et qui, par suite, se signalent par leurs nombreux vaisseaux et des hémorrhagies multiples. Là aussi, débutent les masses carcinomateuses, les hydatides et les cysticerques. D'un autre côté, les proliférations conjonctives locales arrivent facilement aux transformations régulières et ultimes propres à ce tissu. De là la formation de plaques osseuses ou cartilagineuses. Enfin, dans certaines circonstances, l'immense quantité de sang qui traverse la pie-mère peut donner lieu à de véritables dépôts d'alluvion des sels qu'il charrie avec lui, et il se fait çà et là des concrétions calcaires qui sont composées de carbonate et de phosphate de chaux et qui sont comme le pendant pathologique de ce qui existe normalement dans les plexus choroïdes.

Les parois des ventricules, qui ne sont qu'une dépendance de la pie-mère, prennent toujours une certaine part aux inflammations de cette membrane. Particulièrement, dans la méningite épidémique elles sont tapissées d'une couche jaunâtre et molle, parsemée d'un grand nombre de globules de pus. Dans la méningite tuberculeuse, on trouve souvent la membrane des ventricules détruite, et le tissu cérébral ambiant, privé ainsi de son bouclier naturel, se dissocie par suite de la production d'un œdème dû à une véritable macération par le liquide céphalo-rachidien. Parfois, cependant, cet œdème paraît être de nature irritative et ressemble au travail qui s'opère dans certaines pneumonies secondaires.

Altérations du liquide céphalo-rachidien. — La modification la plus simple, quoique très-grave dans ses conséquences, que puisse éprouver le liquide céphalo-rachidien consiste dans l'augmentation de sa quantité normale. Cette augmentation est acquise ou innée.

Dans le premier cas, elle peut tenir à plusieurs causes différentes. Tout obstacle apporté à la circulation peut augmenter par exosmose la masse du liquide céphalo-rachidien ; mais c'est alors une hydropisie passive dans toute l'acception du mot et non une hypersécrétion. C'est ce qui se produit dans beaucoup de cas de tumeurs et dans les thromboses des sinus. L'exhalation peut être aussi passivement provoquée par la formation d'un vide relatif. C'est ce qui a lieu chez les vieillards atteints d'atrophie du cerveau. Les altérations du sang par les diverses cachexies peuvent, de leur côté, faciliter l'exosmose des parties séreuses du liquide nutritif et produire dans la cavité sous-arachnoïdienne une accumulation comparable à l'hydrothorax et à l'ascite. Dans la méningite tuberculeuse, les ventricules se montrent souvent distendus par de la sérosité. Frappés de ce fait, les anciens médecins avaient même appelé cette affection *hydrocéphalie aiguë*, et le public attribue encore aujourd'hui les accidents de cette maladie à la présence d'une boule d'eau dans la tête. Cette augmentation du liquide ventriculaire est généralement regardée comme résultant de l'activité qu'apporte dans l'exhalation la congestion considérable de tous les vaisseaux ambiants. Mais il y a peut-être un autre élément dont il faut aussi tenir compte, c'est la présence de nombreux exsudats fibrino-purulents dans les espaces sous-arachnoïdiens. Ces magmas volumineux doivent certainement refouler une partie du liquide céphalo-rachidien dans les ventricules.

Lorsqu'elle est acquise et qu'elle se produit rapidement, l'augmentation du liquide n'est jamais considérable, car la quantité dépasse rarement quatre-vingts grammes. Mais cette petite masse de liquide exerce néanmoins sur l'encéphale une pression suffisante pour aplatir les circonvolutions contre les parois du crâne et finir même par les atrophier. Son contact peut ramollir les parois des ventricules, dont les débris vont se mêler au liquide et lui communiquer une teinte opalescente. Lorsqu'au contraire l'hydropisie tient à des causes agissant faiblement et lentement, autrement dit lorsqu'elle affecte une marche chronique, elle peut acquérir des proportions considérables. Ayant le temps d'atrophier les éléments nerveux, elle se creuse pour ainsi dire son nid et n'est plus limitée par un tissu qui n'a pas eu le temps de céder. On peut trouver ainsi accumulés dans les ventricules jusqu'à quatre cents grammes de liquide. La membrane ventriculaire, qui se rompt et se détruit lorsqu'elle est brusquement ébranlée par une hydropisie aiguë, voit, au contraire, sa nutrition augmenter lorsque l'épanchement se produit lentement et ne fait que l'irriter par des additions incessantes, mais faibles. Elle ne cède plus devant un torrent qui la surprend; elle a le temps de se fortifier pour résister à la pression qu'elle doit subir. Elle s'hypertrophie et s'indure. C'est le tissu cérébral voisin qui abandonne la place et disparaît par résorption. Les plexus choroïdes ont évidemment la plus large part dans l'exhalation, et c'est pour cela que la cavité dans laquelle ils se trouvent est plus spécialement remplie. Il semble même que l'exosmose exubérante dont leurs vaisseaux sont le siége n'arrive pas toujours à rompre l'atmosphère celluleuse qui forme la trame de ces replis, car on aperçoit souvent dans leur épaisseur des kystes qui attestent qu'une partie du liquide exhalé a dû rester là emprisonné et n'a pas pu arriver jusque dans la cavité ventriculaire elle-même.

Lorsque l'hydropisie est congéniale, elle tient alors soit à un vice héréditaire, soit à un arrêt de développement du cerveau ou du crâne. Dans ce cas, si elle n'est pas limitée par l'ossification antérieure des sutures, elle peut acquérir des proportions prodigieuses et atteindre même jusqu'à vingt et vingt-cinq litres. La compression exercée par cette masse empêche la formation ou amène la résorption de la substance nerveuse. Celle-ci se montre parfois réduite à une simple coque. Virchow dit cependant avoir rencontré une fois, au contraire, une production de substance grise plus grande que dans les encéphales normaux. A-t-il été victime d'un effet de comparaison et l'atrophie de la substance blanche lui a-t-elle fait croire à une plus grande épaisseur de la grise? L'augmentation était-elle relative et non absolue? Tandis que la substance cérébrale cède la place à la marée toujours montante du liquide exhalé, l'épendyme, au contraire, s'épaissit et tend à apporter des bornes à la transsudation.

Lorsque l'excès de formation du liquide céphalo-rachidien coïncide ou plutôt s'enchaîne avec un arrêt de développement du crâne ou du rachis, il peut en résulter la production d'une tumeur extérieure et molle, qui prend le nom d'*encéphalocèle* pour la région crânienne, de *spina bifida* pour la région rachidienne. Pour leur donner naissance, le liquide pousse devant lui les méninges et se crée ainsi une véritable poche tout à fait comparable au sac herniaire. Il peut même entraîner la moelle avec lui, à la manière d'un corps flottant. Elle vient former comme une anse qui adhère à un des points de la poche et qui rentre plus bas dans le canal vertébral. Quant aux nerfs, ils s'étalent le plus ordinairement dans les parois de la poche. Ils se fusionnent avec elles au point qu'ils semblent avoir perdu toute continuité avec le cordon médullaire. Ce n'est pas toujours le liquide contenu dans l'espace sous-arachnoïdien qui profite du champ libre laissé par l'arrêt de développement du rachis. Il arrive parfois que c'est la portion du liquide renfermé dans le canal central de la moelle. Mais il faut pour cela que le centre nerveux prenne une part beaucoup plus complète à l'arrêt de développement, car, dans l'ordre naturel des choses, le canal médullaire n'arrive à s'effacer presque complétement que sous l'influence de l'envahissement concentrique des couches de substance nerveuse, et c'est lorsque cette substance reste réduite à l'état d'une véritable membrane que le liquide, non limité dans sa production, refoule devant lui, en s'en coiffant, le point de cette lame nerveuse qui correspond au cratère du rachis. Il arrive souvent qu'il y a deux poches, l'une appartenant au canal central, l'autre à l'espace sous-arachnoïdien, poches qui peuvent communiquer ou ne pas communiquer ensemble, suivant que la lame nerveuse a cédé oui ou non dans un point. Dans l'encéphalocèle, l'encéphale, en raison de sa moindre consistance, en raison surtout des soulèvements et des expansions rhythmiques qu'il éprouve, s'engage toujours dans le sac herniaire beaucoup plus largement que la moelle. En général, il forme la partie principale du contenu.

Les modifications que le liquide céphalo-rachidien peut éprouver dans sa composition chimique sont encore peu connues. Tout ce que l'on sait, c'est que dans l'hydrocéphalie congéniale il se montre encore plus pauvre qu'à l'état normal en principes solides. Ce n'est alors presque que de l'eau pure. Le seul élément solide bien appréciable qui s'y trouve est du chlorure de sodium. On sait aussi que dans l'hydrocéphalie aiguë le liquide n'est pas tout à fait le même dans les canaux sous-arachnoïdiens et dans les ventricules. Le liquide ventriculaire est presque privé d'albumine, ne renferme pas les sels du sérum, c'est-à-dire la soude et les chlorures, et possède les sels des globules (potasse et phosphates). Le liquide sous-arachnoïdien proprement dit renferme, au contraire, une proportion considérable d'albumine et les sels du sérum. Dans l'ictère et la fièvre jaune, le liquide céphalo-rachidien se charge abondamment des matières colorantes de la bile et il prend une teinte jaune verdâtre très-marquée. Il se montre, au contraire, rougeâtre dans le scorbut et la fièvre typhoïde, par suite de l'altération des globules et de l'hématosine, qui devient soluble. Il peut aussi renfermer une grande quantité de sang pur et complet. C'est même dans la grande cavité sous-arachnoïdienne que se rencontrent le plus souvent les hémorrhagies dites d'une manière générique *méningées*. Ce mélange

du sang avec le liquide se produit tantôt par suite de ruptures dues
à la dégénérescence des vaisseaux, tantôt sous l'influence d'une diathèse hémorrhagique, tantôt à la suite de l'alcoolisme, qui agit du
reste à la fois en altérant le sang et en faisant dégénérer les vaisseaux, tantôt enfin à la suite d'une maladie du foie, qui agit sans
doute en gênant la circulation. C'est surtout dans les ventricules
que les hémorrhagies semblent naître le plus souvent. La présence
des plexus choroïdes, si riches en vaisseaux, explique cette fréquence. Le sang se montre généralement coagulé, et cet état a
paru étonnant à beaucoup de médecins, à cause du mouvement du
liquide céphalo-rachidien qui semblerait devoir troubler le phénomène de la coagulation. Cet étonnement a tenu sans doute à un
manque de réflexion, car ce mouvement de va-et-vient doit, au contraire, remplir le rôle du balai avec lequel on prépare la fibrine
dans les laboratoires. Le sang épanché n'est jamais enkysté, ce qui
tient probablement à l'agitation même du liquide. Le travail d'enkystement se trouve ainsi constamment entravé. Lorsque l'épanchement se fait dans la partie rachidienne de la grande cavité, le bras-
sage amène aussi une coagulation rapide. Le caillot peut n'occuper
qu'un point ou former un véritable anneau autour de la moelle.
Parfois même, il occupe tout le canal, comme si on avait pratiqué
une injection coagulable. Enfin, il est un liquide pathologique qui
se mélange plus souvent encore au liquide céphalo-rachidien : c'est
le pus qui peut prendre naissance sur place, comme dans les méningites, ou provenir, par perforation, d'un abcès extérieur.

Physiologie pathologique des annexes.

Dans l'intérêt de l'analyse physiologique, nous ne suivrons point
pas à pas les diverses entités morbides établies par les pathologistes. Il n'y a pas lieu, en effet, de faire ici une physiologie pathologique spéciale. Restant dans le point de vue général, nous examinerons successivement et à part les troubles fonctionnels déterminés
par les altérations de chacune des annexes. Cette marche sera pour
nous la plus rationnelle, car notre but ne doit pas être la recherche de la cause trop élevée et presque toujours insaisissable qui
fait qu'un certain nombre de symptômes se groupent toujours
ensemble pour former ces composés complexes, mais définis, qui,

en clinique, constituent les unités morbides. Ce que nous devons chercher, c'est le mécanisme physiologique de toutes les aberrations fonctionnelles, quelle que soit la maladie dans laquelle elles apparaissent ; et dès lors il convient de procéder surtout par voie d'organes et de fonctions. Prenons donc les annexes dans leur ordre naturel de superposition.

Physiologie pathologique de la dure-mère. — Les troubles fonctionnels qu'engendre l'inflammation de cette membrane doivent être examinés à part pour sa portion crânienne et pour sa portion spinale. Dans le crâne, tant qu'elle se borne à produire un épaississement partiel, elle peut passer inaperçue pendant la vie chez certains sujets dont la sensibilité nerveuse est peu développée. Mais, la plupart du temps, elle donne lieu, même dans ces conditions, à de la céphalalgie qu'explique la présence de filets émanant du trijumeau dans le tissu fibreux de la dure-mère. Cette douleur de tête a ceci de remarquable qu'elle est persistante et occupe un point fixe, ce qui tient à la localisation et à la lenteur du travail pathologique. Les mêmes raisons font qu'elle ne s'accompagne pas de fièvre, ce travail étant trop restreint pour en provoquer. Chez beaucoup de personnes à système nerveux plus impressionnable, l'irritation subie par les filets nerveux de la dure-mère suffit pour retentir d'une manière réflexe sur diverses parties de l'encéphale. De là des vertiges, des tintements d'oreille, de l'incertitude des mouvements, de l'agitation, de l'insomnie ; de là, plus fréquemment encore, une excitation du moteur oculaire commun, qui produit un rétrécissement des pupilles. Lorsque le processus inflammatoire prend des allures plus aiguës et aboutit à la formation d'un abcès ; non-seulement il trouble assez l'économie générale pour développer une réaction fébrile qui traduit son intensité ; non-seulement l'irritation subie par les filets du trijumeau est assez vive pour provoquer à un plus haut degré et d'une manière plus constante, la céphalalgie et les phénomènes réflexes dont il vient d'être question, mais plus tard, la collection purulente vient, par son volume, diminuer la capacité du crâne et exercer sur l'encéphale une compression qui peut avoir les mêmes conséquences que les épanchements cérébraux et les autres tumeurs intra-crâniennes.

Nous avons vu que la dure-mère spinale était susceptible de s'enflammer et de s'hypertrophier, particulièrement dans la région cervicale, de façon à comprimer la moelle épinière et à y provoquer une dégénérescence. Dès son début, ce travail inflammatoire irrite les nerfs rachidiens avec lesquels la dure-mère se trouve en contact intime. Il en résulte des sensations subjectives de fourmillement et d'engourdissement dans les membres, des irradiations douloureuses dessinant le trajet périphérique de ces nerfs. Il existe surtout des douleurs articulaires comparables à celles du rhumatisme généralisé, mais qui ne s'accompagnent ni de gonflement, ni de rougeur. Il semble que ces derniers troubles trophiques nécessitent l'intervention de la substance grise spinale qui, pour le moment, n'est pas encore mise en cause. Les tubes moteurs paraissent céder moins facilement à cette influence irritante, car ce n'est qu'exceptionnellement qu'on observe des phénomènes convulsifs qui restent toujours très-partiels et qui siégent surtout dans les membres inférieurs. Lorsque plus tard la moelle est elle-même compromise, l'irritation des cornes antérieures, sans doute, provoque des symptômes identiques avec ceux de l'atrophie musculaire progressive, c'est-à-dire des contractions fibrillaires, qui sont bientôt suivies de l'atrophie et de la paralysie des muscles; mais cette reproduction de la maladie que nous avons analysée dans le premier volume (page 191) reste toujours localisée, en raison même du siége restreint de la pachyméningite spinale, et, chose qu'il serait difficile d'expliquer, elle épargne toujours, d'après Joffroy, les muscles animés par le radial. Avec l'altération de la moelle apparaissent aussi des troubles trophiques consistant dans des éruptions vésiculeuses et bulleuses qui occupent ordinairement l'extrémité des doigts.

Les hémorrhagies d'origine traumatique qui décollent la dure-mère de la paroi interne du crâne, les diverses tumeurs qui prennent naissance dans cette membrane, peuvent éveiller l'appareil symptomatique complexe et varié qu'engendrent toutes les masses surajoutées au contenu normal et capables d'irriter ou de comprimer le tissu nerveux. Les effets sont identiques à ceux produits par les tumeurs de l'encéphale et sont aussi inconstants qu'eux.

Les sinus représentant les voies de sortie du sang veineux qui abandonne l'encéphale, il est évident que lorsque l'un d'eux se trouve oblitéré par un caillot, il doit en résulter une stase sanguine plus ou moins étendue dans ce centre nerveux, stase qui s'établit d'autant plus facilement que les anastomoses veineuses font défaut dans le cerveau. Quoique passive, cette congestion n'en trouble pas moins considérablement le fonctionnement de cet organe. De là des troubles variés dont les uns sont engendrés par irritation, les autres par compression. Les premiers consistent en de la céphalalgie, des vomissements, du délire, des crampes ; les seconds en de la somnolence, du strabisme, de la dilatation de la pupille et diverses paralysies. Les symptômes qui n'appartiennent pas à la sphère intellectuelle sont d'abord unilatéraux ; mais au fur et à mesure que la gêne de la circulation se fait sentir plus loin, ils tendent à se montrer à la fois des deux côtés. Ces différents phénomènes morbides se produisent d'autant plus facilement que, tôt ou tard, l'entrave éprouvée par la circulation veineuse détermine dans la cavité crânienne, absolument comme dans les autres régions, une exsudation séreuse, d'où résulte l'œdème des méninges et l'hydropisie ventriculaire. Il se fait même des ruptures qui donnent lieu à des ecchymoses et à des hémorrhagies disséminées.

Lorsque le thrombus siége dans le sinus caverneux, on voit à peu près constamment apparaître un groupe de symptômes paralytiques dépendant du moteur oculaire commun, de la branche ophthalmique de Villis, du pathétique, du moteur oculaire externe, et même des rameaux du sympathique. De là l'apparition presque constante d'un strabisme dont la direction varie suivant que c'est la 3e, la 4e ou la 6e paire qui se trouve être mise en cause. En tous cas, il en résulte forcément de la diplopie par défaut de parallélisme entre les axes visuels. De là aussi la dilatation de la pupille par l'absence d'action de la 3e paire qui anime les fibres circulaires de l'iris. De là, enfin, l'insensibilité possible de la conjonctive et du globe oculaire. Les corps étrangers ne sont plus sentis par la branche ophthalmique et ils ne provoquent plus les mouvements de clignement capables de les expulser. D'où irritation et inflammation de l'œil qui s'altère d'autant plus facilement que le sympathique détermine en même temps une congestion de l'organe. Avec ce siége particulier du caillot, tous ces effets ne sont plus la conséquence d'un œdème et d'un engorgement sanguin général de l'encéphale par suite d'un barrage en un point quelconque des sinus. Ils résultent d'une compression directe de tous ces nerfs par le thrombus, car ils sont logés dans la paroi même du sinus caverneux.

La gêne de la circulation due aux thrombus des sinus retentit même sur certaines régions situées en dehors du crâne. De là résulte l'apparition de troubles circulatoires extérieurs qui permettent de fixer le diagnostic et de connaître la véritable cause des perturbations nerveuses dont on est témoin. Ainsi, il ressort des observations de Hubner que quand le caillot occupe le sinus transverse, les veines émissaires de Santorini et la veine mastoïdienne se dilatent et forment des reliefs bleuâtres très-apparents. Il en est de même des veines pariétales, quand il se trouve dans le sinus longitudinal. S'il siége dans la veine ophthalmique qui ramène aux sinus le sang de la veine frontale, du globe de l'œil et des paupières, on constate une forte injection de la peau du front. La stase sanguine peut même produire alors une véritable exophthalmie. En toutes circonstances, ces thrombus amènent généralement un œdème de la région extra-crânienne connexe. Ils peuvent même produire des hémorrhagies extérieures, entre autres des épistaxis.

Les caillots peuvent encore accidentellement déterminer des troubles graves qui ne dépendent plus ni d'une compression directe des nerfs voisins, ni de l'entrave apportée à la circulation encéphalique. Parfois, en effet, ils se segmentent et donnent lieu à des embolies qui vont anémier et ramollir un département du cerveau.

Lorsque les sinus de la dure-mère s'enflamment et deviennent le siége d'une véritable phlébite, les méninges prennent bientôt part au processus inflammatoire et développent l'appareil symptomatique qui leur est propre et qui masque les symptômes qui pourraient appartenir à la phlébite elle-même. Cependant il est quelques sinus dont l'inflammation agit directement sur certains nerfs voisins et vient ainsi modifier un peu les manifestations de la méningite concommittante. Telle est la phlébite du sinus caverneux qui, par la tuméfaction inflammatoire qu'elle provoque, compromet encore plus considérablement les 3e, 4e, 5e et 6e paires qu'un simple caillot non entouré d'une atmosphère phlegmoneuse. Telle est celle du sinus transverse qui, pour la même raison, fait ce que ne ferait pas une thrombose ordinaire et comprime les nerfs qui sortent par le trou déchiré postérieur, c'est-à-dire le pneumo-gastrique, le spinal et le glosso-pharyngien. De là la possibilité de troubles variés dans la respiration, la circulation cardiaque, la déglutition et la phonation.

Physiologie pathologique de l'arachnoïde. — En clinique, il est à peu près impossible, et il serait du reste sans utilité de diagnostiquer la présence d'un épanchement séreux dans la cavité de l'arachnoïde. Cette accumulation est rarement un fait isolé et elle vient

noyer ses effets au milieu de ceux de l'inflammation de la pie-mère
et des espaces sous-arachnoïdiens. D'ailleurs elle ne peut déterminer
que des effets de compression tout à fait identiques à ceux que produit l'augmentation du liquide céphalo-rachidien. Quelle que soit
sa place dans le crâne et le rachis, qu'il soit dans l'arachnoïde ou
dans la cavité sous-arachnoïdienne, un liquide comprime toujours
l'axe nerveux de la même façon, et les symptômes ne peuvent que
rester les mêmes. Disons cependant que les autopsies démontrent
que la sérosité de toute la surface arachnoïdienne tend à se réunir
à la partie inférieure du rachis. Elle pourrait donc bien accuser
spécialement sa présence par une paraplégie. Une observation plus
attentive et moins absorbée par l'ensemble de la maladie permettrait peut-être de constater qu'il en est ainsi.

Les adhérences que créent parfois les inflammations chroniques
de l'arachnoïde doivent bien certainement gêner les mouvements
des centres nerveux, de même que celles de la plèvre rendent plus
pénibles les glissements du poumon. Il est vrai que ces adhérences
ne se rencontrent guère que dans le rachis, où la moelle est immo-
bilisée par les ligaments dentelés. Mais là les vertèbres se déplacent
à chaque instant sur l'axe nerveux, et il doit en résulter alors des
tiraillements qui ne sont pas sans inconvénient pour l'intégrité matérielle et fonctionnelle de la moelle. Il est évident encore que les
épaississements, les plaques cartilagineuses et calcaires que présentent quelquefois les feuillets de l'arachnoïde doivent nuire considérablement aux fonctions mécaniques de cette membrane. Toutes ces
déductions théoriques méritent bien d'attirer l'attention des observateurs.

Les fausses membranes qu'on rencontre si souvent sur le feuillet
pariétal, au niveau de la voûte du crâne, et que la plupart des auteurs rapportent à la dure-mère, doivent aussi apporter une certaine
contrainte aux mouvements de glissement du cerveau. Ce sont peut-
être, du reste, ces glissements qui accentuent davantage la douleur
dont leur formation s'accompagne. On doit convenir, toutefois, que
la plupart du temps elles ne provoquent rien d'anormal tant qu'elles
n'éprouvent point de catastrophes hémorrhagiques. Lorsque, par
suite de la friabilité de leurs vaisseaux, il se produit une hémorrhagie interstitielle, c'est-à-dire un hématome, la scène change
brusquement et on croit assister à une véritable apoplexie. Cependant celle-ci n'est jamais aussi instantanée ni aussi complète que

dans le cas d'hémorrhagie cérébrale. Ce n'est que peu à peu que la
perte de connaissance et le coma s'établissent. La fausse membrane,
si mollasse qu'elle soit, ne se laisse jamais distendre aussi facilement
que la substance cérébrale se laisse refouler ou déchirer. Les vaisseaux qui rampent dans ses diverses couches sont d'un plus petit
calibre que beaucoup de ceux qui rampent dans l'encéphale. L'é-
panchement ne saurait donc être tout de suite bien considérable.
Serres avait même prétendu que ces hémorrhagies méningées étaient
incapables de produire de la paralysie, parce qu'il n'en avait pas
observé chez des animaux auxquels il avait procuré une hémorrhagie artificielle par l'ouverture du sinus longitudinal. Mais, outre que
les chiens sont peu aptes aux hémiplégies, Serres n'est arrivé à
produire ainsi que des suffusions et non des collections sanguines.
La clinique est là pour démontrer que les hématomes déterminent
très-souvent de la paralysie. Dans les cas assez fréquents, il faut le
reconnaître, où il ne se produit pas de véritables paralysies du tronc
et des membres, soit parce que l'épanchement n'a pas pris des proportions bien considérables, soit parce que l'accumulation de sang
s'est faite lentement et en plusieurs temps, on constate cependant
quelques symptômes qui accusent un certain degré de compression.
On observe un état d'engourdissement général qui prouve que les
centres sensitifs et locomoteurs, sans être entravés, sont du moins
un peu gênés dans leur fonctionnement. Il y a surtout une grande
propension au sommeil. C'est au point que les malades dorment
profondément pendant 24 et 30 heures. En comprimant directement
la région convexe de la couche corticale, en raison même de son
siége, l'hématome amoindrit la vie intellectuelle et de relation.
Dans d'autres cas, cet épanchement, qui, par sa situation excentrique, exerce une compression moins générale que ceux qui siégent
au centre même de la substance encéphalique, constitue toutefois
une épine qui peut déterminer des phénomènes réflexes émanant
de régions plus éloignées. Il peut exciter de cette manière le bulbe
et produire des irrégularités ou de la lenteur du pouls. Il peut
retentir sur le noyau du moteur oculaire commun et maintenir le
rétrécissement pupillaire observé quelquefois avant l'hémorrhagie,
pendant la formation de la fausse membrane.

Physiologie pathologique de la pie-mère. — On peut presque
affirmer qu'en clinique on n'est jamais témoin d'une inflammation
mathématiquement limitée à la pie-mère ou même à l'ensemble des

méninges. En réalité, sur le terrain pathologique surtout, l'encéphale et ses enveloppes sont solidaires les uns des autres. Celles-ci ne sauraient être enflammées un certain temps sans que la couche corticale tout au moins le soit aussi. Comment, en effet, la membrane nourricière du cerveau pourrait-elle être injectée sans que l'organe nourri le soit ? Dans ce processus commun, le point de départ se trouve tantôt dans la pie-mère, tantôt dans le cerveau. Il se trouve dans ce centre nerveux lorsque les causes de la méningite sont : une fatigue intellectuelle, des veilles prolongées, la maladie de Bright. Le point de départ siége, au contraire, dans les méninges quand l'inflammation a été provoquée par une blessure, une contusion du crâne, un vice rhumatismal. Enfin, le travail morbide éclate simultanément dans les membranes et dans l'encéphale lorsque l'affection puise sa source dans l'insolation ou dans des excès alcooliques.

Il est probable que si l'inflammation pouvait rester limitée à la pie-mère, la symptomatologie serait des plus simples et se réduirait à de la fièvre et à de la céphalalgie ; à de la fièvre, parce qu'il est de règle en pathologie que toute inflammation aiguë s'accompagne de ce genre de réaction générale ; de la céphalalgie, parce que la pie-mère possède des nerfs sensitifs et qu'elle présente, plus que bien d'autres organes, la condition nécessaire à la production de la douleur, l'un des quatre faits fondamentaux de tout travail inflammatoire. Mais l'appareil symptomatique de la méningite est toujours beaucoup plus complexe, et cela uniquement par le fait de l'intervention du cerveau. On peut dire que tout ce qui, dans les symptômes observés, n'est ni la céphalalgie, ni la fièvre, est l'œuvre de l'encéphale lui-même et non celle de l'enveloppe, dont le nom sert cependant à désigner la maladie.

Presque toujours la céphalalgie est rapidement suivie d'une explosion subite de troubles intellectuels des plus intenses, ce qui indique que le processus envahit la couche corticale en même temps que la pie-mère, et qu'il existe par conséquent aussi une périencéphalite. Aussi le mot *méningo-encéphalite*, proposé par Calmeil serait-il mieux l'expression de la vérité. La plupart des malades sont en proie à un délire furieux, alimenté par des hallucinations excessivement mobiles. L'inflammation s'étend donc fréquemment au delà des plans superficiels du cerveau et gagne les couches optiques. Le travail pathologique, qui gagne si aisément en profondeur, peut plus facilement encore s'étendre en surface et se généraliser au point de toucher à la fois toutes les régions de l'encéphale. C'est en vertu de cette généralisation que le cervelet se trouve fréquemment mis en cause et qu'on observe des impulsions irrésistibles dans la locomotion et dans le caractère. Lorsque la congestion active envahit d'emblée et à un haut degré la protubérance et le bulbe, les signes d'excitation peuvent manquer complétement. Alors le malade est frappé brusquement de coma et de paralysie généralisée. La respiration, dont l'organe régulateur est compromis, devient stertoreuse. La mort peut même être presque foudroyante lorsque le travail morbide est tel qu'il détruit ou paralyse d'emblée le nœud vital.

Avec une inflammation moins intense et moins étendue, la scène pathologique est plus animée et plus variée. L'intervention des centres locomoteurs se manifeste par des contractures qui peuvent siéger isolément ou simultanément dans les membres, dans les muscles de la mâchoire, qui produisent le trismus ou le grincement de dents; dans ceux de l'orbite, qui déterminent un strabisme; dans les muscles de la face, qui prend un air sardonique; dans ceux de la région cervicale postérieure, d'où opisthotonos; dans les muscles de la phonation, d'où bégaiement; dans les fibres circulaires de l'iris, d'où rétrécissement de la pupille; dans l'œsophage, d'où dysphagie. Chez les enfants, en raison de la prédominance des centres locomoteurs, en raison de la plus grande puissance du pouvoir réflexe, en raison de la plus grande solidarité que présentent toutes les parties de ce département des centres nerveux, on voit souvent éclater des convulsions générales. Dans l'ordre de la sensibilité, l'intervention des centres nerveux se manifeste par l'hyperesthésie du toucher et des sens spéciaux.

Il arrive parfois qu'après avoir observé ces divers phénomènes pendant la vie, on ne trouve à l'autopsie qu'une inflammation très-partielle et qui ne correspond pas toujours aux départements nerveux qui, d'après les données de la physiologie, ont dû fournir à la symptomatologie. On explique ces anomalies exceptionnelles en disant que la portion de méninge ou d'encéphale trouvée enflammée a agi sur les autres parties par influence réflexe. Mais est-on bien sûr d'avoir toujours poussé l'examen assez loin pour pouvoir affirmer l'absence de lésions dans les régions qui ont dû engendrer les troubles fonctionnels observés? D'autre part, n'a-t-il pas pu se produire, à un moment donné, une simple congestion qui a disparu au moment de la mort par le fait même de la contractilité posthume des vaisseaux ? A-t-on examiné aussi les troncs nerveux qui, étant accompagnés par la pie-mère, peuvent ainsi être directement compromis?

Comme dans tout travail phlegmasique s'opérant dans une trame nerveuse, il se produit toujours, dans la méningite non foudroyante, deux périodes distinctes. Au début, les éléments nerveux plongés dans cette atmosphère enflammée ne sont qu'irrités et leur fonctionnement se trouve exalté. Puis, le travail faisant des progrès, ils sont eux-mêmes détruits ou altérés, et alors les paralysies succèdent aux contractures, la dilatation de la pupille à son rétrécissement, l'obtusion des sens à leur hyperesthésie, l'hébétude et la somnolence à l'agitation intellectuelle. On prétend toutefois que ces symptômes paralytiques peuvent se rencontrer alors que le microscope ne montre aucune modification matérielle survenue dans les éléments nerveux. En admettant la chose comme parfaitement démontrée, ces paralysies pourraient certainement être déterminées par les exsudats fibrino-purulents. Ceux-ci, qui, au début de leur formation, ne constituent qu'une épine irritante pour le cerveau et les nerfs qui en émanent, peuvent parfaitement, en prenant de l'accroissement et de la consistance, exercer une compression paralysante sur les troncs nerveux englobés par eux, et même sur les circonvolutions. De plus, ils entravent la circulation des vaisseaux de la pie-mère et produisent ainsi un arrêt de nutrition et un œdème qui, à eux seuls, suffiraient pour expliquer le défaut de fonctionnement des éléments nerveux.

Mais il est un fait d'une explication plus difficile : ce sont les alternatives d'excitation et de paralysie que l'on observe quelquefois dans le cours de la maladie. Les éléments nerveux ne peuvent pas se détériorer et se réparer avec cette rapidité. Les exsudats ne peuvent pas non plus changer à chaque instant de volume et de consistance. Jaccoud explique ces paralysies passagères par sa théorie de l'épuisement. Pour répondre à l'irritation qui les titille, les éléments nerveux dépenseraient en un moment toute la force accumulée en eux, puis ils cesseraient toute manifestation dynamique jusqu'à ce que la nutrition intime soit venue les charger d'une nouvelle quantité d'influx. Mais il y a bien des causes mobiles de compression capables aussi de nous rendre compte de ces alternatives. L'accumulation du sang dans les vaisseaux peut varier à chaque instant, et suivant son degré elle est ou excitante ou comprimante. L'exhalation du liquide céphalo-rachidien peut augmenter brusquement et être suivie d'une résorption rapide.

Si nous suivons le même processus, dans la portion rachidienne de la pie-mère, nous verrons qu'ici encore, en dehors de la fièvre et de la douleur locale, liées à tout travail inflammatoire, les symptômes observés dépendent du voisinage et non de la membrane elle-même. Toutefois, il est à remarquer que ces symptômes de voisinage ne relèvent plus du centre, c'est-à-dire de la moelle, qui, anatomiquement, du reste, se fusionne moins avec la pie-mère spinale que le cerveau ne le fait avec la pie-mère crânienne. Il faut aussi tenir compte, dans cette circonstance, de la moindre vascularité de cette membrane dans le rachis. Elle est reliée à la moelle par un moins grand nombre de vaisseaux. Pour cette double raison, il y a moins d'entraînement réciproque entre le contenant et le contenu. Aussi le travail pathologique de la pie-mère spinale agit-il presque exclusivement sur les racines des nerfs rachidiens qui, pendant tout leur trajet intervertébral, contractent les connexions les plus intimes avec les méninges. Dans la tête, au contraire, les modifications fonctionnelles ou anatomiques subies par les nerfs crâniens s'associent toujours à des troubles éprouvés par le cerveau lui-même, ainsi que le démontrent surtout les symptômes intellectuels. Dans les premières phases de l'inflammation, les racines ne trouvent d'abord qu'une cause d'excitation. Les antérieurs traduisent leur état d'irritation par des contractures qui, par leur caractère, indiquent bien qu'elles sont l'œuvre exclusive des nerfs et non des centres moteurs. En effet, comme l'a fort bien remarqué Jaccoud, les impressions sensitives, si intenses qu'elles soient, ne les exagèrent pas, ce qui ne manquerait pas d'avoir lieu si elles étaient la traduction d'un éréthisme des cornes antérieures, c'est-à-dire de centres doués du pouvoir réflexe. Les contractures du tétanos sont augmentées par le moindre contact subi par la peau, tout justement parce que la puissance de la moelle est exaltée dans cette affection. Les spasmes musculaires augmentent, au contraire, sous l'influence des mouvements volontaires, parce que l'excitation déterminée par la méningite se trouve alors renforcée par la stimulation normale que la volonté envoie par l'intermédiaire des fibres encéphaliques et des cellules antérieures.

Les racines postérieures manifestent, de leur côté, l'excitation qu'elles reçoivent des méninges par des douleurs en ceinture pour les nerfs dorsaux, par des irradiations douloureuses dans les membres pour les nerfs des régions cervicale, lombaire et sacrée. Toutes ces douleurs spontanées offrent aussi un caractère qui les distingue de celles qui sont engendrées par des myélites, c'est qu'elles sont exagérées par les mouvements de la colonne, surtout par ceux de torsion. C'est qu'en effet la moelle échappe beaucoup plus que les nerfs et les méninges aux tiraillements qui peuvent résulter du déplacement partiel des vertèbres les unes sur les autres.

Lorsque, plus tard, les exsudats se sont assez développés pour exercer une pression considérable sur l'origine des nerfs rachidiens, lorsque l'augmentation du liquide céphalo-rachidien et l'apparition à peu près constante d'une certaine quantité de sérosités dans la cavité de l'arachnoïde viennent ajouter à cette compression, les phénomènes d'excitation sont remplacés par des troubles paralytiques. On voit alors l'anesthésie cutanée succéder à l'exaltation de la sensibilité, la paralysie volontaire aux contractures. Mais ces paralysies du sentiment et du mouvement restent toujours incomplètes et ne sont jamais aussi prononcées que dans les maladies de la moelle elle-même. Dans ce dernier cas, l'action nerveuse se trouve frappée dans le foyer même de sa production. Dans le premier cas, elle n'est qu'entravée dans ses moyens de propagation ; et encore, dans le faisceau des fibres appelées à la transmettre, il en est bien quelques-unes qui échappent jusqu'à un certain point à la compression. Il arrive même souvent que les membres qui n'obéissent que très-imparfaitement à la volonté, ou qui ont à peu près perdu la sensibilité cutanée, sont en même temps le siége de contractures partielles ou d'irradiations douloureuses, tout justement parce que les fibres qui échappent à la compression sont irritées par la méningite. Elles en sont encore à la première période, tandis que toutes les autres sont arrivées à la seconde. Lorsque ce sont les mêmes nerfs qui produisent les contractures et qui se montrent incapables de transmettre le mouvement volontaire, cela tient sans doute à ce qu'ils sont compromis au niveau de la moelle et à ce qu'ils ne sont qu'irrités au delà. Pour les tubes sensitifs en situation d'anesthésie douloureuse, le phénomène doit tenir à ce qu'ils sont, au contraire, plus compromis près des trous de conjugaison que près de la moelle. Quant aux alternatives de paralysie ou d'excitation que l'on observe souvent dans la méningite spinale, ils s'expliquent très-bien par la facilité avec laquelle les liquides arachnoïdiens et sous-arachnoïdiens peuvent éprouver des variations de quantité.

Lorsque le travail inflammatoire de la pie-mère et son extension aux centres nerveux s'opère d'une manière lente, comme cela a lieu dans la folie, l'alcoolisme et dans la cachexie syphilitique, le reflet symptomatique des lésions qu'il détermine est relativement assez terne, tout justement parce que les fausses membranes qui constituent la cause principale de compression ou d'irritation n'acquièrent jamais un grand développement, et parce que la lenteur de l'accroissement laisse aux parties sous-jacentes le temps de se plier et de s'accoutumer à ces agents de compression ou d'irritation. Cela tient, en outre, à ce que les éléments nerveux ne s'altèrent jamais que partiellement, et cela à travers un temps très-long. C'est pour cela qu'on ne constate que des troubles des sens, lents à s'établir, un simple affaiblissement de la mémoire, un tremblement musculaire, une certaine incertitude de la marche. La douleur de tête est elle-même très-sourde, parce que le symptôme douleur est toujours en raison de l'activité de l'inflammation. Toutefois, lorsque le processus se concentre autour de l'origine de certains nerfs crâniens, il peut en résulter des paralysies spéciales, plus ou moins complètes. Dans le rachis, lorsque la méningite prend la marche chronique, les phénomènes d'excitation appartiennent presque toujours à la sphère de la sensibilité. On en observe rarement dans celle de la motilité. Cela tient-il à ce qu'en présence de faibles causes d'irritation les racines sensitives se montrent plus excitables que les racines motrices ?

La nature infectieuse de la méningite cérébro-spinale ne semble pas apporter un cachet bien particulier aux troubles que l'inflammation de la pie-mère détermine dans le fonctionnement de l'axe nerveux. Ce qui frappe le plus, c'est la rapidité avec laquelle la maladie envahit les centres nerveux et leurs enveloppes sur tous les points à la fois, dans la région rachidienne comme dans la région crânienne. L'inflammation ne se propage pas. Elle naît partout à la fois. Cela se comprend si on songe que le sang apporte toujours avec lui le poison provocateur. Disons toutefois que c'est surtout avec cette origine que la méningite spinale peut acquérir une intensité assez grande pour produire de l'opisthotonos. C'est alors surtout que l'irritation des cellules motrices acquiert assez d'intensité pour produire ce genre de contractures.

La présence de granulations tuberculeuses modifie la physionomie de l'inflammation de la pie-mère, surtout parce que ces produits pathologiques siégent ordinairement à la base du cerveau et y localisent pour ainsi dire la scène morbide. Il en résulte que les nerfs crâniens sont mis plus en cause que le centre intellectuel lui-même. C'est qu'en effet, dans la méningite tuberculeuse, c'est une épine toute locale dont l'action irritante ne rayonne pas dans une grande étendue, tandis que, dans la méningite ordinaire, c'est une cause plus générale, plus diffuse, qui provoque le travail inflammatoire. C'est une fracture du crâne dont la puissance de rayonnement est plus considérable. C'est une insolation qui agit forcément sur toute la masse de l'encéphale et de son revêtement cellulo-vasculaire. C'est un état d'altération du sang, comme dans les pyrexies, qui porte partout à la fois son action délétère. Les tubercules, au contraire, s'entourent seulement d'une atmosphère inflammatoire dont les ébranlements morbides vont en s'affaiblissant à mesure qu'ils s'éloignent du foyer central, et s'éteignent bientôt, comme des ondes sonores, par le fait même de leur éparpillement.

Le travail préparatoire qui doit aboutir à la formation des granulations, tout en n'occupant qu'un théâtre très-restreint, suffit cependant pour plonger l'encéphale dans un état d'éréthisme dont les manifestations sont comme les tressaillements précurseurs de l'éruption volcanique qui devra éclater plus tard. Cet éréthisme semble frapper surtout la couche optique. Pendant le jour, les ébranlements les plus insignifiants l'irritent. Toutes les impressions, même celles qui devraient être agréables, sont une cause d'agacement et de souffrance. La vie de relation, qui a besoin d'être alimentée par des sensations incessantes, est devenue tout à fait insupportable pour le malade. Il est triste et taciturne. Pendant la nuit, le cerveau, délivré de toutes les sensations extérieures qui l'irritent, mais qui le maintiennent dans le vrai, s'abandonne à toutes les créations les plus invraisemblables que peut lui faire engendrer son activité morbide ; aussi l'enfant est-il tourmenté, toutes les nuits, par d'affreux cauchemars. Les centres moteurs subissent l'influence réflexe de cette perturbation survenue dans le fonctionnement de la couche optique. En effet, le sommeil est agité par des secousses musculaires et des grincements de dents. Plus tard, l'hyperesthésie s'amplifiant se traduit par l'apparition spontanée de douleurs vagues dans les membres.

Bientôt survient une céphalalgie d'autant plus intense qu'elle ne prend pas exclusivement naissance dans le cerveau lui-même, mais aussi par suite de l'irritation directe que subissent les nerfs sensitifs dans leur trajet intra-crânien. En vertu même de leur rôle naturel, ces nerfs sont plus aptes à mettre en jeu l'irritabilité des centres sensitifs que toute action anormale s'exerçant directement sur ces derniers, parce que dans l'organisation de la machine humaine ces cordons nerveux ont tout justement pour mission spéciale et exclusive de faire vibrer les cellules sensitives, et parce qu'ils ont reçu de la nature toutes les qualités nécessaires pour remplir ce rôle avec le plus de perfectionnement possible. Toutefois, dans la production de la céphalalgie, il faut accorder une large part à l'éréthisme du centre sensitif lui-même, car la douleur de tête peut être exaltée quand ce centre reçoit indirectement des ébranlements qui lui sont apportés par les nerfs qui d'habitude ne réveillent que des sensibilités spéciales. En effet, le bruit et la lumière l'augmentent considérablement. La douleur est telle qu'elle fait pousser des cris qui sont presque automatiques.

Quoique la méningite tuberculeuse ait beaucoup moins de tendance à se généraliser et à mettre en cause à la fois tous les départements de l'encéphale, que la méningite simple aiguë, l'éréthisme variable qu'elle communique au cerveau ne reste pas limité aux centres sensitifs. Il atteint aussi toujours les centres locomoteurs. Au début, leur irritation est sourde et ne se traduit que par des secousses musculaires assez rares ; mais bientôt celles-ci augmentent, et il se produit en même temps des contractures plus ou moins permanentes. Enfin, l'exaltation fonctionnelle grandissant toujours, on voit apparaître chez beaucoup de sujets des convulsions générales. Le centre intellectuel est beaucoup plus respecté, et c'est en cela surtout que l'action de la méningite tuberculeuse sur le cerveau diffère de celle qu'exerce la méningite aiguë. Dans celle-ci, il y a presque toujours une explosion subite de troubles intellectuels très-intenses. C'est de l'incohérence portée à son plus haut degré, c'est souvent aussi de la fureur que l'on observe. Dans la méningite tuberculeuse, le délire est tranquille, presque passif, et encore il ne se manifeste que rarement. C'est qu'en effet ici le foyer de l'inflammation se trouvant limité à la base, est beaucoup plus rapproché des centres sensitifs et moteurs que de la surface convexe des hémisphères où siége plus particulièrement l'intelligence.

Si l'inflammation à foyer tuberculeux de la pie-mère n'irrite les centres nerveux que d'une manière relativement restreinte, les produits auxquels elle donne naissance et qui sont susceptibles d'agir par compression, exercent sur eux, pendant la seconde période de la maladie, une action paralysante beaucoup plus efficace. Non-seulement les exsudats fibrino-purulents compriment partiellement le cerveau, mais l'augmentation du liquide céphalo-rachidien, son accumulation dans les ventricules, déterminent une pression excentrique beaucoup plus complète, qui se fait sentir partout à la fois ; et dès lors la phase de paralysie se trouve être équivalente à celle que peut produire la méningite aiguë. Les téguments deviennent insensibles ; le système musculaire se montre inerte. A divers moments on peut observer du coma ; mais il n'est réellement profond qu'à la fin.

Par ce qui précède nous avons fait la part de l'encéphale dans la symptomatologie de l'inflammation tuberculeuse de la pie-mère, part qui est moins considérable que celle qu'il a à réclamer dans les manifestations de la méningite aiguë. Mais sur cette scène nouvelle le rôle principal appartient incontestablement aux nerfs crâniens, dont les origines sont de toutes parts englobées dans la congestion active, ainsi que dans ses produits tuberculeux et fibrino-purulents. C'est parce qu'elle crée à ces nerfs une atmosphère d'irritation d'abord, de compression ensuite, que cette maladie prend une physionomie spéciale. C'est aussi parce qu'elle rayonne à pas mesurés autour d'un foyer initial qui est toujours le même, qu'elle offre des allures à peu près constantes. Semblable à un liquide corrosif qui, en imbibant le sol de proche en proche, détruit toutes les racines qu'il rencontre, cette affection étend peu à peu sa sphère d'action, compromettant successivement et toujours à peu près dans le même ordre les diverses origines nerveuses qu'elle rencontre sur son passage. Ces nerfs, elle les soumet toujours à deux genres d'action opposés qui créent pour la maladie deux périodes bien distinctes, l'une d'excitation, l'autre de paralysie, parce qu'au début elle les irrite, tandis que plus tard elle les comprime par l'intermédiaire des exsudats auxquels elle donne naissance.

En raison même de la presque constance du point de départ, le nerf qui se trouve le plus constamment compromis est le *moteur oculaire commun*. Au début, il est irrité, et malgré l'antagonisme du sympathique, il resserre la pupille. Comme les deux moteurs oculaires communs ne subissent pas toujours une excitation du même degré, il résulte que les deux sphincters de l'iris ne sont pas toujours également puissants dans cette lutte, et les deux pupilles se montrent inégales. Plus tard, la compression augmentant, cesse d'être une cause d'excitation et devient un agent de paralysie. Dès lors le sympathique, débarrassé de tout antagonisme, fait succéder la dilatation à la constriction de la pupille. Comme la troisième paire anime le muscle droit interne, et comme le droit externe reçoit son innervation de la sixième paire qui se trouve le plus souvent située en dehors du champ pathologique, il en résulte dans la période d'excitation, comme dans la période de paralysie, un défaut d'équilibre entre ces deux muscles, d'où le strabisme qui est aussi un des symptômes les plus constants de cette affection. La déviation des axes visuels produit à son tour, en ne permettant plus aux images de tomber sur des points identiques des rétines, de la diplopie. Mais, vu l'âge du sujet, ce symptôme consécutif ne peut pas être constaté la plupart du temps. Par la branche qu'il fournit au releveur de la paupière supérieure, le moteur oculaire commun se trouve encore en lutte avec les filets qui animent l'orbiculaire des paupières, c'est-à-dire avec le facial qui, lui aussi, échappe ordinairement à l'action du foyer morbide. De là le prolapsus de la paupière supérieure. Tous ces symptômes n'appartiennent pas exclusivement à la méningite tuberculeuse; ils se retrouvent, combinés de diverses manières, toutes les fois que la troisième paire est compromise à un titre quelconque, soit isolément, soit simultanément avec d'autres nerfs. Il y aura lieu de nous appesantir sur chacun d'eux, lorsque nous ferons l'histoire particulière de cette paire nerveuse.

Un nerf qui est aussi fréquemment mis en cause, est le pneumogastrique. C'est à son intervention morbide qu'on attribue les vomissements qui se montrent dès le début de l'affection et qui offrent même un cachet particulier. Ils sont presque incessants et paraissent être d'origine purement motrice, car ils ne s'accompagnent pas de nausées. Aussi n'est-il pas bien prouvé qu'ils sont réellement l'œuvre du pneumogastrique. Car beaucoup de physiologistes regardent ce nerf comme purement sensitif et attribuent les actes moteurs qu'il semble commander au spinal, avec lequel il se fusionne complètement. C'est là une question que nous chercherons à vider ultérieurement. Quoi qu'il en soit, il est certain que ces vomissements sont surtout provoqués par les changements de position, par le passage du décubitus dorsal à la station assise ou debout. Il est évident qu'il y a ici une influence de déplacement relatif du liquide céphalo-rachidien qui retombe en partie dans le rachis par le fait de la pesanteur, peut-être aussi celle de l'apport du sang artériel qui se fait tout d'abord en moindre quantité dans ces conditions. Qu'il y ait là soit l'impression résultant de la diminution du bain céphalo-rachidien, soit anémie provoquée par suite du moindre apport du sang artériel, il est évident qu'il y a toujours modification brusque du milieu dans lequel sont plongés les nerfs à leur naissance, et c'est cette modification qui devient cause d'irritation. C'est encore aux conditions dans lesquelles se trouve le pneumogastrique qu'on attribue les modifications qu'éprouve le pouls dans ces circonstances. Au début, sa fréquence tombe au-dessous de la normale, après qu'il s'est un instant accéléré. A ce moment, le nerf excité remplirait d'une manière exagérée ses fonctions, qui sont de ralentir les contractions du cœur. Ce nerf d'arrêt se montrerait trop dans son rôle. Plus tard, au contraire, il devient excessivement fréquent, parce que le pneumograstrique, devenu paralysé, laisse un libre cours à l'action accélératrice du sympathique. J'avoue que ces deux phases du pouls dans la méningite s'accordent parfaitement avec la théorie classique du rôle modérateur du bulbe et du nerf vague, quoique j'aie cherché en plusieurs autres occasions à ébranler cette théorie. L'état du nerf vague amène des troubles de la respiration qu'il est facile de s'expliquer, puisque c'est ce nerf qui apporte au bulbe les impressions qui le mettent à même de bien diriger le rhythme des mouvements respiratoires. Ceux-ci se montrent, en effet, très-irréguliers. Le plus souvent ils se suspendent à chaque instant pour se précipiter à certains intervalles. D'autres malades font de temps en temps une inspiration profonde qui constitue un véritable soupir et qui est suivie d'une expiration suspirieuse et saccadée. Dans bien des cas, la respiration offre les caractères du phénomène respiratoire de Cheyne-Stokes, c'est-à-dire que les mouvements du thorax cessent par intervalles pendant un quart de minute, puis recommencent d'abord faibles pour devenir ensuite plus fréquents et plus profonds. On sait que Traube a donné de ce phénomène une explication basée sur la nécessité où le centre respiratoire serait de recevoir à la fois une excitation de presque tous les nerfs sensitifs. Selon lui, pendant la pause, dont il ne précise pas du reste la cause immédiate, l'acide carbonique s'accumulerait d'abord dans les vésicules et les vaisseaux pulmonaires. Ce gaz irritant ne pourrait en ce moment agir que sur les ramifications du nerf vague. Le bulbe ne recevant ainsi qu'une excitation partielle, produirait des mouvements réflexes très-restreints et la respiration serait superficielle. Mais bientôt l'accumulation de l'acide carbonique se ferait sentir dans tout le système artériel, et dès lors tous les nerfs sensitifs du corps apporteraient leur quote-part de stimulation. Le bulbe, plus ébranlé, commanderait des mouvements plus considérables qui expulseraient l'acide carbonique accumulé, et bientôt il n'y en aurait plus assez pour provoquer de nouveaux courants centripètes, d'où nouvelle pause, et la même série de phénomènes se reproduirait. Bernheim a pensé justifier cette explication en montrant qu'on pouvait ramener la respiration en faradisant les narines. Dans la production de l'ébranlement nécessaire, l'électricité viendrait pour ainsi dire remplacer l'acide carbonique. Mais, outre que cette théorie ne nous explique pas pourquoi il apparaît une première pause, pourquoi donc faire intervenir l'acide carbonique et les nerfs sensitifs du corps? Je ne comprends même pas, si l'acide carbonique se produit partout, comment il pourrait s'accumuler d'abord exclusivement dans le système pulmonaire. N'est-ce pas plutôt le centre respiratoire qui est alors compromis lui-même, car le phénomène se remarque surtout chez les sujets dont la méningite paraît, d'après les autres symptômes, avoir pris une grande extension? Pourquoi ne pas admettre pour lui et la série de rouages médullaires placés sous sa dépendance un besoin de recharge? C'est le cheval épuisé qui, quand il cherche à se remettre en mouvement, court un peu et s'arrête présque aussitôt pour reprendre un nouvel élan tout aussi irrégulier et insuffisant que le premier. C'est le centre respiratoire qui, dans son état d'adynamie, a pathologiquement besoin d'un sommeil intermittent. En appliquant la faradisation aux narines, Bernheim ne faisait que fouetter ce centre. Il commandait des décharges nerveuses régulières par le fait même de l'action régulièrement intermittente de la machine électrique. Il eût été curieux de savoir si ces excitations, continuées longtemps, auraient toujours supprimé les pauses et si elles ne seraient pas arrivées, au contraire, à épuiser définitivement l'organe.

Le nerf optique finit toujours par être aussi atteint dans son fonctionnement; car, tout au moins vers la fin de la maladie, la rétine paraît être complétement paralysée. Cette perte de la vision, combinée avec la paralysie de la plupart des muscles de l'orbite, donne au regard une fixité bien remarquable. Non-seulement certains mouvements sont devenus impossibles, mais ceux qui restent possibles ne sont plus provoqués par l'exercice de la vue. L'ouïe s'affaiblit aussi, mais c'est peut-être par extinction d'action centrale plutôt que par influence directe sur le nerf acoustique.

Il se produit à peu près constamment des troubles vaso-moteurs très-remarquables qui prouvent que le sympathique, particulièrement dans son cordon cervical, est mis en jeu d'une façon plus ou moins directe. Tantôt un des côtés de la face est très-rouge, tandis que l'autre est, au contraire, d'une pâleur extrême. Tantôt, et c'est le fait le plus fréquent, le teint étant naturel ou au-dessous de la normale, on voit de temps en temps et brusquement les deux joues rougir considérablement. Cet afflux de sang dure un instant, puis cesse pour reparaître de temps à autre, comme une bouffée passagère. Si on analyse le phénomène, on constate que généralement cette dilatation des vaisseaux de la face se produit à la suite d'un profond soupir, et que, pendant toute sa durée, le pouls s'accélère. Ce symptôme n'exprime point une dépression des centres vaso-moteurs, une paralysie des vaisseaux par cessation de fonctionnement de ces centres. C'est un phénomène réflexe qui trahit chez eux, au contraire, une plus grande susceptibilité, en vertu de laquelle ils obéissent aux moindres impressions. Car, non-seulement la congestion n'est pas constante comme cela devrait avoir lieu dans le cas de paralysie, non-seulement la dilatation alterne avec une constriction exagérée, mais on peut donner lieu à la rougeur en réveillant l'enfant, en le pinçant, en le touchant simplement et même en produisant un bruit quelconque. Il est donc probable que les bouffées spontanées sont aussi dues à des impressions, mais d'origine interne, auxquelles se trouve lié d'une manière quelconque le soupir qui précède et qui représente la mimique soit d'une souffrance, soit du trouble survenu dans la respiration et dans l'hématose. Quant à l'accélération du pouls, qui coïncide toujours avec cette rougeur, je crois qu'il ne faut pas songer à l'expliquer par la diminution de la tension sanguine générale produite par la dilatation des vaisseaux de la tête. Les expériences de Marey tendent bien à démontrer que la fréquence des battements du cœur est en raison inverse de la tension qui, elle-même, diminue lorsque le contenant augmente de capacité, la quantité du contenu restant la même. Mais la dilatation est trop localisée ici pour modifier d'une manière notable la tension sanguine générale. Je crois qu'il y a, dans le cas qui nous occupe, une excitation réflexe du cœur dans laquelle le nerf accélérateur doit jouer un rôle. Les battements se précipitent comme à la suite d'une émotion ou d'une douleur. Cette susceptibilité des centres vaso-moteurs n'est pas limitée dans ses manifestations périphériques au département du cordon cervical. Des taches rouges peuvent apparaître dans le tronc et on peut en provoquer par la pression. Trousseau a même vu là un symptôme spécial qu'il a appelé *tache méningitique*. Du reste, l'état d'excitation du sympathique ressort d'autres symptômes encore. Non-seulement la dilatation exagérée de la pupille prouve qu'au moment où le moteur oculaire commun a perdu tout fonctionnement, ce centre nerveux a conservé au moins sa puissance normale, si ce n'est plus. Mais on constate aussi très-souvent que le ventre est considérablement rétracté et qu'il a pris la forme dite en clinique : *en bateau*. Cette rétraction indique évidemment que les intestins se trouvent dans un état de contraction spasmodique. Quelques auteurs attribuent, il est vrai, ce symptôme à ce qu'il ne se produit plus de gaz ; mais il y aurait alors un simple affaissement passif, ce qui au palper semble ne pas être. Je crois qu'il s'en produit plutôt moins, faute d'espace, et que même la contraction a fait rentrer dans le sang ceux qui préexistaient. En l'absence de tubercules abdominaux, on peut même voir apparaître des douleurs abdominales qui sont, dans un autre ordre, encore des signes d'irritation du sympathique. Il semble que le sympathique profite, au point de vue dynamique, de l'annihilation du centre cérébro-spinal, comme la moelle profite de la suppression de l'activité cérébrale.

En résumé, ce qui distingue la méningite tuberculeuse, c'est son siége et la lenteur relative de son envahissement. Elle reste longtemps limitée à la base et n'occupe même ce terrain que progressivement. De là seulement découlent toutes les particularités qu'elle peut présenter. Aussi n'est-ce pas sans raison que Niemeyer, tenant à peine compte de la présence des granulations tuberculeuses, divise les méningites en deux catégories : celles de la base, qui mettent particulièrement en jeu les départements animés par les nerfs crâniens moteurs et sensitifs ; celles de la convexité, qui mettent avant tout en scène le centre intellectuel ; les deux espèces pouvant, par extension, donner lieu à des phénomènes moteurs et sensitifs dépendant de la distribution des nerfs rachidiens. Cette manière d'envisager les choses est certainement tout à fait physiologique.

Les tumeurs variées auxquelles la pie-mère donne si souvent naissance ont, au point de vue fonctionnel, identiquement les mêmes conséquences que toutes les tumeurs de la cavité crânienne.

Physiologie pathologique du liquide céphalo-rachidien. — Ce liquide peut jouer un rôle pathologique, en vertu : 1° de ses mouvements naturels et des déplacements dont il est susceptible ; 2° de ses modifications de quantité ; 3° de ses modifications de qualité.

1° J'ai été témoin d'un fait dont je tiens à vous tracer rapidement l'historique ; car non-seulement il prouve l'existence des mouvements de flux et de reflux du liquide céphalo-rachidien, même pendant l'occlusion complète de la boîte osseuse de l'axe nerveux, c'est-à-dire dans les conditions anatomiques de la vie normale ; mais, en outre, il nous dévoile une des conséquences auxquelles cette agitation peut donner lieu. Un enfant était entré à l'hôpital Saint-Charles depuis plusieurs mois, pour une carie des vertèbres lombaires avec abcès par congestion. Tout à coup, il est pris d'un frisson suivi d'une fièvre intense. Un délire violent éclate et s'accompagne de tout le cortége des symptômes dont on désigne l'ensemble par le mot *ataxie*. Puis surviennent des contractures et des convulsions générales, le malade tombe dans le coma et la mort se produit en très-peu de temps. Malgré la rapidité de la maladie et quelques-uns de ses aspects, qui la rapprochaient beaucoup de l'infection purulente, on pensa que, sous l'influence de la diathèse révélée par la carie, une méningite tuberculeuse s'était subitement déclarée. On ouvrit donc le crâne dans le but d'en acquérir la démonstration. Je fus aussitôt frappé de l'énorme quantité de pus que renfermaient tous les espaces sous-arachnoïdiens, de son peu de consistance qui le faisait ressembler tout à fait à de la sérosité purulente, et surtout de l'absence d'exsudats fibrineux. Ne trouvant pas là les caractères de la méningite ordinaire, la pensée me vint que, par suite de la destruction des derniers plans osseux des vertèbres et des premières méninges, l'abcès avait pu tout à coup communiquer, à l'aide d'un trajet plus ou moins sinueux, avec l'espace sous-arachnoïdien du rachis ; que le pus ainsi mélangé au liquide contenu dans cet espace avait été entraîné avec lui jusque dans le crâne pour se répandre ensuite partout, grâce aux excursions intermittentes que le liquide céphalo-rachidien exécute sous l'influence de la respiration ; que les accidents observés ainsi que la mort avaient été la conséquence de ce bain purulent auquel l'axe nerveux s'était trouvé soumis sur tous ses points à la fois. L'examen ultérieur vint me donner raison. Un stylet introduit dans l'abcès vint déboucher sans rencontrer le moindre obstacle dans l'espace sous-arachnoïdien du rachis. De plus, le liquide purulent observé dans les sillons du cerveau se retrouvait dans les ventricules et dans toute l'étendue de la moelle. Dans des circonstances analogues, la circulation du liquide céphalo-rachidien peut donc produire, comme les courants sanguins, une véritable infection purulente, mais qui reste limitée à l'axe nerveux. Elle peut aider à la généralisation rapide d'une inflammation d'origine toxique. Elle peut porter partout à la fois le poison. C'est ainsi qu'elle doit le faire en particulier dans l'alcoolisme et dans l'ictère grave. Elle peut aussi, par contre, répandre partout les bienfaits d'un médicament rationnel, lorsqu'il s'agit de l'une de ces substances qui, comme le bromure et l'iodure de potassium, apparaissent si vite dans le liquide céphalo-rachidien.

Il est naturel de se demander si, en dehors de ses mouvements oscillatoires réguliers, le liquide céphalo-rachidien peut intervenir pathologiquement dans le cas où il obéit aux déplacements accidentels qu'il doit subir sous l'influence des mouvements et des changements de position du corps. Il est naturel de se demander particulièrement si le tangage et le roulis ne déterminent pas le *mal de mer*, en troublant la circulation régulière de ce liquide. Les centres nerveux sont, en effet, dans ce liquide, comme le corps entier dans l'atmosphère, soumis à une pression déterminée qui, pour eux, n'est pas uniformément répartie, mais qui varie toujours dans des conditions analogues sous l'influence régulière du flux et du reflux de ce milieu liquide. Quand la pression diminue en un point, on a forcément la reproduction plus ou moins exacte de ce qui se passe dans l'application d'une ventouse sur la surface cutanée, c'est-à-dire un afflux de sang partiel et circonscrit. Lorsque le liquide abandonne le crâne pour descendre dans le rachis au moment de l'inspiration, la diminution de pression est à peu près générale pour le cerveau et la vascularisation n'acquiert pas une prédominance bien grande dans un département quelconque. Dans tous les cas, le fait se reproduisant d'une manière régulière, l'équilibre ou au moins l'habitude ont le temps de s'établir. Rien ne prouve même que la nature, qui sait si bien harmoniser toujours les lois et les conditions qui s'imposent avec les besoins réels et avec ce qui est perfectionnement, n'a pas fait ressortir un bénéfice fonctionnel et compensateur de ces variations régulières de pression, qui s'allient si bien avec les allures intermittentes de l'activité nerveuse et qui peuvent stimuler peut-être tantôt les parties antérieures, tantôt les parties postérieures de l'encéphale. Dans les déplacements et les secousses communiquées, au contraire, non-seulement les variations sont irrégulières et ne sont pas consacrées par l'habitude, mais aussi elles sont plus brusques et plus fortes. Le liquide qui abandonne un point du cerveau ne descend pas dans le rachis, il se reporte dans une région quelconque du crâne, où il exagère la pression ordinaire et grandit encore les différences relatives. De plus enfin, dans certains cas, l'afflux du liquide, au lieu de grandir, de s'enfler pour ainsi dire, graduellement comme au moment de l'expiration, s'exécute inopinément à la manière d'une vague qui vient frapper un rocher. La nappe liquide devient comme l'image des flots de la mer et en reproduit presque toutes les furies ; de là de véritables chocs, des espèces de contusions ou de commotions. Dans tous les cas, ces déplacements accidentels viennent certainement contrarier les oscillations régulières et apporter une perturbation dans les conditions atmosphériques de l'encéphale. Toutefois, il ne faut pas rejeter la possibilité, à certains moments, d'un choc direct de la masse encéphalique contre les parois du crâne, sans voir là, avec Larrey, la cause unique du mal de mer. Il faut aussi tenir compte de l'idée de Foussagrives, qui fait observer avec raison qu'en se déplaçant ainsi, le liquide démasque forcément quelques points de l'encéphale qui, privés alors de leur coussin protecteur, sont plus exposés à se heurter contre les parois sous l'influence des impulsions reçues par le corps. Mais je ne crois pas qu'on puisse comprendre le mode d'action du liquide céphalo-rachidien dans cette circonstance, tel que l'admet Autric, d'une manière exclusive. Il suppose que ce liquide, soumis à des déplacements non préétablis, se meut souvent en sens inverse du sang, dont il vient aussi gêner le cours de façon à produire, à un certain moment, l'anémie du cerveau, cause immédiate des accidents. Il n'y a certainement pas là deux courants contraires venant se heurter et s'immobiliser mutuellement.

Si on laisse de côté les interprétations de détails, on peut dire qu'il est bien probable que le mal de mer est réellement dû aux déplacements accidentels du liquide céphalo-rachidien ; car cette manière de voir est la seule qui ne soit pas en désaccord avec les faits. Toutes les autres théories proposées jusqu'alors sont passibles d'objections. On ne peut pas l'attribuer, avec Guépratte, au sentiment de la peur, puisque le mal de mer s'empare des marins les plus téméraires ; ni, avec Sémanas, à un miasme marin particulier, puisque le phénomène s'observe sur les lacs non salés et puisqu'il n'est pas possible de ne pas regarder comme les degrés différents d'un même mal les troubles produits chez certaines personnes par la balançoire, la voiture et l'allure du chameau et du dromadaire. On peut encore moins y voir, avec Darwin, un véritable vertige visuel dû au déplacement perpétuel des objets ambiants ; car les aveugles et ceux qui ferment les yeux ne sont point exempts du mal de mer. L'opinion de Wollaston mérite à peine d'être prise en considération. Il voit dans le vide de la boîte crânienne et dans la pression atmosphérique s'exerçant à la surface du corps la reproduction exacte des conditions du baromètre. Le sang représente le mercure ; la cavité du crâne, la chambre barométrique, et la périphérie du corps, la cuvette où vient peser le poids de l'atmosphère. Suivant ce poids, le sang afflue dans le cerveau en de certaines proportions, à l'instar de la colonne mercurielle qui monte jusqu'à ce qu'elle fasse équilibre à la pression atmosphérique. De même que le baromètre placé sur un navire baisse lorsque celui-ci est soulevé par la vague, pour remonter au moment où il retombe avec le flot qui s'efface, de même aussi le sang doit affluer dans l'encéphale et l'abandonner alternativement dans les moments correspondants. Or, c'est tout justement, dit Wollaston, au moment où le vaisseau retombe, c'est-à-dire au moment où le sang doit remonter plus activement vers le cerveau, que la souffrance se manifeste. Par conséquent, c'est à cette pression congestive que le trouble ressenti doit être attribué. Je voudrais bien savoir si Wollaston, plaçant au milieu du tube barométrique un moteur aussi puissant que le cœur, retrouverait encore les conditions passives du baromètre dans toute leur pureté. Du reste, comme le fait observer avec raison de Rochas, les aéronautes qui descendent si précipitamment d'une grande hauteur, devraient être exposés au même inconvénient à un bien plus haut degré, ce qui n'a pas lieu. Une dernière remarque encore sur ce sujet. Les vomissements se montrent dans le mal de mer et dans la méningite.

Or, dans cette dernière maladie, ce symptôme apparaît chaque fois que le malade change de station et déplace ainsi passivement une partie du liquide céphalo-rachidien, qui se trouve tout justement augmenté par le fait même de l'affection et dont les mouvements, pour cette raison, se font sentir davantage.

On parle beaucoup, depuis un certain temps, des altérations que peut apporter à la longue dans la santé la trépidation du chemin de fer. Ces troubles appartiennent surtout au système nerveux. Il est possible qu'entre autres causes, le mouvement vibratoire communiqué au liquide, au détriment de ses oscillations régulières, soit pour quelque chose dans le résultat. Fonssagrives pense que les maladies cérébrales préexistantes peuvent se modifier sous l'influence des commotions répétées dues aux oscillations du liquide céphalo-rachidien. Ce n'est pas prouvé, mais c'est une assertion qui mérite d'être prise en considération. Il est possible aussi que les troubles cardiaques signalés par Ollivier dans les maladies de la moelle épinière et qui apparaissent au moment du lever, tiennent plutôt à la descente brusque du liquide céphalo-rachidien qu'à la congestion déterminée pendant la nuit par le décubitus dorsal.

2° Pendant le cours de l'existence extra-utérine, l'hypersécrétion du liquide céphalo-rachidien amène des résultats différents, suivant sa vitesse et suivant l'abondance de ses produits. Lorsqu'elle ne déverse que molécule à molécule l'excès du liquide qu'elle fournit, lorsqu'elle n'augmente que lentement la masse primitive et normale, elle ne détermine que des effets de compression qui grandissent incessamment, mais d'une manière presque insensible. Le centre intellectuel paraît les subir le premier. Les idées sont lentes à se développer et à s'appeler mutuellement. Le travail des cellules psychiques est comme étouffé et devient de plus en plus impossible. L'intelligence est condamnée à un sommeil qui deviendra et restera une véritable torpeur. Les centres sensitifs, presque aussi délicats que la couche corticale, se montrent de bonne heure moins aptes à recueillir et à s'assimiler les ébranlements qui ont pris naissance dans les organes des sens. Le malade ne perçoit que vaguement et avec une extrême lenteur. Les centres locomoteurs, plus résistants et peut-être plus abrités, ne manifestent que plus tard la gêne qu'ils éprouvent. Ils ne peuvent plus enchaîner leurs actes et la démarche devient de plus en plus hésitante. Ils perdent en même temps et graduellement de leur énergie, et il en résulte une parésie générale.

Il ne se produit qu'un seul symptôme qui ait les apparences d'un fait actif, ce sont les vertiges, et encore, évidemment, il ne traduit en réalité qu'un défaut d'harmonie dans les actes sensoriels et musculaires. La compression inégalement répartie empêche ces différents actes de s'équilibrer parfaitement.

Lorsque l'augmentation du liquide céphalo-rachidien s'effectue brusquement dans des proportions considérables, les effets de compression se montrent encore seuls, mais ils acquièrent d'emblée leur summum et on assiste tout à fait à la reproduction de la scène d'une apoplexie intense. Du reste, c'est à ces cas qu'on a donné et qu'on doit réserver le nom d'*apoplexie séreuse*. Tous les départements de l'encéphale se trouvent simultanément entravés dans leur fonctionnement et sont réduits à l'impuissance la plus complète. La motilité volontaire n'est plus possible et la paralysie est générale. Le malade est insensible. Les pupilles sont dilatées et immobiles. La respiration est de plus en plus difficile et stertoreuse jusqu'au moment où la vie s'éteint avec elle. Tous ces effets sont d'autant plus rapides que ces accumulations brusques et considérables sont passivement engendrées par des tumeurs cérébrales qui produisent en même temps un œdème général de la substance encéphalique.

Si l'augmentation se fait rapidement, mais n'atteint pas de suite des proportions considérables, comme cela peut avoir lieu chez les phthisiques, à la fin de certaines scarlatines et dans la maladie de Bright, l'action comprimante est toujours précédée d'effets d'irritation. S'il s'agit d'un adulte, il devient en proie à un délire furieux, parce que dans cette période de l'existence c'est l'activité intellectuelle qui prédomine. S'il s'agit d'un enfant, ce sont des contractures ou des convulsions, parce que les centres moteurs sont alors dans toute leur puissance relative. Tôt ou tard la scène pathologique change ; des phénomènes de paralysie plus ou moins générale se substituent à ceux d'excitation. Un véritable coma s'établit, qui conduit presque toujours à la mort à travers une période de respiration stertoreuse plus ou moins prolongée. Classiquement on explique ces deux phases opposées en disant qu'au début le liquide n'est pas encore en assez grande quantité pour comprimer et qu'il ne fait qu'irriter. Je n'admets la possibilité de ce dernier genre d'action qu'à la condition d'un changement de nature du liquide, d'un mélange soit avec du sang, soit avec des globules de pus. Autrement on n'a pas affaire à un corps nouveau, et l'hypersécrétion pure et simple ne peut que comprimer et gêner le fonctionnement des organes. Aussi je pense que tous les symptômes d'exaltation sont, ainsi que l'épanchement lui-même, le résultat d'une véritable inflammation qui rayonne plus ou moins loin dans les centres nerveux eux-mêmes. L'excitation encéphalique et l'augmentation du liquide sont deux effets simultanés d'une même cause. Il me semble, en effet, impossible de concevoir ces cas particuliers d'hydrocéphalie sans un travail irritatif. L'exhalation du liquide est à la fois trop faible comme masse définitive et trop rapide dans sa production pour reconnaître le mécanisme commun aux hydropisies passives. Il est là comme une détente apportée à la congestion initiale. C'est une sueur des vaisseaux. C'est vis-à-vis d'une méningite sans exhalation ce qu'est l'épanchement pleurétique vis-à-vis de la pleurésie sèche, ou plutôt c'est une méningite sans suppuration et sans exsudats fibrineux, puisque dans la méningite tuberculeuse il se fait aussi une hypersécrétion analogue.

Lorsque l'accumulation s'est formée, ou plutôt a commencé pendant la vie fœtale, lorsque, par suite, l'élan a été donné avant l'ossification, elle fait plus que gêner le fonctionnement des centres nerveux, elle entrave leur formation. Elle les maintient atrophiés et incomplets et tend même à les étouffer de plus en plus, parce que le liquide augmente encore peu à peu après la naissance. Ce qui frappe tout d'abord les parents, c'est la faiblesse musculaire que l'on constate plus particulièrement dans les muscles de la nuque, parce que c'est par eux surtout que le nouveau-né manifeste la puissance de son tonus musculaire. Sa tête retombe constamment si on ne la lui soutient pas. Il est incapable de la tenir droite. Plus on avance, plus on s'aperçoit que la parésie est générale, parce qu'elle tient à l'atrophie et à la compression subies par l'ensemble des centres moteurs. De temps en temps, cependant, on voit éclater quelques troubles d'excitation de ces centres, des contractures et des convulsions partielles ou épileptiformes. Ils sont dus sans doute à des poussées congestives passagères qui ne font qu'augmenter ultérieurement la masse totale du liquide. Les centres sensitifs se montrent aussi annihilés que les foyers de la motilité. Le toucher est très-obtus. La vue est nulle ou à peu près. Les noyaux de la couche optique affectés à l'odorat et au goût semblent seuls indemnes. Ce fait est encore une preuve de l'admirable harmonie qui éclate dans toutes les œuvres de la nature. Ces deux sens sont liés aux fonctions digestives qui, pour leurs actes inconscients, peuvent être presque entretenues par le sympathique seul. La suractivité relative de l'appareil digestif et du sympathique retentit naturellement sur les parties cérébrales qui leur sont annexées. Ces parties accaparent la force plastique qui est encore laissée à la masse encéphalique, au détriment des régions qui sont affectées à des fonctions incapables de s'exécuter. Ces malades sont encore une démonstration vivante de l'intervention trophique de l'axe cérébro-spinal. Malgré leur grande voracité, malgré la facilité avec laquelle ils digèrent, l'assimilation est languissante. Leur corps se nourrit mal, uniquement parce qu'il ne suffit pas que les matériaux abondent, il faut encore un architecte capable de les utiliser. La couche corticale ou intellectuelle est encore plus maltraitée que les centres sensitif et moteur. Il en résulte une hébétude et une idiotie des plus complètes, ou tout au moins une absence absolue d'attention et une mémoire à peine ébauchée. L'obtusion des sens est, du reste, pour beaucoup dans ce résultat, en n'apportant pas les empreintes sensitives capables d'engendrer les idées. La fonction expression, qui n'est que le reflet de la sensibilité et de l'intelligence, est naturellement dans un état aussi embryonnaire. L'inertie du visage et un mutisme plus ou moins complet viennent traduire le néant du travail intellectuel. Tôt ou tard éclate une méningo-encéphalite qui vient terminer cette misérable existence au milieu des convulsions et du coma.

Quand l'hydrocéphalie s'accompagne d'un encéphalocèle, c'est-à-dire d'une tumeur herniaire du crâne, on acquiert la preuve que le liquide agit uniquement par compression, car on n'observe, la plupart du temps alors, aucun trouble fonctionnel. Il n'en apparaît que lorsqu'on presse la poche, c'est-à-dire lorsqu'on fait refouler le liquide dans la cavité crânienne et qu'on enlève pour ainsi dire à celle-ci le bénéfice de cette espèce de soupape de sûreté. L'immunité est moins constante lorsque la poche appartient au rachis, lorsqu'il existe, par conséquent, un spina-bifida. La sensibilité se montre souvent très-affaiblie dans les membres inférieurs, qui sont en même temps atteints de parésie. Cela tient évidemment à ce que la moelle s'engage fréquemment tout entière dans ce diverticulum, à ce qu'elle est atrophiée et à ce que les nerfs sont toujours dans une disposition vicieuse et perdus dans une masse fibreuse qui les étreint et tend à se les assimiler. Relativement aux mouvements naturels du liquide céphalo-rachidien, le spina-bifida reproduit les conditions d'un tube qu'on adapterait à la colonne vertébrale et qui serait mis en communication avec l'espace sous-arachnoïdien, c'est-à-dire qu'il offre un refuge plus commode que la cavité crânienne au liquide déplacé par la tuméfaction des veines intrarachidiennes. Aussi, dans l'expiration exagérée, comme au moment des cris, la poche se gonfle et se durcit sous l'influence de ce reflux extravertébral.

3° La qualité du liquide céphalo-rachidien est souvent altérée par une hémorrhagie qui vient le mélanger avec une quantité plus ou moins grande de sang. Chose singulière au premier abord! Le sang, qui est l'aliment naturel et indispensable du tissu nerveux, joue cependant vis-à-vis de lui le rôle d'un corps étranger, lorsque le contact a lieu sous forme d'épanchement. C'est qu'en effet du sang sorti de ses vaisseaux est un sang mort, qui est devenu tout aussi étranger à une économie vivante qu'un os nécrosé. En outre, ce que les tissus reçoivent pour leur nutrition, c'est uniquement la partie admise par les fins canaux du réseau plasmatique, c'est-à-dire par le plasma, tandis que, dans une hémorrhagie, le sang apparaît avec tous ses éléments. Pour cette double raison, le mélange du sang avec le liquide céphalo-rachidien peut irriter les centres nerveux. Aussi, lorsque l'épanchement se fait particulièrement dans le rachis, on voit apparaître une vive douleur en un ou plusieurs points de la colonne vertébrale, des irradiations douloureuses et des contractures dans les membres. D'autres fois ce sont des secousses convulsives. L'action irritante se manifeste beaucoup moins lorsque l'épanchement occupe la cavité crânienne, surtout quand il siége dans les ventricules. En raison sans doute de l'état de plénitude de cette cavité, en raison de la plus grande impressionnabilité de l'encéphale vis-à-vis des causes comprimantes, l'hémorrhagie, en augmentant brusquement la masse du liquide ventriculaire, refoule la substance nerveuse et entrave son fonctionnement. De là l'apparition immédiate d'une paralysie plus ou moins générale et de la dilatation des pupilles, puis surviennent le coma et la mort. Cependant, dans les mêmes circonstances, on peut observer des contractures et quelques mouvements convulsifs. Les phénomènes paralytiques, qui sont généralement immédiats avec le siége crânien, finissent ordinairement par se montrer aussi dans l'hémorrhagie intrarachidienne, quand l'épanchement a acquis de grandes proportions ou quand il s'est formé des caillots volumineux.

Le mélange du liquide avec du pus détermine très-rapidement une méningite générale, ainsi que le démontre le fait clinique que j'ai relaté plus haut. C'est qu'en effet ce produit morbide doit exercer une action plus irritante encore que celle déterminée par le contact du sang.

QUARANTE-TROISIÈME LEÇON.

SYSTÈME NERVEUX PÉRIPHÉRIQUE.

MESSIEURS,

Nous avons terminé l'étude de la physiologie normale et pathologique de l'axe nerveux central. Nous allons commencer aujourd'hui à étudier, sous les deux mêmes points de vue, ce qu'on est convenu d'appeler le *système nerveux périphérique*, c'est-à-dire tout ce qui, dans l'appareil de l'innervation, se trouve situé en dehors de la masse myélo - encéphalique. Nous n'aurons plus affaire ici à ces vastes accumulations de substance grise où venaient se centraliser presque tous les actes de l'organisme entier et où s'élaboraient ces phénomènes si mystérieux et si supérieurs qui font de nous des êtres intellectuels. Nous allons être, avant tout, en présence d'un riche et inextricable réseau de cordons qui, par leurs conditions anatomiques, semblent, *a priori*, n'être que des moyens de transmission et de correspondance. Mais il s'en faut que le système nerveux périphérique en soit réduit à ce rôle passif. Lui aussi possède, surabondamment même, l'élément caractéristique des centres d'innervation, c'est-à-dire des cellules nerveuses. Mais au lieu de se concentrer en une seule et même masse, celles-ci se distribuent en de petites agglomérations, toujours d'un volume minime, qu'on appelle des *ganglions*. On peut dire, sans trop forcer les termes, qu'il existe à la périphérie un second encéphale, mais un encéphale qui se montre éparpillé et dans un état extrême de division. C'est une véritable pluie de substance centrale qui se répand partout, dans l'intimité de tous les organes. Le double cordon du sympathique, avec ses innombrables ramifications et ses nombreux ganglions, n'est en réalité lui-même qu'un département particulier de ce vaste système périphérique. Il ne se distingue de ses autres sections que parce qu'il est spécialement affecté aux actes végétatifs

de la vie et qu'il a été plus richement doté qu'elles dans cette distribution de la substance grise disséminée.

Nous allons nous placer d'abord à un point de vue tout à fait général, c'est-à-dire que nous examinerons les faits anatomiques, physiologiques et pathologiques communs à tous les nerfs et à tous les
ganglions. Puis, restreignant ensuite notre champ d'observation, afin
de mieux approfondir les cas particuliers, nous ferons l'histoire
spéciale d'un certain nombre de nerfs, en les envisageant chacun
sous ce triple rapport.

GÉNÉRALITÉS SUR LE SYSTÈME NERVEUX PÉRIPHÉRIQUE.

Considérations anatomiques.

Dans ces considérations, nous séparerons l'étude des cordons nerveux proprement dits de celle des ganglions qui leur sont annexés.

Structure des nerfs proprement dits. — Considérés dans leur
trajet depuis leur origine jusqu'au moment où ils pénètrent dans
l'intimité des organes, les cordons nerveux se montrent tous re-
vêtus d'une enveloppe solide, formée avant tout par du tissu conjonctif et qu'on appelle *névrilème*. Cette gaîne générale est tout à
fait semblable à celle des muscles. Comme elle, elle fournit par sa
face interne des cloisons qui, en se subdivisant plusieurs fois et s'en-
tre-croisant, arrivent à créer des gaînes de plus en plus petites. C'est
dans les espaces tubulaires limités par ces émanations du névrilème
que se trouvent contenus les véritables éléments nerveux. L'appareil névrilématique de chaque nerf représente donc le squelette de
ce nerf, absolument comme la capsule de Glisson représente le squelette du foie. Le tissu qui le forme, quoique de nature conjonctive,
offre cependant des particularités qui méritent d'être signalées. Il est
creusé d'un grand nombre de cavités plasmatiques qui viennent
largement fournir à la dépense matérielle des éléments militants des
nerfs. Du reste, ce réseau destiné à être parcouru par le plasma est
lui-même suffisamment alimenté par les vaisseaux sanguins. Les recherches de Pouchet montrent que ces derniers pénètrent jusque
dans les divisions les plus fines du névrilème. Cette riche alimentation semble dépasser les besoins de la nutrition des nerfs et être
calculée en partie en vue d'une production dynamique. Sappey, qui

paraît avoir obtenu des injections plus complètes encore que celles de Pouchet, est venu non-seulement confirmer le fait précédent, mais il a de plus constaté que les nerfs ne peuvent pas plus que les autres organes se passer de filets nerveux, qui sont destinés à leur propre innervation ; de sorte qu'il existe des *nervi nervorum*, comme il a des *vasa-vasorum*. Sans doute, puisqu'il existe des vaisseaux dans le névrilème, il faut aussi des vaso-moteurs pour régler leur capacité. Mais si l'on songe que parmi les tubes rencontrés par Sappey beaucoup possédaient une assez forte proportion de substance médullaire et semblaient provenir de l'axe cérébro-spinal, il est bien probable qu'il en est de nature sensitive, et il y aura peut-être lieu de tenir compte de leur présence pour expliquer la douleur directe que l'on provoque en comprimant un nerf dans sa continuité. Le dernier terme de cette division du névrilème en gaînes de plus en plus petites, est une membrane d'enveloppe à laquelle Robin a donné le nom particulier de *périnèvre*. Elle semble en effet mériter une dénomination particulière, parce qu'en s'amincissant les lames du tissu conjonctif changent un peu de structure. Leur substance fondamentale devient granuleuse et perd de ses fibrilles. Leurs cellules plasmatiques sont remplacées par des noyaux ellipsoïdes. En outre, le périnèvre suit, beaucoup plus loin que les autres parties du névrilème, les destinées de l'élément nerveux. Il se divise comme le faisceau ultime qui l'entoure et accompagne même chaque tube jusque près de sa terminaison.

Le tissu nerveux, renfermé dans les cavités tubulaires que circonscrit le squelette précédent, est formé par des tubes qu'on regarde à tort comme étant toujours cylindriques ; car souvent ils ont une configuration pentagonale ou hexagonale. Ils sont loin d'avoir tous le même diamètre. Celui-ci peut osciller de $0^{mm},0011$ à $0^{mm},02$, et on trouve toujours à la fois dans un même nerf des tubes très-ténus et d'autres relativement gros. Suivant Roudanowsky, les premiers seraient une émanation de l'encéphale et les seconds proviendraient de la moelle. Mais c'est là une assertion purement gratuite. Quelles que soient ces proportions, chaque tube est formé de trois parties distinctes : 1° d'une enveloppe délicate appelée *gaîne de Schwann* ; 2° d'un liquide visqueux remplissant la plus grande partie de la cavité du tube et nommé *matière médullaire* ; 3° d'une fibre molle et élastique, plongée dans cette matière et occupant l'axe même du tube, c'est le *cylinder axis* ou *fibre-axe*. Nous retrouvons donc ici la même constitution que pour les tubes formant la substance blanche des centres nerveux. La seule différence, c'est que la substance médullaire est beaucoup plus constante et plus abondante dans les nerfs que dans l'encéphale et dans la moelle. De là il résulte que les tubes des cordons nerveux sont plus volumineux et que, par suite, on a pu y étudier mieux les trois parties constituantes. La gaîne de Schwann est tout à fait hyaline. En raison même de sa transparence, elle se confond avec le reste du tube. On ne peut constater nettement son existence que lorsqu'elle est vidée de son contenu, parce qu'alors elle se fronce. La macération dans l'eau acidulée par l'acide acétique y fait apercevoir, çà et là, quelques noyaux ovoïdes. Roudanowsky en fait une dépendance du névrilème, comme le périnèvre. Pour lui il n'y a point de tubes indépendants. C'est le tissu conjonctif qui se trouve creusé d'une multitude de cavités tubulaires dans lesquelles sont, pour ainsi dire, coulés les éléments nerveux représentés uniquement par la moelle et la fibre-axe. La matière médullaire est aussi transparente. Elle réfracte fortement la lumière et donne au tube un aspect brillant. Elle se coagule rapidement, après la mort, sous l'influence du froid et de l'air. En passant ainsi à l'état solide, elle se condense et se rétracte. La gaîne de Schwann la suit dans son retrait. Mais comme la coagulation n'est pas partout aussi avancée, le retrait de la gaîne n'est pas uniforme et il en résulte des alternatives d'étranglements et de portions évasées qui ont fait admettre autrefois l'existence de tubes variqueux. Depuis plusieurs années, ces derniers n'ont plus été regardés que comme un produit artificiel. Mais des recherches récentes de Ranvier tendent à démontrer qu'en dehors de ces déformations cadavériques, tous les tubes présentent des étranglements naturels, qui sont régulièrement espacés et qui résultent de leur mode de formation par la soudure d'une série de cellules allongées. Les recherches tout à fait récentes de Lanterman ont confirmé les faits avancés par Ranvier sur les étranglements des tubes nerveux. Il prétend, en outre, en avoir constaté d'autres beaucoup plus rapprochés et ne portant que sur la myéline. La matière médullaire ne représente pas un élément invariable dans la constitution du tube nerveux; elle peut y être plus ou moins abondante et est ainsi la cause principale des différences de diamètre. D'une manière générale, il paraît qu'elle augmente jusqu'à l'âge adulte. Roudanowsky pense même que cette augmentation est toujours en rapport avec le développement des différentes fonctions nerveuses. La fibre-axe est un cylindre solide, fibreux, de diamètre très-variable et quelquefois vaguement strié. Elle réfracte la lumière à peu près comme la moelle, de sorte qu'on ne l'aperçoit très-bien que lorsqu'elle est débarrassée de son atmosphère médullaire, ou lorsqu'on a modifié son indice de réfraction par un réactif chimique. D'après Grandry, qui, pour ses recherches, s'est servi d'une solution de nitrate d'argent au 400°, le cylindre de l'axe serait probablement formé de disques superposés et séparés les uns des autres par une substance qui doit être d'une nature différente. Car elle ne se conduit pas de la même manière que les disques vis-à-vis du réactif. Si cette structure se confirme, le cylindre se trouvera offrir une constitution tout à fait analogue à celle de la fibre musculaire. Enfin Roudanowsky a émis une assertion plus aventurée encore. Il prétend que chaque cylindre envoie, chemin faisant, des ramifications qui vont s'anastomoser avec des ramifications semblables fournies par les fibres-axes voisines.

Les nerfs qui, dans leur continuité, présentent une structure simple et à peu près toujours identique, affectent des dispositions excessivement différentes dans l'intimité des organes dans lesquels ils viennent se terminer. Il est important, au point de vue des déductions physiologiques, de les suivre dans leurs différents modes de terminaison. Dans l'organe du toucher, les nerfs après s'être anastomosés un grand nombre de fois, et avoir formé ainsi un réseau à mailles plus ou moins serrées, donnent naissance à des filets qui, de division en division, finissent par être réduits à un seul tube qui peut aboutir à deux ordres d'appendices constituant, au point de vue de l'exercice du tact, des moyens de perfectionnement. Ces appendices sont appelés les uns *corpuscules de Vater*, les autres *corpuscules de Meissner*. Les premiers, plus connus peut-être sous le nom de *corpuscules de Pacini*, appartiennent plus particulièrement aux nerfs collatéraux des doigts, à quelques filets nerveux du coude, du talon, des malléoles, de la plante des pieds, et enfin à certains rameaux du sympathique dans le mésentère et dans le voisinage du pancréas. Ce sont de petits grains ovoïdes et d'un aspect nacré qui semblent appendus par un pédicule au filet nerveux. Ils sont constitués par des capsules de tissu conjonctif emboîtées les unes dans les autres et dont les plus internes sont beaucoup plus adhérentes entre elles que ne le sont les superficielles. Ces lamelles concen-

triques coiffent un cordon central d'une structure homogène et granuleuse dans l'axe duquel semble exister un canal. Les histologistes
ne sont pas d'accord sur l'interprétation à donner à ce cordon et à
son canal. Pour Kölliker, le cordon en lui-même serait constitué par

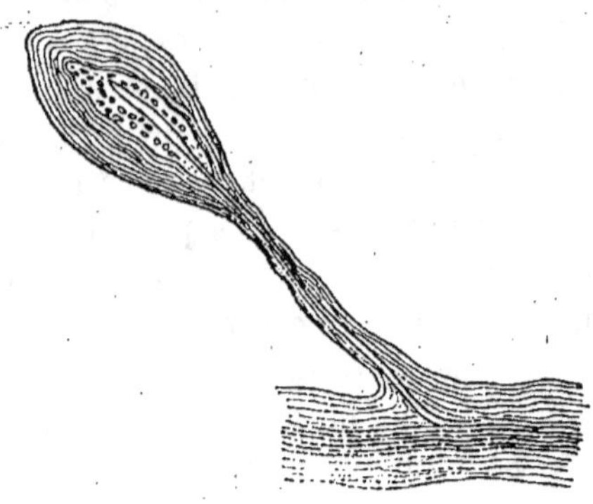

Fig. 52.

Corpuscule de Vater.

du tissu conjonctif, et ce qui donnerait la sensation d'une cavité
tubuleuse ne serait autre chose que la terminaison, en forme de
massue, d'une fibre-axe. Pour Leydig, le cordon et l'atmosphère granuleuse seraient aussi de nature nerveuse. Les corpuscules de Meissner
ont une situation beaucoup plus superficielle que les précédents et
siégent au centre même de quelques-unes des papilles dont notre
tégument est hérissé. Chacun d'eux consiste encore en une masse
ovoïde, mais beaucoup plus petite et qui n'est plus rattachée à un
filet nerveux par un cordon de tissu conjonctif. Les tubes émanés
du réseau nerveux sous-cutané se dirigent vers ces corpuscules en
étant parfaitement démasqués et sans être entourés d'un manchon
à lamelles concentriques. Considéré en lui-même, le corpuscule est
constitué par une enveloppe et un stroma qui remplit la cavité ainsi
circonscrite. L'enveloppe est formée par une lame de tissu conjonctif dans laquelle l'acide acétique fait apparaître des stries qui ne
sont autre chose que des cellules conjonctives. Le stroma est granuleux et semble identique au cordon granuleux du corpuscule de
Vater. Conséquent avec lui-même, Leydig le regarde comme étant
de nature nerveuse; mais la plupart des auteurs l'assimilent au tissu
conjonctif. Langerhans prétend que si on soumet la peau sur des
corps encore chauds à l'acide osmique, les corpuscules apparaissent

seulement avec leur véritable constitution, qui consiste en une agglomération d'une quantité prodigieuse de cellules plates à noyaux
volumineux. Je n'ai jamais appliqué ce procédé. Mais l'aspect con-
jonctivo-granuleux est tellement constant dans les conditions ordinaires, qu'il me paraît assez difficile de voir là le résultat d'une altération cadavérique. La manière dont se comportent le ou les tubes
nerveux qui aboutissent au corpuscule, est encore l'objet de diverses
interprétations. Suivant Meissner et Leydig, ils s'enroulent et décrivent des anses autour du corpuscule, qui, pour le dernier de ces
auteurs, n'est qu'un épanouissement du *cylinder axis* débarrassé des
couches de protection et d'isolement dont il est entouré dans le
tube nerveux, et englobé dans une atmosphère de substances nerveuses identique à celle des cellules ganglionnaires. Pour Langerhans, ils décrivent une ou deux anses spiroïdes à la surface de la
masse corpusculaire, qui a une existence propre et ne représente pas
un simple épanouissement d'une fibre-axe, pénètrent ensuite dans
son intérieur, s'y divisent en se rétrécissant de plus en plus et en

 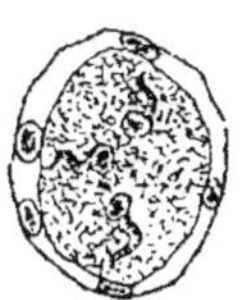

Fig. 53.

<table>
<tr><td>Coupe longitudinale d'un corpuscule
de Meissner.</td><td>Coupe transversale d'un corpuscule
de Meissner.</td></tr>
</table>

décrivant quelques sinuosités, et se jettent enfin dans des renflements ou boutons noirs qui existent entre les cellules plates. A ce
moment, les fibres sont parfois réduites à des filaments presque in-
visibles. D'autre part, il semble résulter des recherches minutieuses
de Grandry que la fibre s'enroule en spirale, à tours larges, autour
du corpuscule jusqu'à son sommet; que dans tout ce trajet elle paraît située dans l'enveloppe elle-même et ne pas pénétrer dans le
bulbe. Dans tout ce trajet aussi elle se montrerait entourée de sa
moelle. L'emploi de l'acide osmique et de coupes faites en différents
sens permettrait de pousser l'analyse beaucoup plus loin. On cons-
taterait ainsi que les anses périphériques seraient en connexion avec

des filaments qui, après avoir serpenté dans le stroma, aboutiraient à de petites sphères granuleuses. Ces filaments seraient évidemment les émanations ultimes de la fibre nerveuse, et par conséquent les éléments sphériques représenteraient le véritable mode de terminaison. Seulement il serait impossible de décider si ces fibrilles dernières résultent d'une division en pinceau du cylindre-axe arrivé au terme de son ascension spiroïde, c'est-à-dire au sommet du corpuscule, ou si elles sont des ramifications fournies latéralement par le cylindre pendant son trajet. Quoi qu'il en soit de ces dissidences, qui ne portent en définitive que sur des détails, il est à peu près certain que les divisions des fibres-axes se terminent en se fusionnant avec de petites masses qui doivent être considérées comme étant de nature nerveuse. Car, ainsi que le dit Langerhans, l'acide osmique les colore en noir comme la myéline, et comme il en est de même de l'extrémité renflée du canal du corpuscule de Pacini, on peut déclarer que le dernier terme des nerfs dans l'organe du toucher est un élément analogue aux cellules ganglionnaires ou centrales. Jusqu'à présent on avait cru que ces deux ordres de corpuscules n'existaient que chez l'homme et les singes anthropomorphes. Les recherches de Jobert montrent que le raton en est aussi richement pourvu; chez ces animaux, ils offrent même plus de netteté et de simplicité, de telle sorte qu'on peut mieux apprécier leur véritable texture. On voit, dit-il, qu'ils n'occupent pas toujours le même plan et qu'à mesure qu'ils s'approchent de la périphérie, leur structure devient plus simple, par la raison que les capsules extérieures disparaissent, laissant la partie centrale parfaitement à découvert. On constate de la manière la plus positive que tout ce qui n'est pas nerf ou fibre-axe, c'est-à-dire la masse même du corpuscule de Vater comme de ceux de Meissner, est constitué par une expansion de l'enveloppe névrilématique du cordon nerveux.

Il ne faut pas croire que ce mode de terminaison soit exclusivement limité aux quelques régions cutanées où la sensibilité tactile est appelée à s'exercer d'une manière tout à fait perfectionnée. Les investigations des anatomistes modernes étendent de plus en plus le territoire des corpuscules sensibles. C'est ainsi que Rouget les a retrouvés, légèrement modifiés seulement, dans la conjonctive. Il les a appelés *claviformes*, sans doute à cause de la disposition contournée qu'ils affectent dans cette muqueuse. Ces appendices terminaux se composent d'une enveloppe fine de tissu cellulaire et d'un contenu granuleux, d'une consistance molle, semi-liquide. Dans chacun de ces corpuscules viennent se terminer un ou deux tubes à double contour, après s'être contournés un grand nombre de fois, de façon à coiffer la masse corpusculaire d'un nœud tortueux tout à fait comparable à l'épidydime. Arrivées dans l'intérieur, les fibres nerveuses se terminent par de petits renflements en forme de massue. C'est ainsi que Krause et Nicoladoni ont signalé dans les synoviales et les articulations des corpuscules que Rauber regarde comme n'étant que des corpuscules de Vater modifiés. Dans le tissu connectif péri-articulaire, on aperçoit de nombreux tubes à myéline qui se terminent brusquement par un renflement d'où partent des filaments résultant de la division de la fibre-axe. Ces fibrilles s'anastomosent et forment des réseaux enveloppant les cellules endothéliales. Mais parmi les tubes à myéline, il en est un certain nombre qui vont se terminer dans des corps ovoïdes situés dans l'épaisseur de la synoviale elle-même et formés d'une enveloppe conjonctive qui emprisonne une masse granuleuse où plongent les divisions de la fibre-axe. Les séreuses des cavités splanchniques elles-mêmes, qui n'ont jamais à intervenir dans l'exercice normal du tact, semblent présenter sous une forme rudimentaire la disposition nerveuse des surfaces tactiles. M. Jullien, interne des hôpitaux de Lyon, prétend que les fibres des nerfs du péritoine se terminent par des renflements pyriformes.

Le moment n'est donc pas loin où on pourra dire que dans tous les tissus doués de la sensibilité générale, il y a des nerfs qui aboutissent à de petits amas de matière nerveuse analogue, sinon identique, à la substance centrale. Ce fait anatomique, si considérable par les déductions physiologiques et pathologiques qu'il entraîne, éclate d'une manière bien plus complète encore dans les organes des sens spéciaux tels que l'œil, l'oreille, etc. Mais la description de ces terminaisons nerveuses si complexes trouvera mieux sa place dans l'histoire particulière des nerfs qui animent ces organes. Signalons encore cependant ici, comme concernant les nerfs sensitifs, un fait qui vient d'être découvert par Jobert : c'est que sur la face de l'homme il y a des poils munis d'un appareil nerveux qui en fait des organes du tact. Les nerfs forment un collier nerveux autour du follicule, montent ensuite dans la membrane externe du follicule, perdent bientôt leur myéline et vont mourir dans la tunique vitrée.

Dans les muscles striés, la fibre nerveuse conserve jusqu'à son extrémité terminale son double contour. Mais au moment où elle va se mettre en connexion avec la fibre musculaire, son névrilème et sa gaîne de Schwann se soudent au sarcolemme. La moelle s'arrête et cesse d'exister. Le *cylinder axis* seul poursuit sa route et vient se perdre dans une espèce de *cumulus proligère* étalé sur un point de la fibre musculaire, et appelé *plaque terminale des nerfs moteurs*. D'après Krause, cette plaque se compose d'une membrane à noyaux de tissu conjonctif et d'une couche de substance granuleuse adhérente à la surface externe du sarcolemme. Il pense en outre que la fibre-axe, qui plonge dans cette matière granuleuse, finit par s'y diviser en deux ou trois branches qui se terminent chacune par un léger renflement. Rouget ne voit dans l'ensemble de la plaque qu'un simple épanouissement de la fibre-axe sans addition d'éléments hétérogènes. La présence de noyaux et de granulations, qui forment là une véritable atmosphère à la terminaison de la fibre-

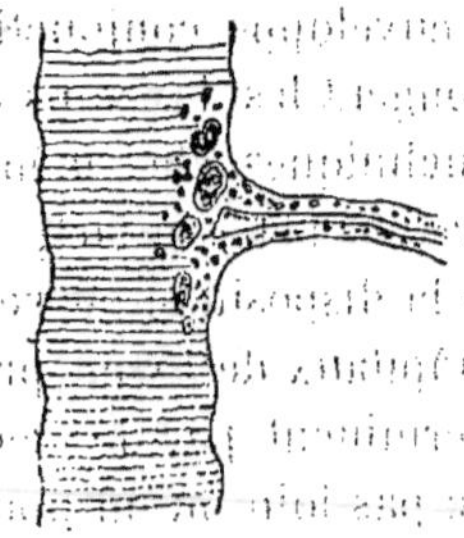

Fig. 54.

Plaque motrice.

axe, ne me semble pas justifier cette dernière interprétation. En tout cas, on ne peut s'empêcher d'être frappé de l'analogie qui existe entre le mode de terminaison des nerfs dans les organes sensitifs et celui qu'ils présentent dans les organes du mouvement. Dans les deux circonstances, ils se perdent dans des renflements où se trouvent soit des cellules nerveuses, soit des amas d'une matière granuleuse analogue à celle des centres nerveux. Dans l'un et l'autre cas, on y retrouve toujours de la substance centrale éparpillée. Dans les muscles lisses, la terminaison des nerfs, que nous étudierons à propos du sympathique, nous apparaîtra avec une plus grande richesse encore de substance centrale. Seulement elle y affectera de préférence la forme ganglionnaire. A côté des nerfs à plaques, Kölliker a décrit dans les muscles de la vie animale d'autres fibres qu'il regarde comme affectées à la sensibilité ; ce seraient des fibres fines, anastomosées en réseau, cheminant entre les faisceaux musculaires sans se mettre en relation directe avec eux. On se demande si ce n'est pas là simplement le réseau d'où émanent les fibres terminales.

Dans les viscères, l'existence d'un système nerveux particulier et portant en lui-même presque tous ses moyens d'action est beaucoup plus manifeste. Après avoir étudié sa disposition dans la plupart des organes splanchniques, j'ai acquis la conviction la plus complète que non-seulement tous sont munis d'un réseau nerveux excessivement riche et semé d'un grand nombre de ganglions, mais encore que le nombre des fibres nerveuses qui concourent à former ce réseau est de beaucoup supérieur à celui des fibres qu'apportent avec eux tous les nerfs qui se rendent à cet organe ; de telle sorte qu'il est incontestable que beaucoup d'entre elles sont exclusivement étendues d'un ganglion à l'autre, naissent et meurent dans l'organe lui-même. Il m'a paru évident aussi que dans ce réseau on apercevait, mêlés ensemble dans une même branche, des tubes provenant de l'axe cérébro-spinal et des fibres émanées du grand sympathique. Il semble que ce système de ramifications intimes ne doit pas être regardé comme la distribution ultime des nerfs afférents à l'organe ; qu'il a son existence propre, presque indépendante ; qu'il ne fait que s'adjoindre les fibres que lui apportent les nerfs ; que ceux-ci enfin ne font que relier ce système nerveux particulier aux centres nerveux communs à toute l'économie. En présence de ce spectacle, l'œil même de l'anatomiste ne peut se défendre d'établir une comparaison qui, sur le terrain physiologique, pourra acquérir une grande portée. Les cordons nerveux lui apparaissent comme des câbles sous-marins mettant en communication les réseaux télégraphiques des deux continents. La région périphérique, qui est, pour ainsi dire, vis-à-vis du système nerveux central, comme une colonie vis-à-vis de sa métropole, possède ses lignes télégraphiques particulières, qui s'entre-croisent en tous sens, ses stations et ses piles génératrices. Les filets autochthones représentent les premières ; les ganglions les secondes. Le câble ou le cordon nerveux n'est qu'un trait d'union entre la métropole et la colonie. Dans les organes de la vie de relation, l'indépendance du système nerveux intime de chacun d'eux n'est certainement pas aussi marquée. Les réseaux sont moins serrés ; ils paraissent résulter exclusivement des divisions et des anastomoses des filets apportés par les nerfs. Affectés aux impressions et aux manifestations du centre intellectuel, ces organes avaient moins droit à l'autonomie et chacun de leurs points devait rester sous la direction directe du centre, dont ils ne sont que les humbles agents. Chacun de leurs points devait être relié à la métropole par une ligne télégraphique directe et spéciale, et les fils particuliers à la localité n'avaient plus leur raison d'être. Là, la substance grise n'avait plus besoin de se distribuer en stations, en chefs-lieux de circonscriptions. Elle devait se disposer à l'extrémité de chaque tube nerveux, d'une part pour recueillir et s'assimiler les ébranlements du dehors avant leur arrivée au centre de perception ; d'autre part pour agir sur la fibre musculaire suivant les ordres reçus d'en haut. La nécessité de cette modification reconnue, il n'en reste pas moins acquis que partout à la périphérie existent, ainsi que nous l'avions annoncé, les conditions anatomiques d'un centre nerveux disséminé et relié par des cordons à l'axe cérébro-spinal.

Après avoir indiqué les connexions des nerfs avec la substance grise périphérique, il serait naturel de rechercher celles qu'ils contractent avec la substance grise centrale ; autrement dit, après avoir parlé de leurs modes de terminaison, il y aurait lieu de parler de leur mode d'origine. Mais ce que nous savons sur ce dernier sujet se réduit à peu de chose. Généralement il est admis que les *cylinder axis* des nerfs ne sont qu'une expansion des prolongements des cellules de l'axe cérébro-spinal qui, dans les cordons nerveux, s'entoureraient d'un épais manchon conjonctivo-médullaire. Mais Rindfleisch prétend que quelques-uns des cylindres-axes vont se perdre dans la substance granuleuse des centres nerveux. C'est là une assertion qui est aussi difficile à justifier qu'à condamner d'une manière absolue. Mais on peut dire qu'elle a peu de chance d'être vraie.

Les ganglions sont, pour ainsi dire, des gouttes de substance grise disséminées sur le trajet des ramifications du système nerveux périphérique. Ils sont, par conséquent, caractérisés avant tout par la présence de l'élément spécial et capital des centres d'innervation, c'est-à-dire par la cellule nerveuse. Tout en étant constamment de dimensions minimes, ils peuvent varier de volume à l'infini, parce qu'ils sont plus ou moins riches en cellules. Il en est dans les profondeurs des organes qui ne sont formés que par un seul de ces éléments. Ils peuvent présenter toutes les formes, car celles-ci ne dépendent que du mode de groupement des cellules qui les composent. Ils n'affectent pas toujours la même disposition vis-à-vis des filets nerveux. Tantôt ils sont placés sur le côté et forment une petite saillie latérale ; tantôt ils entourent le nerf, qui paraît en ce point comme enflé en fuseau. D'autres fois, pour les constituer, les fibres du nerf forment entre elles un réseau aux branches duquel les cellules sont attachées comme une substance gluante dans les mailles d'un grillage. Ils présentent une enveloppe qui a la même texture que le névrilème et qui fournit par sa face interne un grand nombre de trabécules cloisonnant le ganglion en tous sens et créant ainsi des loges où sont logées les cellules. Celles-ci, prises sur un animal vivant, c'est-à-dire avec leurs conditions de plus grande fraîcheur, ainsi que l'a fait Polaillou, représentent une vésicule transparente dont l'enveloppe est pâle et anhiste et dont le contenu est une substance hyaline assez compacte, très-réfringente, s'échappant en gouttes d'un éclat jaunâtre. Parfois quelques granulations pigmentaires sont plongées dans cette matière huileuse. Au fur et à mesure que la préparation se refroidit, ce contenu se solidifie et on y voit apparaître de fines granulations qui ne sont, en définitive, qu'un produit de coagulation. C'est pourquoi toutes les descriptions faites d'après l'examen de ganglions pris sur le cadavre donnent cet état granuleux comme normal et constant. Les granulations naturelles, c'est-à-dire les pigmentaires, ont une couleur de rouille. On n'en trouve jamais dans les petites cellules. Plus celles-ci sont grandes, plus elles en renferment et leur nombre s'y montre croissant avec les progrès de l'âge. La réfrigération et l'état cadavérique ont toutefois l'avantage de rendre apparent le noyau de la cellule qui avait auparavant le même indice de réfraction que le reste du contenu. Il apparaît comme une goutte brillante, réfractant fortement la lumière. Un examen plus minutieux démontre que cette goutte est munie d'une membrane d'enveloppe et qu'elle renferme un ou plusieurs nucléoles plus brillants encore que l'ensemble. Chimiquement, le contenu des cellules est composé de graisses et de matières protéiques. Elles sont toujours armées de prolongements chez les animaux inférieurs. Chez l'homme, beaucoup paraissent apolaires ; mais cela doit tenir à la plus grande difficulté d'investigations. Suivant Robin, les prolongements des plus grandes cellules deviennent les tubes larges sensitifs de la vie animale ; ceux des petites deviennent les tubes minces de la vie végétative, la fibre sympathique. Les tubes et les fibres qui prennent ainsi naissance ou qui contractent ces connexions dans le ganglion en font naturellement partie un instant et y décrivent des sinuosités entre les cellules. Enfin, dans les loges ganglionnaires, les vides laissés par les cellules et les fibres sont remplis par une matière amorphe qui, chez les enfants, est molle et translucide, mais qui devient de plus en plus dense et compacte avec l'âge. Elle devient même fibroïde chez les vieillards. Elle doit être l'analogue de la matière granuleuse de l'axe cérébro-spinal.

Physiologie normale des nerfs considérés en général.

Nous avons déterminé antérieurement le rôle des centres nerveux. Il consiste à recevoir et à enregistrer les divers ébranlements venus du dehors et à les utiliser, soit en les propageant et en les élaborant dans la couche des cellules intellectuelles, soit en les réfléchissant sur les muscles pour réagir contre les causes extérieures d'incitation. Réunir dans une même main tous les fils télégraphiques d'aller et retour, régler, coordonner et commander leur mise en œuvre, telle est, en dehors du travail intime et admirable de la partie psychique, la mission générale des centres nerveux. Nous devons de même rechercher actuellement quelle est celle du système nerveux périphérique. Nous allons d'abord nous efforcer de la déterminer d'une manière générale, c'est-à-dire dans son essence, et ensuite nous l'analyserons dans ses détails.

Au premier abord, le rôle du système nerveux périphérique paraît être des plus simples et être indiqué par la nature même des conditions anatomiques dans lesquelles il se trouve. Il semble que ces cordons, qui sont étendus entre les centre nerveux et les autres organes de l'économie, ne peuvent que transmettre aux premiers les impressions nées dans les seconds et conduire aux muscles les ordres de la volonté ou ceux du pouvoir réflexe. Il semble qu'ils ne sauraient être que des moyens passifs de transmission et être assimilés qu'à de simples conducteurs incapables de la moindre initiative et même de la moindre intervention dans les phénomènes physiologiques qui les traversent. Il semble qu'il doit en être des nerfs comme de ces tuyaux qui ne prennent aucune part à la formation et au mouvement de la vapeur qui les parcourt, et qu'ils ne font que conduire et distribuer ce que créent les centres nerveux.

Cette idée fut considérée pendant longtemps comme étant confirmée par l'expérimentation et, en particulier, par une expérience instituée par Longet (dans un autre but, du reste). Si on coupe sur un animal vivant le nerf facial à sa sortie du trou stylo-mastoïdien et si on en soumet le bout périphérique à l'action irritante de l'électricité, on peut bien déterminer ainsi des contractions des muscles de la face pendant les quatre premiers jours, parce que le cordon séparé possède encore, à l'état latent, une certaine quantité de la force nerveuse qu'il avait reçue des centres antérieurement à sa section. Mais cette réserve une fois épuisée, le nerf reste désormais inerte et sourd aux incitations de l'électricité. Et cependant ce tronçon périphérique fait encore partie d'une économie vivante ; il est plongé au milieu de tissus pleins de vie ; il continue à recevoir du sang pour alimenter sa propre matière et ses productions dynamiques ; il ne s'altère pas dans sa texture (du moins les physiologistes l'ont cru d'abord). Une seule chose est supprimée dans ses conditions normales, c'est sa continuité avec l'encéphale, et cela suffit pour le réduire à l'impuissance. Donc, s'il ne peut rien sans le cerveau, c'est qu'il ne crée rien par lui-même, c'est qu'il n'est qu'un conducteur passif. Cependant, dans cette expérience ainsi comprise, il y avait déjà une circonstance qui était en désaccord avec cette théorie de la passivité. Durant ces quatre jours, l'application de l'électricité au bout périphérique du facial ne détermine des contractions que pendant quelques instants ; on est obligé, pour pouvoir en obtenir de nouvelles, de le laisser se reposer pendant un temps souvent fort long. Pourquoi ce besoin de repos ? N'est-ce pas pour que le nerf ait le temps de reproduire, avec le sang qu'il reçoit, ce qu'on vient de lui faire perdre ? Une réserve acquise auprès des centres nerveux devrait pouvoir être mise en jeu sans interruptions jusqu'à sa complète extinction. On pouvait encore se demander pourquoi le nerf sectionné sur l'animal vivant détermine des contractions beaucoup plus longtemps que lorsqu'on agit sur celui d'un animal qu'on vient de sacrifier immédiatement ; pourquoi, par conséquent, le nerf qui ne reçoit plus de sang possède une réserve moins considérable que celui qui continue à être soumis à l'alimentation sanguine. Il est vrai qu'il était aisé de tourner la difficulté, au cas particulier, en disant que la différence tient à ce que le nerf nourri ne s'altère pas comme l'autre. Mais on n'avait pas cherché à le vérifier et il planait encore à ce sujet un certain doute, lorsque des expériences nouvelles vinrent ébranler d'une manière plus efficace les partisans de la passivité. Brown Séquard montra que, si au moment où le nerf sciatique de la patte d'une grenouille préalablement amputée a perdu toute aptitude à produire des contractions sous l'influence de l'électricité, on injecte dans l'artère crurale du sang oxygéné, on le rend de nouveau capable de fonctionner. Or, le sang ne peut agir ici qu'en permettant aux éléments histologiques dont la vitalité survit un peu à l'existence générale, de produire une édition posthume d'activité. Les expériences de MM. Philippeaux et Vulpian ont une portée bien plus grande encore. Ils ont, à l'instar de Longet, sectionné des nerfs sur des animaux vivants, et, recourant à la fois à l'emploi du microscope et de l'électricité, ils ont examiné parallèlement les altérations matérielles et les modifications fonctionnelles éprouvées par le bout périphérique à travers plusieurs mois. Ils ont constaté ainsi que la portion voisine de la section commençait à s'altérer presque immédiatement et qu'au bout de quelques jours il ne restait plus de traces de tubes nerveux, de sorte que cette partie finissait par n'être plus qu'un cordon fibreux. Ils ont vu aussi que la possibilité de produire des contractions disparaissait en même temps que la constitution normale du nerf; que, par conséquent, son inertie résultait non de l'épuisement d'une réserve, mais de son altération matérielle. Ils ont constaté que les choses restaient en cet état pendant environ six semaines, c'est-à-dire le temps au bout duquel Longet avait cru devoir cesser ses tentatives et être en droit de déclarer que la possibilité d'obtenir des contractions était à jamais perdue. Mais en prolongeant leurs observations au delà de ce terme, ils ont démontré que ce tronçon nerveux dégénéré est susceptible de se régénérer spontanément; que des tubes de nouvelle formation y apparaissent et qu'à partir de ce moment, l'électricité, restée muette pendant plusieurs semaines, réveille de nouveau la contractilité musculaire. On voit donc renaître ainsi la force spéciale en même temps que l'organe, sans qu'il soit possible d'invoquer l'influence des centres nerveux, puisque le nerf en est resté complétement séparé. Les propriétés renaissent sur place en même temps que reparaissent les conditions normales de structure. Tout cela prouve que dans l'accomplissement de l'innervation, les nerfs ne sont pas complétement inertes; qu'ils ne sont pas de simples conducteurs passifs d'une force créée par les centres; qu'ils sont doués d'une véritable autonomie, d'une autonomie telle qu'ils peuvent se suffire à eux-mêmes pour leur nutrition, leur reproduction et leur fonctionnement. Ils sont des organes actifs dont l'action propre est intermédiaire entre l'action spéciale des centres et celle des muscles ou des autres organes de la périphérie. Le cerveau et la moelle ne sont plus que les excitateurs naturels de cette action. Le cerveau excite le nerf qui, à son tour, excite le muscle ; tout comme la piqûre du scalpel, l'électricité excite ce même nerf à produire le même résultat. D'autre part, les ébranlements déterminés par les agents extérieurs, ce qu'on appelle l'impression, mettent en jeu l'activité propre des nerfs affectés aux phénomènes de sensibilité. Ces nerfs excitent à leur tour le centre qui, par son genre spécial de travail, transforme le produit du cordon en sensation. Les nerfs sont des agents tels qu'eux seuls, lorsqu'ils fonctionnent, lorsqu'ils sont excités, ont la propriété de faire tourner le rouage muscle, qui produit un mouvement, ou de faire tourner le rouage cerveau, qui produit la sensation et l'idée. C'est une roue qui, lorsqu'on la fait tourner, en fait tourner une autre. Telle est au fond, sauf les termes, la doctrine énoncée par Philippeaux et Vulpian et admise aujourd'hui par la plupart des physiologistes ; doctrine à laquelle Flint est venu encore apporter un appui indirect. Chez trois hémiplégiques, il a constaté que le sang veineux des extrémités non paralysées contenait, après un mouvement d'une certaine durée, plus de cholestérine que le même sang pris dans les extrémités paralysées ; de telle sorte que les nerfs et l'encéphale, en fournissant leurs produits fonctionnels spéciaux, donnent lieu exactement aux mêmes scories ; seulement les cordons nerveux en rejetteraient moins que les centres, en raison même de leur moindre importance physiologique. Pour moi, j'étais encore, il y a quelques mois, complétement partisan de cette manière de voir. Je l'ai donné à entendre dans plusieurs des leçons des années précédentes. Mais je dois à ma loyauté de déclarer que depuis mes dernières recherches microscopiques sur le système nerveux intime de chaque organe, je suis très-porté aujourd'hui à changer d'avis. En voyant la richesse de tous les organes en substance grise, sous forme de ganglions en général, sous forme de plaques dans les muscles en particulier, et de corpuscules dans les tissus sensibles, je me demande si ce n'est pas à ce véritable encéphale périphérique qu'on doit attribuer tous les actes qui semblent établir l'autonomie des nerfs. Ce fait que beaucoup d'organes renferment plus de tubes nerveux qu'ils n'en reçoivent par les nerfs, semble prouver déjà que beaucoup de points de ces organes ne relèvent pas directement des cordons nerveux émanés de l'axe cérébro-spinal, d'autant plus que ces tubes annexes prennent naissance dans les ganglions du tissu lui-même. Quand on coupe un nerf moteur sur un animal vivant, on voit qu'au moment où la portion voisine de la section ne produit plus rien sous l'influence de l'électricité, on peut encore obtenir des contractions en agissant au-dessous de cette zone déjà altérée. On constate, en outre, que par suite des progrès incessants de la dégénérescence, la possibilité d'obtenir ce résultat s'éteint de proche en proche du bout libre vers la terminaison dans les muscles. Mais les contractions qu'on produit restent toujours aussi complètes et aussi énergiques, malgré la réduction croissante de l'agent nerveux. La somme de son travail devrait cependant diminuer avec ses proportions. Le travail reste sans doute le même parce que l'agent qui l'exécute véritablement, la plaque, n'a pas changé et parce que le nerf n'est que le fil télégraphique qui invite l'appareil terminal à travailler ; et dès lors la longueur de ce fil importe peu. Si on obtient plus en appliquant l'électricité sur le tronçon nerveux que sur les muscles eux-mêmes qui renferment cependant les plaques terminales, c'est que les nerfs sont seuls dans les connexions voulues avec la substance grise périphérique. Ils sont la seule clef taillée de façon à s'adapter exactement à la serrure. — Le cœur, on le sait, continue à battre régulièrement, lorsqu'on a sectionné contre lui tous les nerfs qu'il reçoit du pneumo-gastrique et du sympathique, grâce à ses ganglions et à son réseau intimes. On voit même les battements continuer dans un fragment de cet organe, si petit qu'il soit, parce qu'il emporte toujours avec lui la fraction de substance nerveuse qui lui est dévolue. Schiff a fait voir que même les muscles qui obéissent à la volonté peuvent agir sans le concours de l'axe central et des nerfs. La langue est encore le siége de contractions très-longtemps après la section des hypoglosses faite aussi près que possible de leur terminaison. Mais ce qui prouve surtout que, dans les actes effectifs, tout dépend du centre nerveux local, c'est que, comme nous le verrons tout à l'heure, les nerfs moteurs peuvent remplacer les nerfs sensitifs et réciproquement. Or, si les cordons nerveux jouaient un véritable rôle créateur, ils ne pourraient changer ainsi d'attributions. Pour que la chose soit possible, il faut évidemment que leur mode d'action soit indifférent.

Pour toutes ces raisons, je crois que le réseau et la substance grise périphériques font seuls quelque chose de spécial ; qu'ils font même ce que le cerveau serait incapable de faire, c'est-à-dire recueillir les ébranlements venus de l'extérieur et raccourcir la fibre musculaire. Il peut bien s'approprier ce qui a été recueilli par eux et leur commander de faire contracter le muscle. Mais il est probable qu'il ne pourrait pas absorber les impressions directement par lui-même, ni réaliser d'une manière immédiate le phénomène physique contraction. Quant aux cordons nerveux, ils ne sont là que pour subordonner les actes de ce centre périphérique (pardon de l'antithèse, mais elle exprime parfaitement ce qui existe) au centre cérébro-spinal. Ils sont là pour soumettre les phénomènes intimes de chaque organe à l'empire de la volonté et de la conscience. Ils sont là aussi pour permettre aux centres proprement dits d'harmoniser les actes de l'innervation locale avec ceux qui se passent dans d'autres points de l'économie, de coordonner des mouvements d'ensemble, de réaliser enfin l'unité d'action qui est le but final de la centralisation du système nerveux. Le cœur, séparé de l'axe cérébro-spinal, continue bien à battre, mais ses battements ne viennent plus traduire par leurs modifications l'état moral, ni les souffrances physiques des différents points de l'organisme. Il ne vit plus que de son innervation propre. Il ne sent plus les contre-coups des autres innervations locales. Les nerfs ne sont que les liens matériels qui rattachent ensemble les deux systèmes de substance grise. Mais dans ce rôle de trait d'union, ils ne font que transmettre les actes de l'un ou de l'autre. Ils méritent réellement d'être comparés à des conducteurs. Mais ce sont des conducteurs qui ne conduisent qu'au prix de certaines conditions matérielles qui s'usent en exerçant leur conductibilité, qui par conséquent consomment du sang et engendrent des détritus organiques constituant les principes excrémentitiels. Mais ils ne sont pas des agents autonomes dans toute l'acception du mot. Ainsi comprise, la disposition du système nerveux rappelle celle qui existe dans l'appareil de la circulation. Dans celui-ci, il y a un moteur central et des moteurs locaux, les muscles des artérioles. Ces derniers règlent la circulation locale de chaque organe. Le cœur règle l'ensemble de la circulation. De même, l'axe cérébro-spinal dirige l'ensemble des phénomènes de l'innervation. Le petit centre nerveux de chaque organe dirige les affaires nerveuses de sa commune. Il a ses franchises municipales, mais il obéit au gouvernement général. Dans cette administration locale, les ganglions représentent seuls le pouvoir exécutif. Le réseau leur permet seulement d'harmoniser entre eux les actes intimes. Le mode d'action général des nerfs étant déterminé, la part du réseau périphérique et celle des cordons intermédiaires aux deux pôles de substance grise étant faites, pénétrons dans les détails et apprécions successivement le mécanisme spécial des cordons et celui du réseau ganglionnaire qui les termine.

1° *Mécanisme général des cordons nerveux.* — Nous leur accordons donc d'une manière générale un rôle de conducteur passif ou simplement modificateur. Mais comme la chose à transmettre n'est pas toujours la même, comme la transmission porte tantôt sur un acte moteur, tantôt sur un acte de sensibilité, tantôt sur un acte de nutrition, comme à côté des nerfs qui sont capables de conduire les deux premiers ordres de phénomènes et qui, pour cette raison, sont appelés *mixtes*, il existe des nerfs qui, à cause de leur destination exclusive, sont nommés *moteurs* ou *sensitifs*, il y a lieu de se demander s'il y a des tubes essentiellement différents pour les trois ordres d'actes de conductibilité ; autrement dit si, anatomiquement et physiologiquement, les nerfs moteurs diffèrent des sensitifs et si les nerfs mixtes sont un mélange de deux agents bien distincts. C'est là une question que presque tous les physiologistes se sont montrés portés à résoudre d'une manière affirmative ; et, comme dans toutes les mauvaises causes, chacun d'eux s'est évertué à déterrer un argument qui fût enfin capable de justifier la distinction. Sous le rapport anatomique, on a cru avoir trouvé la marque distinctive dans le diamètre des tubes. Charles Bell a démontré, comme nous le verrons, que les racines rachidiennes postérieures sont exclusivement affectées à la sensibilité, tandis que les racines antérieures sont exclusivement des conducteurs du mouvement. Or, Bidder et Volkmann ont annoncé que les tubes des premières étaient plus fins que ceux des secondes. Mais en réalité les tubes à petit diamètre n'appartiennent pas plus aux racines postérieures qu'aux antérieures, aux nerfs sensitifs qu'aux moteurs. Les variations de diamètre dépendent uniquement de l'abondance de la substance médullaire, qui n'est sans doute qu'un corps isolant et qui ne joue pas le rôle principal dans l'innervation. On a aussi cherché à trouver le caractère anatomique différentiel dans les conditions pathologiques. Valler a fait observer avec raison que les fibres des racines antérieures ne s'altéraient que lorsqu'elles n'étaient plus en communication avec la moelle, tandis que celles des racines postérieures le faisaient seulement lorsqu'elles étaient séparées des ganglions spinaux. Le fait est vrai ; mais il est uniquement en rapport avec les connexions périphériques ou centrales des nerfs et il ne prouve nullement l'existence de conditions intrinsèques différentes. D'autre part, Schiff a avancé que les tubes sensitifs atteints de dégénérescence se régénéraient plus vite que les moteurs. Mais cette assertion, qui accorderait une vitalité plus grande aux nerfs sensitifs,.est plus que contestable. Les recherches des autres expérimentateurs ne l'ont point confirmée. — Sous le rapport physiologique, Cl. Bernard a signalé une différence d'impressionnabilité vis-à-vis de l'agent électrique. Il faut un courant bien plus puissant pour donner lieu à des phénomènes de sensibilité que pour provoquer des contractions musculaires. Mais cela tient peut-être à ce que les muscles obéissent plus facilement que les centres sensitifs aux ébranlements apportés par les cordons nerveux. D'autres auteurs ont avancé un fait qui, lui aussi, est vrai dans le fond : c'est qu'après la mort, les nerfs moteurs perdent la propriété d'agir sous l'influence des stimulants extérieurs successivement du centre à la périphérie, tandis que pour les sensitifs elle s'éteint successivement de la périphérie au centre. Mais, comme le font observer avec raison MM. Philippeaux et Vulpian, cela prouve seulement qu'au fur et à mesure que la vitalité s'éteint dans le cerveau et les muscles qui, eux seuls, traduisent par des réactions spéciales l'action des stimulants, il faut que l'ébranlement soit appliqué plus près d'eux, afin qu'il puisse leur arriver avec une force suffisante. Les résultats obtenus par Flourens à l'aide d'injections dans les vaisseaux, et les expériences que Cl. Bernard a faites avec le curare tendent à établir entre les deux espèces de nerfs des différences plus difficiles à contester. Flourens est arrivé à abolir les manifestations sensitives des nerfs et à respecter leurs effets moteurs, autrement dit à paralyser exclusivement les nerfs sensitifs en injectant de la poudre inerte dans le système artériel. Il a pu, au contraire, rendre les nerfs moteurs, seuls, impuissants en se servant pour les injections de certains liquides irritants. D'autre part, Cl. Bernard a démontré que le curare détruit la motilité tout en respectant la sensibilité. Quant à cette dernière substance, tout porte à penser qu'elle exerce spécialement et exclusivement son action toxique sur les plaques motrices terminales, de sorte qu'il est bien probable qu'elle ne frappe pas l'activité propre des cordons nerveux eux-mêmes. Mais il est plus difficile de concilier l'idée d'une seule espèce de tubes nerveux avec les faits mis au jour par Flourens. On ne peut y arriver qu'en attribuant la paralysie du sentiment, non à une action de la poudre inerte sur les nerfs sensitifs, mais à une anémie des centres sensitifs de la moelle, résultant elle-même de l'arrêt de la circulation par le coagulum poudreux; et en attribuant la paralysie du mouvement à l'action des liquides irritants sur les muscles et non sur les nerfs moteurs. Quoi qu'il en soit de ces dernières explications et de toutes les réfutations qui ont précédé, je crois qu'il n'est plus possible aujourd'hui de voir des agents réellement différents dans les deux espèces de nerfs, en présence des belles expériences de MM. Philippeaux et Vulpian. Dans sept cas, ils sont arrivés à obtenir la soudure exacte et complète du bout central du nerf lingual, lequel est de nature sensitive, et du bout périphérique du grand hypoglosse, nerf exclusivement moteur; de telle sorte qu'ils ont réalisé ainsi un nerf artificiel composé dans sa moitié supérieure de tubes affectés normalement à la sensibilité, et dans sa moitié inférieure de tubes chargés par la nature de la transmission du mouvement d'un nerf qui touchait par son extrémité terminale à un muscle et par son extrémité d'origine à un centre sensitif. Or, chez tous ces animaux, lorsqu'ils pinçaient la portion linguale ou sensitive de ce nerf, qu'on pourrait caractériser par le mot hermaphrodite, ils déterminaient des mouvements très-manifestes dans la langue. Donc, un nerf sensitif peut aussi bien qu'un nerf moteur conduire des ébranlements capables d'engendrer des contractions musculaires. Comme le pincement donnait en même temps lieu à de la douleur, on pouvait objecter que les mouvements obtenus étaient peut-être de nature réflexe et dus à un retentissement de la sensation développée dans le lingual sur l'hypoglosse du côté opposé. Pour réduire tout à fait à néant cette objection, les expérimentateurs ont, chez quelques-uns de leurs sujets, séparé le lingual du cerveau après sa soudure au bout périphérique de l'hypoglosse, et dans ces conditions l'irritation de la portion linguale produisit des mouvements identiques. Il faut reconnaître, toutefois, que la réciproque n'apparut jamais d'une manière aussi éclatante chez les animaux pour lesquels on avait respecté la continuité de la portion linguale avec le cerveau. Le pincement du bout périphérique de l'hypoglosse, ou portion motrice du nerf hermaphrodite, ne donna jamais lieu à des douleurs nettement accusées. Mais, à mes yeux, ce résultat quasi négatif ne doit pas étonner, puisqu'il s'agit d'un nerf qui n'est qu'en partie doué de la sensibilité générale et qui est avant tout chargé de la sensibilité gustative. Du reste, dans d'autres expériences, où le bout périphérique de l'hypoglosse fut soudé au bout central du pneumo-gastrique, on obtint des douleurs très-manifestes. Donc, un nerf moteur peut aussi bien qu'un nerf sensitif conduire des ébranlements capables d'éveiller des sensations dans la couche optique. Il y a plus : la substitution des rôles peut s'opérer non-seulement entre les tubes dits moteurs et sensitifs, appartenant au système nerveux de la vie animale, mais encore entre ceux-ci et les fibres du système nerveux de la vie végétative, c'est-à-dire les fibres du grand sympathique. On sait que chez les chiens le cordon cervical se fusionne avec le pneumo-gastrique, et se trouve forcément dans l'expérience soudé en même temps que lui au tronçon périphérique de l'hypoglosse. Or, le pincement de ce dernier dilate la pupille en même temps qu'il provoque de la douleur. Donc, au point de vue de la conductibilité, un nerf cérébro-spinal peut encore remplacer le sympathique. Il ressort de là, d'une manière incontestable, que si les nerfs sont les seuls organes capables de conduire les manifestations de l'innervation, il n'y a pas parmi eux de conducteurs réellement spéciaux pour les différents genres de manifestations. Les conditions de la conductibilité ne varient pas, qu'il s'agisse de transmettre un phénomène de sensibilité ou de motilité. Tout dépend de l'origine du nerf et de son mode de terminaison. Quant à la partie intermédiaire, c'est-à-dire le cordon proprement dit, elle reste toujours la même au point de vue du mécanisme physiologique. Comme conducteur, il n'y a qu'une seule espèce de nerf. Celui-ci n'est sensitif que parce que, d'une part, il émane d'un centre sensitif de l'axe cérébro-spinal, et que, d'autre part, il vient se terminer à la périphérie dans des organes munis de corpuscules aptes à recueillir les impressions sensorielles. Il n'est moteur que parce qu'il prend naissance dans un centre moteur de l'axe et qu'il aboutit à des plaques terminales fixées sur des fibres musculaires. Supprimez les deux pôles de substance grise, le périphérique et le central, tous les nerfs se trouveront être identiques et les distinctions établies n'auront plus leur raison d'être. Mais n'allez pas croire qu'il y ait dans cette vérité, si longtemps méconnue, toute une révolution pour la mécanique des nerfs. Elle ne détruit en rien les différences signalées antérieurement et qui doivent seulement être comprises autrement qu'autrefois. Elle ne détruit même pas les lois de Müller, dont nous allons parler tout à l'heure. Cette vérité ne nous apprend qu'une chose, c'est que ces lois et ces différences sont motivées par les connexions centrales et périphériques des nerfs, et non par leur propre constitution.

Müller, qui écrivait à une époque où la plupart des phénomènes physiques étaient attribués à des fluides différents, mais inconnus dans leur essence, se trouvait naturellement porté à mettre les manifestations de l'innervation sur le compte de forces analogues, et il admettait tout au moins deux forces distinctes, la force motrice et la force sensitive. Pour lui, par conséquent, l'étude de la mécanique des nerfs devait consister dans la détermination des lois de la propagation de ces deux forces dans leurs conducteurs respectifs, dans les nerfs sensitifs et dans les moteurs. Nous allons passer en revue les principales lois posées par lui et les ramener à leur juste valeur, en nous basant sur le principe que nous venons d'admettre, celui de l'identité physiologique de tous les cordons nerveux. — Il est une première loi formulée à propos des nerfs moteurs, dont le complément se laisse deviner dans l'étude des cordons sensitifs et que j'exprimerai avec plus de simplicité de la façon suivante : *La propagation nerveuse se fait toujours suivant une direction centrifuge dans les nerfs moteurs, et suivant une direction centripète dans les nerfs sensitifs.* On peut dire que c'était cette différence dans la direction des courants nerveux qui établissait la distinction la plus tranchée entre les deux espèces de nerfs, et si je ne l'ai pas signalée au moment où je plaidais la cause de l'identité physiologique des tubes, c'est parce que la réfutation de l'objection nécessitait la connaissance des expériences de Philippeaux et Vulpian, et parce que je ne voulais pas séparer l'examen de cette loi de celui des autres principes posés par Müller. Il est bien vrai que quand, après avoir coupé un nerf moteur, on applique l'électricité successivement à l'extrémité libre du bout périphérique et du bout central, on ne détermine des contractions musculaires que dans le premier cas, tandis que l'irritation du tronçon central semble rester complétement inerte et ne donne lieu à aucune manifestation nerveuse. Il est bien vrai aussi que l'électricité ne provoque des signes de douleur que lorsqu'elle est appliquée sur le bout central d'un nerf sensitif, le tronçon périphérique se montrant à son tour inerte dans la même circonstance. Mais cela ne prouve nullement que les nerfs moteurs ne puissent conduire que des courants centrifuges ou transmettre que des phénomènes à marche excentrique, et que les nerfs sensitifs ne se prêtent qu'à des courants centripètes. Car si, après avoir obtenu la soudure du tronc central du lingual avec le bout périphérique de l'hypoglosse, on coupe le nerf hermaphrodite très-haut, de façon à avoir la plus grande longueur possible du lingual, et si on irrite la surface de section, on fait naître des contractions dans la langue. On engendre, par conséquent, un courant centrifuge qui, pendant un certain temps, doit se propager dans des tubes sensitifs. Donc, les nerfs de la sensibilité sont aussi susceptibles de conduire dans le sens centrifuge. Une expérience de Bert vient abonder dans le même sens, d'une façon tout à fait originale. Après avoir dénudé l'extrémité terminale de la queue d'un rat, il l'a fixée dans une fente pratiquée sur la peau du dos de cet animal. Quand le travail de la greffe fut suffisamment avancé, il coupa la queue près de son insertion normale au sacrum. Il s'est trouvé alors que ce rat, au lieu de porter cet appendice à l'extrémité postérieure de son corps, le présenta désormais sur le dos, la pointe adhérente et l'extrémité basilaire devenue libre, c'est-à-dire en sens inverse de sa disposition naturelle. Dans ces conditions nouvelles, l'animal sentait parfaitement lorsqu'on pinçait le bout de la queue, et il se retournait pour mordre la pince employée à cet effet. Or, pour parvenir au cerveau, l'impression était obligée de parcourir des tubes sensitifs renversés, et le courant se trouvait être centrifuge par rapport à leur direction naturelle. On peut même dire que, quand on excite un nerf, l'ébranlement qu'on y fait naître se propage, comme une onde sonore, à la fois dans les deux sens. En effet, quand sur un animal chez lequel on a respecté la continuité du nerf hermaphrodite créé, on pince la portion linguale, on provoque à la fois une douleur et des mouvements, c'est-à-dire qu'à partir du point touché il se fait un courant ascendant qui gagne le cerveau, et un courant descendant qui aboutit aux muscles de la langue. En réalité, tous les nerfs peuvent conduire indifféremment dans les deux sens, mais dans l'état normal, en raison même de leurs connexions périphériques et centrales, ils ne le font d'une manière efficace, les uns, les moteurs, que dans le sens centrifuge, parce que l'agent provocateur se trouve pour eux dans un centre moteur de l'axe cérébro-spinal, tandis que l'organe exécutant l'acte provoqué est un muscle qui siége à la périphérie ; les autres, les sensitifs, que dans le sens centripète, parce que, pour eux, l'agent provocateur, celui qui produit l'impression, se trouve à la périphérie, tandis que l'organe qui exécute l'acte final, c'est-à-dire la transformation de l'impression en sensation, est dans l'encéphale. Pour avoir le droit d'être conservée, la première loi de Müller doit donc être formulée ainsi : *Dans les nerfs, il n'y a que les courants qui se dirigent vers des muscles qui peuvent produire des mouvements, et il n'y a que les courants qui se dirigent vers des centres sensitifs qui peuvent produire des phénomènes de sensibilité.*

Quelques-unes des lois de Müller, dont il est inutile de reproduire les formules, qui ne brillent pas toujours par leur limpidité, tendent à prouver un seul et même fait applicable à la fois aux nerfs sensitifs et moteurs : c'est l'*indépendance physiologique des tubes nerveux*. Les unes nous la montrent existant entre les tubes réunis en faisceau pour former un seul cordon nerveux. Les autres nous la font voir persistant, malgré les connexions intimes que font naître les anastomoses isolées et celles plus compliquées des plexus. Ce fait est assez bien établi, et quand un tube quelconque est en activité, il semble être incapable d'entraîner les tubes voisins dans le même état dynamique. En effet, pour les nerfs qui se rendent aux muscles, il est facile d'en acquérir la preuve. Quand sur un lapin, après avoir découvert le nerf sciatique immédiatement à sa sortie du bassin, on irrite avec une aiguille diverses portions qui ne se détachent que plus bas sous forme de branches, on ne fait contracter que les muscles auxquels se rendent ces branches. Les muscles qui ne reçoivent pas de la portion irritée, restent en repos. D'autre part, chez la grenouille, tout le membre postérieur est animé par des filets émanant d'un même plexus, à la formation duquel concourent trois nerfs rachidiens. Si l'on irrite les racines motrices de l'un de ces trois nerfs, on remarque qu'on ne fait contracter qu'un certain groupe de muscles. Si l'on irrite celles du second nerf, on ne fait agir qu'un second groupe de muscles. Si l'on irrite celles du troisième nerf, on ne fait contracter que le dernier groupe de muscles. Et cependant ces trois nerfs se fusionnent presque ensemble pour former le plexus. Or, si par le fait de ces anastomoses répétées et intimes ils perdaient leur indépendance, s'ils pouvaient se communiquer mutuellement leur état, tous les muscles du membre postérieur devraient entrer en contraction sous l'influence de l'irritation d'un seul des trois nerfs. C'est ce qui n'a pas lieu. Du reste, l'indépendance des fibres motrices est démontrée par l'observation journalière; car l'anatomie nous montre souvent un même nerf se rendant à des muscles antagonistes, et il est évident que ces muscles ne peuvent pas se contracter en même temps. Les auteurs citent un grand nombre d'exemples de ce fait anatomique. Nous nous contenterons d'en rappeler quelques-uns. Le nerf facial fournit à la fois aux constricteurs et aux dilatateurs des orifices nasal et buccal, le moteur oculaire commun au droit supérieur et au droit inférieur; le récurrent à l'aryténoïdien qui est constricteur de la glotte, et au crico-aryténoïdien postérieur qui est dilatateur; le crural au triceps extenseur de la jambe et au couturier qui fléchit la jambe. L'indépendance des tubes moteurs est encore bien plus évidente lorsqu'on considère un seul muscle. Ne voyons-nous pas, en effet, certaines parties d'un même muscle se contracter isolément? C'est ce qui arrive, par exemple, pour les diverses portions des fléchisseurs communs et de l'extenseur commun des doigts. C'est ce qui arrive aussi pour le moyen fessier, qui produit des effets différents selon qu'il contracte sa partie antérieure ou sa partie postérieure. A côté de ces faits favorables à l'indépendance des tubes moteurs, l'étude de l'organisation des mouvements nous en montre d'autres qui semblent la mettre en défaut. Il est des mouvements qui sont enchaînés entre eux d'une façon involontaire et qui semblent indiquer que parfois les tubes moteurs voisins peuvent s'entraîner mutuellement dans un même état dynamique. Le sphincter, le releveur de l'anus, le transverse, le bulbo-caverneux, l'ischio-caverneux, en un mot, presque tous les muscles du périné se contractent en même temps, quand même nous avons la volonté de n'en faire agir qu'un seul. Il nous est impossible d'élever l'aile du nez sans froncer en même temps le sourcil. Nous ne pouvons pas tourner l'œil en dedans par l'action du muscle droit interne sans que l'iris se contracte en même temps. Il en est de même aussi quand nous portons l'œil en dedans et en haut par l'action du petit oblique. Or, c'est le même nerf qui fournit à ces deux muscles et aux fibres circulaires de l'iris. Mais remarquez que ces mouvements associés ne plaident en rien contre l'indépendance des tubes moteurs. L'association n'est pas le résultat de la transmission du courant d'un tube dans l'autre. Elle est due à ce que le centre nerveux ébranle à la fois tous ces tubes et cela suivant un ordre préétabli. La cause de l'association est dans l'encéphale et non dans les nerfs qui en émanent. On peut, dans ces cas, comparer avec justesse les nerfs aux touches d'un clavecin. L'artiste produit à sa volonté des sons qui s'associent entre eux pour former un tout harmonieux. Dans l'association des mouvements, c'est le cerveau qui est l'artiste, il met en jeu certains nerfs et harmonise ainsi ensemble plusieurs mouvements partiels.

Pour les tubes qui se rendent à des parties sensibles, la démonstration ne peut plus être obtenue d'une façon aussi directe, parce que les animaux sont incapables d'indiquer les confins géographiques des sensations qu'ils éprouvent. Mais la pathologie nous la fournit en nous faisant voir que dans les cas de paralysie partielle, les filets émanés d'un tronc commun ou qui s'anastomosent entre eux, ne peuvent généralement pas se suppléer. Vous vous demandez sans doute, dans quel but, alors, la nature a créé des anastomoses nerveuses? C'est évidemment pour que chaque partie de notre corps reçoive son innervation de deux ou de plusieurs sources. Si l'une vient à manquer, il n'en résulte jamais qu'une anesthésie incomplète. Dans ces conditions, la finesse de la sensibilité peut seule souffrir de la suppression de l'un des filets. Les deux branches d'un compas ont seulement besoin d'être plus écartées pour donner la double sensation. Il est cependant une preuve plus directe de l'indépendance des tubes que l'on peut prendre sur l'homme lui-même. Quand on irrite un nerf sensitif soit par pression à travers les téguments, soit directement dans les opérations, les effets de cette irritation ne se manifestent jamais dans les régions animées par des filets qui émanent du tronc au-dessus du point touché. L'ébranlement qui cependant doit suivre une marche ascendante, n'influence en rien les tubes qui, chemin faisant, viennent s'ajouter au tronc commun. Il est ici encore une objection qu'on peut adresser au principe de l'indépendance et qui est le pendant de celle fournie par les mouvements associés. Le chatouillement pratiqué sur une région très-limitée du corps, donne lieu à des sensations subjectives qui tendent à se propager de plus en plus et finissent par envahir la presque totalité des téguments. Mais la cause de cette généralisation se trouve aussi évidemment dans les centres nerveux. Les vibrations engendrées incessamment par l'acte du chatouillement, s'ajoutent et acquièrent une telle force d'expansion, qu'elles gagnent bientôt toutes les cellules des centres sensitifs et qu'elles vont même peut-être, par un mouvement rétrograde, faire osciller les molécules de tous les nerfs sensitifs. En présence de cette indépendance, il est difficile d'admettre la constitution anatomique indiquée par Roudanowsky, qui suppose que les fibres-axes voisines sont réunies entre elles par un grand nombre de filaments transversaux. Il est bien plus probable que l'isolement physiologique correspond à un isolement anatomique aussi complet. C'est grâce, sans doute, à la gaîne de Schwann et à son manchon de substance médullaire que chaque fibre-axe ne peut pas faire naître dans ses congénères voisines un phénomène analogue à celui des courants induits. Il est cependant une expérience qui semble indiquer la possibilité de ces courants. Quand on prépare des pattes de grenouilles de façon à laisser libre et dégagé le tronçon supérieur du nerf sciatique, et qu'on dispose ces pattes entre elles de façon que le nerf de l'une repose sur la masse musculaire de l'autre, on peut faire naître des contractions dans toutes les pattes en irritant exclusivement le nerf du premier anneau de cette chaîne. Mais en réalité il se produit, au point de contact de chaque nerf avec la masse musculaire de la patte voisine, des phénomènes chimiques qui créent pour chacun d'eux une cause d'irritation tout à fait directe. Chaque nerf se trouve directement provoqué, et ce n'est pas le courant de l'un qui en fait naître un dans l'autre.

Un troisième fait qui ressort encore des théorèmes de Müller et qui est tout aussi acceptable que le précédent, c'est que *le moi rapporte toujours les impressions développées sur le trajet des cordons sensitifs aux régions périphériques dans lesquelles se distribuent les tubes réunis en faisceau dans ce cordon.* Les expériences qui démontrent la réalité de cette proposition, sont faciles à faire. Vous pouvez les pratiquer sur vous-même. — Comprimez fortement le nerf cubital à son passage entre l'épitrochlée et l'olécrane, et vous éprouverez un picotement douloureux à la partie interne de la paume et du dos de la main, ainsi que dans les doigts auriculaire et annulaire, par conséquent, dans tous les points où se rendent les filets de terminaison du nerf cubital. — Frottez avec force le pouce contre la face interne du bras dans les points où se trouvent les nerfs radial et médian, et vous aurez des sensations analogues dans les parties auxquelles se rendent ces nerfs. Le phénomène connu vulgairement sous le nom de jambe endormie est encore une expérience du même genre. Des fourmillements apparaissent dans presque tout le membre abdominal, parce que le nerf sciatique, comprimé contre le bord d'un siége, se répand dans presque toutes les parties de ce membre. Dans ces diverses circonstances, on peut parfaitement s'expliquer ce résultat sans avoir besoin de recourir à l'intervention d'une illusion psychique. Quand on comprime un nerf sur un point quelconque de son trajet, on irrite tous les tubes qui, plus bas, sont éparpillés dans les téguments, mais qui, à ce niveau, se trouvent réunis en un seul faisceau. Non-seulement on ébranle alors tous les conducteurs qui représentent ces régions tégumentaires; non-seulement chacun d'eux vient ébranler les points correspondants du centre sensitif, exactement comme si l'ébranlement était parti de la terminaison et non de la continuité des tubes nerveux ; non-seulement, à ce compte, on pourrait déjà comprendre l'effet produit tout aussi bien que les sensations subjectives qui prennent naissance dans la couche optique enflammée : l'éréthisme artificiel prendrait son point de départ dans le cordon nerveux au lieu de naître d'emblée dans le centre nerveux ; mais il y a plus. Je crois que dans ces expériences, en particulier, tout se passe absolument comme dans l'état normal, comme si la cause excitante avait été appliquée sur l'extrémité terminale ; car il est probable que l'ébranlement moléculaire provoqué au point comprimé s'irradie dans tous les sens autour de ce foyer initial, de même que les vibrations d'une corde s'étendent au-dessus et au-dessous du point touché par l'archet. Cet ébranlement se propage simultanément non-seulement vers le cerveau, mais encore vers la périphérie. Il s'établit ainsi une série d'oscillations auxquelles prennent part non-seulement le cordon et le centre, mais encore la substance grise périphérique ; et dans ce mouvement de va-et-vient qui s'établit de la terminaison du nerf à son origine, la marche habituelle des impressions se trouve exactement reproduite. Le moi sent le point cutané, parce que le corpuscule qui l'innerve vibre absolument comme s'il avait été directement touché.

La même illusion se manifeste dans d'autres circonstances où l'explication qui précède ne saurait être appliquée, parce que les extrémités périphériques des nerfs sont complétement absentes. Les personnes étrangères à la médecine savent elles-mêmes que les amputés éprouvent les mêmes sensations que s'ils avaient encore le membre dont on les a privés. A la suite d'une amputation de jambe, l'opéré ressent des fourmillements dans la plante du pied et les orteils qu'il n'a plus, chaque fois qu'on comprime le moignon. L'illusion est surtout très-manifeste quand le moignon vient à s'enflammer pour une cause ou une autre. Évidemment ici on ne peut pas dire que les choses se passent comme à l'état normal, et que les corpuscules terminaux vibrent, par voie de retour, à l'unisson avec le cordon et le centre. Les conducteurs, représentants de différents points cutanés, sont seuls mis en cause dans une partie même restreinte de leur trajet. Chacun d'eux ébranle consécutivement le point de substance centrale que la nature lui a assigné pour toujours, et cela suffit pour donner la notion d'un emplacement qui est fictif. Dans ces conditions, l'illusion ne peut être évidemment que la conséquence d'une organisation préétablie et surtout d'une éducation acquise. Il est certain d'abord que, quand des fils à peu près parallèles entre eux sont étendus entre deux plans, les points d'insertion se trouvent entre eux, aux deux extrémités, dans une relation déterminée. De même dans le système nerveux, les points centraux d'aboutissement des nerfs sont entre eux dans les mêmes rapports que les points périphériques. Seulement, comme ils sont concentrés dans l'axe cérébro-spinal, tandis qu'ils sont éparpillés dans le système tégumentaire, il en résulte que le centre sensitif afférent est, pour ainsi dire, la reproduction très-réduite de la région cutanée. Par conséquent, lorsque ces points centraux vibrent, ils donnent la représentation en action, mais condensée, de ce qui pourrait se passer à la périphérie. En outre, depuis longtemps avant l'amputation, chacun de ces points n'agissait que lorsque son homologue cutané entrait lui-même en action, et, par habitude, le moi doit rapporter la sensation qu'il éprouve à son origine habituelle. Il en est des sensations acquises comme des idées acquises. La cellule intellectuelle, lorsqu'elle vibre soit spontanément, soit sous l'influence d'une irritation anormale, reproduit l'idée qui est devenue son lot; de même la cellule sensitive, lorsqu'elle vibre, reproduit le travail auquel l'exercice antérieur l'a habituée. L'éducation, l'attribution consacrée par l'usage, jouent donc le principal rôle. Voilà pourquoi l'illusion est moins complète que dans le cas où on comprime le nerf cubital chez un individu sain. C'est tellement vrai, que chez la plupart des opérés le phénomène finit par ne plus exister, tout justement parce qu'au bout d'un certain temps une nouvelle éducation crée au centre une nouvelle habitude plus en rapport avec la réalité. L'importance du centre dans ce genre d'appréciation est démontrée aussi par un autre fait que la chirurgie moderne a mis au jour. Dans les opérations autoplastiques on transporte des lambeaux de peau dans des points qu'ils n'occupent pas normalement; on change par conséquent la situation des extrémités périphériques des nerfs. Dans la rhinoplastie, par exemple, on retourne un lambeau triangulaire de la peau du front dont le sommet correspond à la racine du nez et on l'accole au moignon de cet organe. Eh bien, tant que ce petit pont contourné n'est pas coupé, tant que le nerf qui se répand dans le lambeau continue à se rendre à la portion de l'encéphale affectée à l'innervation du front, le moi rapporte les attouchements du triangle cutané à la région frontale, malgré sa nouvelle situation qui est nasale. Mais lorsque le chirurgien, jugeant sa greffe suffisamment consolidée, a tranché ce pont, et lorsque le nerf sectionné s'est soudé avec le bout central d'un nerf qui se rend à la portion de l'encéphale correspondant normalement à la région nasale, dès lors l'opéré attribue les sensations du lambeau à cette région.

On ne peut pas dire toutefois d'une manière absolue que les nerfs sont insensibles pour leur propre tissu et qu'ils ne peuvent pas fournir la notion de l'emplacement de leurs différents points; car, quand on presse le nerf cubital au coude, on éprouve, en même temps que les fourmillements de la main, une sensation parfaitement distincte, souvent douloureuse, à l'endroit même comprimé. On a d'abord été tenté de rapporter cette sensation locale à la portion correspondante des téguments. Mais l'apparition d'une douleur offrant les mêmes conditions de siége dans certains cas pathologiques, ne permet pas de douter qu'elle appartienne au cordon lui-même. L'existence des *nervi nervorum* nous fournit peut-être une explication suffisante de ce phénomène, et dès lors l'énoncé du troisième fait peut être maintenu dans toute sa rigueur.

Messieurs, par les développements qui précèdent, nous sommes arrivés à établir : que les cordons nerveux ne font que transmettre des manifestations de l'innervation, sans prendre une part active à leur création; qu'ils sont capables par eux-mêmes de conduire ainsi tous les phénomènes nerveux, quelle qu'en soit la nature, et que si dans l'économie organisée ils n'ont pas tous la même attribution, s'il existe réellement des nerfs méritant les désignations de sensitifs et de moteurs, cela tient non pas à une différence de constitution, mais à ce qu'un tube ne peut conduire que des phénomènes de sensibilité lorsqu'il est étendu entre un centre sensitif et de la substance grise périphérique adaptée à la préhension des impressions, et ne peut transmettre que des impulsions motrices lorsqu'ils réunissent un centre moteur à un muscle. Nous savons encore que chaque conducteur élémentaire reste tout à fait indépendant de ceux qui se trouvent associés avec lui, soit dans un nerf ou dans un plexus. Nous savons enfin que l'acte de conductibilité exécuté par les nerfs est tellement secondaire, qu'il s'efface même devant les opérations initiales et terminales de la substance grise, et que les cordons nerveux ne sont que les représentants des régions qui relèvent de cette substance, puisque, à la suite d'une irritation appliquée sur leur continuité, le moi sent les surfaces représentées et non les conducteurs. Nous allons maintenant pousser l'analyse plus loin encore, et chercher en quoi consiste et comment s'opère cette transmission. Les nerfs se laissent-ils simplement parcourir par un fluide engendré par la substance grise, à la manière de tubes qui livrent passage à de la vapeur produite par une chaudière? Ce fluide est-il *sui generis* et de nature vitale? ou est-il simplement une manière d'être du fluide électrique? ou bien encore la transmission est-elle le résultat d'une série de mouvements moléculaires commençant à l'une des extrémités et se propageant à l'autre de proche en proche? Ce sont là autant de questions qu'il est impossible de résoudre d'une manière définitive, mais sur lesquelles on peut déjà jeter quelques éclaircissements et recueillir quelques probabilités.

L'idée d'attribuer les phénomènes nerveux à des actions électriques a toujours souri à un grand nombre de médecins. Elle prit naissance lorsque Galvani montra qu'on pouvait, pour ainsi dire, ressusciter des mouvements sur le cadavre en faisant arriver un courant électrique dans un nerf. Mais on s'aperçut bientôt qu'on obtenait le même résultat sans l'intervention de l'électricité, en irritant le nerf, soit mécaniquement, soit à l'aide d'un agent chimique. Elle ne trouva pas non plus longtemps une base suffisante dans l'existence des poissons électriques, parce qu'on comprit que les nerfs qui se rendent à l'appareil spécial dont ces animaux sont munis, n'y apportent pas comme dans un condensateur de l'électricité créée par les centres nerveux et qu'ils ne font que commander à cet appareil de fonctionner, comme les nerfs moteurs commandent aux muscles de se contracter. — La production apparente de courants induits dans l'expérience des pattes de grenouilles agencées entre elles, comme je l'ai déjà indiqué à propos de la question de l'indépendance des tubes nerveux, ne vint pas apporter non plus un argument beaucoup plus solide, puisqu'il se passe au point de contact de chaque nerf avec la patte voisine des phénomènes chimiques suffisants pour constituer une cause directe d'excitation. — Les recherches des électropathes sur la manière dont se conduisent les différentes espèces de nerfs quand ils sont soumis, dans les conditions les plus variées, à l'action des machines à courant, soit continus, soit intermittents, ne lui sont ni plus ni moins favorables. Elles nous apprennent bien que si le courant continu est fort, il se produit une contraction tétanique qui persiste pendant toute la durée du courant ; et que, s'il est faible, il n'y a d'effet musculaire qu'au moment où on applique les réophores et au moment où on les enlève. Mais avec les irritants mécaniques et chimiques aussi, il n'y a de contraction tétanique persistante qu'autant qu'ils agissent avec une grande violence. D'ailleurs pourquoi, si l'action des nerfs était de nature électrique, la contraction se produirait-elle au moment où on enlève le courant faible, c'est-à-dire au moment où on ne fournit plus d'électricité au cordon nerveux ? Quant au courant intermittent, il produit bien des contractions tant que le nerf ne se trouve pas épuisé, dit-on. Mais si l'électricité peut l'épuiser, c'est qu'elle ne fait que l'exciter à dépenser ce qu'il produit par lui-même ou ce qu'il a reçu des centres ; c'est qu'elle ne peut pas lui fournir de la force ; c'est que, par conséquent, cette force propre n'est pas de nature électrique. Les études de Du Boys-Raymond sur l'état électrique du tissu nerveux à l'état cadavérique, ont apporté un instant un appui plus efficace à la doctrine des électro-nervistes. Les nerfs ont des qualités électriques que ne possèdent pas les conducteurs ordinaires, que ne possède pas, par exemple, un simple fil humide, qualités que cet auteur exprime par le mot : *force électro-tonique*. Quand on applique sur deux points d'un fil humide les deux pôles d'une pile, il ne se produit de courant que dans la portion comprise entre ces deux points, et le galvanomètre placé au-dessus ou au-dessous de cette portion n'accuse absolument rien. Un nerf pris à l'état frais sur un animal placé dans les mêmes conditions, dévie, au contraire, l'aiguille du galvanomètre en deçà comme au delà du segment compris entre les deux pôles de la pile, c'est-à-dire que, tandis que le fil ne devient le siége que du courant partiel qu'on lui fournit, le nerf présente en outre d'autres courants surajoutés et qui prennent naissance en lui-même. En présence de ce résultat, il était naturel de penser que les nerfs renferment toujours en eux, sous forme latente, de l'électricité qui devient manifeste lorsqu'on trouble son état statique à l'aide d'un courant actif. D'autres expériences lui ayant fait voir que l'électricité que possède la surface de section d'un nerf est négative, tandis que celle de la surface naturelle est positive, il a été conduit à supposer l'existence de trois zones électriques dans chaque molécule d'un cordon nerveux en repos, une centrale positive et deux polaires négatives, absolument comme pour les muscles (voir figure, tome 1, page 247). Tant que l'électricité y resterait disposée ainsi, le nerf n'accuserait rien au galvanomètre; il serait alors dans l'état statique ou de repos. Mais quand, par une cause ou par une autre, cet équilibre serait troublé, tout le fluide positif se porterait dans une même moitié de la molécule et tout le négatif dans l'autre moitié. A ce moment l'électricité passerait à l'état dynamique, elle se manifesterait au galvanomètre. A ce moment, le nerf aurait acquis le pouvoir d'agir sur les muscles. De là à l'assimilation complète des phénomènes nerveux aux phénomènes électriques, il n'y avait qu'un pas. On pouvait considérer l'action centrale de l'axe cérébro-spinal comme ayant pour résultat immédiat de troubler l'état statique de l'électricité de l'origine des nerfs. La transformation en électricité dynamique se ferait ensuite de proche en proche jusqu'à l'extrémité périphérique du nerf. Celle-ci viendrait à son tour modifier l'état électrique latent des muscles, qui traduiraient cette nouvelle situation par une contraction. De même l'impression sensitive viendrait changer la polarité des molécules terminales des nerfs sensitifs. La modification électrique gagnerait de molécule en molécule jusqu'au centre sensitif. Dans ces deux circonstances, le cerveau et l'impression ne feraient que ce que fait l'électricité appliquée artificiellement, ce que font aussi les irritants mécaniques et chimiques, c'est-à-dire déplacer l'électricité latente, la rendre, pour ainsi dire, vivante; et la conductibilité consisterait dans une propagation centrifuge ou centripète de modifications électriques.

Mais Du Boys Raymond, qui venait de découvrir les faits expérimentaux qui précèdent, lui qui avait fourni ainsi aux électro-nervistes les arguments les plus puissants en apparence, a cependant renoncé lui-même à l'assimilation de la force nerveuse au fluide électrique. Il a compris que ces résultats étaient liés aux phénomènes chimiques de nutrition ou d'altération du tissu nerveux, et qu'ils n'étaient tout au plus que la conséquence et non la cause de leur fonctionnement. La chose est d'autant plus probable que les muscles et plusieurs autres tissus se conduisent d'une manière identique dans les mêmes conditions expérimentales. On ne peut donc pas voir là une propriété physiologique spéciale, une manière d'être et d'agir appartenant exclusivement aux nerfs. Malgré le sage aveu de Du Boys Raymond, cette année encore, M. Ganod a été bien au delà de l'hypothèse que semblaient autoriser au premier abord les expériences du physiologiste allemand, et il s'est montré, pour ainsi dire, plus royaliste que le roi. Il n'attribue même plus l'action des nerfs à un changement dans leur électricité statique. Il n'en fait plus que les humbles conducteurs d'une force électrique qui s'engendre d'une manière tout à fait physique en dehors du système nerveux lui-même. Celui-ci, malgré la haute élévation de ses fonctions, malgré sa grande puissance dans le jeu de l'organisme, n'est plus que le support d'une force d'emprunt qui semble lui donner le pouvoir d'agir, et cette force est purement et simplement d'origine thermo-électrique. Elle dérive uniquement de la différence qui existe entre la température froide de la surface externe du corps et celle plus chaude de l'intimité des tissus. Cette différence donne lieu, en vertu des lois physiques, à des courants thermo-électriques qui s'engagent dans les extrémités nerveuses sensitives, qui sont là libres de tout moyen d'isolement. Ils arrivent aux centres nerveux qui, à l'instar des commutateurs, peuvent les diviser, les réunir et les réexpédier à la surface par les nerfs moteurs. Il retrouve même dans cette disposition la reproduction exacte de celle des télégraphes. De même qu'entre la station d'arrivée et la station de départ il n'y a pas d'autre voie de retour que la terre, de même entre la terminaison nerveuse motrice, qu'il dit être dépouillée à dessein de sa gaîne isolante, et le tégument, il n'y a que la voie diffuse des tissus interposés.

Quelque séduisantes que puissent paraître ces vues de l'esprit, je ne crois pas que le travail de conductibilité des nerfs consiste ni dans une modification de l'état électrique latent qu'ils peuvent présenter à titre de tissu organisé, ni dans la transmission d'un fluide identique au fluide électrique créé par les centres nerveux, ni, à plus forte raison, dans l'accaparement et la distribution d'une électricité qui serait engendrée aveuglément par les conditions thermométriques intérieures et extérieures. Si les nerfs donnent des signes d'électrisation dans certaines conditions, ce n'est là qu'un épiphénomène qui tient à ce que les cordons nerveux ne peuvent, pas plus que les autres organes, agir sans s'user et sans donner lieu à des mutations chimiques qui dégagent, comme toujours, plus ou moins d'électricité. Mais ce n'est pas cette électricité qui fait la force des nerfs, ce n'est pas elle qui fait qu'ils déterminent une contraction musculaire ou qu'ils provoquent une sensation. Pour émettre cette déclaration, je ne m'appuie pas sur l'expérience de Longet qui nous montre que le galvanomètre appliqué sur un nerf dénudé n'accuse aucun courant lorsqu'on force le membre à exécuter des mouvements énergiques, c'est-à-dire au moment où il doit être parcouru par son courant fonctionnel porté à un haut degré d'intensité; car on peut objecter à cette expérience les précautions d'isolement dont la nature a entouré les fibres-axes. Mais je m'appuie surtout sur ce que les lois de la conductibilité nerveuse ne sont pas du tout les mêmes que celles de la conductibilité électrique. En effet, non-seulement le tissu des nerfs est un très-mauvais conducteur du fluide électrique, mais, tandis que ce dernier continue à passer quand même on a sectionné à sa partie moyenne le nerf qu'on lui fait traverser, pourvu qu'on maintienne les deux surfaces de section en contact, la force nerveuse, elle, ne franchit pas la solution de continuité dans les mêmes conditions. Une ligature placée sur un nerf suffit pour supprimer la transmission nerveuse, tandis qu'elle n'arrête pas le courant électrique. Enfin, tandis que l'électricité a une vitesse de plus de 500,000 kilomètres par seconde, les phénomènes nerveux n'accusent qu'une vitesse de 32 mètres par seconde. En dehors de ces considérations, il me serait assez difficile de comprendre comment la simple titillation d'un point d'un nerf à l'aide d'un scalpel suffirait pour provoquer un courant électrique assez puissant pour engendrer un mouvement souvent très-énergique.

D'une manière générale, je ne crois pas qu'on puisse expliquer le fonctionnement des nerfs par un courant quelconque, par un fluide impondérable qui les parcourrait comme un gaz ou une vapeur. S'il en était ainsi, ils ne pourraient pas être mis en jeu indifféremment par toute espèce d'excitants. Ils ne pourraient pas non plus probablement recouvrer leur activité spéciale en se régénérant tout en restant isolés. Ce fait qu'ils peuvent provoquer des manifestations nerveuses sous l'influence d'agents aussi différents que le sont un choc, une pression, une section, l'électricité, une substance chimique, acide ou alcaline ; ce fait aussi qu'ils sont tous capables de transmettre des actes sensitifs aussi bien que des actes moteurs, tendent à faire penser qu'ils ont seulement besoin d'être ébranlés d'une manière quelconque et qu'ils vont ensuite ébranler à leur tour la substance grise, soit centrale, soit périphérique, et la forcer ainsi à manifester son pouvoir spécial. Ils accompliraient ce rôle en transmettant simplement l'ébranlement reçu. Ils ne seraient pas les conducteurs d'un fluide ou d'une force, ils seraient des conducteurs d'ébranlements. Ils vibreraient, pour ainsi dire, au même titre qu'un tissu ou qu'un corps quelconque. Mais de même qu'une corde de boyau ne donne pas en vibrant le même son qu'une corde métallique, de même le tissu des cordons nerveux, lorsqu'il est ébranlé, ne donne pas les mêmes résultats que les autres tissus. Par la constitution chimique et histologique qui lui est spéciale, il ne vibre pas de la même manière que les autres organes sous l'influence du même genre d'ébranlement. Du reste, il donne avant tout des effets particuliers, à cause de son adaptation à la substance grise, périphérique et centrale. Les anciens avaient presque le sentiment de ce mécanisme ; du moins, si on ne veut voir dans leurs termes comme dans les nôtres qu'une image, ils disaient que les nerfs étaient des cordes et que les centres nerveux étaient l'archet faisant vibrer ces cordes. La comparaison n'est que forcée. Ce ne sont pas évidemment des vibrations comme celles d'une corde qui oscille en produisant un son ou des déplacement appréciables à l'œil, ce sont des mouvements moléculaires, imperceptibles, qui se rapprocheraient peut-être plutôt de ceux qu'engendre le calorique. Je ne veux certainement pas assimiler, sans une grande hésitation, la force nerveuse à la chaleur. Mais en voyant que les centres nerveux font une dépense de matières combustibles qui est toujours proportionnelle à leur activité et à la somme de leurs produits nerveux, on est jusqu'à un certain point autorisé à se demander s'il ne se fait pas dans ces centres une transformation analogue à celle du calorique en force mécanique; si l'activité nerveuse ne résulte pas d'une nouvelle manière d'être du calorique. Ainsi modifié, celui-ci pourrait même à travers les nerfs se rapprocher de la forme franchement mécanique et engendrer, au terme de sa course, un véritable mouvement, comme cela a lieu dans les muscles, dont les contractions usent, de la manière la plus incontestable, d'autant plus de calorique qu'elles sont plus énergiques. Vous savez que les expériences de Béclard démontrent qu'un muscle qui produit un effet utile offre un abaissement relatif de température au moment où tout justement il consomme plus de combustible, et cela parce qu'une partie du calorique produit s'use sous forme mécanique et se trouve perdue pour le thermomètre. S'il est vrai, comme l'indique Grandry, que la fibre-axe soit composée de disques séparés par une substance distincte et rappelle tout à fait la disposition des sarcous de la fibre musculaire, on aurait, en définitive, sous les yeux, un même système d'éléments analogues commençant dans les nerfs et se continuant dans les muscles, système qui représenterait la longue chaîne graduée où s'opérerait peu à peu la transformation du calorique nerveux en force mécanique. Dans l'étude du sympathique, à propos des théories de la fièvre, nous reviendrons sur cette interprétation que je ne me suis laissé entraîner à vous soumettre que parce que nous sommes en ce moment sur un terrain tellement impénétrable, que toutes les hypothèses peuvent être tolérées et parce que, quoi qu'on en dise, c'est parfois en lançant des suppositions très-hasardées qu'on démasque de nouveaux horizons pour les chercheurs. La témérité et le danger cessent d'exister quand on les présente en se montrant soi-même très-sévère pour leur valeur. Je tiens à vous dire aussi que cette manière de voir, si jamais elle se trouvait être justifiée, ne serait nullement incompatible avec l'existence d'un principe supérieur. Enchaîné aux moyens matériels qui lui sont indispensables ici-bas, ce principe ne pourrait commander aux organes appelés à le servir que par l'intermédiaire d'un système organique capable de donner au calorique un certain mode qui lui permettrait de faire mouvoir toute la machine.

Laissant de côté pour le moment toutes ces spéculations de l'esprit, nous pouvons en tout cas déclarer cependant que le mécanisme des nerfs consiste à propager, par une série de mouvements moléculaires, les ébranlements qui leur sont communiqués par la substance grise et à les transporter ainsi d'un pôle à l'autre. Dans les conditions naturelles, tantôt l'ébranlement initial naît dans la substance grise périphérique et est provoqué par les agents extérieurs. En le conduisant au pôle central, le cordon nerveux entraîne celui-ci à donner à cet ébranlement une nouvelle forme et il devient un phénomène de sensibilité. Tantôt l'ébranlement est engendré par l'axe cérébro-spinal, et en le propageant jusqu'aux muscles les nerfs le transforment en un effet mécanique. Quelle que soit la manière dont s'opère le transport de l'ébranlement initial, il est certain qu'il entraîne dans la constitution des nerfs des modifications chimiques qui usent leur matière et nécessitent leur alimentation incessante. C'est ainsi qu'on doit comprendre le rôle conducteur des cordons nerveux.

2° *Mécanisme de la substance grise périphérique et du réseau ganglionnaire.* — En établissant l'existence d'une masse centrale de substance grise conglomérée, de cordons intermédiaires et enfin d'une masse de substance grise périphérique et disséminée, nous avons, par le fait, indiqué la part physiologique de cette dernière dans le fonctionnement général de l'innervation. Le jeu de cette région du système nerveux est trop intime, trop microscopique, pour pouvoir être apprécié dans ses détails. Quoique plus simple sans doute que celui des centres, il est cependant beaucoup plus difficile à déterminer à cause de la dissémination et de l'atténuation des agents. Tout ce qu'on peut dire, c'est que, d'une manière générale, elle a pour but de faire exécuter les ordres émanés du centre, et, d'autre part, de recueillir les impressions extérieures et de les adapter au *modus faciendi* des centres. Le premier rôle, elle le remplit par l'intermédiaire des plaques et des ganglions; le second, par l'intermédiaire des corpuscules ou des cellules terminales. Les seules appréciations de détail mises au jour jusqu'à présent sont relatives au fonctionnement des organes terminaux des nerfs sensitifs. À l'époque où l'on croyait que le corpuscule de Meissner était formé par un ovoïde de tissu conjonctif condensé sur lequel le nerf venait s'enrouler en spirale, on disait avec une certaine apparence de raison que ces petits appareils avaient pour but de faire reposer le nerf sur un plan plus résistant qui l'empêchait de fuir, augmentait la pression due au toucher et multipliait ainsi l'impression. Mais maintenant que l'on sait que les dernières divisions de la fibre-axe pénètrent dans le corpuscule et viennent s'y terminer par de petites sphères ayant la constitution granuleuse et chimique des cellules nerveuses, il est évident que la substance conjonctive ambiante, si elle existe, a au contraire pour but de protéger et d'isoler du tissu ambiant ces éléments nerveux ultimes ; et que l'opération initiale, ainsi que la finesse du tact, doivent dépendre du travail spécial de ces sphères.

Je suis porté à penser que les sensations thermiques sont, pour ainsi dire, l'œuvre d'un toucher d'origine interne et dues à un mécanisme particulier des papilles. Au milieu de la masse conjonctive qui forme la trame de ces saillies, se trouvent des fibres-cellules, autrement dit des fibres musculaires tout à fait élémentaires. Ces éléments histologiques, comme ceux du dartos, sont excessivement impressionnables à l'action du calorique. Le froid les fait se contracter. Elles compriment alors les terminaisons nerveuses, comme le ferait la main fermée sur un corps sphérique, et c'est sans doute cette compression *sui generis* et d'origine interne qui fait naître dans le *sensorium commune* l'idée du froid. La chaleur, au contraire, les relâche et fait baisser la compression au-dessous de celle que produit le tonus ordinaire. De là, sans doute, l'idée de chaleur que conçoit le cerveau. À ce mécanisme vient peut-être s'ajouter un élément réellement physique ; la compression et le froid peuvent chasser le sang de la papille et faire perdre ainsi une source réelle de chaleur. L'inverse se produit, au contraire, sous l'influence d'un excès de calorique extérieur.

Quant aux corpuscules de Vater, on regardait généralement leurs lamelles concentriques comme destinées à protéger la fibre qui en occupe l'axe, sans se demander pourquoi certains tubes avaient besoin de plus de protection que les autres. Dans un travail récent, Krause exprime la pensée qu'ils représentent non un moyen de protection, mais un appareil de perfectionnement pour un certain mode de perception. Ils transformeraient les tractions en sensations de pression et, de plus, ils renforceraient l'impression initiale de façon à la rendre plus appréciable. Il se base sur des expériences faites avec une anse intestinale et avec des vessies. Il démontre d'une part, par des mesures exactes, que quand on fait éprouver une élongation à une anse d'intestin en la tirant par ses deux extrémités, on diminue en même temps sa capacité réelle d'une manière notable. D'autre part, il fait voir que quand, après avoir mis l'une dans l'autre deux vessies remplies d'eau, on diminue la capacité de la première en cherchant à l'allonger, le liquide qui la sépare de la seconde exerce une compression concentrique sur celle-ci. Si on emboîte ainsi plusieurs vessies, on constate, en outre, que la pression va en augmentant jusqu'au centre. Or, le corpuscule présente réunies toutes les conditions mécaniques précédentes. Il est formé de lamelles concentriques, organiques, douées d'élasticité et séparées les unes des autres par un liquide, et le nerf occupe tout justement le centre où se trouve le maximum de cette pression sans cesse croissante.

Mais, dans le centre périphérique, il ne faut pas voir que ces terminaisons ultimes. Ce qui lui donne surtout une grande valeur comme foyer d'innervation, ce qui lui fournit une véritable autonomie, c'est la présence des ganglions et des filets qui naissent et meurent sur place en s'étendant d'une de ces agglomérations de cellules à l'autre. Ces ganglions sont autant de petits centres de réflexions qui règlent les affaires d'une petite circonscription et qui peuvent même agir sans la moindre intervention de l'axe. Une impression sensitive, née dans l'intimité ou à la périphérie de l'organe, peut, sans aller plus loin, se réfléchir de là vers des fibres musculaires. Grâce aux filets autochthones qui réunissent entre eux, plus ou moins directement, tous ces petits foyers, les phénomènes d'innervation provoqués en un point sont susceptibles de se propager dans une certaine étendue, sans que cette intervention ait lieu. Bien des actes nerveux débutent, grandissent et s'éteignent ainsi dans le silence de l'organe. Les cordons nerveux ne sont là que pour éclairer l'encéphale sur les faits un peu importants que peut accomplir son vassal, pour lui transmettre les actes sensitifs ayant un intérêt psychique ou qui méritent de toucher la conscience à un titre quelconque, et pour que ce chef suprême puisse, à son tour, lui commander les opérations locales qui importent à l'harmonie de toutes les fonctions de l'économie. Le réseau ganglionnaire d'un organe est une administration départementale subordonnée, pour les grandes questions, à l'initiative et au jugement d'un gouvernement central, et les nerfs ne sont que des voies de communication rendant les relations possibles entre celui qui commande et celui qui exécute, entre celui qui produit et celui qui juge. Sans doute, anatomiquement, cette disposition n'apparaît d'une manière très manifeste que dans les organes de la vie végétative. Mais si dans les organes des sens et dans les muscles de la vie animale, le réseau qui précède la terminaison des nerfs est moins bien organisé, en vue d'une décentralisation partielle, cela tient uniquement à ce que l'autonomie aurait été un véritable non-sens pour les fonctions de relation. Tout en elles doit et ne peut que relever du centre intellectuel. Les muscles sont là pour exécuter à peu près exclusivement ses décisions, et les organes des sens pour lui fournir l'empreinte si mobile du monde extérieur. Mais là encore c'est la substance grise périphérique qui est l'auteur de l'autonomie qu'on avait attribuée aux nerfs. Peut-être même est-ce ce centre qui préside à la régénération des tubes nerveux qui se sont préalablement détruits à la suite d'une résection.

Messieurs, il y a deux ans, je vous ai indiqué, chemin faisant, que j'étais porté à ne voir dans le sens musculaire, c'est-à-dire dans ce mode de sensibilité qui est appelé à éclairer les centres sur le degré de contraction des muscles, qu'une des conséquences de l'existence de ce qu'on a nommé la sensibilité récurrente. A cette époque, j'étais encore convaincu, avec Cl. Bernard, que quelques-uns des tubes sensitifs, au lieu de se terminer à la périphérie, s'y recourbaient pour s'associer ensuite à des tubes moteurs et rentrer avec eux dans l'axe cérébro-spinal. Me basant sur cette donnée primitive, j'avais pensé que ces tubes de retour, qui donnaient de la sensibilité aux racines motrices et aux nerfs exclusivement moteurs, pouvaient bien être les agents du sens musculaire ; que pendant leur courbe périphérique, ils se trouvaient à même d'être comprimés par les muscles en contraction et d'apporter ainsi aux centres nerveux la mesure de la compression subie et, par suite, de l'effort musculaire produit. Mais depuis que j'ai mieux étudié les conditions anatomiques et physiologiques du centre périphérique, j'ai entrevu la possibilité d'expliquer par lui le sens musculaire et tous les faits qui ont fait naître dans l'esprit des expérimentateurs l'idée de la sensibilité récurrente. Cette perspective m'engage à renoncer à l'intention que j'avais de traiter cette dernière question à propos des racines rachidiennes qui lui ont servi de berceau, et à la placer dans l'étude du mécanisme du centre périphérique, dont ce phénomène me paraît représenter un des modes d'action.

Les racines antérieures et postérieures, qui par leur réunion donnent naissance aux nerfs rachidiens, sont, ainsi que nous l'établirons ultérieurement, exclusivement affectées, les premières aux phénomènes de motilité, les secondes aux phénomènes de sensibilité.

En raison même de la nature de ces rôles respectifs, il était naturel de penser que l'irritation des racines postérieures devait donner lieu seulement à des signes de douleur, et celle des racines antérieures exclusivement à des mouvements. Or, il arrive qu'en excitant ces dernières, on obtient non-seulement des contractions, mais encore de légères manifestations de sensibilité. Comme celles-ci disparaissent pour ne laisser subsister que les mouvements lorsqu'on coupe la racine postérieure correspondante, Magendie, Longet et Cl. Bernard en ont conclu que les racines antérieures ne possèdent qu'une sensibilité d'emprunt et qu'ils la doivent à leurs congénères postérieures. Cette conclusion était d'autant plus motivée que si on coupe la racine antérieure, la postérieure étant intacte, on constate que le bout périphérique reste sensible, tandis que le fragment central ne l'est plus. On obtient ainsi une contre-épreuve qui démontre que la moelle ne lui fournit pas directement cette sensibilité, et qu'elle ne peut que lui venir par récurrence de la racine postérieure. La loi de l'indépendance des tubes nerveux ne permettait pas d'attribuer l'emprunt à une simple contagion de voisinage. On supposa donc que quelques-unes des fibres des racines postérieures, au lieu de se perdre à la périphérie, remontaient vers la moelle en passant par les racines antérieures, et on ne se préoccupa plus que de déterminer le point où pouvait se faire cette réflexion matérielle de la fibre sensitive, du point où commençait sa récurrence. On crut d'abord qu'elle s'effectuait au point de jonction des deux racines. Mais une expérience de Magendie vint bientôt prouver que toujours elle se fait au delà. En effet, une section pratiquée n'importe sur quelle paire, à 5 ou 6 lignes au delà du point de fusion, supprime constamment la sensibilité de la racine antérieure, ce qui n'aurait pas lieu si la réflexion s'opérait en deçà du plan de la section. En variant à l'infini le niveau de l'incision, Bernard est arrivé à reconnaître que la récurrence s'effectue à des distances variables pour les différents nerfs. Le même physiologiste a, de plus, établi que la sensibilité récurrente n'est pas exclusivement limitée aux nerfs rachidiens et qu'elle constitue une loi générale à laquelle n'échappe aucun des nerfs crâniens. Chaque nerf moteur parti de l'encéphale reçoit des filets récurrents d'un nerf sensitif de même origine avec lequel il se trouve, en outre, lié fonctionnellement sous tous les rapports, de manière à former entre eux une véritable paire physiologique représentant les deux principaux modes de manifestation de l'inner vation. Telle est la doctrine adoptée généralement aujourd'hui. Deux auteurs modernes seulement l'ont attaquée : ce sont Brown Sequard et Gubler. Le premier ne conteste pas la douleur accusée par l'animal au moment où on pince la racine antérieure, mais il n'admet pas l'existence de fibres récurrentes. Selon lui, l'irritation artificielle de cette racine ne produit directement qu'une seule chose : c'est une contraction musculaire. Mais celle-ci a, à son tour, pour résultat de comprimer les fibres sensitives plongées dans l'intimité des muscles contractés ; d'où une impression sensitive qui, apportée au centre par la racine postérieure, donne lieu à une expression de douleur. Quant à Gubler, il pense que la cause du phénomène se trouve non pas dans l'existence d'une anse permettant à certains tubes sensitifs de revenir par un trajet rétrograde à l'axe cérébro-spinal en s'associant, pour ce trajet de retour, à un nerf moteur déterminé, mais aux cellules nerveuses périphériques qui, comme les centrales, ont le pouvoir de réfléchir les courants qu'elles reçoivent et de les transformer de centrifuge en centripète, et réciproquement. Ces deux nouvelles interprétations du phénomène ont été très-peu prises en considération, et dernièrement encore, MM. Arloing et Tripier sont venus donner une nouvelle extension à la doctrine de la sensibilité récurrente. Selon eux, la récurrence peut s'établir non-seulement d'un nerf sensitif à un nerf moteur, mais encore entre deux ou plusieurs nerfs sensitifs. En effet, disent-ils, si sur un animal on met à nu trois troncs sensitifs ou mixtes, si l'on en sectionne deux en en respectant un, l'animal donne des signes manifestes de sensibilité toutes les fois qu'on irrite le bout périphérique des deux troncs coupés. Il faut donc que ces nerfs renferment quelques tubes provenant, par voie rétrograde, du nerf dont on a respecté la continuité. Cela étant, on comprend que l'ébranlement déterminé à l'extrémité libre du bout périphérique puisse se propager d'abord d'une manière centrifuge jusqu'à l'anse de réflexion de ces tubes récurrents, puis remonter, dans le sens centripète, à travers le nerf intact jusqu'au centre sensitif.

Le fait signalé par Arloing et Tripier, loin d'affermir ma conviction sur l'existence de fibres récurrentes, a, au contraire, contribué à me faire mettre en doute le mécanisme généralement admis. Évidemment, en réalisant la récurrence entre des nerfs sensitifs, la nature ne pouvait avoir qu'un but, c'est d'éviter autant que possible les anesthésies complètes, en créant des suppléances, en reproduisant l'analogue des circulations collatérales du système artériel. Or, comment une anse pure et simple, sans connexions avec les corpuscules de Meissner ou autres, pourrait-elle recueillir les impressions cutanées ? Cette réflexion, jointe à d'autres considérations, jointe surtout à ce que j'avais vu de la disposition du centre périphérique, m'a conduit à ne plus attribuer la récurrence physiologique qui, elle, est incontestable, à une récurrence anatomique et matérielle, et à concevoir, sans doute par une réminiscence inconsciente, un mécanisme qui n'est, en définitive, qu'une modification de celui indiqué par Gubler. En développant la pensée émise par ce dernier, d'une manière un peu vague, on voit que l'irritation d'un tube moteur peut donner lieu à une impression sensitive, parce que le courant centrifuge qu'on fait naître se réfléchit dans la cellule, terminale vers un tube sensitif fixé au pôle opposé de cette cellule', et revient ainsi vers l'axe cérébro-spinal pour y aboutir à un centre sensitif. Mais le microscope nous fait voir les tubes moteurs venant se perdre dans une plaque terminale d'où ne semble pas partir un nouveau tube, et il est plus probable que la transmission dynamique doit s'opérer au niveau, non de ce dernier terme de l'innervation, mais du réseau ganglionnaire dont ces terminaisons ultimes sont, pour ainsi dire, les branches efférentes, les cordons nerveux en étant, au contraire, les branches afférentes. Là se trouvent des moyens nombreux de diffusion des cellules, de la substance granuleuse et des tubes autochthones dont plusieurs peuvent profiter de l'ébranlement apporté par un seul tube de l'axe. De sorte que l'isolement, l'indépendance que présentent les éléments nerveux dans les nerfs tend à s'effacer à la périphérie, comme elle le fait déjà à un beaucoup plus haut degré dans l'axe cérébro-spinal. Aux deux pôles de substance grise, la diffusion et la solidarité des phénomènes nerveux se trouvent être la loi ; dans les cordons intermédiaires, c'est au contraire l'indépendance qui constitue la règle. On sent, pour ainsi dire, cette diffusion périphérique s'effectuer dans le fait dit de la jambe endormie. La dissémination de l'irritation produite au point comprimé donne la sensation d'un liquide irritant qui envahirait progressivement tous les canaux d'un réseau d'irrigation, dont le réseau nerveux cutané serait la fidèle image. Grâce à cette disposition, un ébranlement arrivé par un nerf en un point quelconque du réseau peut, s'il est assez fort et si rien ne l'arrête en l'usant, aller retentir dans un autre nerf aboutissant au même réseau. Il en serait ici comme d'un réservoir contenant de l'eau et surmonté de deux tubes remplis du même liquide. Tout ébranlement déterminé dans l'eau de l'un de ces tubes, peut se propager à celle de l'autre tube par l'intermédiaire de la masse aqueuse du réservoir. Avec cette organisation, on s'explique parfaitement, sans avoir besoin de recourir à l'existence de fibres réellement récurrentes, tous les faits expérimentaux signalés relativement à la récurrence s'effectuant soit entre un nerf sensitif et un nerf moteur, soit entre deux nerfs sensitifs. Dans les deux cas, il s'agit simplement d'un ébranlement qui ne s'est pas épuisé à la périphérie et dont une partie remonte par un autre nerf et va, par son intermédiaire, mettre en jeu un centre sensitif de l'axe cérébro-spinal. S'il faut, pour obtenir le phénomène de la récurrence sur une racine rachidienne antérieure, que la racine postérieure correspondante ne soit pas coupée, c'est que l'ébranlement qui a parcouru le tube moteur et est remonté par le tube sensitif, se trouve forcément arrêté au niveau de la section et ne peut plus s'étendre jusqu'au centre sensitif. On comprend aussi pourquoi, après la section de la racine antérieure, on obtient de la sensibilité en titillant le bout périphérique, et pourquoi le bout central reste, au contraire, muet. En pénétrant par le tronçon périphérique, l'ébranlement peut arriver au centre sensitif, sans rencontrer nulle part de solution de continuité. On s'explique encore pourquoi, quand on coupe le nerf rachidien au delà de la fusion des racines, l'antérieure n'a plus de sensibilité, puisque l'ébranlement ne peut pas aller jusqu'au centre périphérique pour se réfléchir vers la racine postérieure. Le surplus d'ébranlement peut aussi bien s'engager, par voie de retour, dans un nerf sensitif que dans un nerf moteur, et là se trouve l'explication des faits signalés par Arloing et Tripier. Dans leurs recherches particulières, ces messieurs ont constaté que le phénomène de la récurrence est d'autant plus constant et intense qu'on agit plus près de la périphérie. Selon eux, cela tient à ce que les fibres récurrentes reçues sont d'autant plus nombreuses qu'on se rapproche de la terminaison des nerfs, parce que les occasions d'anastomoses se sont rencontrées un plus grand nombre de fois. Mais le fait s'explique tout aussi bien par la tendance à l'extinction que présente toute espèce d'ébranlement au fur et à mesure qu'il se propage. Et c'est tout justement parce qu'il peut être assez faible parfois pour pouvoir fournir à toute la carrière, qu'on n'obtient pas toujours le phénomène de la récurrence lorsqu'on expérimente sur les racines antérieures. Une seule difficulté subsiste, ce sont les preuves expérimentales basées sur la méthode de Valler. D'après Schiff, quand on coupe une racine postérieure au delà du ganglion, on trouve au bout d'un certain temps quelques tubes dégénérés dans la racine antérieure. Ce fait semble démontrer l'existence de fibres réellement récurrentes, puisque les fibres propres de la racine antérieure, se trouvant encore en connexion avec leur centre trophique, ne peuvent pas s'altérer ; ces tubes, exceptionnellement dégénérés, doivent provenir de la racine postérieure qui, elle, est réellement séparée de son centre naturel de nutrition par la section pratiquée au delà du ganglion. Arloing fournit, de son côté, une contre-épreuve du même genre en affirmant que tous les tubes ne s'altèrent pas dans les nerfs coupés, si on a respecté un des troncs voisins. Pour lui, les quelques tubes restés indemnes sont ceux qui proviennent par récurrence du tronc respecté. Mais il n'est pas encore bien démontré que la loi de Valler soit absolue et elle peut comporter une foule d'exceptions accidentelles.

Le mode d'organisation du réseau me paraît aussi de nature à expliquer les faits qui ont donné naissance à l'idée du sens musculaire. La plupart des auteurs classiques admettent l'existence, dans le tissu musculaire, de fibres sensitives destinées spécialement à procurer aux centres nerveux la notion du degré de contraction des muscles, et à leur fournir ainsi les données nécessaires pour qu'ils puissent augmenter ou diminuer l'effort commencé suivant les exigences de la résistance, pour qu'ils soient à même de bien proportionner la puissance aux difficultés du but à remplir. De là résulterait pour les muscles un genre de sensibilité spéciale, ayant même son centre sensitif particulier dont nous avons déjà cherché à déterminer le siége dans l'étude du cervelet. Toutefois, ce sens musculaire est contesté par plusieurs physiologistes, en tant que puisant sa source dans les muscles eux-mêmes. Müller, Ludwig, Bernstein, ne nient pas le sentiment que nous avons de l'effort produit, mais ils croient qu'il résulte d'une opération psychique. Ils substituent l'idée d'un sens moral à celle d'un sens physique. Bernhardt a cherché à donner à cette interprétation la consécration expérimentale. A l'aide d'un appareil analogue à celui dont Jaccoud s'était servi dans ses recherches sur les maladies de la moelle, il a d'abord constaté que le sujet pouvait apprécier les différences des poids que son pied soulevait volontairement ; il lui fit ensuite soulever les mêmes poids, sans le concours de la volonté, en faisant contracter ses muscles, à son insu, par l'électricité. Or, dans ces conditions nouvelles, l'aptitude d'appréciation se trouva être perdue. Et cependant les nerfs sensitifs des muscles auraient dû être encore comprimés en raison de la contraction et de la dose d'électricité nécessaires pour vaincre la résistance. Une seule chose se trouvait être supprimée, c'est l'intervention de la volonté et de l'intelligence. Spiess va plus loin, il refuse aux muscles toute espèce de sensibilité. Il prétend que l'excitation mécanique ou chimique des muscles ne détermine ni douleurs, ni mouvements réflexes. Plus précis encore, Schiff déclare qu'il n'y a pas le moindre filet sensitif dans les muscles, puisque après la section des racines antérieures, toutes les terminaisons nerveuses du tissu musculaire se trouvent sans exception altérées. Mais l'absence de terminaisons sensitives dans les muscles serait-elle démontrée d'une manière plus positive, qu'on ne serait pas autorisé encore à refuser une origine périphérique aux opérations qui font naître en nous le sens de la force. Car l'impression initiale peut se développer par le même mécanisme que la sensibilité récurrente. A l'époque où je croyais à l'existence de véritables fibres récurrentes, je me sentais déjà disposé à confondre dans un même mode de production les sensibilités musculaire et récurrente. Je pensais que l'anse formée par chaque fibre à double trajet était comprimée au moment de la contraction et qu'elle apportait ainsi aux centres, à la fois par ses deux extrémités, des ébranlements capables de les éclairer. Mais le résultat reste identique, même en l'absence de fibres récurrentes. Au moment de la contraction d'un muscle, le réseau nerveux qui l'entoure et qui le pénètre se trouve forcément ébranlé, et il l'est d'autant plus que la contraction est plus énergique. L'ébranlement se propage peut-être partout, mais la portion qui s'engage dans les tubes sensitifs afférents au réseau gagne le cerveau, où il fait naître une sensation en rapport avec son intensité et, par suite, avec la contraction. Cette interprétation vient, du reste, de trouver un appui indirect dans les recherches de Sachs, recherches qui ont eu pour résultat de démontrer l'existence de fibres sensitives dans les muscles et leur disposition en réseaux peri-fibrillaires.

QUARANTE-QUATRIÈME LEÇON.

Anatomie pathologique générale des nerfs.

Messieurs,

Les nerfs sont vasculaires et, par le fait, ils sont exposés à toutes les modifications pathologiques inhérentes à la présence des vaisseaux sanguins. Ces derniers peuvent se dilater d'une manière soit passive, soit active, et donner lieu à une congestion. Très-souvent celle-ci n'est que la conséquence de la solidarité vasculaire que les nerfs contractent forcément avec toute la région ambiante. Ainsi, les filets qui se trouvent englobés dans un phlegmon ou qui sont dans le voisinage d'une plaie, apparaissent toujours plus ou moins injectés. Quand nous avons établi la physiologie pathologique du tétanos, nous avons même vu que plusieurs auteurs attribuaient cette maladie à l'extension ultérieure de cette congestion locale, à tout le cordon nerveux et à la moelle. Mais la congestion active, particulièrement, peut être spontanée et rester limitée aux nerfs. Il paraît en être ainsi dans ces cas de douleurs nerveuses qu'on attribue au froid et qu'on désigne sous le titre de *névralgies rhumatismales*. Il y aurait là une action vaso-motrice réflexe. La sensation cutanée, apportée par les tubes sensitifs, réagirait sur les centres vaso-moteurs correspondant aux vaisseaux du même cordon nerveux, de même que la piqûre d'un doigt dilate les vaisseaux autour du point piqué. Le courant centripète appartiendrait aux tubes propres du nerf, le courant centrifuge aux *nervi nervorum*, qui ont probablement pour mission principale d'animer les vaisseaux des nerfs. D'après Panas, on aurait, à tort, fait rentrer dans le groupe des névralgies rhumatismales la névralgie si fréquente du radial, qui, elle aussi, s'accompagne d'une plus grande vascularisation du nerf douloureux. Beaucoup de personnes ayant l'habitude de dormir un des bras hors du lit, il était naturel d'attribuer à l'action du froid les douleurs qui envahissent si souvent ce bras. Mais Panas accuse plutôt la compression directe à laquelle peut donner lieu ce genre de décubitus. Au cas particulier, ce mode de production a d'autant plus de chances d'être vrai que le froid devrait agir aussi bien sur les autres nerfs du bras. Dans ce cas, la congestion devrait être considérée comme étant purement passive.

Par le fait même de leur vascularité, les nerfs sont encore exposés à devenir le siége d'hémorrhagies et d'œdème. Les épanchements de sang supposent presque toujours une congestion préalable et simultanée qui est venue augmenter à la fois la masse sanguine locale et les chances de ruptures. Ils sont le plus souvent très-minimes, mais multipliés, en un mot miliaires. Exceptionnellement, ils forment des accumulations plus considérables. L'œdème est, plus que les hémorrhagies encore, la conséquence de la congestion. Ou bien celle-ci est active, et l'augmentation de la tension sanguine donne lieu à une exhalation séreuse qui naît sur place et reste limitée aux nerfs dont elle refoule les éléments ; ou bien il existe une gêne générale de la circulation, et les nerfs prennent part, au même titre que les autres tissus, à la transsudation séreuse qui en est la conséquence. Dans ce cas, une véritable dissection des tubes nerveux peut se produire.

La congestion des nerfs peut être suivie de leur inflammation, et il en résulte ce que les pathologistes appellent une *névrite*. Celle-ci est surtout la conséquence des blessures des nerfs. Les recherches de Weis Mitchell montrent que dans ce cas elle a, chez l'homme, une grande tendance à ne pas rester limitée à la région blessée, et qu'elle peut se propager très-loin, surtout si l'affection a pris des allures chroniques. Elle finit même par envahir toutes les branches du plexus d'où émane le nerf primitivement lésé. Cela tient évidemment à ce que, dans le système nerveux périphérique comme dans les centres nerveux, le processus inflammatoire appartient au squelette conjonctif de l'organe et à ce que l'appareil névrilématique forme, en définitive, un tout continu. Sous ce rapport, il fait parfaitement contraste avec l'indépendance habituelle des tubes nerveux. C'est aussi parce que le névrilème n'est qu'un mode particulier du tissu cellulaire général et parce qu'il se continue par des connexions nombreuses avec la trame conjonctive de toute la région ambiante, que le travail inflammatoire forme souvent autour du cordon nerveux un phlegmon qui entoure ce dernier à la manière d'un manchon. La névrite peut aussi se développer spontanément, c'est-à-dire en dehors de toute cause traumatique. Il est bien probable qu'elle existe dans ces conditions beaucoup plus fréquemment qu'on ne le croit généralement. Il est un certain nombre de médecins qui pensent même qu'elle est toujours la raison matérielle des névralgies. Une pareille assertion est peut-être encore prématurée ; mais on peut assurer qu'elle est constante dans les névralgies qui sont à la fois assez complètes et assez puissantes pour provoquer un zona. On a pu aussi constater son existence dans beaucoup de cas de névralgies rhumatismales. Il est certain aussi qu'en dehors de toute prédisposition de ce genre, le froid peut en développer par action réflexe sur les vaso-moteurs du névrilème. C'est à un plus haut degré le même mécanisme que pour la production d'une simple hypérémie. Elle paraît aussi pouvoir avoir une origine toxique. Leudet l'a vue engendrée par l'oxyde de carbone. On l'a aussi constatée à la suite du typhus exanthématique. Quelle que soit son origine, la névrite altère la couleur normale du nerf. Elle produit un exsudat séro-fibrineux qui, déjà par lui-même, irrite ou comprime les éléments nerveux et qui augmente le volume général du nerf. Elle donne lieu à la prolifération des noyaux du névrilème. Mais ces noyaux ont ici très-peu de tendances à devenir des globules de pus. Autrement dit, cette inflammation se termine rarement par la suppuration. Du reste, il est à remarquer que le névrilème offre une grande résistance à la pénétration du pus qui s'est formé autour de lui. Aussi voit-on les nerfs rester intacts au milieu de vastes collections purulentes qui ont détruit tous les tissus ambiants. En général, ces noyaux, par leurs phases successives, tendent plutôt à former du tissu conjonctif nouveau et à produire ainsi une sclérose qui n'est en définitive que la terminaison par induration. Lorsqu'elle a une marche très-lente, cette sclérose peut respecter les tubes nerveux parce que ceux-ci, n'étant point surpris par un développement trop rapide de leur contenant, ont le temps de se caser. Elle ne fait qu'augmenter le volume général du cordon nerveux, elle l'hypertrophie. Ce fait se rencontre surtout chez les malades atteints d'une hémiplégie ancienne. Cornil a vu ainsi le nerf médian du côté malade être devenu deux fois plus gros que celui du côté sain, sans la plus légère altération des tubes nerveux. Lorsqu'elle a au contraire une marche aiguë ou subaiguë, elle fait, comme dans les centres nerveux, éprouver aux tubes la dégénérescence granulo-graisseuse. Nous examinerons à part, dans un instant, les détails de cette transformation qui a son existence propre et qui peut se montrer dans plusieurs autres circonstances. Exceptionnellement, la prolifération du névrilème peut aboutir à la formation de petites plaques cartilagineuses. Le fait a été observé, entre autres, par Mayo, sur des racines rachidiennes. Exceptionnellement aussi, ce travail peut rester limité à un point et prendre là des proportions considérables. Il en résulte la production de petites tumeurs qui sont des fibromes ou des myxomes et qui sont confondues avec d'autres tumeurs très-différentes sous le nom générique de *névromes*. Les myxomes qui, vous le savez, sont constitués par du tissu muqueux dont la substance du cordon ombilical est un des représentants, sont surtout assez fréquents. Ils sont généralement multiples et s'échelonnent le long d'un cordon nerveux, ou de toutes les branches d'un même plexus. Les tubes nerveux occupent le centre de la tumeur ou sont étalés à sa surface, mais toujours ils restent intacts comme dans l'hypertrophie chronique des hémiplégiques.

Quoique l'inflammation proprement dite des nerfs semble n'avoir pour théâtre que le névrilème, les éléments nucléaires de ce dernier ne sont cependant pas seuls capables de proliférer. Les tubes nerveux eux-mêmes peuvent se multiplier et donner, par le fait, naissance à des tumeurs qui, comme aspect extérieur. ressemblent aux fibromes et qui, en raison de leur composition, mériteraient seules la dénomination de névromes. En dehors du tissu conjonctif qui forme la plus grande partie de leur masse, elles renferment des fibres nerveuses qui sont incontestablement, vu leur nombre, de nouvelle formation et qui se montrent enlacées entre elles de la manière la plus inextricable. Les unes sont formées surtout par des fibres à myéline ou tubes proprement dits; les autres par des fibres de Remack. Cette néoformation n'a plus lieu d'étonner autant, maintenant que l'on sait que des tubes peuvent se former sur place dans les cordons fibreux qui remplacent momentanément les nerfs séparés des centres et qui en sont comme le cadavre desséché; maintenant que Ranvier a montré que les tubes nerveux renferment constamment par places du protoplasma qui est toujours prêt à produire le genre d'élément histologique qui lui sert de support. Si les vues de Westphal sur l'état des nerfs dans la paralysie saturnine se confirmaient, il y aurait lieu de rapprocher les effets de l'intoxication plombique de ces névromes vrais; non pas au point de vue du résultat apparent, car ici il ne se produit pas de tumeurs, mais au point de vue du genre de déviation nutritive, car les tubes des cordons nerveux considérés dans toute leur étendue paraîtraient se multiplier. Cet auteur prétend que, dans la paralysie saturnine, les nerfs renferment une grande quantité de tubes sans moelle et formés uniquement par le *cylinder axis* et la gaîne de Schwann. Selon lui, ils doivent être considérés, non pas comme des tubes en voie de destruction et ayant déjà perdu leur myéline, mais comme des tubes en voie de formation et n'ayant pas encore ce manchon médullaire, par cette seule raison que nulle part on ne trouve de tubes ayant une moelle passée à l'état granulo-graisseux. Or, comme cet état constitue une phase intermédiaire indispensable des nerfs en voie de destruction, il est bien évident qu'il devrait se rencontrer au moins çà et là, car on ne peut pas admettre que la dégénérescence soit arrivée partout à la fois à son dernier terme.

Les nerfs ne paraissent jamais être le point de départ de tumeurs cancéreuses; mais ils sont souvent envahis par des processus de ce genre qui ont pris naissance dans leurs environs, notamment par des productions épithéliales. Cornil, qui a plus particulièrement étudié ce mode de dégénérescence des cordons nerveux, a constaté que la portion de nerf envahie est formée tantôt par un tissu fibreux à alvéoles très-petites et remplies de noyaux; tantôt par une trame plus molle à alvéoles plus considérables, remplies d'un liquide où plongent des végétations à cellules cylindriques et polyédriques.

Je vous ai déjà parlé de la dégénérescence *granulo-graisseuse* des tubes nerveux à propos de la moelle et du cerveau. Mais elle mérite d'être examinée avec plus de détails dans le système nerveux périphérique, parce que là on peut la provoquer directement et mieux la démasquer dans toutes ses phases. Elle peut se montrer dans des circonstances essentiellement différentes. Elle est un des modes de terminaison de la névrite. Elle accompagne la paralysie dite *diphtéritique*. Weber et Eulenbourg la regardent même comme étant le point de départ de cette affection. Ils pensent que le foyer diphtéritique la produit dans des ramifications ultimes de la région contaminée et qu'elle se propage ensuite dans le sens centripète. Sénator ne voit au cas particulier que le résultat d'une névrite ordinaire due à la propagation de l'inflammation de la muqueuse. La dégénérescence granulo-graisseuse est aussi regardée comme pouvant trouver sa cause même dans l'inertie du nerf. Les tubes s'altèrent uniquement parce que leur état matériel n'est pas entretenu par le fonctionnement. Mais si ne crois pas qu'il s'agisse dans ce cas d'une véritable transformation granulo-graisseuse. Il y a plutôt, comme pour tous les autres éléments histologiques, mort par simple dégénérescence graisseuse ou peut-être même une atrophie sans transformation préalable. Elle se montre enfin dans les nerfs qui ont été blessés ou sectionnés. C'est ce qui a permis aux expérimentateurs d'établir son mécanisme. C'est en nous basant sur les résultats obtenus par eux que nous allons la décrire.

Le premier effet de la section est d'amener les modifications qui semblent traduire un travail inflammatoire spécial aux nerfs. En effet, vingt-quatre heures après l'opération, on voit les différents noyaux parsemés sur les tubes nerveux se gonfler sensiblement. En même temps, on voit apparaître du protoplasma granuleux qui forme comme un cumulus proligère autour de ces noyaux. Dès le quatrième ou le cinquième jour, la myéline devient un peu trouble. Au sixième jour, elle se segmente en tronçons assez allongés. Ranvier attribue cette segmentation au développement même des noyaux, qui empiètent de plus en plus sur la cavité du tube. Chacun des segments se divise à son tour un grand nombre de fois, jusqu'à ce que toute la myéline se trouve transformée en une multitude de petites gouttelettes très-fines. La substance médullaire ne fait pas qu'éprouver cette division purement mécanique, elle subit par places une modification chimique qui la transforme en granulations graisseuses. Puis commence un travail de résorption qui fait disparaître peu à peu cette myéline transformée; et au bout de deux ou trois mois, on ne voit plus que les gaines de Schwann vides ou présentant çà et là quelques granulations graisseuses qui peuvent rester disséminées ou se réunir pour former des corpuscules de Gluge. On a cru longtemps que la fibre-axe résistait et que c'était à sa persistance qu'on devait attribuer la possibilité d'une régénération. Mais Ranvier et Vulpian ont constaté, séparément, qu'elle aussi n'échappait pas à la destruction. Le second de ces auteurs affirme qu'il n'en reste plus de trace du quinzième au vingtième jour, mais il avoue qu'il n'a pas pu déterminer comment s'opère cette disparition. Le premier paraît avoir été plus heureux. Il pense que c'est encore le développement des noyaux qui étouffe le *cylinder axis*. Par le fait de la distension de la gaîne, les étranglements naturels du tube sont exagérés au point que, dès la fin du troisième jour, la fibre se trouve sectionnée, ou à peu près, au niveau de chacun d'eux. Ces solutions de continuité expliquent pourquoi, à cette époque, l'électricité à déjà perdu le pouvoir de déterminer des contractions. Cette impossibilité démontre en outre que ce sont bien les cylindres de l'axe qui représentent le véritable conducteur, car elle n'apparaît que du moment où ils sont eux-mêmes intéressés. Plus tard, les fragments de cette fibre éprouvent la dégénérescence granulo-graisseuse et ils finissent par disparaître par résorption. C'est en définitive la gaîne de Schwann qui offre le plus de résistance. Elle survit à tout, se plisse et tend à se confondre avec le tissu conjonctif voisin. Par places, cependant, elle reste remplie par une substance homogène qui se colore fortement par la solution ammoniacale de carmin. Quant aux diverses trabécules du névrilème, elles donnent, pendant que le tissu nerveux est en train de disparaître, tous les signes d'une certaine hyperplasie et elles s'hypertrophient même.

Longtemps on a cru que la résorption de la moelle et de la fibre-axe dégénérées, ainsi que la fusion de la gaîne de Schwann avec le névrilème étaient les derniers actes nutritifs dont un nerf séparé des centres pouvait être le siège, et qu'il en résultait toujours forcément pour l'œil l'atrophie du nerf; pour le fonctionnement, une paralysie complète et irrémédiable. Il n'en est rien, et il est bien établi aujourd'hui qu'un travail de réparation succède à celui de destruction, et on voit apparaître des tubes nerveux là où, pendant un certain temps, il semblait n'exister que du tissu conjonctif. Valler prétend que cette régénération s'opère par une production de nouvelles fibres qui ont d'abord les caractères des fibres de Remack ou embryonnaires, et qui acquièrent ensuite la constitution des tubes nerveux des adultes. Schiff prétend, au contraire, qu'elle résulte d'une simple restauration des anciennes fibres préalablement altérées. Il se base sur la persistance de la gaîne et sur celle, admise longtemps, de la fibre-axe. A ce compte, la régénération consisterait donc seulement dans la reproduction de la myéline. Vulpian, qui a démontré depuis la destruction du *cylinder axis*, n'en adopte pas moins la doctrine de Schiff. Selon lui, on constate que les nouveaux tubes sont constitués par les anciennes gaînes, qui se remplissent de nouveau de myéline; et ce sont les noyaux de ces gaînes qui leur donnent un instant l'apparence de fibres de Remack. Il ressort aussi de ses expériences que le genre de lésion traumatique éprouvée par les nerfs n'exerce pas une grande influence sur le double travail de dégénérescence et de régénération. Tout se passe exactement de la même manière, que les nerfs soient liés, écrasés, cautérisés par l'ammoniaque ou l'acide acétique. Cependant le travail de réparation ne débute pas toujours aussi tôt dans toutes les circonstances. Quand on ne fait qu'une section transversale partielle, la régénération commence beaucoup plus tôt que lorsque la section est complète. C'est après une simple attrition produite par les mors d'une pince, que la réparation s'opère le plus rapidement. Ranvier adopte, au contraire, l'opinion de Valler et il assure avoir suivi la néoformation dans tous ses détails. C'est bien dans l'ancienne gaîne de Schwann que se forment la plupart des nouveaux tubes, mais ils n'empruntent rien à cette enveloppe, qui désormais fait partie du névrilème. Car généralement il se forme deux tubes dans chaque gaîne. On distingue aussi qu'ils ont chacun une gaîne de Schwann particulière et nouvelle. Du reste, il en est d'autres qui se créent, en dehors des gaînes, dans le tissu conjonctif lui-même. Quand les deux bouts du nerf coupé ne sont pas restés trop éloignés l'un de l'autre, on constate qu'ils finissent par se réunir à l'aide d'un filament cicatriciel dans lequel le microscope montre une quantité innombrable de petits tubes nerveux de formation nouvelle, presque tous sans myéline. Il prétend, en outre, que les fibres-axes du bout central qui, elles, ne s'altèrent pas, se divisent ou plutôt végètent par leur extrémité libre, de façon à produire un faisceau de fibres qui deviendront autant de tubes nouveaux. C'est ainsi qu'un seul tube ancien donne naissance à plusieurs nouveaux.

En vertu de quoi la section des nerfs fait-elle naître la dégénérescence que nous venons de décrire? Jaccoud ne voit là que la conséquence de l'inertie fonctionnelle à laquelle le nerf se trouve forcément condamné. Vulpian rejette cette hypothèse, parce que l'altération ne se manifeste pas dans le bout central, qui se trouve, aussi bien que le périphérique, dans l'impossibilité de produire ses manifestations motrices et tactiles ordinaires. Il est vrai que les tubes moteurs du tronçon, qui reste en communication avec les centres nerveux, peuvent encore recevoir de ces derniers des incitations moléculaires qui restent latentes, parce qu'elles sont dans l'impossibilité de se propager jusqu'aux muscles et de traduire leur existence par des contractions. Mais, s'il en était ainsi, les tubes sensitifs du bout périphérique devraient aussi rester indemnes, puisqu'ils peuvent encore être parcourus par les impressions latentes développées à la surface cutanée. De plus, les prolongements de ces mêmes tubes dans le tronçon central devraient s'altérer, puisque la solution de continuité les empêche de recevoir ces impressions. D'ailleurs, il est à remarquer qu'il se fait dans le nerf une multiplication de noyaux qui annonce un travail inflammatoire plutôt qu'un dépérissement résultant du non-fonctionnement. Vulpian pense aussi qu'on ne doit pas attribuer la dégénérescence granulo-graisseuse à la paralysie vaso-motrice que doit naturellement produire la section des nerfs, puisque presque tous les cordons nerveux renferment des filets vaso-moteurs empruntés au sympathique. Car la dilatation des vaisseaux qui résulte de cette paralysie est trop faible pour comprimer les tubes nerveux et gêner leur nutrition. En outre, les altérations se montrent toujours au même dégré, quel que soit le point où on pratique la section, que le nerf n'ait encore reçu qu'un petit nombre de vaso-moteurs ou qu'il s'en soit annexé une grande quantité. Par voie d'exclusion, il en arrive à accepter la théorie de Valler comme étant la seule soutenable dans l'état actuel de la science. D'après Valler, le tronçon périphérique s'altérerait, parce qu'il se trouve séparé de certains points des centres nerveux qui seraient chargés de participer à la nutrition des nerfs. Cette doctrine, sur laquelle nous reviendrons encore à propos des ganglions rachidiens et qui repose sur des faits vrais, ne semble pas cependant pouvoir être acceptée d'une manière absolue, puisque le bout périphérique se montre plus tard susceptible d'un certain travail de réparation, même quand il ne s'est pas soudé au fragment central et qu'il est resté en dehors de l'action des centres nerveux. Il est évident que la question ne saurait encore recevoir une solution définitive.

Ce que nous savons sur l'anatomie pathologique des ganglions et de la substance grise périphérique se réduit à fort peu de chose. Les quelques données que nous possédons à ce sujet consistent en des faits isolés qu'il est impossible de coordonner entre eux. Luys a constaté la dégénérescence graisseuse et l'atrophie des ganglions rachidiens dans le cas d'ataxie locomotrice. Bonnet et moi, nous avons trouvé la dégénérescence pigmentaire des ganglions du grand sympathique chez tous les individus atteints de paralysie générale. Au lieu de dégénérer, ils semblent pouvoir se multiplier presqu'à l'infini et reproduire ainsi un processus analogue à celui des névromes proprement dits. En effet, Serres a constaté, chez deux sujets morts de la fièvre typhoïde, une hypertrophie de tous les ganglions nerveux dont plusieurs avaient atteint les proportions du ganglion cervical supérieur. Il s'en était, en outre, développé de nouveaux là où il n'en existe pas normalement, même sur le trajet des nerfs moteurs. Il est regrettable que l'examen microscopique n'ait point été pratiqué. Maher et Payer ont été témoins d'un fait du même genre chez un individu qui, dans les dernières années de sa vie, avait éprouvé un engourdissement général sans cesse croissant. Tout son système nerveux périphérique était criblé de petits ganglions. Un cas, qui doit être rangé dans la même catégorie, quoique différent dans la forme, et qui a beaucoup plus de valeur que les précédents, parce qu'il a reçu la consécration microscopique, est celui qui a été signalé par Gunsbourg, de Breslau. Un homme qui avait été atteint d'une paralysie à peu près générale, présenta à l'autopsie une tumeur allongée, de 25 millimètres, dans laquelle venaient se perdre la troisième et la quatrième paire sacrées du côté gauche. La masse centrale de cette tumeur était constituée par des tubes séparés par des amas de cellules ganglionnaires. Enfin Schrader a fait des expériences directes sur le mode de cicatrisation des ganglions. Il en a coupé chez des animaux vivants et a examiné la cicatrice formée. Il n'y a trouvé ni fibres nerveuses, ni cellules; elle était constituée exclusivement par du tissu conjonctif. Mais Valentin et Walter ont obtenu la régénération de ces éléments nerveux sur le ganglion cervical supérieur et dans celui du nerf vague.

Physiologie pathologique générale des nerfs.

Pour nous conformer à l'ordre que nous avons suivi jusqu'à présent, nous examinerons successivement les troubles que les nerfs peuvent apporter, par eux-mêmes, dans l'exercice de la sensibilité, de la motilité, dans les phénomènes intimes de la nutrition, dans la vascularisation et la calorification. Mais il est une question préalable qu'il faut résoudre. Peut-on rendre les nerfs responsables de quelques-unes des altérations fonctionnelles qu'on observe du côté de l'innervation, eux qui sont des agents presque passifs et qui ne sont que les humbles serviteurs des centres nerveux? N'est-ce pas à ceux-ci qu'incombent en réalité toutes les manifestations pathologiques du système nerveux? Sans doute, dans une foule de circonstances les nerfs ne font qu'exprimer les souffrances de ces centres, de même qu'ils servent à manifester leur activité physiologique dans l'état normal. C'est ainsi que dans les maladies de la moelle, celle-ci emprunte les cordons nerveux pour traduire, par des irradiations douloureuses, les souffrances de ses centres sensitifs. Mais ce serait être par trop exclusif que de prétendre que les nerfs ne peuvent pas produire des maladies par eux-mêmes. Car la raison elle-même nous dit que dans une machine chacun des rouages peut, quelle que soit l'importance de sa sphère d'action, faire manquer le résultat commun. Pour que celui-ci soit parfait, il faut qu'aucune des parties du système ne laisse rien à désirer. Or, il est incontestable que les nerfs peuvent être compromis en eux-mêmes de différentes manières et compromettre ainsi l'effet d'ensemble. En dehors des sections accidentelles qui, en séparant les nerfs des centres nerveux, les rendent comme non avenus; en dehors des lésions variées qui viennent d'être exposées dans l'anatomie pathologique et qui doivent troubler leur fonctionnement en altérant d'une manière palpable leur texture, les cordons nerveux peuvent encore être compromis par de simples commotions qui ébranlent leurs molécules d'une manière trop intense et qui changent peut-être leurs rapports normaux. Non-seulement les variations de température peuvent, par les impressions sensitives qu'elles déterminent, provoquer une hypérémie et même une inflammation réflexe des nerfs, mais la chaleur et le froid excessifs modifient directement la constitution physique et chimique des tubes nerveux. L'excès de calorique fait fondre la myéline. Wöhler a constaté, par des expériences directes, que le degré de fusion de cette substance varie avec l'espèce animale, et qu'il y a toujours une relation constante entre ce point de fusion et le moment où un nerf perd toute son irritabilité. De son côté, Ranke, a été conduit à admettre la rigidité des nerfs par la chaleur au même titre que la rigidité musculaire. Dans ses études sur les effets de la congélation, Crecchio a vu que la moelle des tubes se solidifiait et qu'il en résultait immédiatement la suppression de toute manifestation nerveuse dans le membre soumis à la glace. Il est probable, d'après ce que nous savons des rôles respectifs de la myéline et de la fibre-axe, que celle-ci est aussi atteinte dans les deux cas. Il est évident aussi qu'il y a là une question de plus ou de moins, et que si les variations de température s'effectuant sous une faible échelle ne peuvent pas enrayer complétement le fonctionnement des nerfs, elles sont toutefois capables de le modifier.

L'aptitude spéciale des cordons nerveux peut encore se ressentir de l'excès de fonctionnement; car le mouvement moléculaire, dont ils sont le siége au moment où ils travaillent, les use et change leur constitution chimique. Pour peu qu'ils soient trop longtemps surmenés, il vient un moment où ces changements sont tellement considérables que le sang ne peut plus de longtemps rétablir la constitution primitive. Quand, dans les expériences, on voit la titillation d'un cordon nerveux par un scalpel le faire sortir de son inertie et donner même à son action des allures exagérées, on comprend que le même effet puisse être déterminé par les diverses productions morbides apparaissant dans les tissus environnant les nerfs. Enfin, on comprend aussi que le sang, lorsqu'il est empoisonné, soit par une substance extérieure, soit par un virus spontané, ait le pouvoir de troubler le jeu du système nerveux périphérique, par cette raison que le sang est, pour ainsi dire, la matière première des produits dynamiques engendrés par ce système. Car une machine ne peut fournir que de mauvais résultats lorsqu'elle est mal alimentée. Du reste, les troubles nerveux trahissent souvent eux-mêmes leur origine par leurs caractères. Ainsi, non-seulement ils n'existent ordinairement que dans une région très-limitée, mais comme la plupart des nerfs sont mixtes, il arrive le plus souvent que la partie se trouve privée à la fois de sa motilité et de sa sensibilité. Or, on ne peut guère admettre que dans une maladie cérébrale ou médullaire, il y ait en même temps et exclusivement deux très-petits points atteints, l'un dans un centre sensitif, l'autre dans un centre moteur. En second lieu, la plupart des myélites ne suppriment que l'action de la volonté et respectent les mouvements réflexes dans les parties situées au-dessous de la région. Quand un nerf est assez altéré pour empêcher le stimulus volontaire d'arriver jusqu'à un muscle, il met en même temps celui-ci dans l'impossibilité d'obéir à une action réflexe, soit parce que le courant centripète ne peut pas prendre naissance, soit parce que le courant centrifuge ne peut pas aboutir à destination. Le centre, tout en étant intact, a perdu ses droits de manifestations. Enfin, l'électricité vient juger la question d'une manière tout à fait rigoureuse. Elle ne provoque plus aucune contraction. Elle ne peut plus, comme dans le cas de maladie cérébrale, remplacer la stimulation du centre, parce que c'est le moyen de transmission et d'application aux muscles de cette excitation qui fait défaut.

Troubles de la sensibilité. — Comme toujours, ils peuvent être de deux ordres essentiellement opposés: ils expriment ou une exaltation, ou une dépression de la sensibilité. Le phénomène d'hypéresthésie qu'on rencontre le plus souvent est celui qui est connu sous le nom de névralgie et qui se traduit avant tout par une douleur que le patient rapporte instinctivement au trajet même des cordons nerveux. Tantôt cette douleur est continue et éveille l'idée soit d'une pesanteur, soit d'une tension, soit d'une pression, soit d'une contusion. Tantôt elle est intermittente et n'apparaît que par accès plus ou moins périodiques. Même pendant les accès la douleur n'est pas continue. Elle consiste en des lancées qui se succèdent à des intervalles plus ou moins grands, absolument comme s'il se produisait une série de décharges électriques. On attribue cette tendance à l'intermittence au besoin de réparation matérielle et dynamique des nerfs. Il faut que le condensateur accumule une nouvelle dose d'électricité pour pouvoir fournir une nouvelle décharge.

Quelle est la cause immédiate des douleurs névralgiques? On a proposé, à ce sujet, quelques théories que nous devons examiner avant de pousser plus loin l'analyse des caractères de cette affection, afin de pouvoir mieux les apprécier. Elles sont à peu près toutes justifiables et leurs auteurs ont eu seulement le tort de vouloir les appliquer à tous les cas. On comprend *a priori* que le mécanisme de cette maladie peut et doit varier, parce qu'elle résulte d'une exaltation de fonctionnement des nerfs et qu'il est évident que cette surexcitation est capable de naître sous l'influence de circonstances essentiellement différentes. Classiquement, les névralgies sont encore regardées comme des névroses, c'est-à-dire comme des troubles purement fonctionnels et non liés à une altération déterminée des nerfs. Mais beaucoup de médecins les attribuent à une congestion et même à une inflammation des nerfs. Il est, en effet, certain que ces deux processus morbides ont été constatés un grand nombre de fois. Mais il existe par contre beaucoup de faits négatifs. Je vous ai déjà exprimé ma pensée au sujet des congestions en général. L'absence de vascularisation sur le cadavre n'implique pas le moins du monde sa non-existence pendant la vie, car il peut se faire une contraction des vaisseaux au moment de la mort. Je crois, du reste, que, quel que soit le mode de production des névralgies, elles doivent toujours au moins être accompagnées d'une certaine hypérémie, laquelle est inséparable de l'exagération de fonctionnement d'un organe. Le genre de sensation qu'on éprouve dans la plupart des nerfs névralgiés vient encore, jusqu'à un certain point, à l'appui du mécanisme par congestion. Il semble que le cordon nerveux soit gonflé, distendu, gorgé de sang ou de sucs ; qu'il soit étranglé absolument comme les tissus profonds d'un doigt atteint de panaris. Il est toutefois une cause puissante de névralgies qui semble se concilier peu avec l'idée d'une congestion, c'est l'état du sang connu sous le nom d'anémie. Romberg a dit à ce sujet : « La douleur n'est que la supplication des nerfs qui implorent un sang plus généreux. » C'est là une phrase qui ferait sans doute de l'effet dans un roman, mais qui n'a absolument aucune signification dans une science sérieuse. En tout cas, cela ne fait nullement échec à la doctrine de l'hypérémie ; car il est bien démontré que l'insuffisance de la masse ou des qualités du sang prédispose à des congestions de toutes natures. Sprengel accuse plutôt l'œdème des nerfs. Mais ce ne peut être là évidemment qu'un mécanisme accidentel. D'ailleurs l'œdème des nerfs n'est le plus souvent que la conséquence de leur congestion. Les kystes, les tumeurs, les névromes, dont l'action productrice est incontestable, ne sauraient être non plus une cause générale et ne constituent que des agents d'excitation qui, sans doute, ne troublent l'innervation périphérique qu'en y provoquant de l'hypérémie et de l'inflammation. Rien ne prouve non plus que ce n'est pas en engendrant une congestion ou un œdème des cordons nerveux que le plomb, le mercure, l'oxyde de carbone, la goutte et la malaria produisent si souvent des douleurs névralgiques. Quant à la syphilis qui, d'après les recherches de Broadbent, en fait naître fréquemment, il est à peu près démontré que pendant la période tertiaire, elle n'y arrive qu'en produisant des névromes ou des tumeurs gommeuses, et dès lors on peut encore voir là une épine capable de développer une hypérémie active. On en voit toutefois apparaître sans ces productions morbides, à titre d'accidents secondaires. Mais là encore le mécanisme de la congestion peut être aussi bien invoqué que pour les névralgies ordinaires. Une autre théorie moderne, qui veut concilier le mécanisme des névralgies avec l'idée classique d'une maladie purement dynamique, suppose que la douleur est la conséquence d'une modification survenue dans l'électricité statique des nerfs, d'où résulteraient des changements dans leurs réactions fonctionnelles. Mais cette interprétation

semble donner aux expériences de Du Boys-Raymond une signification que nous avons cru devoir leur refuser et que cet expérimentateur
ne leur accorde pas lui-même. Enfin, Anstie prétend que toutes les
névralgies, sans exception, sont de formation centrale et que c'est
dans les noyaux d'origine des racines sensitives qu'il faut aller chercher leur mécanisme. C'est là que se trouverait toujours la cause
de l'exaltation de la sensibilité. Elle ne ferait que retentir dans les
cordons nerveux. Elle serait l'œuvre d'une congestion ou d'une
irritation des centres sensitifs. L'anémie la produirait aussi, mais
au même titre que l'excitation psychique qu'elle engendre en même
temps. Cette opinion que nous ne devons pas admettre d'une façon
absolue pour les raisons que nous avons indiquées dans la question
préalable, ne saurait certainement non plus s'appliquer aux cas de
névromes et de tumeurs siégeant sur le trajet des nerfs.

Cette revue succincte nous fait voir qu'il est encore impossible
de se prononcer d'une manière positive sur le mécanisme des
névralgies. Je crois, cependant : 1° que la douleur névralgique
consiste essentiellement dans une exagération considérable de
mouvement moléculaire qui se passe dans les nerfs au moment où
ils fonctionnent ; 2° que parfois cette plus grande amplitude de
mouvement moléculaire est provoquée par les centres nerveux en
état d'éréthisme pour une cause ou pour une autre, et qu'alors la
névralgie n'a pas sa raison d'être dans le système nerveux périphérique qui, en cette circonstance, n'est que l'instrument dont
l'axe cérébro-spinal se sert pour exprimer sa souffrance ; 3° que
d'autres fois le mouvement moléculaire amplifié prend naissance sur
place et a, par conséquent, son point de départ dans le système
nerveux périphérique, soit dans les cordons, soit dans le centre
périphérique ; mais que, même dans ce cas, le centre encéphalique
est obligé de vibrer à l'unisson pour qu'il y ait sensation consciente, de telle sorte que les deux portions du système nerveux
interviennent en toutes circonstances et que ce sont tantôt les
nerfs, tantôt les centres qui sont l'écho de la souffrance de l'autre
partie ; 4° que la névralgie d'origine périphérique peut être engendrée par des causes différentes, mais qu'il est probable qu'elle
s'accompagne toujours d'une certaine hyperémie des nerfs en
rapport avec l'augmentation de leur dépense dynamique et matérielle ; 5° que dans beaucoup de cas la congestion et surtout
l'inflammation du névrilème est le générateur et non un

concomitant de l'ébranlement névralgique ; 6° que l'agent provocateur, soit de l'hypérémie, soit de l'ébranlement, peut être particulièrement une blessure, une tumeur, un névrome ; 7° qu'il peut être une modification survenue dans l'alimentation des nerfs par suite d'altérations variées du sang, soit spontanées, soit artificielles ; 8° que le nervosisme, en rendant le système nerveux capable de vibrer sous l'influence de la plus légère impulsion, constitue une prédisposition efficace aux névralgies. Ceci posé, revenons à l'interprétation des détails.

En général, l'élancement douloureux semble partir d'un point déterminé, auquel les cliniciens donnent le nom de foyer, et s'étendre rapidement jusqu'à l'extrémité périphérique d'une ou plusieurs branches fournies par le nerf. On dirait qu'une vibration morbide prend naissance en ce point, pour une raison ou pour une autre, et s'en va mourir à la périphérie en mettant en mouvement toutes les molécules situées en avant. D'autres fois, elle se montre dans une portion d'un filet quelconque, puis cesse tout à coup pour apparaître dans un autre nerf plus ou moins éloigné. Elle se déplace ainsi à chaque instant, offrant une marche irrégulière et à bâtons rompus. Elle rappelle les allures des mouvements de la masse intestinale. On dirait des vagues qui se soulèvent et s'évanouissent çà et là, sans se rattacher jamais l'une à l'autre. Il arrive encore, quand elle suit une route plus régulière, qu'au lieu de s'étendre au delà du foyer dans le sens centrifuge, elle affecte une marche centripète. Cette forme a même reçu le nom particulier de *névralgie ascendante.* Enfin, il semble très-souvent que la douleur, après avoir remonté un instant, s'engage dans les branches émergentes qu'elle rencontre pour descendre avec elles vers la périphérie. Ces différents phénomènes, connus sous le nom générique d'*irradiations névralgiques,* sont tellement en désaccord avec les lois de Müller, qu'Axenfeld est tenté de penser que dans l'état pathologique ces lois perdent leurs droits. Cependant il n'y a pas lieu de rejeter complétement l'explication classique dont ils ont été l'objet et qui les attribue, non à une marche rétrograde et irrégulière du courant sensitif, mais à une diffusion qui s'opérerait dans les centres nerveux. Les tubes des nerfs conserveraient leur indépendance physiologique entre eux ; mais le cerveau réfléchirait vers d'autres nerfs l'ébranlement apporté par le cordon névralgié. Il faut toutefois tenir compte aussi d'un fait que nous avons admis

dans la physiologie normale : c'est celui de la propagation simultanée dans les deux directions, centripète et centrifuge, de l'ébranlement développé en un point quelconque d'un nerf. Dans les névralgies, on sent presque soi-même que le double courant s'établit. Il
faut enfin admettre, comme complément d'explication, la nécessité
d'une plus grande amplitude du mouvement moléculaire pour qu'il
y ait douleur. Si on ne sent pas toujours des élancements au-dessus
et au-dessous du foyer, s'il y a des interruptions dans leur distribution, cela tient à ce qu'il n'y a que quelques portions des nerfs
qui soient capables de cette amplitude pathologique.

Quand un nerf est névralgié, il est certains points qui, lorsqu'on
les comprime, donnent lieu à une douleur excessivement vive,
douleur que le patient rapporte bien à l'endroit directement touché
et non pas à la sphère de distribution périphérique du nerf. C'est
là ce que Valleix a appelé *points névralgiques.* Ces points siégent
le plus souvent au niveau des canaux osseux ou fibreux d'où émergent les nerfs et dans les endroits où les cordons deviennent plus
superficiels. Je crois que ces siéges de prédilection tiennent uniqué-
ment aux conditions qui favorisent la pression. Plus un nerf est
superficiel, plus la compression lui arrive entière, sans avoir été
atténuée par l'élasticité des tissus interposés. Au niveau des points
d'émergence, non-seulement les canaux osseux et fibreux empêchent
les nerfs de fuir et de se décharger ainsi d'une partie de la pression
subie, mais, en outre, ils constituent un plan résistant qui double,
pour ainsi dire, l'effet. Considérée en elle-même, cette douleur
développée sur place par la pression, n'est que l'exception à la loi
de l'excentricité de Müller reproduite sur le terrain pathologique,
où elle apparaît plus accentuée encore. De même que pour la
douleur locale provoquée par la pression des nerfs sains, on
attribue cette exacerbation de la douleur pathologique à la sensibilité des parties molles interposées entre le doigt et le cordon
nerveux. Mais il est plus probable qu'elle est due, comme l'a dit
Barvinkel, à la pression subie par les *nervi nervorum.* On ne
trouvait à objecter à cette explication que l'existence problématique
de ces nerfs des nerfs ; mais aujourd'hui que les recherches de
Sappey ne permettent plus de la mettre en doute, l'objection n'a
plus de portée. Plongés dans le même névrilème que le nerf
névralgié, les *nervi nervorum* doivent souvent prendre part à
l'irritation, et comme leurs extrémités périphériques se trouvent au

point comprimé lui-même, la loi de l'excentricité est en définitive respectée dans cette douleur locale. Un caractère notable des douleurs névralgiques, c'est que si elles sont exagérées par une pression très-courte, elles sont, au contraire, atténuées par une pression prolongée. Bastien a pratiqué des expériences sur les nerfs normaux, qui concordent parfaitement avec ce fait d'observation, car elles nous montrent qu'une pression passagère rend les nerfs excitables, tandis qu'ils perdent ensuite de plus en plus de leur excitabilité à mesure qu'on prolonge la pression.

Axenfeld et d'autres auteurs font, sous le nom de *dermalgie*, une maladie distincte de ce qui serait pour eux la névralgie spéciale des terminaisons périphériques des nerfs sensitifs. Cette affection névralgique serait tout à fait différente de celle des filets nerveux proprement dits considérés dans leur continuité. Son siége effectif et réel serait dans les papilles même du derme. Elle se traduirait par la sensation du contact agaçant d'une toile d'araignée, ou, à un plus haut degré, par celle que fait éprouver l'ablation de l'épiderme par un vésicatoire; d'autres fois, par celle d'une brûlure ou d'un millier d'épingles. Le moindre frottement, le moindre ébranlement des papilles donnerait à ces sensations une intensité tout à fait insupportable. Ces symptômes sont tellement différents des névralgies ordinaires, et même des sensations que dans ces névralgies le sensorium rapporte à la périphérie d'après la loi de Müller, que je crois qu'en effet leur cause doit appartenir au corps papillaire lui-même, et qu'elle consiste dans un état d'irritation des corpuscules et peut-être de tout le tissu des papilles. Les fibres musculaires qu'elles renferment pourraient même prendre part à l'éréthisme, éprouver des alternatives de contractions et de relâchement qui, d'après la théorie indiquée (page 115), expliqueraient les sensations subjectives de froid et de chaleur dont se plaignent souvent les malades. Il se passe aussi dans ces circonstances un fait qui tendrait à faire croire que les terminaisons nerveuses peuvent se multiplier, ou que des papilles restées jusque-là, pour ainsi dire, latentes, entrent tout à coup en activité. Vous savez que pour un même écartement des branches d'un compas, toutes les régions cutanées ne nous font pas percevoir l'existence des deux pointes. Eh bien, dans la dermalgie, des régions peu favorisées sous le rapport de ce genre d'appréciation peuvent fournir la double sensation avec un écartement presque nul. N'y a-t-il pas plutôt simplement une plus grande impressionnabilité des terminaisons nerveuses préexistantes, qui fait qu'elles sentent les ébranlements transmis mécaniquement par le tissu cutané ambiant, ébranlements qui dans les conditions ordinaires leur arrivent trop affaiblis pour qu'elles puissent les subir?

Dans l'étude anatomique des terminaisons nerveuses, nous avons vu que non-seulement les articulations sont très-riches en filets nerveux, mais que ces filets possèdent des agents de perfectionnement, c'est-à-dire des corpuscules analogues à ceux du tact. Il y a là évidemment de quoi expliquer l'excessive douleur qui accompagne les arthrites et toutes les maladies des articulations. Mais en dehors de toutes lésions appréciables, les articulations paraissent être fréquemment le siége de névralgies qui sont assez caractérisées pour que Berger, de Berlin, ait cru devoir leur consacrer une description spéciale. Elles sont beaucoup plus fréquentes chez la femme que chez l'homme, en raison sans doute de la plus grande irritabilité de leur système nerveux sensitif. Elles simulent tellement, en dehors de la tuméfaction et tous les signes d'inflammation, la goutte ou le rhumatisme articulaire, que Stromeyer a voulu en chercher la cause dans une diathèse urique. En tout cas, on peut dire que c'est le rhumatisme sans ses phénomènes vaso-moteurs et trophiques. Brodie ne veut voir en elles qu'une réminiscence de douleurs acquises d'une manière traumatique, par suite d'une chute ou d'un choc antérieurs. Du reste, elles sont parfois une application particulière de la loi de l'excentricité. Ainsi, dans un cas de Hevérard-Home, la névralgie du genou était, pour ainsi dire, subjective et était en réalité engendrée par un anévrisme de la fémorale, qui comprimait les nerfs beaucoup plus haut. Ce mécanisme était encore bien plus indirect dans le cas de Mayo. De petites plaques cartilagineuses sur la racine postérieure du nerf qui fournit des filets au genou, suffirent pour provoquer une névralgie de cette articulation tellement intense que ce médecin se décida à pratiquer l'amputation de la cuisse, qui naturellement n'améliora en rien la situation. Enfin la névralgie articulaire peut être matériellement produite par les cicatrices fibreuses qui restent à la suite des lésions profondes des extrémités osseuses et des ligaments. Ces cicatrices agissent à la manière d'une dent cariée, en titillant constamment l'extrémité des filets nerveux. Chez certains sujets hystériques, la névralgie s'accompagne d'une contracture des muscles capable d'immobiliser l'articulation. Selon Berger, ces contractures spasmodiques seraient produites d'une manière réflexe par la douleur névralgique elle-même. Il y aurait là un véritable phénomène d'adaptation de l'action réflexe. En immobilisant l'articulation, ces contractions diminueraient les causes d'aggravation de souffrances. Il est à remarquer que ces névralgies combinées avec des contractures siégent surtout au genou et à la hanche et qu'elles font même croire souvent à une coxalgie. Esmarch explique ce siége de prédilection par ce fait que ces articulations reçoivent leurs filets nerveux des plexus lombaire, hypogastrique et sacré, qui fournissent aussi aux organes de la génération. Elles sont donc, sous le rapport de provenance nerveuse, en communauté avec les organes qui engendrent le plus souvent l'hystérie. Cette richesse en nerfs des articulations, leur terminaison par des renflements qui multiplient pour ainsi dire leur sensibilité, font que, parfois, c'est surtout en elles que les maladies de la moelle vont retentir. C'est pour la même raison que certaines apoplexies donnent lieu, entre autres symptômes, à des douleurs excessivement violentes de l'épaule et de la hanche. L'impressionnabilité de ces nerfs articulaires névralgiés est telle que le moindre contact exalte tout le système nerveux au point de faire trépigner le malade.

Les anatomistes, en se basant sur leurs seules investigations, peuvent parfaitement se croire autorisés à nier la présence de fibres ou de terminaisons sensitives dans les muscles. On comprend aussi que les physiologistes soient conduits à mettre en doute la sensibilité musculaire. Mais les pathologistes ne peuvent pas la nier, quels que soient les moyens anatomiques et les conditions physiologiques de son existence. Car les muscles peuvent acquérir dans l'état morbide une hyperesthésie qui crée une névralgie à physionomie particulière. On ne peut invoquer une erreur de siége, car lorsque les circonstances ont permis d'agir directement sur le muscle mis à nu accidentellement, on a pu constater que le contact exclusif des fibres musculaires donnait lieu à des douleurs excessivement vives. Celles-ci réagissaient même sur toute l'économie au point de provoquer des contorsions générales. Dans les conditions ordinaires, on voit que la névralgie musculaire se caractérise par l'exaspération que font naître les mouvements, le calme relatif qu'engendre le repos ; par les sensations douloureuses que provoque l'électricité, qui d'habitude, lorsqu'elle est appliquée aux muscles normaux, ne produit qu'un sentiment presque agréable. En présence de ces faits, je crois qu'on doit reconnaître que les muscles sont capables de développer des impressions qui, dans l'état normal, sont trop faibles pour être conscientes, qui peuvent certainement aider au dosage des mouvements et réaliser ainsi l'idée du sens musculaire, mais qui, dans l'état pathologique, acquièrent une telle amplitude qu'elles élèvent leur intensité au niveau d'une douleur.

Lorsque la continuité d'un nerf sensitif a été détruite soit par une section, soit par un broiement partiel de ses éléments ; lorsqu'il est comprimé d'une manière assez énergique pour rendre ses tubes inertes ; lorsque ceux-ci ont perdu leurs fibres axes par suite de la dégénérescence granulo-graisseuse, la sensibilité de la région correspondante se trouve généralement éteinte. Tous les modes de sensibilité disparaissent à la fois. Les nerfs ont perdu l'aptitude à provoquer non-seulement des perceptions et des sensations, mais encore des phénomènes réflexes. Ce qui détruit la sensibilité tactile rend également impossible la douleur. Aussi, lorsque la dégénérescence est consécutive à une névrite, voit-on cesser complétement les vives douleurs qui avaient marqué la période irritative de cette inflammation. Il y a cependant un moment dans la névrite où l'anesthésie se trouve combinée avec le symptôme douleur, c'est quand la conductibilité des tubes se trouve déjà compromise dans leur portion périphérique, alors qu'au-dessus l'inflammation, moins avancée, ne fait que les rendre plus excitables. On conçoit aussi comment une tumeur placée sur le trajet d'un nerf peut déterminer l'insensibilité des tissus et en même temps de la douleur spontanée. La tumeur comprime le cordon en un point et arrête toutes les impressions nées à la périphérie. Mais d'autre part elle titille constamment la partie des tubes nerveux qui se trouve, au-dessus, libre de toute compression et en relation parfaite avec les centres sensitifs.

Les études plus approfondies des expérimentateurs et des cliniciens modernes ont montré que la destruction d'un nerf n'entraînait pas toujours la disparition complète de la sensibilité dans la région où il semble se distribuer seul. Le fait se rencontre surtout dans les cas de lésion traumatique, parce qu'alors l'altération reste parfaitement limitée et ne tend pas à envahir les nerfs voisins, comme dans le cas de maladie spontanée. Arloing et Tripier, qui ont signalé ce résultat dans leurs expériences, l'attribuent, nous l'avons dit, à la présence dans la région de filets récurrents qui retournent aux centres nerveux en s'associant à d'autres nerfs qui ont échappé à la section. Un fait clinique rapporté par Brown-Sequard vient à l'appui, sinon de la sensibilité récurrente telle que la comprennent Arloing et Tripier, du moins de la diffusion que peut réaliser l'organisation du réseau périphérique. Un malade était atteint d'un névrome du nerf médian, qui provoquait des douleurs tellement violentes que Verneuil n'hésita pas à sectionner ce nerf au-dessus de la tumeur, afin de mettre celle-ci dans l'impossibilité d'agir sur les centres par l'intermédiaire du cordon nerveux. L'opération n'eut pas le résultat qu'on en attendait ; les douleurs persistèrent parce que la titillation transmise dans le sens centrifuge au réseau périphérique pouvait encore remonter jusqu'à l'axe cérébro-spinal par l'intermédiaire d'autres filets étendus sans solution de continuité de ce centre à ce même réseau. Il y a plus : les douleurs se montrèrent beaucoup plus intenses qu'avant l'opération, parce que la section en enflammant le nerf avait multiplié son excitabilité. L'impartialité me fait toutefois un devoir de signaler une interprétation de Létiévant qui expliquerait les faits de suppléance nerveuse, sans le secours de la sensibilité récurrente ou du mécanisme que nous avons accordé au réseau périphérique. Il attribue la persistance d'une certaine dose de sensibilité dans une région cutanée, innervée par un tronc nerveux sectionné, d'abord à la présence dans ce département de tubes nerveux provenant, par voie d'anastomoses inconnues des anatomistes, de nerfs voisins non coupés. En second lieu, il pense que, par suite d'un travail psychique, le moi arrive à s'éclairer suffisamment en se servant des impressions recueillies par les papilles voisines de la région et apportées par des nerfs sains. Il fait remarquer, du reste avec raison, que chez l'homme même la suppléance est très-imparfaite au début et que ce n'est qu'au prix d'une certaine éducation qu'elle arrive à être à peu près suffisante. On ne voit la sensibilité se rétablir réellement que lorsque la régénération a eu le temps de s'effectuer. Le temps nécessaire est toujours beaucoup plus long chez l'homme que chez les animaux. Il faut au moins 12 à 15 mois. La suppléance passagère ne paraît pas toujours se réaliser, ou elle ne se manifeste pas de suite. Mais, d'après Létiévant, elle n'est que masquée momentanément par un état de stupeur locale ou un engorgement inflammatoire dus à la blessure même.

La clinique isole et permet, pour ainsi dire, de disséquer les différentes nuances de l'action du système nerveux périphérique. On trouve des personnes chez lesquelles le tact et le toucher s'exécutent d'une manière tout à fait normale, et chez lesquelles cependant il est impossible de faire naître de la douleur à l'aide des agents qui d'habitude en provoquent. Il y a là un problème que Henlé a cru résoudre en supposant un véritable tannage des appareils sensitifs qui les rendrait plus grossiers, moins vibrants, au point que les ébranlements les plus violents ne les mettraient pas plus en mouvement qu'un simple contact. En sorte qu'une perturbation qui, dans les conditions ordinaires, exalterait assez les nerfs pour faire naître une douleur qui n'est que la plus haute puissance de la sensation tactile, s'arrêterait toujours au niveau de celle-ci. Cette explication est évidemment insuffisante, puisqu'il serait naturel alors que les simples contacts ne fussent pas perçus du tout, ce qui n'est pas. Je crois que, dans ces circonstances, la cause est centrale et non périphérique, qu'elle est souvent purement psychique et de la même nature que beaucoup de phénomènes analogues qu'on observe chez les hystériques et les magnétisés : c'est l'élaboration du centre qui fait défaut ou qui change de direction.

L'anesthésie, quand elle n'est pas encore absolue, s'accompagne souvent d'un sentiment d'engourdissement qui fait qu'il y a comme un nuage masquant l'impression, un écran interposé entre l'agent qui touche et l'organe qui perçoit. Comme ce fait se produit surtout sous l'influence du froid et comme celui-ci agit directement sur les terminaisons des nerfs, il semble qu'à cette appréciation du sujet corresponde un état matériel qui constitue en effet un véritable voile. Les extrémités périphériques ont perdu l'aptitude à fonctionner, et il faut que l'impression initiale traverse tout à fait physiquement une portion du conducteur avant d'arriver à la partie restée capable d'être ébranlée physiologiquement. La partie encore sensible du nerf se trouve être comme coiffée d'un étui corné.

Troubles de la motilité. — En voyant certaines contractures rester limitées à une région musculaire, ou envahir successivement les divers segments d'un membre depuis leur extrémité libre jusqu'à leur racine, quelques auteurs ont pensé qu'elles devaient être l'œuvre des nerfs et non des centres nerveux, que par conséquent les faits de ce genre pouvaient être considérés comme appartenant à la pathologie du système nerveux périphérique et comme résultant d'un état d'excitation des nerfs moteurs lié le plus souvent à une modification dans leur constitution matérielle. On a même présenté ces contractures partielles comme constituant une forme du rhumatisme qu'on faisait dériver d'une hyperémie et d'un œdème des nerfs. Mais beaucoup de médecins croient que toutes les contractures, si localisées qu'elles soient, relèvent de l'axe cérébro-spinal et ne sont que l'expression de sa souffrance à lui. Ils se basent sur ce que, quand l'autopsie a pu être faite, on a ordinairement trouvé au moins une hyperémie des centres nerveux ou de leurs enveloppes. Mais outre que cet état congestionnel pourrait être regardé comme n'étant que la conséquence de la stimulation fonctionnelle provoquée par les nerfs malades, il est bien certain que dans bien des cas l'investigation cadavérique n'a rien fait découvrir dans les centres nerveux. Du reste, ce qui se passe dans la névrite prouve qu'une altération des nerfs moteurs peut, avec plus d'intensité encore, produire ce que détermine l'électrisation directe de ces cordons nerveux, c'est-à-dire une contraction plus ou moins permanente. En effet, l'inflammation des nerfs, dans sa première période, lorsqu'elle n'a pas encore fait dégénérer les tubes, leur donne un surcroît d'activité tel qu'ils provoquent dans les muscles correspondants des secousses et des contractures. Le fait est encore mis hors de doute par les convulsions toniques partielles auxquelles donnent lieu parfois les tumeurs capables d'irriter un nerf mixte ou moteur. On doit avouer toutefois que les névromes engendrent rarement des symptômes dans le domaine de la motilité ; mais c'est là une exception qui doit tenir uniquement à la constitution et au mode de développement de cette production morbide. Il est enfin des cas où des convulsions même générales peuvent avoir leur point de départ dans la partie sensitive du système nerveux périphérique. C'est ainsi qu'on a vu une tumeur placée sur le trajet d'un nerf sensitif ou mixte déterminer une titillation tellement irritante sur les centres de sensibilité, que ceux-ci provoquaient de temps à autre une véritable décharge de la part des centres moteurs se traduisant par des accès épileptiformes.

L'influence paralytique des nerfs moteurs est beaucoup mieux démontrée. La destruction des fibres-axes par suite de la dégénérescence granulo-graisseuse et de l'atrophie du nerf supprime toute espèce de motilité, réflexe ou volontaire. Même quand le point de départ est franchement périphérique, les lésions des nerfs moteurs ne limitent pas toujours leurs effets aux muscles qui reçoivent de ces nerfs. Brown-Sequard a rapporté le fait d'un homme qui ayant eu le nerf cubital blessé par un carreau, présenta consécutivement de la paralysie des muscles animés par le médian. Cet auteur attribue ce résultat à la propagation de l'altération du cubital à la moelle elle-même, qui se trouva ensuite compromise dans le point d'où émanent les racines du nerf médian. L'existence d'une maladie consécutive de la moelle était, du reste, démontrée par d'autres symptômes. Il est des cas, au contraire, où la destruction d'un nerf moteur n'entraîne pas la perte absolue du mouvement dans la région qu'il semble animer seul. Ces exceptions pourraient trouver leur interprétation dans la diffusion que le réseau périphérique est capable de réaliser. Mais Létiévant explique naturellement aussi les suppléances dans l'ordre de la motilité d'une façon analogue à celle qu'il a adoptée pour la sensibilité. Selon lui, le rétablissement des mouvements ne serait qu'apparent. Le but extérieur à remplir serait atteint, non pas par les muscles dont le nerf a été coupé, mais par les muscles voisins qui, eux, continueraient à recevoir des filets intacts et qui combineraient leur action de façon à reproduire à peu près l'effet qu'aurait réalisé le muscle paralysé à lui tout seul.

Il est des paralysies motrices que beaucoup de médecins attribuent au système nerveux périphérique, même quand celui-ci ne peut pas fournir la preuve d'une altération initiale ou même d'une altération quelconque. Il en est ainsi pour les paralysies d'origine saturnine qui, considérées en elles-mêmes, sont tellement localisées qu'il semble au premier abord impossible de les rapporter aux centres nerveux. En raison même de leur localisation, quelques-uns ont cru devoir en rendre responsables les muscles eux-mêmes, plutôt que les nerfs. D'autres, se basant en outre sur l'impossibilité de saisir même une apparence de lésion des nerfs, ne voient là qu'un phénomène sympathique provoqué par la colique saturnine. Mais Franck fait remarquer avec raison que la paralysie saturnine peut se montrer chez des individus qui n'ont jamais éprouvé de coliques et que les deux manifestations, lorsqu'elles coexistent, ne sont jamais proportionnelles l'une à l'autre. On ne peut évidemment mettre en ligne de compte que l'opinion d'une manifestation périphérique de l'intoxication des centres nerveux, ou celle d'un empoisonnement soit des cordons, soit des plaques terminales, soit des fibres musculaires elles-mêmes. Il est difficile, dans l'état actuel de la science, de se prononcer d'une manière absolue. Car on ne saurait contester, en présence des symptômes encéphaliques et médullaires dont on est témoin, l'existence d'une intoxication des centres nerveux, et, cela étant, on a autant le droit d'attribuer les paralysies localisées à l'altération de l'axe cérébro-spinal, qu'à une lésion concomitante des nerfs, des plaques ou des muscles. Du moment où c'est le sang qui porte partout le poison, la localisation est aussi inexplicable dans un cas que dans l'autre. Le plomb aurait aussi bien le droit de paralyser toutes les fibres musculaires, ou toutes les plaques, ou tous les nerfs moteurs, que tous les points des centres locomoteurs. Il n'y a qu'une seule raison qui plaide un peu contre les cordons nerveux, c'est leur indifférence anatomique et physiologique, c'est l'identité de tous les tubes. Il semble qu'à ce titre la sensibilité devrait toujours être compromise là où la motilité l'est. Il doit y avoir là des susceptibilités locales et inconnues, aussi bien applicables aux nerfs et aux plaques qu'aux centres.

On a aussi attribué les paralysies qui surviennent sous l'influence de la chlorose, et surtout celles qui se montrent à la suite d'abondantes hémorrhagies, à ce que la stimulation et la nutrition que le sang est appelé à apporter au système nerveux périphérique se trouvent être supprimées ou insuffisantes dans ces circonstances. On les a comparées à celles qui suivent, chez les animaux, l'application d'une ligature sur le tronc artériel principal d'un membre, ou l'apparition chez l'homme d'un caillot dans un vaisseau. Ces dernières conditions expérimentales et pathologiques prouvent évidemment que les nerfs cessent de fonctionner convenablement lorsqu'ils ne sont plus nourris; mais, dans les cas d'hémorrhagies ou de chlorose, ce défaut de nutrition du nerf n'a évidemment qu'une part à réclamer dans le résultat produit. L'anémie relative des centres doit encore jouer un plus grand rôle. D'ailleurs, l'inanition des muscles et de tous les tissus intervient dans tous les cas possibles.

Le froid peut rendre le système nerveux périphérique incapable de remplir le rôle indispensable qu'il joue dans l'exercice de la motilité. Les faits qui le prouvent sont déjà nombreux, et parmi eux on doit ranger tous les cas que Landouzy a groupés sous la désignation de *paralysie ascendante aiguë*. Il est vrai que cet auteur place la cause de ce genre de paralysie dans la moelle. Mais Capozzi a fourni une observation qui est de nature à démontrer que cette cause siége bien dans le système nerveux périphérique. Le sujet qui fut atteint de cette affection, pour être resté couché en hiver avec les fenêtres ouvertes, n'avait de paralysé absolument que les muscles des membres. Ceux du tronc et du cou étaient restés parfaitement libres de fonctionner. Or, la moelle, pour pouvoir paralyser à la fois les membres supérieurs et inférieurs, aurait besoin d'être atteinte dans toute son étendue, et alors les muscles du tronc ne devraient pas être indemnes. Il est vrai que le fait pourrait être réalisé par la concomitance de deux lésions centrales localisées, l'une à la région cervicale, l'autre à la région lombaire. Mais une lésion cervicale assez complète pour paralyser les deux bras empêcherait la volonté de se faire sentir sur tous les muscles situés au-dessous. Ce cas, en particulier, ne peut donc s'expliquer que par une influence purement périphérique, et s'il en est ainsi pour un des faits, il peut en être de même pour les autres. Reste à savoir si cette influence du froid est purement fonctionnelle ou si elle altère réellement les tubes nerveux. Capozzi n'admet point de lésion matérielle et il se base sur la constance de la guérison. D'autre part, on sait que dans bien des cas de névralgie rhumatismale on a rencontré, sinon une névrite, du moins une hyperémie du nerf, et il est évident que les tubes moteurs ne doivent pas plus que les sensitifs échapper à cette action réflexe du froid. Il est un fait clinique sur lequel Vulpian s'est appuyé pour mieux préciser encore le mode d'action du froid. Il s'agit d'un individu qui, à la suite d'un refroidissement, se trouva paralysé de tous les muscles animés par le nerf radial, et qui cependant avait conservé une sensibilité tout à fait normale dans la région tégumentaire innervée par le même nerf. Non-seulement ces muscles n'obéissaient plus à la volonté, mais ils restaient sourds aux sollicitations de l'électricité. Vulpian pense que ce résultat tient à ce que le froid n'agit pas sur le cordon nerveux lui-même, mais sur les plaques terminales. Il serait pour elles, comme le curare, un poison tout à fait spécial. Cette interprétation concorde parfaitement avec l'indifférence fonctionnelle des tubes nerveux considérés en eux-mêmes. Du moment où les tubes qui se trouvent affectés à la sensibilité n'ont pas été atteints, ceux qui correspondent aux plaques motrices et qui sont identiques avec les précédents, doivent être restés indemnes aussi. D'autre part, si l'obstacle fonctionnel avait siégé dans les centres moteurs, les mouvements volontaires auraient été seuls abolis et l'électricité ne serait pas restée impuissante. Par voie d'exclusion, les plaques terminales devaient seules être regardées comme étant frappées d'inertie.

Troubles vaso-moteurs. — Dans l'étude du grand sympathique, nous verrons que presque tous les nerfs cérébro-rachidiens s'associent des filets empruntés à ce grand système, et, comme ces filets sont pour la plupart destinés aux fibres musculaires des vaisseaux, il n'est pas étonnant de voir les névralgies donner lieu à des modifications dans la circulation de la région douloureuse. Je crois que dans toutes les névralgies qui s'accompagnent de troubles vaso-moteurs, ceux-ci sont le résultat d'un phénomène réflexe. C'est la sensation douloureuse spontanée, ou, si vous aimez mieux, l'état d'irritation des tubes sensitifs qui force les centres de sensibilité à réagir sur les centres vaso-moteurs, lesquels réalisent dès lors, par l'intermédiaire des vaisseaux, une véritable mimique de la souffrance des premiers. Si le courant centrifuge se réfléchit particulièrement vers la région douloureuse, cela tient à l'harmonie préétablie dans le système nerveux qui fait que les réactions y sont toujours adaptées aux actions. Un nerf névralgié spontanément détermine une vascularisation morbide de la région qu'il occupe, au même titre qu'un nerf collatéral du doigt congestionne cet appendice, lorsqu'il est piqué. Dans les névralgies, la nature réflexe du phénomène est démontrée par les phases mêmes qu'il peut présenter. Ainsi la région peut alternativement pâlir ou rougir, c'est-à-dire que les vaisseaux peuvent tantôt se resserrer, tantôt se dilater. Or ces deux effets si opposés ne pourraient être attribués à une même modification locale des fibres vaso-motrices. Ces changements dans la circulation locale entraînent des variations parallèles dans la température de la région. La pâleur s'accompagne d'un abaissement et la rougeur d'une élévation de température, tout justement parce que la température d'un organe est en raison de la quantité de sang qui le parcourt et des combustions dont il est le siége. L'afflux de sang qui se trouve ainsi lié à une surexcitation fonctionnelle des nerfs et des organes correspondants, constitue une congestion active. Il s'accompagne souvent d'un empâtement assez résistant du tissu cellulaire, et peut-être, suivant Vulpian, d'un certain degré de diapédèse de leucocytes. La paralysie motrice d'origine périphérique donne lieu moins fréquemment à des troubles analogues, tout justement parce que, dans ce cas, ils ne sont plus réflexes et ne peuvent plus qu'être directs. Il faut que la cause première détruise à la fois tous les tubes contenus dans le cordon nerveux, soit par le fait d'une section, soit par celui d'une dégénérescence granulo-graisseuse, ou bien qu'ils soient tous rendus inertes par une compression intense. Dans ces circonstances, ce n'est ni un spasme, ni une dilatation active des vaisseaux que l'on observe, mais une paralysie réelle de leurs parois. Ils se dilatent et augmentent la température d'une manière toute passive.

Les partisans des nerfs vaso-dilatateurs, dont nous discuterons plus particulièrement l'existence à propos de la corde du tympan, peuvent différencier facilement avec eux la congestion névralgique de la congestion paralytique. Dans le premier cas, ce sont les vaso-dilatateurs qui sont mis en jeu d'une manière réflexe par la douleur. Dans le deuxième, ce sont les vaso-constricteurs qui sont directement paralysés. Mais les deux états congestionnels peuvent aussi bien s'expliquer sans le secours des vaso-dilatateurs. Ce qui me paraît constituer avant tout la congestion névralgique, c'est que le plus grand afflux de sang est utilisé par les tissus qui, étant stimulés par les nerfs, fonctionnent d'une manière exagérée et donnent ainsi lieu à des échanges nutritifs plus considérables, tandis que dans la congestion paralytique le sang reste presque inoccupé dans un organe qui, ne fonctionnant plus, use à peine la matière nutritive qui le baigne. Maintenant, que la dilatation active soit de nature spasmodique, comme le veut Onimus et comme je me suis déjà montré disposé à le croire, peu importe ! Ce qui fait réellement la différence, c'est la suractivité fonctionnelle de l'organe, suractivité qui est elle-même engendrée par la suractivité des nerfs de la région. Les nerfs stimulent les tissus qui, travaillant plus, usent plus de liquide sanguin, d'autant plus que ce dernier leur arrive en plus grande quantité par suite du consensus réflexe des vaisseaux.

Troubles de sécrétion et de nutrition. — Beaucoup de névralgies s'accompagnent de modifications dans les sécrétions appartenant à la région douloureuse. Elles consistent ordinairement en une hyper-sécrétion soit de larmes, soit de salive, soit de mucus, soit de sueur et de matière sébacée, suivant le siége de la névralgie. La suracti-vité sensitive semble entraîner en même temps une exaltation de la circulation et des sécrétions locales. Qu'il y ait ou non des nerfs sécréteurs, comme le veut Ludwig, l'hypersécrétion, de même que les troubles de vascularisation, doit être regardée comme un phénomène réflexe, et non comme le résultat d'une irritation directe des tubes à terminaison glandulaire. La douleur éveille par l'inter-médiaire des centres un travail sécrétoire exagéré, de même qu'elle les provoque à troubler la circulation. Elle détermine la salivation de la même façon qu'une substance sapide ; l'écoulement du mucus nasal de la même manière qu'une substance irritante introduite dans les fosses nasales. Ce qui tend à le prouver, c'est que beaucoup de névralgies exercent une action analogue à distance, et cela avec les siéges les plus variés. En effet, on en voit un grand nombre se juger par l'émission d'une urine claire et abondante. Très-souvent l'hypersécrétion apparaît sans qu'il y ait congestion et rougeur de la région douloureuse. Vulpian en prend acte pour déclarer que le phénomène est tout à fait indépendant des modifications vaso-motrices, et qu'il est dû exclusivement à l'excitation réflexe des nerfs glandulaires. Mais de ce que la conjonctive, par exemple, n'est pas toujours injectée, alors que les larmes arrivent en abondance, il ne faudrait pas en conclure qu'il n'existe pas une congestion localisée dans la glande lacrymale, dont on ne peut pas juger la situation vasculaire. Les nerfs glandulaires excitent la sécrétion, mais pour qu'elle puisse se faire d'une manière durable, il faut que la glande reçoive la matière première, c'est-à-dire le sang, et il est probable que l'afflux sanguin et l'activité sécrétoire apparaissent simultanément d'une manière harmonique, par action réflexe.

Dans l'étude des altérations nutritives engendrées par les maladies des nerfs, il importe, au point de vue même du mécanisme possible, de préciser quelles sont celles qui apparaissent lorsque les cordons nerveux sont dans l'état d'exaltation, et celles qui se montrent lorsqu'ils sont complétement paralysés. Les névralgies provoquent souvent, sur le trajet des nerfs intéressés, des éruptions variées. L'herpès est la forme que l'on rencontre le plus fréquemment. Mais on peut aussi observer de l'impétigo, de l'urticaire, de l'érythème simple, de l'érythème noueux. Ce dernier se montre surtout dans les névralgies rhumatismales. Il n'est même pas besoin aujourd'hui de rappeler à ce sujet les observations réunies dans la thèse de Mougeot. Car quel est le praticien qui ne trouve pas à chaque pas la confirmation de ce grand fait clinique. Des altérations analogues peuvent apparaître dans la névrite et dans les diverses lésions traumatiques des nerfs qui n'ont pas interrompu complétement leur continuité. La guerre franco-allemande a fourni bien des fois l'occasion de vérifier sous ce rapport les assertions de Mitchell, de Morehouse et de Keen. Charcot, Rouget, Bouchard, ont vu l'herpès apparaître à la suite de douleurs névralgiques produites par des balles. Une simple contusion peut entraîner le même résultat. Il en est de même lorsque la surexcitation du nerf est provoquée par une maladie du voisinage. Von Bærensprung a observé un cas d'herpès de la région cervicale chez un individu dont les nerfs cervicaux se trouvaient être constamment titillés par un cancer des vertèbres cervicales. Haight, Wagner, Werdner et O'Wyss ont cité des cas analogues. Le voisinage d'un simple caillot peut suffire. Il en fut ainsi dans une observation relatée par Charcot. Une des branches d'origine du sciatique se trouvait refoulée par un caillot occupant le rameau spinal d'une artère sacrée. A la suite du traumatisme des nerfs, les articulations du membre atteint peuvent se tuméfier, être le siége d'hyperémies intermittentes, devenir raides et douloureuses. Les tissus ambiants se durcissant de plus en plus, il peut en résulter une ankylose partielle.

De tout temps on a été frappé de l'atrophie générale des régions dont les nerfs se trouvent être paralysés depuis un certain temps. Il vient un moment où, en dehors des os, il ne reste plus que la peau et un tissu cellulaire misérable; mais depuis quelques années, on pousse plus loin l'analyse et un certain nombre de faits de détail peuvent être considérés comme acquis. La plupart du temps, il y a une sécheresse très-remarquable de la peau, due évidemment à la suppression de la transpiration et de la sécrétion sébacée. Mitchell a cité des cas où cette sécheresse était parfaitement limitée à la région anesthésiée. Il est au contraire des faits dans lesquels il se produit une transpiration exagérée au niveau du nerf. La suppression totale de l'action nerveuse sensitive peut aussi modifier la nature de la sueur. Dans un cas, elle avait acquis une odeur vinaigrée, dans un autre, l'odeur fétide de l'eau croupie. S'il s'agit des nerfs des membres abdominaux, il peut y avoir infiltration œdémateuse et plus tard des ulcérations, des escarres, des pertes de substance portant même sur des orteils entiers. On peut reproduire assez rapidement cette série d'altérations chez les animaux en pratiquant la section du sciatique; mais il faut que l'animal appuie son membre paralysé sur un sol résistant. Lorsqu'un nerf, qui a été divisé entièrement, soit par une blessure, soit par une section expérimentale, commence à se cicatriser, on observe des altérations de la peau et du tissu cellulaire qui sont, pour ainsi dire, des métis portant à la fois le cachet des troubles paralytiques et celui des troubles d'irritation. On voit généralement alors la peau s'épaissir et devenir le siége d'une desquammation active. Chez d'autres sujets, surtout lorsqu'il s'agit d'une plaie par arme à feu, la peau des doigts prend un aspect lisse et luisant, il s'y forme des plaques d'engelures véritables. Le moindre mouvement de ces organes y provoque des douleurs vives. Ces engelures sont incontestablement liées à la lésion nerveuse, car quand un seul nerf est atteint, elles restent limitées aux doigts innervés par lui. Lorsqu'en raison de sa gravité, la lésion dure plusieurs mois, les poils de la région tombent. Les ongles qui se trouvent dans la sphère d'innervation compromise se contournent; ils éprouvent une dépression latérale considérable. La peau qui les encadre s'amincit, elle peut même se ronger et laisser la matrice à decouvert. Aux pieds il survient fréquemment des ulcérations. Les phénomènes intimes qui se passent dans les muscles après la destruction de leurs nerfs ont surtout été bien décrits par Vulpian; malheureusement ils n'ont été étudiés que sur des animaux à l'aide de sections artificielles. On constate déjà, au bout de six semaines, que les muscles ont perdu notablement de leur volume primitif. A partir de ce moment, cet amoindrissement marche avec plus de rapidité; au fur et à mesure que la masse musculaire s'atrophie, on y voit apparaître des stries blanchâtres de plus en plus nombreuses et de plus en plus larges. Elles sont dues à l'apparition d'un plus ou moins grand nombre de rangées de cellules adipeuses. Celles-ci se forment aux dépens·des cellules plasmatiques du tissu conjonctif et nullement à ceux des fibres musculaires. Ces fibres toutefois, lorsqu'on les regarde au microscope, se montrent altérées, même dès le 8e ou le 10e jour. A cette époque, on aperçoit çà et là, sous le sarcolemme, des cellules sans enveloppes, formées simplement par des noyaux entourés de protoplasma. Ces noyaux qui existent à l'état normal, sont devenus beaucoup plus apparents par suite du gonflement considérable que leur fait éprouver la section des nerfs. La striation particulière aux fibres de la vie animale est remplacée en certaines places par un aspect ponctué dû à des granulations qui sont de nature protéique et non graisseuse. Parfois la substance musculaire semble interrompue de distance en distance, ou bien elle se segmente en blocs céroïdes. Vulpian ne voit dans ce dernier fait qu'un effet artificiel de la préparation, mais un effet qui se produit beaucoup plus souvent dans les muscles paralysés que dans les muscles sains. Enfin, les fibres diminuent de plus en plus de diamètre jusqu'à ce qu'elles disparaissent tout à fait. A la suite de ces sections, on observe aussi des modifications du tissu osseux. Elles peuvent être de natures diamétralement opposées : tantôt les os se raréfient, ils deviennent plus légers et plus fragiles; tantôt, au contraire, ils s'hypertrophient et deviennent plus denses. On voit même des ostéophytes se développer sur la surface des os de la jambe et du pied.

Tels sont les faits considérés en eux-mêmes. Au point de vue théorique, on a un peu laissé de côté les lésions produites par les nerfs en état d'exaltation, et on a surtout placé la question des actions trophiques sur le terrain des altérations d'origine paralytique. On a tout d'abord mis l'atrophie des organes sur le compte de leur inertie fonctionnelle , conséquence forcée de la paralysie des nerfs. Hermann (Joseph) a même cherché à donner un appui expérimental à cette idée. Il a emprisonné les membres abdominaux d'un certain nombre de grenouilles dans des appareils plâtrés. Chez les unes, il avait préalablement coupé les nerfs de ces membres; chez les autres, il les avait respectés. Les altérations musculaires se produisirent, et au même degré, dans les deux cas. L'immobilité absolue semblait donc, d'après ces expériences, être la seule condition génératrice. La suppression ou la persistance de l'action nerveuse se montrait indifférente. Les expériences d'Hermann prêtaient toutefois à la critique, parce que chez les grenouilles les modifications trophiques s'opèrent avec une lenteur excessive et parce que cet expérimentateur n'avait pu conserver ses sujets assez longtemps pour juger comparativement de la marche des altérations chez les deux catégories d'opérées. En effet, Schulz a appliqué le même procédé à des pigeons, et il déclare avoir constaté que la dégénérescence musculaire marche beaucoup plus vite chez ceux dont les nerfs ont été préablement sectionnés. Cette assertion ne pouvait qu'être favorable à une autre théorie, mise déjà depuis longtemps en opposition avec la précédente, et qui suppose que les altérations des organes privés de nerfs tiennent à ce qu'ils ne peuvent plus recevoir l'action centrale chargée de présider à leurs phénomènes intimes de nutrition.

Dans ses leçons sur l'appareil vaso-moteur, Vulpian a repris la question en introduisant dans le débat de nouvelles hypothèses qu'il juge au fur et à mesure. Pour lui, l'absence de fonctionnement ne jouerait ici qu'un rôle très-secondaire, à la suite des sections expérimentales ou accidentelles, et ne saurait être considérée comme la cause principale des altérations observées. Il s'appuie sur les résultats obtenus par Schulz, sur ce qu'il a observé dans les muscles, non pas une simple dégénérescence graisseuse, mais un mode d'atrophie spécial, sur ce que les appareils inamovibles agissent plutôt par la gêne qu'ils apportent à la circulation locale que par l'inertie à laquelle ils condamnent les parties, sur ce que l'atrophie qui apparaît alors ne ressemble en rien à celle qui succède à la section des nerfs. Il prétend du reste que les paralysies d'origine centrale ne donnent même pas des résultats comparables à ceux que fournit cette section. Après avoir éliminé ainsi l'hypothèse de l'inertie fonctionnelle, il déclare qu'on ne saurait davantage attribuer les lésions nutritives à la destruction des vaso-moteurs que la plupart des cordons nerveux emportent avec eux, parce que les vaisseaux continuent à recevoir directement du sympathique une certaine dose d'innervation et qu'ils n'éprouvent, par suite, qu'un faible degré de dilatation incapable de comprimer les éléments des tissus et de les gêner dans leur travail d'assimilation. Il fait observer en outre, avec raison, que ces lésions ne sont nullement en rapport avec la richesse des nerfs en fibres vaso-motrices. Pour les mêmes raisons, il n'admet pas non plus qu'on puisse accuser une anémie produite par l'excitation que les vaso-moteurs du nerf pourraient éprouver, au moment de la section, et dont les effets seraient susceptibles de survivre un certain temps. Par voie d'exclusion, il en arrive à déclarer que les troubles trophiques sont dus à ce que les nerfs sont chargés d'apporter aux organes une influence centrale qui règle leur nutrition intime, et à ce que cette transmission est devenue impossible, lorsque les cordons nerveux ont perdu leur conductibilité. Mais il ne croit pas que cette influence soit conduite par des nerfs spéciaux méritant le nom de trophiques. Elle serait transmise, ainsi que l'avait déjà supposé Mayet, aux parties motrices par les nerfs moteurs, aux parties sensitives par les nerfs sensitifs.

Avant de formuler mon opinion sur ce sujet, je dois vous faire une observation. La question de l'influence trophique du système nerveux est loin de pouvoir recevoir une solution définitive. Elle offre cependant une importance tellement grande et tellement générale, qu'à chaque pas le professeur est obligé d'y toucher et de la mettre en présence des nouveaux sujets qu'il traite. Esclave de la logique, il est obligé de subir les conséquences rationnelles du fait qu'il examine à un moment donné, et il peut être entraîné, à travers les mois et les années, à émettre des idées qui ne concordent pas toujours parfaitement ensemble. Une question aussi obscure que celle que nous examinons en ce moment, est une statue qui reste longtemps à l'état d'ébauche et qu'on est obligé de remanier à chaque instant. Ceci posé, je dirai aujourd'hui : Dans l'état actuel de la science, on n'est nullement autorisé à admettre l'existence de fibres ayant pour mission spéciale et exclusive d'apporter aux tissus une action trophique directe. Mais on n'a pas davantage le droit de la nier. Toutefois, il est un fait qui me paraît incontestable, après les descriptions qui ont précédé cette discussion, c'est que les nerfs, qui ne sont en cela que les agents des centres, exercent une influence considérable sur les divers processus de la nutrition intime. Il me paraît tout aussi évident que les phénomènes morbides, par lesquels cette influence peut s'accuser, diffèrent suivant qu'il y a exaltation ou paralysie du nerf. Dans le premier cas, il y a un véritable épanouissement de la nutrition; dans le second, c'est du dépérissement. Il semble donc qu'il s'agit réellement soit d'un excès, soit d'une suppression d'action. Mais quoiqu'il y ait là des conditions semblant indiquer l'existence d'une manifestation nerveuse indispensable au jeu de la nutrition, dont le surcroît précipite ou fait dévier les métamorphoses histologiques et chimiques des tissus et dont la suppression a pour conséquence l'agonie de ces mêmes tissus, je ne crois pas cependant qu'on soit en droit de conclure à une action directe et absolue du système nerveux sur la nutrition. Car si elle existait, les organes privés de nerfs devraient toujours dépérir et ne pourraient dans aucun cas s'hypertrophier. C'est cependant ce qui peut arriver, ainsi que nous l'avons vu, en particulier pour les os. Je pense que les phénomènes intimes de la nutrition sont l'œuvre directe des éléments histologiques, mais que ces derniers sont subordonnés aux nerfs qui président aux fonctions des organes, par la raison que les mutations chimiques sont toujours en rapport avec le travail fourni et que les produits dynamiques supposent toujours une transformation de la matière. Lorsque, sous l'impulsion des centres nerveux, les nerfs ne demandent aux organes qu'un travail fonctionnel en rapport avec les lois du juste équilibre de l'économie, les mutations chimiques s'opèrent dans les conditions normales, et les éléments, n'usant ni trop, ni trop peu, conservent leur constitution physiologique. Toutes les fois que les nerfs exigent de ces mêmes organes un travail soit exagéré, soit insuffisant, soit nul, l'équilibre nutritif se trouve rompu en même temps que l'équilibre fonctionnel, et les ouvriers se détériorent d'une façon ou d'une autre. Voilà comment il se peut qu'il n'y ait pas de nerfs trophiques. L'influence considérable, mais indirecte, que les centres nerveux peuvent exercer sur la nutrition se trouve être apportée tout simplement par les nerfs de la fonction de chaque organe, par les nerfs moteurs aux muscles, par les nerfs sensitifs ou glandulaires pour les autres organes. Lorsque les nerfs sensitifs sont exaltés, ils pervertissent concurremment les phénomènes de sensibilité et les mutations nutritives des organes sensibles. De même, les nerfs moteurs, quand ils sont irrités, déterminent des troubles du mouvement et de la nutrition des muscles. Lorsque les uns et les autres sont paralysés, leurs organes respectifs ne fonctionnant plus et continuant à recevoir de la matière nutritive, comme par le passé, alternent entre deux voies : ou bien ils n'utilisent plus le sang qui les baigne et ne font que végéter et s'effacer de plus en plus ; ou bien ils l'utilisent en partie en vertu de l'autonomie de la vie cellulaire ; mais ne recevant plus d'ordres du grand régulateur de l'économie et ne pouvant plus fournir de produits dynamiques, ils en font des productions hétérogènes qui transforment de plus en plus leur constitution primitive. Il est encore une autre condition qui intervient dans l'exécution des actes de nutrition naturels ou morbides, c'est l'état de la circulation locale et par conséquent l'innervation vaso-motrice. Dans les conditions normales, l'activité fonctionnelle et l'activité vasculaire d'un organe se proportionnent tout à fait l'une à l'autre par l'intermédiaire des centres nerveux. Il en est de même dans les maladies, lorsque la continuité des nerfs se trouve respectée, comme dans les névralgies. Aussi la vascularisation s'harmonise-t-elle le plus souvent avec l'exaltation de la sensibilité et de la nutrition. Mais lorsque les vaso-moteurs se trouvent sacrifiés en même temps que le nerf fonctionnel, malgré la persistance de ceux qui arrivent directement aux artères, il y a une semi-paralysie permanente des vaisseaux qui les maintient passivement dilatés, et les tissus se trouvent baignés par un surcroît de sang qui reste inerte comme eux.

En résumé, trois éléments combinent leurs actions dans la réalisation des phénomènes de la nutrition : 1° l'activité propre des éléments histologiques ; 2° la stimulation fonctionnelle apportée par les nerfs propres de l'organe ; 3° le dosage de l'irrigation sanguine par les vaso-moteurs. De ces trois éléments celui qui remplit le rôle le plus indispensable, c'est l'élément histologique, mais il peut rarement se passer des deux autres, parce qu'il lui faut de la matière première et qu'il est doué d'une faible spontanéité. Il lui faut en général la stimulation due au deuxième élément. Mais elle peut être remplacée jusqu'à un certain point par les excitants artificiels. C'est pour cette raison que parfois on voit les os s'hypertrophier et les parties molles s'enflammer dans les régions qui sont privées de leurs nerfs. Il est bien démontré que cela n'a lieu que lorsque les tissus sont à chaque instant directement irrités par des pressions mécaniques, répétées et dues soit à la station pour les os en général, soit à la mastication pour les maxillaires. La vie cellulaire n'est peut-être pas seule mise en jeu dans ces circonstances. Il est possible que le réseau périphérique qui ne meurt probablement pas immédiatement, malgré son isolement des centres nerveux, ait une part à réclamer dans ces opérations locales.

Des nerfs rachidiens en particulier.

Considérations anatomiques. — Chez l'homme la moelle fournit, comme vous savez, de chaque côté 31 nerfs, qui sortent de la cavité du rachis par les trous vertébro-sacrés. Elle concourt aussi, il est vrai, à la formation du nerf spinal. Mais celui-ci doit être rangé parmi les nerfs crâniens, parce que son origine principale est encéphalique et parce qu'il sort par un trou du crâne. Tous les nerfs rachidiens naissent par une double série de racines qui, en raison de leur point d'émergence de la moelle, ont été divisées en *antérieures* et en *postérieures*. En effet les premières naissent des parties latérales de la face antérieure de la moelle, dans le sillon que nous avons appelé *collatéral antérieur*, tandis que les secondes émergent du sillon *collatéral postérieur*. L'étude microscopique de la moelle nous a déjà montré que de ces origines apparentes, les racines antérieures vont aboutir aux cellules des cornes antérieures, et les postérieures à celles des cornes postérieures. A leur sortie de la moelle, elles consistent en filaments excessivement grêles qui se disposent par petits groupes correspondants aux différents nerfs. Chaque nerf se trouve recevoir ainsi un groupe de radicules antérieures et un groupe de radicules postérieures. Les filaments du groupe antérieur convergent entre eux, se réunissent presque immédiatement pour former un seul cordon. Les filaments du groupe postérieur en font autant. Il en résulte pour chaque nerf deux troncs-racines qui restent aussi distincts que leurs origines. Jamais ces deux racines composées ne s'envoient d'anastomoses; leur indépendance est absolue et est commandée du reste par l'interposition du ligament dentelé. Quant aux radicules d'un même groupe, elles sont souvent unies par de fines anastomoses. C'est une fusion partielle et anticipée. Les deux troncs-racines s'engagent ensemble dans un même trou de conjugaison tout en restant d'abord distincts. Ce n'est que vers la partie moyenne de ce conduit osseux qu'ils se réunissent enfin pour constituer le véritable nerf rachidien. Un peu avant cette fusion la racine postérieure présente à l'œil une particularité qui manque sur l'antérieure, c'est la présence d'un ganglion sur son trajet. Le nerf rachidien n'est pas plutôt constitué qu'il se divise, au niveau même de l'orifice externe du trou de conjugaison. Dans ce point de contact si restreint les tubes des deux racines ont cependant le temps de s'entremêler assez pour rendre mixtes les branches qui vont naître. Le mode de division première est le même pour tous les nerfs rachidiens. Chacun d'eux se divise en deux branches; une postérieure, assez grêle, destinée aux muscles et à la peau de la région postérieure du tronc; une antérieure, beaucoup plus volumineuse, qui, à la région dorsale, devient un nerf intercostal, mais qui dans les régions cervicale, lombaire et sacrée, s'associe aux branches antérieures voisines pour former des plexus destinés à alimenter l'innervation des membres.

En elles-mêmes, les deux espèces de racines ont une constitution histologique identique. L'une et l'autre renferment des tubes à diamètre variable. La seule différence réside dans la présence du ganglion spinal que possède seule, la racine postérieure. Dans ce petit renflement on trouve, comme dans tous les ganglions, de la substance granuleuse et des cellules. D'après Kœlliker, celles-ci seraient toujours unipolaires et sans connexion aucune avec les fibres émanées de la moelle qui ne feraient que traverser la masse grise ganglionnaire. Leur unique prolongement deviendrait l'origine d'une nouvelle fibre qui s'ajouterait aux précédentes et renforcerait ainsi la racine. Suivant Stannius et Wagner, il y en aurait au contraire beaucoup de multipolaires qui d'un côté recevraient une fibre médullaire, et qui de l'autre donneraient naissance à une ou plusieurs fibres périphériques. Les ganglions seraient, pour ainsi dire, un accident du trajet des fibres initiales; ils les interrompraient à la façon d'un carrefour qui offre au delà un ou plusieurs débouchés nouveaux. Cette question d'histologie, encore en litige, a un grand

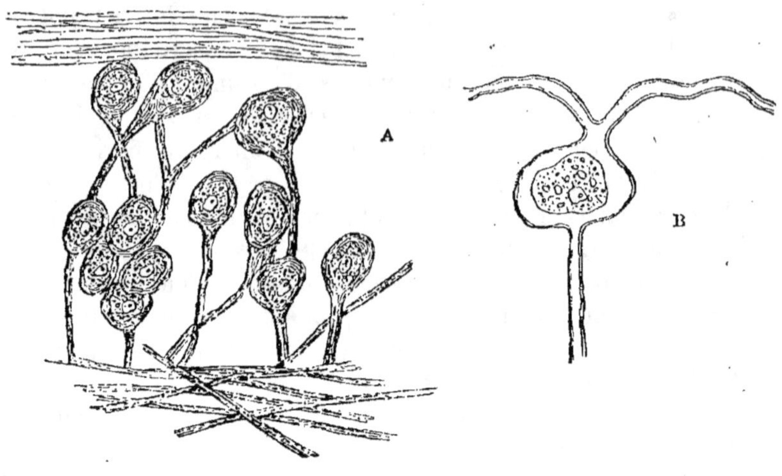

Fig. 55.

A, coupe d'un ganglion rachidien, dans laquelle quelques cellules semblent recevoir plusieurs fibres. (D'après le procédé Polaillon.)
B, Cellule multipolaire du même ganglion, obtenue par dissociation. (*Idem.*)

intérêt au point de vue du fonctionnement. Car dans le premier cas les ganglions ne pourraient représenter que deux choses : ou un centre de renforcement, une petite succursale des cornes postérieures, ou un centre nouveau chargé d'une mission secondaire dans laquelle la moelle serait incapable d'intervenir. Le rôle sensitif que nous accorderons aux racines postérieures force à rejeter la première destination, puisque des impressions qui s'arrêteraient dans le ganglion ne pourraient ni faire naître des sensations, ni provoquer des mouvements réflexes. Il n'y aurait donc d'admissible que l'idée d'une mission distincte et inconnue de la moelle. Dans le second cas, le rôle des ganglions spinaux nous apparaît d'une manière plus rationnelle. Ils deviennent des agents d'élaboration intermédiaires entre le réseau périphérique et l'axe cérébro-spinal. C'est une étape grise où se fait un travail préparatoire, nécessaire avant l'élaboration plus élevée dont la moelle est le siége. Du reste, les recherches de Robin, d'Axmann, de Remak, d'Ecker, tendent à confirmer cette seconde hypothèse. Il est vrai que les cellules multipolaires ne sont guère très-apparentes que chez les poissons. Mais la nature suit en général les mêmes lois dans les œuvres de la création. Elle peut compliquer les détails chez les êtres supérieurs et rendre ainsi l'investigation plus difficile. Mais le canevas principal, celui qui crée les grandes conséquences physiologiques, reste le même.

Physiologie normale. — Pourquoi y a-t-il deux ordres de racines qui se distinguent par leur position, leur origine, et par la présence, pour les postérieures, d'un ganglion sur leur trajet? Ces différences anatomiques correspondent-elles à des différences physiologiques? C'est là une question qu'il était naturel de se poser et qui s'imposait plus encore naguère lorsqu'on ne connaissait pas l'identité des nerfs sensitifs et moteurs. C'est en 1809 qu'Alexandre Walker conçut le premier la pensée d'attribuer des rôles distincts aux deux espèces de racines, et sans recourir à la moindre expérience, il chargea les antérieures de la transmission des impressions sensitives, et les postérieures de la conductibilité motrice. En 1811 Ch. Bell expérimenta sur des animaux agonisants, et il est généralement regardé comme ayant eu l'honneur de découvrir la vérité en constatant ainsi le rôle sensitif des racines postérieures et le rôle moteur des racines antérieures, ce qui est tout justement l'inverse de la proposition formulée par Walker. Mais les recherches bibliographiques de Flint tendent à enlever au physiologiste anglais ce titre de gloire et à le faire reporter sur Magendie, ce dont, nous autres Français, nous ne pouvons que nous enorgueillir. Il paraît que Ch. Bell, mal servi par des expériences tout à fait incomplètes, a en réalité affecté les racines antérieures à la fois à la sensibilité et à la motilité, et a chargé les postérieures de fonctions purement végétatives et organiques. Magendie, ayant agi le premier sur des animaux vivants et non agonisants, a pu seul annoncer avec certitude ce que tous les expérimentateurs ont constaté depuis, c'est-à-dire la destination sensitive des racines postérieures et le rôle moteur des antérieures. Et encore Magendie a même fait des réserves à ce sujet. Il a admis pour les antérieures la possibilité d'un faible degré de sensibilité, et il a déclaré que les postérieures pouvaient exceptionnellement provoquer quelques mouvements. La première réserve a été reconnue motivée depuis et elle a trouvé son explication dans le phénomène de la sensibilité récurrente, dont Magendie a eu du reste le premier l'idée. Quant à l'action motrice accidentelle des postérieures, il est probable que ce professeur a été induit en erreur par des mouvements réflexes. Aujourd'hui il est bien établi par des milliers de preuves expérimentales que les racines postérieures servent exclusivement au sentiment; que les antérieures sont exclusivement chargées du mouvement, et que, si ces dernières donnent, lorsqu'on les irrite, quelque signe de sensibilité, c'est uniquement en vertu du phénomène exprimé par le mot *récurrence*, que ce phénomène soit dû à l'existence de véritables filets récurrents ou qu'il soit le résultat de la diffusion des ébranlements qui s'opère dans le réseau périphérique. Ces attributions différentes ne sont nullement en désaccord avec l'identité des tubes. Les racines antérieures sont motrices uniquement parce qu'elles partent des grosses cellules des cornes antérieures, qui sont les générateurs du mouvement, et parce qu'elles aboutissent d'autre part à des muscles. Les racines postérieures sont sensitives simplement parce qu'elles s'étendent des corpuscules du tact aux petites cellules des cornes postérieures, qui représentent des agents de la sensibilité. Et si ces tubes, qui ne diffèrent que par leurs points d'aboutissement, se disposent de façon à former des racines distinctes, c'est uniquement parce que, se rendant dans des départements diamétralement opposés de l'axe, ils devaient prendre des directions différentes.

Après avoir satisfait à cette nécessité géographique, nous voyons au contraire ces tubes se rapprocher et se mélanger le plus rapidement possible, quoique leurs destinations périphériques soient aussi différentes. Mais en n'effectuant pas ce mélange, la nature aurait commis une grande faute au point de vue de la résistance des cordons nerveux. Chaque région, chaque fraction de région possède à la fois des muscles et des parties sensibles et a besoin de recevoir des tubes des deux ordres de racines. Dès lors ceux-ci avaient intérêt à se confondre dans un même faisceau pour la traversée commune, afin de se soutenir mutuellement en formant des cordons plus volumineux et par suite plus solides. Cette alliance, ils la respectent encore dans le réseau périphérique qui représente pour eux un moyen d'associations et de combinaisons nouvelles. Ce n'est qu'au moment où ils vont arriver à leur destination dernière qu'ils s'isolent de nouveau, comme ils l'avaient fait à leur sortie de l'axe, pour aller enfin remplir leurs rôles respectifs. Il résulte de cette disposition que tous les nerfs rachidiens sont mixtes dans la plus grande partie de leur trajet, et qu'il n'y a d'isolement anatomique et physiologique qu'à leurs deux extrémités, et cela dans une étendue excessivement restreinte.

Quand on sectionne le tronc nerveux principal d'un membre, on constate, dans sa sphère de distribution, non-seulement l'abolition du mouvement et du sentiment, mais encore des phénomènes traduisant un certain degré de paralysie vaso-motrice. Les vaisseaux se dilatent et la température du membre s'élève. L'application de l'électricité sur le bout périphérique peut déterminer des modifications opposées. Le résultat n'est pas aussi tranché qu'après la section du cordon cervical, parce que tous les vaisseaux apportent avec eux un réseau de fibres nerveuses empruntées directement au grand sympathique, ce qui ne laisse plus aux nerfs rachidiens qu'une influence tout à fait partielle et ce qui rend leur section incapable de donner lieu à une paralysie absolue. Mais l'action vaso-motrice de ces nerfs, sans être considérable, n'en est pas moins incontestable, et il importe de bien fixer les conditions dans lesquelles ils exercent ce nouveau mode de manifestations physiologiques. Les tubes nerveux qui leur confèrent ce droit ne leur sont certainement pas apportés par les racines, et ne proviennent par conséquent pas de la moelle, car la section directe de ces racines ne produit pas les mêmes résultats. Évidemment, ils doivent être considérés comme des tubes d'emprunt venant s'adjoindre aux cordons émanés du rachis dans un point quelconque de leur trajet. Chaque nerf rachidien est, comme vous savez, mis en communication avec un ganglion du grand sympathique, à l'aide d'un filet spécial qui le rejoint très-près de son origine. Mais ce n'est pas à ces branches communiquantes qu'on doit attribuer l'action vaso-motrice des cordons nerveux des membres. Car non-seulement elles sont trop grêles pour pouvoir rendre compte d'une influence aussi étendue ; mais des expériences spéciales de Cl. Bernard ont démontré que la section des nerfs ne produit les résultats indiqués que lorsqu'elle est faite au-dessous des plexus dont ils représentent les branches terminales. Quand elle est pratiquée au-dessus, on n'observe que des troubles de la sensibilité et de la motilité. C'est donc au niveau de ces plexus que s'opère l'addition des fibres sympathiques. Quant aux filets de communication, la faiblesse de leur volume prouve qu'on ne doit pas les considérer comme un faisceau de fibres parties de la moelle et venant s'ajouter au grand sympathique, pour se distribuer ultérieurement avec ses propres branches ; ni comme un faisceau de fibres sympathiques venant achever leur œuvre dans la moelle. Ce sont de simples traits d'union permettant à l'axe cérébro-spinal d'agir sur tout le système sympathique et réciproquement, un trait d'union par lequel une seule fibre peut mettre en jeu un grand nombre, soit de filets du sympathique, soit de cellules de la moelle. Nous reviendrons sur ces branches communiquantes, ainsi que sur les fibres annexées au niveau des plexus et sur les expériences de Cl. Bernard, dans l'étude spéciale du grand sympathique.

L'histoire physiologique des ganglions spinaux se réduit à peu près à une série de questions posées et non résolues encore. Élaborent-ils les impressions sensitives avant leur arrivée dans la moelle? Viennent-ils engendrer de nouvelles fibres qui gratifient les nerfs rachidiens d'un pouvoir vaso-moteur ou trophique? Sont-ils là uniquement pour présider à la nutrition des nerfs rachidiens eux-mêmes? L'anatomie est déjà venue donner un certain corps à l'idée renfermée dans la première question. Car s'il y a des cellules multipolaires interrompant la continuité des tubes sensitifs et servant d'intermédiaire entre les portions périphérique et centrale de ces tubes, elles sont forcément traversées par les impressions sensitives. Celles-ci doivent même y éprouver un temps d'arrêt et y subir une certaine transformation. Mais dans tous les cas, comme à côté des cellules multipolaires, il y en a bien certainement d'autres qui sont unipolaires et qui servent d'origine à de nouvelles fibres, les deux hypothèses comprises dans la deuxième question restent encore possibles, même en présence de la première solution. Mais elles ne sont que possibles et non démontrées. L'action vaso-motrice est même peu probable. Vulpian se montre disposé à la rejeter; parce que, dit-il, les nerfs vaso-moteurs provenant des communiquantes s'accolent plutôt aux racines antérieures qu'aux postérieures. Mais nous nous sommes déjà expliqué sur le rôle de ces fibres servant de trait d'union; et si quelque chose plaide d'une manière plus efficace contre l'action vaso-motrice des ganglions, ce sont plutôt les sections faites par Cl. Bernard au-dessus et au-dessous des plexus. Quant au pouvoir trophique qu'ils pourraient transmettre aux nerfs rachidiens, il n'a en sa faveur que quelques faits pathologiques. On a trouvé les ganglions spinaux dégénérés dans un ou deux cas de zona. Foa les a de son côté rencontrés altérés chez deux individus atteints de tuberculose pulmonaire. Mais comme les nerfs n'étaient pas aussi parfaitement intacts, on ne peut pas complètement isoler l'influence des ganglions de celle des cordons nerveux. L'opinion formulée par la 3e question a, seule, reçu une démonstration à peu près positive. Les expériences de Valler prouvent en effet qu'ils exercent une influence heureuse sur l'état matériel des tubes avec lesquels ils sont en rapport. Lorsqu'on coupe la racine postérieure entre le ganglion et la moelle, le bout central, celui qui tient à la moelle, dégénère. Si l'on coupe au delà du ganglion, c'est le bout périphérique qui s'atrophie. Si l'on agit de même sur une racine antérieure, comme il n'y a pas de ganglion, on obtient toujours un seul et même effet. Le bout central reste toujours intact, tandis que le bout périphérique s'altère constamment. Ces résultats sont un peu amoindris par les expériences plus récentes de Giannuzi. Il a reconnu que la dégénérescence n'est complète que lorsqu'on a coupé plusieurs racines en même temps, mais que, quand on en sectionne une seule, celle-ci reste sensible longtemps et ne perd qu'une partie de ses tubes. Il explique le fait en supposant que chaque racine renferme des fibres récurrentes provenant des racines voisines. Ce n'est là qu'une hypothèse, et la loi de Valler peut fort bien n'être pas absolue. Le serait-elle, qu'on n'aurait encore trouvé là qu'une seule des fonctions des ganglions spinaux, car ils renferment trop de cellules pour n'avoir que ce rôle restreint. Du reste, on n'est même pas d'accord sur le mode d'action nutritive des ganglions. Valler leur attribue une action stimulante indispensable aux mutations chimiques et morphologiques des tissus. Ranvier admet au contraire une influence modératrice. Ils maintiendraient l'assimilation et la désassimilation dans de justes proportions. Ils mettraient, pour ainsi dire, un frein à l'activité de l'affinité chimique. Je crois que les ganglions n'exercent une influence trophique sur les nerfs et sur les tissus qu'au même titre que tous les centres, c'est-à-dire en maintenant les fibres des cordons nerveux dans une activité normale.

Anatomie pathologique. — Quelques particularités très-peu importantes doivent seulement être signalées ici, car sous le rapport des altérations anatomiques, les nerfs rachidiens sont soumis aux mêmes lois que tous les autres nerfs, et on peut leur appliquer tous les faits énoncés dans l'anatomie pathologique générale du système nerveux périphérique. Il est parmi eux un nerf qui offre une aptitude spéciale à subir l'influence des viciations du sang, c'est le radial. A la suite du typhus exanthématique survint chez un individu une paralysie isolée du nerf radial. La mort étant survenue accidentellement, on put constater que ce nerf était altéré jusque dans ses ramifications les plus fines. Partout le névrilème était œdématié et injecté. Nulle part il ne restait un seul tube intact. La dégénérescence granulo-graisseuse était complète. C'est encore le même nerf qui semble appelé à subir, plus particulièrement et souvent d'une manière exclusive, l'influence de l'intoxication saturnine. Celle-ci ne lui fait pas éprouver la dégénérescence granulo-graisseuse ; elle fait disparaître la myéline de ses tubes. On a émis l'idée que, dans ces circonstances, il s'agissait non d'une destruction partielle de tubes préexistants, mais de la formation de nouveaux tubes. Comme tous les ganglions, ceux qui sont annexés aux racines postérieures des nerfs rachidiens sont sujets aux dégénérescences graisseuse et pigmentaire. On a constaté la première dans la plupart des cas de zona pour lesquels le hasard a permis de faire l'autopsie. Foa a observé le mélange des deux dégénérescences chez deux individus atteints de tuberculose pulmonaire.

Physiologie pathologique. — Les nerfs rachidiens ont en général un si long trajet à parcourir ; ils sont, pendant ce trajet, en rapport avec un si grand nombre d'organes, qu'ils peuvent être irrités ou compromis dans leur fonctionnement par une foule de causes les plus diverses. Ainsi les nerfs du plexus lombaire subissent forcément le contre-coup des tumeurs de l'aorte abdominale, de toutes les maladies des vertèbres lombaires de l'os iliaque, de celles des muscles psoas et iliaque, et d'une manière plus éloignée de celles du cœcum, de l'S iliaque, du rein lui-même. Ils peuvent même se ressentir des simples thromboses de la veine cave et des iliaques. Au-dessous du plexus, le nerf crural, qui en représente la principale branche, est menacé d'une manière plus directe encore par les tumeurs des os du bassin et des vaisseaux iliaques. L'utérus vient chez la femme ajouter considérablement à ses chances d'altération. Le plexus sacré et le nerf sciatique en particulier sont encore plus mal partagés. C'est ce qui fait que la névralgie de ce nerf est si fréquente, qu'elle a acquis dans l'esprit du public la valeur d'une maladie tout à fait spéciale et parfaitement distincte des autres névralgies. A côté des maladies de l'aorte, des os du bassin, du psoas, des reins et de l'intestin, ce plexus trouve des conditions particulières d'influence morbide dans l'inextensibilité de la cavité pelvienne, qui fait qu'il subit davantage la compression déterminée par le gonflement des ganglions rétro-péritonéaux, les phlegmons de cette région, les tumeurs stercorales et les maladies de l'utérus. En outre, les ramifications du nerf sciatique occupent une plus grande surface de terrain et sont plus exposées, par suite, à l'action périphérique du froid et de l'humidité. Il est aussi, vu son étendue, menacé de chocs dans un plus grand nombre de points. Il est en contact avec une plus grande étendue d'os qui peuvent devenir malades. Les branches éloignées sont soumises fréquemment à l'action des enchondromes des orteils. — Le plexus cervical et ses branches sont beaucoup plus rarement le siége de troubles morbides. Comme voisinage, ce département nerveux peut bien être soumis à l'influence des tumeurs de la thyroïde et des ganglions lympathiques de la région cervicale. Mais ces organes sont moins souvent affectés que les viscères abdominaux, qui, par la nature de leurs fonctions, sont plus exposés aux déviations morbides. Il n'y a pas là cette grande variété d'organes qui multiplie les chances de compression ou d'irritation. En outre, il manque ici cette barrière osseuse qui, dans le bassin, rend les compressions plus efficaces et plus précoces. La peau du cou est susceptible d'une certaine extensibilité qui retarde les effets du refoulement. Mais par contre le cou, tout en étant doué d'une peau assez fine, est une des régions les plus exposées à l'action des courants d'air froid. De là la fréquence de cette affection douloureuse considérée comme une des formes du torticolis. — Le plexus brachial, avec ses dépendances, est plus fréquemment atteint que le précédent, moins cependant que les plexus lombaire et sacré. Non-seulement il est passible au même degré des influences signalées précédemment, mais en outre il trouve dans l'articulation scapulo-humérale, dans les tumeurs de l'aisselle, de la sous-clavière et de l'axillaire, un voisinage d'autant plus dangereux que la ceinture scapulo-claviculaire reproduit en partie les conditions mécaniques du bassin. Enfin ses corrélations avec le pneumogastrique et le sympathique sont telles qu'il subit fréquemment le contre-coup des maladies du cœur, du foie et de la rate. Pour des raisons topographiques sans doute, en raison d'un plus grand rapprochement des causes extrinsèques d'irritation, parmi les branches du plexus brachial celle qui est le plus fréquemment frappée, c'est le cubital. — Les nerfs radichiens présentent tous une condition commune d'influence pathologique. Il existe en effet dans la cavité du rachis un plexus veineux excessivement serré qui devient, dans une foule de circonstances, le siége d'une stase sanguine considérable, pendant laquelle les cordons nerveux qui le traversent peuvent être plus ou moins compromis. Il y a dans ces conditions vasculaires ambiantes de quoi expliquer la prédisposition aux névralgies des sujets atteints d'hémorrhoïdes et des femmes mal réglées. Il est vrai que chez ces dernières l'aménorrhée est un des effets d'un état nerveux sur lequel nous reviendrons dans l'étude du sympathique, état nerveux qui est très-apte à développer par lui-même des névralgies. Mais il y a lieu de tenir compte pour elles, comme pour les hémorrhoïdaires, des conséquences que peut avoir pour le plexus intra-rachidien la mauvaise distribution du sang veineux. C'est surtout sur les nerfs intercostaux que retentit cette condition vasculaire, parce que les nerfs dorsaux se trouvent, plus que les autres, entourés d'un épais lacis veineux à leur sortie. Henle fait remarquer à ce sujet que les veines intercostales ne peuvent pas toutes se dégorger avec la même facilité, par la raison que celles du côté gauche, et surtout celles de la 4e et de la 8e côte, n'ont pas d'autre issue que la demi-azygos, voie qui est assez insuffisante. Or, tout justement, c'est principalement à gauche qu'on rencontre la névralgie intercostale. D'autre part, les nerfs intercostaux, placés dans la plus grande partie de leur trajet dans une rainure des côtes, sont tous par le fait très-exposés à subir les conséquences des maladies de ces arcs osseux. Ils peuvent enfin souffrir du voisinage de la mamelle, qui est exposée elle-même à tant de causes de dégénérescence et dont l'activité peut, à chaque instant, dépasser les bornes physiologiques ; ainsi que de celui de la plèvre et des poumons. Telles sont les nombreuses conditions ambiantes de gêne et d'irritation que les nerfs rachidiens peuvent rencontrer à leur origine et sur leur trajet, conditions qui font que très-souvent ils déterminent des troubles de sensibilité, de motilité et de nutrition.

Troubles de sensibilité. — Du côté de la sensibilité, les nerfs rachidiens, soumis aux causes précédentes, provoquent beaucoup plus souvent des phénomènes d'exaltation que de dépression. Nous allons passer en revue, séparément sous ces deux rapports, les particularités propres aux principaux de ces nerfs. Le nerf sciatique, lorsqu'il est irrité, a une propension particulière à donner lieu, en dehors de la douleur vive qui caractérise toute espèce de névralgie, à des sensations d'engourdissement et de fourmillement. L'engourdissement ne doit pas être une sensation purement subjective ; il est l'expression d'une véritable faiblesse musculaire. L'irritation qui ébranle les tubes à extrémités sensitives et qui exalte l'impressionnabilité des centres de sensibilité peut en même temps, surtout si elle est d'origine matérielle, si elle consiste en une congestion ou une névrite, gêner au contraire les vibrations des tubes moteurs, qui, eux, ne reçoivent qu'une impulsion volontaire ordinaire; et cette faiblesse des vibrations motrices se fait d'autant plus sentir qu'il s'agit ici de soulever un membre volumineux et chargé de soutenir le reste de la charpente humaine. Les fourmillements sont analogues à ceux qui caractérisent le phénomène de la jambe endormie, et la plupart des causes qui provoquent la sciatique sont de nature à exercer sur le nerf une compression analogue à celle qui est produite par le bord d'une chaise. Les fourmillements ne sont peut-être pas dus seulement à l'irritation ou à une compression incomplète des tubes. Il y a aussi probablement à tenir compte de la gêne de la circulation sanguine qui peut en résulter dans le névrilème. Il peut, en raison même de la déclivité du membre, se produire une congestion passive du nerf, beaucoup plus facilement que dans les autres cordons nerveux. Le public a, pour ainsi dire, une intuition de l'intervention de ce mécanisme, car il attribue au sang la sensation éprouvée. Les cliniciens ont été frappés de la rareté des irradiations douloureuses dans la sciatique. La douleur a une grande tendance à rester localisée dans le tronc principal ou dans une seule des branches collatérales. Pour ceux qui voient dans les irradiations le résultat d'une diffusion centrale, ce fait parle en faveur de leur opinion, car de toutes les névralgies, c'est certainement la sciatique qui reconnaît le plus souvent une cause purement locale. Pour ceux qui les regardent comme étant dues à une propagation restant dans le domaine de la périphérie, le même fait ne constitue pas une objection bien inébranlable, car c'est dans ce nerf que le névrilème se trouve être le plus abondant, le plus grossier, et où les tubes sont par conséquent plus isolés les uns des autres. Le plexus lombaire traduit souvent son état d'exaltation par diverses névralgies comprises sous le nom générique de *névralgie lombo-abdominale*. En dehors des douleurs spontanées qui les caractérisent avant tout, ces névralgies provoquent parfois secondairement quelques troubles fonctionnels. C'est ainsi qu'elles peuvent donner lieu à des besoins fréquents d'uriner, sans qu'il y ait cystite concomitante; provoquer des érections fatigantes et même un véritable priapisme; produire en outre chez la femme des pertes utérines souvent considérables. Pourquoi ces effets? Sont-ils dus aux connexions nombreuses et intimes que les nerfs lombaires contractent avec les filets sympathiques destinés aux organes génito-urinaires? Non, si on veut supposer l'existence d'un entraînement se faisant directement de fibre animale à fibre végétative. Oui, si on veut admettre ou deux effets simultanés d'une même cause périphérique, ou l'intervention des centres, soit directe, soit réflexe. Car en laissant de côté la provocation de fibre à fibre qui serait en désaccord avec la loi de l'indépendance, trois cas sont possibles : ou bien la tumeur, la cause extrinsèque qui irrite les nerfs lombaires, excite en même temps les fibres sympathiques qui peuvent avoir à intervenir dans la contraction de la vessie, dans le mécanisme de l'érection, dans l'écoulement du sang menstruel; ou bien l'axe cérébro-spinal est en éréthisme, et alors la douleur névralgique ainsi que les troubles fonctionnels sont engendrés simultanément par les centres; ou bien, enfin, la douleur d'origine périphérique va solliciter les centres à produire ces actes, à titre de phénomènes réflexes, et les filets sympathiques ne font qu'obéir à cette impulsion réflexe. C'est certainement ce dernier cas qui existe le plus fréquemment. Au reçu de l'impression sensitive morbide la moelle réagit, par l'intermédiaire du plexus hypogastrique, sur les fibres musculaires du corps de la vessie. Elle peut aussi réfléchir en partie la titillation douloureuse qu'elle reçoit, vers les filets sympathiques qui animent les fibres musculaires des ligaments larges. D'où, contraction de celles-ci, compression et obturation des veines chargées de ramener le sang de l'utérus, engorgement sanguin et rupture mécanique des capillaires de cet organe. Toutefois, je crois que souvent la douleur est plutôt la conséquence que la cause de la métrorrhagie, et que le spasme musculaire nécessaire à la production de l'écoulement sanguin détermine des crampes douloureuses qui peuvent être prises pour une véritable névralgie lombo-abdominale. La tuméfaction de l'utérus, résultant de l'engorgement sanguin, peut aussi comprimer le plexus lombaire d'une manière irritante. Quant à l'érection, elle pourrait aussi être comprise d'une façon analogue. Sous l'influence de l'impression névralgique, la moelle peut réagir sur les fibres musculaires de la prostate et de la verge, qui, en supprimant le cours du sang veineux tout en respectant celui du sang artériel, réalisent les conditions de l'érection. Mais la question des nerfs érecteurs, soulevée par Eckhard, nécessitera peut-être une modification de cette explication. Nous la traiterons à propos du sympathique. Si la névralgie du plexus cervical est moins fréquente que celle des autres plexus, en revanche elle a pour caractère d'être plus douloureuse. Le simple contact des cheveux suffit pour provoquer des douleurs excessivement vives. Ce fait vient à l'appui de l'interprétation qui a transpiré plusieurs fois dans le cours de ces leçons, celle de l'épuisement des ébranlements sensitifs au fur et à mesure qu'ils ont parcouru un plus long trajet. Les ébranlements exagérés dont peuvent être le siége les nerfs sciatique et lombaires n'arrivent à la couche optique, où s'engendre la sensation consciente, qu'après avoir parcouru la presque totalité de la substance grise de la moelle, et par suite la force initiale se trouve considérablement usée quand elle touche au but. Les paires rachidiennes qui forment le plexus cervical débouchent au contraire dans le segment le plus élevé de la moelle, très-près par conséquent du foyer central de la sensibilité, et leurs ébranlements sont encore vierges lorsqu'ils arrivent à destination. C'est sans doute pour des raisons de même nature que la névralgie du trijumeau présente le summum des douleurs de ce genre. Un fait singulier qui a été signalé par Cotugno, mais qui n'a été rencontré qu'une fois et qui, en raison de son isolement, ne saurait mériter une bien grande attention, c'est l'apparition d'irradiations douloureuses dans le nerf sciatique pendant le cours d'une névralgie du plexus cervical. La cause de cette coïncidence a dû sans doute être centrale, mais si le cas s'était reproduit plusieurs fois, il serait naturel de penser plutôt à une certaine sympathie réflexe qui rendrait moins inacceptable la méthode de traitement de la sciatique consistant dans la cautérisation du lobule de l'oreille. — Les douleurs névralgiques qui appartiennent au plexus brachial ne prêtent à aucune considération particulière. Disons seulement qu'un de ses nerfs, le cubital, partage avec le sciatique la propriété de présenter le phénomène du fourmillement quand il est névralgié. Il est à remarquer, du reste, que dans l'état physiologique on détermine avec la plus grande facilité ce résultat par la compression pratiquée au niveau de la trochlée. L'exaltation douloureuse d'un ou plusieurs nerfs intercostaux coïncide souvent avec la gastralgie. Leoni, dont Axenfeld paraît accepter les idées, prétend que dans ces circonstances les nerfs intercostaux ne font qu'exprimer, par une douleur réflexe, la souffrance de l'estomac. Les centres les chargeraient de traduire l'état morbide des filets sympathiques stomacaux, qui se-

raient incapables de l'exprimer eux-mêmes par une douleur consciente. Il suppose que les troubles gastriques titillent d'une façon
morbide les filets stomacaux du sympathique; que cette titillation
arrive à la moelle qui, à son tour, réagit sur les nerfs intercostaux
en y provoquant une douleur réflexe, qui est la plainte, formulée
extérieurement, de la souffrance restée inconsciente dans les nerfs
sympathiques. La moelle désignerait, pour ainsi dire, le nerf intercostal pour être l'avocat d'office du grand sympathique. On a objecté à cette théorie que la névralgie occupe souvent un nerf intercostal situé loin des nerfs stomacaux, soit au-dessus, soit au-dessous.
Leoni répond à l'objection que : le grand nerf splanchnique, qui
fournit à l'estomac et qui naît tout justement de ganglions correspondants aux côtes supérieures, peut parfaitement expliquer les
névralgies dont le siége est élevé, et que le petit splanchnique, qui
lui aussi fournit probablement à l'estomac et qui a ses origines
situées très-bas, peut rendre compte des névralgies intercostales inférieures. Mais à quoi bon rechercher un rapprochement anatomique,
si, comme l'admet Leoni lui-même, la réflexion sensitive s'opère
dans le centre; car dans ce cas elle peut aussi bien s'effectuer dans
un point éloigné que dans les environs des cellules médullaires
primitivement ébranlées. Ce qu'on peut réellement reprocher à cet
auteur, c'est de mettre en cause le sympathique plutôt que le pneumogastrique, qui joue certainement le rôle sensitif dans la gastralgie. C'est avec lui qu'il aurait dû chercher des connexions anatomiques pour les intercostaux, et non avec lesfilets splanchniques
qui sont avant tout vaso-moteurs. Il a tort aussi de regarder le sympathique comme étant incapable de devenir le siége d'une douleur
consciente. Il est vrai que dans l'état physiologique ses impressions
sensitives aboutissent toujours à des phénomènes réflexes inconscients, parce qu'elles rencontrent sur leur trajet centripète un trop
grand nombre de centres de réflexion. Mais pour peu que, sous
une influence morbide, elles acquièrent une grande intensité, elles
peuvent alors traverser tous ces ganglions sans s'user complétement,
et arriver en grande partie dans la couche optique où elles font
naître un sentiment de douleur. La nécessité d'un représentant
sensitif conscient pour les troubles gastriques n'est donc pas indispensable. Le serait-elle du reste, que le rôle d'avocat dans cette cause
locale reviendrait plutôt au pneumogastrique qu'à un intercostal.
Enfin, en interprétant de cette façon ce retentissement intercostal

des troubles gastriques, il ne fait au fond qu'exprimer, sous une autre forme, un fait qu'il n'explique pas et qu'il n'est guère possible d'expliquer dans l'état actuel de la science. Tout ce qu'on peut dire, c'est qu'il y a là une de ces sympathies préétablies analogue à celles qui s'établissent entre le sein et la matrice. Devant l'inconnu toutes les suppositions peuvent être émises. Elles doivent même l'être, car il n'y a pas de progrès possible sans essais. A ce compte, Leoni a bien fait de fournir une hypothèse, et je n'hésite pas à en proposer d'autres, sans leur accorder toutefois plus de valeur. La névralgie intercostale ne naît-elle pas quelquefois sous l'influence des modifications vaso-motrices qui accompagnent les gastralgies et qui pourraient fort bien ne pas rester toujours limitées à l'organe atteint de névrose, mais envahir une région plus ou moins étendue. Les ganglions thoraciques, qui semblent donner naissance aux nerfs splanchniques et alimenter par eux l'innervation vaso-motrice de l'estomac, fournissent aussi des vaso-moteurs aux parois du thorax. Ils peuvent donc donner lieu à une congestion concomitante d'un ou plusieurs nerfs intercostaux, congestion qui y ferait naître directement des douleurs névralgiques. Ou il existe des troubles gastriques sans douleur, et on peut admettre que l'état du sympathique qui les a produits, engendre en même temps, d'une manière directe, la congestion intercostale; ou il y a gastralgie dans le sens du mot, et la douleur peut, par l'intermédiaire de l'axe et de ces ganglions, provoquer une congestion réflexe à la fois de l'estomac et des espaces intercostaux. Il faut aussi tenir compte de l'éréthisme général du système nerveux dont la gastralgie n'est souvent que l'expression, et qui peut faire naître des névralgies de tous côtés sous la moindre influence. En face de cette prédisposition, il est enfin une circonstance qui peut servir de cause déterminante et agir de préférence sur les intercostaux. Presque tous les gastralgiques ont à chaque instant le rhythme respiratoire troublé, soit par des spasmes, soit par des soupirs. Ces contractions irrégulières et énergiques exposent, jusqu'à un certain point, à des froissements les nerfs qu'ils emprisonnent. Quelques cliniciens ont eu la pensée d'attribuer le point de côté de la pleurésie et de la pneumonie à une inflammation de voisinage d'un ou plusieurs nerfs intercostaux. Beau, entre autres, voit dans cette douleur spéciale, comme dans celle qui accompagne la péricardite, le résultat d'une véritable névrite. Il attribue même à une inflammation des intercostaux supérieurs les douleurs que les phthisiques éprouvent au niveau du sommet des poumons. l'on a en effet rencontré, chez une femme morte de pneumonie tuberculeuse du sommet, les 4 premiers nerfs intercostaux considérablement hypertrophiés. Leur névrilème était très-hyperplasié. Il est probable qu'il y avait eu, à travers plusieurs années, une série de névrites provoquées par l'atmosphère inflammatoire des tubercules et ayant amené peu à peu ce résultat. Dans quelques autopsies de pneumonies franches on a pu constater les signes matériels d'une névrite. Mais les faits ne sont pas encore assez nombreux pour asseoir complétement cette opinion. Les investigations cadavériques ont même fourni un certain nombre de cas tout à fait négatifs. Aussi plusieurs médecins pensent que si la douleur de côté doit être attribuée aux intercostaux, elle est alors le résultat d'une simple névralgie *sine materiá*. Axenfeld fait observer que la sensation du point de côté ne ressemble en rien à celles que fournissent habituellement les névralgies, et il pense que si le nerf n'est pas congestionné ou enflammé en lui-même, il est tout au moins gêné et comprimé par l'inflammation de la plèvre et du tissu cellulaire ambiant. J'ai eu une fluxion de poitrine et par conséquent l'occasion d'analyser ce qu'on éprouve dans ces circonstances. On sent avant tout une douleur qui, par son siége et sa nature, semble appartenir réellement au nerf intercostal ; mais cette douleur est comme plongée dans une atmosphère d'une autre douleur vague et diffuse, qui rappelle certaines sensations intestinales et qui doit certainement siéger dans les organes respiratoires eux-mêmes. Le tout est mélangé du sentiment de la gêne qu'éprouvent les mouvements du thorax et de celui de l'imperméabilité du poumon. — La névralgie intercostale a été encore donnée comme pouvant être une expression sympathique des maladies de l'utérus ; mais la relation fonctionnelle existe plutôt entre l'utérus et la mamelle. Les maladies de la matrice produisent ce que déterminent la période menstruelle et le début de la grossesse. Dans ces deux circonstances les seins sont d'une sensibilité extrême, au point que le moindre attouchement devient excessivement pénible. C'est là le résultat d'une harmonie préétablie des organes de la gestation et de ceux de l'allaitement. Toutefois le retentissement nerveux n'appartient pas aux nerfs intercostaux eux-mêmes, mais à ceux de la mamelle, car la douleur existe aussi bien dans les filets que le sein reçoit des nerfs sus-claviculaires antérieurs que dans ceux que lui envoient les intercostaux voisins. Les vomissements qui accompagnent parfois cette névralgie particulière, sont aussi une conséquence sympathique directe de l'état de l'utérus et non pas le résultat d'une irradiation provoquée par les nerfs mammaires.

Ce qui peut engendrer l'exaltation de la sensibilité des nerfs rachidiens est aussi susceptible, par excès d'action, de produire son abolition. Il en est ainsi de la contusion, de la commotion et de la compression lorsqu'elles acquièrent de trop grandes proportions. Le froid lui-même, qui est une cause si fréquente de névralgie, peut amener ce résultat inverse. On voit du reste les deux effets opposés se marier ensemble dans les névralgies. Ainsi que l'a établi Notta, dans les névralgies des branches du plexus brachial, la douleur spontanée s'accompagne très-souvent d'une diminution de la sensibilité tactile de la peau du membre thoracique. Il en est de même dans la névralgie intercostale. La sensibilité cutanée peut même être complétement perdue dans la région correspondante. On a observé aussi le même fait dans les névralgies crurale et sciatique. Cette association n'a rien de contradictoire. En effet, tantôt il s'agit d'une lésion extrinsèque qui, comme les névromes, peut arrêter la transmission des ébranlements cutanés apportés par la portion du nerf située au-dessous, tout en servant d'épine pour la partie supérieure restée en pleine communication avec les centres sensitifs; tantôt la cause comprimante n'efface complétement que quelques tubes, ou bien, s'il s'agit d'une congestion et d'une névrite, certaines fibres peuvent être tout à fait anihilées, tandis que d'autres ne sont que stimulées. C'est pour ces raisons sans doute que ces anesthésies sont presque toujours partielles et même disséminées par plaques. Il est encore un fait signalé par Notta, c'est que souvent ces anesthésies disparaissent momentanément si on frictionne un certain temps la peau. Ces frictions réveillent des ébranlements dans ces fibres qui ne sont pas encore détruites et qui ne sont qu'engourdies par la lésion du nerf.

La section complète d'un nerf rachidien entraîne généralement l'anesthésie absolue de la région cutanée alimentée par ce nerf. On ne rencontre dans ce cas que quelques exceptions qui ont trouvé leur explication dans nos Généralités. Mais si on peut expliquer cette sensibilité posthume et exceptionnelle par des fibres récurrentes, ou par la diffusion effectuée dans le réseau périphérique, ou encore par les suppléances indirectes proposées par Létievant, il n'est pas aussi facile de comprendre comment on peut parfois voir apparaître de l'anesthésie dans un département qui ne reçoit rien du nerf lésé. Évidemment cette anomalie ne peut s'expliquer que par la concomitance d'une altération centrale afférente au filet spécial de ce département; ou par une action réflexe sensitive exercée par le bout central du cordon coupé; ou enfin par une erreur anatomique portant sur la distribution des rameaux de ce cordon. C'est à cette dernière interprétation que s'est arrêté Richelot; et le scalpel est venu lui donner raison pour le nerf médian en particulier. On a rencontré en effet souvent l'anesthésie de la face dorsale des 2° et 3° phalanges de l'index et du médius, dans les plaies du nerf médian. Or, cet anatomiste a constaté que les descriptions classiques sont erronées lorsqu'elles disent que le médian ne donne que des collatéraux palmaires, et que le radial et le cubital fournissent des collatéraux dorsaux à tous les doigts en se les partageant par moitié. Il a pu s'assurer qu'au contraire les collatéraux dorsaux de l'indicateur, du médius et de l'annulaire viennent exclusivement des branches palmaires et par suite du médian, et non des deux autres nerfs indiqués. Pour moi, je reprocherai, à ce propos, aux traités d'anatomie de se montrer toujours trop absolus dans leurs descriptions. S'occupant de la partie la plus positive des sciences médicales, les anatomistes sont naturellement entraînés à pousser le positivisme à l'excès; ils ne font pas une assez large part aux anomalies. Je crois que les anomalies pathologiques de ce genre correspondent toujours à des anomalies anatomiques. C'est tout justement parce que l'anesthésie de la face dorsale de l'index et du médius dans les blessures du nerf médian n'est pas constante, qu'on doit l'attribuer à une distribution possible, mais exceptionnelle.

Troubles de la motilité. — Les symptômes d'exaltation motrice sont rares dans les maladies périphériques des nerfs rachidiens. La sciatique s'accompagne quelquefois de crampes douloureuses, mais c'est plutôt un effet réflexe provoqué par la douleur que le résultat de l'irritation directe des tubes moteurs. D'après Notta, ces spasmes réflexes seraient presque la règle générale, puisqu'il les a rencontrés 14 fois sur 25 cas. Mais on arrive toujours à des données fausses lorsqu'on fait de la statistique sur des observations rédigées dans les hôpitaux ou même en ville, car on ne prend cette peine que pour des faits un peu marquants. Celui qui a beaucoup de clientèle civile peut assurer que si les douleurs sciatiques sont excessivement répandues, celles qui donnent lieu à des crampes sont au contraire fort rares. Plus exceptionnellement encore, la provocation sensitive peut à certains moments acquérir un tel degré que les centres moteurs réagissent à la fois sur toute l'économie, et il se produit un tremblement général. Il est toutefois un fait rapporté par Grogan qui montre combien les réactions motrices du sciatique peuvent acquérir une grande puissance. Un jeune homme, atteint d'une sciatique intense, avait des contractures des muscles du mollet qui étaient arrivées à leur donner des dimensions athlétiques. — Les réactions musculaires ont lieu d'autant plus que la douleur ébranle davantage les centres nerveux. Elles sont par conséquent en raison du rapprochement de ces centres et en raison de l'impressionnabilité du nerf névralgié. C'est pour cela que la névralgie du plexus cervical provoque plus souvent des secousses involontaires ou un tétanos des muscles du cou que la sciatique ne le fait pour les muscles du membre inférieur. La plupart des auteurs prétendent que la névralgie des intercostaux ne produit jamais de réactions motrices, et que si elle s'accompagne souvent de dyspnée, cela tient à ce que le malade retient instinctivement le jeu de soufflet du thorax pour éviter d'exaspérer les douleurs. Un spasme des muscles intercostaux est une chose difficile à constater et rien ne prouve son impossibilité. — L'excitation des tubes moteurs des nerfs du bras ne se rencontre généralement pas dans les névralgies du plexus brachial ; mais les contractures dont le membre thoracique peut être le siége dans la maladie connue en clinique sous le nom de *Contracture des extrémités*, ne reconnaissent peut-être pas toujours une cause centrale. Il est en effet des cas où on ne trouve aucune lésion de l'axe cérébro-spinal et de ses enveloppes et où il n'existe qu'une certaine hyperémie des nerfs engagés.

Il est un genre particulier de trouble moteur dont on a fait une maladie spéciale et qui semble incomber aux branches terminales du même plexus. C'est ce qu'on a appelé la *Crampe des écrivains*. Les personnes qui en sont atteintes sont dans l'impossibilité de réaliser l'acte de l'écriture, tout en pouvant exécuter convenablement avec le bras et la main toute autre espèce de mouvement. Si on analyse le phénomène de près, on voit que cette impossibilité n'est pas toujours le résultat des mêmes conditions mécaniques. Tantôt il se fait une contraction spasmodique, une véritable contracture qui immobilise la main et la plume ; tantôt c'est un défaut de coordination qui est pour l'écriture ce que l'ataxie locomotrice est pour la marche; tantôt c'est un tremblement qui est comme une paralysie agitante concentrée dans un seul département musculaire; tantôt enfin il y a faiblesse et atrophie des muscles de la fonction. Comme l'étiologie fournit en général des causes réellement locales, on a cru devoir placer le siége de cette maladie dans le système nerveux périphérique. Ce sont l'abus de l'écriture, le froid, certaines blessures de la main, l'emploi de plumes trop lourdes, etc. D'autres auteurs ayant observé que non-seulement l'imitation, mais simplement la pensée de l'acte d'écrire suffisait pour faire éclater le même genre de désordre dans les doigts que si on cherchait à écrire réellement, ont cru devoir en conclure que la cause de l'affection était au contraire centrale. Dans l'un et l'autre camp on a cherché à approfondir davantage le mécanisme central ou périphérique de l'affection. Ainsi pour Fritz le point de départ serait local et appartiendrait aux nerfs sensitifs du membre. Les centres n'interviendraient que comme réfléchissant, d'une manière perturbatrice vers les nerfs moteurs, l'impression reçue. Mais celle-ci ne partirait pas, comme pour les autres névroses, des nerfs sensitifs de la peau, mais de ceux des muscles. Ce serait une maladie partielle et de siége périphérique du sens musculaire. Niemeyer, qui paraît placer le théâtre de la maladie dans les centres moteurs, suppose que ceux-ci présentent une certaine excitabilité qui étend leurs vibrations au delà des points désignés par la volonté. Il se passerait en eux des irradiations motrices qui contrecarreraient les mouvements normaux par l'intervention de muscles qui devraient rester en dehors de l'acte. Ce serait une espèce de chorée partielle, un bégayement de l'écriture. En réalité, comme tous les actes qui nécessitent l'intervention harmonique des nerfs sensitifs, des centres intellectuels, des nerfs et des centres moteurs, celui de l'écriture peut être troublé de la même manière, par la faute de n'importe quelle section de cette série d'ouvriers. Il est évident que la lésion des nerfs sensitifs, soit par une blessure, soit par une névrite *à frigore*, peut rendre l'acte difficile en supprimant le sens musculaire dans ses moyens périphériques, ou en entravant l'action des tubes moteurs. Il est évident aussi que, pour d'autres cas, il peut survenir dans les centres une lésion rompant les moyens de communication entre les cellules psychiques et les cellules motrices affectées au mécanisme de la main, et qu'il peut se produire ainsi une véritable aphémie de l'écriture. Dans les cas où on voit la crampe des écrivains marcher de front avec l'atrophie proprement dite des muscles de la main, il est clair que la pathogénie particulière se trouve être analogue à celle de l'atrophie musculaire progressive, et que les cellules motrices spéciales à l'écriture ont été surmenées et irritées par l'abus de l'acte. D'autres fois peut-être aussi il y a, comme dans la chorée, irritation des cellules sensitives qui viennent entraîner les motrices à faire exécuter des mouvements désordonnés. En un mot, la même maladie peut être engendrée par des mécanismes différents, et s'il est réellement des cas que peut revendiquer la pathologie du système nerveux périphérique, il en est beaucoup pour lesquels la cause est réellement centrale. D'après Lancereaux, Schützenberger, Piorry, Ebrard, la syphilis peut donner lieu à des contractures déviant la tête, l'épaule et les doigts.

En dehors des cas de lésions traumatiques considérables, de destruction ou de compression complète par des tumeurs, les nerfs rachidiens donnent rarement lieu par eux-mêmes à des paralysies musculaires. Léon Chapoy, qui a réuni un grand nombre de cas de paralysie isolée du nerf radial, mentionne parmi les causes les plus fréquentes, les contusions, l'action continue d'une béquille sur le plexus brachial, le tiraillement du nerf dans les tentatives de réduction de la luxation scapulo-humérale, la compression par un kyste ou une tumeur ; mais il n'a pu accorder qu'une part assez faible au froid, à la chaleur, à l'épuisement du nerf par une action trop prolongée. Suivant Vulpian la paralysie *à frigore* du radial serait due à ce que le froid détruit les relations physiologiques entre les fibres motrices de ce nerf et les muscles. Il agirait sur les plaques motrices à la manière du curare. Les mêmes proportions semblent exister dans l'étiologie de la paralysie du nerf circonflexe. La névrite franche est la seule affection spontanée qui amène, d'une manière assurée, la paralysie motrice. Les névralgies proprement dites ne le font qu'exceptionnellement d'une manière très-appréciable. Romberg a même prétendu que dans les névralgies du plexus brachial, l'inertie musculaire n'est jamais qu'apparente et consiste en une immobilisation instinctive ayant pour but d'éviter la souffrance. Il a pu constater que la rapidité de la transmission motrice est la même que dans le bras resté sain. Mais ce médecin s'est certainement montré trop absolu, car Notta a observé une paralysie réelle du bras dans une simple névralgie. C'est surtout la sciatique qui s'accompagne fréquemment, tout au moins d'une semi-paralysie des muscles. C'est encore ce nerf qui, parmi les cordons rachidiens, subit le plus souvent les conséquences de la syphilis, et dans ce cas les muscles qu'il anime peuvent être complétement paralysés. Il est alors soit sclérosé, soit enflammé, soit criblé de petites tumeurs gommeuses. Charcot regarde aussi comme périphériques la paralysie pseudo-hypertrophique et les paralysies saturnines, parce qu'on constate alors une abolition de la contractilité faradique; mais Erb prétend que la perte de l'excitabilité électrique tient à une altération histologique des muscles. Enfin Graves a signalé une paralysie passagère due à une action que le froid pourrait produire à distance. Quand on manie de la neige, non-seulement les mains sont paralysées, mais les muscles de l'avant-bras ne peuvent plus exécuter les mouvements de flexion et d'extension.

Troubles de nutrition. — Toutes les sciatiques, pour peu qu'elles se prolongent, déterminent un amaigrissement général du membre. Mais ce n'est là qu'une conséquence passive de l'immobilité à laquelle la maladie condamne ce membre. Cependant il est des cas où l'atrophie existe par places disséminées et se manifeste dès le début. Dans ce cas l'affection du nerf provoque réellement un effet trophique. C'est la reproduction périphérique et partielle de l'atrophie musculaire progressive. Le nerf, phlogosé sans doute, fait alors dans sa sphère de distribution ce que produit dans une plus grande étendue l'inflammation des cornes antérieures (1). Mais de toutes les névralgies, celle qui entraîne le plus souvent cette destruction active du tissu musculaire, c'est incontestablement celle du nerf circonflexe.

Les téguments sont, plus fréquemment que les muscles, le théâtre des troubles trophiques suscités par les nerfs. Le zona, dont les cliniciens ont fait tout d'abord une maladie indépendante du système nerveux, est avec raison regardé aujourd'hui comme une manifestation de certaines névralgies intercostales. Non-seulement l'éruption est précédée et accompagnée d'une douleur excessivement violente qui, par ses caractères, rappelle exactement ceux de la névralgie; mais elle dessine extérieurement le trajet du nerf intercostal. Olivier

---

(1) Dans un travail récent, M. Landoury, interne des hôpitaux, a réuni un certain nombre de faits de sciatique avec atrophie des muscles correspondants. Dans tous ces cas il existait des signes incontestables de névrite. L'auteur pense que cet état inflammatoire agit en supprimant l'influence trophique exercée normalement par la moelle sur les nerfs et sur les muscles.

a vu, il est vrai, le zona survenir deux mois avant l'apparition d'une violente névralgie; mais c'est là une exception. En tous cas, le trajet de l'éruption et la douleur attestaient que la cause commune se trouvait dans un seul et même nerf, et il est probable que, primitivement, les souffrances n'avaient pas été assez vives pour attirer l'attention du malade. La relation entre l'affection cutanée et l'état du nerf est d'autant plus incontestable que ce mode de manifestation n'appartient pas exclusivement au thorax et que tous les nerfs sont susceptibles de la produire. Beaucoup de névralgies des membres donnent naissance à des traînées herpétiques qui reproduisent encore la direction et le mode de distribution du nerf atteint; et comme trait d'union apportant une nouvelle part de démonstration, la science possède déjà un grand nombre de cas de zona qui, limités d'abord au 3e espace intercostal, envahissaient consécutivement la région du brachial cutané interne et de son accessoire, traduisant ainsi les relations anatomiques naturelles. Mais ce qui ne saurait laisser aucun doute à cet égard, c'est l'apparition d'herpès à la suite de blessures directes des nerfs. Non-seulement la cause première vient établir ici l'origine nerveuse de l'éruption, mais elle prouve en outre que les nerfs peuvent, aussi bien que les centres nerveux, produire des troubles trophiques par eux-mêmes, lorsqu'ils sont irrités. Coyne et Parrot regardent comme indispensable à la production de l'herpès la position superficielle du nerf névralgié. Le premier s'appuie sur un fait de zona spontané ayant apparu sur le trajet du 3e intercostal du brachial cutané interne et de son accessoire et faisant complétement défaut au niveau de l'épaule. Au premier abord il semble que la nécessité de cette condition doit tenir à ce qu'un nerf sensitif ne peut naturellement provoquer des troubles trophiques que dans son propre département tégumentaire. Car tant qu'un nerf est profond, c'est qu'il n'est pas encore arrivé à destination et qu'il n'est pas appelé à fournir lui-même aux téguments de la partie dont il parcourt la profondeur. Mais en réalité l'éruption n'envahit pas toute la surface de distribution d'un nerf donné. Elle reproduit plutôt le trajet du tronc principal que la dissémination de ses tubes terminaux. Vu ce fait, il est très-possible que dans ces circonstances un nerf douloureux n'agisse pas par une influence directe de ses terminaisons, mais en déterminant, par action réflexe, une congestion active des tissus ambiants dans une étendue assez limitée, et que, pour qu'il y ait modification des téguments, il faille que le nerf soit assez rapproché pour que la peau fasse partie de cette atmosphère de congestion. Ceci vient donner une nouvelle raison d'être à la part que j'ai accordée à la vie cellulaire dans les Généralités. La puissance organique des éléments histologiques joue ici le rôle capital. L'éréthisme du nerf ne fait que la forcer à se manifester par des déviations. Pour qu'il y ait zona, il faut donc que la congestion puisse envahir les éléments cutanés, les seuls capables de réaliser une éruption, et en second lieu que la titillation sensitive soit assez grande pour réaliser une inflammation suffisamment vive de ces éléments. Parrot a fait remarquer qu'au début l'éruption n'existe que par points disséminés avec de larges solutions de continuité; et que ces places cutanées, primitivement atteintes, correspondent tout justement aux points névralgiques de Valleix. Or, ceux-ci se trouvent en général situés là où le nerf devient plus superficiel, c'est-à-dire là où la peau se trouve le plus rapidement comprise dans l'atmosphère de congestion dont s'entoure le nerf névralgié. Plus tard, sans doute, cette atmosphère s'agrandit et parvient à envahir des points cutanés même éloignés du cordon nerveux. Alors les solutions de continuité disparaissent.

L'herpès traumatique ne correspond pas toujours exactement au filet lésé. Deux cas peuvent se présenter en dehors de la loi ordinaire, surtout à la suite des amputations : ou bien l'éruption se montre sur le territoire des lambeaux innervés par des filets nés du bout central à une certaine distance de la plaie; ou bien, elle se fait dans une région plus ou moins éloignée du nerf lésé, et dans ce cas elle s'accompagne toujours de fièvre. Verneuil désigne le premier cas par les mots *herpès de voisinage*, et il suppose que l'amputation ou la blessure a déterminé une névrite ascendante et récurrente ou une inflammation de voisinage. Au second cas il donne le nom d'*herpès à distance*, et il lui attribue un mécanisme réflexe. Ces faits ne sont nullement en désaccord avec l'hypothèse émise précédemment. Le premier prouve seulement que les branches collatérales sont seules assez superficielles pour englober les téguments dans leur milieu de congestion. Le second indique que parfois la modification vaso-motrice réflexe, au lieu de se faire autour du nerf lésé, peut, par l'intermédiaire des centres, s'effectuer, de même que tous les actes de réflexion, dans une région éloignée, mais sympathique, autour d'un autre nerf qui par lui-même est sain. Parrot accorde aux nerfs dans les herpès traumatiques une part moins considérable que Verneuil. Il fait observer que dans les cas de ce chirurgien l'éruption s'est produite au voisinage de plaies, c'est-à-dire là où le traumatisme avait préparé un terrain favorable pour la poussée herpétique.

L'herpès est loin d'être la seule manifestation trophique cutanée des nerfs rachidiens. La névralgie des nerfs du bras provoque fréquemment des éruptions d'urticaire et de pemphigus. Des sujets ont même présenté, dans ces circonstances et à plusieurs reprises, de petites suppurations aux extrémités des doigts. Le tissu cellulaire peut aussi avoir sa part de troubles du même genre. Dans une névralgie cervico-occipitale intermittente, Romberg a vu se former, à chaque accès, de petites intumescences sous-cutanées qui s'évanouissaient dans les intervalles. On prenait là sur le fait la réalisation matérielle et aussi complète que possible de l'atmosphère de congestion dont je supposais tout à l'heure l'existence. La névralgie mammaire liée à la menstruation ou à la grossesse produit un trouble de nutrition particulier qui vient aussi donner un corps à cette idée. Ce sont des nodosités disséminées le long du trajet des filets nerveux et qui sont dues à un engorgement de différents points du tissu conjonctif. D'après Rosenthal leur volume varie de la grosseur d'une noisette à celle d'une châtaigne.

Les nerfs malades paraissent même pouvoir provoquer des troubles trophiques dans les organes de la vie végétative. Marrotte, Barras et Notta ont observé dans la névralgie iléo-scrotale une véritable orchite névralgique. Il est vrai qu'on peut objecter que l'orchite ordinaire s'accompagne, dès son début, de douleurs telles dans le bas-ventre et la partie supérieure des cuisses qu'elles peuvent fort bien en imposer pour une véritable névralgie. Mais dans le cas de Marrotte il y eut trois accès névralgiques, séparés par un intervalle de onze jours, avant que le testicule eût présenté le moindre gonflement. Il reste toutefois dans cette observation une cause de doute, c'est l'existence antérieure d'une blennorrhagie. Les faits de Barras et de Notta ont plus de valeur, car il n'y avait pas eu d'écoulement; la névralgie était franchement périodique. Le gonflement s'est répété plusieurs fois pour disparaître toujours avec l'accès, et de plus il ne s'est jamais montré que dans les crises d'une grande intensité. Les nerfs rachidiens peuvent enfin produire des troubles sécrétoires. Valleix, Notta et d'autres auteurs ont cité un certain nombre de faits qui tendent à prouver que la névralgie lombo-abdominale peut donner lieu à un écoulement leucorrhéique qui vient même juger chaque accès, comme nous verrons cela avoir lieu pour d'autres sécrétions de la circonscription des nerfs crâniens. Il est évident que l'utérus ne peut intervenir que par l'intermédiaire du sympathique, qui se trouve lui-même être mis en cause d'une manière réflexe. L'ébranlement névralgique réfléchi par les centres et le sympathique vers l'utérus s'use, pour ainsi dire, dans la génération de cette hypersécrétion. L'exaltation sensitive trouve là une détente en prenant une autre forme. Il n'est pas étonnant du reste que la névralgie lombaire vienne de préférence s'éteindre dans une sécrétion utérine, car il existe entre le plexus lombaire et le système nerveux particulier de la matrice une solidarité qui porte même sur des phénomènes de même ordre, sur les douleurs. Dans l'accouchement les contractions utérines éveillent des douleurs dans les nerfs lombaires. Il en est de même de la fluxion menstruelle. D'un autre côté, les névralgies du plexus lombaire s'accompagnent très-souvent d'une douleur de la matrice, ce que Valleix appelle le *point utérin*. Les nerfs utérins et lombaires sont très-portés à se donner mutuellement l'écho. Par quel mécanisme anatomique ou physiologique ces retentissements réciproques s'établissent-ils, puisque l'utérus semble n'être innervé que par le sympathique? C'est là une question que nous chercherons peut-être à élucider dans l'étude de ce nerf. L'excitation névralgique du sciatique produit souvent des sueurs abondantes du membre abdominal. Ici on ne peut pas mettre en doute l'origine nerveuse de cette hypersécrétion, puisqu'il ne s'agit plus d'une leucorrhée, affection tellement fréquente qu'on peut toujours invoquer une coïncidence. Ces sueurs font en général cesser les accès. Il y a là de quoi justifier les bains de vapeur.

Duplay est porté à attribuer le *mal perforant du pied* à une lésion dégénératrice des nerfs de la région, qui serait due elle-même soit à une maladie de la moelle, soit à une section ou à une compression des gros troncs nerveux du membre abdominal. Pour lui l'endartérite que Dolbeau et Montaignac regardent comme la cause première de cette maladie, n'en est qu'un des effets, comme le prouve sa marche ascendante. Cette inflammation artérielle naît dans la plaie et suit le vaisseau en remontant vers le cœur. Si réellement elle engendrait la plaie par défaut de circulation et de nutrition, elle devrait apparaître tout d'abord dans le tronc artériel. Ce qui prouve pour lui la genèse par les nerfs, ce sont les douleurs fulgurantes, les plaques d'anesthésie et d'analgésie qu'on observe. Enfin, il a pu constater directement la dégénérescence granulo-graisseuse des tubes nerveux. Morat et Fischer ont été conduits par leurs observations à émettre la même opinion.

Il est un mode d'irritation des nerfs d'un membre qui peut produire des hémorrhagies dans des points éloignés, c'est celui qui résulte des brûlures. Brown-Sequard a observé le fait expérimentalement sur les animaux et cliniquement dans l'espèce humaine. Alors que la brûlure porte sur un membre, l'exhalation sanguine se fait, évidemment par action réflexe, dans les intestins ou dans les autres viscères abdominaux.

QUARANTE-CINQUIÈME LEÇON.

Messieurs,

Nous allons commencer aujourd'hui l'étude d'un nouveau groupe de nerfs qui occupent tous une large part dans la vie pathologique comme dans la vie physiologique, c'est celui des nerfs crâniens. Ils ne sauraient, comme les nerfs rachidiens, être englobés dans une même description générale. Chacun d'eux mérite une histoire tout à fait spéciale. Nous les envisagerons donc d'une manière séparée, en suivant la classification de Sœmmering, et nous présenterons, à leur occasion, une série de schémas physiologiques ayant pour but de faire saisir d'un seul coup d'œil les liens intimes qui rattachent les phénomènes fonctionnels aux faits anatomiques.

Nerf olfactif.

Considérations anatomiques. — Vous vous rappelez que la première paire naît de la partie inférieure et interne du lobe frontal par trois racines, dont une grise et deux blanches. En convergeant l'une vers l'autre, ces trois racines arrivent à constituer un seul tronc qui se porte en avant. Arrivé sur le côté de l'apophyse *crista galli*, il se renfle pour former ce qu'on appelle le *bulbe olfactif.* Ce renflement donne naissance par sa face inférieure à 15 ou 18 branches terminales qui traversent les trous de la lame criblée de l'ethmoïde et se répandent dans la moitié supérieure de la pituitaire. Elles ne dépassent pas le bord libre du cornet moyen. Elles ne vont ni dans les méats, ni dans les sinus. Elles se disposent en deux plans, dont l'un est destiné à la cloison et l'autre à la paroi externe de la fosse nasale. Ce nerf n'est réellement un cordon nerveux que

dans sa partie terminale. Ainsi le pédicule est composé de substance
blanche et de substance grise. La première occupe le plan inférieur,
la deuxième le plan supérieur. La substance blanche est formée
de fibres très-fines identiques à celles de l'encéphale ; la grise par
des cellules et de la matière granuleuse. C'est donc en définitive une
portion, un petit lobe des centres nerveux. On a prétendu que ce
pédicule présentait un canal central, mais jamais il n'en existe chez
l'adulte. Il n'y a que chez l'embryon que le fait a pu être constaté

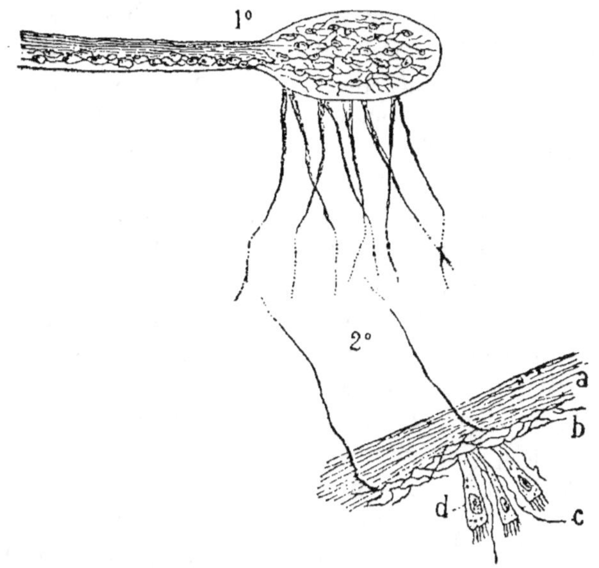

Fig. 56.

Schéma du nerf olfactif. — 1° pédoncule, bulbe, partie centrale des branches terminales ;
2° partie périphérique de ces mêmes branches. — a, derme. — b, réseau nerveux. —
d, cellule épithéliale. — c, fibrille libre.

quelquefois, mais cela suffit pour accuser la nature centrale. C'est
une expansion, en voie de disparition, de la grande cavité qui sert
d'axe fictif à l'édification progressive de la masse cérébro-spinale.
Dans le bulbe, on trouve encore un grand nombre de cellules qui
sont munies de prolongements ramifiés et qui sont plus petites que
celles du pédicule. Elles sont plongées au milieu d'un réseau inextricable de fibres dont il est impossible de déterminer les rapports
avec les nerfs olfactifs proprement dits. Quant aux branches qui
émanent de la partie inférieure du bulbe et qui méritent seules le

nom de nerfs, elles ont un névrilème et elles sont exclusivement formées par des tubes. Quelques micrographes prétendent que ceux-ci diffèrent des tubes des nerfs ordinaires par un contenu tout à fait granuleux. Mais je crois que c'est là une simple modification cadavérique qui atteste du moins la grande tendance à s'altérer rapidement que présente particulièrement ce nerf, en raison sans doute de son mode de terminaison et du terrain dans lequel ses dernières ramifications se trouvent plongées. Suivant Eckhard les branches terminales viennent former, entre le derme et l'épithélium de la muqueuse, un réseau que Horne croyait être leur mode de terminaison ultime, mais qui en réalité donne lui-même naissance à des pinceaux de fibrilles excessivement minces. Au dire de cet auteur, celles-ci s'insinueraient dans les interstices laissés par les cellules épithéliales, et leurs extrémités, restant tout à fait libres, viendraient plonger directement dans le mucus nasal. Dernièrement Brunn a prétendu que l'épithélium est lui-même recouvert par une membrane limitante, ressemblant à une couche liquide qui vient de se solidifier. Elle serait traversée par de petits canaux livrant passage aux prolongements des cellules olfactives. Mais Cizoff, de son côté, nie même la perforation de l'épithélium par les fibrilles nerveuses. Celles-ci ne deviendraient libres qu'accidentellement, par suite d'une desquammation partielle.

Physiologie normale. — Jusqu'à la fin du vmᵉ siècle, l'existence de la 1ʳᵉ paire fut méconnue, du moins en tant que cordon nerveux, et elle fut seulement considérée comme un système de conduits destinés à déverser dans les fosses nasales les humeurs excrémentitielles du cerveau exprimées et recueillies par la glande pituitaire. C'était pour l'encéphale une voie d'épuration. Il n'est pas d'erreur, d'absurdité même, qui ne trouve son excuse et parfois sa justification apparente dans des faits mal interprétés. Cette application particulière de la doctrine humorale était riche sous ce rapport et a laissé des racines encore très-vivaces dans le public de nos jours. L'espèce d'obtusion de l'intelligence qui accompagne dans le coryza l'obstruction des fosses nasales, son réveil relatif au moment où survient l'hypersécrétion de la pituitaire; la douleur frontale que provoque le gonflement de la muqueuse des tissus; la stimulation réflexe que les priseurs trouvent dans l'usage du tabac; l'expression si pittoresque de rhume de cerveau, tout cela concourt à perpétuer cette idée erronée chez les personnes qui ne sont pas spécialement éclairées. L'autorité de Vésale effaça du moins l'erreur dans le monde médical. Il fut le premier qui attribua à la 1re paire l'exercice de l'olfaction d'une manière exclusive. Mais, en 1824, un physiologiste célèbre, Magendie, ébranla la conviction générale en chargeant les rameaux nasaux de la 5e paire de la perception des odeurs, et en affectant le nerf olfactif, non plus à l'excrétion d'humeurs qui ne peuvent plus être admises dans l'état actuel de la science, mais à l'élimination, par voie d'imbibition, d'une certaine portion du liquide céphalo-rachidien. Il s'est montré, du reste, disposé à faire bon marché de la seconde partie de cette hypothèse, née simplement sous l'influence de ses études sur ce liquide, mais il a maintenu avec énergie la première partie, celle qui confère à la 5e paire un rôle olfactif. Elle trouve encore aujourd'hui dans une des illustrations de la médecine française, dans Cl. Bernard, un défenseur dévoué. En présence d'un appui aussi puissant, on est forcé d'examiner les arguments émis dans cet ordre d'idées, quoiqu'il puisse vous sembler puéril de chercher à démontrer que l'exercice de l'olfaction appartient réellement à la 1re paire. Pour le moment nous allons nous en tenir aux faits purement physiologiques. Nous ferons parler ensuite la pathologie. Les deux enquêtes étant séparées, nous éviterons ainsi les influences réciproques qu'elles pourraient exercer l'une sur l'autre.

Après la section intra-crânienne du trijumeau, la perception des odeurs se trouve être considérablement entravée et finit même par être complétement abolie. Mais ce résultat, sur lequel nous reviendrons dans l'étude de la 5e paire, tient à ce que la vascularisation et la nutrition de la pituitaire éprouvent des altérations qui rendent impossibles les opérations initiales de l'impression. L'absence du trijumeau ne supprime pas la sensibilité olfactive ; elle ne fait que rendre la muqueuse et les extrémités périphériques de la 1re paire incapables de fonctionner convenablement. — Le trijumeau présente une aptitude particulière à réunir en lui des genres de sensibilité essentiellement différents, puisque le lingual fournit à la fois à la partie antérieure de la langue le sens du goût et celui du tact. Par conséquent, les rameaux qu'il envoie à la pituitaire peuvent aussi bien lui apporter en même temps les sensibilités générale et olfactive. Ce que nous savons sur le mécanisme des tubes nerveux rend ce cumul plus simple encore, puisqu'ils sont tous identiques entre eux et que leurs rôles dépendent seulement de la nature des centres auxquels ils se rendent ; si le lingual remplit deux rôles, cela tient à ce que quelques-uns de ses tubes aboutissent au noyau central de la couche optique, tandis que les autres gagnent le noyau gustatif. Mais rien ne prouve que les rameaux de la pituitaire aient aussi deux destinations centrales. Le fait du lingual indique seulement que la chose n'est pas impossible ; mais il ne démontre pas son existence. — D'après Rudolphi et Tiedemann, les cétacés n'ont point de nerfs olfactifs, et cependant ils paraissent être doués encore d'un certain odorat, car le vice-amiral Le Pelcy prétend que sur la côte de Terre-Neuve il arrivait à disperser des bandes entières de baleines rien qu'en faisant jeter à la mer des matières putrides. Mais, outre que le dégoût pouvait être dans ce cas aussi bien engendré par la gustation que par l'olfaction, les recherches de Blainville et de Cuvier sont venues démontrer que ces animaux possèdent réellement un nerf olfactif qui est seulement peu développé relativement aux autres cordons nerveux. — Magendie s'appuyait surtout sur des expériences tendant à démontrer qu'on peut détruire les nerfs olfactifs sans supprimer l'odorat. A l'aide d'une couronne de trépan, il mettait à découvert la lame criblée de l'ethmoïde et il détruisait toutes les branches du nerf avec le manche d'un scalpel. Lorsque la guérison de la plaie était obtenue, l'animal donnait des preuves manifestes de la persistance de la sensibilité olfactive. La plupart du temps, lorsqu'on lui jetait deux paquets bien clos, l'un renfermant du fromage, l'autre un morceau de bois, l'animal choisissait le premier et le déployait. Cl. Bernard, dans ses leçons sur la physiologie et la pathologie du système nerveux, a annoncé à ses auditeurs qu'il avait pratiqué une opération analogue, mais préférable dans ses moyens d'exécution, sur un certain nombre d'animaux, et que quand ceux-ci seraient guéris, il ferait connaître le résultat au point de vue de l'olfaction. Mais ce résultat, je ne l'ai trouvé consigné nulle part depuis. En admettant qu'il ait abondé dans le même sens que celui obtenu par Magendie, je ne crois pas qu'on serait encore en droit de déposséder la 1re paire du rôle que tout le monde lui assigne presque d'instinct ; car non-seulement quelques filets ont pu échapper à la destruction, non-seulement il a pu s'établir des soudures partielles, ce que semble indiquer la nécessité où étaient les expérimentateurs d'attendre la guérison de la plaie ; mais en faisant choix du fromage, les animaux étaient peut-être guidés par la simple consistance du paquet. Serait-il du reste bien établi que la destruction complète et irrémédiable de l'olfactif ne diminue en rien l'odorat, que je n'accorderais encore à la 5e paire qu'une suppléance d'occasion, qui ne serait peut-être pas aussi irrationnelle qu'on pourrait le croire au premier abord, car le mode d'action des odeurs est probablement un contact qui est seulement beaucoup plus délicat, plus moléculaire, plus fluide, pour ainsi dire, que celui qui développe les sensations ordinaires du toucher; et si les nerfs de sensibilité générale ne sont pas susceptibles d'être ébranlés par un excitant aussi faible, aussi vaporeux, ils peuvent, dans certains cas, acquérir une hyperesthésie fonctionnelle, une impressionnabilité inaccoutumée leur permettant de suppléer indirectement des agents anatomiques spéciaux à l'aide d'élaborations s'exécutant dans les centres sensitifs et intellectuels. C'est ainsi que chez les aveugles le toucher acquiert un tel degré de perfection qu'il atteint presque les buts vers lesquels la vision conduit plus rapidement et plus directement. Peut-être même une impression arrivée dans le centre de sensibilité générale serait-elle capable, dans certains cas de nécessité, de se propager ultérieurement jusque dans le centre olfactif. La transposition des sens que les magnétiseurs prétendent obtenir ne pourrait du moins s'expliquer que par ces déviations du courant primitif. Ce sont là des hypothèses bien hasardées, j'en conviens; mais si de nouvelles expériences venaient confirmer d'une manière plus complète encore les aptitudes olfactives de la 5e paire, j'aimerais mieux admettre ces vagues suppositions et croire à une suppléance indirecte que de refuser à la 1re paire le monopole de la transmission olfactive dans l'état physiologique; car l'odorat est nettement limité à sa sphère de distribution. De plus, les branches émises par le bulbe ethmoïdal constituent de véritables nerfs. Ce sont même des nerfs qui, par tous leurs caractères, ne sauraient avoir une autre mission. Ce sont, dans les fosses nasales, les seuls qui présentent un mode de terminaison spécial en rapport avec une destination de sensibilité spéciale. Si les observations d'Eckhard sont exactes, sans doute qu'en faisant plonger les fibrilles terminales dans le vide des fosses nasales ou plutôt dans la couche de mucus qui revêt leurs parois, la nature a voulu leur permettre d'être ébranlées d'une manière plus efficace par les effluves odorantes en dissolution ou en combinaisons chimiques dans cette nappe de liquide. C'est grâce à cette disposition que l'exercice de l'odorat s'effectue avec tant de rapidité, qu'il peut apprécier les nuances les plus légères, percevoir les odeurs les plus faibles. Reviendrait-on jamais à l'ancien système des vibrations odorantes que cette nudité des nerfs serait encore une condition excessivement favorable au développement de l'impression. Mais la théorie des exhalaisons matérielles, qui a déjà tant de raisons d'être la vraie, trouve encore un moyen de perfectionnement dans la présence des cils vibratiles qui brassent et agitent le mucus odorant, multipliant et accentuant ainsi les contacts avec les nerfs. Suivant Eckhard, chacune des lacunes où viennent déboucher les pinceaux de fibrilles olfactives est entourée d'une couronne de cils plus longs que ceux des parties voisines. Ce serait là encore une condition secondaire parlant en faveur du rôle olfactif de la 1re paire. Voyons si notre conclusion est justifiée par les faits pathologiques.

Anatomie et physiologie pathologiques. — Le nerf olfactif, en raison sans doute de la nature centrale d'une bonne partie de son trajet, est plus souvent que les cordons de sensibilité générale victime des arrêts de développement. Il est vrai que je ne connais, dans les annales de la science, que quatre cas d'absence congéniale de la 1re paire ; mais beaucoup de faits de ce genre ont dû forcément passer inaperçus. Dans trois de ces cas, on a constaté une absence absolue de l'odorat, ce sont ceux relatés par Rosenmüller, Cerutti et Pierrat. Dans le quatrième, qui fut observé par Cl. Bernard lui-même, ce dernier déclare avoir constaté l'existence d'une certaine sensibilité olfactive. Il s'agit d'une femme morte à l'Hôtel-Dieu, à l'âge de 29 ans, et qui à l'autopsie offrait une absence complète des olfactifs, avec conformation normale de la face inférieure du cerveau et distribution régulière de tous les nerfs crâniens. Cl. Bernard alla prendre des renseignements dans la maison où elle habitait avant son entrée à l'hôpital, et il apprit qu'elle ne pouvait supporter l'odeur de la pipe, qu'elle était fortement incommodée par la fétidité d'un plomb qui avoisinait sa chambre, que même elle adorait les fleurs et en savourait le parfum. Pour maintenir malgré cela la destination classique de la 1re paire, je ne me servirai pas de ce rapport de trois cas favorables à un seul défavorable, car un seul fait positif a toujours plus de valeur que plusieurs négatifs. Mais je me demande si des renseignements fournis par des personnes ne s'occupant pas de science peuvent être acceptés sans la moindre réserve ; car elles obéissent toujours, d'une manière inconsciente, à l'attrait du merveilleux. — La science est beaucoup plus riche en observations de destruction ou de compression du nerf olfactif par une tumeur prenant son origine, soit dans le cerveau, soit dans les méninges, soit enfin dans la base du crâne; par des abcès de la glande pituitaire; par des caries de la lame criblée. Dans toutes celles qui furent réunies par Notta, il y eut anosmie, soit totale, soit partielle. Magendie cite, il est vrai, une malade, morte dans le service de Bérard, à la suite d'une affection tuberculeuse du cerveau ayant détruit les nerfs olfactifs et sans avoir paru privée du sens de l'odorat. Mais le médecin de l'hôpital a déclaré lui-même qu'il n'accordait aucune importance aux renseignements pris d'une manière posthume près d'un infirmier sur l'exercice de l'olfaction pendant les derniers moments de la vie. — Les recherches de Prévost ont montré que les nerfs olfactifs s'atrophient chez tout le monde sous l'influence des progrès de l'âge. Chez l'adulte, dit cet observateur, ils présentent un développement remarquable. Ils sont volumineux; leur pédoncule est d'un blanc nacré; leur bulbe est rosé et remplit la gouttière ethmoïdale; leur consistance est des plus fermes. Chez les vieillards, au contraire, ces nerfs sont grêles, demi-transparents, grisâtres, c'est-à-dire sclérosés. Le bulbe, lui, diminue de volume et devient diffluent. Au microscope, on ne trouve plus que quelques tubes perdus au milieu du tissu conjonctif. Les corpuscules amyloïdes, qui existent normalement, il est vrai, dans ce nerf, se multiplient de plus en plus et finissent par former la plus grande partie de la masse générale. Or, il est bien établi, d'un autre côté, qu'à travers les années le sens de l'odorat tend à perdre de plus en plus de sa finesse et qu'il devient tout à fait obtus chez les vieillards. — Tout le monde sait que l'exercice de l'olfaction est à peu près complétement supprimé par le coryza, ce qu'on attribue en partie à l'obstruction des fosses nasales par le gonflement de la pituitaire, en partie à la sécheresse de cette muqueuse, qui prive les molécules odorantes de leur dissolvant nécessaire, et plus tard, pendant la période d'hypersécrétion, à la composition chimique du liquide séreux que produit cette membrane. Mais il y a peut-être à tenir compte aussi de la situation dans laquelle se trouvent les fibrilles terminales du nerf olfactif. Leur extrémité, habituellement flottante, est comme masquée par le boursouflement des parties ambiantes; elles sont aussi comprimées, comme étranglées dans leur continuité; elles sont enfin exposées à des troubles trophiques, au même titre que la muqueuse elle-même. C'est probablement à ces altérations plus ou moins considérables des tubes nerveux que sont dus les cas d'anosmie persistante, après que tout ce qui concerne la muqueuse elle-même est rentré dans l'ordre. Il ressort évidemment de tout ce qui précède que la 1re paire est réellement chargée de la transmission des impressions olfactives. En dehors des vices congénitaux et de la dégénérescence sénile du nerf olfactif, on ne sait absolument rien sur son anatomie pathologique spéciale. Toutefois il semble pouvoir être victime du virus syphilitique. Dans cette circonstance, Bayle a constaté deux fois le ramollissement et l'émaciation du nerf. Meyer a observé son atrophie sous la même influence.

Nerf optique.

Considérations anatomiques. — Comme l'olfactif, le nerf optique naît aussi par trois racines, deux blanches et une grise. De la réunion de ces trois racines résulte un faisceau aplati appelé la *bandelette optique*, qui se porte obliquement en bas, en avant et en dedans; puis se réunit à celle du côté opposé pour constituer le *chiasma* ou la *commissure des nerfs optiques*. Après cette fusion, tout au moins apparente, les cordons redeviennent distincts et offrent dès lors une forme cylindrique contrastant avec l'aspect rubané des bandelettes. On réserve avec raison le nom de *nerfs optiques* à ces deux faisceaux situés au delà du chiasma. Avant de les suivre eux-mêmes, rappelons ce que l'on sait sur la structure de ce dernier. Les anatomistes sont loin d'être fixés sur les connexions que les fibres des deux bandelettes peuvent contracter entre elles dans l'intérieur du chiasma. Quelques-uns veulent qu'il n'y ait là qu'un simple accolement au sortir duquel chaque nerf se trouve composé de fibres provenant de la bandelette du même côté; d'autres admettent un entre-croisement complet, en vertu duquel toutes les fibres de chaque bandelette passeraient dans le nerf optique du côté opposé, de telle sorte que chaque œil et chaque nerf dépendraient de l'hémisphère cérébral opposé. D'autres enfin, et ils forment le plus grand nombre, croient à un entre-croisement partiel portant exclusivement sur les fibres internes, de telle sorte que chacun des nerfs, et par conséquent chaque rétine correspondrait par sa moitié externe à l'hémisphère du même côté, et par sa moitié interne à l'hémisphère opposé. Le docteur Friand a, dans sa thèse inaugurale, cherché à juger la question par de nombreuses dissections portant sur les différentes classes des vertébrés. Son scalpel a rencontré des combinaisons variées, entre autres la décomposition des bandelettes en un plus ou moins grand nombre de boutonnières et de digitations, reproduisant entre elles la disposition d'un serre-bras, mais sans passage de fibres d'une digitation à l'autre, en sorte qu'il n'y aurait là que des broderies de la nature sur un entre-croisement toujours complet et subordonnant chaque œil à un seul hémisphère, celui du côté opposé. Mais Friand dit lui-même qu'il a dû, pour isoler les digitations, rompre des filaments conjonctifs s'étendant de l'une à l'autre ; et comme il n'a pas eu recours au microscope, rien ne prouve que ces brides ne renfermaient pas des tubes réalisant des échanges entre les deux bandelettes. En réalité, si on s'en tient à ce qui existe chez l'homme, on est obligé de reconnaître que la structure du chiasma est très-compliquée, et qu'avant d'être connue dans tous ses détails elle exigera encore de nombreuses études de la part des micrographes. Mais il est très-probable qu'au milieu des complications motivées par des nécessités de perfectionnement, les grands traits de la charpente se rapprochent beaucoup de l'idée de l'entre-croisement partiel portant sur les fibres internes, car non-seulement l'anatomie pathologique plaide dans le même sens, mais cette disposition est restée jusqu'aujourd'hui le seul moyen matériel d'expliquer la loi des points identiques. Il est aussi à peu près certain qu'en dehors des fibres directes et croisées, il en existe de curvilignes, étendues sans doute d'une rétine à l'autre, en décrivant une anse dont les branches latérales parcourent les deux nerfs optiques et dont la partie incurvée occupe le bord antérieur du chiasma. Quelles que soient les relations des fibres des nerfs optiques avec celles des bandelettes et du chiasma, ces cordons, une fois constitués, se dirigent vers les trous optiques par lesquels ils pénètrent dans les orbites. Au moment de s'engager dans le globe oculaire, chacun d'eux éprouve un léger étranglement. Il traverse d'un trait, non-seulement la sclérotique et la choroïde, qui sont perforées et manquent en ce point à cet effet, mais encore la presque totalité de cette membrane à la fois si mince et si compliquée qu'on appelle *rétine*. Au moment où il est sur le point de franchir la limite antérieure de cette membrane et où il n'est plus séparé du corps vitré que par la couche *limitante interne*, c'est-à-dire par une lamelle de la plus grande finesse et transparente comme du verre, le faisceau de tubes se dissocie. Il s'étale de façon à donner naissance à une couche composée presque exclusivement de fibres nerveuses et qui a reçu le nom de *couche fibreuse*. C'est un véritable épanouissement du nerf optique qui masque toutes les parties de la rétine, déjà traversées par lui, à la manière d'une colonne d'eau qui, à l'issue du puits lui livrant passage, s'étale en nappe sur tout le terrain ambiant. Ces fibres ne laissent à découvert qu'un seul îlot qu'elles contournent et qui est appelé *tache jaune*. Après avoir rayonné ainsi dans tous les sens, ces fibres se recourbent en arrière et rétrogradent vers la dernière couche qu'elles viennent de traverser, comme si, dans leur élan, elles avaient dépassé le but. Elles se fusionnent avec les prolongements de cellules nerveuses qui par leur agglomération forment la couche dite *couche des cellules nerveuse ou ganglionnaire*. C'est au niveau de la tache jaune que cette couche est le plus épaisse et qu'elle renferme le plus de cellules. Il y en a là jusqu'à huit ou dix plans superposés. Ici s'arrête le positif en ce qui concerne les terminaisons propres du nerf optique. On connaît bien à peu près la disposition et la composition des couches susjacentes à celles formées par l'épanouissement du nerf et par les cellules ganglionnaires. On sait qu'au-dessus de ces dernières existe une accumulation de noyaux ressemblant à ceux que nous avons rencontrés dans les centres nerveux, surtout dans le cervelet, et que Robin a appelés myélocytes (*couche granuleuse interne*). On sait aussi qu'au delà se trouvent une accumulation d'une substance analogue à la matière granuleuse de l'encéphale et de la moelle (*couche intermédiaire*); puis une nouvelle couche de myélocytes (*couche granuleuse externe*); enfin une membrane dite de *Jacob* qui est formée d'éléments tout à fait nouveaux, les uns d'aspect cylindrique appelés *bâtonnets*, les autres de forme conique nommés *cônes*. On sait enfin que cet ensemble est traversé par des fibres que l'on a suivies jusque dans la membrane limitante interne et qu'on appelle *fibres de Müller*. Mais la plupart des auteurs veulent avec Krause que toutes ces couches et tous ces éléments histologiques soient considérés comme n'étant pas de nature nerveuse et comme constituant un organe particulier, aussi distinct du nerf optique qu'un muscle peut l'être de son nerf moteur. Pour eux, la partie réellement nerveuse de la rétine s'arrête à la couche granuleuse interne et ne comprend que les couches fibreuse et ganglionnaire. Krause se base en particulier sur ce que la section du nerf optique n'entraîne d'altérations consécutives que dans ces fibres et ces cellules. Mais il est bien certain qu'en dehors des fibres de Müller, qui ne sont probablement que les traverses de la charpente conjonctive de la rétine, et qui, pour cette raison, s'étendent jusqu'à la limitante, il existe d'autres fibres très-fines qui font suite aux cônes et qui, d'autre part, s'abouchent avec les prolongements des cellules déjà en connexion avec les fibres optiques. Schultze affirme même que ces fibres ont un aspect moniliforme qui vient démontrer leur nature nerveuse. Si la section du nerf optique ne provoque pas leur altération, cela tient sans doute à ce que les cellules ganglionnaires suffisent pour les maintenir dans un état trophique convenable. Dans tous les cas, elles relient les fibres optiques à la membrane de Jacob par l'intermédiaire des cellules. Elles représentent pour elles une véritable branche articulée. Ces considérations, jointes à la présence de myélocytes et d'une matière granuleuse, me portent à considérer la rétine comme faisant réellement partie du système nerveux périphérique de la vision, à voir en elle, non pas un organe auquel

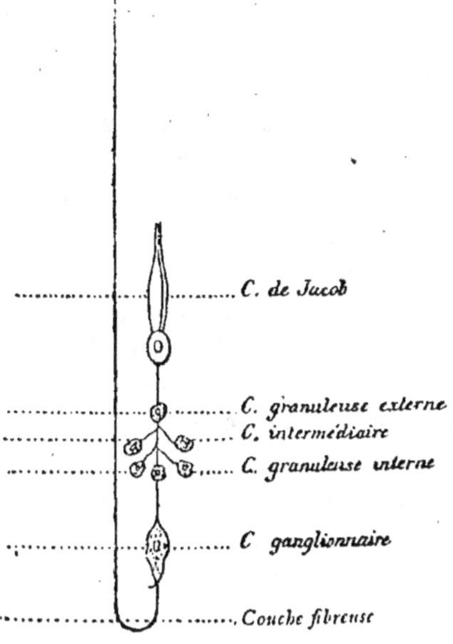

Fig. 57.

aboutit et s'arrête le nerf optique, mais un organe qui continue et achève ce nerf. Une seule de ces couches semble surajoutée à la terminaison nerveuse, c'est celle de Jacob. Les bâtonnets et les cônes coiffent pour ainsi dire ces terminaisons. Mais au fond ils sont pour elles à peu près ce que sont pour les nerfs de sensibilité générale les lamelles concentriques des corpuscules de Vatter et la masse des corpuscules de Meissner ; et ils appartiennent aussi bien que celles-ci à la description des nerfs auxquels ils sont annexés. Mais nous qui devons nous placer exclusivement au point de vue du nerf optique lui-même, nous n'avons pas à considérer, entre elles, les différentes couches de la rétine, mais bien à suivre et à nous représenter une des fibres du nerf optique, à travers toutes ses couches, avec sa série de transformations et d'annexes. C'est ce que nous allons faire.

Après avoir rayonné dans une plus ou moins grande étendue de la couche fibreuse de la rétine, chaque fibre optique se recourbe en arrière et se fusionne presque immédiatement avec un prolongement d'une cellule nerveuse. Elle cesse dès lors d'exister comme fibre initiale, et désormais elle sera continuée par des éléments nouveaux, mais qui restent ses dépendances, et qui, par leur ensemble, constituent sa portion de centre périphérique. La cellule, qui constitue le premier de ces éléments nouveaux, est assez volumineuse et dépasse les proportions ordinaires des cellules sensitives. Elle se rapproche, sous ce rapport et par sa forme aussi, des cellules du mouvement. Comme elles, elle a un corps ovoïde, riche en granulations et muni d'un noyau très-apparent. Elle a aussi de nombreux prolongements à divisions multiples. Par l'intermédiaire d'un de ces prolongements, la continuation de la fibre optique reparaît sous forme d'une nouvelle fibre. Celle-ci est beaucoup plus fine, et comme celles des centres nerveux, elle a besoin sans doute, pour son fonctionnement, d'être entourée d'une atmosphère de matière granuleuse. A l'origine, comme à la fin de cette atmosphère, cette fibre se trouve en contact avec des noyaux ressemblant à des myélocytes. Henle prétend toutefois qu'ils ont quelque chose de spécial et qu'ils présentent trois bandes claires séparées par des bandes plus obscures, supposant par conséquent l'existence de deux substances différentes disposées par couches alternatives. Mais, pour mon compte, j'ai toujours été frappé de l'identité parfaite de ces éléments avec les noyaux du cervelet. Quoi qu'il en soit, il ne paraît pas y avoir un simple contact entre eux et la fibre faisant suite à la cellule. Helmholtz les représente appendus en plus ou moins grand nombre, par des filaments plus minces, à cette fibre-mère. Du reste, ce fait ne condamnerait nullement l'identité que nous venons d'admettre, car Luys accorde aux myélocytes de la substance cérébelleuse des filaments qui viennent s'accoler, comme un chevelu, aux plus grosses fibres nerveuses. Au moment où elle va sortir de cette atmosphère de matière granuleuse et de myélocytes, la fibre de transmission se renfle en un corps pyriforme, muni d'un noyau. Ce renflement est appelé *noyau de cône*. Vient ensuite le cône lui-même qui est un peu étranglé au point de jonction et qui reproduit la forme d'un fuseau. Enfin celui-ci est surmonté par un élément parfaitement cylindrique, le bâtonnet. Cône et bâtonnet sont manifestement constitués par une même substance, hyaline et réfringente. D'après Krause, il y aurait toutefois dans ces deux éléments deux substances différentes emboîtées l'une dans l'autre. La substance interne serait moins réfringente que l'externe. Jusqu'à présent, toutes les fibres émanées des cellules et traversant les couches granuleuses et intermédiaires ont paru aboutir exclusivement à des cônes. Jamais on n'en a vu se rendant directement à des bâtonnets. Mais comme il y a beaucoup plus de bâtonnets que de cônes, lesquels manquent même dans bien des points de la rétine ; comme en dehors de ceux qui surmontent les cônes, il en existe un plus grand nombre qui se trouvent placés dans les intervalles laissés entre eux ; comme enfin le chiffre des cônes est certainement bien inférieur à celui des fibres du nerf optique, il est plus que probable qu'il existe aussi des filaments de transmission étendus entre les bâtonnets isolés et la couche ganglionnaire. Que ces filaments soient des embranchements de ceux des cônes, ou qu'ils suivent un trajet indépendant, leur fonctionnement serait même difficile, sinon impossible, sans ce moyen anatomique.

Physiologie normale. — En dehors de certains physiciens qui, ignorant les lois de l'organisme vivant et ne voyant dans l'œil qu'un instrument ordinaire d'optique, ont voulu charger soit la choroïde, soit même le corps vitré, de recueillir les impressions lumineuses, tout le monde reconnaît que ce rôle doit être attribué au nerf optique et à la rétine, qui n'en est que l'appareil terminal. La nature spéciale de ce nerf ressort déjà de ce fait que son excitation ne donne lieu ni à des mouvements directs, ni à des phénomènes de sensibilité générale. On a dit, en effet, que l'on peut, après l'avoir mis à découvert chez des chiens, le tirailler et le couper sans provoquer la moindre douleur. Il ne faut cependant pas accorder à cette assertion une valeur tout à fait absolue, car, d'après Tortual, dans l'ablation du cancer de l'œil, il y a au moment de la section du nerf une recrudescence de souffrance ; mais il l'attribue aux nervi-nervorum et non pas aux tubes propres du nerf optique. Il y a lieu de tenir compte aussi de la présence, dans le centre même du nerf optique, de filets provenant de la cinquième paire par l'intermédiaire du ganglion ophthalmique, et qui s'y rendent de concert avec l'artère centrale de la rétine. Dans tous les cas, le volume considérable du nerf optique ne permet pas de lui attribuer la production d'une douleur aussi faible, et même par simple voie d'exclusion, on doit le regarder comme étant affecté à la transmission visuelle. Cependant les ondes lumineuses sont incapables d'impressionner directement les fibres du nerf optique. Il faut que le genre d'ébranlement qu'elles sont susceptibles de produire soit multiplié, ou plutôt rendu assimilable au système nerveux par l'intermédiaire du centre périphérique spécial et par son appareil de perfectionnement. Il est, en effet, un point de la rétine qui est complétement insensible à la lumière, et ce point est justement celui où toutes les fibres du nerf optique, tout en restant encore groupées, commencent à s'offrir de flanc et à affronter directement les ondes lumineuses, c'est au niveau de la papille. Cette insensibilité du nerf optique à la lumière était du reste une chose indispensable ; car la membrane fibreuse étant située devant toutes les autres couches de la rétine, les fibres optiques, qui les constituent par leur rayonnement, se trouvent forcément touchées dans leur continuité par la lumière avant que celle-ci puisse parvenir aux véritables agents de préhension des ondes lumineuses. Si ces fibres étaient susceptibles de sentir par elles-mêmes cette lumière qui filtre dans leurs interstices, deux choses pourraient arriver : ou bien l'agent lumineux serait absorbé en totalité avant d'aller plus loin, et le reste de la rétine n'aurait plus sa raison d'être ; ou bien une partie seulement serait retenue sur ce filtre fibreux, et le surplus irait ébranler l'appareil de terminaison. En ce cas, le centre visuel recevrait à la fois deux impressions qui ne se seraient pas développées dans les mêmes conditions et qui fourniraient certainement une résultante pleine de confusion, que dément la netteté habituelle de la vision.

Mais si les fibres du nerf optique ne peuvent pas entrer en activité, sous l'influence des ondes lumineuses, sans l'intermédiaire de la rétine, elles sont capables de le faire, et cela en fournissant un produit lumineux, sur l'impulsion des agents mécaniques, chimiques et électriques. Lorsque dans les opérations le scalpel vient à couper ou à intéresser le nerf optique, le malade déclare qu'il voit un flot de lumière. Tout le monde a éprouvé ces images subjectives provoquées par les pressions mécaniques et qu'on appelle phosphènes. L'application de l'électricité procure des sensations analogues. Il n'y a là qu'une contradiction apparente avec l'insensibilité du nerf optique à la lumière elle-même. Les tubes de ce cordon sont de même nature que ceux de tous les autres nerfs. En réalité, ils sont indifférents aussi bien qu'eux. Comme eux ils peuvent conduire n'importe quel acte physiologique. Le mouvement moléculaire à l'aide duquel ils transmettent peut naître sous l'influence des causes les plus diverses, et le résultat final de ce mouvement dépend exclusivement des points d'aboutissement du nerf. Un nerf moteur donne lieu à un mouvement parce qu'il est étendu d'un agent cérébral de la volonté à un moyen mécanique, le muscle. Un nerf sensitif ordinaire produit une sensation de tact parce qu'il s'étend d'un centre de sensibilité générale à des régions organisées, de façon à subir le mieux possible les contacts extérieurs. Le nerf optique produit une sensation visuelle parce qu'il tient d'une part à des éléments histologiques capables d'accaparer la lumière, et d'autre part à un centre doué du droit d'apprécier cet agent spécial. Privez-le de ses moyens d'accaparement, et la lumière sera incapable de provoquer en lui le mouvement moléculaire nécessaire. Mais après comme avant cette mutilation, ébranlez-le mécaniquement ou chimiquement, d'une manière quelconque il donnera lieu et il ne pourra donner lieu qu'à une sensation visuelle, parce que ce mouvement mettra en jeu le centre sensitif spécial dont l'activité physiologique est forcément de nature visuelle en toutes circonstances. Une machine industrielle fournit toujours, en raison de son organisation propre, les mêmes produits, qu'elle soit mise en mouvement par la vapeur ou par l'eau. Mais la force motrice a besoin de moyens d'application différents, suivant qu'elle est représentée par la vapeur ou par l'eau.

Le centre périphérique particulier au nerf optique, ainsi que ses annexes représentées par la membrane de Jacob, ont donc pour mission d'élaborer les ondes lumineuses, de manière à ce que les fibres optiques puissent être ébranlées par elles. Par quel mécanisme réalise-t-il ce résultat? Quoiqu'on soit conduit par voie d'exclusion à attribuer aux couches postérieures de la rétine le pouvoir d'assimiler les ondes lumineuses à l'organisme, Helmholtz a cru devoir chercher des preuves directes de cette aptitude et de ce monopole, et il en a trouvé une dans la possibilité où nous sommes de percevoir l'ombre de nos vaisseaux rétiniens qui sont tout justement situés dans la couche fibreuse. Mais en arrière de cette couche se trouvent des éléments assez nombreux et assez variés pour qu'on ait éprouvé le besoin de localiser davantage encore le point de réception de la lumière et de déterminer les rôles respectifs de ces divers agents microscopiques. On a attribué la mission principale aux cellules nerveuses, parce que la rétine semble présenter son maximum d'impressionnabilité au niveau de la tache jaune, c'est-à-dire dans le point où la couche ganglionnaire s'offre directement à l'action de la lumière, puisque là la couche fibreuse fait complétement défaut, et parce que à ce niveau aussi il y a une accumulation de cellules beaucoup plus considérable que partout ailleurs. Mais ces conditions particulières ne prouvent absolument rien, parce que derrière ce point la membrane de Jacob se montre incomparablement plus riche en cônes; qu'on peut aussi bien attribuer à ce dernier fait la plus grande sensibilité de cette région, et parce que l'absence des fibres optiques, en permettant un passage plus facile aux ondes lumineuses, profite aussi bien aux cônes qu'aux cellules. Krause fait au contraire jouer le rôle principal à la couche granuleuse. Il pense que cette substance est formée de zones stratifiées réfractant inégalement la lumière, et qu'elle constitue par le fait un véritable appareil dioptrique. Grâce à cette constitution, ce serait elle qui aurait le pouvoir de transformer les vibrations lumineuses en vibrations nerveuses. Les cellules venant ensuite, assimileraient davantage encore le phénomène primitivement physique aux actes du système nerveux. Quant à la membrane de Jacob, elle agirait dans le même sens que les cellules pigmentaires de la couche interne de la choroïde. Elle formerait avec elles un miroir réflecteur renvoyant les ondes lumineuses à la couche granuleuse. Enfin Hensen et Helmholtz placent le foyer principal de la transformation dans la membrane de Jacob.

Dans cette détermination, je crois qu'on a montré une trop grande tendance à favoriser un seul élément au détriment des autres, comme si tout dans l'économie n'avait pas son utilité, et qu'on n'a pas assez tenu compte du mode d'agencement des parties. Il faut, même ici, considérer non pas tant les différentes couches de la rétine qu'une seule fibre optique avec la série d'éléments qui la prolongent. Or, chaque fibre commence à la périphérie par un cône ou un bâtonnet. Elle se continue par un filament auquel sont appendus des myélocytes et qui est plongé dans la substance granuleuse, puis devient une cellule nerveuse ; enfin, elle se continue définitivement en une fibre de nerf proprement dite. Donc les ondes lumineuses ont besoin de passer par cette série de rouages pour devenir une impression physiologique capable d'éveiller une sensation visuelle dans les centres nerveux. Chacun de ces rouages a ses raisons d'action, de temps et de lieu. Chacun d'eux perfectionne le produit de celui qui le précède et prépare l'action de celui qui le suit. La transformation physico-physiologique est l'œuvre de tous et non d'un seul. Quant à savoir pourquoi la nature les a disposés dans la rétine de façon à ce que la lumière soit obligée de les traverser tous avant de commencer son action ; pourquoi elle a, pour ainsi dire, recoquillé le nerf au point que la lumière est obligée d'aller en chercher l'extrémité réelle dans les profondeurs de la rétine, c'est là un de ces secrets que le physiologiste rencontre à chaque pas, sans pouvoir les pénétrer.

Toutes les fibres n'ayant pas le même mode d'origine périphérique, puisque les unes débutent par un simple bâtonnet, tandis que d'autres sont en outre munies d'un cône, il y a lieu de se demander si la présence de ce dernier élément leur confère un droit particulier. Helmholtz se montre porté à considérer les bâtonnets comme étant simplement des cônes en voie de développement. Mais comme ces éléments occupent toujours à peu près les mêmes places et comme il y a des points où il n'en existe jamais, cette idée ne me paraît pas pouvoir être admise. Weber n'accorde aussi aux bâtonnets qu'une valeur négative, parce que la sensibilité visuelle va en diminuant avec le nombre des cônes à mesure qu'on s'approche de la circonférence de la rétine. Mais il est inadmissible que la membrane de Jacob soit composée avant tout d'éléments à peu près inutiles, d'autant plus que bien des micrographes, entre autres Müller et Kölliker, n'hésitent pas à déclarer que les bâtonnets sont aussi unis aux cellules par des fibres, et que Schultze prétend en outre que celles-ci ont les caractères des fibres nerveuses. On serait enfin conduit par là à conclure, vu le petit nombre relatif des cônes, que la plus grande partie des fibres propres du nerf optique sont aussi à peu près inutiles. La raison veut donc qu'on accorde *à priori* aux bâtonnets et aux cônes des rôles différents dans la perception des impressions visuelles, et aux fibres optiques deux genres de missions conductrices. Mais il serait difficile, pour le moment, de déterminer ces rôles d'une manière positive. Schultze pense que les fibres à cône peuvent seules percevoir les couleurs, et que les fibres à simples bâtonnets servent seulement à la perception du clair et de l'obscur. Cette interprétation a quelques faits en sa faveur. La tache jaune, où il n'existe presque que des cônes, est le point de la rétine qui apprécie le mieux les couleurs. Ces éléments manquent chez les animaux nocturnes et existent toujours chez les diurnes. Les expériences de Young et de Helmholtz les ont conduits à déclarer que, pour l'appréciation des couleurs, il faut au moins l'intervention de trois fibres optiques. Or, les cônes semblent recevoir plusieurs fibres. Malgré ces preuves indirectes, on ne saurait encore voir là l'expression certaine de la vérité. A plus forte raison doit-on se contenter de prendre seulement en considération les diverses théories émises sur le mécanisme intime de l'appareil terminal du nerf optique. Melloni, Seebeck pensent que cet appareil exécute des vibrations sous l'impulsion apportée par l'éther. Zenker prétend que les bâtonnets, ainsi que les cônes, sont composés de lamelles concentriques comparables à une pile de lames de verre superposées; et que, comme ces dernières, ils doivent réaliser une grande puissance de réflexion et pouvoir transformer les ondes courantes en ondulations stagnantes. Selon lui, c'est par ce procédé que doit s'opérer la transformation des ondulations de l'éther en vibrations de nerf. Hensen croit que la lumière détermine une modification chimique dans la substance des bâtonnets, modification qui provoque à son tour un mouvement moléculaire dans les fibres nerveuses. Dans le même ordre d'idées, Moser regarde les bâtonnets comme un véritable appareil photochimique. Suivant Draper, la vision est un phénomène de calorification. La chaleur, apportée par la lumière et réfléchie par la choroïde, échauffe les bâtonnets et y produit une dilatation qui met en activité le nerf. Pour Weber, la lumière détermine un phénomène électrique qui a pour conséquence un déplacement des molécules dans le genre de celui qu'éprouvent, d'après Du Bois-Raymond, les molécules électro-motrices des muscles et des nerfs. Enfin Dewar et Mackendrick, se basant uniquement sur ce que la différence de nos sensations est proportionnelle à la différence des logarithmes des diverses quantités lumineuses, supposent que la rétine transforme la lumière en courant électrique, qui vient apporter aux centres nerveux des données rigoureuses sur la quantité de lumière subie par la rétine.

Une fois assimilée au mouvement physiologique des nerfs, l'impression visuelle n'a plus qu'à être transmise par les fibres du nerf optique proprement dit. Mais il est probable que le chiasma est appelé par sa texture à réaliser certaines combinaisons dans cette transmission. Des constructions géométriques montrent que chaque point d'un objet placé dans le champ visuel des deux yeux vient toujours frapper en même temps un point de la moitié interne de l'une des rétines et le point homologue de la moitié externe de l'autre rétine. Or, si l'entre-croisement portant exclusivement sur les fibres internes des nerfs optiques est vrai, il doit évidemment avoir pour résultat géométrique de diriger vers chacun des hémisphères cérébraux, les fibres externes de l'un des nerfs optiques et les fibres internes de l'autre nerf, c'est-à-dire les représentants de la moitié externe de l'une des rétines et ceux de la moitié interne de l'autre rétine. Avec une pareille disposition, les deux images produites par l'objet regardé se trouveraient donc forcément conduites dans un seul hémisphère, puisqu'elles prennent toujours naissance, l'une dans la moitié interne d'une rétine et l'autre dans la moitié externe de la rétine du côté opposé. Cette convergence des deux images vers un seul et même centre visuel est regardée par beaucoup de physiologistes comme étant suffisante pour expliquer le fait de la vision simple avec les deux yeux. Les images, séparées à leur origine, viendraient, pour ainsi dire, se superposer et se fusionner dans le cerveau. De là résulterait l'unité de sensation. Cette théorie est en elle-même assez séduisante et je serais tenté de la développer et de l'étendre au phénomène du redressement de l'image. Vous savez que les objets produisent dans le fond de l'œil une image renversée et que, malgré cette condition purement physique, nous les voyons droits, c'est-à-dire dans leur véritable situation relative. Il y a là un problème que Müller a cherché à résoudre en disant que nous voyons en effet les objets renversés, mais que tout nous paraît droit parce que nous voyons tout renversé; d'autres ont pensé avoir trouvé le mot de l'énigme en supposant que le moi suit le rayon lumineux jusqu'à son origine, de sorte qu'il voit en réalité l'extrémité objective de ce rayon et non son extrémité rétinienne. L'explication de Müller doit disparaître devant ce fait que si nous touchons les objets après avoir fermé les yeux, nous les sentons dans la disposition que nous indique la vue. La seconde n'a rien d'impossible, mais elle n'est susceptible d'aucune démonstration. Elle suppose en outre une opération psychique dont tous les êtres ne seraient sans doute pas capables. Je ne crois pas non plus que les lois de la réflexion permettent d'expliquer le redressement par l'intermédiaire du miroir réflecteur représenté par la choroïde. Dans ce cas les rayons, ayant primitivement traversé la rétine sans l'impressionner, seraient réfléchis par le miroir pigmentaire, les supérieurs suivant une direction descendante, les inférieurs dans une direction ascendante. De cette façon l'image choroïdienne, celle qu'on aperçoit lorsqu'on a disposé convenablement l'œil dans une chambre obscure, engendrerait par sa réflexion sur les éléments de la rétine, un calque retourné de nouveau et, par conséquent, redressé. Mais je ne sais si le rapprochement de la choroïde et de la rétine et si la disposition des bâtonnets permettraient à ce mécanisme de se réaliser. En présence de l'impénétrabilité de ce genre de secrets de la nature, toutes les suppositions ont les mêmes droits à être émises. Aussi je me demande si, à côté de l'entre-croisement se faisant dans le sens horizontal, de droite à gauche et réciproquement, il ne s'en effectue pas encore un autre dans le sens vertical, de haut en bas et réciproquement. Grâce à cette seconde disposition, les fibres émanées de la partie inférieure de la rétine reporteraient en haut dans le cerveau la partie inférieure de l'image qui, par le fait du renversement, correspond au sommet de l'objet, tandis que les fibres attenantes à la partie supérieure de l'œil reporteraient au contraire en bas le sommet de l'image, et, par conséquent, la base de l'objet. De cette manière, l'image physique renversée de la rétine engendrerait dans le cerveau une image physiologique redressée. Au milieu de la structure si complexe du chiasma, ce second genre d'entre-croisement est tout aussi admissible que celui que reconnaissent la plupart des auteurs. L'un et l'autre ne sont ni confirmés, ni démentis par le scalpel. Il est certain aussi que cette fusion des deux nerfs doit avoir son utilité et qu'elle ne peut guère être utile qu'en opérant des échanges de fibres. Or, en fait de services pouvant être rendus par des échanges, la raison ne nous en fait pas entrevoir d'autres que ceux qui seraient relatifs à la vision simple avec les deux yeux et au redressement de l'image. Un seul argument puissant s'élève contre cette double interprétation, c'est qu'on a rencontré une absence congéniale du chiasma chez quelques individus qui, pendant la vie, avaient paru voir dans les conditions normales. Mais dans une foule de circonstances la nature se montre riche de ressources, et sur le terrain du fonctionnement, elle arrive souvent à remédier aux imperfections anatomiques par des voies détournées. De ce qu'elle peut obtenir le même résultat sans chiasma, il ne s'ensuit pas que ce ne soit pas lui, lorsqu'il existe, qui accomplisse le but, en sa qualité de moyen plus direct et plus approprié.

Sans être moteur par lui-même, le nerf optique peut, de même que ceux de sensibilité générale, provoquer des mouvements réflexes. Sous ce rapport il est plus particulièrement lié au fonctionnement des nerfs qui, par l'intermédiaire du ganglion ophthalmique, animent les fibres musculaires de l'iris, c'est-à-dire du moteur oculaire commun et du grand sympathique. Quand on excite le nerf optique dans sa terminaison rétinienne ou dans sa continuité, aussitôt on voit la pupille se rétrécir, en proportion même de l'intensité de l'irritation. Dans cette circonstance, il est évident que la sensation subjective à laquelle on a donné naissance va retentir jusque dans les tubercules quadrijumeaux et les pédoncules cérébraux, de façon à ébranler l'origine du moteur oculaire commun qui préside à la contraction des fibres circulaires de l'iris. Il n'est même pas permis de supposer que le nerf optique produit ce resserrement par action centrifuge, car le résultat est le même si, après avoir sectionné, on irrite le bout central, tandis que la titillation du tronçon périphérique ne modifie en rien la pupille. Ce que le nerf optique fait lorsqu'il est excité par des agents mécaniques, chimiques ou électriques, il le fait d'une façon physiologique sous l'influence de la lumière. Toutes les fois qu'une lumière vive vient frapper ses extrémités rétiniennes, il impose aux centres la mise en activité de la 3e paire, qui fait resserrer la pupille, en raison même de l'intensité de l'impression reçue. Si, au contraire, le milieu dans lequel on se trouve est obscur, si les objets qu'on regarde sont mal éclairés, c'est le sympathique qui est mis en cause et il agrandit l'ouverture pupillaire. En un mot, le fonctionnement de l'iris est intimement lié aux impressions subies par l'appareil rétino-optique ; et cela devait être, puisque ce diaphragme est avant tout appelé à doser la lumière ayant accès sur la rétine. On a nié, il est vrai, l'existence de ses fibres circulaires et radiées, on a voulu en faire un organe érectile ou même purement vasculaire et obéissant à une action plutôt calorifique que lumi-

neuse. Mais dans un tissu érectile il y a des trabécules spécialement riches en fibres musculaires. N'y aurait-il, du reste, que des
vaisseaux agglomérés, que ceux-ci auraient encore dans leurs parois
des fibres-cellules soumises aux influences réflexes et sur lesquelles
le froid et le chaud ne pourraient agir qu'au même titre que sur le
dartos. On a dit encore que le courant centripète du phénomène
réflexe se passait dans les filets de l'ophthalmique. Que des modifications réflexes de l'iris puissent prendre naissance sous l'influence
d'une impression non lumineuse et apportée par un autre nerf que
le nerf optique, cela ne fait pas l'ombre d'un doute ; que même il
puisse s'en produire sur place, au sein de l'iris lui-même, c'est
probable, sinon certain, puisqu'il y a des cellules nerveuses dans
cet organe ; mais cela n'empêche pas que le jeu de l'iris soit avant
tout sous la coupe d'un centre plus général et plus élevé, l'encéphale, et que dans l'exercice physiologique de la vision, ce centre
obéisse surtout aux sollicitations du nerf optique, qui seul est à même
de fournir les renseignements nécessaires pour régler d'une manière
exacte et rapide le dosage de la lumière. La preuve en est qu'après
la section du nerf chez les animaux ou la paralysie de la rétine chez
l'homme, la pupille reste immobile. Or, dans ce cas les rayons calorifiques et lumineux peuvent encore agir directement sur l'iris et la
5e paire. Dans l'ordre physiologique le nerf optique peut encore
provoquer un acte réflexe qui ne semble avoir avec lui aucune
corrélation fonctionnelle, c'est celui de l'éternuement, acte qui,
ordinairement, est provoqué par une titillation de la pituitaire et
a pour but de balayer les fosses nasales par un courant d'air tor-
rentiel mis en mouvement par toutes les puissances expiratrices. En
effet, beaucoup de personnes éternuent lorsqu'elles regardent en face
un soleil très-brillant.

Anatomie et physiologie pathologiques. — Le nerf optique peut
être victime de vices de conformation. Il est dans la science des cas
d'absence congénitale de la 2e paire. On a vu le chiasma manquer.
D'autres fois le nerf s'est montré dépourvu des vaisseaux centraux.
Ce n'est guère que dans les opérations que la rétine et le nerf optique
peuvent être lésés isolément par des instruments tranchants ou pi-
quants. En dehors de ces circonstances, les plaies capables de les
atteindre compromettent forcément l'œil dans son ensemble, et les
phénomènes morbides afférents à la partie nerveuse de l'appareil de
la vision sont noyés au milieu des désordres multiples qui en résul-

lent. Cependant de Graefe a vu un grain de plomb pénétrer par la papille dans l'épaisseur du nerf optique et provoquer avant tout un gonflement inflammatoire de ce cordon. Malgré sa situation profonde, cet appareil est fréquemment exposé à être contusionné par des ébranlements mécaniques, sous l'influence de chutes ou de chocs sur la tête. Le docteur Berlin a fait sur des lapins des expériences directes pour étudier le mécanisme de ce genre de lésion. Il a eu recours à la fois aux investigations cadavériques et ophthalmoscopiques. Il a constaté ainsi que le premier effet de l'ébranlement reçu était de resserrer les vaisseaux de la rétine, au point même de les effacer complétement. Cet effacement est bientôt suivi d'une dilatation. C'est la réaction ordinaire du premier de ces phénomènes, qui n'est lui-même qu'une contraction réflexe provoquée par l'impression centrale due à la secousse de la région. C'est l'insultus de la rétine et du nerf optique, qui n'est souvent lui-même qu'un fait particulier de l'insultus général de la masse encéphalique. L'ophthalmoscope nous fournit en ce cas un spécimen du mécanisme. C'est bien une anémie active et passagère, par suite de la constriction irritative des vaisseaux. Une heure après l'application du traumatisme, on aperçoit une opacité nuageuse, d'un gris mat, qui s'étend de plus en plus et qui se transforme peu à peu en une teinte blanche éclatante. Berlin attribue cet aspect de la rétine à une infiltration de sérosité fournie par le sang d'une hémorrhagie sous-choroïdienne. Cette cause me parait peu probable, en raison d'abord de la rapidité avec laquelle cette modification se produit et parce que la rétine prend un aspect identique à la suite de la section du nerf optique. Je crois plutôt que la secousse ressentie fait éprouver à cette membrane si délicate une modification moléculaire qui en change la transparence. Il se produit ici quelque chose de comparable à l'opacité que prennent certains cristaux sous l'influence d'actions mécaniques ou de la chaleur. Lorsque le choc a été plus violent, il se produit aussi de petits foyers hémorrhagiques disséminés dans l'épaisseur de la rétine. S'il est plus considérable encore, ce sont des déchirures complètes qui se produisent, et elles peuvent tellement varier qu'elles échappent à toute description. Dans ce dernier cas, l'exercice de la vision peut être devenu complétement impossible. Il est aussi plus ou moins compromis, quand il y a de petits foyers apoplectiques, parce que ceux-ci rompent aussi la continuité des éléments nerveux dans les points qu'ils occupent. Mais même quand il y a simple opacité, la vue perd encore, d'une manière notable, de son acuité. Fischer attribue ce résultat à la paralysie des vaso-moteurs consécutive à la constriction primitive. Berlin prétend que dans cette période de réaction, les vaisseaux ne dépassent pas le diamètre normal, et il pense que la vue n'est qu'indirectement gênée par un astigmatisme irrégulier, engendré lui-même par une vive irritation des nerfs ciliaires, irritation dont l'existence est démontrée par la résistance que l'iris offre dans ces circonstances à l'action de l'atropine. Que dans la contusion générale de l'œil, les nerfs ciliaires et l'iris soient exposés, autant que la rétine, à souffrir directement du traumatisme; qu'il y ait même fréquemment, comme l'a constaté Berlin, une hémorrhagie péricristalline ayant déplacé et déformé cette lentille, cela n'a rien que de naturel. Mais cela ne prouve pas que l'opacité de la rétine ne soit pas capable de rendre par elle-même son fonctionnement moins complet. Un phénomène signalé par le même auteur est le resserrement immédiat de la pupille. Il semblerait que l'iris veuille fermer au choc l'accès vers les parties profondes de l'œil, comme il le fait pour une lumière trop vive, et qu'il agisse ici sous l'influence de la sensation subjective déterminée par la contusion de la rétine. Mais il est plus probable que le fait tient soit à l'irritation directe des nerfs ciliaires, soit à l'hyperesthésie de la rétine, consécutive à l'accident.

En dehors de toute influence traumatique, le nerf optique et sa terminaison sont souvent le siége d'une hyperémie, sans véritable travail inflammatoire. La plupart du temps la cause de cet afflux de sang n'est nullement locale, et l'œil ne fait que prendre part à une congestion de toute la tête. L'exercice trop prolongé de la vision peut avoir le même résultat. Dans tous les cas, ce surcroît de la circulation locale donne aux éléments nerveux une plus grande activité fonctionnelle qui se traduit par de l'hyperesthésie. La lumière ne peut plus être supportée. Il est des cas où sans doute l'hyperémie est moins prononcée et où l'hyperesthésie ne se manifeste qu'à la suite d'un très-court travail. L'œil se fatigue beaucoup plus vite que d'habitude. C'est qu'en effet le travail active toujours la circulation de l'organe qui fonctionne. Il vient donc augmenter la congestion primitive et lui fait atteindre rapidement le degré nécessaire pour qu'il y ait hyperesthésie.

Lorsque l'hyperémie est active, c'est-à-dire avec contraction spasmodique des vaisseaux, et lorsqu'elle persiste, il se produit une inflammation qui peut siéger exclusivement soit dans le nerf optique, soit dans la rétine, ou envahir simultanément ces deux parties de l'appareil nerveux. De là les noms de *névrite*, de *rétinite* et de *névro-rétinite*, mis en circulation dans le langage ophthalmologique. Dans la névrite pure, le processus s'arrête à la papille inclusivement. A l'ophthalmoscope, celle-ci apparaît augmentée de volume. Elle est boursouflée à la manière d'un bourgeon charnu et limitée par des bords frangés tout à fait irréguliers. Ce boursouflement semble plutôt passif qu'actif, car on constate que, dans ce bourgeon, les veines sont très-variqueuses, tandis que les artères sont relativement filiformes. Il est évident que le gonflement tient en partie à un obstacle mécanique apporté à la circulation. Enflammé dans sa continuité, le nerf est naturellement augmenté de diamètre et il se trouve probablement étranglé à son passage dans le trou optique, comme une hernie par le collet du sac. Ce genre de processus a une certaine tendance à ne pas rester limité à un seul nerf, tôt ou tard il s'étend à celui du côté opposé. Le chiasma est très-probablement le moyen anatomique de cette propagation. Le mélange qui s'opère là entre les fibres des deux bandelettes, et surtout la communauté de la charpente conjonctive qu'elles présentent en ce point, rendent la chose presque inévitable. La névrite peut naître sous l'influence de causes locales, c'est-à-dire intra-orbitaires, ou de causes intracrâniennes. Dans le premier cas, il s'agit généralement de phlegmons et de tumeurs variées de l'orbite qui jouent le rôle d'épine irritante ou qui provoquent une inflammation de voisinage. Dans le second, la névrite ne paraît pouvoir être engendrée que par trois genres de lésions encéphaliques, les méningites de la base, les tumeurs intracrâniennes et les abcès du cerveau. Le mécanisme suivant lequel elles peuvent amener ce résultat est encore un objet de discussion. Graefe, frappé sans doute du boursouflement de la papille qui traduit incontestablement une gêne de la circulation du nerf, prétend qu'elles n'exercent qu'une action purement mécanique et que ce n'est nullement à titre de corps irritants qu'elles produisent la névrite. Selon lui, la tumeur ou l'abcès, en accaparant une partie de la cavité inextensible du crâne, augmente forcément la tension intracrânienne générale. Par conséquent, quel que soit le siége du néoplasme, il en résulte toujours une pression que subit le sinus caverneux au même titre que les autres parties du contenu. De là une stase veineuse qui de ce sinus se fait sentir de proche en proche dans la veine ophthalmique et dans la veine centrale de la rétine. Le sang ainsi arrêté ou ralenti dans sa marche, laisse transsuder sa partie séreuse; d'où imbibition et gonflement de la papille et du cordon nerveux, qui bientôt se trouve bridé par le tissu fibreux de la sclérotique. Cet étranglement consécutif vient augmenter de plus en plus le boursouflement de la papille, et le nerf optique s'enflamme sou l'influence de cette constriction, comme le fait l'an se intestinale dans la hernie étranglée. Une théorie qui doit être rapprochée de la précédente est celle de Schwalbe. Pour lui aussi, le nerf ne s'enflamme que consécutivement à la pression à laquelle il est soumis et à l'étranglement qu'il éprouve. Mais l'agent direct de cette pression n'est plus le sang veineux entravé dans sa marche intracrânienne, c'est le liquide céphalo-rachidien. Le nerf optique est, comme vous savez, entouré de deux gaînes. Entre ces deux enveloppes existe un espace relativement libre et appelé *vaginal*. Selon cet auteur, il est en parfaite communication avec la cavité anfractueuse formée par les espaces sous-arachnoïdiens. Les tumeurs, pour se faire place, sont obligées de refouler une partie du liquide céphalo-rachidien, qui s'engage dans l'espace vaginal et exerce dès lors une pression concentrique sur le cordon nerveux. Manz a fait des expériences consistant à augmenter la pression intracrânienne en injectant un liquide dans cette cavité, et il a ainsi provoqué des névrites. En outre, il a constaté que non-seulement il se produisait une réplétion des veines, mais qu'une partie du liquide injecté s'infiltrait dans le nerf optique, ce qu'avait déjà montré Schwalbe. Il en conclut que cette infiltration doit aider à la production de l'étranglement. Galezowski, laissant de côté les conditions particulières d'inextensibilité du crâne, ne fait intervenir ni la gène de la circulation, ni le refoulement problématique du liquide céphalo-rachidien dans l'espace vaginal. Il ne voit dans la névrite que le résultat d'une irritation exercée par la lésion anatomique, soit sur le centre visuel, soit sur le nerf lui-même. Quel que soit son point de départ, l'inflammation se propagerait ensuite de son lieu de naissance à l'extrémité périphérique du nerf. Il s'appuie sur ce que dans les observations de névrite d'origine cérébrale qu'il a pu réunir, la tumeur provocatrice se trouvait toujours dans le voisinage immédiat ou du centre visuel, ou du nerf optique. Dans ces derniers temps, Abadie a proposé de mettre l'inflammation sur le compte d'un trouble trophique local comparable à celui que détermine la section du trijumeau au delà du ganglion de Gasser, dans les régions animées par ce nerf.— Les explications de MM. Græfe et Schwalbe me semblent peu acceptables, tout au moins d'une manière absolue. Le boursouflement de la papille et les signes d'étranglement que présente le nerf optique dans la névrite, n'impliquent nullement l'existence indispensable d'une augmentation quelconque de la pression intracrânienne. Car tout organe qui est le siége d'une inflammation se tuméfie, et comme le nerf optique traverse un orifice inextensible, le trou optique, il est exposé à être étranglé dans ce détroit, pour peu que son diamètre augmente, quand même l'inflammation serait d'origine tout à fait intrinsèque. D'ailleurs un pareil mécanisme serait plus apte à engendrer un simple œdème qu'un véritable travail inflammatoire. Pour l'interprétation de Schwalbe en particulier, la libre communication de l'intervalle qui sépare les deux enveloppes du nerf avec les espaces sous-arachnoïdiens est loin d'être démontrée. Celle de Græfe ne saurait, tout au moins, être appliquée à tous les cas, puisque Seséniauve a fait voir que chez beaucoup de sujets, la veine centrale de la rétine ne se rend pas dans le sinus caverneux et s'abouche avec le système veineux de la face. Toutes deux ont contre elles ces faits, que les tumeurs ne donnent lieu à une névrite qu'à la condition d'être situées de façon à agir directement sur le nerf ou sur les centres de la vision ; que l'inflammation se développe quel que soit le volume de la tumeur ; que les apoplexies qui, elles aussi, augmentent le contenu du crâne n'en produisent jamais ; qu'il en est de même de l'hydrocéphalie, qui cependant multiplie la pression intracrânienne beaucoup plus que ne peut le faire une tumeur. A quoi bon, du reste, vouloir ici un mécanisme tout à fait spécial ? Je ne vois pas pourquoi, lorsque tous les tissus sont susceptibles de s'enflammer, sous l'influence des causes les plus diverses tant intrinsèques qu'extrinsèques, le nerf optique échapperait seul à cette loi générale. Lui aussi, évidemment, doit le faire dans des circonstances variables, et le mécanisme de la névrite d'origine centrale ne doit pas être toujours le même. Lorsqu'elle est la conséquence d'une méningite, il est de la dernière évidence qu'elle n'est pas l'œuvre d'une simple augmentation de la tension intracrânienne par les exsudations fibrino-purulentes, mais bien d'une propagation du travail inflammatoire par continuité de tissu. Car non-seulement la névrite ne coïncide qu'avec la méningite basilaire, quoique celle de la convexité augmente aussi la tension intra-crânienne, mais, dans ces circonstances, ce sont les enveloppes du nerf qui sont les premières envahies, tout justement parce qu'elles se trouvent dans une certaine relation de continuité avec les méninges. Lorsqu'elle est la conséquence d'un abcès ou d'une tumeur, c'est bien, comme l'a dit Galezowski, à titre de corps étrangers et par voie d'irritation que ces produits agissent, puisque le voisinage entre eux et l'appareil visuel est indispensable et puisque leur volume n'a pas une influence proportionnelle. Dans certains cas aussi la névrite peut n'être que l'extension d'une inflammation née spontanément dans les centres visuels. Enfin, elle peut se développer sur place par suite de modifications vaso-motrices survenues dans le névrilème du nerf, qu'elles soient isolées ou liées à une perturbation vasculaire d'une région plus étendue. La cause première peut se trouver alors dans un trouble du grand sympathique, et comme le trijumeau emporte avec lui des fibres végétatives, il est possible que le filet que le nerf optique reçoit de la 5e paire soit ici particulièrement mis en cause. Ce n'est que de cette manière que je comprendrais l'origine trophique invoquée par M. Abadie. Quel que soit son mécanisme, la névrite offre une symptomatologie qui est un peu en désaccord avec celle que fait naître dans les autres organes un travail inflammatoire. Au lieu d'une exaltation fonctionnelle, c'est plutôt une dépression qu'on observe. Il y a bien production de quelques phénomènes subjectifs, tels que étincelles blanches ou bleues, des arcs-en-ciel; mais il n'y a pas photophobie. Très-peu de temps au contraire après le début de la névrite, l'œil devient presque insensible à la lumière; et fait qui accuse d'une manière indirecte cette insensibilité, les pupilles présentent une dilatation excessive. J'avoue qu'il y a là des raisons qui semblent plaider en faveur du mécanisme presque passif invoqué par Græfe et par Schwalbe, mais deux circonstances expliquent cette anomalie apparente. Le point de départ de la névrite se trouvant la plupart du temps dans le crâne, ce n'est que par propagation qu'elle envahit peu à peu vers l'extrémité périphérique du nerf. Or, avant qu'elle ait atteint la rétine elle-même, elle enfle assez le cordon nerveux pour qu'il soit étranglé à son passage dans le trou optique; et cet étranglement vient imposer un terme à la propagation en gênant l'arrivée du sang, aliment indispensable de tout travail inflammatoire. Du moment où la rétine est respectée par la congestion active, elle n'a pas de raison pour être exaltée. La preuve que l'étranglement éprouvé par le nerf optique est bien la cause de l'intégrité de la rétine et de l'absence d'hypéresthésie, c'est que lorsque la névrite est purement intra-orbitaire, comme cela a lieu dans les cas de syphilis, il y a une photophobie excessive. Mais la constriction éprouvée fait plus que de limiter l'extension du processus inflammatoire. Elle rend bientôt difficile et même impossible le rôle conducteur des tubes nerveux. Ceux-ci ne peuvent même plus transmettre les impressions recueillies suivant des conditions normales par la rétine, et dès lors la lumière est incapable de provoquer des phénomènes d'hypéresthésie dans les centres visuels quand même ceux-ci seraient enflammés. Voilà pourquoi non-seulement il n'y a pas hypéresthésie, mais il existe même un certain degré de paralysie qui nécessite la dilatation de la pupille; ces phénomènes paralytiques sont beaucoup moins prononcés dans la périnévrite, tout justement parce que les tubes nerveux sont moins exposés à être comprimés par la tuméfaction de l'enveloppe commune que par celle de leur charpente directe.

Quoique nous ayons considéré la rétine comme étant, aux points de vue anatomique et physiologique, la continuation et la terminaison spéciale du nerf optique, je ne crois pas que nous soyons pour cela autorisés à entrer dans tous les détails dont l'emploi de l'ophthalmoscope a enrichi la science. Ce serait certainement dépasser les bornes de ces leçons, qui doivent avoir exclusivement pour but d'opérer un rapprochement entre l'innervation normale et l'innervation morbide. Disons seulement que la pathologie vient, comme l'anatomie et la physiologie, démontrer que la rétine n'est pas plus indépendante du nerf optique que ne l'est le réseau nerveux périphérique des cordons rachidiens. Car rien n'est plus fréquent que de voir une même maladie envahir simultanément les deux zones de l'appareil nerveux périphérique de la vision, comme l'indique la nécessité où les ophthalmologistes ont été de créer le mot *névro-rétinite*. Seulement, comme le terrain se modifie en passant d'une zone à l'autre, il en résulte que le même processus morbide prend un caractère spécial à chacun de ces départements. Dans l'inflammation, ce sont certainement les conditions particulières d'étranglement qui s'opposent le plus à l'envahissement de la rétine. Du reste, même dans la prétendue névrite pure, la rétine présente souvent çà et là des taches exsudatives et parfois de petits foyers hémorrhagiques. C'est surtout dans la couche fibreuse que la névrite tend à se propager, parce que c'est elle qui conserve le plus la texture du cordon nerveux, et surtout parce qu'elle est la plus riche en tissu cellulaire. Il en résulte ce que les cliniciens appellent la *rétinite parenchymateuse*. Le processus donne lieu à une prolifération de noyaux et de fibres qui refoulent et déplacent les irradiations nerveuses de la papille. Il gagne plus difficilement le tissu cellulaire des couches granuleuses, qui est plus rare et moins assimilable au névrilème. Lorsque l'inflammation s'y engage, elle y trouve sans doute un terrain moins propre à la diffusion, car elle reste circonscrite par foyers. En revanche, elle compromet, beaucoup plus que la rétinite parenchymateuse, l'intégrité matérielle des fibres terminales et des éléments de la couche de Jacob. De Græfe invoque la proximité plus grande de ces éléments. Mais n'y a-t-il pas à tenir compte de ce fait que, quand l'inflammation s'est arrêtée à la première étape, ils continuent à être en connexion normale avec les cellules ganglionnaires qui peuvent exercer sur eux une certaine influence trophique. Comme troubles fonctionnels, les altérations partielles de la rétine produisent des lacunes dans le champ visuel, une diminution de l'acuité de la vue, mais rarement une perte absolue de la vision, tout justement parce que les éléments nerveux ne sont plus là réunis en un seul faisceau.

Les vaisseaux du nerf optique et de la rétine sont souvent exposés à se rompre, en raison soit d'un choc, soit d'un trouble de la circulation générale, soit d'une altération de leurs parois. De là des épanchements qui peuvent se montrer sur les différents points du nerf. Il s'en forme assez fréquemment dans le chiasma. C'est dans ce point qu'ils entraînent les conséquences les plus considérables. Les fibres des deux bandelettes s'y trouvant mélangées et subissant simultanément la compression, la vision peut être atteinte dans les deux yeux. Dans le cordon comme dans le chiasma, l'épanchement, au moment où il se forme, peut donner lieu à une cécité tellement soudaine et complète que Græfe croit impossible de l'expliquer par la compression simultanée de tous les tubes nerveux. Il croit que cet effet tient plutôt à l'aplatissement des vaisseaux par compression, et par suite à une anémie brusque du nerf. Peut-être y a-t-il, comme dans les apoplexies cérébrales, plus qu'un effacement passif, une contraction spasmodique réflexe, provoquée par l'impression due à la rupture, et qui est comme un remède instinctivement dirigé contre l'hémorrhagie. Les épanchements entraînent des conséquences moins grandes dans la rétine que dans le nerf optique, parce que les tubes nerveux, en s'éparpillant, acquièrent une certaine indépendance vis-à-vis les uns des autres. Déjà dans la papille le tassement est assez diminué pour que les petites hémorrhagies ne gênent pas sensiblement la vue. Quel que soit le siége de l'hémorrhagie, la sensibilité visuelle, lorsqu'elle a été abolie, reparaît en partie au bout d'un certain temps, parce que la contraction réflexe n'a qu'un temps et surtout parce que le sang épanché est en partie résorbé. Mais il n'en est pas toujours ainsi, parce que le défaut de nutrition et la compression subie par les tubes nerveux les altèrent, et le malade se trouve condamné à une cécité définitive, malgré la résorption du caillot. En disparaissant, celui-ci laisse de petits amas d'hématosine et produit des taches pigmentaires persistantes. Ces vestiges d'hémorrhagies anciennes persistent moins longtemps dans la papille que dans le cordon, parce que la première est le siége de courants endosmotiques et exosmotiques beaucoup plus actifs. On rencontre chez quelques individus à teinte basanée une pigmentation du nerf optique qui n'implique pas l'existence d'une ancienne hémorrhagie. Elle est congéniale et exprime une aptitude particulière de la nutrition générale. Ce pigment qui imprègne le tissu conjonctif et qui ne touche en rien aux éléments nerveux, ne trouble nullement le fonctionnement de la vue. Il paraît en être de même pour les dépôts de cholestérine que quelques observateurs ont constatés dans la papille. Les vaisseaux du nerf optique, particulièrement l'artère dite *centrale de la rétine*, peuvent être obstrués par une embolie. Le fait a été signalé par Virchow, Necker, de Græfe et Jæger. Il peut en résulter une cécité qui n'est que passagère, parce que la rétine reçoit encore des vaisseaux provenant des artères ciliaires qui se dilatent, à titre de suppléance, ainsi que l'ont démontré les expériences directes de Kugel.

Sous l'influence de la pression qu'ils subissent dans la névrite ou dans l'apoplexie, les tubes nerveux éprouvent très-souvent la dégénérescence graisseuse. Celle-ci aboutit, comme partout, à la résorption de la plus grande partie de ces agents anatomiques qui laissent à leur place une trame celluleuse criblée d'un grand nombre de corpuscules amyloïdes. Considéré dans son ensemble, le nerf peut arriver à être réduit à la moitié de son volume. Cette atrophie du nerf optique peut se produire d'emblée, sans avoir été précédée et engendrée par un travail inflammatoire. Cela a lieu sous l'influence d'une désorganisation des parties de l'encéphale qui peuvent exercer sur lui une action trophique ou qui se trouvent être en relation fonctionnelle avec lui. Il se passe alors pour la 2e paire ce qui a lieu pour les racines motrices après la destruction des cornes antérieures. Græfe prétend que les tumeurs du crâne peuvent la déterminer sans enflammer préalablement le nerf, simplement en le condamnant à l'inertie, par suite de l'entrave que leur pression apporte à la transmission nerveuse. Suivant Galezowski, elle pourrait aussi reconnaître pour cause un défaut d'alimentation sanguine dû lui-même à une embolie de l'artère centrale. L'atrophie d'origine inflammatoire vient rendre irrémédiable et plus absolue la paralysie visuelle, à laquelle donnait déjà lieu la névrite elle-même par un autre mécanisme. Mais lorsqu'elle est la conséquence d'une désorganisation centrale ou d'un défaut de nutrition, comme elle ne s'établit que lentement, tube par tube, la vue ne s'affaiblit que par degrés presque insensibles à travers les mois et les années. La vision perd peu à peu de son acuité, et il vient un moment où le malade ne perçoit même plus les gros objets ambiants et ne peut plus se conduire. D'après Wilhemschön, bien avant que la cécité ne s'établisse, il survient des troubles dans la perception des couleurs. C'est d'abord le vert qui devient difficile à distinguer. Il donne la sensation du gris ou du jaune. Vient ensuite le tour du rouge et du jaune. C'est la perception du bleu qui persiste le plus longtemps.

Il est un genre d'atrophie du nerf optique que l'on désigne à l'aide de l'épithète *grise*, par opposition à la précédente qui mérite la désignation de *blanche*, en raison des colorations respectives que prend la papille en ces deux circonstances. La teinte grise est la conséquence d'une prolifération exagérée du névrilème et traduit par conséquent la *sclérose du nerf optique*, comme elle exprime celle des centres nerveux. Au fond, ce genre d'atrophie représente le résultat d'une direction particulière prise par un travail inflammatoire. Elle est une des voies dans lesquelles la névrite peut s'engager. Dans la névrite simple il y a afflux de sang, limité bientôt par la constriction du trou optique, il y a surabondance d'exhalation plasmatique, puis plus tard d'imbibition séreuse résultant de l'entrave apportée à la circulation locale; mais le névrilème n'est, pour ainsi dire, que gorgé de liquides qu'il ne transforme pas en unités histologiques de sa propre substance, et lorsque l'afflux vient à cesser, il revient sur lui-même, effaçant les vides qu'ont laissés les tubes détruits. De là une diminution notable et par suite une atrophie très-marquée de l'ensemble du cordon nerveux. Dans la sclérose, le processus inflammatoire donne peut-être lieu à un afflux moins surabondant, mais plus plastique. Les noyaux du névrilème prolifèrent à l'infini et préparent ainsi une multiplication des plus actives des fibres conjonctives. Refoulés par ces éléments de nouvelle formation, les tubes nerveux dégénèrent et se détruisent, mais ce travail d'atrophie est en grande partie compensé par l'hypertrophie du névrilème. Aussi la diminution de volume du nerf est-elle peu marquée, et beaucoup d'anatomistes ont substitué les mots *dégénérescence grise* à ceux d'*atrophie grise*. Au point de vue fonctionnel, les résultats ne peuvent que ressembler à ceux fournis par l'atrophie blanche, puisque la destruction des tubes ne peut qu'annihiler leur fonctionnement, quelle que soit la manière dont cette destruction se produise. Quant à la cause qui donne à la névrite cette direction, elle nous est inconnue. Tout ce qu'on peut dire, c'est que cette déviation nutritive est rarement exclusivement locale. Presque toujours elle est comme une manifestation excentrique d'une sclérose de l'encéphale ou de la moelle. Elle coexiste le plus souvent avec l'ataxie locomotrice. Il existe certainement une relation quelconque entre les cordons de la moelle et les divers centres visuels; car nous verrons d'autres nerfs de l'appareil de la vision être atteints dans cette affection.

La disposition du nerf optique en une tige s'épanouissant à son extrémité périphérique, l'expose à un genre de déformation qu'on appelle *excavation*. Il se creuse en entonnoir au niveau de la papille. Ce phénomène peut se produire dans deux circonstances et suivant deux mécanismes bien distincts. Dans certains cas, il est la conséquence d'une atrophie par dégénérescence graisseuse. Dépouillé par résorption des éléments nerveux qu'il entourait, le tissu conjonctif de la papille se ratatine et produit un vide comparable à celui que déterminerait l'effondrement des lèvres d'un cratère. Dans d'autres cas, l'excavation, dite alors *glaucomateuse*, n'est plus le résultat d'une raréfaction du nerf, mais de son refoulement par le fait d'une pression extérieure. Ce sont les milieux de l'œil qui, augmentant de volume, se font place aux dépens de l'épanouissement nerveux qui les coiffe. Quant à la cause première de cette hypersécrétion, elle se trouve sans doute dans le trijumeau. Nous l'analyserons donc à propos de cette paire crânienne. L'excavation par atrophie coïncide naturellement avec les troubles paralytiques qu'entraîne la dégénérescence dont elle n'est elle-même qu'une conséquence. L'excavation glaucomateuse respecte davantage le fonctionnement de la vue. La sensibilité aux couleurs persiste longtemps, tout justement parce que pendant un certain temps les éléments nerveux ne sont que refoulés et comprimés, tandis que dans l'atrophie leur destruction précède la formation de l'excavation.

Ce qui, dans l'ordre pathologique, distingue avant tout le nerf optique de la rétine, c'est l'aptitude qu'offre cette dernière à donner naissance à des tumeurs comprises autrefois sous le nom générique de cancer et appelées depuis, par Virchow, *gliomes*. Elles sont formées par des amas considérables de noyaux qui se rapprochent beaucoup des éléments normaux de la couche granuleuse et qui rappellent les myélocytes des centres nerveux. Aussi Robin et Knapp n'hésitent pas à les regarder comme résultant d'une prolifération des éléments nerveux de la couche granuleuse. Mais, s'appuyant sur l'étude approfondie des différentes phases de leur développement, Iwanoff, de Kiew, croit pouvoir affirmer qu'elles se produisent aux dépens des cellules du tissu cellulaire qui siége dans la couche fibreuse. Par contre, le nerf optique paraît très-apte à jouer un rôle important et souvent initial dans la production des *myxômes* de l'orbite. Le fait a été observé par Sichel fils, Roux, Breschet, de Græfe et Rothmond. Enfin, chez un sujet syphilitique, Giraud-Teulon a trouvé une tumeur gommeuse dans l'épaisseur même du chiasma; chez un autre, observé par Dittrich, le nerf était transformé en une masse d'un gris sale.

La perte de la vision peut se rencontrer sans que le nerf optique ni la rétine paraissent être altérés matériellement. Cela s'observe quelquefois chez les diabétiques, les alcoolisés et les hystériques. Pour l'amaurose hystérique en particulier, Galezowski l'attribue à un spasme des vaisseaux rétiniens qui produirait une incapacité de la rétine par anémie. Mais comme généralement il y a en même temps anesthésie de tous les autres genres de sensibilité, il est plus probable que la cause est centrale et tient à une modification de la couche optique. Du reste, l'amaurose se montre presque toujours à gauche dans ces cas. Or, c'est aussi de ce côté qu'on observe ordinairement la paralysie de la sensibilité générale. En outre, il est probable que le *sine materia* est purement apparent et tient à l'insuffisance de nos moyens d'investigation, car il finit par survenir une névro-rétinite ou une atrophie papillaire.

Reste une dernière question qui peut s'appliquer à toute espèce de lésion, vu qu'elle touche plutôt à leur siége qu'à leur nature, et qui intéresse au plus haut point la solution à donner sur la structure du chiasma. Théoriquement, d'après l'opinion classique, une altération occupant exclusivement la moitié externe de l'une des bandelettes devrait compromettre uniquement le fonctionnement de la moitié externe du même côté; une lésion n'occupant que la moitié interne de l'une des bandelettes détruirait la vision dans la moitié interne de la rétine du côté opposé; une lésion de la totalité d'une bandelette ou d'un hémisphère cérébral devrait paralyser à la fois la moitié externe de l'une des rétines et la moitié interne de l'autre; la destruction du centre du chiasma devrait rendre amaurotiques les deux moitiés internes des deux rétines; celle d'un de ses bords latéraux devrait retentir sur la moitié externe de la rétine du même côté; malheureusement, sur le terrain de la clinique, les choses sont loin de se présenter avec cette régularité mathématique. La plupart du temps, les lésions du chiasma, quel que soit leur siége, compromettent les deux yeux dans les mêmes proportions. D'autre part, dans les maladies cérébrales, il arrive très-souvent qu'un seul œil, ordinairement celui du côté opposé, se perd dans son entier; puis qu'ultérieurement l'autre œil devient à son tour malade, mais tout aussi bien dans sa partie externe que dans sa partie interne. Ces derniers faits sont certainement de nature à donner raison à ceux qui admettent un entre-croisement complet et à condamner la théorie de Vollaston, c'est-à-dire celle de l'entre-croisement partiel. Mais les connexions de l'appareil nerveux de la vision sont si nombreuses, leur texture est si compliquée, il y a tant de circonstances variées qui peuvent intervenir dans chaque processus morbide, que l'on conçoit parfaitement que les résultats puissent dévier à chaque instant de leurs directions naturelles. Le chiasma est relativement un point si limité, qu'une altération quelconque y reste rarement circonscrite, d'autant plus que les éléments nerveux s'y trouvent plongés dans une gangue commune. D'autre part, c'est presque toujours par une névrite qu'une tumeur cérébrale produit l'amaurose. Or, l'inflammation d'un nerf a plutôt pour théâtre son névrilème que ses éléments nerveux, et le névrilème d'un cordon nerveux forme une seule et même charpente dont l'inflammation envahit toutes les parties, sans s'inquiéter de l'origine des tubes que celles-ci entourent. Bien des fois, dans les cas de dégénérescence, le centre que l'on regarde comme ayant été primitivement atteint, ne l'a été en réalité qu'à la suite d'un trouble trophique, né à la périphérie, en vertu d'un processus ascendant et non descendant. Souvent le trouble trophique s'est montré sur place partout à la fois et a pris sa cause dans un état du sympathique. Or, celui-ci procède par moitié latérale, sans s'inquiéter des décussations que les nerfs crâniens peuvent contracter entre eux. Enfin l'affaiblissement de la sensibilité dans une seule moitié de la rétine n'est pas toujours très-facile à constater et peut avoir précédé l'amaurose complète sans qu'on s'en soit aperçu. D'ailleurs l'hémiopie a pris rang depuis long-temps dans la science ophthalmologique. Très-souvent on la rencontre avec le caractère d'alternance qu'exige la théorie Vollaston; si dans certains cas elle porte au contraire simultanément sur les deux moitiés internes ou sur les deux moitiés externes, ces anomalies apparentes peuvent toujours être expliquées par des lésions purement rétiniennes ou par des altérations du chiasma. En présence de la difficulté où l'on est de juger la question cliniquement sur l'espèce humaine, on a eu fréquemment recours à l'expérimentation sur des mammifères. On a fait sur les bandelettes des sections qu'on pouvait limiter à volonté. Les uns ont constaté des atrophies consécutives et partielles en parfait accord avec l'idée d'un entre-croisement partiel. Les autres n'ont pas obtenu les mêmes résultats. Mais on peut reprocher à beaucoup d'entre eux de n'avoir pas attendu un temps suffisamment long, car l'atrophie appréciable à l'œil nu ne se produit que longtemps après la dégénérescence graisseuse des tubes, lorsque les granulations qui en résultent ont été résorbées et que les gaines de Schwann se sont fusionnées avec le névrilème. Il est probable que si, à l'époque où ils ont sacrifié leurs sujets, ils avaient eu recours au microscope, ils auraient constaté un travail regressif là où l'œil n'apercevait encore aucune modification.

Nerf moteur oculaire commun.

Constitution anatomique. — Ce nerf naît de la face interne des pédoncules cérébraux, au niveau de la jonction des plans inférieur et moyen de ces cordons, à égale distance de la protubérance et des tubercules mamillaires. Il se dirige ensuite obliquement en haut, en dehors et en avant; il se trouve ainsi, pendant la première partie de son trajet, compris dans l'espace interpédonculaire. C'est là un fait qui a pour lui de sérieuses conséquences pathologiques. Il s'engage ensuite dans l'épaisseur de la paroi externe du sinus caverneux où il reçoit deux anastomoses importantes. Là, en effet, il s'adjoint plusieurs filets provenant des rameaux carotidiens du grand sympathique et un filet relativement gros fourni par l'ophthalmique de Willis. Cette addition lui crée des conditions physiologiques nouvelles. En quittant le sinus, il se dirige en bas et en avant et pénètre dans l'orbite par la partie la plus large de la fente sphénoïdale. Il se divise en deux branches dont l'une, *supérieure*, se rend dans le

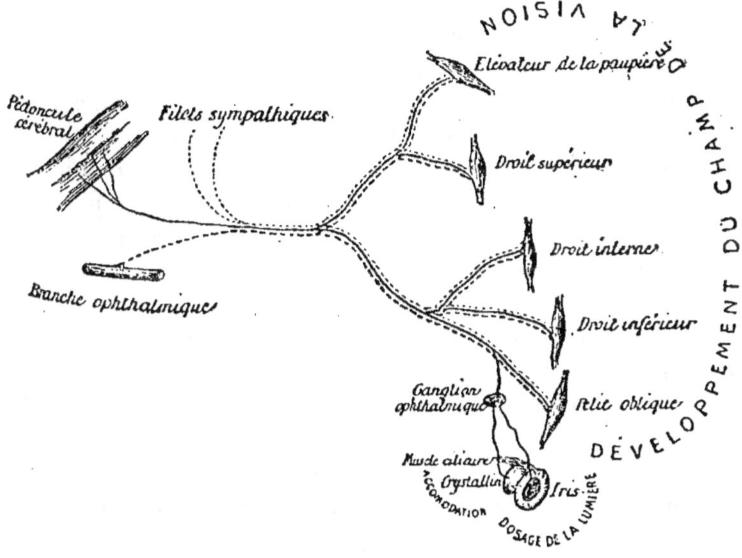

Fig. 58.

Schéma physiologique de la 3e paire.

muscle *droit supérieur* et fournit quelques filets à l'*élévateur de la paupière supérieure*, et dont l'autre, dite *inférieure*, se partage bientôt en trois rameaux distincts : un de ces rameaux se porte en dedans et va s'épuiser dans le muscle *droit interne*; un second aboutit au *droit inférieur*; enfin le troisième est destiné au *petit oblique*. Avant de pénétrer dans ce muscle, ce dernier rameau fournit la *racine motrice du ganglion ophthalmique*, par l'intermédiaire duquel il concourt à l'innervation de l'iris et du muscle ciliaire. De ces modes de division et de distribution, il résulte que l'innervation de la paupière et du droit supérieurs n'offre pas avec celle des droits interne et inférieur, du petit oblique, de l'iris et du muscle ciliaire une solidarité pathologique aussi grande que celle que présentent entre eux les organes de chacun de ces deux groupes.

Physiologie normale. — Par lui-même ce nerf est exclusivement moteur. On a beau le pincer, l'irriter de toutes manières auprès de son origine, l'animal en expérience ne manifeste pas la plus légère souffrance et on ne détermine que des contractions des différents muscles désignés dans le schéma précédent. Toutefois, ces résultats de nature purement motrice n'ont lieu seuls qu'autant que l'excitation porte entre les pédoncules et le sinus caverneux. A dater de ce dernier point, le nerf n'est plus complétement insensible ; mais évidemment ce n'est là qu'une sensibilité d'emprunt, qui est due à l'anastomose envoyée par l'ophthalmique. L'existence de cette anastomose et de cette sensibilité est une réponse péremptoire à opposer à ceux qui n'admettent pas le sens musculaire et qui prétendent même que les muscles sont dépourvus de toute espèce de sensibilité, car la 3ᵉ paire se rend exclusivement à des muscles. Du reste, ceux qu'elle innerve avaient besoin d'être doués d'un sens musculaire excessivement délicat, vu qu'ils sont appelés à exécuter des mouvements d'une précision mathématique. Il est probable que l'excitation ou la section du nerf, au delà du sinus caverneux, donne lieu à des troubles vaso-moteurs qu'elle serait incapable de produire en deçà ; mais ce genre de modifications est bien difficile à constater dans un théâtre aussi restreint. Néanmoins il est plus que probable que les fibres émanées du sympathique qui viennent s'ajouter à la 3ᵉ paire copient les modes de division et de distribution suivis par l'anastomose provenant de l'ophthalmique, et qu'elles se répartissent entre toutes les branches terminales du moteur oculaire commun. De cette façon, chacune de ces branches apporte avec elle trois éléments physiologiques bien distincts et indispensables, l'agent excitateur de la contraction, l'agent régulateur du mouvement, l'agent dispensateur de l'alimentation matérielle et dynamique du muscle.

Au point de vue fonctionnel, on peut dire que le moteur oculaire commun est affecté exclusivement à l'appareil de perfectionnement de la vision avec les 4ᵉ et 6ᵉ paires. Il préside concurremment avec elles à ces mouvements variés qui réalisent pour l'œil les avantages que peut procurer à un télescope un support muni de nombreuses articulations. C'est grâce à ces nerfs et aux muscles de l'orbite que nous pouvons déplacer le champ visuel dans toutes les directions et porter nos yeux, pour ainsi dire, au-devant des objets que nous voulons considérer. Pour sa part, la 3ᵉ paire intervient plus particulièrement pour permettre la vue des objets situés ou en bas, ou en haut, ou de côté. D'autre part, elle contribue au succès de la vision simple avec les deux yeux. Elle joue, comme nerf, le rôle le plus important dans l'harmonisation des mouvements associés qui font que les deux images produites par chaque objet viennent tomber sur des points identiques des rétines et engendrer ainsi une seule et même sensation. En troisième lieu, la 3ᵉ paire concourt, par l'intermédiaire de la courte racine du ganglion oph- thalmique, au dosage de la lumière autorisée à impressionner la rétine. Son rôle, dans cette circonstance, est de prémunir le nerf optique contre un ébranlement trop intense. En resserrant l'ouver- ture pupillaire, il rétrécit le pinceau de lumière admis à pénétrer dans les profondeurs du globe oculaire, tandis que le sympathique est au contraire chargé de dilater la pupille et de faire profiter la rétine de toute la lumière que peuvent réfléchir les objets mal éclai- rés. Pour compléter cette théorie classique, on admet l'existence dans l'iris de deux ordres de fibres musculaires, des circulaires et des radiées, et animées, les premières par le moteur oculaire com- mun, les secondes par le sympathique. Cependant, il faut le dire, dans l'expérimentation la vérité de cette interprétation est loin de ressortir d'une façon nette. Cl. Bernard a attiré le premier l'atten- tion sur ce fait qu'après l'arrachement de la 3ᵉ paire la pupille est bien très-dilatée, mais que tout en restant dilatée elle n'a pas perdu pour cela toute aptitude à se resserrer; qu'elle le fait seulement dans une moindre étendue. Il ne faut pas toutefois s'exagérer la valeur de cette objection, car elle prouve seulement que la 3ᵉ paire n'exerce pas sur les fibres circulaires une influence complète et ex- clusive. Mais remarquez d'abord que les oscillations que l'iris est encore susceptible d'exécuter après l'arrachement sont excessive- ment faibles et souvent partielles. Or, la possibilité de pareilles contractions peut parfaitement se comprendre, même avec un seul nerf moteur crânien ayant des connexions avec l'iris, du moment où les cordons nerveux doivent être regardés comme de simples excitateurs et non comme une voie de transport d'un fluide qui ne pourrait absolument prendre naissance que dans l'axe cérébro-spinal. L'agent direct des mouvements de l'iris se trouve, en définitive, dans le ganglion ophthalmique ; peut-être même y a-t-il des agents divisionnaires réalisés par le réseau périphérique iridien. Dans tous les cas, c'est dans le ganglion que se trouve l'administration locale de tout le système ciliaire. C'est là que se trouvent les cellules motrices provoquant directement le mouvement. Ces cellules n'ont point d'activité spontanée ; mais en dehors de toutes relations avec le sympathique et l'axe cérébro-spinal, elles peuvent faire contracter les fibres musculaires de l'iris au reçu d'une impression inconsciente née dans ce diaphragme lui-même et apportée par les nerfs ciliaires sensitifs. Tout se passe alors exclusivement entre les agents particuliers de l'administration locale. C'est ce qui a lieu lorsque l'iris subit un contact plus ou moins direct ou lorsqu'il est le siége d'un processus pathologique irritant. C'est ce genre de resserrement lent et peu énergique que le ganglion peut encore faire exécuter chez les animaux auxquels on a pratiqué l'arrachement de la 3ᵉ paire. Mais tout en étant susceptible de produire ainsi des manifestations autogènes, ce ganglion est appelé avant tout à obéir à des influences nerveuses extrinsèques. Voici, en effet, comment je comprends son organisation. Parmi les cellules motrices qu'il renferme, les unes sont affectées aux fibres circulaires, les autres aux fibres radiées. Toutes reçoivent, d'une part, des filets ciliaires sensitifs et peuvent entrer en action sous leur influence. C'est le fait que nous venons de signaler ; mais elles reçoivent, d'autre part, les premières (celles des fibres circulaires) des tubes provenant de la 3ᵉ paire, les secondes (celles des fibres radiées) des tubes venant du sympathique. On a ainsi la reproduction de ce qui existe pour la moelle. Ces deux ordres de tubes sont pour elles ce que les fibres encéphaliques des cordons antérieurs sont pour les cellules des cornes antérieures. Ils jouent vis-à-vis d'elles le rôle d'excitateurs d'origine centrale. De même que pour les fibres encéphaliques, la stimulation est beaucoup plus énergique lorsqu'elle est apportée aux cellules par l'un de ces excitateurs, que lorsqu'elle provient d'un nerf ciliaire sensitif. Au cas particulier, les contractions sont en outre plus rapides et plus générales. Celles des fibres circulaires prennent surtout ce caractère d'instantanéité propre aux mouvements volontaires, parce que les tubes et les cellules qui leur correspondent sont tout justement en connexion avec un nerf de la vie animale, le moteur commun. Cette instantanéité était nécessaire, puisqu'il s'agit de faire varier l'ouverture de la pupille avec promptitude, suivant l'intensité de l'éclairage du moment. Mais malgré leur origine crânienne, malgré la vitesse des effets qu'ils produisent, ces tubes particuliers de la 3ᵉ paire n'obéissent pas à la volonté. Cela devait être, puisque leur action vise un but nécessaire qui ne pouvait être abandonné à notre fantaisie. Ici les fibres excitatrices fournies par la 3ᵉ paire sont mises sur le même pied que celles qui émanent du sympathique. Elles n'agissent que par action réflexe. Les unes et les autres obéissent tantôt à une impression tactile née sur la conjonctive au contact d'un corps étranger et apportée à l'encéphale par l'ophthalmique de Villis, tantôt à une impression visuelle née sur la rétine sous l'influence des ondes lumineuses et apportée par le nerf optique. Mais c'est surtout avec ce dernier nerf que le moteur commun et le sympathique se trouvent liés d'une manière réflexe. Dans de telles conditions, le moteur commun n'en reste pas moins le seul nerf présidant à la protection de la rétine contre une lumière trop vive. C'est lui qui associe son action avec celle du sympathique pour proportionner la pupille à l'éclairage des objets et aussi à leur distance, parce que la lumière perd de son intensité en raison du carré des distances.

Deux difficultés restent cependant pour concilier les faits expérimentaux avec cette manière de comprendre l'organisation de l'innervation de l'iris. La section de la 3ᵉ paire produit bien une dilatation très-grande de la pupille et une immobilité presque complète de cet organe; on reconnaît bien par là qu'elle donne les coudées franches à l'antagonisme du sympathique; mais quand on irrite le nerf moteur lui-même, on ne fait pas resserrer l'iris, même quand on a respecté la continuité de ce nerf. Or, d'habitude lorsqu'on titille le bout périphérique d'un nerf moteur, on provoque toujours des contractions du muscle dans lequel il se rend, même quand il doit encore traverser un ganglion. Mais les tubes affectés à la contraction de la pupille sont seulement ceux qui entrent dans la composition de la courte racine; ils ne la forment même pas entièrement, car il en est un certain nombre qui sont destinés au muscle de Bowman. Or, ces quelques tubes se trouvent plus haut, comme perdus dans le tronc du moteur, et l'irritation produite sur lui à l'aide d'un scalpel peut fort bien ne pas les atteindre. Il est vrai que la galvanisation, que l'on suppose disséminer davantage son action, n'a pas plus de succès. Mais, au cas particulier, l'application de l'électricité présente de telles difficultés que son influence peut fort bien ne pas se généraliser.

La seconde difficulté est beaucoup plus embarrassante. Cl. Bernard a constaté dans ses expériences que, chez les animaux ayant préalablement subi l'arrachement de la 3ᵉ paire, on déterminait un resserrement brusque et très-marqué de la pupille au moment où on pratiquait la section intracrânienne du trijumeau. Or, cette section ne peut agir ici que par un ébranlement sensitif transmis au cerveau et répercuté sous une forme motrice vers les cellules ganglionnaires afférentes aux fibres circulaires, et le seul nerf qui, pour nous, rattache directement ces cellules à l'encéphale se trouve justement supprimé. Bernard pense que, dans ce cas, l'influence réflexe de l'encéphale arrive au ganglion par la voie indirecte du sympathique, que par conséquent le moteur commun n'est pas le seul nerf capable d'agir sur les fibres circulaires de l'iris et que le sympathique partage ce droit avec lui. Mais je ne peux voir là qu'un de ces phénomènes accidentels de diffusion dont la substance grise périphérique nous fournit quelquefois des exemples dans l'état pathologique. Un ébranlement aussi considérable que celui que donne à tout le système nerveux la section du trijumeau a bien quelque chose de morbide. N'importe par où il arrive, il peut, vu son intensité, se communiquer aux cellules non directement touchées. Il est bien probable, en effet, qu'il est amené dans le ganglion par le sympathique et qu'une fois là il se propage par voisinage aux cellules des fibres circulaires, qui agissent alors comme si elles avaient été ébranlées par le moteur commun lui-même. Quoi qu'il en soit de cette explication, il est bien certain que le fait apparaît dans des conditions extraphysiologiques, et il ne faut jamais conclure de pareilles conditions à l'état normal. Or, on ne saurait contester que, dans l'ordre naturel, c'est la 3ᵉ paire qui est chargée de présider au resserrement de la pupille pour les besoins du dosage de la lumière, puisque, quand elle est supprimée, ce dosage ne se fait plus. Son rôle n'en est pas moins incontestable, quel que soit le mécanisme suivant lequel elle l'accomplit.

Enfin la 3ᵉ paire peut être aussi considérée comme jouant un rôle important dans l'acte de l'accommodation, c'est-à-dire dans la production de ces modifications incessantes de l'appareil de la vision qui font que la rétine se trouve toujours au foyer lumineux des objets regardés, quelle que soit leur distance. Ce phénomène a été l'objet d'un grand nombre d'interprétations, mais on s'accorde généralement à l'attribuer aujourd'hui à la présence d'un grand nombre de fibres musculaires lisses dans la choroïde. Ces fibres, comprises sous le nom général de *muscles ciliaires* ou de *Bowman*, sont de deux sortes : les unes, circulaires, encadrent la grande circonférence du cristallin et sont parfaitement disposées pour exercer sur cette lentille une compression capable d'augmenter son diamètre antéro-postérieur ; les autres, longitudinales, coiffent, pour ainsi dire, le corps vitré et, en se contractant, empêchent ce globe semi-liquide de fuir devant l'épanouissement du cristallin. Elles forcent ainsi le diamètre antéro-postérieur de cette lentille à n'empiéter qu'en avant, et il en résulte que dans toutes les circonstances la distance entre la rétine et la face postérieure du cristallin reste toujours la même, ce qui était nécessaire au point de vue de l'optique. L'ensemble de ces fibres musculaires est pourvu d'un riche plexus relié au ganglion ophthalmique par plusieurs filets dits *ciliaires*. Tout porte à penser que ces filets contractent dans le ganglion des connexions avec la courte racine émanée de la 3e paire, car quand celle-ci est sacrifiée d'une manière quelconque, le travail d'accommodation ne paraît plus s'effectuer. Chez les animaux il est difficile de juger de la chose. Cependant leurs allures indiquent qu'ils ne voient pas nettement ce qui les entoure, quoique leur rétine ne soit atteinte en rien. Dans l'espèce humaine, la pathologie permet de se rendre un compte plus exact de la cause réelle de l'imperfection de la vision.

Anatomie et physiologie pathologiques. — La 3e paire subit fréquemment des influences de voisinage. En raison de sa situation et de son trajet, elle se trouve compromise par la plupart des tumeurs de la base. Son passage dans l'épaisseur du sinus caverneux l'expose à être comprimée par les thromboses de ce canal veineux. Mais c'est surtout sa position particulière dans l'espace interpédonculaire qui la force à jouer un grand rôle sur la scène pathologique. C'est là, en effet, le berceau de prédilection des granulations méningitiques. Aussi c'est elle qui alimente le plus la symptomatologie de la méningite tuberculeuse. C'est aussi elle qui subit le plus souvent les effets de la syphilis constitutionnelle, particulièrement pendant la période tertiaire. Cette prédilection tient encore à la situation interpédonculaire de ce nerf, car le processus morbide provoqué dans ces circonstances par le virus syphilitique consiste dans une méningite chronique dont le foyer principal siége en ce point. Il se fait même, particulièrement autour du cordon nerveux, un exsudat qui tend à l'englober et à l'étouffer. Esmarch a vu, sous l'influence de la syphilis, la 3⁰ paire acquérir une épaisseur triple de son volume normal et être transformée en une masse homogène, lardacée et grenue. Dans les mêmes circonstances, Virchow l'a rencontrée tuméfiée et infiltrée d'un tissu rougeâtre. Ce nerf peut encore être compromis par d'autres genres de lésions syphilitiques, une périostite ou une tumeur gommeuse. On en a vu souvent siéger au niveau de la selle turcique, c'est-à-dire dans un point où le moteur commun est dans l'impossibilité de fuir devant une compression de voisinage. Dans l'orbite, ce nerf peut encore rencontrer des causes de pression du même genre. Il est une autre espèce d'infection qui rejaillit aussi souvent sur la 3⁰ paire, c'est la diphthérie. Les deux moteurs sont généralement atteints en même temps. Leur altération coïncide presque toujours avec celle des nerfs du voile du palais et est évidemment de même nature. En certaines circonstances, ils peuvent être atteints dans leur noyau d'origine : ainsi dans le cas d'épanchement ou de tumeur des pédoncules cérébraux. La cause perturbatrice peut être efficace, tout en étant moins directe, comme lorsque l'épanchement ou la tumeur occupent le pont de Varole au point d'émergence de ce nerf. Il peut être intéressé dans les cas de traumatisme de la tête, quand le choc arrive à produire une fracture indirecte de la fente sphénoïdale ou un épanchement sanguin des méninges capable de le comprimer dans son trajet intracrânien. Les tumeurs et les phlegmons de l'orbite peuvent enfin troubler le fonctionnement de tous les nerfs de la région intra-orbitaire. Mais le moteur commun est plus exposé que tout autre à subir ces conséquences, en raison même de la multiplicité de ses branches, qui viennent le représenter aux quatre points cardinaux de l'orbite.

En raison même de sa nature exclusive, le moteur commun, dans ces différentes circonstances, ne peut donner lieu qu'à des troubles moteurs. Lorsque la cause morbide siége au niveau ou au delà du sinus caverneux, il est évident qu'elle peut aussi troubler la sensibilité des muscles de l'orbite ; mais la perte de ce sens musculaire est comme non avenue, du moment où le mouvement est devenu lui-même impossible. Comme toujours, la motilité mise sous la direction de la 3⁰ paire peut être ou supprimée ou exaltée. Suivant le siége et l'intensité de la cause pathologique, la paralysie est ou générale ou partielle. Dans le premier cas, elle éclate presque toujours subitement et est engendrée soit par la syphilis, soit par une affection cérébrale qui compromet directement le tronc originel. On constate alors presque immédiatement que les mouvements de l'œil, en haut, en bas et en dedans, sont abolis, et que le globe oculaire ne peut plus exécuter que les mouvements de rotation dus au grand oblique ; que l'œil est constamment entraîné en dehors par le droit externe dont la tonicité n'est plus contre-balancée par celle du droit interne ; que la paupière supérieure masque une grande partie du globe oculaire et qu'elle est devenue incapable de se relever ; que la pupille se maintient dans un degré moyen de dilatation et ne varie plus sous l'influence de la lumière ; enfin, que l'œil dans son ensemble est plus saillant, qu'il se porte en avant comme s'il voulait sortir de l'orbite, non pas qu'il soit augmenté de volume et qu'il déborde de cette cavité, mais parce que la plupart des muscles étant tombés dans le relâchement, il n'est plus maintenu en arrière d'une manière aussi ferme. On dirait qu'il est mal attaché. La rétraction du grand oblique concourt encore à la production de ce léger degré d'exophthalmie. Lorsque la cause centrale étend peu sa sphère d'action et n'agit que sur une partie du tronc commun, ou bien lorsque la cause est intra-orbitaire et ne compromet qu'une ou deux branches de terminaison de ce nerf, la paralysie reste naturellement limitée aux muscles correspondants, et l'on observe exclusivement soit un prolapsus de la paupière, soit du strabisme, soit une mydriase. Le premier de ces phénomènes est regardé comme étant celui qui se montre le plus souvent d'une manière isolée ; mais je crois qu'on doit, au contraire, accorder le premier rang à la mydriase. Je la rencontre à chaque instant dans ma clientèle. C'est là d'ailleurs un symptôme qui passe facilement inaperçu et qui sert fréquemment de manifestation au virus syphilitique. La paralysie des muscles droits, lorsqu'elle existe d'une manière isolée, est le plus souvent en même temps incomplète et peut être facilement aussi méconnue. Le strabisme n'est alors constaté qu'à l'aide d'un examen attentif, et ce qui frappe le plus c'est que pour se porter en dedans l'œil est obligé de faire préalablement des tentatives désordonnées qui lui communiquent un tremblotement général. Il est impossible de juger de l'existence d'une paralysie isolée du petit oblique, car la déviation qui en résulte est presque nulle. Il est des cas assez nombreux où la perte de la motilité porte non-seulement sur toutes les branches d'un même nerf, mais sur celle des deux moteurs communs à la fois, ce qui s'explique parfaitement, puisqu'ils sont très-rapprochés l'un de l'autre dans l'espace interpédonculaire, et que là ils peuvent être également soumis à l'influence d'une même cause centrale de compression.

Les phénomènes d'exaltation peuvent consister soit en des spasmes cloniques ou convulsions, soit en des contractures ou spasmes toniques. Ces deux espèces de troubles moteurs sont toujours partiels. C'est le muscle droit interne qui est le plus souvent le siége de mouvements convulsifs. Les autres branches de la 3ᵉ paire laissent tout au moins les muscles qui leur correspondent dans un calme relatif qui fait que leurs oscillations passent à peu près inaperçues. Une seule prend parfois aussi une part active à ce désordre tumultueux, c'est celle du releveur de la paupière, et alors on constate que tandis que le globe oculaire se projette à chaque instant en dedans, la paupière se relève spasmodiquement d'une manière intermittente. Disons toutefois que Stilling a rencontré un spasme isolé du droit inférieur. Ces mouvements convulsifs s'accompagnent souvent de douleurs qui sont trop vives pour être attribuées exclusivement à l'anastomose que la 3ᵉ paire emprunte à l'ophthalmique. Cette dernière branche doit être elle-même bien certainement dans un état névralgique considérable, et ce qui se passe alors est tout à fait identique au tic douloureux de la face. Les convulsions oculaires ne sont que l'expression réflexe de la surexcitation sensitive du trijumeau. Ce qui le prouve, du reste, c'est que les douleurs occupent ordinairement toute la moitié de la tête et se montrent même d'une manière périodique. C'est encore la branche du droit interne qui donne lieu habituellement au phénomène contracture. Celui-ci n'est souvent, du reste, que la conséquence d'une paralysie prolongée de la 6ᵉ paire. L'absence d'antagonisme finit par exalter l'action de cette branche.

Les paralysies, ainsi que les spasmes dus à la 3ᵉ paire, entraînent naturellement des troubles fonctionnels considérables, en raison même de ses différentes destinations physiologiques. Le plus marqué est celui qui porte sur l'exercice de la vision simple avec les deux yeux. La déviation de l'un des yeux ne permet plus aux axes visuels de maintenir entre eux le parallélisme sans lequel les deux images ne sauraient tomber sur des points identiques des rétines. Il en résulte que tous les objets sont vus doubles. De là le symptôme dit *diplopie*, qui suffit pour rendre la vision très-incertaine et qui, en outre, produit souvent du vertige. Lorsque la cause paralysante est générale et compromet en même temps le releveur, elle apporte elle-même un remède à ce défaut de netteté, en supprimant par le prolapsus de la paupière la vision pour l'œil dévié. Si elle est plus générale encore et si elle annihile à la fois les deux moteurs communs, comme les deux yeux sont alors maintenus fortement en dehors, chacun de son côté, les objets sont vus simples ; mais les deux yeux ne voient pas les mêmes objets. De plus, comme le champ visuel est devenu exclusivement bilatéral, il y a pour le malade impossibilité de voir ce qui est directement en face de lui. Aussi est-il très-embarrassé pour se conduire. Quand la déviation est de nature spasmodique et non paralytique, la diplopie se manifeste avec des allures beaucoup plus désagréables encore, vu que les deux images changent continuellement leurs rapports, se rapprochant ou s'éloignant sans cesse l'une de l'autre.

Si le strabisme produit la diplopie, l'immobilité de l'iris restreint considérablement les moyens de dosage de la lumière, ce qui contribue toujours à apporter un certain trouble dans la régularité de la vision. En une foule de circonstances, l'impression est trop vive pour pouvoir être appréciée ; elle n'est plus que pénible. C'est pour cela que les malades chez lesquels on relève la paupière en prolapsus cherchent à dérober leur rétine à la lumière par des déplacements de la totalité de la tête, tant que leur nerf optique n'est pas lui-même compromis. Cette dernière réserve prouve que ce n'est pas le contact subi par la paupière qui excite ces mouvements réflexes. Ce qui, dans les maladies de la 3e paire, trouble l'exercice de la vision d'une manière notable, malgré l'intégrité de la rétine et du nerf optique, c'est la perturbation apportée dans le service de l'accommodation. On est tenté de croire que la rétine ne fonctionne pas bien, quoique la véritable cause de trouble soit la formation de l'image en avant ou en arrière d'elle, de telle sorte que tous les objets apparaissent avec des cercles de diffusion plus ou moins considérables. La perte de l'accommodation est elle-même la conséquence de la paralysie du muscle ciliaire, paralysie dont nous n'avons pas parlé encore, parce qu'on ne peut la constater que par ses effets fonctionnels. Suivant Galezowski, cette paralysie existe même très-souvent d'une manière isolée, sans que les autres branches du moteur commun soient elles-mêmes touchées. Le siége du mal se trouve-t-il alors dans le ganglion ophthalmique ou dans la courte racine, dépendance directe de la 3° paire ? C'est ce qu'il est impossible de décider. Tout ce que l'on sait, c'est que cette paralysie de l'accommodation apparaît souvent à la fois dans les deux yeux sous l'influence de la diphthérie. Elle accompagne la paralysie du voile du palais et persiste beaucoup plus longtemps qu'elle. Le même fait se montre parfois pendant la convalescence des fièvres éruptives graves. Il en est de même, du reste, dans toutes les maladies qui ont épuisé considérablement l'économie. L'accommodation chancelle comme la locomotion. La syphilis et le traumatisme peuvent aussi amener ce résultat isolé. Cette dernière influence tendrait à démontrer que l'altération moléculaire paralytique siége plus particulièrement dans le réseau ciliaire ou dans le ganglion. Lorsque cette paralysie partielle persiste longtemps, elle détermine de la presbytie permanente. Exceptionnellement, la fonction de l'accommodation peut être troublée par un état spasmodique du muscle ciliaire. Le fait se rencontre surtout chez les personnes qui, par suite de leur profession, sont obligées de faire des efforts continus pour regarder des objets très-fins. Dans ce cas, la scène pathologique reste probablement limitée au plexus ciliaire. Mais le spasme peut aussi être un résultat réflexe d'une névralgie du trijumeau. C'est alors le tic douloureux localisé dans les nerfs accommodateurs, et la courte racine sert naturellement de voie de transmission à cette manifestation motrice de la souffrance. Dans les deux cas, le spasme produit un effet inverse à celui de la paralysie, c'est-à-dire de la myopie.

Nerf pathétique.

Considérations anatomiques. — Le nerf pathétique est excessivement grêle. Il naît sur les côtés de la valvule de Vieussens, à 1 ou 2 millimètres en arrière des tubercules quadrijumeaux, sur le bord postérieur du ruban du Reil. Il est par conséquent très-rapproché du centre ordonnateur de tous les mouvements mis au service de l'exercice de la vision. Stilling et Meynert prétendent qu'au moment de leur naissance les deux pathétiques s'entre-croisent au niveau même de la valvule de Vieussens. Cet entre-croisement, que Schrœder Van der Kolk déclare n'avoir pas pu constater dans ses dissections, est nié par Exner, parce que l'électrisation de la valvule de Vieussens ne met pas les deux yeux simultanément en rotation. A partir de cette origine, il se porte en dehors, en avant et en bas, contourne la protubérance, traverse le repli de la dure-mère étendu entre le sommet du rocher et la lame quadrilatère du sphénoïde, et peut ainsi se trouver étranglé dans les cas de tuméfaction de cette partie de l'enveloppe fibreuse du cerveau. Il se loge ensuite, comme le nerf précédent, dans la paroi externe du sinus caverneux, où il reçoit quelques filets provenant de l'ophthalmique. Quelques-uns de ces filets semblent l'abandonner un peu plus loin, mais il en conserve

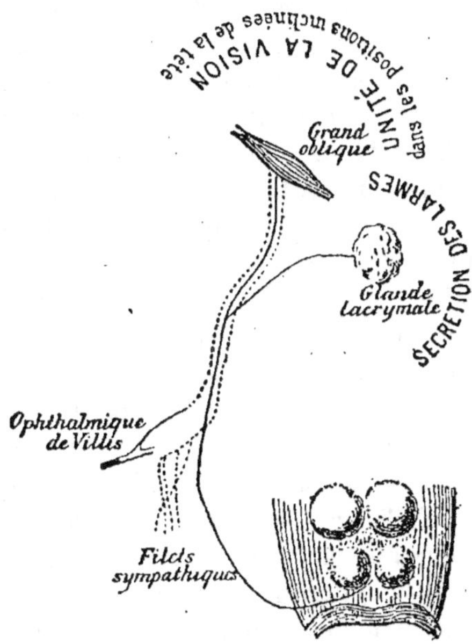

Fig. 59.

assez pour assurer le sens musculaire au muscle grand oblique, dans lequel se termine la 4ᵉ paire. Avant cette terminaison, il fournit à la glande lacrymale une branche collatérale longtemps méconnue et décrite pour la première fois par Currie.

Physiologie normale. — La nature motrice du pathétique n'est contestée par personne. Non-seulement son mode de terminaison l'indique *à priori*, mais Longet s'est attaché à la démontrer en faisant contracter le muscle grand oblique et éprouver de la rotation au globe oculaire par la galvanisation exclusive de ce nerf. Il se fait remarquer toutefois, parmi les nerfs moteurs crâniens, par la rapidité avec laquelle il perd son excitabilité. Il reste souvent muet aux excitations de l'électricité, même très-peu de temps après la mort. Cela tient peut-être aux conditions particulières dans lesquelles son fonctionnement physiologique s'exécute, et qui font qu'il n'obéit pas d'une façon directe à la volonté. Il nous est en effet impossible de porter un de nos yeux en bas et en dehors, c'est-à-dire de réaliser le mouvement exécuté par le grand oblique et excité par le pathétique, en conservant la tête parfaitement droite. Il faut absolument que nous inclinions préalablement la tête de côté, et une fois cette inclinaison produite, la rotation s'opère à notre insu et sans que notre volonté ait le pouvoir de l'empêcher. La mise en jeu des muscles de la région latérale du cou, voilà le seul acte directement volontaire de notre part dans cette circonstance. Quant au pathétique et au grand oblique, ils ne font qu'obéir à une association de mouvements préétablis en nous. Cette disposition est motivée par le rôle fonctionnel que la 4e paire est appelée à remplir, car la nature en agit ainsi pour tous les mouvements qui ont besoin d'une grande précision et qui ont une mission tellement indispensable, que leur exécution ne pouvait être abandonnée à notre bon plaisir. Pour que la vision reste simple avec les deux yeux, il faut que les deux axes optiques se maintiennent dans un parallélisme parfait. Or, lorsque pour une raison ou pour une autre nous penchons la tête latéralement, un des globes oculaires devient forcément situé plus bas que l'autre, et le parallélisme nécessaire se trouverait passivement détruit si une action musculaire ne venait pas ramener les axes visuels dans un même plan, malgré la différence de niveau des globes oculaires. Pour ce faire, le grand oblique du côté le plus élevé abaisse par rotation la pupille et par conséquent l'axe visuel de l'œil correspondant, tandis que le petit oblique du côté abaissé élève par rotation l'axe visuel de l'autre œil. Ces deux muscles combinent leurs actions opposées de manière à ramener les deux axes dans le même plan pendant que les planchers des deux orbites restent maintenus dans deux plans différents. On peut donc dire que le pathétique est un nerf spécialement affecté à la réalisation de la vision simple, avec les deux yeux, dans les positions inclinées de la tête, mais qu'il est privé de toute initiative et qu'il ne fait jamais qu'obéir à une association de mouvements dans lesquels le rôle initial ne lui appartient pas. Au premier abord, on serait tenté de penser que le droit supérieur d'un côté et le droit inférieur de l'autre côté pourraient rendre le même service. Mais il n'en est rien ; l'inclinaison de la tête n'a pas seulement pour résultat de mettre l'une des cornées plus bas que l'autre. Elle rend en outre obliques, par rapport à l'horizontale et à la verticale, l'équateur et le méridien des globes oculaires, et c'est tout justement cette obliquité que les obliques sont plus spécialement appelés à détruire. Les muscles droits peuvent bien porter la cornée directement en haut ou en bas, en dehors ou en dedans; mais dans ces mouvements ils restent incapables de modifier la direction des axes des globes oculaires. Ils les laissent toujours parallèles à ceux de l'orbite, quelle que soit la direction que ces derniers aient acquise passivement sous l'influence des déplacements de totalité de la tête. Les obliques, eux au contraire, sont susceptibles de déplacer les axes de l'œil sur ceux de la cavité orbitaire, de rendre les premiers obliques aux seconds. C'est ainsi qu'ils peuvent ramener à l'horizontalité l'équateur de l'œil lorsque celui de l'orbite l'a perdue par suite de l'inclinaison de la tête, et rendre la verticalité au méridien du globe oculaire lorsque celui de la cavité orbitaire est devenu oblique. Voilà pourquoi la nature a ôté toute spontanéité aux obliques. S'ils agissaient lorsque la tête est parfaitement droite, ils détruiraient forcément l'horizontalité et la verticalité réelle des axes de l'œil. Mais lorsque les plans sur lesquels reposent les yeux sont devenus inclinés, ils les ramènent exactement à ces deux directions nécessaires.

Le nom qui a été donné à ce nerf prouve que les anciens anatomistes se sont plutôt préoccupés de l'intervention qu'il pouvait avoir dans les phénomènes de la mimique que des services qu'il était capable de rendre à la vision. La direction qu'il imprime à l'œil est en effet celle par laquelle les peintres communiquent une expression pathétique à leurs sujets. Mais, sans doute par suite de l'observation, ils ont eu, pour ainsi dire, conscience de sa subordination à l'inclinaison préalable de la tête, car dans tous les tableaux l'air penché est inséparable de l'air pathétique.

La découverte de la branche lacrymale de la 4e paire vient jusqu'à un certain point justifier le nom qu'elle a reçu. Cette branche en fait du moins un agent d'expression des sentiments pénibles. M. Currie pense, en effet, qu'elle est pour la glande lacrymale ce que la corde du tympan est pour la glande submaxillaire. Les expériences de Bernard démontrent que l'activité de la corde du tympan augmente, sinon la production, tout au moins l'émission de la salive. Que la plus grande élimination de cette humeur, qu'on observe lorsqu'on galvanise la corde du tympan, soit l'effet d'une action excitatrice apportée par des filets sécréteurs, ou qu'elle soit la conséquence d'une action musculaire capable d'exprimer le contenu de la glande, peu importe, car il est bien certain que l'excitation de la corde du tympan fait apparaître la salive avec surabondance. Selon Currie, ce ne serait là qu'une application particulière d'une loi générale. Toutes les glandes recevraient une émanation d'un nerf moteur appelée à déterminer un écoulement plus considérable de leurs produits. Une seule, la glande lacrymale, semblait échapper à la règle commune; mais, grâce au scalpel de Currie, l'exception tombe. Le pathétique se trouve être le nerf moteur chargé d'activer la production et l'écoulement des larmes, et par conséquent il intervient dans certaines effusions morales.

Anatomie et physiologie pathologiques. — La 4ᵉ paire peut être compromise par les différentes lésions anatomiques que nous avons vues agir sur la 3ᵉ. Cependant elle est plus souvent victime d'une maladie de l'encéphale que d'un processus agissant directement sur sa partie périphérique. Lorsque le pathétique se trouve soumis à une cause de compression ou de destruction, le grand oblique perd naturellement sa motilité d'une manière plus ou moins complète. Mais la déviation de la cornée qui peut en résulter ne se manifeste que dans certaines circonstances. Lorsque le malade tient la tête bien droite et qu'il fixe directement devant lui, il est impossible au médecin de se douter de l'existence d'un trouble quelconque dans l'appareil moteur de l'œil. Le parallélisme des deux axes optiques se maintient parfaitement. Cependant, même dans cette situation, lorsque la paralysie est ancienne, on finit par constater une légère déviation due à ce que le petit oblique, ne trouvant plus un frein salutaire dans son antagoniste naturel, se rétracte et devient de plus en plus raccourci, même dans l'état de relâchement. Mais au début de la maladie la déviation se manifeste chaque fois que la tête se penche latéralement. En vertu de la relation inconsciente qui existe entre les mouvements de latéralité de la tête et les obliques des yeux, le petit oblique du côté le plus bas accomplit sa mission, qui est d'élever et de porter en dedans la cornée du globe oculaire correspondant; mais le grand oblique, qui devrait abaisser l'autre œil, reste inerte et n'apporte plus sa quote-part au rétablissement du parallélisme, et, malgré l'intervention palliative du petit oblique, l'écart n'en reste pas moins très-accentué.

Comme tous les nerfs, le pathétique peut aussi se montrer en état d'exaltation. Mais soit par insuffisance d'observation, soit par suite d'une rareté réelle, la science n'a encore enregistré qu'un très-petit nombre de cas de spasme du grand oblique. Du reste, comme ce genre de phénomène trouve presque toujours son point de départ dans un état névralgique du trijumeau, il s'ensuit que ce retentissement réflexe est ordinairement général et que ce qui appartient à la 4e paire vient se perdre dans les manifestations plus considérables de la 3e. Un seul cas de spasme tonique a été rapporté par Stilling chez un individu affecté de douleurs rhumatismales dans le côté correspondant de la tête. Le spasme clonique du grand oblique a été signalé plusieurs fois, mais il ne faisait que prendre part à un nystagmus général. Cette agitation de l'œil n'est pas toujours l'expression d'une névralgie avec tic douloureux. Elle peut être engendrée par des taches de la cornée ou des opacités disséminées des humeurs de l'œil qui forcent le malade à déplacer sans cesse ses globes oculaires pour arriver à présenter des points transparents aux objets qu'il regarde.

Au point de vue fonctionnel, la paralysie de la 4e paire compromet surtout l'exercice de la vision simple avec les deux yeux en donnant naissance à de la diplopie. Théoriquement, d'après ce qui a été dit plus haut, ce symptôme ne devrait se produire que dans les inclinaisons latérales de la tête. Cependant, ainsi que l'indique Valker, il se montre toutes les fois que le malade regarde en bas, particulièrement quand il lit ou quand il monte des escaliers, et dans toutes les circonstances où il est obligé de surveiller sa marche sur un sol trop accidenté. Il en résulte que la vision est troublée dans les moments où elle a besoin d'être plus exacte que jamais. Aussi il arrive que l'attention du malade est éveillée bien avant celle du médecin, par la raison que, sans que la physionomie de ses yeux soit changée en apparence, il se trouve, dès le début de l'affection, forcé de renoncer à la lecture et qu'il trébuche à chaque pas qu'il fait sur un sol inégal. Cette symptomatologie n'est nullement en désaccord avec la destination physiologique du pathétique; car il est bien rare que nous tenions la tête mathématiquement droite. Soit par laisser-aller, soit pour notre commodité réelle, nous la penchons toujours plus ou moins de côté, surtout lorsque nous lisons ou lorsque nous montons des escaliers, d'autant plus que nous sommes alors un peu absorbés par nos pensées. On peut même dire que les obliques sont, dans presque toutes les circonstances de la vie, mis à contribution à un degré variable. Continuellement ils combinent leur action avec celle des droits ; et c'est par pur instinct de méthode que les anatomistes et les physiologistes séparent si nettement ces deux groupes musculaires l'un de l'autre. Dans ce *consensus*, le droit inférieur d'un côté aide le grand oblique à abaisser l'œil correspondant, pendant que ce dernier muscle redresse seul les axes du globe oculaire. Le droit supérieur, de l'autre côté, aide le petit oblique à élever la cornée, pendant que ce dernier muscle détruit, seul, l'obliquité des axes du même œil. Aussi ce n'est absolument que lorsque la tête est parfaitement droite que la diplopie ne se manifeste pas, et encore à la longue elle peut exister dans cette condition, quand l'antagoniste du grand oblique a éprouvé une forte rétraction.

Quand on analyse avec soin la diplopie à laquelle donne lieu particulièrement la paralysie du pathétique, on constate que les deux images qu'aperçoit le malade ne lui apparaissent pas également distantes. Celle qui est fournie par l'œil malade lui semble beaucoup plus rapprochée que l'autre. Ce phénomène a beaucoup intrigué les ophthalmologistes et a reçu diverses explications. Græfe l'attribue à un déplacement du centre de rotation de l'œil malade, par suite d'un entraînement que produirait forcément l'action exclusive de la tonicité des muscles antagonistes du grand oblique. Il s'appuie sur ce qu'il a pu obtenir, à volonté, le rapprochement ou l'éloignement de l'image correspondante à l'un des yeux, en élevant ou abaissant cet œil par la pression du doigt, et sur ce que, dans le cas de paralysie de la 4e paire, il a pu faire cesser le rapprochement relatif de l'image, en imprimant par pression un mouvement de rotation inverse ; mais au fond, par cette pression, il ne faisait pas tourner le globe oculaire autour de son axe antéro-postérieur, il lui faisait éprouver un mouvement d'élévation de totalité. D'ailleurs cette explication ne saurait être admise, car un phénomène analogue devrait être la conséquence de la paralysie de n'importe quel muscle de l'œil, et, au lieu de se montrer exclusivement dans celle du pathétique, il devrait le faire aussi bien dans celle de la 3e paire, ce qui n'a pas lieu. Giraud-Teulon, qui pense que la notion de la grandeur apparente des objets dépend de l'intégrité du sens musculaire, explique aussi par la perte de cette sensibilité la sensation d'inéquidistance, parce que l'appréciation des distances dépend elle-même des proportions des images. Évidemment il n'y aurait pas alors suppression réelle de la sensibilité du muscle paralysé, laquelle dépend de l'anastomose fournie par l'ophthalmique. Cette sensibilité serait seulement comme non avenue, en raison de l'absence de contraction. Mais ici encore on devrait rencontrer l'inéquidistance des deux images dans la paralysie de tous les nerfs moteurs de l'œil, ce qui n'est pas. Enfin Forster a proposé une explication qui paraît plus difficile à saisir, mais que beaucoup de spécialistes regardent comme étant plus rationnelle. Selon lui, quand nous regardons un objet placé sur un plan horizontal, l'image se fait, ainsi que le démontrent les constructions géométriques, sur la tache jaune ; et en ce moment tout ce qui est compris entre cet objet et nous vient se peindre sur la rétine au-dessus de la tache jaune, tandis que tout ce qui est situé au delà de cet objet le fait au-dessous de cette tache. L'éducation nous a donc appris que, dans cette circonstance, tout objet dont l'image vient tomber sur la partie supérieure de la rétine est plus rapproché de nous que celui qui frappe son segment inférieur ; et comme la direction qu'impose à la prunelle la paralysie du pathétique fait que toujours les objets situés soit en bas, soit dans l'horizontale, viennent toucher le segment supérieur de la rétine, il en résulte que nous les jugeons toujours plus rapprochés qu'ils ne le sont en réalité.

Si le malade dans la lecture abaisse de plus en plus le regard, il vient cependant un moment où l'inéquidistance des deux images cesse, et où elles se superposent tout à fait, comme dans l'état normal. Et, chose bizarre ! à ce moment le parallélisme des deux axes optiques n'est pas le moins du monde rétabli. Cela tient, suivant Valker, à ce que dans cette situation l'objet qui peint son image sur la tache jaune du côté sain, la peint en même temps sur le quart inféro-interne de la rétine du côté malade.

Instinctivement le malade donne à sa tête une position tout à fait caractéristique. Pour éviter d'avoir à diriger ses yeux en bas par rotation, ce qui produirait de la diplopie, il tient toujours la tête penchée en avant, il dirige la totalité de sa tête vers le sol, au lieu d'avoir à y diriger ses prunelles seules. En même temps, il l'incline du côté sain. Le spasme du pathétique produit aussi de la diplopie, mais par un mécanisme inverse. Il la produit de la même façon que la paralysie de l'antagoniste du grand oblique. On n'a pas pu encore étudier les conséquences que peuvent avoir sur la sécrétion lacrymale les maladies de la 4e paire.

Nerf trijumeau.

Considérations anatomiques. — Le nerf trijumeau naît par deux racines, une grosse que nous reconnaîtrons tout à l'heure être de nature sensitive, une petite que nous trouverons être motrice. La grosse émerge du sillon intermédiaire aux fibres supérieures et

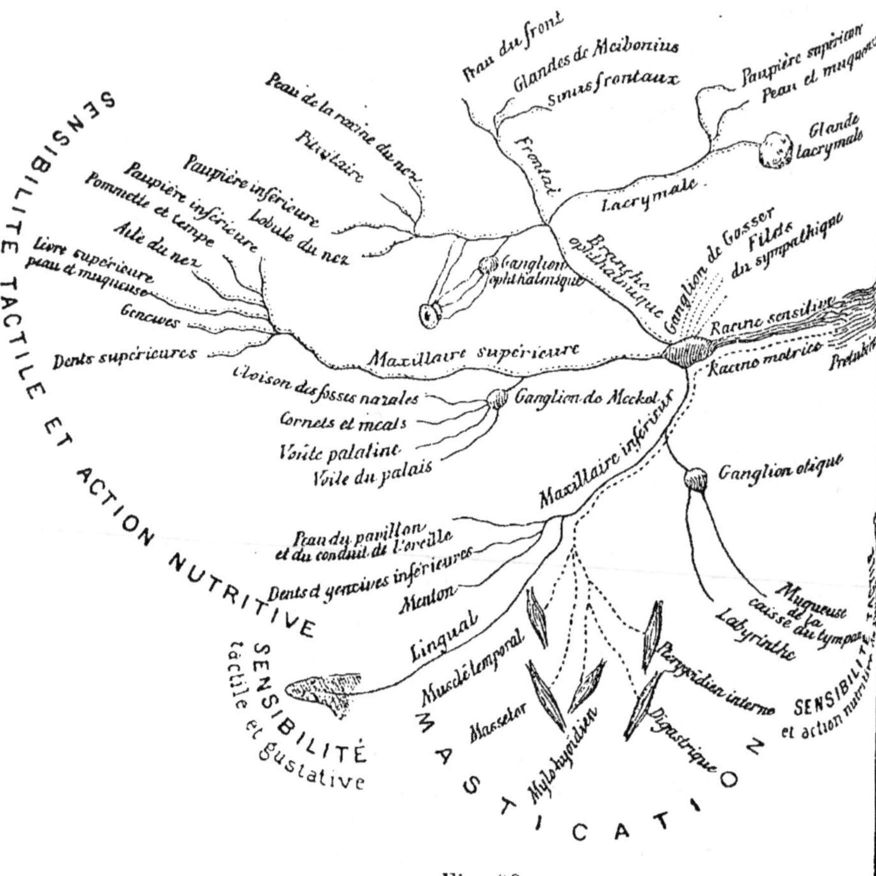

Fig. 60.

moyennes de la protubérance. Mais on peut la suivre à travers la protubérance et le bulbe rachidien jusqu'à la partie moyenne du corps olivaire et constater qu'elle devient de plus en plus grêle et finit par se perdre dans le corps restiforme. La petite racine a une origine apparente très-rapprochée de celle de la précédente. Elle naît aussi sur la partie latérale de la protubérance, mais dans un point un peu plus élevé et un peu plus rapproché de la ligne médiane. Longet prétend qu'elle va prendre son origine réelle dans le prolongement du faisceau intermédiaire du bulbe, qui a reçu le nom de *faisceau latéral oblique de l'isthme*. Mais il faut reconnaître qu'il est difficile, sinon impossible, de la suivre au delà de la surface de la protubérance. Meynert et Merkel admettent une troisième racine formée par des fibres émanant du tubercule quadrijumeau antérieur et présentant sur leur trajet de grosses cellules ganglionnaires. Ce faisceau de fibres s'accolerait un instant au pathétique; puis, après avoir côtoyé un instant le noyau du trijumeau, il s'ajouterait à la 5ᵉ paire. Renforcées ou non par cette addition, les deux racines principales se dirigeraient de la protubérance vers le sommet du rocher où elles s'infléchiraient un peu pour se porter en bas et aboutir à un ganglion assez volumineux, le *ganglion de Gasser*. Entre ces deux points, protubérance et ganglion de Gasser, les deux racines sont simplement accolées. Elles sont tout à fait indépendantes l'une de l'autre. La grosse racine se jette seule dans le ganglion, la petite conserve encore vis-à-vis de lui son indépendance. En outre de la grosse racine, le ganglion reçoit plusieurs filets provenant du grand sympathique. Avec ce qu'il reçoit, ce ganglion fournit d'autre part, par sa partie antérieure et externe, des filets à la dure-mère qui leur doit sa sensibilité et sa puissance d'excitation réflexe dans l'état morbide, et par son bord inférieur ou convexe, trois branches considérables qui sont les terminales directes de la 5ᵉ paire; ce sont : une branche supérieure, dite *ophthalmique de Willis*, qui se rend dans l'orbite; une moyenne, dite *maxillaire supérieure*, qui sort du crâne par le trou grand rond; une branche inférieure, dite *maxillaire inférieure*, qui sort par le trou ovale et qui s'adjoint enfin la petite racine qu'elle accapare seule.

L'ophthalmique se subdivise à son tour en trois branches qui ont des destinations bien distinctes et, jusqu'à un certain point, exprimées par les noms qu'elles ont reçus. Ce sont, en procédant de dehors en dedans : la *lacrymale*, qui fournit à la fois à la glande lacrymale, à la peau et à la muqueuse de la paupière supérieure; la *frontale*, qui innerve par ses diverses ramifications la peau et la muqueuse de la paupière supérieure, les glandes de Meibomius, la peau du front, celle de la racine du nez et la muqueuse des sinus frontaux;

la *nasale*, dont les ramifications terminales vont animer la peau et la muqueuse de la paupière, le sac lacrymal, la caroncule lacrymale, les conduits lacrymaux, la peau de la racine et du lobule du nez, la muqueuse de la cloison des fosses nasales, celle des méats et des cornets, et qui, chemin faisant, fournit, à titre de branches collatérales, des filets qui vont s'associer aux nerfs moteurs et procurer le sens musculaire aux différents muscles de l'orbite ; des filets très-grêles qui se groupent autour du nerf optique et vont se distribuer directement, les uns à la conjonctive, les autres à l'iris ; enfin un filet, dit *long et grêle*, au ganglion ophthalmique et qui, par son intermédiaire, donne naissance à des filaments destinés à la cornée transparente et à l'iris. Ajoutons que l'ophthalmique, en outre des fibres végétatives qu'elle emprunte au ganglion de Gasser et qu'elle apporte avec elle, reçoit directement d'autres fibres émanées du sympathique, de sorte que dans toute sa sphère de distribution, elle peut dispenser à la fois des éléments d'origine cérébrale et des éléments d'origine sympathique.

Le nerf maxillaire supérieur fournit directement des rameaux à la glande lacrymale, à l'angle externe de la paupière supérieure, aux téguments de la pommette et de la tempe, à ceux de l'aile du nez, à la peau et à la muqueuse de la lèvre supérieure, aux gencives, à toutes les dents de la mâchoire supérieure et à la muqueuse du canal nasal. Il envoie en outre un ou deux rameaux au ganglion de *Meckel* ou *sphéno-palatin*, et les faits physiologiques semblent démontrer que, par l'intermédiaire de ce dernier, il va innerver la cloison des fosses nasales, les cornets et les méats, la voûte palatine et le voile du palais. Par les anastomoses qu'il contracte avec le nerf facial, il fournit des filets de sens musculaire aux muscles de la région supérieure de la face. Enfin, tout porte à penser qu'emportant avec lui quelques-unes des fibres végétatives émanées du ganglion de Gasser, il vient exercer une action nutritive partout où il se distribue.

Le nerf maxillaire inférieur, après s'être approprié la totalité de la petite racine, se divise presque immédiatement en sept branches terminales dont les unes à destination musculaire et les autres à destination tégumentaire. Les premières se rendent dans les muscles temporal, masséter, mylo-hyoïdien, ptérygoïdien interne et ventre antérieur du digastrique. Les secondes se répandent dans la peau du pavillon de l'oreille, du conduit auditif externe et du menton; dans la muqueuse des gencives et dans les dents de la mâchoire inférieure. De même que l'ophthalmique et le maxillaire supérieur, le maxillaire inférieur contracte des connexions importantes avec un ganglion particulier. Il envoie une racine au ganglion *otique*. Ce dernier donne naissance à des filets qui se distribuent dans la muqueuse de la caisse du tympan, dans le labyrinthe, dans le muscle interne du marteau et dans le péristaphylin externe. Ce sera à la physiologie de décider la part que peut réclamer la racine fournie par le maxillaire inférieur dans ces diverses émanations du ganglion otique.

Physiologie normale. — Par son origine et par sa constitution, la 5e paire rappelle tout à fait la disposition anatomique des nerfs rachidiens. La grosse racine qui traverse le ganglion de Gasser semble représenter la racine postérieure des nerfs rachidiens. La petite racine, qui n'a aucune connexion ganglionnaire, peut être comparée à celles qui émanent des cordons antérieurs de la moelle. Voyons si cette analogie anatomique se trouve être complétée par une analogie physiologique ; si la racine ganglionnaire du trijumeau est exclusivement sensitive, comme les racines ganglionnaires du rachis, et si la petite racine est exclusivement motrice, comme les racines rachidiennes antérieures. C'est ce qui a lieu en effet. L'expérimentation et l'anatomie pathologique le démontrent surabondamment. Longet a enlevé sur des chiens et sur des chevaux les lobes cérébraux ; il a ensuite séparé le trijumeau de la protubérance pour se mettre à l'abri de toute intervention réflexe ; puis, isolant les deux racines l'une de l'autre en interposant entre elles une lame de verre, il fit passer un courant électrique exclusivement dans la racine ganglionnaire, et, dans ces conditions, jamais il n'aperçut le plus léger mouvement de la face, de la langue, du globe oculaire ou de la mâchoire inférieure. Dans d'autres expériences il a agi partiellement sur les divisions du trijumeau et il a vu que l'électricité appliquée soit sur les nerfs sus- et sous-orbitaires, soit sur les mentonniers, ne donnait lieu à aucune contraction musculaire. Lorsqu'au contraire, dans la première expérience, il supprimait la lame de verre de façon à ce que le courant se répandît aussi dans la petite racine, les mâchoires se rapprochaient brusquement l'une de l'autre. La pathologie est venue, de son côté, compléter la démonstration en montrant que les lésions qui compromettent exclusivement la petite racine ne donnent lieu à aucune modification dans l'ordre de la sensibilité, tandis que celles qui restent limitées à la grosse racine suppriment le sentiment dans toute la sphère de distribution de la 5e paire. La chose peut donc être regardée comme acquise. Considéré dans son ensemble, le trijumeau est, de même que les nerfs rachidiens, un nerf mixte résultant de la fusion de deux racines distinctes, dont l'une est exclusivement sensitive et l'autre exclusivement motrice. Mais il se distingue de ceux-ci eu ce que l'association des fibres sensitives et motrices se circonscrit et ne porte que sur une seule de ses branches terminales. L'anatomie nous permet même, d'après cela, de déclarer que le maxillaire inférieur est seul capable d'exercer une action motrice, tandis que l'ophthalmique, ainsi que le maxillaire supérieur, ont un rôle purement sensitif. Dans cette situation, on comprend toutefois que Bellingeri ait voulu regarder la petite racine comme un nerf à part, s'associant seulement au maxillaire inférieur pour consolider ses propres ramifications pendant leur trajet final, nerf qu'il a appelé *masticateur*, en raison même de la destination fonctionnelle des muscles animés par lui. Mais dans les détails qui vont suivre, nous respecterons la conception classique ; et nous reconnaîtrons que le trijumeau apporte par lui-même des éléments nerveux de sensibilité et de motilité. Quant à la troisième racine, admise par Meynert et Merkel, ces auteurs ne sont pas d'accord sur sa nature. Le premier la considère comme constituant une seconde racine sensitive ; le second voit en elle une racine trophique pouvant rendre compte des troubles de nutrition que le trijumeau est susceptible d'engendrer. Mais, même en dehors de cette racine spéciale dont l'existence n'est pas bien démontrée, la composition anatomique de ce nerf nous permet de déclarer *à priori* qu'il sert aussi de *substratum* à des agents en rapport avec la nutrition des tissus, puisqu'il emprunte des filets sympathiques au niveau du ganglion de Gasser et des ganglions afférents à chacune de ses branches terminales, et puisque certains auteurs prétendent même qu'il puise des fibres du même genre directement dans le bulbe. Que ces fibres sympathiques interviennent par une action purement vasculaire, ou par une action plastique plus directe, peu importe, leur destination finale n'en vise pas moins la nutrition, et, par conséquent, nous devons chercher à établir successivement le rôle sensitif de la 5e paire, son rôle moteur et son rôle nutritif.

Rôle sensitif. — Au point de vue de la sensibilité générale, le trijumeau possède un domaine considérable. Lui seul est chargé de la procurer à presque toutes les parties qui entrent dans la composition de la tête. Pour le tégument externe, une seule région lui échappe, la partie latéro-postérieure du cuir chevelu, qui emprunte son innervation aux nerfs cervicaux. De ce côté, sa frontière se trouve être limitée par une ligne qui, partant d'un point pris un peu en arrière du vertex, viendrait couper verticalement l'oreille à la réunion de son tiers antérieur avec son tiers moyen. Du côté des muqueuses, il n'abandonne au glosso-pharyngien que le tiers postérieur de la langue, les piliers du voile du palais, quelques points de ce voile, les parties moyenne et inférieure du pharynx et peut-être la muqueuse tympanique. Ces points éliminés, il tient sous sa dépendance la sensibilité tactile, non-seulement des parties tégumentaires, mais encore de tous les tissus de la tête, y compris ce qui est glande, méninge, organe des sens, os et pulpe dentaire. On peut s'en convaincre en pratiquant la section intracrânienne de la 5e paire, à l'aide du procédé indiqué par Cl. Bernard. On se sert à cet effet d'un instrument à tige d'acier cylindrique, épaisse d'un millimètre, longue de 5 centimètres, munie d'un pas de vis sur lequel chemine un curseur destiné à limiter la pénétration de l'instrument. Cette tige est terminée par une très-petite lance, mince et tranchante. Sur le crâne vide d'un animal semblable en tous points à celui qui doit servir à l'expérience on mesure d'avance le point où on doit arrêter le curseur, pour que la lance puisse couper le trijumeau sans léser la protubérance. Ces dispositions étant prises, on introduit sur l'animal vivant l'instrument au-devant du conduit auditif externe, en lui faisant former un angle droit avec la partie latérale de la face et en côtoyant la base du crâne. Sitôt qu'on a atteint la 5e paire, des cris aigus se font entendre. Alors on imprime à l'instrument, dont on incline un peu le manche, de légers mouvements de dedans en dehors. On coupe ainsi le nerf en travers. L'autopsie démontre plus tard si l'expérience a été exécutée d'une manière convenable. A la suite de cette opération on constate que du côté correspondant on n'obtient plus de signes de sensibilité que dans le segment postérieur du cuir chevelu, dans le pharynx et dans les parties profondes de la bouche. Non-seulement les impressions tactiles ne prennent plus naissance, mais on peut extraire toutes les dents, recourir au bistouri, aux caustiques, au fer chaud, sans provoquer la moindre douleur.

L'anatomie, ainsi que les sections isolées des trois branches terminales, permettent de faire la part de chacune d'elles dans cette vaste distribution de sensibilité. Par sa branche ophthalmique, il fournit le sentiment en particulier au segment antérieur du cuir chevelu, à la peau des paupières supérieures, à celle de la partie supérieure du nez, à la zone la plus élevée de la pituitaire et à la muqueuse des sinus frontaux, à la conjonctive et à tout le globe oculaire, en partie directement, en partie par l'intermédiaire du ganglion ophthalmique. Par le maxillaire supérieur, il rend sensibles, d'une manière directe, la peau des joues et de la partie inférieure du nez, la peau et la muqueuse de la lèvre supérieure, les gencives et les dents de l'arcade supérieure; indirectement, par l'intermédiaire du ganglion sphéno-palatin, la muqueuse nasale, celle du sinus maxillaire, la voûte palatine, la muqueuse et les glandules du voile du palais, celle de la partie supérieure du pharynx et de la trompe d'Eustache. Il y a là la preuve que le passage des nerfs à travers les ganglions n'entrave pas ou ne ralentit pas toujours la transmission des impressions sensitives, car toutes ces parties muqueuses sentent vivement et rapidement. Il est vrai que les impressions qui naissent dans l'intestin, et qui restent généralement inconscientes, ont, pour arriver à la couche optique, à parcourir un trajet beaucoup plus long et parsemé d'un grand nombre de ganglions, tandis que les impressions tactiles nées dans la pituitaire n'ont à traverser ni la moelle, ni la hiérarchie ganglionnaire du sympathique abdominal, et ne rencontrent, en dehors du ganglion sphéno-palatin, que celui de Gasser. Mais ce rapprochement n'est pas évidemment la seule cause du respect de la sensibilité consciente, malgré la traversée ganglionnaire; car les filets sensitifs qui traversent le ganglion ophthalmique se trouvent, sous ce rapport, exactement dans les mêmes conditions que ceux soumis au sphéno-palatin, et cependant les ébranlements qu'ils propagent s'y trouvent considérablement atténués; car il est incontestable que la cornée, à laquelle le trijumeau ne fournit que par l'intermédiaire du ganglion ophthalmique, est beaucoup moins sensible que la conjonctive.

Par le maxillaire inférieur, il anime, au point de vue de la sensibilité tactile, la muqueuse des deux tiers antérieurs de la langue, celle du plancher de la cavité buccale, la peau et la muqueuse de la lèvre inférieure, la peau des tempes, celle du conduit auditif externe et de la partie antérieure du pavillon. Il est probable qu'il innerve la muqueuse tympanique par l'intermédiaire du ganglion otique.

Mais, comme ce dernier reçoit aussi une branche du glosso-pharyngien, il est difficile de faire ici la part de la 5e paire.

La sensibilité de l'iris a surtout en vue de provoquer les mouvements réflexes de ce diaphragme musculaire. Il est probable que les filets directs sont spécialement chargés d'avertir le centre visuel et de provoquer de sa part les réactions motrices qui ont besoin d'être rapidement exécutées, tandis que les filets à trajet ganglionnaire prennent leur centre de réflexion dans le ganglion lui-même et provoquent des mouvements plus lents, plus circonscrits, moins en rapport avec l'exercice général de la vision. Peut-être même sont-ils plus particulièrement affectés aux réflexions vasculaires, car tout porte à penser que les modifications de forme et d'étendue de la pupille et de l'iris dépendent à la fois des changements survenus dans les fibres musculaires et dans les vaisseaux de cet organe.

Si par ses filets ciliaires le trijumeau se trouve particulièrement en rapports réflexes avec le moteur oculaire commun et le sympathique, il contracte par ses ramifications dans la pituitaire une relation très-intime, du même genre, avec les nerfs des muscles expirateurs ; car le moindre attouchement subi par elle détermine immédiatement un violent éternuement. Il ne contracte qu'une relation un peu contestable avec les nerfs et les muscles de la déglutition. Il envoie bien quelques rameaux à la partie inférieure du voile du palais qui, au contact du bol alimentaire, détermine l'ascension du pharynx. Mais non-seulement le glosso-pharyngien fournit directement à la même région, mais en outre ce nerf entre dans la composition du ganglion sphéno-palatin ; de sorte qu'il aurait certains droits à être considéré comme l'auteur de ces filets palatins.

Un fait remarquable, c'est la grande résistance fonctionnelle que présente la 5e paire chez les animaux soumis aux divers poisons capables de paralyser les nerfs du sentiment. Alors que toutes les autres régions du corps se montrent déjà anesthésiées, celle qui est sous la dépendance du trijumeau conserve encore un assez haut degré de sensibilité. Le même fait a lieu chez l'homme, ainsi qu'on peut le constater dans la chloroformisation. Les piqûres sont encore senties à la tempe et au front, quand elles ne le sont plus sur le reste du corps. Du reste, ce n'est pas seulement dans les cas d'intoxication qu'il en est ainsi, mais encore dans les derniers moments de l'agonie. Le trijumeau est l'*ultimum moriens* du système périphérique sensitif, comme le bulbe est l'*ultimum moriens* de la vie végétative. Cette impressionnabilité si vive et si persistante tient-elle à une plus grande délicatesse moléculaire, chimique et histologique, ou bien au plus grand rapprochement de ce nerf du centre sensoriel? Ces deux causes peuvent concourir à ce résultat, mais je crois que la dernière doit réclamer la plus grande part. Dans ces faits de persistance relative de la sensibilité, il faut encore tenir compte de l'influence des ganglions, sans qu'on puisse préciser leur mode d'action dans cette circonstance. C'est ainsi que Bernard a montré que dans l'empoisonnement par la strychnine, la conjonctive reste encore sensible, alors que la cornée, soumise au ganglion, ne l'est plus, tandis que chez l'animal qu'on vient de tuer par la section du bulbe, la cornée conserve sa sensibilité plus longtemps que la conjonctive. Évidemment cela tient à ce que le ganglion ophthalmique ne subit pas de la même façon que l'axe cérébro-spinal les différentes causes d'altération. Mais comment en est-il ainsi? C'est ce que je ne saurais dire.

En outre de la sensibilité tactile qu'il fournit aux parties tégumentaires, le trijumeau est chargé d'apporter le sens musculaire à un grand nombre de muscles, et par suite il contribue à la parfaite régularité de plusieurs fonctions. C'est ainsi que nous l'avons vu envoyer des anastomoses aux nerfs moteurs de l'œil et assurer l'harmonie des mouvements associés des globes oculaires. Il rend le même service à tous les actes de l'expression faciale; car toutes ses branches d'épanouissement à la face forment, avec les ramifications de la 7ᵉ paire, de véritables réseaux qui opèrent un certain mélange de ses fibres sensitives avec les fibres motrices et viennent ainsi réaliser des nerfs mixtes qui se rendent dans les muscles faciaux. Par le fait de cette association, il sert aussi à doser l'action musculaire dans l'exercice du flairement et de la préhension de certains aliments. Dans l'intérêt de la fonction mécanique de la mastication, il associe des fibres de la division inférieure de sa grosse racine aux fibres de sa courte racine, et il donne ainsi à l'action motrice du nerf masticateur l'appui d'un guide sensitif. Enfin, il est possible qu'il intervienne au même titre dans les phénomènes de l'audition qui nécessitent la mise en œuvre des muscles du marteau et de l'étrier. Lussana prétend que pour pouvoir procurer cette espèce de sensibilité spéciale à toutes les régions musculaires qui précèdent, le trijumeau présente une racine particulière qui va s'implanter dans le cervelet. Mais ce n'est que la conséquence forcée de la

localisation qu'il a faite du sens musculaire dans les lobes cérébelleux.

La plupart des auteurs classiques s'accordent à regarder le trijumeau comme étant doué, en outre, de la sensibilité dite *gustative* ; ce
qui reviendrait à dire que quelques-unes de ses fibres vont aboutir
dans la couche optique au centre gustatif, tandis que les autres se
rendent dans le noyau central. Cette destination particulière serait
réservée à quelques-unes des fibres du nerf lingual, qui apporterait
ainsi aux deux tiers antérieurs de la langue à la fois la sensibilité
tactile et la sensibilité gustative. C'est là l'opinion qui est le plus
généralement admise et qui a peut-être le plus de chances d'être la
vraie. L'expérimentation a depuis longtemps fait justice de l'assertion de Panizza qui a enseigné que les glosso-pharyngiens sont seuls
affectés au goût, tandis que le lingual est seul préposé à la sensibilité tactile. Il est en effet démontré que le sens du goût siége non-
seulement sur le territoire de la 9ᵉ paire, mais encore dans des
points où elle n'a pas accès et où le lingual pénètre seul. Mais dans
ces dernières années, de nouvelles interprétations, plus soutenables
que la précédente, se sont produites.

Schiff, ayant constaté que l'excision des fibres que le maxillaire
inférieur envoie pour constituer, avec la corde du tympan, le nerf
lingual, n'abolit pas le goût dans la partie antérieure de la langue, a
pensé que c'était à tort qu'on attribuait à la branche inférieure elle-
même de la 5ᵉ paire la sensibilité gustative. Toutefois, il laisse au
trijumeau le monopole du goût pour les deux tiers antérieurs de la
langue. Mais il suppose, sans donner de preuves à l'appui, que les
fibres spéciales qu'il renferme à cet égard, au lieu de sortir du crâne
avec la branche qui est la plus rapprochée de leur destination
finale, s'associent tout d'abord au maxillaire supérieur qu'elles abandonnent ensuite pour traverser le ganglion sphéno-palatin et gagner le lingual par l'intermédiaire du nerf sphénoïdal. Non-seulement l'anatomie ne nous montre l'existence d'aucune relation entre
les ramifications de ce nerf et le maxillaire inférieur, mais il en existerait, que je ne verrais pas, pour les fibres gustatives du trijumeau,
l'utilité d'un trajet aussi compliqué, et j'aimerais encore mieux expliquer les résultats négatifs de l'expérience de Schiff par l'hypothèse
de Lussana. Du reste, Prévot a montré, dès 1869, que l'ablation des
deux ganglions sphéno-palatins n'altère en rien le goût. Comme
Schiff lui avait objecté qu'il était impossible de juger de l'état de la

gustation quand les glosso-pharyngiens sont respectés, parce que le liquide sapide gagne avec facilité leur département, il a recommencé ses expériences d'ablation des ganglions en y ajoutant la section de la 9e paire, et dans ces conditions il a encore trouvé des signes de sensibilité gustative.

Lussana déclare avoir aussi reconnu que la section du lingual, faite au-dessus des anastomoses qu'il reçoit, ne trouble en rien la sensibilité gustative de la partie antérieure de la langue. Mais il pense que cela tient à ce que le trijumeau ne possède pas par lui-même cette sensibilité spéciale, qu'elle appartient exclusivement à la corde du tympan, qui, en se fusionnant avec le rameau que le maxillaire inférieur envoie dans la langue, fait accorder à cette branche des attributions qu'elle n'a pas. Pour lui, la corde du tympan n'est que la continuation du nerf de Wrisberg qui, quoique considéré comme une des racines du facial, constituerait au fond un nerf à part et de sensibilité spéciale. Nous verrons, à propos de la 7e paire, que Bernard a accordé à cette corde du tympan un rôle d'un tout autre genre. Mais, malgré la grande autorité de ce physiologiste, j'avoue que s'il était bien démontré que la section intracrânienne du trijumeau ne modifie en rien la sensibilité gustative de la partie antérieure de la langue, je n'hésiterais pas à adopter la théorie de Lussana, d'autant plus qu'il est incontestable que l'électricité appliquée sur la corde du tympan, à travers le conduit auditif externe, donne lieu à des sensations subjectives du goût. Toutefois, en attendant que cette démonstration soit réellement fournie, il est évident qu'on doit s'en tenir à l'opinion classique qui attribue au lingual proprement dit la sensibilité gustative en même temps que la sensibilité tactile, car, dans l'état actuel de la science, c'est elle qui réunit le plus de faits en sa faveur.

Suivant quelques auteurs, la 5e paire ne se bornerait pas à être douée, en fait de sensibilité spéciale, de l'aptitude gustative. Elle serait en outre affectée à la conductibilité des impressions olfactives, et elle serait capable de sentir, d'une manière particulière, l'influence de la lumière. En dehors des considérations que nous avons reproduites dans l'étude du nerf olfactif et sur lesquelles Bernard et Magendie se sont appuyés pour détrôner la 1re paire de sa situation classique, le premier de ces physiologistes a fait aussi valoir le résultat de certaines expériences pratiquées directement sur le ganglion de Meckel et sur ses ramifications nasales. L'ablation de ce ganglion ne modifie en rien la sensibilité tactile de la pituitaire. Les excitations directes du nerf naso-palatin montrent qu'il est complétement insensible, tandis que chez le même animal le sous-orbitaire est doué d'une sensibilité très-vive. Ce naso-palatin paraît donc être constitué par des fibres de sensibilité spéciale, puisque Magendie a montré que tous les nerfs sensoriels spéciaux sont complétement insensibles aux irritations mécaniques. En présence du premier de ces résultats, on est obligé de supposer une erreur d'observation ou de se demander par quel nerf la portion de la pituitaire, qui ne reçoit que du ganglion de Meckel, va puiser la sensibilité tactile. La difficulté de faire une réponse à cette question force à adopter la première supposition. Quant au peu d'irritabilité du nerf naso-palatin, elle peut fort bien tenir à ce que le ganglion entrave parfois la transmission et ne permet pas toujours aux impressions d'arriver jusqu'à la conscience. L'impressionnabilité de la 5ᵉ paire à la lumière semble ressortir de l'observation clinique et de l'expérimentation. On a vu des amaurotiques, qui étaient pris d'ophthalmie, éprouver de la photophobie. D'autre part, Castorani a constaté que des chiens auxquels il avait coupé le nerf optique pouvaient encore ressentir le même symptôme. Mais il est évident que ce genre de sensibilité des filets ciliaires ne saurait être assimilé à celle de la rétine. La photophobie est une véritable douleur et non une sensation lumineuse. Les ondes de la lumière produisent, en définitive, un ébranlement qui peut bien retentir dans des tubes tactiles qui sont plongés dans un milieu transparent et dont la sensibilité se trouve centuplée par l'inflammation ambiante. Du reste, rien ne prouve que la lumière n'agit pas, dans ces circonstances, uniquement par ses rayons calorifiques. Il est un dernier fait signalé par Lincoln, de Boston, qui touche à la même question. En électrisant le nerf sus-orbitaire chez un homme, il a donné naissance à la sensation d'une vive lumière. Mais il est évident qu'il s'agit ici d'une sensation réflexe provoquée dans le centre visuel par l'ébranlement sensitif du sus-orbitaire, sensation qui a pris d'autant plus facilement naissance que le sujet électrisé était atteint d'une congestion cérébrale.

Rôle moteur. — Par sa courte racine, le trijumeau tient sous sa dépendance les mouvements d'élévation, d'abaissement et de diduction de la mâchoire inférieure. Il anime, en effet, le temporal, le masséter, le ptérygoïdien interne, qui sont des muscles élévateurs de la mâchoire; le ptérygoïdien externe, qui est diducteur; le mylo-hyoïdien et le ventre antérieur du digastrique, qui sont abaisseurs. Aussi, lorsqu'on a coupé la courte racine, on constate que tous les muscles précédents sont paralysés. La mâchoire inférieure reste alors passivement écartée de la supérieure. L'animal ne peut plus la rapprocher par lui-même; en même temps, le maxillaire inférieur est dévié latéralement. D'autre part, l'irritation galvanique de la même racine produit des contractions tétaniques de ces différents muscles. Pour toutes ces raisons le trijumeau se trouve être l'agent nerveux indispensable de la fonction mécanique de la mastication. Il intervient aussi dans la déglutition, puisque c'est lui qui provoque le spasme par lequel le mylo-hyoïdien projette le bol alimentaire dans le pharynx. Suivant Politzer, le muscle interne du marteau recevrait aussi sa motilité du trijumeau, de sorte que ce nerf servirait encore au dosage de l'impression auditive et augmenterait en même temps la tension du liquide labyrinthique en poussant en dedans, par l'intermédiaire de ce muscle, la chaîne des osselets.

Enfin, d'après Zlobikowski, deux autres rôles moteurs particuliers seraient encore conférés normalement au trijumeau. Plus heureux qu'Hirschfeld, il a retrouvé le nerf *dento-lingual* de Sappey, et il a vu que ce nerf, qui émane du mylo-hyoïdien, va non-seulement s'ajouter à l'ensemble du lingual et de la corde du tympan, mais fournit en outre une petite branche se rendant au ganglion sous-maxillaire. Au point de vue physiologique, il pense que cette dernière constitue la racine motrice de ce ganglion, et que la branche annexée au lingual vient remplir l'office que nous verrons accorder par Bernard à la corde du tympan. Elle gagnerait les fibres musculaires lisses situées sous la muqueuse de la langue et servirait à agiter les papilles dans le liquide sapide, favorisant ainsi le développement de l'impression. Quant à la corde du tympan, il en fait, comme Lussana, le nerf du goût.

En 1863, MM. Philippeaux et Vulpian ont pratiqué une expérience qui semblerait démontrer que, dans certaines circonstances artificielles, le trijumeau peut, même par ses fibres à destination sensitive, provoquer des phénomènes de motilité, au lieu et place d'un nerf moteur rendu impuissant. Chez un chien auquel ils avaient arraché le grand hypoglosse plusieurs mois auparavant, ils ont déterminé des mouvements très-nets de la langue en pressant le lingual entre les deux mors d'une pince. Ce résultat, si extraordinaire qu'il puisse paraître, s'explique très-bien avec la façon dont nous avons compris la constitution anatomique et physiologique du réseau périphérique organisé dans l'intimité de chaque organe. L'ébranlement moléculaire produit dans le lingual peut sans doute parfois, lorsqu'il est de nature mécanique et appliqué dans un point rapproché du réseau, se propager, par l'intermédiaire de ce dernier, jusque dans les ramifications qui viennent aboutir aux plaques motrices des muscles de la langue, et qui, dans l'ordre normal, se trouvaient spécialement en continuité de transmission avec le grand hypoglosse. Mais il n'y a plus là qu'une possibilité de suppléance irréalisable dans le mécanisme spontané de la fonction, puisque le lingual n'émane pas d'un centre moteur volontaire de l'encéphale.

Rôle nutritif. — La section intracrânienne du trijumeau est constamment suivie d'altérations, plus ou moins marquées, des organes innervés par lui. Vingt-quatre heures après l'opération, la cornée commence à devenir opaque. Cette opacité va en augmentant, et au bout de cinq à six jours la cornée atteint parfois la blancheur de l'albâtre. On attribue généralement ce résultat à l'exhalation interlamellaire de la lymphe plastique et surtout à un dépôt de fines granulations graisseuses. Mais, dans ces derniers temps, Vulpian a reconnu qu'il est dû en grande partie à la formation d'un grand nombre de cristaux de carbonate de chaux. En même temps, et dès le deuxième jour, la conjonctive s'enflamme et finit par sécréter abondamment un mucus puriforme. Souvent l'iris, de son côté, devient rouge, s'enflamme et se couvre de fausses membranes. Il peut arriver aussi que la cornée se détache et que l'œil se vide. Cette destruction complète demande environ huit jours pour s'effectuer. C'est évidemment par l'intermédiaire des nerfs ciliaires que la 5e paire peut exercer une influence nutritive sur la cornée. Bernard a pu, du reste, le constater directement. Il a coupé ces filets ciliaires seuls, et immédiatement la cornée devint terne et sèche, comme cela a lieu après la section totale du trijumeau. La suppression d'action de la 5e paire entraîne aussi des altérations remarquables de la pituitaire. Celle-ci devient spongieuse et saigne au moindre attouchement. Le milieu où plongent les fibres olfactives se trouve complètement modifié, et c'est ainsi que l'exercice de l'olfaction, comme celui de la vision, est indirectement compromis. Il est à remarquer que ces lésions de la muqueuse nasale se produisent malgré la persistance du ganglion de Meckel. Dans les mêmes conditions, et surtout après la section isolée du maxillaire inférieur, la muqueuse des lèvres se montre aussi quelquefois rouge et gonflée. Il survient même des ulcérations. Mais comme elles apparaissent souvent dès le lendemain, elles doivent être dues à des morsures que rend fréquentes l'insensibilité de la muqueuse buccale. Chez les lapins, dont les dents sont perpétuellement en travail d'accroissement, on peut constater un fait qui prouve une fois de plus que les tissus possèdent une autonomie qu'ils sont encore aptes à manifester lorsqu'ils sont privés de leurs communications habituelles avec les centres nerveux. Malgré la section de la 5e paire, les dents continuent à pousser chez ces animaux. Comme la muqueuse de la langue s'altère au même titre que celle des lèvres, le goût se trouve plus ou moins supprimé dans sa partie antérieure.

On voit aussi survenir des troubles du côté du fonctionnement des glandes. Ainsi, après la section, la glande lacrymale sécrète manifestement moins. Il en est de même des glandes salivaires. Le trijumeau renferme-t-il des nerfs sécréteurs, ainsi que les entend Ludwig ? ou bien ce ralentissement dans la production des larmes tient-il à ce que la conjonctive, devenue insensible, n'apporte plus un stimulant réflexe au travail sécrétoire ? Il est difficile de se prononcer. Mais il est bien probable que c'est ce dernier élément qui doit être accusé du résultat. Du reste, les glandes n'en paraissent pas moins, malgré la perte de l'influence nerveuse cérébrale, conserver les aptitudes créatrices que leur confère soit le réseau périphérique, soit la vie cellulaire ; car les grappes de Meibomius manifestent, au contraire, dans les mêmes conditions, une vive hypersécrétion. C'est là une des conséquences de l'inflammation de la conjonctive qui se propage plus facilement dans leurs canaux que dans les culs-de-sac de la glande lacrymale qui est beaucoup plus éloignée. Les altérations provoquées par la section de la 5e paire ne restent pas toujours limitées à sa sphère de distribution. Ainsi Vulpian a souvent rencontré des ecchymoses du poumon et de l'estomac sans que le pneumogastrique ait été directement intéressé et sans qu'il y ait eu des accidents nerveux généraux, apoplectiques ou autres. Évidemment il y a là le résultat d'une action réflexe provoquée par la douleur de la section ou par l'état consécutif d'irritation du bout central du trijumeau.

En vertu de quoi la section de la 5e paire produit-elle ces diverses altérations ? Trois thèses fondamentales peuvent être et ont été soutenues : 1° la section ne joue qu'un rôle secondaire et ne fait que favoriser le traumatisme extérieur; 2° elle agit en modifiant les conditions vaso-motrices de la région; 3° elle joue un rôle direct en supprimant certaines fibres du trijumeau chargées de présider à la nutrition des tissus. — La première hypothèse a surtout eu pour défenseurs Græfe, Snellen et Eberth. Græfe fait tout provenir, pour l'œil, de la dessiccation de la cornée consécutive à la suspension de la sécrétion lacrymale. Snellen ne voit là que des lésions purement traumatiques dues à ce que l'insensibilité des paupières et de la conjonctive supprime le clignement, et à ce que, par suite, le globe oculaire échappe moins aux chocs et à toutes les causes d'irritation. Il a vu la cornée rester intacte chez tous les animaux dont il avait préalablement obstrué l'œil avec un lambeau de peau emprunté à l'oreille. Eberth prétend que les altérations de l'œil sont directement produites par les micrococcus de l'atmosphère qui se déposeraient d'autant plus facilement sur la cornée qu'elle n'est plus protégée par le clignement. Ces parasites trouveraient là un terrain d'autant plus favorable à leur pullulation que l'œil se trouve desséché par son contact continuel avec l'air.

La modification vaso-motrice résultant de la section de la 5ᵉ paire a été comprise de deux manières différentes. On a d'abord pensé que les lésions observées étaient la conséquence de la congestion paralytique résultant de la section des vaso-moteurs que le trijumeau emprunte au sympathique, particulièrement au niveau du ganglion de Gasser. Cette congestion peut, du reste, être constatée *de visu* Ainsi que l'a démontré Vulpian, il suffit de couper le lingual pour déterminer presque immédiatement une rougeur paralytique de la moitié correspondante de la langue, rougeur qui forme contraste avec la couleur de l'autre moitié, encore soumise à son lingual. Schiff a prétendu depuis que la section du lingual ne produit ce résultat qu'autant qu'elle est combinée avec celle de l'hypoglosse. Mais Vulpian, en ayant recours au curare, qui rend la langue inerte, a pu mieux juger de l'état des choses, et il a vu que si la section consécutive de l'hypoglosse augmente la rougeur acquise, celle qui résulte de la simple amputation du lingual n'en est pas moins très-accentuée. Du reste, en appliquant l'électricité sur le bout périphérique de ce nerf, on fait resserrer les vaisseaux, ce qu'accuse la pâleur de la moitié correspondante de la langue. Ce que le lingual peut faire dans son département, il est probable que les autres branches du trijumeau sont capables de le produire dans leurs circonscriptions respectives. D'ailleurs, l'injection de la conjonctive en est une autre preuve palpable. Du reste, ce genre d'interprétation de l'action vaso-motrice compte aujourd'hui peu de partisans, et est tout au moins considéré comme un élément parfaitement négligeable, parce que la destruction du sympathique, qui envoie directement aux vaisseaux de la tête une bien plus grande quantité de vaso-moteurs qu'il n'en confie au trijumeau, produit une congestion passive beaucoup plus considérable, sans arriver par elle-même à déterminer des effets réellement trophiques. Sinitzin prétend même que la paralysie vaso-motrice provoquée par l'arrachement du ganglion cervical supérieur empêche la section du trijumeau de produire les altérations habituelles, et que celles-ci peuvent même être enrayées par cet arrachement chez l'animal qui a subi préalablement l'amputation de la 5ᵉ paire. Mais ces dernières assertions sont plus que douteuses, car dans des expériences plus récentes, Eckhard n'a rien obtenu de semblable. Dans l'impossibilité d'expliquer les troubles trophiques par la paralysie vaso-motrice, Cl. Bernard a émis une hypothèse assez ingénieuse. Ayant remarqué que l'excitation du bout périphérique de la branche auriculo-temporale donne lieu à une congestion active de la région correspondante, identique à celle que nous verrons être déterminée par la corde du tympan dans sa sphère de distribution, il a pensé que les autres branches du trijumeau devaient aussi renfermer des fibres à action vaso-dilatatrice et que leur section devait laisser un libre jeu aux fibres vaso-constrictives apportées directement aux vaisseaux par le sympathique. De là une constriction vasculaire telle qu'il en résulterait une véritable anémie et par suite une tendance des tissus à la destruction.

L'idée de la suppression d'une action trophique spéciale du nerf trijumeau était la plus naturelle, aussi est-ce elle qui est venue tout d'abord à l'esprit des physiologistes. Les termes employés par Magendie et Longet font plus que la sous-entendre. Depuis elle a pris beaucoup plus de consistance en présence des difficultés que l'on éprouvait à expliquer les altérations observées par une action vaso-motrice, et on s'est surtout préoccupé de déterminer les conditions suivant lesquelles la puissance trophique s'exerçait. Magendie et Longet avaient constaté que les lésions de tissus se produisent surtout lorsque la section porte, soit sur le ganglion de Gasser, soit en avant de lui. On en avait conclu que le trijumeau emprunte son action nutritive au sympathique par l'intermédiaire du ganglion. Ces deux auteurs déclarent cependant eux-mêmes que la section faite entre ce ganglion et la protubérance peut être aussi suivie de troubles trophiques, mais exceptionnellement. Les expérimentations ultérieures sont venues démontrer de plus en plus que l'exception est loin d'être rare; de sorte que les partisans de l'action nutritive admettent aujourd'hui que le trijumeau la doit à des fibres indépendantes de celles qu'il peut recevoir au niveau du ganglion. Schiff n'hésite pas à attribuer cette action à des fibres spéciales, distinctes des fibres sensitives, parce qu'il a vu les lésions du trijumeau altérer l'œil sans lui faire perdre sa sensibilité. Meissner les a localisées dans la partie interne du nerf, parce qu'il a vu les troubles trophiques manquer lorsqu'il ne sectionnait que la moitié externe du nerf, tandis qu'ils se produisaient constamment lorsqu'il coupait la moitié interne. Merkel les a groupées en une troisième racine, ainsi que nous l'avons vu. Pour admettre la nature trophique de cette racine, il s'appuie sur ce que, dans une de ses expériences, il aurait réussi à détruire la racine sensitive sans léser les radicules provenant du tubercule quadrijumeau, et l'œil se serait trouvé privé de sentiment sans éprouver la moindre altération nutritive. Samuel attribue tous les effets trophiques au ganglion de Gasser, mais il pense qu'ils sont de nature irritative et non paralytique parce que la section ne peut qu'enflammer le fragment périphérique de cette masse ganglionnaire. Pour confirmer sa supposition, il a enfoncé deux aiguilles dans le ganglion et fait passer pendant quelques moments un courant d'induction. Dès le deuxième jour, une inflammation intense envahit le globe oculaire, et le lendemain la cornée était déjà opaque et ulcérée. Il survint même un épanchement purulent dans la chambre antérieure. Cette expérience présente trop de difficultés et trop de causes d'erreur pour qu'on puisse l'accepter sans réserves.

On a certainement compliqué la question en mettant en avant, d'une manière exclusive, une des nombreuses conditions qui peuvent concourir à la production des altérations de tissus qui succèdent presque toujours à la 5ᵉ paire. Il n'y a au fond, à ce sujet, que deux points de vue essentiellement distincts. Ou bien les nerfs n'exercent aucune influence trophique directe sur les tissus; ou bien cette influence directe existe, qu'elle soit servie ou non par des fibres spéciales. Dans le premier cas, il y a intervention de toutes les circonstances ambiantes et locales qui sont la conséquence indirecte de la section, et non pas d'une seule; car du moment où ces circonstances existent et du moment où elles sont susceptibles d'entraîner des altérations, forcément elles doivent concourir à leur formation. Dans le second cas, on doit accorder le rôle principal à la suppression ou à la modification de l'influence trophique normale des centres nerveux. Mais, à côté de cette cause spéciale, on est encore obligé de tenir compte des autres circonstances, qui deviennent dès lors accessoires, mais qui ne sauraient être supprimées, ni même atténuées, en présence de cette action nerveuse dominante. Dans l'un et l'autre cas, on ne doit pas faire abstraction de la part de la vie cellulaire. Même en l'absence des nerfs, les éléments histologiques peuvent dégénérer, en vertu de leur puissance propre. Mais pour ce faire, ils ont besoin d'être irrités par un agent extérieur quelconque. Cette cause d'irritation, ils la trouvent plus facilement après la section, puisque les tissus ne sentent plus le contact des corps étrangers, et puisque l'œil, qui est tout justement l'organe qui en souffre le plus, reste à découvert et exposé à la fois aux causes de dessiccation et de contacts irritants. Mais je ne crois pas qu'il y ait lieu de faire des micrococcus une cause spécifique et exclusive; car leur présence n'est pas constante et peut avoir lieu sans qu'il y ait lésion du nerf. De plus, toutes ces causes de traumatisme, quelles qu'elles soient, ne doivent avoir qu'une part secondaire dans le résultat général. La section du facial nous donne la mesure exacte de cette part, car elle rend le clignement et l'occlusion des paupières beaucoup plus impossibles encore; et cependant elle ne donne lieu qu'à un certain degré de congestion de la conjonctive, et exceptionnellement à des processus inflammatoires très-restreints. A côté de ces conditions particulières de traumatisme, il faut aussi tenir compte des conditions de vascularisation que la section crée pour la région. Non-seulement il est possible, et même à peu près certain, que dès son origine le trijumeau possède des fibres à rôle végétatif, que ces fibres forment ou non une racine spéciale; mais, même en contestant l'existence de ces fibres, *ab ovo,* on est obligé de reconnaître qu'au niveau du ganglion de Gasser le trijumeau reçoit un grand nombre de filets d'origine sympathique. Or, ces fibres sont certainement des agents vaso-moteurs, et leur suppression ne doit pas être indifférente. Je ne crois pas à une anémie produite suivant le mécanisme imaginé par Cl. Bernard, parce que, outre que l'existence de fibres vaso-dilatatrices attend encore une démonstration satisfaisante, il est à remarquer que la plupart des altérations qui suivent la section de la 5ᵉ paire ont un caractère inflammatoire qui ne s'allie guère avec l'idée d'anémie. C'est donc, avant tout, par une paralysie vaso-motrice ou une congestion passive que la section du trijumeau peut apporter un élément vasculaire à la production des troubles trophiques. Il est vrai qu'un pareil état des vaisseaux ne saurait engendrer des processus inflammatoires sans le concours d'autres circonstances. Mais ce bain de sang, presque immobile et non ou mal utilisé, ne doit certainement pas être favorable au maintien de l'équilibre nutritif. Il doit tout au moins prédisposer les tissus à s'altérer sous la moindre influence. C'est ce qui arrive, du reste, dans les paralysies du sympathique. Mais il est une autre condition vasculaire qui peut se mélanger à la précédente et qui est capable d'engendrer des inflammations. Même quand la section est complète, elle détermine un travail irritatif dans le bout central qui, restant en communication avec l'axe, peut provoquer, par action réflexe et par l'intermédiaire des centres ainsi que des vaso-moteurs envoyés directement aux vaisseaux par le sympathique cervical, des dilatations spasmodiques et par conséquent inflammatoires. Ce bout central et le sympathique continuent, en effet, à former avec les centres une chaîne fonctionnelle non interrompue et d'autant plus puissante que le plus grand nombre des vaso-moteurs de la tête ne s'associent pas au trijumeau. Mais je crois que dans ce concert variable et mobile de circonstances, l'élément dominant est la suppression du nerf dans son ensemble ; car dans toute l'économie les lésions des cordons nerveux sont suivies de troubles trophiques, et le trijumeau n'a pas de raisons pour échapper à cette loi commune. J'ignore s'il y a réellement des fibres architectes ; mais si elles n'existent pas, on est tout au moins forcé de reconnaître que les fibres sensitives et motrices, en faisant fonctionner les tissus sensibles et les muscles, d'une manière normale, les maintiennent dans de justes proportions, au point de vue de l'assimilation, des combustions et de l'usure. Or, après la section, ce fonctionnement est supprimé, quoique le sang continue à arriver. Il ne peut en résulter que des déviations nutritives.

Anatomie et physiologie pathologiques. — On n'a pas encore signalé dans la science de cas de névrite spontanée de la 5ᵉ paire. Il est évident cependant, vu l'activité fonctionnelle de ce nerf, qu'il doit s'en présenter encore quelquefois. Bien des névralgies n'ont dû être que l'expression de ce travail inflammatoire. En revanche, on l'a observé assez fréquemment comme conséquence indirecte des altérations des tissus ambiants. C'est aussi, la plupart du temps, par voie d'envahissement que le trijumeau devient le siége des différentes espèces de dégénérescences. C'est ainsi que Serres a trouvé chez un jeune homme de 26 ans le ganglion de Gasser complétement envahi par une dégénérescence que les moyens d'investigation de l'époque permirent seulement de classer dans le groupe général des cancers. Dans ce cas, la petite racine, malgré son voisinage, avait été parfaitement respectée. C'est ainsi que Stamm a vu, chez un homme de 50 ans, ce même ganglion totalement englobé dans une masse squirrheuse qui avait pris naissance sur la grande aile du sphénoïde droit. La substance nerveuse était complétement détruite et n'avait été un peu respectée qu'au niveau de l'émergence de l'ophthalmique et du maxillaire inférieur. De son côté, Fioupe a trouvé chez un de ses malades le ganglion de Gasser comprimé par un carcinome de la dure-mère. Il lui a été impossible, malgré une dissection minutieuse, de le séparer de la tumeur et de suivre les branches qui en partent. Montaut, Stanley, Gama, Carré, Dechambre l'ont vu considérablement compromis par des tumeurs de diverse nature.

Les connexions que le trijumeau et le ganglion de Gasser, en particulier, contractent avec le rocher exposent la 5e paire à subir les conséquences des chutes, des coups et de toutes les espèces de causes traumatiques capables de fracturer ou d'ébranler cette saillie osseuse. Meyer rapporte l'observation d'une femme qui, ayant essuyé un coup de feu dans le côté droit du cou, montra à l'autopsie un ramollissement inflammatoire du ganglion et des trois branches émergentes. Le ganglion offrait particulièrement une teinte jaune très-marquée. La balle était venue s'arrêter sur la face antérieure du rocher, sans avoir entamé le nerf lui-même. Bérard l'a trouvé aussi ramolli et injecté chez un homme qui s'était suicidé à l'aide d'un pistolet appliqué sur l'oreille et qui s'était ainsi fracturé l'os temporal. La fracture du rocher n'est même pas nécessaire pour que la 5e paire s'altère. Il suffit que celle-ci soit comme contusionnée par le simple ébranlement moléculaire de cet os qui, mécaniquement, se trouve être le point de concentration ordinaire de toutes les secousses éprouvées par la base du crâne. Le premier fait tendrait déjà à le démontrer, si on ne pouvait invoquer ici avec plus de raison une atmosphère inflammatoire développée par la présence de la balle. Mais Rigler a vu la paralysie de la totalité du trijumeau à la suite d'une chute sur le côté gauche, sans que rien puisse faire admettre l'existence d'une véritable fracture du rocher. D'autre part, on ne pouvait attribuer le résultat uniquement à la compression directe subie par les branches superficielles, puisque les profondes étaient aussi paralysées. Évidemment le tronc commun avait dû être compromis lui-même.

Les rapports que le trijumeau contracte avec les méninges peuvent encore le compromettre, même en dehors des cas de tumeurs. Les fausses membranes auxquelles donnent lieu les méningites suffisent pour le comprimer au point d'empêcher son fonctionnement et même de déterminer son atrophie. Les exsudats de la méningite tuberculeuse produisent souvent de l'anesthésie de la face. Mais la mort survient si rapidement qu'on ne peut juger des effets atrophiques de la compression. Il n'en est plus de même lorsque les fausses membranes se sont développées lentement, comme sous l'influence de la syphilis. Chez une malade atteinte de syphilis constitutionnelle, Tood a trouvé le ganglion de Gasser et ses trois branches complétement atrophiées.

On a pu prendre sur le fait, du reste, quelques-unes des altérations spontanées dont le trijumeau est susceptible et qui passent la plupart du temps inaperçues faute d'autopsies. Chez un malade d'Abercrombie il s'est montré ramolli et réduit à son névrilème au niveau de la protubérance. Herbert-Mayo l'a trouvé ramolli et jaunâtre. Dans une observation de Serres, il avait un aspect gélatiniforme. Fenger, de Copenhague, a rencontré chez une femme morte à 57 ans le ganglion de Gasser transformé en une masse dure de la grosseur d'une noisette. L'hyperplasie avait aussi envahi les trois branches émanées de ce ganglion et elles étaient considérablement épaissies dans tout leur trajet intracrânien. Tous les tissus ambiants étaient intacts. Dans deux cas de syphilis tertiaire, Dixon a trouvé le trijumeau parsemé de petites masses jaunâtres ou rougeâtres très-fermes. Il est probable qu'il s'agissait là de petites tumeurs gommeuses. Esmarch l'a vu très-hypertrophié dans les mêmes circonstances. Enfin la 5ᵉ paire peut donner naissance à de petites tumeurs répondant au gliome de Virchow, ou à l'amyélocyte de Robin. Du moins Berger en a observé un fait chez le poulet.

Troubles de la sensibilité tactile. — L'anesthésie que l'on peut observer dans le département de la 5ᵉ paire reconnaît souvent une cause centrale, et tient généralement à une sclérose de la protubérance ou du bulbe. Dans ce cas, elle se montre du côté opposé à celui qu'occupe la lésion organique, ce qui prouve que les racines des deux trijumeaux s'entre-croisent dans l'intérieur du mésocéphale. Mais il est certains faits pathologiques observés par Brown-Sequard qui tendraient à démontrer que toutes les fibres de ces nerfs n'opèrent pas leur entre-croisement au même niveau. Le lingual, en particulier, semble le faire dans un point tout à fait spécial. Chez trois malades qui avaient tous les signes d'une maladie de la protubérance, il a constaté, en appliquant l'æsthésiomètre, que l'anesthésie unilatérale de la langue était du côté opposé à celui de l'anesthésie des téguments de la face.

La perte de la sensibilité est au contraire toujours directe lorsqu'elle relève du nerf lui-même, cas que nous devons surtout considérer dans cette étude du système nerveux périphérique. Elle peut alors être due à l'envahissement du nerf par une tumeur cancéreuse (c'est ce qui eut lieu dans les faits de Serres, de Stamm et de Fioupe), ou bien à la compression exercée par des exsudats méningés (fait de Tood), à une fracture du rocher (fait Bérard), à un travail inflammatoire ambiant et de cause traumatique (fait Meyer), à un ébranlement moléculaire d   ˮ (fait Rigler), à l'hypertrophie et l'induration du nerf (fait Fo   La cause peut être beaucoup plus périphérique encore, et al   ses effets paralytiques ne portent que sur quelques-unes des branches de la 5ᵉ paire. C'est ce qui a lieu souvent sous l'influence d'une maladie d'un des os de la face ou de la tête, d'une plaie extérieure par arme à feu et même de l'extraction d'une dent. Le trijumeau peut encore, de même que tous les nerfs, devenir le siége d'une paralysie *à frigore*. Mais le facial semble céder beaucoup plus facilement que lui à l'action du froid; car il n'existe dans la science que trois cas d'anesthésie de la face due incontestablement à cette influence, tandis que rien n'est plus fréquent que de voir la paralysie des muscles de la face dans les mêmes circonstances. Enfin l'anesthésie peut être produite par la syphilis. Dans ce cas, la paralysie du sentiment n'est pas franche et a quelque chose de spécial. On observe alors des fourmillements, des engourdissements de la face, la sensation d'une toile d'araignée appliquée sur la peau. On a aussi rencontré sous la même influence une analgésie du tégument. Il est possible que dans tous les faits de ce genre il y ait, soit des gommes, soit des exsudats méningés, mais il est rare que l'autopsie puisse être faite. Il est une branche du trijumeau qui semble échapper plus que les autres aux causes d'anesthésie, c'est le nerf dentaire. Le fait n'a rien d'étonnant lorsqu'il s'agit de causes périphériques, puisque la branche se trouve abritée dans un canal assez large pour qu'elle soit plutôt exposée à être irritée que comprimée complétement. Mais il paraît en être de même lorsque la cause est centrale. Depuis plusieurs années, Graves a examiné à ce point de vue un grand nombre de malades atteints d'anesthésie de la face, et il a toujours trouvé les dents sensibles. Souvent même il a dû leur extraire des dents qui leur occasionnaient de vives douleurs. La même observation a été faite par Clean. Il y a là une immunité qu'il est difficile d'expliquer.

L'anesthésie est souvent précédée d'une période de vive surexcitation qui se traduit par des douleurs excessivement intenses. On comprend qu'il en soit ainsi lorsque le nerf ou le ganglion deviennent le siége d'une sclérose. Au début, c'est un travail inflammatoire de la névroglie qui ne fait qu'exciter les éléments nerveux sans les détruire, sans même les comprimer. Ce n'est que plus tard que ces éléments se trouvent de plus en plus entravés dans leur fonctionnement par la prolifération conjonctive. On conçoit qu'il en soit de même pour une tumeur qui joue toujours le rôle d'épine avant d'être un corps comprimant. L'anesthésie peut même coïncider avec l'existence de douleurs spontanées, c'est-à-dire que l'*a nesthésie douloureuse* appartient aussi bien aux nerfs crâniens qu'aux nerfs rachidiens. Il en fut ainsi entre autres dans une observation rapportée par Gillette. Dans ces paralysies du sentiment, on peut être témoin de la reproduction spontanée des expériences de Bernard. La cornée conserve souvent sa sensibilité tactile, alors que la conjonctive l'a complétement perdue. L'inertie tactile de la muqueuse labiale donne lieu à une singulière illusion. Tous les objets que le malade place entre ses lèvres lui semblent composés d'une seule moitié, la portion reposant sur la muqueuse n'étant point sentie. La perte de la sensibilité entraîne indirectement d'autres conséquences. Malgré l'intégrité du facial et, par suite, du buccinateur et de l'orbiculaire des lèvres, la salive n'est plus maintenue dans la cavité buccale. Elle s'écoule nécessairement parce que sa présence n'est plus sentie. Pour les mêmes raisons, la mastication reste imparfaite, même quand le nerf masticateur n'est pas lui-même atteint. Le malade ne s'aperçoit pas quand des parcelles alimentaires abandonnent les deux meules dentaires. Ces deux actes fonctionnels sont en outre compromis pour une autre raison, c'est que le facial et le masticateur se trouvent avoir perdu, par le fait, leur associé sensitif, c'est-à-dire le nerf qui est chargé de leur apporter l'aide du sens musculaire. C'est à cette dernière cause qu'il faut attribuer aussi la lenteur et l'incertitude du jeu de la physionomie.

La 5ᵉ paire est beaucoup plus souvent en état d'exaltation qu'en état de paralysie. C'est peut-être le nerf qui est le plus fréquemment le siége de douleurs névralgiques. Celles-ci y présentent même une acuité qu'on ne rencontre nulle part ailleurs. Je suis porté à penser que le rapprochement relatif que présente le trijumeau vis-à-vis du centre sensitif est pour beaucoup dans ce perfectionnement de la sensibilité. L'impression arrive dans la couche optique, ayant conservé sa vigueur primitive. Pour la même raison, sans doute, les plus légers attouchements suffisent pour provoquer une vive exacerbation de la douleur. Une faible agitation de l'air augmente même les souffrances. Roser a vu un cas de névralgie du nerf lingual qui donnait lieu à des souffrances tellement grandes, qu'il dut se décider à pratiquer la résection de ce nerf, ce qui fut, du reste, couronné de succès. La sensibilité de la langue était tellement exagérée par les mouvements que le malade se trouvait dans l'impossibilité absolue de parler. Comme tous les mouvements de la langue donnaient lieu à des crises excessivement violentes, il en était réduit à renoncer à la déglutition buccale, malgré la faim qui le dévorait. Il est rare que la névralgie occupe à la fois toutes les branches du trijumeau. Elle se localise même assez mathématiquement dans l'une d'elles. C'est le maxillaire supérieur qui est le plus souvent atteint; viennent ensuite l'ophthalmique et enfin le maxillaire inférieur. La syphilis a choisi la 5ᵉ paire comme siége privilégié des névralgies qu'elle peut engendrer. Dans ce cas, les douleurs existent rarement à la fois dans les deux nerfs. Le plus souvent la névralgie est hémi-faciale; mais elle peut occuper alternativement les deux côtés (fait Guérard). Parfois elle reste localisée dans une seule de leurs branches, particulièrement dans le frontal. Quels que soient leur siége et leur étendue, les douleurs offrent une certaine tendance à se montrer la nuit.

En raison de la grande impressionnabilité de ce nerf et en raison de son rapprochement des centres, il est plus apte que tout autre, lorsqu'il est névralgié, à provoquer des contractions réflexes qui viennent, pour ainsi dire, mimer les grandes souffrances qu'endure le malade. Ce sont d'abord les muscles faciaux du même côté qui subissent les conséquences de cette propagation de l'ébranlement des centres sensitifs dans les centres moteurs ; mais pour peu que la douleur soit intense et que l'ébranlement puisse étendre sa sphère d'envahissement, il gagne bientôt le noyau du facial du côté opposé, et tous les muscles de la face prennent simultanément part à ce tic douloureux. Si l'agitation moléculaire est plus intense encore, elle peut se propager jusque dans les cornes antérieures de la moelle et provoquer des spasmes des muscles du cou, du tronc, et même, mais rarement, des membres thoraciques. Il n'y a pas là toutefois une application exacte des lois de propagation des vibrations purement physiques ; car malgré son voisinage probable, le noyau de la petite racine n'est jamais compris dans cet envahissement. Jamais, du moins, que je sache, on n'a vu une névralgie de la 5e paire donner lieu à du trismus. Au lieu de se répercuter vers les voies motrices, l'ébranlement névralgique peut parfois s'engager, par l'intermédiaire des centres, dans d'autres voies sensitives, et généralement dans les plus rapprochées. C'est ainsi qu'on voit la douleur s'étendre à l'occiput, au cou et à l'épaule.

Troubles de la sensibilité gustative. — Certaines affections, par leur intensité et leur persistance, nécessitent souvent une intervention chirurgicale qui réalise sur l'espèce humaine de véritables expériences de laboratoire. C'est ainsi que Trizani s'est vu forcé de réséquer un des nerfs linguaux dans un cas de névralgie excessivement violente de la face et de la langue. A la suite de cette opération, les deux tiers antérieurs de la moitié correspondante de la langue perdirent non-seulement la sensibilité tactile, mais aussi l'aptitude à percevoir les saveurs amères, douces et acides. Il en fut de même chez un meunier qui dut subir la même résection pour un motif semblable. La perte du goût fut aussi constatée chez le malade de Serres dont le ganglion de Gasser se trouvait complétement dégénéré. Le poivre et la quinine ne réveillaient même aucune impression chez lui tant que ces substances n'avaient point gagné la partie postérieure de la langue. La même anesthésie gustative existait chez le malade de Rigler, chez celui de Fenger. Il est vrai que dans ce dernier fait, il y eut aussi perte de l'olfaction. Mais cette dernière n'offrait aucune analogie avec celle de la gustation, ni comme nature, ni comme mode de production, car la pituitaire offrait des altéra-

tions, tandis que la muqueuse linguale paraissait à peu près saine.
Évidemment il s'agissait pour le lingual d'une paralysie directe,
tandis que l'odorat était indirectement rendu impossible par l'état
du terrain où plongeaient les dernières ramifications nerveuses. La
sensibilité gustative était encore abolie chez une femme observée
par Rombey, qui présentait une paralysie du côté gauche portant à
la fois sur le trijumeau et sur le facial. Il en fut aussi de même dans
le cas de Meyer. La pathologie semble donc, comme la physiologie,
donner raison à l'opinion qui attribue à la 5ᵉ paire une part dans
l'innervation spéciale de l'organe du goût. Mais l'impartialité qui
doit dominer toutes les questions scientifiques me force à vous
signaler les quelques faits contradictoires que possède la science.
La perception des saveurs parut être réalisée par la partie antérieure de la langue chez le malade de Stamm. Il est vrai qu'une
petite portion du ganglion de Gasser était restée intacte et que cette
portion se trouvait être justement le point d'émergence du maxillaire inférieur, et par conséquent du lingual. Du reste, la sensibilité
gustative était bien plus vive du côté intact que du côté paralysé.
Renzi a soigné un malade qui avait complétement perdu la sensibilité tactile de la face et de la langue et qui avait conservé l'aptitude
à apprécier les saveurs avec la partie antérieure du côté correspondant de la langue. Il en fut de même dans le cas de Bérard. Mais
rien ne prouve qu'il ne restait pas chez ces deux malades quelques
tubes intacts. Il semble même qu'on serait, d'après cela, autorisé à
conclure que les tubes gustatifs sont différents des tubes tactiles et
qu'ils ne sont pas exactement exposés aux mêmes destinées. Il est,
d'autre part, un fait qui tend à démontrer que ce n'est pas à ses
fibres propres que le lingual doit ses propriétés gustatives. Un char-
latan ayant déchiré la corde du tympan d'une paysanne, il en
résulta la perte exclusive du goût dans la partie correspondante de
la langue. Mais on peut opposer à cette observation celle de Fioupe.
Dans cette dernière, le ganglion se trouvait seul compromis, et
cependant le goût avait disparu sur la moitié droite de la langue.

Troubles de nutrition. — La clinique nous montre que la
5ᵉ paire influence beaucoup l'innervation vaso-motrice de la région
dans laquelle elle se distribue. Car lorsqu'elle se trouve dans un
état de surexcitation névralgique, elle provoque une dilatation considérable des artères de la tête et de la face. Il en résulte des battements artériels qui viennent exaspérer la douleur par les secousses

qu'ils impriment aux tubes sensitifs. En même temps il se produit une injection générale qui se traduit par de la rougeur et de la tuméfaction des téguments. Il peut même en résulter un gonflement à la fois inflammatoire et œdémateux du tissu cellulaire sous-cutané. Notta relate deux faits de congestion excessivement intense de la langue sous l'influence d'une névralgie du maxillaire inférieur, et au cas particulier d'une excitation du lingual réfléchie sur la corde du tympan. Il n'y a rien là, du reste, de bien spécial pour le trijumeau, car les névralgies des nerfs rachidiens provoquent aussi souvent des battements artériels dans les régions qu'ils parcourent. Mais le phénomène y est toujours beaucoup moins accentué, sans doute parce qu'il est proportionné à la puissance sensitive normale et pathologique du nerf. Par quel mécanisme se produit cette mimique vasculaire? Est-ce parce que les fibres vaso-motrices que le trijumeau apporte avec lui, après les avoir empruntées au sympathique, participent à l'exaltation de leurs voisins, les tubes sensitifs? Ou bien l'ébranlement des tubes sensitifs va-t-il retentir par l'intermédiaire des centres sur les vaso-moteurs? C'est ce qu'il est difficile de décider. En tout cas, je ne crois pas que l'effet soit direct dans sa totalité, c'est-à-dire exclusivement l'œuvre des fibres végétatives annexées au trijumeau ; je pense que le sympathique est lui-même mis en œuvre par action réflexe, car la congestion est souvent générale et dépasse toujours la circonscription qu'innerve la branche névralgiée. Il me semble aussi qu'on est obligé de reconnaître là un phénomène réellement actif et non passif, car on n'observe rien de semblable lorsque le trijumeau se trouve être complétement paralysé, soit par compression, soit par section.

L'influence que l'exaltation sensitive de la 5e paire exerce sur les sécrétions est tout aussi incontestable. Suivant la branche qu'elle occupe, la névralgie donne lieu à un écoulement abondant soit de larmes, soit de salive, soit de mucus nasal. On serait presque autorisé à conclure de là que le trijumeau renferme des tubes sécréteurs ; mais on ne peut pas assurer qu'il n'y ait pas ici une action centrale réflexe provoquée par l'exaltation même des tubes sensitifs, car la titillation de la muqueuse buccale peut amener aussi un flot de salive. Il suffit de toucher la conjonctive pour faire pleurer les yeux. Il semble même que cette hypersécrétion épuise un peu l'ébranlement moléculaire du nerf, car la plupart du temps ces divers écoulements produisent un calme considérable dans la souffrance. L'excitation du trijumeau peut, dans certains cas exceptionnels, provoquer du côté des sécrétions un état tout à fait inverse. Gubler a vu, en effet, les névralgies trifaciales amener une siccité très-marquée des gencives et de la joue, une réaction fortement acide du mucus et même quelques plaques de muguet.

De même que les nerfs intercostaux, le trijumeau, lorsqu'il est dans l'état de névralgie, peut donner lieu à une éruption d'herpès, c'est-à-dire à un véritable *zona encéphalique*. L'éruption est ordinairement limitée au département soit de l'ophthalmique, soit du maxillaire inférieur. Je connais toutefois environ douze cas de l'apparition simultanée d'un zona dans la région orbitaire et dans celle de la mâchoire inférieure. Jusqu'à présent il n'existe dans la science qu'un seul fait d'herpès relevant du maxillaire supérieur. D'après Paget, qui a rapporté l'observation, l'éruption s'étendit à la lèvre supérieure, au nez, à la joue du côté droit ; elle envahit ensuite les gencives, la muqueuse buccale et le voile du palais du même côté. L'éruption buccale prit rapidement un aspect diphthéritique et entraîna une nécrose partielle du rebord alvéolaire avec chute de cinq des dents du maxillaire supérieur droit. Il est probable que la rareté de l'herpès de la deuxième branche du trijumeau tient à la situation profonde de ses ramifications, dont un petit nombre seulement vient alimenter le tégument externe. Du reste, d'après Ollivier, ce que les cliniciens appellent *angine herpétique* représenterait le zona particulier du maxillaire supérieur. Il fait observer, avec raison, que souvent l'éruption n'existe que sur une seule amygdale, et que du même côté on rencontre fréquemment des vésicules identiques sur la face interne de la joue, sur la lèvre supérieure, dans les fosses nasales et dans la trompe d'Eustache, c'est-à-dire dans les points qui sont tout justement innervés par le maxillaire supérieur. Quant au zona de l'ophthalmique qui, lui, est fréquent, Hybord et Copper n'hésitent pas à le regarder comme étant l'expression d'une névrite de la première branche du trijumeau. Le premier de ces auteurs l'a vu souvent s'accompagner de lésions oculaires graves, telles que la kératite et l'iritis.

Les névralgies de la 5e paire engendrent d'autres fois des traînées érysipélateuses, des pustules ou des vésicules. Canuet a publié une observation de névralgie trifaciale avec des plaques circonscrites de *lichen agrius* du même côté de la face. Romberg a vu dans les mêmes circonstances une éruption d'acné limitée à la distribution du nerf. Anstie a relaté plusieurs faits d'érysipèle de la face dans la névralgie du trijumeau. Comme celles des nerfs rachidiens, elles peuvent aussi retentir sur les annexes de la peau et, à défaut des ongles qui sont en dehors de la sphère du trijumeau, elles frappent les cheveux, qui deviennent épais et rugueux et qui, parfois, tombent en grande quantité. Plus souvent encore on voit les dents s'altérer et le périoste alvéo-dentaire s'enflammer. Enfin elles peuvent même produire une hyperplasie du tissu conjonctif et, par suite, des difformités du visage. Duval et Friedreich ont vu une névralgie sous-orbitaire rebelle déterminer une hypertrophie de la lèvre supérieure.

Depuis longtemps j'ai été conduit, par mon expérience personelle et par mes propres sensations, à voir dans le coryza une manifestation, dans l'ordre pathologique, de l'influence nutritive du trijumeau sur la pituitaire. Je considérais cette affection comme étant la plupart du temps une névralgie *à frigore* avec effets trophiques. La douleur frontale et maxillaire, que beaucoup de médecins attribuent à l'étranglement de la muqueuse gonflée dans l'intérieur des sinus, m'avait souvent procuré à moi-même l'impression d'une douleur névralgique. En outre, j'avais constaté que souvent le coryza se montre sur le déclin d'une névralgie franche, et offre même parfois une véritable périodicité. Aussi est-ce avec satisfaction que j'ai vu M. Rollet s'engager dans le même ordre d'idées et faire, dans un mémoire spécial, l'étude des névralgies compliquant le coryza. Il a constaté que la douleur névralgique apparaît tantôt au début, tantôt à la fin de l'inflammation catarrhale de la pituitaire; qu'elle peut aussi se montrer d'une manière intermittente; qu'elle n'a pas toutefois un siége constant; que, le plus souvent, elle occupe exclusivement l'ophthalmique et correspond à la distribution des rameaux des nerfs frontal, lacrymal et naso-ciliaire; qu'elle s'irradie parfois jusque dans l'occiput, sans doute par l'intermédiaire du nerf récurrent du trijumeau décrit par Arnold, et dont les rameaux se distribuent au sinus pétreux supérieur, à la tente du cervelet, au sinus transverse et à la terminaison postérieure du sinus longitudinal ; que dans d'autres cas elle siége dans la partie moyenne et inférieure du nez et relève dès lors du maxillaire supérieur par l'intermédiaire du ganglion de Meckel. A ce tableau j'ajouterai que je l'ai vue, dans ce dernier cas, se concentrer avec une grande intensité dans les filets nerveux de l'antre d'Hygmore.

L'œil ne semble pas être plus à l'abri des conséquences trophiques des névralgies trifaciales. A chaque instant, le praticien voit la conjonctive s'injecter sous leur influence. Sur 61 cas de névralgie du trijumeau, réunis par Notta, 34 présentèrent de la rougeur de la conjonctive. Gillette a même vu, dans ce cas, survenir un leucoma de la partie supérieure de la cornée. Vous savez aussi que l'inflammation de la membrane iris s'accompagne ordinairement de douleurs excessivement vives. Elles ne sont pas toujours purement locales et limitées exclusivement aux nerfs ciliaires, auquel cas la douleur pourrait être attribuée à la compression résultant du gonflement inflammatoire. Elles siégent en même temps dans la région sus-orbitaire, dans tout le front, dans les gencives et même dans toute la tête. On est le plus souvent en présence d'une névralgie véritable qui même apparaît sous forme d'accès périodiques. La difficulté est de décider si la névralgie est l'effet ou la cause du processus inflammatoire, car si, d'une part, il est reconnu que la paracentèse, en donnant issue à l'humeur aqueuse et en diminuant ainsi la compression, atténue la douleur jusqu'au moment où le liquide s'est reproduit, d'autre part on voit souvent des malades éprouvant des douleurs atroces, chez lesquels on ne constate aucune modification du tissu iridien. La pupille est seulement un peu contractée et immobile. Enfin, il est des sujets, dont l'iris est très-tuméfié et altéré, chez lesquels par conséquent les nerfs ciliaires devraient être soumis à une forte compression et qui, cependant, ressentent si peu de douleurs qu'ils ne se doutent pas de l'affection dont ils sont atteints. Aussi je pense que, dans quelques cas, l'iritis n'est que la plus haute expression d'une exaltation morbide du trijumeau.

Dans sa thèse inaugurale, M. Martin a cherché à démontrer que le glaucôme, cette maladie que les uns regardent comme une dégénérescence ou une inflammation du corps vitré, d'autres comme une altération fonctionnelle de la choroïde aboutissant à une hypersécrétion, est une névrose de l'œil ayant son siége probable dans le trijumeau. Le point de départ serait un état névralgique considérable de l'ophthalmique. De là les douleurs vives qui font partie du programme de cette affection. Consécutivement, cette névralgie exercerait une influence réflexe sur le sympathique et en particulier sur le ganglion ophthalmique. Les nerfs ciliaires réagiraient en faisant contracter les fibres lisses de la choroïde. D'où une modification dans la circulation de cette membrane et une exhalation de sérosité venant augmenter considérablement la tension intra-oculaire. Il est vrai que le glaucôme n'est pas matériellement constitué par une simple exhalation de sérosité et qu'il donne lieu à de profondes altérations des membranes et des milieux de l'œil. Pour lever la difficulté, l'auteur admet des fibres trophiques qui subiraient aussi, comme les fibres motrices, l'influence réflexe de l'exaltation du nerf sensitif. L'idée de placer le foyer initial de cette maladie dans le système nerveux n'est du reste pas neuve. Necker, Donders, Wegner, Jæger, Hippel et Grünhagen n'hésitent pas à voir là une névrose de l'œil donnant lieu à une irritation plus ou moins directe des nerfs sécréteurs de cet organe ; mais ils ne s'accordent pas sur le nerf mis en cause. Les deux premiers en font une névrose du sympathique ; les autres du trijumeau. Jæger n'est pas toutefois aussi exclusif que les deux derniers. Il admet l'intervention du sympathique. Il est évident qu'il ne faut jamais être exclusif. Il est possible que le trijumeau fournisse des nerfs sécréteurs, s'il en existe. En tout cas, les vives douleurs qui accompagnent le glaucôme prouvent tout au moins qu'il est mis en cause d'une manière quelconque. Mais on n'est pas en droit de nier la possibilité de l'intervention du sympathique, puisque, dans quelques cas où ce nerf se trouvait être irrité par le voisinage d'une production morbide, on a pu constater que la sécrétion et la tension de l'œil étaient augmentées. De plus, c'est lui qui innerve la plupart des fibres lisses de la cavité orbitaire, et il peut, par leur intermédiaire, exercer sur le globe oculaire une pression capable d'engendrer une stase sanguine favorable à l'exhalation. Il n'est pas non plus impossible que la tension intra-oculaire soit augmentée, sinon engendrée par un spasme des muscles droits de l'œil et, par conséquent, par un état d'exaltation des 3e et 6e paires. Disons, toutefois, que les expériences de Hippel et de Grünhagen sont de nature à conférer le rôle principal au trijumeau. Ils ont irrité ce nerf à son origine, et ils ont vu l'œil devenir dur et prêt à éclater. Non-seulement les sécrétions leur ont paru manifestement augmentées, mais ils ont reconnu l'existence d'une dilatation active des vaisseaux. L'effet s'est montré de moins en moins accentué au fur et à mesure qu'ils appliquaient l'irritation sur des points de plus en plus rapprochés de la périphérie. Ce dernier fait me donne à penser que le trijumeau agit plutôt en cette circonstance par les sensations qu'il apporte au cerveau et par les retentissements réflexes qu'il provoque que par une influence directe qu'il distribuerait à la périphérie. Quant à moi, le glaucôme m'a toujours paru être la reproduction, sur un autre terrain et avec des conséquences nouvelles, des phénomènes de la hernie étranglée. À côté du fait de l'exhalation ou de l'hypersécrétion, je crois qu'il y a, comme dans l'étranglement herniaire, quelque chose de spasmodique qui, pour l'intestin, vient empêcher sa réduction, et qui, pour l'œil, vient augmenter sa distension excentrique. Ce spasme musculaire, auquel semblent prendre part à la fois les fibres lisses de la choroïde et de l'orbite, peut-être même les muscles droits, me paraît être, comme le tic douloureux, un retentissement réflexe de l'exaltation des filets sensitifs, ou plutôt c'est une crampe réflexe. L'irritation du trijumeau retentit aussi sur le sympathique et lui fait placer la vascularisation dans les conditions favorables à l'exhalation et à l'hypersécrétion. Les vives douleurs qui existent dans presque toutes les ramifications extra-orbitaires du trijumeau et qui marquent le début de cette affection, la périodicité de ces manifestations, les expériences de Hippel, semblent indiquer qu'une exaltation de la 5e paire peut amener ce résultat et que ce nerf est probablement, dans bien des circonstances, le point de départ du cortége morbide. Mais, comme on est toujours en droit de se demander si l'hypersécrétion n'a pas débuté avant la douleur, et si celle-ci n'est pas un effet de la compression consécutive des filets nerveux; comme l'élément cellulaire peut accomplir ses aberrations morbides alors que la cause stimulante siége sur n'importe quel point des liens qui le rattachent aux centres nerveux ; comme il peut même le faire de sa propre autorité, je crois qu'il serait téméraire de voir dans tous les cas de glaucôme une névralgie à effets spéciaux de la 5e paire. Mais il est bien certain que la névralgie, qu'elle soit consécutive ou initiale, devient toujours une cause considérable d'aggravation en réfléchissant un spasme musculaire de plus en plus intense et en exaltant les sécrétions, comme l'indique le larmoiement qui accompagne les accès douloureux. Il doit se faire dans le corps vitré une exhalation qui est comme le larmoiement interne du globe oculaire.

L'irritation du trijumeau semble même pouvoir retentir sur la rétine. Demours a vu l'amaurose survenir à la suite de l'extirpation, avec le bistouri, d'une loupe du cuir chevelu. Le même fait a été observé à la suite d'une dilacération d'origine traumatique des nerfs frontal, sous-orbitaire et alvéolaire. Trinchera a guéri une amaurose en arrachant une dent ; Galezowski a obtenu le même succès après l'extraction d'un bout de cure-dent en bois. D'autres médecins ont vu l'exercice de la vision se rétablir après l'ablation de tumeurs situées sur le trajet de la branche ophthalmique. Il est regrettable qu'on n'ait pas pu s'assurer de l'état matériel de la rétine dans ces circonstances. Mais je crois qu'il n'y a pas lieu d'inscrire ces faits à l'actif de l'influence nutritive du trijumeau. Il est très-probable qu'il se produisait alors une paralysie purement fonctionnelle, peut-être une anémie réflexe. Il est enfin un fait clinique dont la cause se trouve peut-être dans l'organisation des branches ophthalmiques, c'est celui des affections dites *sympathiques* de l'œil. Il est incontestable que lorsqu'un des deux yeux s'altère dans sa constitution, l'autre œil tend bientôt à imiter le premier. Brown-Sequard n'hésite pas à rendre le trijumeau responsable de cet envahissement symétrique. Vulpian ne serait pas étonné qu'il existât dans l'encéphale, entre les deux branches ophthalmiques, des relations réciproques analogues à celles qui existent entre les deux nerfs optiques.

Nous venons de voir apparaître différents troubles trophiques sous l'influence de l'exaltation fonctionnelle de la 5e paire; voyons si la suppression de son action, ou autrement dit sa paralysie, peut aussi en produire. Carnochan a eu l'occasion de couper trois fois chez l'homme le maxillaire supérieur. La cicatrisation de la plaie s'est effectuée d'une manière tout à fait normale, et la nutrition des tissus n'a paru en souffrir en rien. Cet auteur a pensé pouvoir conclure de là que le trijumeau n'exerce aucune influence sur la nutrition. C'était aller trop loin, car de ce qu'un travail de réparation a pu se faire sans un nerf, il ne s'ensuit pas que celui-ci n'intervienne pas quand il existe. De plus, la région restait, après cette section, soumise encore au dynamisme autonome du ganglion de Meckel. Enfin, ces faits négatifs constituent une bien faible exception en présence des nombreux résultats inverses que possède la science. Dans la plupart des paralysies spontanées de la 5e paire, on observe, du côté des organes des sens, des altérations analogues à celles qu'engendrent les sections expérimentales. Elles sont même alors beaucoup plus considérables. La congestion oculaire est bien plus intense; les vaisseaux deviennent excessivement variqueux; les paupières sont très-œdématiées et volumineuses; la muqueuse suppure abondamment; la cornée devient rapidement opaque, elle se ramollit facilement et entraîne parfois la perte totale de l'œil. Hirschberg vient en outre de trouver chez l'homme la reproduction des expériences de Donders et de Snellen sur les conséquénces de la section du trijumeau pour la tension intra-oculaire. Un malade fut atteint d'une paralysie de ce nerf par suite d'une fracture de la base du crâne. La tension du globe oculaire était tellement diminuée qu'il se laissait déprimer par le plus léger contact. La pituitaire et la muqueuse buccale peuvent, de leur côté, se montrer boursouflées, rouges et saignantes. Il arrive même que les gencives se couvrent d'ulcérations analogues à celles du scorbut, et que les dents tombent après être restées plus ou moins longtemps simplement ébranlées. Romberg a vu, dans un cas de paralysie du maxillaire supérieur, une tuméfaction de l'os nasal correspondant dès le début de l'affection. Il est vrai qu'on a voulu ne voir dans toutes ces altérations, particulièrement dans celles de l'œil, que la conséquence de la perte de la sensibilité, qui rendait ces organes incapables de sentir la présence des corps étrangers et, par suite, d'exécuter les actes nécessaires à l'éloignement de ces causes d'irritation. Mais la clinique est venue fournir elle-même la réfutation de cette interprétation. D'une part, Cl. Bernard a observé un fait qui prouve que la perte de la sensibilité de la conjonctive ne suffit pas pour engendrer des altérations de l'œil; car celui-ci resta parfaitement intact chez une femme dont la conjonctive était devenue complétement insensible. D'autre part, Landmann et Bock ont réuni un certain nombre de faits où les congestions oculaires se sont produites, malgré la persistance de la sensibilité.

Il est une maladie qui a reçu le nom de *trophonévrose faciale*, qui consiste dans une atrophie des tissus de la face, et que Frémy considère comme étant engendrée par un état pathologique du trijumeau. Il est vrai que, d'après Laude, le système nerveux n'aurait rien à réclamer dans la production de cette affection, qui relèverait exclusivement de la vie cellulaire. Elle serait le résultat d'une atrophie spontanée du tissu conjonctif. C'est pourquoi il l'a appelée *aplasie lamineuse*. Mais non-seulement le travail de résorption envahit le plus souvent à la fois la peau, le tissu cellulaire, les muscles et les os, absolument comme dans les atrophies dues aux altérations des centres nerveux ; mais, en outre, la maladie n'occupe qu'une moitié latérale de la face, ce qui est dans les allures des troubles de l'innervation. D'ailleurs, Romberg, Stilling, Guttmann, Rosenthal, Eulenburg, qui se recommandent par la justesse de leur analyse clinique, s'accordent à voir là la main du système nerveux. Frémy accuse particulièrement la 5e paire, parce que le trouble nutritif est limité à la zone d'une ou de plusieurs des branches du trijumeau; parce que l'atrophie envahit souvent en même temps le voile du palais et la langue, et surtout parce qu'elle est souvent précédée de douleurs névralgiques à marche périodique et avec hyperesthésie aux chocs et aux changements de température. Enfin, il n'hésite pas à voir là le résultat d'une maladie du nerf lui-même et non de son centre encéphalique, par la raison que les effets d'une altération centrale ne restent pas limités à la sphère d'action d'une ou de deux branches d'un cordon nerveux. Toutefois, il ne saurait préciser la nature de cette affection, car il n'a jamais constaté les conditions d'une véritable névrite. Vulpian pense que cette maladie ne doit pas être l'œuvre du trijumeau, parce qu'elle s'étend au cou et surtout parce qu'on n'est jamais arrivé à la reproduire en expérimentant sur ce nerf. Stilling met en cause les nerfs sensitifs des vaisseaux. Ils seraient dans un état d'irritation tel qu'ils provoqueraient une contraction réflexe de ces conduits, capable de faire dépérir les tissus par anémie. Dans le même ordre d'idées, Barwinkel admet, sans preuves expérimentales, que la contraction vasculaire et, par suite, la disette sanguine sont dues spécialement à une maladie du ganglion de Meckel. Rosenthal, voulant voir là une action trophique tout à fait directe, attribue l'atrophie à une altération fonctionnelle des fibres nutritives qui entrent dans la composition du trijumeau. D'autres ont exclusivement réservé cette influence morbide sur la nutrition au ganglion de Gasser. Parmi eux, Emminghaus croit même que les maladies du pharynx peuvent engendrer la trophonévrose par son intermédiaire. Il suppose que ces affections arrivent quelquefois à altérer, par voisinage, les filets sympathiques entourant la carotide, et que ceux-ci entraînent, à leur tour, le ganglion à produire des troubles nutritifs.

Je crois aussi que les trophonévroses sont engendrées par le système nerveux; mais il me semble qu'on aurait tort d'attribuer exclusivement à la 5ᵉ paire des atrophies qui, bien certainement, peuvent avoir une origine variable. Ainsi, il est évident qu'il en est qui trouvent leur point de départ dans le facial et dans lesquelles le tégument ne fait que suivre le retrait des muscles en voie de dégénérescence; car il y en a qui sont précédées et accompagnées de contractions fibrillaires qui démontrent qu'il s'agit alors d'une maladie analogue à l'atrophie musculaire progressive d'origine médullaire. D'autres s'accompagnent d'une paralysie des muscles faciaux, qui viennent traduire, d'une manière plus manifeste encore, l'intervention morbide de la 7ᵉ paire. Les faits où la moitié correspondante de la langue a pris part à l'atrophie prouvent que l'hypoglosse peut être mis en scène, car jamais la section du lingual ne diminue le volume de cet organe. Du reste, on l'a vue survenir à la suite de lésions traumatiques portant sur les nerfs moteurs. Il en est d'autres où le sympathique joue certainement un rôle direct, car on a parfois constaté une faiblesse relative du pouls carotidien du même côté, ou bien encore une absence complète de sueur au niveau de la région altérée. Du reste, l'argument capital de Frémy n'est pas applicable à tous les cas ; car il est un certain nombre de faits où il n'y eut pas de névralgie, pas même de douleurs vagues, de sorte que si, parfois, la trophonévrose dépend du nerf trijumeau, elle doit être regardée plutôt comme un résultat de sa dépression que de son excitation, d'autant plus que, dans beaucoup d'observations, la sensibilité de la face s'est montrée affaiblie.

Voigt et Simon prétendent que l'alopécie, qui survient à peu près chez tout le monde plus ou moins rapidement, est due à une atrophie portant primitivement sur les fibres trophiques du trijumeau. En général, la chute des cheveux est limitée aux régions antérieure et médiane du crâne, et ils font remarquer que tout justement les nerfs sus-orbitaires sont seuls atrophiés. Dans un travail récent, le docteur Pincus s'élève contre cette interprétation. Pour lui, l'atrophie du derme n'est point la conséquence de celle des filets nerveux. C'est l'inverse qui a lieu. Le point de départ se trouve dans le tissu cellulaire sous-cutané, qui devient scléreux et se rétracte sous l'influence de l'âge. Il étouffe ainsi les nerfs en même temps que les follicules pileux. Mais la constriction s'opère d'une manière tellement lente qu'à aucun moment elle ne surprend les tubes nerveux et qu'elle ne provoque jamais de douleurs. Enfin, selon lui, l'alopécie se produirait surtout en avant, uniquement parce que c'est là que le tissu sous-cutané offre, en tous temps, la plus grande densité.

La pathologie humaine, comme l'expérimentation physiologique, nous montre que les altérations de tissus provoquées par le trijumeau diffèrent essentiellement suivant que le nerf se trouve surexcité ou entravé dans son fonctionnement. Dans le premier cas, ce sont des lésions qui expriment une véritable exubérance de la vie nutritive. Dans le second cas, elles ont quelque chose de sénile et consistent dans le dépérissement des éléments histologiques.

Comme dans l'expérimentation, aussi, l'état d'exaltation du nerf s'accompagne d'une congestion active qui semble être en partie le résultat de l'excitation des fibres vaso-motrices annexées au trijumeau, et avant tout celui d'une action réflexe sur les vaso-moteurs fournis directement par le sympathique, tandis que dans l'état de paralysie, il ý a souvent une congestion passive due exclusivement à la suppression des fibres végétatives du trijumeau. Enfin, ici encore, il y a, la plupart du temps, un mélange d'effets actifs et d'effets passifs. Le fait est même plus accentué sur le terrain de la pathologie, parce qu'une tumeur, ou une lésion quelconque du voisinage, constitue presque toujours à la fois une cause de compression et d'irritation, et à ce dernier point de vue, elle constitue une épine beaucoup plus puissante que l'inflammation déterminée par une hémisection. Pour la même raison, les produits trophiques de l'excitation du nerf sont toujours plus grands que ceux que l'on observe sur les animaux. Enfin la clinique éveille peut-être davantage encore dans l'esprit l'idée de la force architecte, avec ou sans conducteurs spéciaux. Mais elle ne démontre pas assez son existence pour qu'on soit obligé de l'accepter sans réserve, et les phénomènes dont on est témoin peuvent encore s'expliquer à l'aide de la combinaison des modifications de la vascularisation et des conséquences chimiques des variations de la stimulation fonctionnelle. Disons-le toutefois, ce sont certainement les maladies du trijumeau qui ont rallié le plus de partisans à la cause de la puissance trophique, directe et spéciale des nerfs, et au cas particulier, ces partisans ne se préoccupent plus que de rechercher si la 5e paire emprunte cette puissance aux centres encéphaliques ou au ganglion de Gasser. Entre autres, Snabilié regarde l'intervention de ce dernier comme tellement nécessaire que, selon lui, les lésions des filets périphériques ne détermineraient des altérations des organes que parce que la dégénérescence éprouvée par ces ramifications se propagerait d'une manière rétrograde jusque dans cette masse ganglionnaire. C'est ainsi qu'il explique les troubles du globe oculaire à la suite de la blessure du nerf sus-orbitaire, quoique ce dernier n'aboutisse pas à cet organe. Il établit que ce résultat ne se rencontre que lorsque le nerf n'a pas éprouvé une solution de continuité complète et lorsqu'il devient, par conséquent, le siége d'un travail inflammatoire qui peut se propager d'une manière centripète et gagner ainsi le ganglion de Gasser. Mais Snabilié n'a pas constaté *de visu* l'existence de ce processus inflammatoire, et on peut se demander si ce n'est pas plutôt la sensation douloureuse engendrée par la blessure qui va solliciter, de la part des centres, une action nutritive, en un mot, s'il ne s'agit pas plutôt d'un phénomène réflexe.

Troubles de la motilité. — Par la vive sensibilité dont il est doué, le trijumeau est peut-être le nerf qui est le plus apte à faire naître une grande surexcitation dans les centres moteurs. Aussi provoque-t-il souvent de leur part des décharges intenses qui retentissent à la fois sur tous les muscles de la vie animale. Le simple travail de la dentition donne lieu fréquemment à des convulsions générales. Par une remarquable coïncidence, sa petite racine fait de lui le nerf moteur qui subit le plus facilement l'influence des grandes perturbations survenues dans la sensibilité générale ; car le trismus, ou spasme tonique des muscles masticateurs, est un des premiers phénomènes qui se montrent dans le tétanos, que cette maladie soit provoquée par la blessure d'un nerf rachidien ou par l'impression du froid. Les petits enfants sont souvent atteints d'un spasme tonique des muscles élévateurs de la mâchoire dont on a fait une maladie particulière sous le nom de *trismus des nouveau-nés*. Suivant Wilhite et Marion Sims, il serait en partie d'origine centrale et dû à une pression exercée, sur la moelle allongée et les nerfs qui en partent, par le chevauchement qui se produit entre l'occipital et le pariétal, par suite du décubitus dorsal.

D'après Graves, on a souvent l'occasion d'observer des phénomènes d'exaltation du nerf masticateur chez les goutteux. Beaucoup éprouvent un désir insurmontable de grincer les dents. Il est vrai que le trouble pathologique, considéré en lui-même, est plutôt de nature sensitive que motrice, car c'est un mouvement réellement volontaire que le malade exécute pour échapper à une sensation désagréable qu'il éprouve dans les dents. Le frottement des mâchoires la faisant cesser momentanément, il le réalise d'une manière qui n'est pas réflexe dans toute l'acception du mot. Il grince les dents comme on se gratte là où on ressent des démangeaisons ; mais il reste toujours libre de ne pas le faire ou d'arrêter le mouvement commencé. Jamais il n'y a recours pendant le sommeil. Ozia-Aimar, Waton, Schutzenberger ont vu la syphilis porter son action sur le nerf masticateur et provoquer un tremblement continuel de la mâchoire inférieure. Enfin, dans une névralgie du trijumeau, Gillette a observé un rétrécissement de la pupille, mais c'était évidemment un phénomène réflexe provoqué par la douleur elle-même, d'autant plus que la conjonctive était hyperémiée et devenue plus sensible.

Les observations de Carré, de Herbert-Mayo, d'Alison, de Tanquerel des Planches, de James, prouvent que toutes les causes capables de compromettre la conductibilité de la petite racine rendent la mastication très-imparfaite. On constate que, du côté atteint, le masséter reste flasque ; que les dents ne peuvent plus se rapprocher et serrer les objets qu'on interpose entre elles ; que le menton se montre toujours porté légèrement vers le côté paralysé, et que cette déviation s'accentue beaucoup plus chaque fois que les muscles du côté sain se contractent.

Il peut y avoir des troubles du mouvement, alors que le masticateur reste lui-même indemne et que la grosse racine est seule paralysée. Par le fait même de l'insensibilité des tissus, on ne peut plus provoquer de mouvements réflexes en irritant les téguments de la tête. On a beau chatouiller les narines, on ne détermine plus d'éternument. Les paupières restent immobiles quand on touche la conjonctive. La titillation de la luette ne provoque plus l'élévation du pharynx.

Nerf moteur oculaire externe.

Considérations anatomiques. — Ce nerf naît du sillon qui sépare le bulbe de la protubérance par deux racines qui, toutes deux,

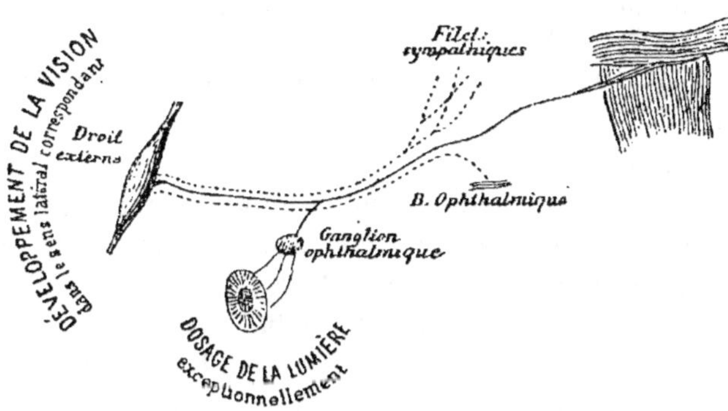

Fig. 60.

prennent leur origine réelle dans la pyramide antérieure. De là il se dirige vers la fente sphénoïdale en se logeant, chemin faisant, dans la paroi du sinus caverneux, où il s'associe des fibres empruntées au sympathique et à l'ophthalmique. Après un court trajet dans la cavité orbitaire, il se termine dans le muscle droit externe de l'œil. Chez quelques sujets exceptionnels, il fournit la racine motrice du ganglion ophthalmique, au lieu et place de la 3ᵉ paire.

Physiologie normale. — La sixième paire constitue un nerf exclusivement moteur. Quand on la pince ou qu'on la sectionne près de son origine, l'animal ne donne aucun signe de sensibilité. Cette paire a pour mission unique d'animer le muscle droit externe. Aussi, lorsqu'on le galvanise, voit-on le globe oculaire se dévier fortement en dehors. Sa section produit au contraire un strabisme interne. Après les 4ᵉ et 12ᵉ paires, c'est de tous les nerfs celui qui conserve le plus longtemps son excitabilité sur le cadavre. Au point de vue fonctionnel, il constitue un des agents de perfectionnement de l'exercice de la vision. Il contribue à assurer l'observation des lois qui résultent de la doctrine des points identiques. Il est mis surtout en jeu dans la vision des objets placés de son côté. Enfin il peut être exceptionnellement chargé de présider au resserrement de la pupille, quand c'est à lui que le ganglion ophthalmique emprunte sa racine motrice.

Physiologie pathologique. — L'exaltation morbide de la 6ᵉ paire est un fait rare, surtout d'une manière isolée. Elle peut jouer un certain rôle dans un nystagmus généralisé, mais alors il est impossible de faire sa part. On a vu quelquefois le spasme du droit externe alterner avec celui du droit interne, particulièrement chez des malades atteints d'ataxie locomotrice. On a constaté alors une déviation en dehors de la cornée, mais avec oscillations, et une diplopie avec agitation des images qui tantôt se rapprochaient, tantôt s'éloignaient.

La paralysie est la manifestation pathologique la plus ordinaire de la 6ᵉ paire. Moins souvent atteinte, sous ce rapport, que la 3ᵉ, elle l'est plus fréquemment que le pathétique. Un ébranlement considérable éprouvé par l'ensemble de la cavité orbitaire peut particulièrement paralyser le moteur externe, surtout lorsque le choc a porté sur la portion externe de l'orbite. C'est ce qui eut lieu chez une femme qui fut frappée au niveau de la queue du sourcil. Il peut aussi perdre son aptitude au fonctionnement lorsqu'il se trouve englobé dans un travail congestif plus ou moins étendu. Plenk, Kortum, Deval ont vu ce résultat se produire sous l'influence d'un retard menstruel ou de la suppression d'un flux hémorrhoïdal. On doit rapporter à un mécanisme analogue le fait d'un militaire qui fut soudainement atteint d'une paralysie de la 6ᵉ paire après avoir regardé longtemps à travers une lorgnette de spectacle. Il y avait eu une tension très-propre à congestionner tout l'appareil nerveux de la vision, tant central que périphérique. Peut-être même s'est-il produit un raptus sanguin dans le noyau d'origine du moteur externe. Ce nerf peut aussi être le siége de paralysies *a frigore*. Un courant d'air froid peut agir sur lui comme sur le facial, beaucoup moins fréquemment toutefois, parce qu'il est situé beaucoup plus profondément et parce que son parcours est moins considérable. Deval a vu la paralysie survenir à la suite de l'exposition de l'œil contre un carreau cassé. Il l'a aussi observée chez une personne qui était descendue plusieurs fois de suite à la cave, étant en sueur. Enfin Rayer, Badin, d'Hurtebise, Sandras, Mackensie, Knorre, Foville, Deval, Moissenet, Landry, Beyran, Luton, l'ont tous vue être engendrée par la syphilis. Les deux moteurs externes se trouvent souvent être frappés ensemble, ce qui donne à penser que dans ces cas la cause est centrale. Mais les paralysies unilatérales peuvent être certainement d'origine périphérique, puisqu'on les voit survenir sous l'influence d'un choc ou du froid, et puisque très-souvent elles sont précédées de douleurs pré-orbitaires. Le symptôme le plus apparent de cette affection est un strabisme interne ou convergent. L'œil est parfois tellement retenu en dedans par la tonicité du droit interne qu'on n'aperçoit plus qu'une partie de la cornée, l'autre étant cachée dans le grand angle de l'œil. Lorsque la paralysie est incomplète, le malade fait des efforts instinctifs pour détruire la déviation ; mais il n'arrive à exécuter que de petites secousses qui rejettent la cornée en dehors sans pouvoir l'y maintenir. Græfe prétend que quand même la paralysie est absolue, des efforts du même genre sont aussi parfois tentés par les muscles obliques qui projettent le globe tantôt en dehors et en haut, tantôt en dehors et en bas. Mais cette suppléance de la 6ᵉ paire par la 4ᵉ n'a été constatée par aucun autre observateur. Si l'on en croit Ferréol et Foville, la paralysie du moteur externe n'entraînerait pas seulement l'inertie du droit externe, mais encore, d'une manière indirecte, celle du droit interne du côté opposé. D'après leurs observations personnelles, ils croient que le muscle interne de chaque œil puise son innervation à deux sources, près de la 3ᵉ paire lorsqu'il agit seul ; près de la 6ᵉ lorsqu'il harmonise son mouvement avec le droit externe du côté opposé. Chez le malade de Ferréol dont le droit externe gauche était paralysé, le droit interne du côté droit se montrait tout à coup inerte toutes les fois qu'il cherchait à diriger ses deux yeux vers un même point. Je ne pense pas qu'il puisse s'agir ici d'un filet envoyé au droit interne par la 6e paire, filet que, pour mon compte, je n'ai jamais entrevu. La cause du phénomène doit se trouver dans le centre moteur de la vision lui-même. Dans l'impossibilité où il est d'harmoniser un mouvement donné, il ne le commande même plus.

La conséquence fonctionnelle la plus directe de cette déviation est la diplopie, mais une diplopie qui a ses caractères particuliers. Si on cherche à l'étudier avec une bougie, on constate qu'elle n'apparaît que lorsque l'objet transporté du côté sain vers le côté malade a dépassé le plan médian vertical. La distance latérale qui sépare les deux images augmente au fur et à mesure que l'objet est porté plus en dehors. Non-seulement les images tendent à se mettre à côté l'une de l'autre, mais elles ne restent pas dans le même plan; elles divergent et deviennent obliques l'une par rapport à l'autre. Lorsque le malade dirige les yeux en haut et en dehors, les images se touchent par leurs extrémités inférieures et divergent en haut. Cela tient à ce que, dans cette direction de la vue, le méridien vertical du globe oculaire a besoin d'être incliné par l'oblique inférieur. Or, tandis que l'oblique inférieur du côté sain exécute le mouvement nécessaire, celui du côté malade reste inerte parce qu'il n'y est pas entraîné par l'action du droit externe qui d'habitude s'harmonise avec la sienne. Pour les mêmes raisons, si le malade regarde en bas et en dehors, c'est le grand oblique qui n'intervient pas, et alors les deux images convergent en haut et s'écartent en bas. Lorsqu'il ferme l'œil sain et qu'il veut saisir un objet, sa main vient toujours toucher le vide en dehors de sa véritable situation, parce que la direction prise par la cornée fait tomber l'image dans le point où elle se ferait normalement si l'objet était plus éloigné dans le sens latéral. Cette extérioration de la vision entraîne pour lui une tendance à tomber du côté malade. Il s'incline trop dans ce sens et perd l'équilibre. Dans les rues, il se dirige fort mal, parce que les trottoirs lui semblent prendre une direction oblique du côté de l'œil malade. Il éprouve souvent un véritable vertige oculaire qui provoque parfois un sentiment de serrement ou de torsion à la région précordiale et même des nausées et des vomissements. Cette incerlitude dans la direction fait naître aussi à chaque instant de la titubation et du tremblement des jambes. Son vertige augmente s'il se met à tourner sur lui-même, parce que les objets lui apparaissent plus nombreux, plus variés et plus mobiles. Pour éviter, autant que possible, toutes ces conséquences, il ferme l'œil malade ou bien il tourne la tête fortement du côté atteint, de façon à diriger l'œil sain vers les objets à fixer. Il l'amène sur la ligne médiane du corps.

Lorsque les deux moteurs externes sont paralysés, il y a encore diplopie, et l'écartement des deux images augmente chaque fois que la bougie est portée soit à droite, soit à gauche de la ligne médiane. C'est lorsqu'elle est placée en face du malade que les images se trouvent le plus rapprochées. Dans quelques cas exceptionnels, comme dans ceux de Luton et de Grant, de New-York, il existe en même temps une mydriase. Cela tient évidemment à ce qu'alors la 6e paire envoie des filets au ganglion ophthalmique.

Nerf facial.

Constitution anatomique. — Le nerf facial naît du bulbe par deux racines, l'une principale, l'autre accessoire. La première émerge particulièrement de la fossette de l'éminence olivaire. L'accessoire, qu'on nomme aussi *nerf intermédiaire de Wrisberg*, semble provenir des pédoncules cérébelleux inférieurs. Ces deux racines se dirigent vers le canal de Fallope, s'y engagent et le parcourent dans son entier pour sortir du crâne par le trou stylo-mastoïdien et s'épanouir sur toute la région faciale. Au niveau du deuxième coude du canal de Fallope, la racine principale présente un petit renflement pyramidal appelé *ganglion géniculé.* C'est dans ce ganglion que vient se perdre le nerf de Wrisberg qui, jusque-là, a conservé son indépendance et a contracté seulement des adhérences connectives avec le nerf auditif et le facial proprement dit. Par l'intermédiaire du ganglion géniculé, le facial fournit deux filets qui malgré leur petit volume, ont une grande importance physiologique, le *grand nerf pétreux superficiel* et le *petit nerf pétreux superficiel.* Le premier sort immédiatement par l'hiatus de Fallope, et va, conjointement avec un filet provenant du glosso-pharyngien et un autre émanant du sympathique, se jeter dans le ganglion de Meckel. Le second sort de l'aqueduc par un orifice particulier et vient aboutir au ganglion otique. Dans sa portion verticale, il envoie un petit rameau au muscle de l'étrier. A quelques millimètres au-dessus du trou stylo-mastoïdien, le facial fournit une branche beaucoup plus considérable, nommée *corde du tympan*, qui, par un trajet rétrograde, s'engage dans un conduit osseux particulier, pénètre dans la cavité de l'oreille moyenne qu'elle traverse en décrivant une courbe à concavité inférieure et qu'elle abandonne en sortant par la scissure de Glasser, puis vient enfin se réunir au nerf lingual. D'après Denonvilliers, on pourrait séparer par le scalpel la corde du tympan du lingual et la suivre dans ses destinées ultimes : elle ne gagnerait pas avec son associé la muqueuse de la langue ; elle s'arrêterait dans les fibres lisses du muscle lingual supérieur. Au niveau même de l'émergence de la corde du tympan le facial est réuni au premier ganglion du pneumogastrique par un rameau

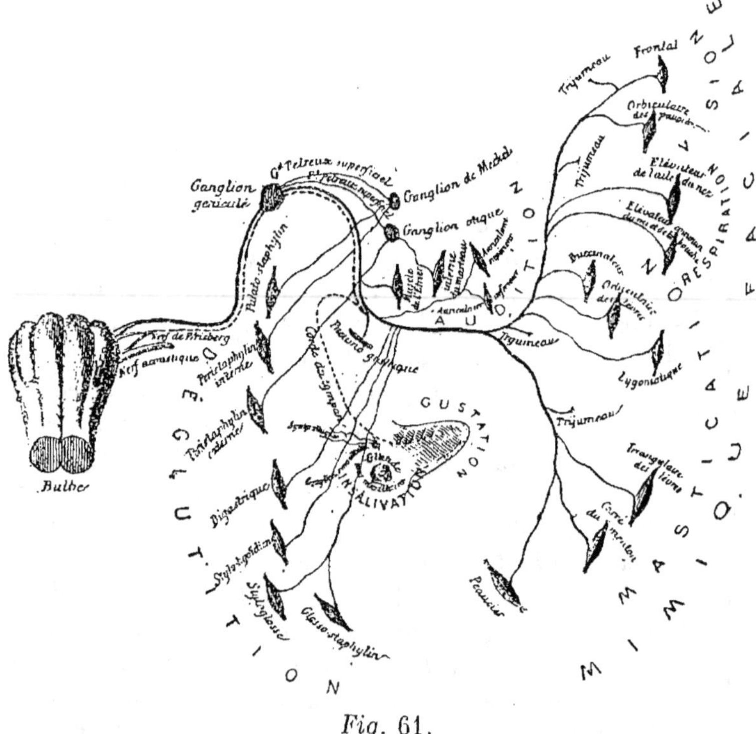

Fig. 61.

anastomotique qui se creuse un canal osseux particulier et débouchant dans la fosse jugulaire.

Immédiatement après sa sortie du trou stylo-mastoïdien, il échange une anastomose avec le glosso-pharyngien; par un rameau dit *auriculaire postérieur,* il contribue à alimenter les muscles occipital, auriculaire postérieur et auriculaire supérieur. Un filet spécial se porte dans le ventre postérieur du muscle digastrique, un autre dans le muscle stylo-hyoïdien; un troisième se partage entre les muscles stylo-glosse et glosso-staphylin. Après avoir fourni ces diverses branches collatérales, le facial se divise et se subdivise en une multitude de rameaux dont les noms et les détails de distribution seront suffisamment remis en mémoire par l'inspection du schéma ci-dessus. Une description minutieuse, sous ce rapport, n'aurait pas sa raison d'être au point de vue physiologique. Tout ce qu'il est nécessaire de se rappeler, c'est qu'il fournit sans exception à tous les muscles de la face, et qu'avant d'arriver à destination il tend à se fusionner en plusieurs points avec le trijumeau; qu'il forme avec ce dernier de véritables plexus d'où se détachent ensuite les filets moteurs, les filets sensitifs cutanés et les filets sensitifs musculaires.

Physiologie normale. — Tandis que le trijumeau a le monopole des actions sensitives de la face, le facial préside à la contraction des muscles de cette région. Jusqu'à Bellingeri, on avait cru que ces deux paires concouraient chacune à la fois à la sensibilité et à la motilité, et qu'elles étaient par conséquent toutes deux des nerfs mixtes. Bellingeri eut le premier l'idée de spécialiser leurs rôles respectifs. Mais il se trompa dans cette détermination, et c'est réellement Ch. Bell qui eut l'honneur de préciser d'une manière exacte la mission purement motrice du facial et la mission purement sensitive du trijumeau. Les nombreuses expériences faites depuis, sont venues amplement établir que non-seulement le facial est un nerf moteur, mais que lui seul est chargé de mettre en jeu la contractilité de la face. Trois modes d'expérimentation ont été et peuvent être employés pour démontrer cette vérité. On peut recourir, à l'exemple de Bell et de Schaw, à une simple section du nerf qui est suivie de l'inertie complète des muscles corespondants. On peut aussi, comme Backer, rendre le résultat bien plus apparent en provoquant préalablement des convulsions générales à l'aide de la strychnine. Du moment où l'on coupe l'un des nerfs, les convulsions cessent dans la même moitié de la face, tandis qu'elles persistent de l'autre côté. Enfin on peut, à l'instar de Longet, réséquer le nerf et en exciter le bout périphérique à l'aide de l'électricité. On détermine ainsi des contractions qui fournissent la contre-épreuve de l'immobilité paralytique dans laquelle la division du nerf a plongé les muscles de la face. En agissant de même sur le trijumeau, on n'obtient absolument rien. Ce dernier genre d'expérience ne saurait être continué longtemps sur le même sujet, car les recherches de Chauveau ont démontré qu'après le pathétique, c'est le facial qui perd le plus vite son excitabilité. Je dois toutefois signaler des faits exceptionnels qui paraissent être en désaccord avec le principe qui vient d'être posé. Brown-Sequard a vu, après la section de la 7e paire, chez plusieurs lapins et chiens, les muscles de la face offrir une espèce de spasme tétanique ou être agités par un tremblement plus ou moins intense. Dans un cas, la contracture persista même 21 mois après l'opération. L'auteur qui signale cette singularité, ne songe pas, même un seul instant, à mettre en jeu le facial dans cette circonstance. Il voit là l'effet d'une excitation des tissus contractiles par l'acide carbonique du sang. Je me demande si l'autonomie du réseau périphérique, qui peut être plus ou moins accentuée suivant les sujets, n'est pas pour quelque chose dans ce résultat. C'est sans doute par la même raison et par le même mécanisme que doit se produire un fait sur lequel Cl. Bernard a attiré l'attention de ses auditeurs, à savoir que chez la plupart des lapins qui ont subi la section du facial, les traits sont tirés du côté paralysé et non du côté sain. En tout cas, ces exceptions à la règle générale ne l'infirment en rien ; car malgré ces manifestations de contractilité, les muscles n'en échappent pas moins complétement à l'action motrice volontaire, et il n'en reste pas moins acquis que le facial préside seul aux mouvements de la face.

Ce nerf est purement moteur et reste complétement étranger à la transmission des impressions sensitives développées sur la face ; car après sa section la peau se trouve avoir conservé toute sa sensibilité première ; tandis qu'après celle du trijumeau, la sensibilité a complétement disparu. Mais, chose singulière, le facial, qui est incapable de remplir le rôle de conducteur sensitif pour les téguments de la face est cependant sensible pour lui-même ; car quand on le pince sur un point quelconque de son trajet extracrânien , l'animal donne des signes de douleur et pousse même des cris aigus. A la face, cette sensibilité trouve son explication toute naturelle dans les nombreux emprunts que la 7e paire fait au trijumeau, particulièrement aux rameaux mentonniers, sous-orbitaire et temporal superficiel. Mais le facial se montre sensible dans la dernière partie du canal de Fallope avant qu'il ait contracté des anastomoses avec la 5e paire. Ce fait a été interprété de différentes manières. Bérard et Longet pensent que cette sensibilité intracrânienne est encore d'emprunt et qu'elle vient du trijumeau par l'intermédiaire du grand nerf pétreux superficiel. Ils supposent que ce nerf n'est pas seulement constitué par des fibres se rendant du facial au ganglion de Meckel, mais encore par des fibres venant du trijumeau et se rendant au facial après avoir traversé ce ganglion. Cette hypothèse n'a pas encore pu recevoir l'appui de la moindre démonstration. Bischoff et Sappey attribuent la sensibilité initiale du facial au nerf de Wrisberg. Pour eux, la 7e paire est mixte dès son origine, ou plutôt à partir du ganglion géniculé. La racine principale de ce nerf est seule exclusivement motrice et représente la racine antérieure des nerfs rachidiens. Le nerf de Wrisberg est, lui au contraire, purement sensitif et représente la racine postérieure des nerfs rachidiens. Le ganglion géniculé, qui semble se continuer plutôt avec lui qu'avec la racine principale, vient compléter l'analogie. Ici encore la preuve expérimentale fait complétement défaut. Cl. Bernard me paraît avoir trouvé le mot de l'énigme en plaçant la cause de la sensibilité que le facial présente avant sa sortie par le trou stylo-mastoïdien dans l'anastomose qu'il reçoit du pneumogastrique, dans l'épaisseur même du rocher. L'idée avait déjà été émise antérieurement par Müller, mais à titre de pure hypothèse. Bernard l'a élevée à la hauteur d'un fait en sculptant le rocher de façon à mettre à découvert cette petite anastomose. Celle-ci une fois détruite, il a pu constater que toute irritation, portant sur le facial avant les échanges réalisés par le nerf temporal superficiel, laissait l'animal parfaitement indifférent. Cette expérience, tout en confirmant l'idée de Müller, est venue réduire à néant les sources sensitives gratuitement attribuées au nerf pétreux et au nerf de Wrisberg. Du reste, pour ce dernier nerf, Bernard a pu le pincer à son origine sans provoquer le moindre signe de sensibilité, tandis que chez le même animal, et par conséquent dans les mêmes conditions de délabrement, le trijumeau en fournit d'incontestables. Il semble donc assez bien établi que le facial ne possède pas par lui-même la sensibilité tactile, mais que chemin faisant il emprunte, dans l'intérêt sans doute du sens musculaire, des filets sensitifs d'abord au pneumogastrique et ensuite au trijumeau. La nature ou autrement dit les aptitudes de la 7e paire étant ainsi déterminées, mettons-la maintenant en scène dans l'ordre fonctionnel.

Le facial est surtout destiné à alimenter les muscles de la face. C'est là qu'il distribue et qu'il épuise le plus grand nombre de ses ramifications. Comme ces muscles sont plus particulièrement chargés de réaliser les différents jeux de la physionomie, on peut dire que le facial est avant tout le nerf de la fonction *expression* ou *mutèose*. Il est l'avocat de nos centres affectifs. La joie, la tristesse, la colère, l'indifférence, la surprise se réflètent sur la face, au moyen de contractions appropriées des muscles de cette partie, et c'est le facial qui est à la fois le provocateur et le régulateur de cette mimique involontaire. Nous verrons que chez l'homme la paralysie d'origine pathologique de ce nerf entraîne la perte de ce mode d'expression. La physionomie ne traduit plus les émotions de l'âme. Les sections expérimentales pratiquées sur les animaux n'entraînent pas, sous ce rapport, des effets aussi frappants, parce que chez eux la mimique faciale est presque nulle. Le résultat négatif n'est réellement bien appréciable que chez le singe. Pour les autres, tout se réduit à une immobilité s'accompagnant d'une déviation des traits.

Comme quelques-uns des muscles animés par le facial circonscrivent les orifices des différentes cavités sensorielles de la tête, ce nerf se trouve jouer un certain rôle accessoire dans les fonctions des organes qui occupent ces cavités. Par l'intermédiaire de l'orbiculaire des paupières, il préside à l'occlusion de l'orifice palpébral pendant le sommeil et pendant la veille, il concourt à l'accomplissement du clignement, de cet acte intermittent et tellement rapide qu'il est presque imperceptible, de cet acte qui a le triple avantage de procurer à la rétine des instants de repos bien courts, mais suffisants pour satisfaire à la loi de l'intermittence du travail, de balayer les corps étrangers déposés par l'air sur le globe oculaire, et de passer le rouleau sur les larmes de façon à les étaler en couche uniforme, incapable de troubler la vision par des irrégularités de réfraction. Aussi la section de la 7e paire a-t-elle pour conséquence de laisser le globe oculaire constamment à découvert, d'autant plus à découvert que le releveur n'a plus sa tonicité contre-balancée par celle de son antagoniste. De temps en temps, l'animal porte le globe oculaire dans l'élévation et la rotation pour enlever la cornée et la rétine à l'action irritante de l'air et de la lumière. Cette section donne aussi lieu, la plupart du temps, à un écoulement des larmes sur la joue, ou épiphora. Ce résultat s'explique parfaitement, puisque le muscle de Horner se trouve aussi paralysé, et que ce muscle a pour but de maintenir les points lacrymaux dans une direction telle que les larmes s'y rendent naturellement. On comprend que l'œil, se trouvant ainsi privé de différentes causes de protection, finisse par s'irriter et même par s'enflammer. Mais ce résultat, qui s'observe souvent chez l'homme dans les cas de paralysie ancienne, se rencontre rarement chez les animaux, sans doute parce qu'ils font un usage plus modéré de la vision, et parce qu'on ne les conserve pas assez longtemps en observation. Dans tous les cas, ce temps est bien au delà de celui qui est nécessaire pour que les troubles trophiques apparaissent après la section du trijumeau, ce qui prouve bien que ces altérations de nutrition ne doivent pas alors être attribuées à un simple défaut de protection. Il est un fait expérimental que nous chercherons à expliquer à propos du sympathique, si la chose est possible, et qui semble indiquer que les paupières ne sont pas sous l'influence exclusive du facial ; car l'ouverture palpébrale se maintient considérablement rétrécie après l'ablation du ganglion cervical supérieur.

Le facial anime les muscles dilatateurs des narines, et, par suite, c'est lui qui fait exécuter ce mouvement rhythmique qui, à chaque inspiration, ouvre les narines pour offrir à l'air inspiré une voie plus large d'introduction. On peut donc dire que la 7e paire joue un certain rôle dans l'exécution des phénomènes mécaniques de la respiration et que c'est avec plus de raison qu'il ne le croyait, que Bell l'a rangée parmi les nerfs respirateurs. Car en cette circonstance elle reçoit le mot d'ordre du centre respiratoire lui-même, puisque, chez l'animal décapité, ces mouvements cessent si la section est faite au-dessus du nœud vital, tandis qu'ils persistent avec la plus parfaite régularité si elle est pratiquée au-dessous, malgré l'absence des organes pulmonaires. Lorsque le facial a été coupé, non-seulement cette dilatation ne se fait plus, mais on voit même, à chaque inspiration, la narine tendre à s'affaisser sous le poids de l'atmosphère qui n'est plus contre-balancé par l'air raréfié des fosses nasales. Ce résultat est surtout très-marqué chez les animaux qui, comme le cheval, ont les narines très-mobiles. Ce dernier animal peut même être asphyxié complétement de la sorte, si les deux deux faciaux ont été coupés en même temps.

Le facial intervient aussi dans les actes initiaux de la digestion.

Par les muscles des lèvres, il contribue à la préhension de certains aliments. Par le buccinateur, il maintient les aliments entre les meules dentaires pendant la mastication, et les empêche de s'égarer dans les sinus gingivaux. Aussi les animaux chez lesquels les lèvres représentent l'agent principal de préhension, finissent-ils par mourir de faim sous l'influence de la simple section de la 7e paire. Quoique Chauveau ait constaté que l'excitation des racines du facial n'agit pas sur les muscles pharyngiens ni sur l'œsophage, on admet cependant généralement que ce nerf est mis en jeu dans l'acte de la déglutitition ; d'abord parce qu'il fournit au digastrique et au stylo-hyoïdien qui doivent aider au mouvement ascensionnel du pharynx, pendant le deuxième temps de cette fonction, et ensuite parce qu'il paraît avoir aussi un certain droit sur les mouvements du voile du palais. Au moment où le bol alimentaire, pressé par la langue, arrive au bord postérieur de la voûte palatine, le voile du palais se tend par la contraction de ses muscles propres, afin d'offrir un plan ré-sistant capable de se prêter à ce mécanisme de progression. Or, ces muscles sont animés par des filets qui proviennent du ganglion de Meckel ; mais ce ganglion reçoit lui-même le grand nerf pétreux superficiel qui est constitué en grande partie, sinon en totalité, par des fibres émanées du facial. Ce dernier nerf peut donc être chargé de faire contracter, par voie indirecte, les muscles du voile du palais. Nous verrons, en effet, dans la pathologie que ce voile peut être paralysé quand le nerf facial l'est lui-même. Chez les animaux, le fait ne se produit pas, parce que la section est toujours pratiquée en avant du ganglion géniculé et qu'elle respecte l'intégrité du système afférent au voile. L'arrachement lui-même ne rompt pas toujours le nerf au delà de ce point. Il est vrai que Chauveau qui a procédé par excitation des racines du facial, n'a jamais vu naître des contrac-tions des muscles staphylins. Mais le ganglion de Meckel modifie certainement la transmission et peut opposer un obstacle aux effets de l'excitation artificielle. Quoi qu'il en soit, ce n'est guère que par l'impossibilité de la préhension et par la gêne éprouvée dans l'exé-cution du premier temps que les animaux sont exposés à mourir de faim, car quand on leur introduit des aliments jusque dans le fond de la bouche, les mouvements normaux s'accomplissent immédia-tement.

Mais c'est surtout par l'influence qu'il paraît avoir sur la sécré-tion et sur l'excrétion de la salive que le facial joue réellement un rôle important dans la digestion. La corde du tympan envoie un filet à la glande sous-maxillaire qui en reçoit en même temps d'autres émanant du ganglion cervical supérieur et du cordon cervical du sympathique. Le premier, qui est d'origine cérébrale, a besoin sans doute de s'approprier à la fonction végétative de l'organe qu'il contribue à innerver ; car non-seulement il aboutit préalablement à un *ganglion* considérable dit *sous-maxillaire*, mais avant et après il offre çà et là des renflements ganglionnaires. Ce filet est certainement la raison anatomique de l'influence que nous allons voir être exercée sur la salive submaxillaire par le tronc du facial et particulièrement par la corde du tympan. Cl. Bernard a montré le premier qu'après la section de la corde du tympan, on a beau mettre du vinaigre sur la langue, l'impression développée ainsi ne provoque plus, comme dans l'état normal, l'arrivée de la salive dans la cavité buccale. Du reste, il suffit de galvaniser le bout périphérique de la corde pour faire affluer de nouveau ce liquide. C'est donc bien le facial qui représente l'élément centrifuge de ce phénomène réflexe dont le lingual est l'agent centripète. Au moment où la salivation se manifeste sous l'action réflexe de la corde du tympan, on constate que la circulation de la glande est beaucoup plus active : la veine est gonflée et charrie un sang rouge qui progresse par saccades, absolument comme le sang artériel ; les vaisseaux des tissus ambiants prennent même part à cette congestion active, et il se fait une hémorrhagie par les capillaires de la plaie. D'autre part, Eckhard et Adrian ont montré que lorsqu'on électrise les filets provenant du sympathique, il se produit des phénomènes inverses. C'est à peine s'il sort quelques gouttes d'une salive qui en outre est très-visqueuse. Puis l'excrétion s'arrête tout à fait. L'hémorrhagie cesse ; la circulation se ralentit et le sang veineux redevient noir. Les deux ordres de filets nerveux que reçoit la glande exercent donc sur elle deux actions tout à fait opposées et obéissent l'un et l'autre à la provocation du nerf lingual. Mais ce n'est pas seulement lorsqu'elle y est provoquée par ce nerf que la corde du tympan exécute son action spéciale ; elle le fait encore à l'instigation des impressions sensitives parties d'autres points. Owsjannikow et Tschiriew ont constaté que lorsque la corde du tympan est intacte, on peut en excitant le bout central du sciatique, préalablement coupé, déterminer une excrétion de salive presque aussi abondante que si on excitait le lingual lui-même.

Par quel mécanisme la corde du tympan produit-elle ce résultat lorsqu'elle y est provoquée par un nerf sensitif? Cl. Bernard, qui voulait expliquer le phénomène avec l'idée de l'existence d'une seule espèce de vaso-moteurs, tous constricteurs, a supposé que le facial exerçait dans le ganglion sous-maxillaire, sur les filets du sympathique, une action particulière qui avait pour effet de les paralyser, mais d'une manière pour ainsi dire active et différente de la paralysie passive due à la section du sympathique. Les deux auteurs russes cités plus haut admettent aussi que le facial intervient dans la sécrétion salivaire par action vaso-motrice; mais, partant de l'hypothèse de l'existence de vaso-moteurs dilatateurs et de vaso-moteurs constricteurs, ils concluent que la corde du tympan active la sécrétion parce qu'elle renferme des filets vaso-dilatateurs qui fournissent plus de sang aux *acini* pour la création de la salive, tandis que le sympathique apporte au contraire des vaso-moteurs constricteurs qui modèrent la sécrétion en diminuant l'apport du sang. Antérieurement à leurs travaux et après la publication de l'interprétation de Bernard, Ludwig a conféré à la corde du tympan quelque chose de plus spécial qu'une action vaso-motrice. Il a admis dans ce nerf l'existence de fibres sécrétoires capables de stimuler directement la glande et de la forcer à extraire du sang les principes de la salive. Il a fait voir que la sécrétion de ce liquide est tout à fait indépendante de la pression sous laquelle le sang circule dans les petites artères de la glande. Les deux physiologistes russes ont pensé ruiner la théorie de Ludwig, en mettant à profit l'élévation qu'éprouve la tension vasculaire générale, lorsqu'on excite le bout périphérique du nerf splanchnique. Ils ont constaté qu'au moment même où cette élévation se produisait, la salive sous-maxillaire était sécrétée en abondance. Mais les expériences instituées par Heidenhain et répétées par Grützner et Chlapowsky semblent donner raison à Ludwig. Chez les chiens curarisés et soumis ensuite à l'atropine, la sécrétion salivaire cesse tout à coup, malgré l'excitation du sciatique, et à ce même moment les effets vasculaires persistent, c'est-à-dire que le sang s'écoule rutilant par la veine et que la circulation s'amplifie et présente une tension locale plus considérable. L'influence sécrétante est donc distincte de l'influence vaso-motrice, et il est probable que cette indépendance tient à ce que la corde apporte à la fois à la glande des tubes spécialement sécréteurs et des tubes spécialement vaso-moteurs. Quant au résultat de l'expérience des auteurs russes sur le splanchnique, il était sans doute dû à ce que le bout périphérique de ce nerf renferme des tubes sensitifs récurrents capables d'aller provoquer le double phénomène réflexe en question, au même titre que l'excitation du sciatique ou de tout autre nerf sensitif.

Les deux branches terminales du facial fournissent plusieurs filets à la glande parotide. Il était par conséquent naturel *à priori* de penser que ces filets jouaient vis-à-vis de cette glande le même rôle que la corde du tympan vis-à-vis de la glande sous-maxillaire. Mais l'expérimentation est venue fournir ici des résultats tout à fait inattendus. Si on sectionne le facial immédiatement à sa sortie du trou stylo-mastoïdien, la sécrétion n'est nullement modifiée et elle continue à obéir aux irritations sapides subies par le lingual. Les filets que la 7e paire fournit directement à la parotide se détachant au delà du trou stylo-mastoïdien, il est évident qu'ils ne représentent pas la corde du tympan de la glande sous-maxillaire. Mais si on arrache le facial et si sa portion intra-pétreuse se trouve être aussi séparée des centres nerveux, le canal de Sténon ne fournit plus de liquide, même quand on met du vinaigre sur la langue. Malgré le résultat négatif de la simple section, on est donc obligé de reconnaître que la 7e paire intervient cependant dans la sécrétion de la salive parotidienne, comme dans celle de la salive sous-maxillaire, mais comme cette sécrétion n'est supprimée que lorsque le nerf est atteint dans le rocher même, il est évident que le filet sécréteur doit se détacher du facial entre son origine et le trou stylo-mastoïdien. Or, comme la parotide reçoit des rameaux du ganglion otique, il est probable que ce filet sécréteur se trouve être représenté par une partie du petit nerf pétreux superficiel qui réunit le facial à ce ganglion. Du reste Schiff a pratiqué deux expériences qui semblent confirmer cette supposition. Il a d'une part extirpé le ganglion otique et il a vu la fistule parotidienne, préalablement établie, rester sèche, malgré les mouvements de mastication et malgré les excitations gustatives les plus puissantes. D'autre part, il est arrivé à couper chez un lapin le petit nerf pétreux superficiel, et dès lors la sécrétion parotidienne resta sourde aux sollicitations sensitives du lingual.

L'anatomie et le raisonnement physiologique portent à penser que le facial doit jouer un certain rôle dans l'exercice de *l'audition.* Non-seulement ce nerf anime les muscles du pavillon qui, chez beaucoup d'animaux, sont capables de changer considérablement les conditions de ce cornet acoustique, et qui, chez l'homme, peuvent du moins modifier d'une manière rudimentaire les courbes paraboliques de cet organe de réflexion et de conductibilité, mais il innerve, par l'intermédiaire du ganglion otique, le muscle interne du marteau. Or ce muscle, en se contractant, tend la membrane du tympan et, d'après les lois de l'acoustique, la rend ainsi propre à diminuer l'intensité initiale des sons qu'elle transmet. C'est donc le facial qui commande cette tension qui doit éviter au nerf acoustique un ébranlement trop violent. Ce fait nous rendra compte d'un certain symptôme qui se présente dans quelques paralysies de la 7ᵉ paire. Enfin le facial fournit un filet direct au muscle de l'étrier. Or, Politzer a pratiqué des expériences qui semblent démontrer que ce muscle détend au contraire la membrane du tympan, et par suite communique une amplitude plus grande aux vibrations qui la traversent, de sorte que la 7ᵉ paire présiderait à toutes les variations de cette pédale appelée à réaliser tantôt des *forte*, tantôt des *piano*. Au moment où ce muscle relâche le tympan, il éloigne l'étrier de la fenêtre ovale et il diminue par le fait la pression intralabyrinthique. Il est donc encore possible que le facial intervienne, d'une façon accessoire, dans les actes dont l'oreille interne est le théâtre.

La corde du tympan ne fournit pas uniquement à la glande sous-maxillaire. La plus grande partie de ce nerf reste associée au lingual et s'engage avec lui dans la langue. Il y a donc lieu de rechercher quelle mission cette émanation du facial vient y accomplir et si elle n'a pas particulièrement pour but de contribuer à l'exercice de la gustation. Guanni a voulu faire de la corde un agent de la *phonation*. Il lui donna pour fonction spéciale de soulever la pointe de la langue pour l'articulation de certaines consonnes. Il s'appuyait sur ce qu'il avait vu ce mouvement être déterminé par l'application de l'électricité sur la corde. Mais il a eu le tort, dans ses expériences, d'appliquer l'un des pôles sur le nerf et l'autre pôle directement sur les muscles de la langue, de sorte qu'évidemment ceux-ci recevaient l'influence directe du galvanisme et se contractaient sans l'intervention des nerfs. Il en aurait obtenu autant en mettant l'autre pôle sur un nerf quelconque. Si la corde n'a aucune part à réclamer dans les mouvements de totalité de la langue, on ne saurait lui refuser une certaine influence sur la circulation de cet organe. Il est vrai que sa section n'entraîne par elle-même aucune modification dans la vascularisation de la langue. Mais sitôt qu'on électrise le bout périphérique de ce nerf, on voit, ainsi que l'a indiqué Vulpian, la langue devenir le siége d'une congestion active s'accompagnant d'une éléva- tion notable de la température, de telle sorte que le facial exerce sur la circulation de la langue une action centrifuge, analogue à celle qu'il exerce sur la circulation de la glande sous-maxillaire ; action qui peut être mise en jeu d'une manière réflexe par les impressions que le lingual apporte de la muqueuse de la langue. Il est vrai qu'après la section de la corde, l'application d'un liquide irritant sur la mu- queuse linguale produit encore la même congestion, quoique les fibres du lingual, chargées du courant centripète, restent seules en communication avec l'encéphale. Vulpian pense que, dans ce cas, la réflexion s'opère dans les ganglions qui peuvent servir de trait d'union entre les rameaux terminaux du lingual et ceux de la corde du tympan.

A côté de cette influence vaso-motrice, reconnue incontestable, la corde du tympan exerce-t-elle une action quelconque sur le *sens du goût?* Les avis sont partagés à ce sujet. Lussana n'hésite pas à déclarer, d'après ses observations personnelles, que la corde repré- sente le véritable nerf gustatif de la partie antérieure de la langue, et que le lingual est, par lui-même, exclusivement le conducteur des impressions tactiles de la même région. Schiff concède aussi à la corde du tympan la sensibilité gustative, tandis qu'il n'accorde de même, au lingual proprement dit, que la sensibilité tactile. Il a, chez plusieurs animaux, coupé le lingual au-dessus de sa réunion à la corde, afin de supprimer l'action du premier nerf en respectant celle du second. Après cette opération, quelques-uns, il est vrai, n'accu- sèrent qu'une sensibilité gustative excessivement réduite, mais la plupart avaient conservé le sens du goût dans toute son intégrité. Chose singulière, du moins au premier abord! Schiff, qui refuse ainsi la sensibilité gustative à une branche du trijumeau, pour l'at- tribuer à une branche du facial, déclare ensuite que cette aptitude appartient en réalité au tronc du trijumeau et non à celui du facial. Pour lui, ainsi que nous l'avons déjà dit à propos de la 5e paire, les fibres gustatives abandonnent l'encéphale en s'accolant d'abord au nerf maxillaire supérieur, puis quittent ce dernier pour se porter vers le facial à travers le ganglion de Meckel, le grand nerf pétreux superficiel et le ganglion géniculé. Elles se détachent ensuite du tronc du facial pour former la corde du tympan et gagner, sous ce nom, la partie antérieure de la langue. Mais ce trajet ne serait pas constant. Parfois, ces fibres passeraient directement du ganglion de Meckel dans le maxillaire inférieur. D'autres fois, elles iraient bien jusque dans le ganglion géniculé, mais, au lieu de gagner de là la corde du tympan, elles s'accoleraient au maxillaire inférieur au niveau du ganglion otique. Ces variétés de trajet pourraient expliquer les résultats tantôt négatifs, tantôt positifs que l'on observe dans la gustation après la section soit du lingual, soit de la corde. — Vulpian reconnaît qu'après la section de la corde le goût se trouve plus ou moins altéré, mais uniquement en raison des troubles vaso-moteurs que cette section peut amener, en créant un certain travail irritatif de ce nerf. Prévost, de Genève, a obtenu de son côté les résultats les plus variés. Pour mieux juger la question, il a sacrifié les deux glosso-pharyngiens en même temps qu'il sectionnait la corde. Dans ces conditions, le goût s'est montré le plus souvent à peine modifié, parfois diminué, exceptionnellement supprimé complétement. Ces résultats lui ont semblé démontrer que c'est bien le lingual qui possède par lui-même la sensibilité gustative et que la corde n'intervient dans l'exercice de la gustation que d'une manière accessoire et indirecte, en produisant des modifications vaso-motrices. — Cl. Bernard, dans ses recherches sur ce sujet, a pratiqué la section de la corde dans l'oreille moyenne à l'aide d'un petit crochet tranchant qu'il introduisait par le conduit auditif externe, en perforant la membrane du tympan. Il a toujours vu, après cette opération, le sens du goût non aboli, mais présentant une plus grande lenteur dans le développement de l'impression. Partant de là, il a pensé qu'il devait y avoir, non pas suppression du nerf affecté spécialement à la gustation, mais suppression d'une action accessoire capable d'accentuer davantage les impressions sapides. Il a supposé que la corde pouvait être appelée, par l'intermédiaire des fibres lisses sous-muqueuses, à agiter les papilles dans le bain sapide qui revêt la langue, à multiplier ainsi le contact et même à développer une certaine influence de pression. Complétant son système, il fait observer que dans la glande sous-maxillaire, comme dans la langue, la corde remplit des rôles réservés ordinairement aux agents nerveux de la vie végétative; puis, qu'elle anime soit des fibres lisses, soit des acini glandulaires; que, par conséquent, cette branche du facial doit être considérée comme une portion du système sympathique annexée à la 7ᵉ paire.

Si on tient compte de tous les faits et si on les juge impartialement, on est obligé de reconnaître qu'après la section de la corde du tympan, la perte complète du sens du goût dans la partie antérieure de la langue est exceptionnelle, et que, presque toujours, il y a simplement une obtusion plus ou moins marquée de cette sensibilité spéciale. Par conséquent, l'opinion de Lussana est celle qui a le moins de chances d'être la vraie. Faibles en présence des faits énoncés dans l'étude du trijumeau, ces chances semblent s'évanouir tout à fait après ce qui précède ; car si la corde du tympan était réellement le nerf du goût, à l'exclusion de tout autre, la perte de ce sens serait la règle générale, après la section de ce nerf. L'hypothèse imaginée par Schiff peut, jusqu'à un certain point, expliquer l'irrégularité des résultats expérimentaux, mais elle est à la fois trop compliquée et trop problématique pour être acceptée. On ne comprendrait pas pourquoi la nature aurait adopté cette bizarrerie et cette variabilité pour le trajet des filets gustatifs. Dans l'état actuel de la science, la théorie de Bernard est encore celle qui répond le mieux à l'ensemble des faits acquis. En outre, elle est plus en rapport avec la simplicité habituelle des procédés de la nature. Enfin, l'application de la méthode de Valler a démontré que les filets de la corde s'étendent bien jusqu'à la muqueuse, mais ne pénètrent pas dans les papilles. Denonvilliers, d'autre part, sans être guidé par la moindre conception physiologique, dit avoir pu, par la dissection, séparer les fibres de la corde de celles du lingual et les avoir suivies jusque dans la couche lisse sous-muqueuse. La perte des oscillations des papilles, jointe à l'insuffisance de la sécrétion salivaire, par suite du défaut de la stimulation apportée habituellement par la corde, constitue un déficit de moyens de perfectionnement suffisant pour expliquer l'abaissement apparent de la sensibilité gustative.

On a encore voulu faire jouer au facial un rôle dans le maintien de l'équilibre. D'après Martin Magron, un mouvement de manége se produit après l'arrachement d'un seul nerf facial et se transforme en roulement dès qu'on coupe le nerf de l'autre côté. Mais il est probable que ces phénomènes doivent être mis plutôt sur le compte d'une lésion du nerf auditif qui peut être facilement compromis en raison de son voisinage. Enfin Bernard, dans ces dernières années, a encore accordé à la corde du tympan un rôle thermique. Mais ce n'est là qu'un fait particulier d'une question tout à fait générale qui trouvera mieux sa place dans l'étude du sympathique.

Anatomie pathologique. — Le facial est peut être le nerf moteur qui subit le plus facilement l'influence morbide du froid. Il faut sans doute tenir compte de cette circonstance qu'il étale ses nombreuses ramifications dans une région qui est toujours découverte. Mais les hémiplégies faciales, dites *rhumatismales*, sont tellement fréquentes, qu'il doit y avoir là, en outre, le concours de conditions plus spéciales encore, d'autant plus qu'on observe beaucoup plus rarement des conséquences analogues dans des régions tout aussi exposées à l'air, telles que le cou et les mains. Elles se produisent surtout lorsque l'air froid agit à la manière d'une douche, comme lorsqu'on tient la joue contre une portière de wagon pendant la nuit. Erb n'hésite pas à déclarer qu'il se forme toujours alors un gonflement et une congestion du névrilème capables de comprimer les tubes nerveux. En dehors des cas où le facial a subi l'action réflexe du froid, en dehors de ceux où il a été blessé ou contusionné directement, on peut dire qu'il est toujours compromis secondairement par une lésion des parties ambiantes : sclérose du bulbe, dépôts méningitiques, tumeurs du crâne, tubercules et carie du rocher, fractures du crâne, hémorrhagies dans le canal de Fallope, tumeurs ganglionnaires et parotidiennes. Dans toutes ces circonstances, il survient une atrophie ou un œdème, ou une congestion, ou une inflammation du nerf. Il peut toutefois être envahi lui-même par les produits hétérogènes du voisinage. Dans une des observations relatées par Cl. Bernard, on voit qu'un tubercule s'était développé dans le névrilème. L'altération ambiante qui compromet le plus souvent la 7e paire est la carie du rocher. Cette affection, en raison de la lenteur de sa marche, peut pendant longtemps ne se traduire que par la paralysie faciale. Le canal de Fallope change si souvent de direction qu'il se trouve confiner à peu près à tous les départements du rocher et qu'il peut être compromis dans sa capacité, quel que soit le siége primitif de la cause. La syphilis peut donner lieu, dans sa période tertiaire, à une paralysie du facial. Dans cette circonstance, la compression est déterminée tantôt par des exostoses, tantôt par des exsudats englobant l'origine du nerf. Ladreit de Lacharrière en a observé treize cas. Sur cent cas de syphilis cérébrale, Braus a rencontré ving-sept fois des lésions du facial. Broadbens a remarqué que la paralysie de la 6e paire coïncide souvent avec celle de la 7e.

Physiologie pathologique. — La nature même de la 7e paire indique que, sur la scène pathologique, elle doit avant tout donner lieu à des troubles de la motilité. Il semblerait même, *à priori,* qu'elle devrait en produire exclusivement de cet ordre. Mais la sensibilité d'emprunt que le facial doit à ses anastomoses avec le trijumeau et le pneumogastrique fait qu'il peut, lorsqu'il est atteint, engendrer des phénomènes sensitifs en même temps que des troubles moteurs. C'est ainsi que la paralysie d'origine syphilitique est presque toujours précédée de douleurs excessivement vives.

Lorsqu'il existe une paralysie isolée du facial, on peut la regarder comme résultant probablement d'une lésion directe du nerf ou de son noyau; car, en général, les maladies des hémisphères cérébraux ne compromettent la 7e paire qu'en produisant en même temps une hémiplégie du corps. Cependant, quand on fit l'autopsie de Dupuytren, on trouva dans l'un des lobes cérébraux les traces d'un épanchement sanguin en voie de résorption, et il n'avait eu, durant sa vie, d'autre symptôme paralytique qu'une hémiplégie faciale du côté opposé. En 1854, Duplay a publié dans l'*Union médicale* quelques faits du même genre. Enfin Graves a vu aussi deux fois une attaque manifeste d'apoplexie limiter son influence paralytique à la sphère de distribution du facial. Il est à remarquer qu'il s'agissait dans ces cas d'épanchements excessivement petits dont l'effet de compression ne pouvait atteindre le noyau du facial. Du reste toute hémorrhagie, capable de le faire, doit forcément agir en même temps sur la plupart des autres agents de la motilité. Il est donc probable que dans ces cas le hasard a voulu que l'épanchement, trop limité pour produire un effet général, tombe tout justement sur le faisceau des fibres encéphaliques qui relient le noyau du facial au centre intellectuel et qui sont chargées de lui commander les actes de la mimique.

D'après Erb, la paralysie engendrée par le froid pourrait offrir des caractères différents, suivant que la congestion rhumatismale aurait envahi telle ou telle portion du nerf. Lorsque le gonflement resterait limité à la partie extrapétreuse du facial, il n'y aurait de supprimé que la motilité volontaire et réflexe. Mais l'électricité appliquée au nerf pourrait encore provoquer des contractions. L'excitabilité électrique serait, elle-même, perdue lorsque la lésion s'étendrait jusque dans le canal de Fallope. Cette différence dans les résultats tiendrait à ce que la compression subie par les tubes serait beaucoup moins considérable dans le premier cas que dans le second, parce qu'à la face le nerf est plongé dans un tissu cellulaire assez lâche où le névrilème peut se développer excentriquement et, par suite, ne pas étrangler autant les éléments nerveux, tandis que dans un canal osseux inextensible le nerf n'arrive à se gorger de sucs qu'en se tassant. L'explication est assez rationnelle, mais elle n'est appuyée par aucune investigation directe. Tout ce qu'on peut dire, c'est que l'excitabilité électrique n'est pas toujours respectée dans les paralysies rhumatismales.

La conséquence la plus apparente de la paralysie du facial est la modification qu'elle entraîne dans l'aspect et le jeu de la physionomie. Lorsqu'un seul nerf est atteint, on remarque, à l'état de repos, que les traits sont tirés vers le côté sain. La commissure labiale du côté paralysé est plus basse que l'autre, de sorte que la bouche a une direction oblique. La moitié paralysée est située un peu en avant de la moitié saine, qui apparaît comme ridée, sous l'influence de la simple tonicité de ses muscles. La déviation de la bouche s'exagère considérablement chaque fois que le malade rit ou parle.

L'état d'exaltation du facial se manifeste le plus souvent par des mouvements convulsifs qui apparaissent sous forme de petites décharges intermittentes. Le sommeil ne les fait point cesser. Ils font réaliser à la physionomie les grimaces les plus bizarres. Celles-ci sont surtout l'œuvre des zygomatiques et du triangulaire des lèvres. Le spasme n'est pas toujours limité à la face proprement dite. On voit parfois, à chaque décharge, l'os hyoïde être tiré du côté de l'oreille correspondante, ce qui s'explique parfaitement, puisque le facial fournit au stylo-hyoïdien et au digastrique. Toutefois la résistance que cet os oppose à cette traction fait que ce symptôme ne se manifeste que dans les spasmes violents. Un fait que l'on peut observer plus souvent au cou, c'est la formation de petites saillies en colonnes qui sont dues à des contractions énergiques de certains faisceaux du muscle peaucier. Exceptionnellement le spasme du facial peut prendre la forme tonique. Une contracture permanente vient alors reproduire activement du côté malade ce qui existe du côté opposé dans la paralysie, c'est-à-dire un tiraillement des traits. La déviation est beaucoup plus marquée que dans l'hémiplégie, parce qu'elle est déterminée par une contraction puissamment exagérée et non par une simple tonicité physiologique.

Les mouvements convulsifs engendrés par le facial ne sont le plus souvent qu'une mimique réflexe des douleurs dont le trijumeau est le siège. Tantôt la cause première réside dans une dent cariée qu'il suffit d'extraire pour ramener l'état normal, tantôt dans une blessure directe d'une branche du trifacial par l'extraction d'une dent. Dans le tic réflexe, l'élément sensitif peut prendre son point de départ dans des régions éloignées et n'ayant avec la face aucune connexion nerveuse périphérique, dans l'intestin, par exemple, sous l'influence d'helminthes; dans l'utérus, sous l'influence d'un fœtus ou d'une maladie de cet organe. Cette affection est parfois provoquée par une émotion morale. Ce mode de genèse se comprend parfaitement, puisque le facial est tout justement chargé de traduire nos impressions morales, puisque c'est dans le centre affectif qu'il va habituellement prendre des ordres. Les convulsions faciales peuvent aussi naître directement. Il en fut ainsi dans un cas de Graves où le facial était irrité par une carie du rocher.

Comme le facial anime un certain nombre de muscles capables d'agir sur les divers orifices des cavités de la tête, il en résulte que ses maladies peuvent compromettre non-seulement la mimique, mais encore plusieurs des actes mécaniques mis au service des fonctions de la digestion, de la phonation, de la respiration et des sens spéciaux. L'immobilité partielle des lèvres, le relâchement permanent du buccinateur font que beaucoup de parcelles alimentaires séjournent entre les joues et les arcades dentaires. Non-seulement c'est une perte pour la nutrition, mais encore une cause d'irritation pour la muqueuse buccale. La salive elle-même s'écoule à l'extérieur et vient ainsi diminuer le contingent nécessaire des liquides digestifs. Du reste, en raison de l'impossibilité où se trouve la corde de remplir son rôle excitateur habituel, la sécrétion salivaire se trouve déjà considérablement amoindrie. Presque tous les malades atteints d'hémiplégie faciale se plaignent d'éprouver une grande sécheresse de la cavité buccale. La déglutition elle-même se trouve compromise pour plusieurs raisons. Privée du muscle lingual supérieur qui relève directement sa pointe, et des muscles stylo-hyoïdien et digastrique qui élèvent sa base par l'intermédiaire de l'os hyoïde, la langue ne peut plus s'appliquer contre la voûte palatine, mouvement qui est indispensable au premier temps de cette fonction. D'autre part, le voile du palais ne peut plus offrir au bol alimentaire un plan résistant, parce que, quand le facial a été frappé avant qu'il ait été abandonné par le grand nerf pétreux superficiel, cette membrane musculeuse prend part à la paralysie. L'influence de la 7ᵉ paire sur les muscles du palais a été toutefois contestée, parce que ces derniers reçoivent en dernier ressort leurs filets du ganglion de Meckel.

Or, comme ce ganglion reçoit des racines provenant à la fois des 5e, 7e et 9e paires, rien ne prouve *à priori* que les tubes moteurs destinés aux muscles palatins proviennent du facial. D'après tous les faits connus, le trijumeau peut être mis hors de cause. Il n'en est plus de même pour le glosso-pharyngien. Il peut y avoir hésitation. On a publié cependant un grand nombre de faits cliniques donnant gain de cause au facial, puisque le voile s'y montra paralysé à la suite d'une lésion profonde et exclusive de la 7e paire. Mais Debrou a contesté leur valeur en annonçant que beaucoup de personnes ont, même dans l'état normal, la luette déviée. En 1852, Davaine a lu à la Société de biologie un mémoire qui rend au facial le rôle que Debrou avait voulu lui enlever. Il a fait remarquer que la déviation de la luette observée dans les conditions normales n'est qu'une simple inclinaison de cet appendice, qui peut même varier avec les diverses positions qu'on donne à la tête. De plus les arcades formées par les piliers restent égales et régulières. Dans la paralysie faciale profonde, ce n'est plus une simple inclinaison, mais une courbure en arc de la luette. Les arcades palatines ne sont plus symétriques. La voûte décrite par le voile lui-même est effacée. Du reste, Cl. Bernard a électrisé le glosso-pharyngien après avoir arraché le facial, et réciproquement d'une manière inverse. Il a ainsi acquis la démonstration expérimentale de l'origine faciale de l'innervation des muscles palatins. Nous admettrons donc cette dernière solution, dont j'ai du reste trouvé plusieurs fois la confirmation clinique ; mais nous n'irons pas, avec Bernard, jusqu'à déclarer que ces fibres motrices proviennent spécialement du nerf de Wrisberg.

Par l'intermédiaire des muscles buccaux et palatins le facial peut troubler l'articulation des sons. Les lettres linguales surtout ne peuvent être prononcées que d'une manière très-imparfaite. Chez un malade de Davaine, la voix se montra nasonnée. La lecture à haute voix ne pouvait pas être soutenue au delà de quelques minutes. La dilatation rhythmique des narines, si favorable à l'introduction de l'air inspiré, fait aussi défaut. Lorsque la paralysie est double, il peut en résulter une telle gêne que le malade est parfois obligé d'ouvrir lui-même ses narines avec les doigts. Une expérience de Bernard semble prouver que l'anastomose que le pneumogastrique envoie au facial trouve sa raison physiologique dans le rôle respiratoire des narines. Peut-être ces fibres sensitives d'emprunt gagnent-elles particulièrement les orifices nasaux pour leur procurer une sensibilité spéciale en rapport avec les besoins de la respiration. Cela rentrerait évidemment dans les attributions naturelles du pneumo, puisque c'est lui qui déjà apporte le courant centripète dans les actes réflexes fondamentaux de cette fonction.

Roux a attiré, le premier, l'attention sur un symptôme qui accompagne quelques hémiplégies faciales et dont il avait pu constater l'existence sur lui-même. Il consiste en une excessive sensibilité de l'ouïe. Les bruits les plus ordinaires donnent lieu à une sensation très-pénible. Depuis, il a été démontré que cette hyperesthésie de l'ouïe ne s'observe que dans les cas où la cause de la paralysie siége dans les profondeurs du rocher. Landouzy, se basant d'abord sur cette condition, d'autre part sur les données de l'anatomie et de la physiologie, a pensé que, lorsque la lésion atteignait la 7° paire en deçà ou au niveau du ganglion géniculé, le grand nerf pétreux superficiel se trouvait paralysé et que, par conséquent, le muscle interne du marteau laissait la membrane du tympan dans un état permanent de relâchement qui communiquait à toutes les ondes sonores une amplitude exagérée. Cette explication, qui paraît si rationnelle sous tous les rapports, a été attaquée cependant par Brown-Sequard. D'après ce physiologiste, l'arrachement du ganglion cervical supérieur ou la section du cordon cervical engendrent l'impressionnabilité de l'ouïe aussi bien que la paralysie ou l'arrachement du facial. Comme le sympathique ne peut intervenir en rien dans les mouvements du muscle du marteau, et comme il exerce sur l'oreille une action purement vaso-motrice, l'auteur pense qu'il y a tout simplement hyperesthésie auditive produite par la congestion du nerf acoustique. Mais le facial qui apporte, il est vrai, des vaso-moteurs dans certaines régions extracrâniennes, n'en fournit probablement pas à la 8° paire, malgré les adhérences que celle-ci contracte avec le nerf de Wrisberg ; et l'explication de Brown-Sequard ne pourrait s'appliquer à l'hémiplégie faciale d'origine profonde qu'en supposant que la lésion qui paralyse le facial développe autour d'elle une atmosphère de congestion dans laquelle le nerf acoustique se trouverait compris. Au fond, les deux interprétations sont encore à l'état d'hypothèse, et tant que ni l'une ni l'autre n'aura pu être démontrée expérimentalement, je crois qu'on doit surtout pencher vers celle qui est le plus en rapport avec les faits physiologiques, c'est-à-dire vers celle de Landouzy. Comme les contractures spasmodiques des muscles de la face s'accompagnent souvent d'un bourdonnement d'oreille, il est naturel d'attribuer ce symptôme aussi à une action motrice. Sans doute que les muscles du marteau et de l'étrier sont, comme ceux de la face, agités par des contractions qui déplacent incessamment la membrane du tympan et qui ébranlent constamment le liquide labyrinthique. C'est, du reste, l'explication que Graves a conçue en présence de ces sensations subjectives d'origine périphérique.

Dans la paralysie du facial, l'occlusion de l'orifice palpébral est devenue impossible. Pendant le sommeil, on voit parfois l'œil se porter en haut, pour abriter, autant que possible, la cornée derrière le plissé de la paupière supérieure. Il en est de même de l'acte du clignement, parce que le facial ne peut plus obéir à l'impulsion réflexe des centres sollicités par les nerfs sensitifs. L'œil restant continuellement exposé à la lumière, à la température ambiante, au contact des poussières atmosphériques et à une évaporation constante, il en résulte une sensation pénible d'irritation et de sécheresse, qui fait que le malade cherche à fermer de temps en temps les paupières avec les doigts. Pour peu que la paralysie date d'un certain temps, la paupière inférieure, cédant de plus en plus à l'influence de la pesanteur, se renverse en dehors et les larmes n'étant plus dirigées vers les points lacrymaux, il en résulte un larmoiement qui rend la réfraction et, par suite, la vision irrégulières. Lorsque le facial est au contraire irrité, l'orbiculaire des paupières peut être maintenu dans un spasme tonique qui rétrécit plus ou moins l'orifice palpébral et même produit une occlusion complète. Cette contracture est quelquefois un retentissement centrifuge d'une névralgie du trijumeau ; mais elle est plus souvent un résultat direct d'une inflammation du facial. Dans les deux cas la cause première se trouve fréquemment dans une affection syphilitique. Chez d'autres malades, on observe des contractions intermittentes qui produisent un clignement anormal dans lequel non-seulement le resserrement de l'orbiculaire se montre exagéré, mais n'est pas suivi de ce relâchement complet qu'offre le clignement physiologique. Ce blépharospasme n'est pas toujours un fait particulier d'un tic facial général, lié ou non à une névralgie du trijumeau. Il peut exister isolément, alors que toutes les autres branches de la 7e paire présentent un fonctionnement normal, et être engendré d'une manière réflexe par la présence d'un corps étranger dans le sac conjonctival. La titillation sensitive peut arriver à irriter assez le centre nerveux correspondant pour étendre la réaction motrice à l'orbiculaire du côté opposé. Les lésions de la cornée sont capables d'amener le même résultat par le même mécanisme. L'hyperesthésie de la rétine peut encore remplacer les filets ciliaires du trijumeau, comme courant centripète. Enfin l'irritation provocatrice peut siéger dans le tube digestif. La plupart des ophthalmologistes expliquent ce mode de production par l'anastomose que la 7e paire contracte avec le pneumo dans le rocher, comme si un phénomène réflexe était capable de se passer entre des tubes sensitifs et moteurs accolés les uns aux autres. Les surfaces sensibles des voies digestives offrent une certaine sympathie avec les organes moteurs annexés à la vision, ainsi que le montrent en particulier les modifications que les vers intestinaux font éprouver à la pupille. Si le pneumo intervient ici, c'est par les fibres provenant de la muqueuse digestive et non par celles qui s'associent au facial.

La paralysie de la 7e paire, lorsqu'elle est d'origine intrapétreuse, peut rendre imparfaite la perception des saveurs. Chez un malade d'Arnold, les substances sapides étaient très-mal appréciées par la moitié correspondante de la langue. Il en fut de même chez un client de Guéneau de Mussy. Elle peut même engendrer des aberrations de la gustation. Ainsi, Roux éprouvait non-seulement un affaiblissement de la sensibilité gustative, mais toutes les substances, quelles que fussent leurs véritables saveurs, lui apparaissaient douées exclusivement d'une saveur métallique très-prononcée. L'aberration peut aussi se montrer sous forme d'une insensibilité particulière vis-à-vis de certaines saveurs déterminées. Dans un cas de fracture du rocher, le malade avait seulement perdu l'aptitude à percevoir des saveurs acides. De son côté Cl. Bernard a réuni un certain nombre d'observations qui tendraient à prouver qu'il n'y a, le plus souvent, ni aberration, ni affaiblissement réel de la sensibilité gustative, mais de la lenteur dans le développement de l'impression. Il existerait, sous ce rapport, une différence très-appréciable entre le côté sain et le côté malade. Ces faits sont donc excessivement favorables à l'hypothèse qu'il a émise sur les fonctions de la corde du tympan dans la langue.

Il semblerait au premier abord que, si les paralysies profondes produisent des troubles de la gustation parce qu'en raison de leur siége elles compromettent aussi la corde du tympan, les paralysies d'origine centrale devraient avoir le même résultat *à fortiori*, puisque la corde fait probablement partie du tronc originel de la 7° paire. Mais jusqu'à présent on n'en a pas encore signalé dans les hémiplégies faciales dues aux maladies des centres nerveux. Schiff s'est empressé de saisir cette circonstance pour donner l'appui de la clinique à son hypothèse si compliquée sur le trajet des fibres gustatives. Selon lui, elles n'échapperaient à la cause paralysante que parce qu'elles proviennent du trijumeau et qu'elles ne s'annexent au facial que plus loin, par l'intermédiaire des ganglions de Meckel et géniculé. Mais cette absence de troubles gustatifs n'est peut-être pas réelle. Il est possible qu'elle tienne à un manque d'observation ; car la constatation de ce genre de troubles nécessite un mode d'investigation long et ennuyeux, qu'on ne songe même pas à employer la plupart du temps. Du reste, si le facial renferme des fibres à sensibilité gustative, celles-ci doivent se rendre dans la couche optique et non dans le noyau moteur du facial proprement dit; et il existe entre ces deux centres assez de distance pour qu'ils ne soient pas dans une grande solidarité pathologique. La clinique semble avoir pris à tâche de compliquer la question de l'influence du facial sur la gustation, plus encore que ne l'a fait la physiologie expérimentale. Stick a réuni un certain nombre d'observations dans lesquelles le goût se trouvait aboli, ou affaibli, ou dévié, quoique la cause de la paralysie eût agi sur le nerf, après la naissance de la corde du tympan. Il pense qu'on ne peut expliquer ce fait qu'en admettant que quelques-unes des fibres gustatives, après avoir accompagné la corde jusqu'à son origine, prennent un trajet rétrograde, et au lieu de se rendre au cerveau par le bout central du facial, ressortent du rocher avec sa portion périphérique, gagnent le maxillaire inférieur par l'intermédiaire des anastomoses extracrâniennes que le facial contracte avec les branches de ce nerf, et remontent cette fois avec lui jusqu'à l'encéphale. Ce serait là une disposition anatomique plus bizarre et plus irrationnelle encore que celle imaginée par Schiff. Aussi préférerais-je de beaucoup l'explication proposée par Benedick et adoptée depuis par Constantin Paul. Ces deux auteurs ayant aussi observé des troubles du goût même dans la paralysie *a frigore*, alors que la partie intracrânienne semblait devoir être seule compromise, ont pensé que cela tenait à ce que le gonflement du névrilème provoqué par le froid dans la partie faciale de la 7° paire s'était propagé ensuite dans sa portion intrapétreuse. Mais cette explication ne peut pas encore être appliquée à tous les cas, car il en est où les troubles du goût

précédèrent la paralysie faciale. Il faut, du reste, en toutes circonstances, tenir compte de la paralysie des muscles qui sont appelés à
maintenir les substances sapides au contact de la langue. Les faits qui
précèdent montrent que la pathologie est venue fournir des preuves
à toutes les hypothèses, à celles de Cl. Bernard, de Schiff et de Stick.
Elle en a aussi procuré à celle de Lussana; car il existe trois observations, dont une de Neumann, qui semblent conférer au facial seul
l'exercice du goût dans la partie antérieure de la langue, à l'exclusion du lingual lui-même.

En regard de ces faits de dépression de la gustation, dans les cas
où le nerf est gêné dans son fonctionnement, on peut en mettre un
cité par Romberg, qui montre que, lorsque la corde du tympan est
au contraire excitée, elle peut engendrer des sensations subjectives.
Chez une dame atteinte d'otorrhée avec perforation de la membrane
du tympan et développement de bourgeons dans la caisse, il dut à
plusieurs reprises cautériser ces derniers avec le crayon. Au moment de chaque cautérisation, la malade accusait une sensation gustative se propageant le long de la base de la langue d'arrière en
avant et s'arrêtant à une très-petite distance de la pointe. Des phénomènes du même ordre peuvent toutefois coïncider avec la paralysie du nerf, en tant qu'agent de motilité. Ainsi Schiff cite un jeune
homme qui, pendant toute la durée d'une paralysie rhumatismale,
fut importuné par une saveur métallique. Du reste, chez ce malade,
le rôle du facial dans la gustation n'était pas anéanti, car la perception des saveurs réelles n'était ni affaiblie, ni ralentie.

Signalons, en terminant, une expérience de Ranvier dont le résultat
permettrait peut-être d'attribuer à la corde du tympan un rôle pathologique dans la production de l'oreillon. Après avoir placé un manomètre dans le canal de Warthon, il a électrisé la corde. La pression du canal devint bientôt supérieure à celle du sang; puis plus tard
il survint un gonflement œdémateux analogue à l'oreillon. Évidemment cet œdème doit plutôt provenir de l'action vaso-motrice de
la corde que de son action sécrétoire.

Nerf auditif.

Constitution anatomique. — Le nerf auditif est constitué par la
réunion de deux racines qui, en raison de leurs situations, peuvent

être dites postérieure et antérieure. La première est elle-même formée par des filets qui émanent de deux noyaux distincts, suivant Lochart-Clarcke. L'un, l'interne, est une agglomération de grosses cellules analogues à celles des cornes antérieures de la moelle. L'autre, l'externe, est formé par des cellules plus petites; il se continue sans transition avec les corps restiformes et les pyramides postérieures; il est en outre particulièrement relié au tubercule cendré. La racine antérieure comprend plusieurs filets provenant les uns des corps restiformes, d'autres des pédoncules cérébelleux, d'autres enfin du tubercule cendré. Il résulte de là que le nerf auditif, par le fait même de ses origines, contracte des connexions importantes avec le trijumeau. Le tronc auquel donnent naissance ces différents groupes de racines s'engage dans le conduit auditif interne de concert avec le facial et le nerf de Wrisberg. Il s'y montre enroulé autour de l'un de ses bords, à la manière d'une volute. D'après Kölliker, il présente au milieu de ses tubes un grand nombre de cellules nerveuses qui deviennent plus abondantes encore dans ses branches de division. Celles-ci sont au nombre de deux: l'une, dite *vestibulaire*, alimentée par ses ramifications l'utricule, la saccule et les extrémités ampullaires des canaux demi-circulaires; l'autre, dite *cochléenne*, s'éparpille sur la lame spirale du limaçon. Dans les ampoules, les fibres de la branche vestibulaire s'insinuent entre des cellules épithéliales qui, suivant Schultze, sont munies de petits crins fins et raides. Ces appendices sont évidemment très-propres à suivre les mouvements du liquide et à communiquer un ébranlement amplifié aux fibres nerveuses. Sur le vestibule membraneux les tubes nerveux viennent encore se perdre dans les interstices cellulaires de l'épithélium; mais ici les crins font défaut. En revanche, il existe, au niveau des éléments nerveux, ce qu'on a appelé des otolithes. Ce sont de petites agglomérations de corpuscules calcaires cristallins qui adhèrent à la membrane. La membrane et les filets nerveux qu'elle supporte obéissent de suite et facilement aux déplacements du liquide. Les otolithes étant plus pesants cèdent moins vite, mais ils conservent plus longtemps le mouvement communiqué et continuent à déplacer après coup la masse nerveuse: ils prolongent l'impression. Le mode de terminaison de la branche cochléenne est beaucoup plus compliqué. Elle entre dans l'intérieur du limaçon en passant à travers les trous de la lame criblée spiroïde, monte suivant l'axe de ce compartiment du labyrinthe, se divise en un certain nombre de rameaux destinés aux différents tours de la lame spirale osseuse. Arrivé dans l'épaisseur de cette lame, chacun de ces rameaux se jette dans un ganglion. Les fibres qui émergent de ces ganglions cheminent dans l'épaisseur de la zone osseuse et viennent déboucher dans l'espace qui sépare les deux membranes dont est formée la zone membraneuse, espace qui a reçu le nom de *rampe moyenne*. Là les fibres se trouvent en rapport avec de grosses cellules transparentes et viennent se perdre au niveau d'éléments particuliers qui semblent s'accoupler deux à deux pour former des espèces d'arcades, dites *arcs de Corti*. Grâce aux travaux de Corti, de Hensen, de Deiters et de Lœwenberg, la science est aujourd'hui riche de détails sur la structure de la lame spirale. Mais, outre que la plupart des faits énoncés attendent encore une confirmation définitive, ces détails n'auraient aucune utilité pour le point de vue spécial que nous devons viser. Je me contenterai donc de l'aperçu général qui précède en l'appuyant par les schémas suivants :

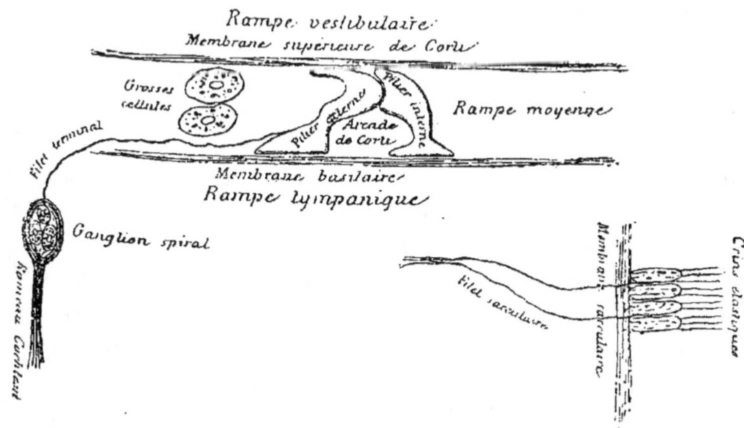

Fig. 62.

Physiologie normale. — Il n'y a plus lieu de tenir compte, aujourd'hui, de l'assertion insoutenable de Magendie qui voulait attribuer la sensibilité auditive à la 5ᵉ paire. Il est évident que si la section du trijumeau compromet parfois l'exercice de l'audition, cela tient aux altérations de nutrition que la suppression de ce nerf peut faire naître dans l'oreille interne et moyenne. C'est bien la 8ᵉ paire qui préside à la transmission des sons. Il serait puéril de chercher à le démontrer. Malgré sa nature spéciale, le nerf acoustique paraît être doué en même temps d'une certaine dose de sensibilité tactile. Flourens et Brown-Séquard ont signalé, tous deux, la vive sensation de douleur qu'éprouvent les animaux chez lesquels on mutile ce nerf. On ne saurait expliquer ce fait par l'analogie mécanique qui semble exister entre les modes de production des impressions tactiles et auditives. Il est bien vrai que les ondes sonores frappent le nerf auditif à peu près de la même façon qu'un corps léger et surtout qu'un courant d'air frappent les nerfs du tact; de telle sorte que l'audition pourrait être considérée comme un toucher modifié. Mais ce qui fait qu'un cordon nerveux est sensible, ce n'est pas sa propre constitution, c'est son mode d'implantation qui lui permet d'ébranler un centre sensitif. Il est probable que le noyau auditif est exclusivement un centre de sensibilité auditive et que, si l'excitation expérimentale de la 8e paire provoque de la douleur, c'est que l'ébranlement reçu se progage facilement jusque dans le noyau du trijumeau, grâce aux connexions centrales qui existent entre les deux nerfs.

Relativement au mécanisme intime par lequel le nerf acoustique accomplit son rôle spécial dans l'audition, on en est encore réduit à des hypothèses qui, toutefois, ont au moins le mérite d'être assez rationnelles. Il est évident que les divers éléments placés dans l'épaisseur de la lame spirale membraneuse, c'est-à-dire dans la rampe moyenne, sont des agents de préhension et d'assimilation des ondes sonores. Que les filets nerveux soient en rapport de continuité ou simplement de contact avec eux, peu importe! Il est certain qu'il existe une solidarité suffisante pour qu'il y ait communication des ébranlements reçus. Les arcs de Corti, particulièrement, doivent être regardés comme les représentants des cônes et des bâtonnets de la rétine. Ils accaparent le son, comme ceux-ci accaparent la lumière. Ils transforment les vibrations extérieures en ondes sonores physiologiques, comme la rétine transforme en ondes lumineuses physiologiques les ondulations de la lumière. Les vibrations arrivées par les diverses voies de transmission de l'organe de l'ouïe ébranlent l'endolymphe, qui ébranle à son tour la membrane basilaire. Celle-ci met en mouvement les arcs de Corti qui reposent sur elle et qui, par leur nature, présentent sans doute le plus haut degré d'aptitude à vibrer. Leurs oscillations ébranlent les filets nerveux qui leur sont annexés et dès lors la transmission se continue d'après les lois ordinaires de l'innervation. Quand on considère le grand nombre des filets nerveux, des arcs de Corti et des sons que l'homme est susceptible d'apprécier, on est tenté de penser que chacun de ces petits systèmes qui comprennent à la fois des conducteurs nerveux et des éléments de préhension, et qui se répètent incessamment depuis l'origine jusqu'à la terminaison de la lame spirale, changeant seulement de proportions suivant le niveau qu'ils occupent, est affecté à un son déterminé; et que l'étendue ainsi que la richesse de ce clavier mesurent l'étendue et la richesse de l'échelle musicale accessible à nos sens. Il semble même que les proportions de ses touches et de ses cordes nerveuses sont calculées pour répondre mathématiquement à tous les degrés de la tonalité. Cette assimilation du limaçon avec un clavier a encore plus sa raison d'être depuis qu'il est démontré que chaque note transmise par l'air jusque dans la caisse d'un piano y fait vibrer exclusivement la corde qui, dans le jeu de l'instrument, fournit cette même note; et que, quand on réalise, soit par la voix, soit par l'instrumentation, des accords, toutes les cordes nécessaires à la reproduction de cet accord obéissent seules à l'impulsion de l'air et se mettent à vibrer. Le limaçon se conduit probablement de la même manière. Le liquide labyrinthique et la membrane basilaire vibrent à l'unisson avec tous les sons possibles qui pénétrent dans l'oreille. Mais, dans le système de Corti, il n'y a que les éléments spécialement affectés à un son donné qui entrent en vibration. Quand le son est complexe, les séries d'éléments en rapport avec les notes composantes vibrent en même temps. C'est ainsi que le cerveau trouve, dans l'oreille même, les moyens de distinguer les sons simples les uns des autres et d'apprécier les sons composés. Helmholtz, qui, par ses profondes connaissances en acoustique et ses expériences sur les résonnateurs, est arrivé à faire généralement adopter l'idée de l'assimilation du limaçon à un piano, a voulu pousser plus loin l'analyse et conférer des rôles différents aux deux piliers de l'arcade. Le pilier externe serait l'élément vibrant à l'unisson avec le son extérieur. Il serait une corde tendue par le pilier interne qui ferait l'office d'un chevalet. Le premier, étant adhérent à la fibre nerveuse, ébranlerait le cerveau par son intermédiaire. Lœwenberg a émis depuis un doute sur cette interprétation, parce que le pilier externe est tellement serré de près par les cellules qui remplissent l'aire de l'arcade, qu'il doit lui être impossible de vibrer. Une objection plus puissante a été présentée par Guéroult. Il a fait observer que les fibres de Corti manquent complétement chez les oiseaux, qui sont cependant très-aptes à percevoir les sons musicaux. Il pense donc que les parties réellement vibrantes sont représentées par les cellules et la membrane basilaire qui sont constantes dans l'échelle animale, et que les arcs de Corti sont appelés à jouer le rôle d'étouffoirs pour les sons graves, lesquels ne paraissent pas être, tout justement, distingués par les oiseaux.

Le nerf acoustique rend facilement les centres solidaires des impressions qu'il subit, et provoque souvent de leur part des réactions réflexes très-étendues. Un bruit violent produit, chez la plupart des individus, un clignement réitéré des paupières. Chez les personnes impressionnables, un bruit inopiné détermine dans le corps entier une impression comparable à une commotion électrique. Le bruit d'une lime amène chez les uns un frisson général, chez les autres une sensation excessivement désagréable dans les dents. Il est des personnes chez lesquelles les sons aigus retentissent sur la corde du tympan et font apparaître une salivation abondante. D'après Katolinsky, l'électricité, appliquée à la 8ᵉ paire, détermine presque toujours des vertiges et des nausées. Nussbaum a observé sur lui un singulier phénomène qui semblerait indiquer que, chez quelques personnes à grande capacité de diffusion nerveuse, l'ébranlement reçu par le centre auditif peut aller retentir dans le centre visuel. Chaque onde sonore éveille chez lui non-seulement une sensation de son, mais encore une sensation de lumière colorée. Il y aurait même plus qu'un simple résultat de propagation accidentelle des vibrations au delà du centre normal. Il se ferait une mise en œuvre de connexions préétablies et harmonisées ; à chaque note correspondrait une couleur particulière. A l'association de plusieurs notes correspondrait un rapide changement de plusieurs couleurs qui, de temps en temps, s'accentueraient davantage. J'ai rencontré quelques faits analogues, mais il m'a semblé qu'il s'agissait d'un acte purement psychique. Suivant l'impression morale produite par le son perçu, le sujet comparait ce dernier à telle ou telle couleur qu'il se persuadait ensuite apercevoir.

Dans l'examen du mécanisme intime du nerf acoustique, nous avons tenu compte exclusivement de la branche limacéenne. La vestibulaire semble être cependant d'une utilité plus fondamentale, d'après les enseignements de l'anatomie comparée, car la première manque souvent dans l'échelle animale, tandis que la seconde est constante. Ce fait avait conduit les physiologistes à penser que le nerf vestibulaire était chargé de recueillir les sons-bruits et avait par conséquent pour but de faire entendre d'une manière générale, tandis que le cochléen était un agent de perfectionnement destiné à fournir les sensations musicales. Il semblait même que cet organe de tonalité ne pouvait agir qu'autant qu'il venait broder sur l'œuvre primitive et plus capitale de la vestibulaire, car Flourens dit avoir constaté qu'après la section de cette dernière branche, l'ouïe est complétement perdue, malgré la persistance de la branche-cochléenne. Aujourd'hui on perd un peu de vue ce fait expérimental et le rôle auditif du nerf vestibulaire pour ne s'occuper que de la mission qu'il pourrait avoir à remplir dans la fonction locomotion. L'idée de ce mode d'action a pris naissance dans les expériences de Flourens sur les canaux demi-circulaires, expériences dont nous avons indiqué les résultats aux pages 171 et 172 du tome II. Nous avons même reproduit alors l'hypothèse de Goltz, qui fait des canaux de l'oreille et de leurs filets nerveux des agents de la coordination générale des mouvements. Mais il est nécessaire que nous revenions encore sur ce sujet pour grouper ici tous les travaux relatifs à cette question.

Les mouvements automatiques signalés par Flourens ont été l'objet de plusieurs interprétations. Pour Vulpian et Cyon, ils seraient simplement le résultat d'un véritable vertige auditif dû probablement lui-même à des bourdonnements ou à d'autres sensations subjectives. D'autres physiologistes, ne voulant pas en rendre responsables les canaux eux-mêmes, supposent qu'ils sont dus à une lésion indirecte du cervelet. Pour les besoins de cette interprétation, Schklarewsky a même décrit un prolongement du cervelet qui viendrait s'insinuer entre les canaux demi-circulaires et qui, par conséquent, serait forcément lésé dans l'expérience. Bœttcher, tout en déclarant que le prétendu prolongement n'est pas autre chose que l'aqueduc du vestibule, attribue cependant les mouvements anormaux à un concours de circonstances dans lesquelles les canaux ne seraient pour rien par eux-mêmes et où les lésions musculaires nécessitées par l'opération, l'affaiblissement causé par l'hémorrhagie, la propagation au cervelet de l'inflammation locale, joueraient les principaux rôles. Mach et Breuer, voyant au contraire dans les troubles moteurs observés une conséquence directe de la lésion des canaux, pensent que le nerf vestibulaire contribue à nous procurer le sentiment des mouvements de rotation exécutés par la tête, grâce à la compression que lui feraient subir les déplacements du liquide labyrinthique. Cette idée a été encore développée depuis par Grum-Brown, qui prétend que les canaux demi-circulaires forment un appareil mathématiquement calculé pour nous faire connaître, en dehors des données fournies par la vue, le sens dans lequel s'opère la rotation. Ce serait même en partie dans ce but que la nature aurait concentré les filets nerveux sur les ampoules. De cette façon le flux du liquide ne se fait sentir que dans un seul point, c'est-à-dire dans une seule ampoule, qui varie suivant l'axe autour duquel s'exécute la rotation. Pour chaque genre de déplacement rotatoire de la tête, ce sont des filets spéciaux qui subissent la compression, et il y a là un élément sensoriel suffisant pour que le moi puisse juger de la direction imprimée. Lorsque le mouvement de rotation est arrêté brusquement, il se fait nécessairement un reflux en sens inverse vers l'ampoule opposée, et, malgré l'immobilité réelle, cette compression de recul fait naître l'illusion d'une rotation en sens contraire. L'idée de Schklarewsky vient d'être reprise par Berthold. Il reconnaît avec lui l'existence, au niveau des canaux, d'un prolongement latéral du vermis cérébelleux, mais il ne nie pas l'intervention du nerf vestibulaire dans la coordination, et il s'est occupé de faire la part de ces deux facteurs dans les phénomènes engendrés par la section commune. Selon lui, la lésion isolée du prolongement produirait des mouvements de manége, tandis que celle du nerf vestibulaire donnerait lieu à des mouvements pendulaires et de culbute. Il prétend que les mouvements se montrent troublés même quand on a respecté les filets nerveux et qu'on n'a lésé que le tissu osseux. Passant à l'interprétation des faits, il pense que le nerf vestibulaire est une des principales sources sensitives de renseignements pour l'équilibration. De concert avec la vue et l'audition proprement dite, il éclaire par voie de contact le cerveau sur la direction des déplacements de la tête ou du corps entier. Ces déplacements communiqueraient à la lymphe des impulsions qui produiraient sur le nerf l'effet d'un véritable toucher. Transmise ensuite au centre de coordination, la sensation se traduirait par des mouvements voulus et appropriés. Lorsque le nerf serait supprimé par une section ou irrité par une hémorrhagie, il en résulterait des sensations anormales qui produiraient par action réflexe des mouvements involontaires.

Pour juger la valeur de toutes ces interprétations, il faudrait d'abord être fixé d'une manière certaine sur les véritables rapports du contenant et du contenu. Le liquide de Cotugno remplit-il complétement, ou non, les cavités du labyrinthe? Tout est là. Car s'il n'existe pas d'espace libre dans le contenant, le contenu ne peut pas se déplacer et se porter en plus grande quantité tantôt dans un point, tantôt dans un autre. Tout porte à croire cependant qu'il existe une vacuité relative dans l'intérêt même de la transmission des vibrations sonores. La possibilité du refoulement de l'étrier dans la fenêtre ovale rend aussi la chose probable. S'il en est ainsi, on ne saurait nier les déplacements et les compressions, car ils sont inévitables, et dès lors il peut en résulter en effet des impressions capables d'éclairer les centres de sensibilité musculaire et de coordination ; mais il est tout aussi certain qu'il ne faut voir là qu'un rôle surajouté à une mission plus spéciale et en rapport avec l'audition proprement dite, car le sable auditif ne peut avoir d'utilité qu'au point de vue des vibrations sonores.

Anatomie et physiologie pathologiques. — La 8ᵉ paire a été trouvée plusieurs fois envahie par des tumeurs constituées le plus souvent par des fibro-sarcômes. On l'a vue aussi atteinte, soit de sclérose, soit d'atrophie simple. Beaucoup plus souvent elle s'est montrée congestionnée. C'est probablement en amenant une modification matérielle de ce genre que la dysménorrhée, la grossesse, la ménopause peuvent troubler son fonctionnement. Il en est de même de l'action du froid. C'est peut-être de la même façon que le sulfate de quinine exerce une influence si marquée sur l'audition. C'est aussi probablement par une congestion réflexe que les vers intestinaux peuvent compromettre cette fonction. On n'a pas encore cherché à constater l'état du nerf acoustique lorsqu'il a été frappé par l'intoxication saturnine, par le choléra ou par la fièvre typhoïde. Mais il est probable que, dans ce dernier cas, il se produit une dégénérescence granulo-graisseuse. Enfin la 8ᵉ paire devient facilement victime des chutes et de tous les chocs éprouvés par la tête. Un simple soufflet peut même suffire pour produire la surdité. On désigne par le mot *commotion* l'ensemble des phénomènes qui se passent alors dans l'oreille, mais il est probable qu'il se fait une altération moléculaire inconnue, car les troubles fonctionnels peuvent devenir permanents.

De tous les nerfs sensoriels, c'est peut-être le nerf auditif qui donne le plus fréquemment lieu à des sensations subjectives. Erhard, de Berlin, en a même fait un objet d'études spéciales. Les plus simples et les plus répandues consistent en des battements et des pulsations régulièrement intermittentes. Elles sont incontestablement engendrées par la diastole de la carotide interne, car, non-seulement elles sont isochrones avec le pouls, mais on peut modifier la sensation éprouvée, soit par la compression de ce vaisseau, soit par l'administration de la digitale. Toutes les affections inflammatoires de l'oreille, quelles qu'elles soient, les font apparaître avec intensité, parce que, dans tout travail inflammatoire, il y a augmentation de l'amplitude des ondulations des vaisseaux de la région. Erhard voit là, non pas une sensation subjective de la sensibilité auditive, mais bien une sensation réelle de la sensibilité tactile. Le malade perçoit en réalité le choc artériel. C'est un battement identique à celui qu'on ressent sous l'influence d'un phlegmon d'un doigt. L'existence du choc est incontestable, mais je crois qu'en raison du travail spécial du nerf et surtout du centre acoustique, la sensation qui en résulte a aussi quelque chose de spécial et n'est pas complétement assimilable à celle qui succède à l'ébranlement éprouvé par le nerf d'un doigt. Les vibrations sonores, elles aussi, agissent par un véritable choc, et cependant le centre auditif fait pour le moi de ce choc un son. Aussi, l'ébranlement engendré par la carotide a-t-il pour le sujet quelque chose de sonore que n'a pas l'ébranlement amené par le nerf collatéral.

Beaucoup de personnes éprouvent des sensations plus franchement subjectives, naissant spontanément, sans le secours du choc carotidien. Ce sont tantôt des bourdonnements comparables à ceux que produisent certains insectes, tantôt un tintement qui rappelle celui d'une cloche, tantôt la reproduction des divers bruits naturels. D'après Erhard, ces différents phénomènes seraient toujours engendrés par un état d'éréthisme de la branche vestibulaire. C'est probable, et aujourd'hui il n'y a plus guère lieu de tenir compte de l'opinion de Triquet, qui attribue le bourdonnement à une surexcitation de la corde du tympan. Quelques malades perçoivent, au lieu de bruits, de véritables sons musicaux et même des phrases musicales entières. Ici, suivant le même auteur, l'irritation existerait dans la branche limacéenne. Enfin, quand l'excitation porterait à la fois sur les deux branches, les sensations subjectives consisteraient dans un mélange variable de bruits et de sons. Cette interprétation est parfaitement en rapport avec les rôles respectifs que la physiologie attribue avec assez de probabilité aux deux nerfs. Mais je crois, dans tous les cas, que des sensations aussi complètes et aussi harmonisées entre elles que celles qui peuvent en imposer pour de véritables phrases musicales, doivent relever encore plus des centres eux-mêmes que du nerf auditif.

Le perfectionnement et l'usage sans cesse croissant des engins de guerre exposent le nerf acoustique à un certain nombre de troubles particuliers qui ont été étudiés avec soin par Brunner, de Zurich. L'effet le plus fréquent est un sentiment de plénitude qui ne serait pas, selon lui, attribuable directement à la 8e paire. La sensation pénible éprouvée provoquerait, par l'intermédiaire du facial, une contraction spasmodique du muscle interne du marteau, d'où tension de la membrane du tympan qui serait la cause directe du sentiment de plénitude. Quand le bruit de l'arme à feu est considérable, il peut en résulter une surdité complète, mais passagère, qui est la conséquence de la commotion moléculaire éprouvée par le nerf. Un phénomène curieux, qui se présente souvent dans ces circonstances, consiste dans un cachet métallique que revêtent tous les bruits extérieurs, quelle que soit leur nature primitive. Brunner voit là encore une conséquence du spasme réflexe du muscle du marteau. La tension du tympan permettrait à l'oreille de percevoir parmi les bruits des sons aigus qui, dans les conditions ordinaires, passeraient inaperçus. Il est certain que, si le relâchement d'une membrane conductrice lui permet de donner plus d'amplitude aux vibrations qu'elle transmet, sa tension lui donne, par contre, le droit de vibrer à l'unisson avec les sons élevés qui nécessitent une plus grande vitesse vibratoire. Mais la membrane du tympan, en raison de sa constitution, paraît échapper à cette dernière loi de l'acoustique, et pouvoir vibrer à l'unisson avec toute espèce de son, pour un même degré de tension, puisque nous sommes capables d'entendre plusieurs notes à la fois et qu'une membrane ne saurait être en même temps dans plusieurs états de tension. Aussi je préfère attribuer le cachet métallique de tous les bruits à un élément subjectif enté sur la sensation objective. Le nerf est irrité et, par conséquent, très-apte à engendrer des phosphènes auditifs sous l'influence du moindre ébranlement. Mais l'irritation n'est pas assez forte pour que les phénomènes subjectifs prennent naissance spontanément. Il faut le complément d'excitation et de congestion dû à l'arrivée des ondes bruyantes.

L'ouïe est encore plus souvent supprimée qu'exaltée ; mais, même dans la surdité congéniale, le système nerveux n'est pas toujours la cause réelle de la suppression de l'audition. Chez un bon nombre de sourds et muets on n'a pas trouvé d'autre cause matérielle qu'une obstruction de la caisse par une substance calcaire ou par des végétations, ou encore par une matière colloïde s'étendant jusque dans l'oreille interne. D'après Graves, la pathologie comparée semblerait indiquer l'existence d'une certaine relation entre la surdité et la couleur de la robe des animaux. Une chatte sourde, de couleur blanche, fournit dans plusieurs portées des nouveau-nés blancs et d'autres tachetés ; les premiers furent toujours, et seuls, atteints de surdité congéniale. C'est là un fait d'hérédité qui se comprend. Les enfants blancs avaient seuls échappé à l'influence modificatrice du père et devaient naturellement avoir hérité de toutes les qualités maternelles, bonnes et mauvaises. Du reste, dans ces circonstances, la surdité doit dépendre encore plus du centre que du nerf auditif. Il est des malades qui, d'une manière générale, semblent jouir d'une sensibilité auditive normale et qui, cependant, ont perdu l'aptitude à percevoir une ou plusieurs notes. Il y a des lacunes dans leur échelle acoustique. C'est, du reste, la reproduction de ce qui peut arriver dans l'exercice de la vue pour l'échelle chromatique. Ce fait pathologique s'explique très-bien avec la théorie de Helmholtz. Il suffit qu'un département particulier du système de Corti soit altéré ou devenu inerte pour qu'il y ait impossibilité de percevoir le son correspondant. Le nerf acoustique offre ceci de particulier que, lorsqu'il est paralysé, il peut encore remplir son office s'il a été préalablement ébranlé par des vibrations très-puissantes. Ainsi, beaucoup de sourds entendent les conversations ordinaires, lorsque celles-ci sont accompagnées par le bruit d'une voiture, d'une cloche ou d'un tambour. La vibration physiologique une fois créée par ces divers bruits, les autres sons, malgré leur différence de timbre et de tonalité, sont pour ainsi dire portés, avec conservation de leurs caractères particuliers, par ces vagues plus puissantes.

Glosso-pharyngien.

Constitution anatomique. — La 9e paire émerge des pédoncules cérébelleux inférieurs, en arrière du corps olivaire, au niveau du prolongement du sillon collatéral postérieur de la moelle ; abandonne le crâne par le trou déchiré postérieur et se renfle immédiatement en un ganglion appelé *pétreux* ou d'*Andersch*. Au niveau même de ce renflement ganglionnaire, il se trouve réuni par des filets anastomotiques, remarquables par leur délicatesse, avec le pneumo-gas-

trique, le rameau carotidien du ganglion cervical supérieur, et exceptionnellement avec le facial. Ce même ganglion donne naissance à
un rameau, dit de *Jacobson*, qui, après avoir gagné la caisse du
tympan à travers un canal osseux particulier, s'y divise en six filets.
Deux de ces filets s'épuisent dans la muqueuse tympanique, l'un au-

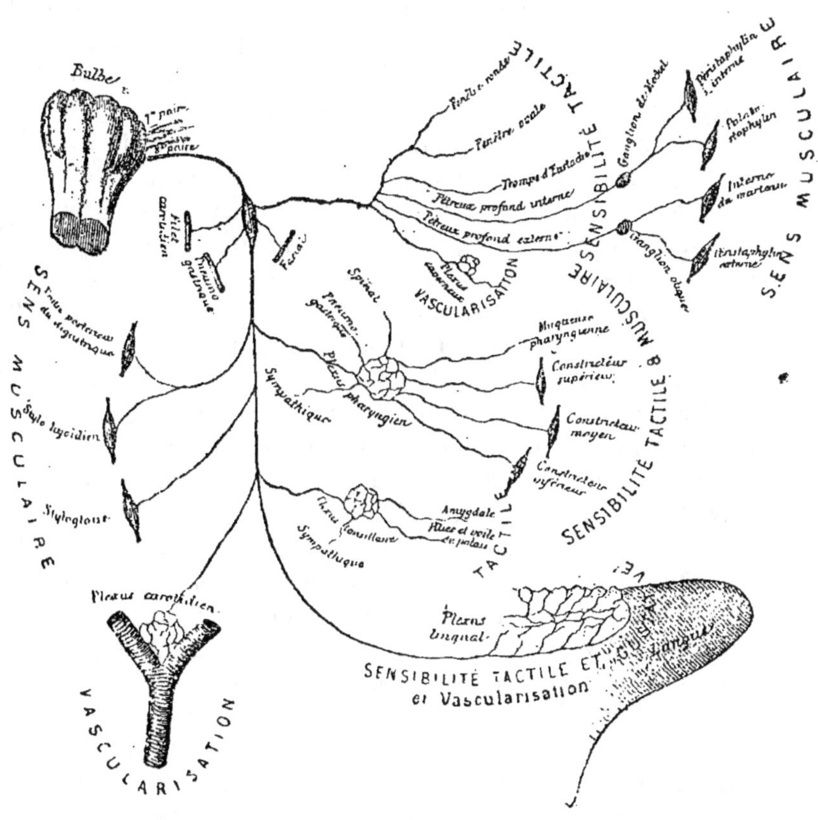

Fig. 63.

Nerf glosso-pharyngien.

tour de la fenêtre ronde, l'autre autour de la fenêtre ovale. Le 3e s'engage dans le canal carotidien pour y réaliser une seconde anastomose
avec le sympathique. Le 4e se distribue dans la muqueuse de la trompe
d'Eustache. Le 5e, dit *nerf pétreux profond interne*, va se rendre
dans le ganglion sphéno-palatin. Le 6e, dit *pétreux profond externe*,

se perd dans le ganglion otique. Au-dessous du ganglion d'Andersch, le glosso-pharyngien fournit successivement : 1° une branche qui se partage entre le stylo-hyoïdien et le ventre postérieur du digastrique, et qui, en outre, s'anastomose avec le rameau correspondant du facial; 2° un filet qui, après s'être accolé un instant à une branche du facial, se termine en partie dans la muqueuse de la base de la langue, en partie dans les muscles stylo-glosse et glosso-staphylin; 3° deux ou trois rameaux, dits *carotidiens*, qui vont se jeter dans un plexus situé à la bifurcation de la carotide, et à la formation duquel concourent aussi des filets provenant du pneumo-gastrique et du grand sympathique. Ce plexus porte appendus à ses mailles quelques petits ganglions; ses rameaux efférents s'accolent à la carotide externe et l'accompagnent dans ses divisions. Ce fait anatomique semble indiquer que le glosso-pharyngien peut intervenir dans les modifications vasculaires de ce département artériel; 4° des rameaux, dits *pharyngiens*, qui, en s'associant à des rameaux provenant du pneumo-gastrique, du spinal et du sympathique, donnent naissance à un nouveau plexus (*plexus pharyngien*); ce dernier envoie des filets aux trois muscles constricteurs du pharynx et à la muqueuse pharyngienne; 5° des rameaux *tonsillaires* qui, par leurs anastomoses, forment le *plexus* tonsillaire dont les émanations gagnent les amygdales, la muqueuse des piliers du voile du palais et celle de la partie inférieure de cette membrane. Après avoir fourni ces diverses branches, le glosso-pharyngien s'engage dans la partie postérieure de la langue. Arrivé au niveau de la couche glandulaire de cet organe, il se divise et se subdivise en un grand nombre de rameaux qui, par leurs anastomoses, donnent naissance au *plexus lingual.* Les filets terminaux qui émergent de ce plexus se rendent les uns dans les glandules de la base de la langue, les autres dans la muqueuse linguale, particulièrement dans les papilles caliciformes. Sur la ligne médiane, des filets, provenant des deux plexus congénères, se réunissent pour constituer autour du *foramen cæcum* un dernier petit réseau appelé *plexus circulaire.*

Physiologie normale. — Il n'est pas facile de déterminer la véritable nature du glosso-pharyngien. Ses aptitudes sensitives sont incontestables et incontestées; mais il pourrait fort bien être mixte et joindre des aptitudes motrices aux précédentes, puisque le plexus pharyngien fournit aux constricteurs du pharynx. Il est vrai que ce plexus n'est pas exclusivement formé par le glosso-pharyngien et que le tronc commun au spinal et au vague entre aussi dans sa composition, de sorte qu'il est bien difficile de préciser la véritable origine des filets moteurs du pharynx. L'embarras est le même au sujet des muscles digastrique, stylo-hyoïdien et stylo-glosse, puisqu'il se fait là une rencontre avec des émanations du facial. Le glosso-pharyngien serait-il, du reste, complétement isolé dans sa distribution périphérique, qu'on se trouverait encore exposé à des doutes et à des erreurs, puisqu'il n'est pas plutôt né qu'il s'anastomose avec le facial et le pneumo-gastrique. En présence de tant de difficultés d'analyse, on ne sera pas étonné de rencontrer des interprétations contradictoires. Herbert Mayo et Volkmann déclarent avoir toujours provoqué des contractions par la galvanisation du tronc de la 9e paire. Müller croit à son action motrice, non-seulement en raison de ces résultats, mais encore parce qu'il est un certain nombre des fibres de ce nerf qui restent distinctes du ganglion d'Andersch et passent au-devant de lui. Il pense qu'il y a là une analogie complète avec le trijumeau qui a une racine sensitive passant par le ganglion de Gasser et une racine motrice s'isolant de ce ganglion. Sappey regarde aussi la 9e paire comme un nerf mixte ; il se base non-seulement sur ce que les expérimentateurs ne sont pas d'accord sur les effets résultant de l'irritation par le scalpel ou par l'électricité, mais surtout sur ce que les branches anastomotiques que reçoit le glosso-pharyngien sont grêles et inconstantes, tandis que celles qu'il envoie aux muscles indiqués sont constantes et relativement considérables. Schiff se range sous le même drapeau. Il reconnaît qu'entre les mains de quelques physiologistes, de Panizza entre autres, l'expérience a semblé fournir un résultat négatif au point de vue de la motricité. Mais c'est là, pour lui, une conséquence fréquente de la rapidité avec laquelle le glosso-pharyngien perd son excitabilité. Il faut absolument appliquer l'excitation au moment même de la mort de l'animal. Dans ces conditions, on obtiendrait toujours des contractions musculaires, même quand on appliquerait l'électricité sur le bout périphérique du nerf sectionné, sans qu'on puisse, par conséquent, invoquer une action réflexe.

Dans un camp opposé, nous rencontrons des noms tout aussi considérables, tels que ceux de Valentin, de Riffi, de Morganti, de Panizza et de Longet. Tous ont en vain cherché à provoquer des contractions en électrisant le tronc de la 9e paire, toutes les fois qu'ils ont eu soin d'agir au-dessus du ganglion d'Andersch, c'est-à-dire avant que le nerf ait contracté des anastomoses. Je n'ai pas répété ces expériences et je suis incapable de me prononcer d'une manière positive sur cette question, mais je suis porté à regarder le glosso-pharyngien comme étant purement sensitif, par la raison qu'il ne se rend, seul, dans aucun muscle. Dans tous il est accompagné par une branche plus considérable provenant d'un nerf franchement moteur. Il est vrai qu'il existe des muscles, particulièrement ceux du larynx, qui semblent recevoir des filets moteurs de deux provenances différentes, mais cette double origine y est motivée par l'aptitude de ces muscles à remplir deux missions distinctes. Ils interviennent dans deux fonctions différentes et ils obéissent à un nerf spécial pour chacune d'elles. Les mêmes conditions ne paraissent pas exister pour les muscles du pharynx qui semblent être exlusivement affectés à la déglutition. Du reste, la présence du glosso-pharyngien dans ces muscles peut très-bien avoir pour but simplement la réalisation du sens musculaire.

Le rôle le plus saillant que la 9e paire joue dans l'ordre de la sensibilité est celui qu'elle remplit dans la gustation. Quelques physiologistes français ont tenté, sans succès, d'attribuer la sensibilité gustative de la base de la langue à la branche récurrente provenant du lingual, qui a été décrite par Hirschfeld. C'est bien le glosso-pharyngien qui est l'agent conducteur des impressions gustatives qui prennent naissance dans sa circonscription; car le goût s'y trouve complétement aboli après sa section. D'après Schiff, ce nerf, tout en étant le collaborateur du lingual, s'en distinguerait par des aptitudes particulières. Il serait plus spécialement affecté à la perception des saveurs amères. Il va sans dire que le cordon nerveux n'est pour rien dans cette qualité spéciale, qui dépend, évidemment, des conditions offertes par les papilles correspondantes et peut-être par le mucus qui les baigne plus particulièrement. Les mêmes papilles paraissent beaucoup moins aptes à subir l'ébranlement sapide des saveurs acides.

De même que le lingual, le glosso-pharyngien apporte à la muqueuse de la base de la langue à la fois les deux sensibilités gustative et tactile; car, après l'extirpation de ce nerf, on peut blesser cette région sans donner lieu au moindre signe de douleur et même sans provoquer les mouvements réflexes qui apparaissent si rapidement et si facilement dans l'état normal. C'est donc à tort que Panizza n'a conféré à la 9e paire que la sensibilité gustative. Chez les animaux opérés, la muqueuse des piliers, des amygdales et de la partie inférieure du voile du palais, paraît aussi paralysée du sentiment. Il est probable que le glosso-pharyngien dessert aussi, sous le rapport de la sensibilité générale, la muqueuse pharyngienne par l'intermédiaire du plexus pharyngien, celle de la trompe d'Eustache et de la caisse par l'intermédiaire du rameau de Jacobson. Il n'existe pas, il est vrai, de preuves expérimentales, mais la distribution anatomique suffit pour le démontrer. Enfin, il est à penser que le même nerf fournit la sensibilité musculaire directement aux muscles stylo-glosse, digastrique, stylo-hyoïdien et pharyngiens; indirectement aux muscles péristaphylins externe et interne du marteau par l'intermédiaire du ganglion otique, et aux muscles péristaphylin interne et palato-staphylin par l'intermédiaire du ganglion de Meckel.

De même que le lingual, il est très-apte à exercer une influence réflexe sur la sécrétion salivaire. Au moment même où on l'extirpe, il se produit un flux considérable de salive. Cela devait être, puisque, comme nerf du goût, il fallait qu'il pût provoquer l'arrivée du liquide appelé à dissoudre les substances sapides et favoriser ainsi l'exercice de la gustation. Il doit aussi pouvoir exercer une action analogue sur les glandules de la base de la langue qui fournissent un liquide peut-être plus en rapport encore avec les besoins de la gustation. Il est même possible qu'il agisse sur eux d'une manière plus directe par des filets sécréteurs, car ses divisions ultimes traversent la couche glandulaire.

Quoique nous ayons à peu près nié l'action motrice du glosso-pharyngien, il faut encore que nous revenions indirectement sur le même sujet, en cherchant à préciser quelle est la véritable part que ce nerf peut avoir à réclamer dans l'exécution de la déglutition, fonction que quelques physiologistes veulent lui attribuer presque tout entière. En ce qui concerne la déglutition œsophagienne, Jolyet a établi qu'il ne peut faire contracter l'œsophage que par action réflexe à titre de nerf sensitif, car si on obtient parfois le resserrement de ce canal en électrisant le bout central de ce nerf, on ne l'obtient jamais en agissant sur son bout périphérique. Pour la déglutition pharyngienne aussi, il est probable que la 9ᵉ paire ne fait que fournir l'élément sensitif de cette fonction réflexe; car Schiff lui-même, qui admet la nature mixte du nerf, reconnaît que son arrachement ne semble pas modifier beaucoup l'exécution de la déglutition. Il avoue que les animaux qui ont subi cette extirpation avalent aussi complétement et aussi promptement que les animaux sains. Quelques-uns seulement semblent faire des mouvements de la tête et du cou comparables à ceux qu'on exécute lorsqu'on avale un morceau trop volumineux. S'appuyant sur ce fait exceptionnel, il ose seulement conclure qu'il existe des différences individuelles sous le rapport de la part du glosso-pharyngien dans l'innervation des muscles.

Il nous reste à parler d'un mode d'action dont les recherches récentes de Vulpian sont venues démontrer l'existence. Le glosso-pharyngien exerce sur la vascularisation de la base de la langue une influence identique à celle que la corde du tympan produit sur la vascularisation de la partie antérieure de cet organe. En effet, quand, après avoir coupé le glosso-pharyngien, on électrise son bout périphérique, on voit apparaître une rougeur vive, non-seulement de la base de la langue où elle s'arrête, un peu en avant du V, mais encore des piliers, des amygdales et d'une partie du voile du palais. Comme la 9e paire s'anastomose plusieurs fois avec le facial, Vulpian a voulu s'assurer qu'elle ne devait pas à ce nerf son action vaso-dilatatrice. Il a détruit préalablement le facial dans l'aqueduc, et la faradisation produisit une rougeur tout aussi intense. Comme il existe sur le trajet des branches terminales du glosso-pharyngien un assez grand nombre de ganglions et de cellules disséminées, il pense qu'on doit lui appliquer la théorie que Cl. Bernard a imaginée pour l'action de la corde du tympan. Lorsqu'il serait stimulé, soit spontanément, soit artificiellement, il suspendrait l'activité de ces ganglions, qui, dès lors, ne maintiendraient plus les vaso-constricteurs dans leur tonicité habituelle. De même que pour la corde, Vulpian a encore constaté que lorsque le glosso-pharyngien est coupé et ne peut plus recevoir d'incitations cérébrales, et quand même on ne stimule pas artificiellement son bout périphérique, on peut encore déterminer une rougeur aussi intense en frottant la base de la langue. Il est probable que, dans ce cas, l'impression que le frottement produit sur les filets périphériques est transmise dans le sens centripète aux ganglions du plexus lingual, qui se conduisent alors de la même façon que s'ils avaient reçu un ordre du cerveau par l'intermédiaire du glosso-pharyngien intact. C'est une action réflexe intime qui reste confinée dans le réseau périphérique et ses branches efférentes. L'autonomie du centre périphérique se manifeste alors par elle-même, sans aucune invitation du pouvoir central. Quoi qu'il en soit du mécanisme de l'action vaso-motrice du glosso-pharyngien, il est évident que cette action est plus étendue qu'on ne le sait encore et qu'elle nécessite même plusieurs agents distincts, car il est évident que les filets que la 9e paire envoie aux plexus intercarotidien et caverneux ont une mission en rapport avec la circulation.

Anatomie et physiologie pathologiques. — Sous ce double point de vue, l'histoire du glosso-pharyngien est encore presque entièrement à faire. Cela tient à ce que les maladies qui sont capables de le compromettre atteignent presque forcément les deux autres nerfs qui sortent par le trou déchiré postérieur, et même le trijumeau. Il en résulte une symptomatologie complexe dans laquelle se trouvent, comme noyées, les manifestations morbides particulières de la 9e paire. Aussi la science ne possède-t-elle qu'un très-petit nombre de cas pouvant prendre place dans cette histoire, et encore s'agit-il tumeurs qui mettaient en même temps d'autres nerfs en scène. Le glosso-pharyngien n'était en lui-même que comprimé ou altéré consécutivement, de sorte qu'il n'a pas encore son anatomie pathologique propre. Bishop l'a rencontré comprimé par une tumeur squirrheuse qui, née sur la face interne du sphénoïde, s'était ensuite étendue jusque dans le trou déchiré postérieur. Crase, de Kœnigsberg, l'a trouvé dégénéré sous l'influence du voisinage d'une tumeur mobile développée au-dessous de l'apophyse mastoïde. Gendrin a vu un kyste hydatique entourant le bulbe rachidien et faisant hernie hors du crâne à travers les trous condylien et déchiré postérieur. Sous l'influence de la compresion subie, le glosso avait été réduit à un cordon névrilématique très-ténu.

Dans tous ces faits il y eut abolition du goût sur la moitié correspondante de la base de la langue, et même, dans celui de Crase, la sensibilité gustative se montra aussi perdue dans la partie antérieure de cet organe. Il y avait là de quoi justifier, en apparence, l'opinion de Panizza, qui a prétendu que la 9e paire présidait seule à la gustation, tandis que le lingual était seul chargé de la sensibilité tactile de toute la langue. Mais il est plus que probable que la tumeur, d'après son siége, avait altéré aussi bien le lingual que le glosso-pharyngien. La sensibilité tactile de la base de la langue avait aussi disparu chez le malade de Bishop, mais elle se montra respectée chez celui de Gendrin. Comme il n'existe aucun nerf autre que le glosso, qui, par sa distribution, soit capable d'expliquer la sensibilité tactile de la base de la langue, comme l'atrophie observée était incomplète, il est plus que probable que cette persistance tenait à ce qu'un certain nombre de tubes avaient échappé à la compression et à la dégénérescence. Ce fait est même une preuve clinique de l'existence, dans ce cordon nerveux, de deux ordres de tubes, les uns aboutissant au centre gustatif, et les autres au centre de sensibilité générale. Du reste, la raison elle-même nous indique qu'il doit en être ainsi, puisque les nerfs ne se différencient entre eux que par leurs points d'aboutissement. Un même tube ne saurait se rendre à la fois à deux centres distincts l'un de l'autre. Quant à la déglutition, elle n'a été signalée comme s'effectuant avec gêne que dans le cas de Crase, mais cela tenait probablement à la paralysie de la langue et de l'hypoglosse, paralysie qu'attestait la déviation de cet organe. Somme toute, la clinique n'infirme en rien et confirme même les conclusions auxquelles nous avons été conduit par la physiologie normale. Elle nous indique aussi que la 9° paire est chargée de fournir à la base de la langue les sensibilités tactile et gustative, et qu'elle n'intervient pas comme puissance motrice dans l'acte de la déglutition.

Vous rencontrerez à chaque instant dans votre clientèle des personnes qui se plaindront d'éprouver dans l'intérieur de la gorge des douleurs qui, par leur siége et leurs caractères, vous feront croire, *à priori*, à l'existence d'une amygdalite. A l'état de repos, elles consisteront en une gêne et une constriction douloureuse. Elles seront considérablement augmentées par chaque mouvement de déglutition, simulé ou réel ; elles s'étendront alors dans la trompe d'Eustache et provoqueront la mimique grimaçante caractéristique des angines. Contrairement à votre attente, l'examen de la gorge ne vous fera apercevoir aucune tuméfaction, aucune rougeur. Évidemment cet état morbide doit être considéré comme une névralgie du glossopharyngien. Si parfois vous apercevez une injection de la muqueuse, elle sera tellement légère qu'elle ne pourra rendre compte de l'intensité des souffrances, et elle ne sera que l'expression de la congestion qui accompagne souvent les névralgies. Au début d'un assez grand nombre de fièvres typhoïdes, on observe une manifestion pathologique qui ne diffère de la précédente que parce que la congestion est peut-être un peu plus constante ; mais jamais elle n'est en raison de la sensation éprouvée. Je crois que c'est encore une névralgie du glosso à placer sur le même rang que la céphalalgie initiale de cette pyrexie. Du reste, en 1874, Marrotte a publié plusieurs observations d'angine qu'il n'a pas hésité, malgré l'intensité de la congestion, à regarder comme constituant des cas de névralgie, par la raison que les symptômes douloureux et inflammatoires se présentèrent par accès réguliers et ne cédèrent qu'à l'emploi du sulfate de quinine. Je pense aussi que la maladie que les cliniciens appellent *angine rhumastismale* doit être, de même que l'ophthalmie rhumatismale, considérée comme une névralgie *à frigore*.

QUARANTE-SIXIÈME LEÇON.

Nerf pneumo-gastrique ou vague.

MESSIEURS,

Nous allons nous occuper aujourd'hui du plus important des nerfs crâniens, de celui qui joue le rôle le plus considérable et le plus varié sur le terrain clinique. C'est le pneumo-gastrique, qui a en outre pour cachet spécial de servir, par sa nature, de trait d'union entre les deux systèmes cérébro-spinal et sympathique.

Constitution anatomique. — Le pneumo-gastrique émerge du bulbe entre son faisceau latéral et le corps restiforme, immédiatement au-dessous du glosso-pharyngien. Il sort du crâne par le trou déchiré postérieur, dans un canal qu'il partage avec le spinal. A ce niveau il éprouve un premier renflement appelé *ganglion supérieur* ou *jugulaire*. A sa sortie, il se renfle une deuxième fois pour former le *ganglion inférieur* ou *plexiforme*. Il affecte là une disposition qui semble justifier cette dernière épithète, car ses fibres s'y disposent en un plexus très-serré, dont les lacunes sont comblées par des cellules nerveuses. Il parcourt ensuite, de haut en bas, toute la région cervicale, où il fournit successivement : 1° le *rameau pharyngien,* qui part de la partie supérieure du ganglion plexiforme et se rend au plexus pharyngien dont vous connaissez la destinée ; 2° le *nerf laryngé supérieur,* qui naît de la partie inférieure du même ganglion et dont on peut suivre les ramifications ultimes dans la muqueuse de la face postérieure de l'épiglotte, dans l'épaisseur des replis glosso-épiglottiques, dans la muqueuse de la base de la langue, de l'ouverture supérieure du larynx, des cordes vocales, et aussi, d'après Sappey, dans le muscle aryténoïdien. Ce même nerf fournit auparavant une branche collatérale importante au point de vue physiologique, c'est le *laryngé externe* qui alimente le muscle crico-thyroïdien, et va ensuite se perdre dans la muqueuse du ventricule du larynx; 3° le *nerf récurrent*, ainsi nommé parce qu'après être descendu il se réfléchit pour revenir sur ses pas. Dans cette réflexion, celui du côté gauche embrasse la crosse de l'aorte, et celui de droite la sous-clavière droite. Comme branches collatérales, il fournit des filets *cardiaques* qui concourent à former le *plexus cardiaque*, destiné lui-même à alimenter le cœur; des filets *œsophagiens* qui se distribuent les uns à la muqueuse, les autres à la musculeuse de l'œsophage; des filets *trachéens* se répandant les uns dans les fibres musculaires, les autres dans la muqueuse de la trachée; enfin des filets *pharyngiens* destinés au constricteur inférieur. Ses branches terminales aboutissent aux muscles crico-aryténoïdien postérieur, aryténoïdien, crico-aryténoïdien latéral et thyro-aryténoïdien. 4° Dans cette même région cervicale, la 10e paire donne encore naissance à une branche dont l'existence avait été méconnue jusque dans ces dernières années et à laquelle on a donné le nom de *nerf dépresseur* ou de *Cyon*. Elle résulte de la fusion de deux filets, dont l'un provient du laryngé supérieur et l'autre du tronc du vague lui-même. Une fois constituée par la réunion de ces deux composantes, elle longe le sympathique, tout en restant distincte, et va se perdre dans le tissu du cœur au niveau des orifices aortique et pulmonaire. Dans cette première portion de son trajet, le vague contracte, en outre, de nombreuses anastomoses. Les plus importantes de toutes sont celles qu'il reçoit du spinal. Non-seulement ce nerf lui envoie plusieurs petits filets qui se jettent dans le ganglion jugulaire, mais il lui abandonne, au niveau du ganglion plexiforme, l'une de ses deux branches terminales, l'interne, qui, désormais, partage les destinées de ses émanations supérieures. D'autre part, il est encore réuni au niveau du premier ganglion avec le facial, mais la physiologie nous a déjà appris que c'est lui qui cède de ses fibres à la 7e paire. Au niveau du deuxième ganglion, il se trouve encore renforcé par deux ou trois filets provenant de l'hypoglosse et par un ramuscule inconstant qui se détache de l'arcade formée par les branches antérieures des deux premières paires cervicales. Enfin, il est uni par un grand nombre de rameaux avec les ganglions cervicaux supérieur, inférieur et moyen du sympathique.

Arrivés dans la cavité thoracique, les deux pneumo-gastriques convergent l'un vers l'autre et viennent s'accoler à l'œsophage; puis, au niveau des bronches, ils se divisent en un grand nombre de rameaux qui s'entrelacent de manière à former un réseau très-com-

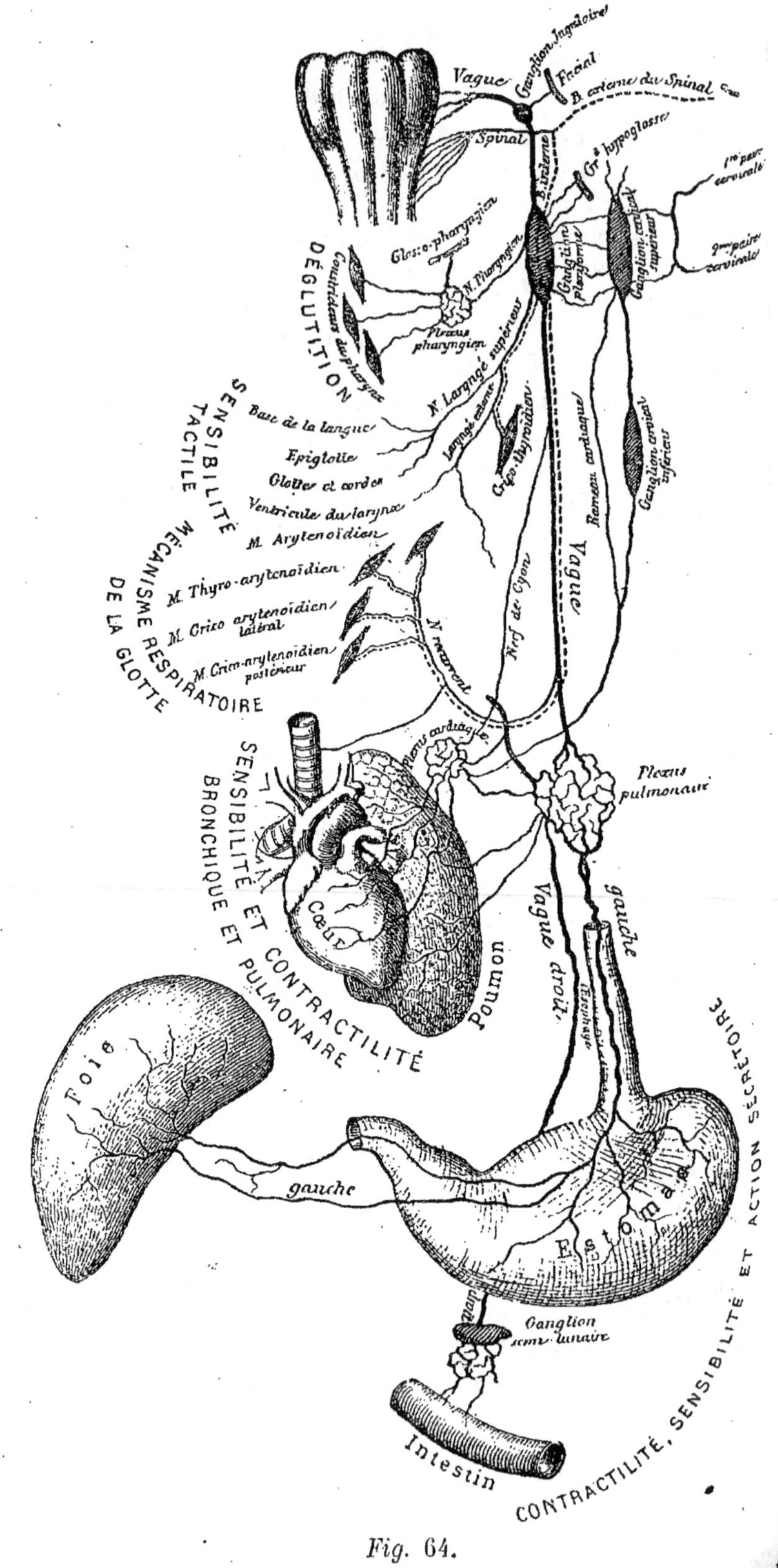

Fig. 64.

Nerf pneumo-gastrique ou vague.

pliqué et appelé *plexus pulmonaire*. Au-dessous, ils se reconstituent en deux faisceaux distincts, comme deux fleuves qui auraient rencontré un lac sur leur passage ; celui qui continue le vague gauche devient antérieur par rapport à l'autre, et tous deux gagnent l'abdomen en restant accolés à l'œsophage. Pendant ce trajet, ils s'envoient mutuellement des branches anastomotiques, de façon à emprisonner ce conduit dans un véritable réseau. Suivant Kollman, ces échanges réciproques seraient loin d'être équilibrés. Le vague gauche enverrait beaucoup plus de ses fibres au droit, qui se trouverait ainsi considérablement renforcé au détriment de son congénère. Pendant cette seconde partie de son trajet, la 10e paire fournit : 1° de nouveaux filets *cardiaques*, dits *thoraciques*, qui, après s'être anastomosés avec les cardiaques de la région cervicale et avec les nerfs cardiaques provenant du sympathique, viennent, de même que les précédents, apporter leur contingent à la formation du plexus cardiaque ; 2° des filets *œsophagiens* dont quelques-uns sont fournis par le plexus pulmonaire, mais qui, pour la plupart, représentent les branches ultimes du lacis péri-œsophagien formé par les deux vagues ; 3° des filets *péricardiques* qui sont des émanations du plexus pulmonaire et qui se répandent dans la partie supérieure et postérieure de l'enveloppement du cœur ; 4° des filets *bronchiques* qui suivent toutes les divisions des bronches en formant autour d'elles des réseaux continus à mailles elliptiques. Dans cette même région thoracique, le pneumo-gastrique contracte des anastomoses, particulièrement avec les premiers ganglions dorsaux du sympathique. Dans la cavité abdominale, les deux vagues brisent avec la distribution symétrique qu'ils avaient à peu près suivie jusqu'alors. Le gauche, devenu tout à fait antérieur, s'épuise dans l'estomac et dans le foie. Le droit, devenu postérieur, ne fournit que très-peu à l'estomac et vient se jeter dans le ganglion *semi-lunaire* et dans le *plexus solaire* qui appartiennent plus particulièrement au système du grand sympathique. Il se trouve, dès lors, noyé au milieu des ramifications inextricables de ce dernier, et il est très-difficile de déterminer quels sont les organes auxquels il se rend ultérieurement. A la suite de nombreuses dissections et recherches microscopiques, Kollman croit pouvoir assurer qu'il fournit plus largement au foie que le gauche et qu'il alimente en outre la rate, les reins, les capsules surrénales, le pancréas et même l'intestin grêle. Il affirme, en outre, que dans l'abdomen même les ramifications de la 10e paire restent parfaitement distinctes; qu'elles ne renferment aucune fibre provenant du sympathique, et qu'elles sont exclusivement formées des fibres fines et moyennes qui sont propres à ce nerf. D'autre part, plusieurs physiologistes pensent que les filets ultimes des nerfs vagues ne se rendent pas aux éléments histologiques des organes eux-mêmes et qu'ils se perdent tous dans de nombreux ganglions microscopiques qui, eux seuls, fournissent directement aux tissus. Cette manière de voir est trop favorable à ma conception du réseau périphérique pour que je ne la partage pas.

Physiologie normale. — Ce qui frappe le plus dans la constitution anatomique du tronc appelé pneumo-gastrique, c'est que, vu le grand nombre d'anastomoses qu'il contracte, il est très-complexe, et que nulle part il n'est exclusivement lui-même. Si on peut, jusqu'à un certain point, négliger les filets qu'il reçoit de l'hypoglosse et des premières paires cervicales, il n'en est plus de même du spinal, qui, dès son origine, s'associe à lui presque tout entier. Il en résulte que, tout au moins dans la région cervicale, le scalpel de l'anatomiste ou du physiologiste se voit forcé d'agir sur un composé de deux nerfs, dont il est difficile de préciser les parts respectives dans les faits observés. Aussi la détermination de la véritable nature du pneumo-gastrique compte-t-elle parmi les difficiles problèmes de la physiologie expérimentale. Les seuls faits réellement acquis d'une manière incontestable, c'est que le tronc commun, formé par l'association d'une portion du spinal au vague, accomplit des actes de motilité et de sensibilité. Non-seulement le mode de distribution de ses branches l'indique, mais l'expérimentation directe le prouve; c'est aussi que le spinal, considéré en lui-même, jouit de propriétés motrices, car sa branche externe, celle qui reste indépendante du vague, ne se rend qu'à des muscles; de plus, son arrachement détermine l'aphonie et paralyse, par conséquent, les muscles de la phonation. Il est enfin certain que le pneumo-gastrique est doué de sensibilité, car la suppression du spinal ne prive du sentiment aucun point de leur sphère commune de distribution; mais, de ce que le spinal est moteur et de ce que le vague est doué de sensibilité, il ne s'ensuit pas forcément que ce dernier soit exclusivement sensitif et que tous les mouvements réalisés par l'association soient l'œuvre spéciale du premier. Le nerf vague peut parfaitement être mixte, et, tout en conservant le monopole de la sensibilité, concourir avec le spinal à la réalisation des mouvements relevant du tronc commun. Le pneumo-gastrique est-il un nerf sensitif ou un nerf mixte? Telle est donc la question que tous les physiologistes ont dû se poser et que nous devons chercher à élucider avec les documents qu'ils nous ont fournis.

L'idée la plus naturelle était de faire des 10ᵉ et 11ᵉ paires deux nerfs venant se compléter l'un l'autre, au point de vue des propriétés nerveuses, le spinal venant apporter l'aptitude motrice et le pneumo-gastrique fournissant l'aptitude sensitive. Non-seulement on obtenait ainsi une disposition comparable à celle qui existe pour la face, où la sensibilité relève du trijumeau, tandis que la motilité appartient au facial. Mais on trouvait ici une analogie beaucoup plus complète avec le système des racines antérieures et postérieures des nerfs rachidiens, vu que le spinal, qui représenterait les racines antérieures, ne possède pas de ganglions, tandis qu'il en existe à l'origine du vague, qui représenterait les racines postérieures. Cette idée, ébauchée pour la première fois par Gœres, a été formulée d'une manière nette par Bischoff et appuyée par des expériences qu'il regardait comme démontrant la cessation de toute espèce de mouvement après la section isolée du spinal à son origine. La même opinion a été soutenue par Scarpa, Arnold et Valentin, qui tous déclarent n'avoir provoqué aucune contraction en irritant le vague aussi haut que possible. Longet a pensé lui apporter une confirmation plus éclatante et plus à l'abri de toute objection en appliquant à la 10ᵉ paire son procédé qui consiste à agir sur un animal qui vient de succomber, à mettre l'encéphale complétement à nu au niveau de l'émergence du nerf, et à soumettre celui-ci à la galvanisation. De cette façon, en effet, il pouvait agir beaucoup plus haut que les physiologistes précédents. De plus, en isolant les racines du vague, du bulbe par une section, et du spinal par une plaque de verre, il évitait la production de mouvements réflexes et la dérivation du courant électrique sur la 11ᵉ paire. Dans ces conditions, il déclare n'avoir jamais obtenu le moindre frémissement ni dans les muscles du pharynx et du larynx, ni dans la tunique musculeuse de l'œsophage. Sappey, guidé seulement par des raisons anatomiques, s'est aussi rangé sous le même drapeau.

L'interprétation opposée, celle qui regarde le vague comme un nerf mixte, se faisant aider seulement par le spinal, au point de vue de l'action motrice, a trouvé un commencement de raison d'être dans les expériences de Hein et de Van Kempen. Le premier a affirmé qu'en excitant exclusivement le vague, il a donné lieu à des convulsions du pharynx et du voile du palais. Le second a déclaré que l'excitation du spinal n'a jamais provoqué de mouvements convulsifs dans le larynx et que, par conséquent, par voie d'exclusion, on devait attribuer l'innervation des muscles de cet organe au pneumo; mais elle n'a réellement pris dans la science une position assurée que quand Bernard lui a prêté son habileté de vivisecteur et a posé à son occasion une loi qui nous dévoile une des faces de l'admirable organisation de l'innervation. Cet éminent physiologiste a réalisé, avec un succès constant, l'arrachement de toutes les racines du spinal, et cela non-seulement sans toucher au pneumo, mais encore sans produire d'autres délabrements, et, par conséquent, en conservant l'animal dans un état relativement normal. Il a ainsi supprimé un des facteurs, et dès lors il s'est vu en droit d'attribuer au facteur restant, c'est-à-dire au vague, tous les actes qui ont continué à être exécutés. Nous exposerons en détail le procédé et ses résultats dans l'étude de la 11ᵉ paire; mais pour les besoins de la solution que nous cherchons en ce moment, nous sommes obligé d'annoncer à l'avance qu'après cet arrachement il n'y a qu'une chose supprimée, c'est la voix, et que les actes moteurs du larynx en rapport avec les phénomènes de la respiration persistent. Or, ceux-ci ne peuvent être attribués qu'au vague, puisque son associé fait défaut. Donc il est mixte. Mais il ressort aussi de là ce grand enseignement, c'est que des mêmes muscles, mis par leur situation au service de deux fonctions distinctes, ont besoin de recevoir des ordres émanés de deux points différents du cerveau et apportés aussi par deux nerfs différents. Voilà pourquoi la nature a associé un nerf moteur au pneumo, qui possède déjà par lui-même une certaine puissance motrice. Ce n'est pas pour le renforcer, mais pour donner au tronc commun une destination fonctionnelle nouvelle qu'il n'aurait pas sans cela. Dans un second travail, Van Kempen a fait part des résultats obtenus par lui à l'aide d'un procédé qui, en raison des nombreux délabrements produits, ne peut être appliqué que sur des animaux qu'on vient de tuer par hémorrhagie, mais qui a l'avantage de mettre nettement à découvert les racines des deux nerfs et les divers organes dans lesquels ceux-ci se rendent; de sorte qu'il pouvait agir exclusivement sur l'un ou sur l'autre et juger de ce qui se passait à la périphérie. Il a supprimé tantôt les racines du spinal, tantôt celles du pneumo. Il a constaté qu'après la suppression du spinal, l'électricité, appliquée au tronc commun, provoque des mouvements énergiques des constricteurs du pharynx, des muscles du larynx et de la tunique musculeuse de l'œsophage.

Nous nous rangerons entièrement à la manière de voir de Cl. Bernard, parce que les expériences de Bischoff, loin de démontrer la thèse qu'il a soutenue, ne font en définitive que confirmer l'idée du professeur du Collége de France, vu qu'on n'y trouve signalée, en fait de paralysie du mouvement, que la perte de la voix ; parce que le procédé qui a été mis en pratique par Scarpa, Arnold, Hein, etc., et qui a consisté à irriter le tronc du vague, aussi haut que possible, sur des animaux vivants, a donné des résultats contradictoires; parce que l'application de l'électricité sur des animaux venant de succomber a donné une réponse négative entre les mains de Longet, et positive dans celles de Van Kempen, mais surtout parce que l'arrachement, tel qu'il a été institué par Bernard, nous paraît être le procédé le plus rationnel, le plus apte à fournir une solution exacte, et que lui seul, jusqu'à présent, a donné des résultats constants. Nous admettrons donc que le pneumo-gastrique est par lui-même un nerf mixte, qu'il possède une certaine dose de motilité propre, dont nous déterminerons ultérieurement les points d'application. Mais nous reconnaîtrons que son rôle principal est de nature sensitive. Sa sensibilité offre toutefois un cachet particulier qui a été signalé par Bernard, tandis que celle de l'une de ses branches, le laryngé supérieur, est, en toutes circonstances, excessivement vive et délicate, lui-même ne se montrerait bien impressionnable que chez les animaux en digestion. Le tronc du pneumo serait insensible chez les chiens à jeun. Du reste, à tous les moments, son irritation ne serait jamais suivie de manifestations d'une grande douleur. Cette double nature du pneumo-gastrique étant établie, recherchons maintenant quels sont les modes d'action que ce nerf peut exercer, à l'aide des deux propriétés que nous venons de lui reconnaître, sur les divers organes et les diverses fonctions qui semblent être sous sa dépendance. Le mode de distribution du vague nous indique lui-même que ce nerf doit exercer une action quelconque : 1° sur l'appareil digestif ; 2° sur l'appareil de la respiration ; 3° sur l'appareil de la circulation ; 4° sur l'appareil hépatique; 5° d'une manière plus indirecte sur les reins et les capsules surrénales. Pour chacun d'eux nous étudierons l'influence que le vague peut avoir non-seulement sur le fonctionnement des organes, mais encore sur leur état matériel.

1° L'*appareil digestif* est certainement celui qui offre au vague la plus longue surface d'épanouissement. Ce nerf figure dans presque tous ses compartiments et on peut même dire qu'il y apparaît à peu près délivré de son associé le spinal; car les dissections comme les vivisections tendent à prouver que ce dernier s'épuise dans la production du récurrent. Sur le terrain des voies digestives le pneumo ne se rencontre guère qu'avec le sympathique. La discussion sur la détermination des rôles respectifs devra donc porter, avant tout, sur le vague et sur le sympathique.

En procédant de haut en bas, on constate que le vague peut déjà exercer une certaine influence indirecte sur la fonction *insalivation*. En effet, Œhl a fait voir que si on galvanise le bout central de ce nerf, coupé au niveau de la région cervicale, la salive s'écoule abondamment hors des deux glandes submaxillaires, absolument comme si on avait agi sur le lingual. L'effet est cependant un peu moins rapide qu'avec ce dernier nerf, et il y a ceci de remarquable qu'en même temps apparaissent des nausées. L'augmentation de la salive cesse de se produire du moment où on coupe la corde du tympan, ce qui prouve que c'est bien elle qui est le siége du courant centrifuge, comme avec le lingual. Il a pratiqué une autre expérience qui vient compléter la démonstration. Chez des animaux porteurs d'une fistule stomacale, il a injecté directement dans l'estomac une infusion de moutarde ou de poivre. La salive afflua avec abondance dans la cavité buccale; mais chez ceux auxquels il avait préalablement coupé les deux vagues, cet effet manqua complétement. Il est, du reste, d'observation presque vulgaire que les sécrétions salivaire et gastrique exercent l'une sur l'autre une action sympathique. Elles s'entraînent mutuellement dans une activité commune. Il est probable, d'après ce qui précède, que c'est par le vague que l'état de l'estomac peut retentir sur la sécrétion salivaire. L'impression apportée par lui est réfléchie par l'intermédiaire des centres sur la corde du tympan.

Après la section des vagues au cou, c'est-à-dire là où ces nerfs renferment les émanations du facial et du spinal, les animaux font des efforts inouïs pour réaliser l'acte de la *déglutition*. Ils exécutent des mouvements désordonnés de la tête et du cou, espérant arriver ainsi indirectement à refouler les aliments vers la cavité stomacale; mais la plupart du temps leurs efforts ne sont pas couronnés de succès. Les matières introduites reviennent presque aussitôt par régurgitation. Voilà ce que l'on observe, incontestablement, à l'extérieur. Cherchons maintenant à déterminer de quelle manière la section peut agir en cette circonstance, et pour cela il nous faut examiner séparément ce qui concerne les déglutitions pharyngienne et œsophagienne. Le pharynx reçoit évidemment toute son innervation du plexus pharyngien; mais ce dernier se trouve alimenté lui-même par trois nerfs : le glosso-pharyngien, le vague et le spinal. Le glosso-pharyngien doit être mis hors de cause, non-seulement parce que nous lui avons reconnu une nature purement sensitive, mais surtout parce qu'après la section du vague, la déglutition ne s'effectue qu'à l'aide d'artifices indirects, quoique la 9ᵉ paire se trouve alors parfaitement respectée. Mais dans cette section les émanations du spinal et celles du pneumo se trouvent forcément sacrifiées en même temps; et il paraîtrait, *à priori*, assez naturel d'attribuer la paralysie des muscles du pharynx aux premières, d'autant plus que l'excitation des racines du vague sur les animaux, soit vivants, soit morts, a fourni à la plupart des expérimentateurs un résultat négatif (Longet, Arnold, Valentin, etc.); mais l'arrachement du spinal, suivant le procédé de Bernard, est venu juger la question dans un autre sens. Après cette opération, les mouvements du pharynx continuent à s'exécuter. L'animal peut avaler, seulement il y a souvent pénétration des matières dans le larynx, surtout si elles sont liquides. Il n'y a donc que les actes moteurs précautionnels qui manquent, ceux qui ont pour but de resserrer l'ouverture de la glotte. Quant aux autres actes moteurs fondamentaux, ceux qui ont pour but la progression du bol alimentaire, ils ont encore lieu. Donc, c'est bien le pneumo qui en est l'auteur, c'est lui qui donne la motilité aux muscles du pharynx. Je dois toutefois signaler une interprétation de Vulpian qui n'accorderait encore ici au vague qu'une action empruntée à un autre nerf, au facial, qui envoie une anastomose à la 10ᵉ paire, au niveau de son ganglion supérieur. C'est difficile à juger. Cependant cette idée a bien peu de chances d'être vraie en présence des raisons que nous avons données dans l'étude de la 7ᵉ paire (p. 291). Joly et Schiff pensent que le vague, en sa qualité de nerf mixte, intervient dans la déglutition pharyngienne à un double titre, par son action motrice d'abord, et ensuite par la sensibilité qu'il procure à la muqueuse du pharynx, sensibilité qui provoque et régularise la série de contractions réflexes. Mais ce dernier mode d'action, s'il existe, doit être au moins très-partiel, puisque le glosso-pharyngien est déjà chargé de ce rôle sensitif. On ne comprend même pas ce qui pourrait motiver ce double emploi, car, dans ce département des voies digestives, il ne s'exécute qu'une seule et même fonction. L'influence exclusive du vague sur la déglutition œsophagienne ne saurait être contestée. Ici, c'est bien lui seul qui remplit les rôles sensitif et moteur dans cet acte. La sensibilité ne saurait provenir que de lui, puisqu'en admettant qu'il possède encore, à ce niveau, des fibres du spinal, celles-ci seraient naturellement motrices. Cette sensibilité, apportée par le pneumo à l'œsophage, a quelque chose d'obtus qui tient le milieu entre celles que fournissent le sympathique et les autres nerfs cérébro-rachidiens. On reconnaît là, comme dans bien d'autres circonstances, que la 10e paire est la frontière commune aux deux systèmes nerveux. Elle en est comme le métis. L'impressionnabilité de la muqueuse est toutefois loin d'être nulle, car quand nous avalons un corps trop volumineux ou trop chaud, nous ressentons une douleur assez vive le long de l'œsophage. Quant à la motilité, il est plus que probable qu'elle relève aussi exclusivement du vague. A la suite d'expériences nombreuses, consistant dans l'irritation directe des origines des divers nerfs, Chauveau s'est vu en mesure de déclarer que tous les filets moteurs de l'œsophage viennent des racines propres du pneumo. D'autre part, l'arrachement du spinal ne trouble en rien la déglutition œsophagienne. Il arrive souvent, cependant, qu'après la section de la 10e paire l'animal peut encore faire parvenir des aliments dans son estomac ; cela tient à ce que cette section se pratique le plus souvent au-dessous de l'origine des rameaux pharyngiens, de telle sorte que les constricteurs du pharynx, conservant toute leur action, peuvent s'emparer du bol et le bourrer dans l'œsophage. Les bols se succédant, se poussent eux-mêmes successivement jusque dans la cavité stomacale. D'après Schiff, immédiatement après la section, il survient un resserrement spasmodique de la portion inférieure de l'œsophage, qui n'a qu'une existence passagère. Il pense qu'il est suscité par l'inflammation des tronçons périphériques des nerfs coupés. Wild a fait une expérience dont les résultats concordent avec notre conception du réseau périphérique. Il a fait avaler à des animaux une boule retenue par un fil, et il a vu que, malgré l'arrêt de la boule, l'onde péristaltique ne s'en propage pas moins régulièrement jusqu'à l'estomac, absolument comme si le corps étranger descendait et venait provoquer successivement des contractions réflexes de la série des points touchés. Il suffit donc que le réseau œsophagien soit ébranlé à sa partie supérieure pour que l'ébranlement se propage, dans toutes ses zones, suivant l'ordre dicté par son organisation même.

L'influence du vague sur les phénomènes mécaniques de la *digestion stomacale* a été, comme beaucoup d'autres phénomènes physiologiques, tour à tour contestée e tadmise. Broughton, Magendie, Reid ont constaté qu'après la section des deux nerfs vagues le contenu de l'estomac passe encore dans l'intestin, ce qui donne à penser que cette cavité peut encore se resserrer pour se vider. Bidder, Schmidt et Schiff ont vu directement les mouvements se produire chez des animaux porteurs de fistules et auxquels ils avaient sectionné la 10ᵉ paire; d'autre part, Longet déclare avoir toujours provoqué des contractions de l'estomac lorsqu'il électrisait les cordons œsophagiens. Schiff et Vulpian disent qu'en irritant le vague au cou, on détermine constamment des mouvements vermiculaires très-énergiques de la musculeuse stomacale. Dans un travail plus récent, Braam Honckgeest ne met pas en doute que le pneumo soit chargé d'exciter la contraction de l'estomac; il prétend même que les deux vagues se distribuent ensemble dans les mêmes parties et absolument de la même façon, parce que les contractions ont le même siége, le même ordre de succession et la même intensité, qu'on électrise le nerf droit ou le nerf gauche. Mais cette interprétation est trop en désaccord avec ce que montre la dissection pour être admise. Il est plus probable que cela tient à ce que le mouvement péristaltique est l'œuvre directe du réseau périmusculaire. Sans doute que le pneumo ne fait qu'ébranler un des points de ce réseau et que le mouvement moléculaire se propage ensuite, de proche en proche, et en suivant toujours les mêmes routes dans toutes ses autres parties. S'il en est ainsi, peu importe que l'impulsion initiale soit donnée par le nerf de droite ou celui de gauche. Suivant le même auteur, il est une condition extra-nerveuse qui favorise considérablement la production de ces mouvements, c'est la distension des vaisseaux de l'estomac par une grande quantité de sang artériel. Les contractions sont moins intenses, mais encore douées d'une certaine énergie lorsqu'il y a accumulation de sang veineux. Ce dernier fait semble indiquer que le sang n'agit pas ici seulement par la plus grande quantité de matière nutritive qu'il apporte au tissu musculaire, mais encore par la titillation que l'augmentation de volume des vaisseaux fait éprouver aux filets nerveux et aux ganglions. Je ne peux m'empêcher de signaler encore une assertion émise par Goltz et qui a pris naissance dans la tendance actuelle à voir dans le vague un nerf d'arrêt, partout et toujours. Il prétend que le pneumo se conduit vis-à-vis de l'estomac comme on admet généralement qu'il se conduit vis-à-vis du cœur. Ce nerf aurait pour mission de modérer l'action motrice des ganglions du réseau intra-musculaire. Selon cet auteur, la section de la 10e paire, loin de paralyser l'œsophage et l'estomac, comme l'affirment les autres expérimentateurs, donne immédiatement lieu à des contractions rhythmiques et péristaltiques beaucoup plus énergiques que celles qui pourraient se produire lorsque le nerf est intact. Ces phénomènes d'exaltation motrice dureraient même plusieurs heures après l'opération. S'appuyant sur ces résultats d'expérimentation personnelle, il pense que le sympathique et l'axe cérébro-spinal sont antagonistes l'un de l'autre sur le terrain des voies digestives, comme sur celui de la circulation; que partout le second travaille à modérer l'activité désordonnée du premier, et que, dans les deux cas, c'est le pneumo qui est chargé de porter cette action modératrice sur les centres ganglionnaires du sympathique. En raison de sa supériorité même, il pourrait mieux doser la contraction suivant les besoins de l'économie générale. Goltz a cherché aussi à adapter à sa théorie un fait signalé par tous les observateurs. Lorsque sur un animal dont on a mis à découvert les voies digestives, on irrite d'une façon quelconque, soit la peau, soit l'intestin, aussitôt on voit apparaître des contractions spasmodiques de l'estomac et de l'œsophage. Au lieu de voir là un mouvement réflexe, déterminé, suivant le mécanisme habituel, par l'impression sensitive développée sur le tégument externe ou interne, il pense que cette impression va plutôt paralyser le noyau d'origine du vague, rendre ainsi inerte son action modératrice, et livrer la musculeuse de ces organes à l'activité insatiable du sympathique.

J'attaquerai, avec une certaine hésitation, l'action d'arrêt qu'on attribue au pneumo sur le cœur; mais je crois pouvoir me prononcer hardiment dans le même sens en ce qui concerne l'estomac, car il est incontestable que l'électricité, appliquée au bout périphérique du nerf coupé, provoque des contractions stomacales très-énergiques. Tous les expérimentateurs sont unanimes à ce sujet. Goltz lui-même le reconnaît, tout en disant que c'est là un fait singulier qu'il ne saurait expliquer, mais qu'il ne pense pas devoir regarder comme défavorable à sa théorie. Or, il est évident qu'en électrisant un nerf, on ne fait qu'exagérer son rôle habituel, et que l'exagération d'action d'un nerf modérateur devrait avoir, au contraire, pour résultat, l'immobilité. Je crois donc que le rôle réel du vague est d'exciter et non de tempérer les contractions de l'estomac. Il n'y a même pas lieu de mettre en doute l'existence des mouvements tumultueux que Goltz dit avoir observés aussitôt après la section. Ils doivent même se produire très-souvent. Ils ne sont nullement en désaccord avec la mission excitatrice du nerf et n'impliquent point l'idée d'une action d'arrêt. En effet, cette section, dans les premiers moments, constitue, tout comme l'électricité, une cause de stimulation. L'ébranlement qu'elle fait naître dans le bout périphérique va éveiller l'activité des ganglions intra-musculaires et provoquer des mouvements qui, comme tous ceux des fibres lisses, survivent longtemps à l'excitation. Dans l'ordre physiologique, les mouvements péristaltiques de l'estomac sont toujours l'œuvre directe du réseau ganglionnaire de cet organe; mais ces ganglions peuvent les produire sous l'influence de divers excitateurs auxquels ils sont fatalement subordonnés. Tantôt ils obéissent à l'impression sensitive née sur la muqueuse correspondante et qui se réfléchit dans les premiers ganglions qu'elle rencontre. C'est le cas le plus fréquent. C'est sans doute dans cette sphère locale que restent confinés la plupart des actes mécaniques des opérations digestives de l'estomac, c'est pour cette raison que nous n'en avons pas conscience et qu'ils s'exécutent avec une adaptation parfaite. C'est en vertu de cette puissance nerveuse locale que l'estomac peut encore se vider après la section de la 10ᵉ paire et qu'il continue encore à se contracter, de même que le cœur lorsqu'on le détache du reste de l'économie et qu'on le place sur une table. Par l'intermédiaire des splanchniques, ils peuvent probablement aussi obéir aux incitations de ganglions sympathiques plus éloignés et d'un ordre plus élevé qui, étant doués d'une influence plus étendue, sont sans doute nécessaires pour harmoniser le travail des divers segments de l'appareil digestif entre eux, après avoir reçu eux-mêmes le mot d'ordre de la moelle dont l'influence est plus générale encore. Il est vrai qu'on n'obtient qu'exceptionnellement des contractions stomacales en électrisant les splanchniques. Mais la nature même du sympathique expose souvent à ces résultats négatifs, que multiplient encore les délabrements nécessaires. Enfin, comme le cerveau, auquel incombe la responsabilité de tout ce qui se passe dans l'économie, ne pouvait pas se désintéresser complétement des phénomènes purement végétatifs, il se trouve relié à ce foyer local de mouvement par le vague. Par ce nerf, il peut, lui aussi, commander aux ganglions stomacaux de faire contracter la tunique musculeuse, lorsque des impressions plus intenses, suffisantes, par conséquent, pour motiver son intervention, sont parvenues jusqu'à lui par l'intermédiaire des fibres sensitives du pneumo. Grâce à ce dernier, il s'établit un certain lien entre les centres moral et intellectuel et les actes digestifs. C'est lui qui fait que les émotions, les fatigues ou les excitations intellectuelles peuvent retentir sur les phénomènes mécaniques de la digestion, en apportant une certaine perturbation dans la direction du travail du réseau périphérique. Pour moi, le vague est un régulateur et non un modérateur du mouvement. C'est un pendule et non un frein; mais quand il est mal réglé lui-même, il devient perturbateur.

L'estomac doit aussi aux vagues sa sensibilité tactile, tout au moins en grande partie. Dans l'état normal, cette sensibilité n'est pas excessivement développée, mais elle est loin d'être nulle. Car si, sous l'influence d'une irritation directe de la muqueuse, les animaux ne crient pas fort, ils s'agitent néanmoins et poussent des gémissements. Le pylore paraît être beaucoup plus sensible que le cardia. Quelques physiologistes ont prétendu que les filets sympathiques qui du ganglion cœliaque se rendent à l'estomac, sont seuls porteurs des impressions de ce viscère. Mais Schiff et la plupart des autres expérimentateurs ont constaté que la muqueuse stomacale est devenue à peu près insensible, même après la section des pneumogastriques au cou. D'autre part, si on irrite le bout central des filets sympathiques afférents à l'estomac, on provoque bien quelques contractions réflexes, mais sans la moindre sensation pour l'animal; de plus, ces contractions sont faibles et très-lentes à se produire. Si, au contraire, on irrite le bout central du pneumo, on donne lieu à des réactions motrices, immédiates et puissantes. Il me paraît évident que, parmi les filets sympathiques que reçoit l'estomac, il doit y en avoir de sensitifs, et qu'un ébranlement quelconque, né à la surface de la muqueuse, peut souvent s'engager en même temps dans les ramifications du vague et dans celles du sympathique; que la portion qui parcourt le premier de ces nerfs doit, si elle est suffisante, arriver jusqu'au cerveau et y provoquer immédiatement une sensation [consciente; mais que la portion engagée dans le second se trouve bientôt réfléchie sous forme d'un des modes de réaction de ce système végétatif et qu'elle ne parvient à donner naissance à une sensation consciente que lorsqu'elle est très-puissante, comme dans les cas pathologiques.

Le vague confère-t-il aussi à l'estomac un genre particulier de sensibilité spéciale d'où résulterait le sentiment de la *faim?* Il est vrai que quelques physiologistes, entre autres Schiff, pensent que cette sensation ne siége nullement dans l'estomac et qu'elle prend naissance à la fois sur tous les points de l'économie, sous l'influence de l'inanition qu'éprouvent tous les tissus et dont elle est l'expression sensorielle. Ils se basent sur ce que les animaux continuent à manifester de l'appétit, soit après la section de la 10e paire (Sédillot, Longet, Bernard, Schiff), soit après la section des splanchniques (Bonner, Hensen), et aussi sur ce qu'on peut calmer la faim d'un animal en injectant des matières alimentaires dans ses veines. Mais, malgré la puissance incontestable de ces arguments, je crois qu'on ne saurait nier l'existence d'une sensation réellement stomacale, accompagnant le sentiment général de défaillance, pouvant même se montrer sans lui, alors que l'économie n'a aucun besoin de réparation, ainsi que nous le montre la pathologie. Il faut réellement n'avoir jamais éprouvé la faim, allant jusqu'à sa phase de douleur, pour en douter. Il est des questions où l'analyse de ses propres sensations a certainement plus de valeur qu'une longue série de vivisections. Pour celui qui ne se laisse pas dominer par une polémique scientifique, il reste aussi évident qu'on a faim avec l'estomac que l'on voit avec les yeux. D'ailleurs, lorsqu'on arrive à tromper sa faim avec un morceau de sucre ou même avec un corps tout à fait inerte, lorsqu'on atténue la souffrance que l'on éprouve en se serrant autour du creux épigastrique, il est bien certain que, dans les deux cas, on ne remédie en rien au besoin général de l'économie. Schiff prétend bien que l'oubli de la faim tient alors seulement à la diversion provoquée par la sensation tactile née sur la peau de l'épigastre ou sur la muqueuse stomacale. Mais l'impression de contact est certainement trop faible pour servir de dérivatif. Sur la muqueuse stomacale, elle reste même inconsciente. Si, après les sections nerveuses, les animaux continuent à manger, il faut tenir compte de la stimulation engendrée par la vue, l'odorat et le goût, de l'effet de l'habitude, de l'instinct à siége encéphalique qui peut même faire naître une sensation subjective de faim. Ils sont aussi guidés par le sentiment général de faiblesse que, dans les conditions normales, la véritable faim précède et n'attend pas pour se manifester. D'ailleurs, chez aucun d'eux, on n'a sacrifié en même temps les vagues et les splanchniques, et, au besoin, il peut s'établir une suppléance accidentelle. Mais je suis porté à penser que, dans l'état physiologique, c'est le vague qui est l'agent conducteur, à cause de la rapidité avec laquelle la sensation peut apparaître et surtout parce que la pathologie nous montre des aberrations de la faim dans les névroses où ce nerf est spécialement mis en cause. D'ailleurs, Fano a constaté que la section d'un seul vague suffit pour amener une diminution notable de l'appétit. Reste à déterminer de quelle manière les ramifications de ce nerf se trouvent ébranlées lorsqu'elles donnent naissance à la sensation faim. Beaucoup d'explications ont été proposées à ce sujet. Les uns ont pensé que dans l'état de vacuité l'estomac se rétractait et que les fibres nerveuses se trouvaient alors comprimées par les fibres musculaires; mais on a pu objecter que vers la fin de la digestion il se produit des contractions d'une bien plus grande intensité qui n'engendrent nullement la faim. D'autres ont supposé que les deux parois de l'estomac, n'étant plus séparées par des aliments, frottaient l'une contre l'autre; quelques-uns, sans songer que leur explication ne pouvait pas s'appliquer aux quadrupèdes, ont placé le point de départ de la sensation dans le foie, dont le poids tiraillerait le diaphragme, lorsque cette voûte musculaire ne serait plus soutenue par le vaste coussin offert par les aliments accumulés dans l'estomac. On a aussi invoqué l'irritation provoquée par l'acidité du suc gastrique étalé sur la muqueuse, quoique dans l'état de vacuité celle-ci se montre seulement enduite d'une couche de mucus alcalin. Enfin, Beaumont a attribué l'impression initiale à la distension des glandes gastriques par la rétention du suc gastrique. Il est difficile de se prononcer sur cette question, mais il est possible qu'il y ait ici un concours de circonstances dans lequel la rétention, invoquée par Beaumont, et la rétraction de l'estomac, peuvent certainement entrer en ligne de compte, car ce dernier phénomène ne saurait être assimilé aux mouvements stomacaux liés à la digestion. Dans la rétraction pure et simple, c'est un ratatinement lent et graduel qui enserre les filets nerveux dans des mailles devenant de plus en plus fines, tandis que les mouvements péristaltiques leur impriment plutôt des secousses. D'ailleurs, quand l'estomac est plein, il est étalé, et l'effort de constriction porte sur le contenu sans diminuer les mailles qui emprisonnent les nerfs.

Pincus attribue à la 10ᵉ paire une action *vaso-motrice* sur l'estomac, parce qu'à la suite de la section des rameaux sous-diaphragmatiques des nerfs vagues il a rencontré dans la muqueuse, au milieu d'un état congestionnel général, des taches noires et irrégulières et de véritables hémorrhagies. Œhl, de Pavie, est du même avis, parce qu'en électrisant le pneumo au niveau de l'œsophage, il aurait pu déterminer une constriction des vaisseaux stomacaux, suffisamment appréciable. Schiff a essayé en vain d'obtenir le même résultat, et il croit que le hasard a voulu que les vagues des sujets opérés par Œhl renfermassent exceptionnellement quelques fibres vaso-motrices. Quant aux lésions observées par Pincus, il pense qu'elles étaient simplement le résultat des froissements éprouvés par l'estomac pendant l'opération. Vulpian nie plus franchement l'action vaso-motrice de la 10ᵉ paire sur l'estomac. Il n'a jamais constaté qu'un peu de rougeur qui apparaissait au moment même où on ouvrait l'estomac, et qui était due uniquement à l'action de l'air, mais qui n'augmentait en rien lorsqu'on pratiquait ensuite la section du nerf. Il reconnaît que, parfois, la muqueuse pâlit lorsqu'on électrise le vague au cou; mais, selon lui, cette anémie n'est pas due à la contraction des vaisseaux stomacaux. Elle est la conséquence éloignée de l'arrêt du cœur qui n'envoie plus de sang dans les organes, car la pâleur ne se montre plus si l'animal est soumis préalablement à l'atropine qui enraye l'action modératrice de la 10ᵉ paire sur le cœur. En tout cas, je crois que le rôle vaso-moteur de ce nerf doit être à peu près nul ici, car le sympathique envoie directement à l'estomac une trop grande quantité de filets pour que cette mission ne lui soit pas particulièrement réservée.

On s'est naturellement demandé si le vague, qui préside à la partie mécanique de la digestion, présidait aussi à sa partie chimique, autrement dit, s'il tenait sous sa dépendance la sécrétion du suc gastrique. Suivant Longet, après la section de la 10ᵉ paire, la production du suc gastrique est notablement diminuée, mais elle n'est pas complétement arrêtée, car, vingt-quatre heures après l'opération, le lait introduit dans l'estomac se coagule encore; et si, après avoir essuyé la muqueuse avec précaution, on exerce sur elle une légère friction, on voit aussitôt perler des gouttes d'un liquide acide et limpide. Il conclut que les deux nerfs concourent tous deux, mais inégalement, à la sécrétion du suc gastrique. Bernard semble accorder à la 10ᵉ paire une action beaucoup plus considérable et presque exclusive. Il a toujours vu, après la section, le suc gastrique être remplacé par du mucus alcalin. Il reconnaît que, parfois, il sort ultérieurement du véritable suc gastrique capable de digérer les aliments; mais il assure que cela n'a eu lieu que lorsque l'estomac renfermait des matières alimentaires avant la section des vagues; de sorte qu'il s'agissait évidemment de la sortie d'un liquide sécrété auparavant sous l'influence de l'excitation due au contact de ces matières. Il a aussi constaté que, chez les oiseaux, la suppression de la 10ᵉ paire arrête toujours complétement le travail digestif. Schiff refuse, au contraire, au vague toute influence sur la sécrétion gastrique. Il prétend que si la plupart du temps elle cesse après la section, cela tient à la fièvre traumatique engendrée par l'opération. Il est arrivé à éviter cette fièvre en se contentant de couper tous les filets nerveux qui se trouvent sur la partie inférieure de l'œsophage, et dans ces conditions, les animaux ont pu survivre plusieurs semaines en continuant à se nourrir et même en augmentant de poids. Enfin, Vulpian a vu, mais très-exceptionnellement, la galvanisation du vague donner lieu à un suintement de gouttelettes liquides à la surface de la muqueuse stomacale; mais, comme il y avait en même temps des contractions énergiques de la musculeuse, il pense qu'il se faisait simplement une expression purement mécanique du suc contenu déjà dans les glandes stomacales. Avec ces éléments contradictoires, il est assez difficile de se créer une opinion. Il est à remarquer, toutefois, que Schiff, seul, refuse d'une manière absolue à la 10ᵉ paire une influence quelconque sur la sécrétion du suc gastrique; qu'un seul, Vulpian, exprime un doute à ce sujet, et non une négation, et que tous les autres expérimentateurs la lui accordent dans des proportions variables. C'est donc, jusqu'à présent, cette dernière opinion qui a le plus de chances d'être la vraie. S'il en est ainsi, il est évident que le vague doit remplir le rôle d'un excitant fonctionnel, et comme une hypersécrétion a besoin d'être alimentée par une plus grande masse de sang, il est probable que le sympathique intervient comme agent vaso-moteur, ce qui expliquerait l'amoindrissement de la sécrétion signalée par Longet. Il est une dernière fonction, dont le théâtre principal est l'intestin, mais qui commence à s'exécuter dans l'estomac, c'est l'absorption. A la suite d'expériences qui ont consisté à lier le pylore, après la section de la 10ᵉ paire, et à injecter dans la cavité stomacale une solution titrée dont on pouvait ultérieurement peser le résidu, Schiff et Corvisart ont déclaré que l'absorption ne se trouvait en rien modifiée par l'absence des vagues. Bernard dit, au contraire, qu'elle se trouve ralentie. Théoriquement, l'influence de ce nerf sur l'absorption n'est pas impossible, quoique cette fonction obéisse avant tout à des lois purement physiques, car non-seulement en faisant contracter la musculeuse, il pourrait produire par pression une imbibition forcée, mais en outre, en relâchant ou en resserrant la tunique stomacale, il serait à même de faire varier les conditions de densité de la membrane à traverser.

Il est possible que le vague envoie des fibres à l'intestin par l'intermédiaire du ganglion semi-lunaire et du plexus cœliaque. Kollman prétend même avoir reconnu dans les filets instestinaux des fibres ayant l'aspect caractéristique de celles du pneumo. En tout cas, il est certain que ce nerf peut avoir de l'influence sur les actes de ce ganglion, puisqu'il s'y rend, et qu'il doit agir ainsi d'une manière indirecte sur les phénomènes de la digestion intestinale. Mais sur cette nouvelle scène, il est tellement effacé par le sympathique que l'expérience n'est pas encore arrivée à déceler d'une manière très-nette une manifestation quelconque de sa part. Il n'y a d'acquis, aux yeux de Vulpian, qu'un fait négatif, c'est que le vague n'est pour rien dans l'innervation vaso-motrice de l'intestin. Il reconnaît que l'électrisation de ce nerf, à la région cervicale, fait un peu pâlir la muqueuse intestinale ; mais il croit que cette pâleur tient à ce que le cœur s'arrête, car si on applique l'électricité dans la région thoracique, le même effet ne se produit plus, tout justement parce qu'on agit au-dessous des filets cardiaques. Il n'en serait évidemment pas ainsi si le pneumo renfermait les vaso-moteurs de l'intestin, car existant au cou ils devraient exister, *à fortiori*, dans le thorax.

2° Trois nerfs concourent, par l'enchevêtrement de leurs ramifications, à la formation du système nerveux particulier de *l'appareil respiratoire* : le vague, le spinal et le sympathique. Au point de vue des propriétés générales apportées à cet appareil par ces trois sources d'innervation, il faut donc que nous cherchions à faire les parts de ces différents nerfs dans les phénomènes de sensibilité, de motilité et vaso-moteurs qui peuvent se passer sur ce théâtre. Le spinal n'a rien à réclamer dans l'exercice de la sensibilité, nous le savons déjà. Il en est de même du sympathique, du moins sous le rapport de la sensibilité consciente, car, après la section de la 10° paire, les muqueuses du larynx, de la trachée et des bronches, sont devenues complétement insensibles. On peut introduire de l'eau dans les voies pulmonaires sans donner lieu à cette toux convulsive qui apparaît toujours dans l'état normal. On peut même y verser des acides ou les cautériser avec le fer rouge sans que l'animal éprouve la moindre sensation douloureuse. C'est aussi le nerf vague, ou pour ne rien préjuger encore, c'est le tronc des vague et spinal réunis qui procure la contractilité à l'appareil pulmonaire, non-seulement aux muscles du larynx, mais aussi aux fibres lisses qui doublent les bronches et celles qui existent dans le tissu pulmonaire. Volkmann et Longet, en électrisant ce nerf, ont vu manifestement monter un liquide coloré remplissant les cavités anfractueuses d'un poumon et une partie d'un tube en verre adapté à la branche principale. Plus récemment Bert a obtenu un résultat plus frappant encore, à l'aide de tracés graphiques produits par l'air lui-même qu'expulsait le poumon. On a même pu préciser la part des branches que le vague envoie au larynx dans cette répartition de la sensibilité et de la motilité. Il est parfaitement établi que le rameau interne du laryngé supérieur est exclusivement sensitif, tandis que son rameau externe est presque uniquement moteur, et que le récurrent est spécialement affecté à la motilité. Quant à l'action vaso-motrice du pneumo sur les voies pulmonaires, elle est encore à l'état d'étude. Schiff et Geuzmer l'admettent sans hésitation. Vulpian déclare, au contraire, que ni la section, ni l'électrisation ne modifient en rien la teinte de la muqueuse des cordes vocales. Il a vu, il est vrai, celle-ci pâlir sous l'influence de l'électrisation du bout central du pneumo. Mais évidemment alors le phénomène vaso-moteur était l'œuvre du sympathique, et le vague ne faisait que le provoquer d'une manière réflexe, à titre d'agent sensitif. Il est un autre genre d'expérimentation qui tend à démontrer que le vague n'est pas le vaso-moteur du poumon. On sait que les lésions du pont de Varole déterminent, parfois, dans le tissu pulmonaire, des hémorrhagies que Brown-Sequard attribue à une contraction des veinules ayant pour résultat d'accumuler le sang dans ces capillaires qui finissent par se rompre. S'il en est ainsi, ces contractions ne sauraient être l'œuvre de la 10e paire, car les hémorrhagies se produisent encore après la section. Tels sont les moyens d'action de la 10e paire dans l'appareil respiratoire. Déterminons maintenant ce qu'elle peut produire avec eux sur l'état matériel et fonctionnel de cet appareil.

Au point de vue matériel, on ne s'est encore occupé que de l'influence pouvant être subie par les poumons proprement dits.

Descots, Béclard, Sédillot, Longet, Bert, etc., ont tous vu survenir dans les poumons des altérations notables à la suite de la section de la 10e paire. Dupuytren, seul, déclare n'en avoir pas rencontré, même un mois après l'expérience. En 1873, Geuzmer a pratiqué un grand nombre de sections des vagues dans le but unique de mieux préciser qu'on ne l'avait fait jusqu'alors, les altérations que cette opération peut entraîner du côté des poumons. Il a vu que ces organes sont dans leur ensemble le siége d'une congestion passive et d'un œdème intense; que la portion des lobes supérieurs qui correspond aux grosses bronches présente souvent des noyaux d'hépatisation grise; que ces bronches offrent elles-mêmes une muqueuse très-enflam-mée; qu'elles sont remplies par une masse semi-liquide dans laquelle le microscope décèle des leucocytes, des globules rouges et des parcelles alimentaires. Ajoutons à ce tableau un état emphysémateux qui précède cette congestion et cet œdème et qui a été signalé par tous les autres expérimentateurs. Ces lésions sont-elles une consé-quence indirecte de la section ou bien un résultat direct de la sup-pression d'une action trophique exercée par les vagues sur le tissu pulmonaire dans l'état normal? C'est là une question qui a reçu des réponses bien variées. Mendelssohn attribue l'œdème, en particulier, à l'occlusion paralytique de la glotte que nous verrons être produite par la section de la 10e paire et, par suite, à l'insuffisance de l'ins-piration. Il en résulterait une stase dans les capillaires pulmonaires suivie d'une exhalation séreuse. Suivant Geuzmer cette explication ne saurait être admise, car ni la section des récurrents qui produit cette occlusion d'une manière exclusive, ni la constriction directe de la trachée n'amènent jamais l'œdème du poumon. En outre, il se produit encore lorsqu'on a pratiqué la trachéotomie avant de sec-tionner les vagues. Comme la section des vagues trouble incontesta-blement le fonctionnement du cœur et, par suite, la circulation pul-monaire, il avait semblé assez naturel à plusieurs physiologistes d'attribuer à cette dernière cause les altérations du poumon. Geuzmer rejette encore cette explication, parce que les animaux chez les-quels il supprima l'action des nerfs cardiaques, tout en respectant le tronc du vague, ne lui présentèrent aucune lésion pulmonaire. Traube prétend que l'œdème et la congestion sont dus à la pénétra-tion incessante dans les bronches des humeurs de la bouche, des boissons et des parcelles alimentaires, pénétration qui tiendrait elle-même à ce que la muqueuse, étant devenue insensible, ne sent plus leur présence et ne provoque plus des quintes de toux capables de les expulser. Il est arrivé à déterminer directement le même genre d'altération chez des animaux sains, en injectant dans les voies pulmonaires de l'eau tenant en suspension des fragments d'aliments. Geuzmer n'accepte encore ni l'interprétation, ni l'expérience elle-même, parce que Traube a injecté de trop grandes quantités de liquides alimentaires, bien au delà de ce qu'il s'en accumule naturellement, après la section des vagues. En outre, il a pu constater par lui-même que lorsqu'on évite l'introduction accidentelle des corps étrangers, en faisant la section au-dessous des récurrents, les poumons n'en deviennent pas moins congestionnés et œdématiés. Mais ce qui me porte surtout, moi, à reconnaître avec lui que la suppression d'action des filets pulmonaires est bien la véritable cause de ces lésions, c'est que, contrairement à l'assertion de Schiff, la section d'un seul vague suffit pour les faire naître; quoique, dans ces conditions, il reste assez de sensibilité et assez de facilité de déglutition pour empêcher la pénétration des aliments. De plus, preuve plus puissante encore, il n'y a jamais que le poumon correspondant au nerf coupé qui s'œdématie.

Étant établi que la 10e paire exerce une action directe sur le maintien de l'intégrité du tissu pulmonaire, il paraît assez naturel de penser qu'elle doit cette influence aux vaso-moteurs qu'elle peut renfermer, puisque les troubles observés sont, avant tout, de nature vaso-motrice. Schiff et Geuzmer n'hésitent pas à voir là, en effet, le résultat d'une paralysie vaso-motrice. Le dernier croit, en outre, d'après ses expériences, que la section des vagues ne produit par elle-même qu'une simple congestion passive et que les noyaux pneumoniques sont toujours provoqués par les corps étrangers dont le contact enflamme d'autant plus facilement les tissus que ceux-ci sont baignés de sang. Cependant, ainsi que nous l'avons vu, Vulpian nie le pouvoir vaso-moteur du vague, particulièrement en ce qui concerne le poumon. Si cet auteur est dans le vrai, on ne peut évidemment expliquer la congestion qui succède incontestablement à la section, qu'en la regardant comme étant une œuvre réflexe à laquelle le sympathique prendrait seul part. Les bronches et les vésicules, se trouvant privées de leur sensibilité et de leur contractilité, se laisseraient remplir par du mucus et par de l'acide carbonique. Ces substances irriteraient, d'une manière inconsciente pour l'animal, les filets sensitifs appartenant au sympathique, qui réagirait par ses filets vaso-moteurs, en congestionnant le tissu. Je suis assez porté à croire que les choses se passent en effet ainsi; car la congestion qui succède à la section, ainsi que celle que l'on observe chez l'homme dans l'état adynamique, n'est pas franchement passive, comme celle qui suivrait la section complète des vaso-moteurs d'une région. C'est une congestion active qui n'a pas de vie, qui végète. L'impression subie par les fibres sensitives du sympathique n'a pas assez d'éréthisme pour provoquer une contraction spasmodique énergique. Elle n'a pas la vigueur de celle que le pneumo pourrait engendrer en sa qualité de nerf cérébro-rachidien et qui exigerait, de la part des centres, une réaction beaucoup plus intense. L'excitant fonctionnel normal de la région fait défaut, de sorte que les noyaux d'inflammation que les corps étrangers produisent, comme excitants artificiels de la vie cellulaire, ont eux-mêmes quelque chose de subinflammatoire.

Au point de vue fonctionnel, il faut considérer séparément les actes exécutés par la glotte et ceux qui se passent dans la portion thoracique de l'appareil respiratoire.

Le spinal entre pour une bonne part dans l'innervation du larynx. Il est même démontré qu'il contribue largement à former le récurrent ; pour le mettre immédiatement hors de cause, il faut que nous rappelions une donnée empruntée à l'histoire de la 11e paire et déjà énoncée par anticipation. Après l'arrachement du spinal, il n'y a, au point de vue fonctionnel, qu'une seule chose supprimée : c'est la phonation. Par conséquent, tout ce qui se passe dans la glotte, en dehors de la production de la voix, doit être attribué au vague. Ceci posé, voyons ce qui se produit au niveau de cet orifice, après la section du pneumo. Cette opération donne lieu à un fait qui s'est offert tout d'abord avec des allures assez mystérieuses et que Bérard, en particulier, a présenté sous une forme un peu théâtrale. Plusieurs observateurs, entre autres Sénac, Haller, Mondelli, avaient vu souvent les animaux succomber après la section ou la ligature des nerfs vagues. Frappés de ce résultat, les anciens avaient attribué à la 10e paire la force vitale des poumons. Ils pensaient que ces nerfs étaient chargés d'apporter aux poumons la force en vertu de laquelle ils deviennent le siége des phénomènes physico-chimiques de la respiration. Cette idée fut généralement adoptée jusqu'au moment où le hasard fit entrevoir à Legallois la véritable cause de la mort qui succède quelquefois si rapidement à la section des vagues.

Legallois voulait lier les carotides sur un chien. Importuné des cris de l'animal, il eut l'idée de couper les deux récurrents. Aussitôt l'animal fit de grands efforts pour respirer, se débattit d'une manière convulsive et bientôt il ne donna plus signe de vie. Comme il n'y avait eu de coupé que les nerfs se rendant aux muscles du larynx et comme les poumons avaient continué à recevoir l'influence du vague par le plexus pulmonaire, on comprit que la mort devait être la conséquence d'une oblitération mécanique de l'orifice glottique empêchant l'air de pénétrer dans la trachée. On eut la contre-épreuve de cette explication dans le résultat de la trachéotomie qui, chez d'autres animaux, empêcha la mort de se produire, en créant à l'air une nouvelle voie d'entrée au-dessous de l'obstacle siégeant à la glotte. Restait cependant une difficulté à lever. Les lèvres de la glotte, même dans l'état de repos, laissent entre elles un espace suffisant à la pénétration de l'air pour prévenir l'asphyxie. Or, la paralysie des muscles de la glotte pouvait bien les mettre dans l'impossibilité d'agrandir cette ouverture de repos, mais elle devait être incapable de la diminuer et surtout de la fermer tout à fait, ainsi que l'indiquait la rapidité de la mort. L'explication de ce phénomène a été fournie par Bérard. Après la section, l'animal ne pouvant plus dilater sa glotte d'une manière suffisante, pour satisfaire son besoin d'air, exécute de profondes inspirations qui font un vide relatif au-dessous de la glotte. L'air extérieur se précipite comme un torrent, presse perpendiculairement la face supérieure des lèvres de la glotte qui s'offrent à lui de champ; et comme celles-ci, étant paralysées, ne lui offrent plus de résistance, il les pousse l'une vers l'autre, comme il le ferait en s'engouffrant dans deux voiles écartées, mais se réunissant angulairement. De cette façon, il se ferme lui-même le passage qu'il voulait franchir. On peut, du reste, reproduire ce mécanisme en faisant, sur un cadavre, le vide dans la trachée à l'aide d'un soufflet. Tout ce qui précède, soit comme fait, soit comme interprétation, est vrai. Mais ce point de physiologie a beaucoup perdu de sa mise en scène primitive. La mort n'est réellement rapide que chez les jeunes animaux, parce qu'avec l'âge la glotte interaryténoïdienne acquiert de la résistance ; les cartilages ne cèdent plus à la traction exercée par les cordes vocales et il reste là une ouverture pouvant entretenir la respiration jusqu'à un certain point. Mais, même parmi les jeunes animaux, il en est qui résistent longtemps, soit à cause de la largeur normale de leur glotte, soit à cause d'autres conditions variables de structure. En tout cas, elle est rarement aussi foudroyante que dans le fait de Legallois. Quoi qu'il en soit, il ressort de là que, dans le mécanisme de la glotte, le pneumo a pour mission : 1° d'ouvrir un passage suffisant à l'air inspiré, en faisant contracter les muscles dilatateurs de cet orifice ; 2° de lui fournir une vive sensibilité qui prévient la pénétration des corps étrangers dans les voies respiratoires.

Au point de vue du rôle fonctionnel du nerf vague dans le mécanisme du thorax et des poumons, on a surtout cherché à déterminer l'influence que le vague peut avoir sur le rhythme de la respiration. Beaucoup d'expérimentateurs sont entrés dans la lice, interrogeant la nature par des procédés variés et se plaçant dans des conditions différentes. Chacun d'eux s'est tenu naturellement aux conclusions qui résultaient de ses propres recherches. Nous, dont le rôle est de chercher la vérité au milieu de tous ces travaux, nous allons d'abord les exposer et nous nous efforcerons ensuite d'en dégager une résultante commune.

En 1847, Traube a appliqué, le premier, le mode d'investigation par voie d'excitation électrique. Il a constaté que l'électricité, appliquée au bout central du nerf, arrête brusquement la respiration, sans qu'on puisse mettre cet effet sur le compte de la douleur. Il a vu, en outre, que le thorax s'immobilise toujours dans l'état de dilatation, c'est-à-dire en phase d'inspiration, et que cette immobilisation inspiratoire est la conséquence d'un spasme tonique du diaphragme. En regard de ce premier groupe d'expériences, dont le but était d'exagérer le rôle sensitif du vague dans le mécanisme de la respiration, il en a pratiqué d'autres consistant dans la section du nerf et ayant pour but de supprimer, au contraire, cette action. Dans ces nouvelles conditions, il a constaté que les mouvements inspirateurs se trouvent considérablement déprimés. Comme il avait exagéré l'inspiration en provoquant dans le vague un violent courant centripète, et comme il l'avait réduite à sa plus simple expression en rendant, par la section, ce courant impossible, Traube a pensé que la 10° paire avait pour mission de provoquer, comme nerf sensitif, les mouvements réflexes qui réalisent la respiration et qu'elle y arrivait en amenant au centre respiratoire l'impression que l'acide carbonique faisait subir à ses ramifications. En 1852, Bernard, qui ignorait les travaux de Traube, obtint un résultat identique ; mais il découvrit un fait nouveau, c'est que l'arrêt n'est que momentané, vu que la respiration finit par se rétablir, malgré la continuation de l'excitation électrique. En 1854, Eckhard et Budge signalent, à leur tour, le phénomène de la suspension de la respiration, mais ils déclarent qu'il se produit dans la phase de l'expiration et non pas dans celle de l'inspiration. Budge, en particulier, conclut de là que le vague, comme nerf sensitif, provoque le mouvement de l'expiration et non pas celui de l'inspiration. Mais c'est encore l'acide carbonique qui constitue l'agent excitateur. L'ébranlement sensitif gagne dans le bulbe un centre particulier qui correspond à l'origine même de la 10° paire et qu'il appelle *centre d'expiration*. Ce dernier est distinct du centre respiratoire classique ou nœud vital, lequel préside uniquement à l'inspiration. Cette disposition ressort, à ses yeux, des résultats comparatifs qu'ont donnés, entre ses mains, la section et l'excitation du vague. En effet, dit-il, lorsqu'après avoir sectionné ce nerf, on en irrite le bout central, on constate qu'on fait prédominer l'acte de l'expiration sur celui de l'inspiration. Si l'irritation est modérée, comme la puissance inspiratrice n'est pas complétement neutralisée, la respiration continue; le besoin de l'expiration laisse à celui de l'inspiration le temps de se manifester et alors les inspirations sont fréquentes et superficielles. Si l'irritation est très-intense, il se produit une expiration tonique et permanente; le thorax est immobilisé dans la situation d'une expiration portée au plus haut degré. Il arrive, parfois, que le thorax s'immobilise dans une situation intermédiaire entre l'inspiration et l'expiration. Budge pense que cela a lieu lorsque le nœud vital exagère son action pour lutter contre l'exaltation du centre expirateur et qu'il arrive à l'équilibrer. Lorsqu'on place le vague dans des conditions opposées, c'est-à-dire lorsqu'au lieu de l'exciter, on paralyse son action centripète par une section, il se produit une asphyxie identique à celle que détermine l'intoxication par l'acide carbonique, parce que le centre expiratoire, n'étant plus averti par le nerf de l'accumulation de ce gaz dans les poumons, ne commande plus l'expiration qui doit le chasser. En outre, il se produit très-vite un grand épanouissement du poumon, de la voussure du thorax et de l'emphysème, parce que le centre inspirateur, n'étant plus modéré par son antagoniste habituel, place le thorax dans une dilatation exagérée et de plus en plus croissante.

A la même époque, Snellen se ralliait au contraire à la manière de voir de Traube et déclarait que c'est bien le spasme du diaphragme qui produit l'arrêt, lequel se fait toujours en inspiration. D'autre part, Helmholtz, Aubert et von Ischisehwits semblaient donner raison aux deux manières de voir, en déclarant qu'une excitation modérée détermine la contraction des muscles inspirateurs et, par suite, l'arrêt en inspiration, tandis qu'une excitation très-forte produit le spasme des muscles expirateurs et, par suite, l'arrêt en expiration. Rosenthal, le premier, apporta une plus grande rigueur dans ses expériences en cherchant à obtenir des tracés graphiques, et il est arrivé à conclure qu'une faible excitation, loin d'arrêter la respiration, l'accélère ; que si l'excitation est un peu plus forte, le diaphragme reste plus longtemps contracté, et il en résulte un léger temps d'arrêt en inspiration ; que si enfin elle est excessivement énergique, le tétanos du diaphragme et l'arrêt en inspiration persistent pendant toute la durée de l'excitation, mais que cependant il vient un moment où le diaphragme fatigué se relâche et où il se produit quelques petits mouvements respiratoires. Sa formule définitive est donc : que l'excitation de la 10e paire, suivant son intensité, augmente d'abord le nombre, puis la durée des contractions des muscles inspirateurs et qu'elle arrive enfin à les tétaniser. Rosenthal a ensuite porté ses recherches sur les effets de l'électrisation spéciale du laryngé supérieur, et il a vu qu'elle produisait des résultats presque inverses de ceux obtenus par la faradisation du vague lui-même. Ainsi, un faible courant ralentit la respiration ; un courant plus fort prolonge le relâchement du diaphragme et, par suite, la durée de la pause expiratoire ; enfin, une excitation très-énergique paralyse entièrement le diaphragme pendant qu'elle tétanise les muscles expirateurs, ce qui détermine une suspension complète de la respiration. Le laryngé supérieur et le vague provoquent donc, comme nerfs sensitifs, deux réactions réflexes opposées. L'un excite l'expiration, l'autre l'inspiration. De cet antagonisme naît tout naturellement le rhythme de la respiration.

Schiff vint ébranler une des deux bases de la théorie de Rosenthal en montrant que le laryngé supérieur n'avait pas là un mode d'action qui lui fût particulier, puisqu'on pouvait arrêter aussi la respiration en expiration, en excitant la plupart des nerfs cutanés de la tête et du thorax, pourvu qu'on ne provoquât pas de douleurs, car celles-ci rendent, au contraire, en toutes circonstances, la respiration plus fréquente.

Tel était l'état de la science, lorsque Bert vint, à son tour, noter graphiquement les modifications que subit le rhythme respiratoire sous l'influence de la section de la 10°, et sous celle de son excitation. Dans le premier cas, il a vu que le nombre des respirations diminue, tandis que leur amplitude augmente; que l'expiration s'allonge et qu'il se produit une véritable pause expiratoire. Dans le second cas, il est loin d'avoir obtenu des résultats aussi nets et aussi constants que ceux de Rosenthal. Parfois, en électrisant le laryngé, il a produit l'arrêt en inspiration et non en expiration. Il a pu obtenir cet arrêt en électrisant d'autres nerfs sensitifs, aussi bien qu'avec le laryngé et le vague, particulièrement avec la branche nasale du nerf sous-orbitaire. Chacun de ces nerfs a pu lui fournir indifféremment l'arrêt, tantôt en inspiration, tantôt en expiration. Enfin, il a constaté qu'avec tous ces nerfs sensitifs, le courant accélère la respiration lorsqu'il est faible; qu'il là ralentit lorsqu'il est de force moyenne; qu'il l'arrête lorsqu'il est très-énergique, et qu'il peut même donner lieu à une mort subite lorsqu'il est excessivement violent.

Depuis, Owsjannikow, sans se préoccuper de tirer des faits des déductions théoriques, a signalé les effets de l'application, sur le bout central du vague, de courants variant d'intensité. Avec les courants faibles, il n'a obtenu ni arrêt, ni ralentissement ni même une modification des mouvements respiratoires. Avec les courants de force moyenne, il a bien vu la respiration s'arrêter un instant comme si elle était surprise; mais elle se rétablissait presque aussitôt et reprenait son type normal. Cependant s'il persistait longtemps, ces inspirations s'affaiblissaient et finissaient par cesser, comme par épuisement. Lorsque le courant était très-fort, le thorax devenait immobile et s'arrêtait toujours dans la phase d'expiration. Cet arrêt avait plus de durée que le précédent, mais il n'était pas indéfini.

Plus récemment, Arloing et Tripier ont soumis de nouveau la question à la méthode graphique. Ils n'ont pas pu obtenir d'accélération de la respiration, même en se servant de courants aussi faibles que possible. En augmentant le courant, le premier effet qu'ils ont observé est un ralentissement ou même une suspension des mouvements exécutés par le flanc de l'animal. Mais bientôt la respiration se rétablissait en présentant ceci de particulier, que l'expiration s'effectuait beaucoup plus brusquement que l'inspiration. Quant aux courants forts, quel qu'ait été le moment de leur application, ils ont toujours provoqué immédiatement une inspiration brusque, d'autant plus profonde que le courant était plus intense. A cette inspiration succédait, sans temps d'arrêt, une expiration forcée. S'adressant ensuite à la voie de la section du nerf, ils ont constaté que cette opération était suivie d'une diminution dans l'ampleur des mouvements de la paroi thoracique correspondante. Ces expérimentateurs ont, en outre, cherché ce qui n'avait pas été fait antérieurement, si les deux vagues exerçaient une influence égale sur les phénomènes de la respiration, et ils ont constaté que l'action du nerf gauche était plus prononcée que celle du droit. Un autre fait semble aussi ressortir de leurs expériences, c'est que, contrairement à ce qui est admis généralement, la galvanisation du bout périphérique des vagues peut aussi modifier légèrement la respiration. Ce fait tient-il aux relations que Longet a montrées exister entre les pneumo et le diaphragme ou à un phénomène de récurrence? Il est difficile de se prononcer. Complétons cet exposé historique en disant que Fano a vu les mouvements respiratoires devenir plus fréquents sous l'influence de la section.

Essayons, à notre tour, de formuler une opinion à l'aide de ces éléments si disparates. Il est d'abord évident que dans le fonctionnement du thorax et du poumon, le vague agit avant tout par ses propriétés sensitives, puisque le thorax est mû par des muscles qui animent des nerfs rachidiens, et puisque c'est toujours en excitant le bout central qu'on arrive à modifier le rhythme de la respiration (l'action du bout périphérique signalée par Arloing étant accidentelle et pouvant être négligée). Il me paraît aussi certain que le laryngé supérieur, ni le vague lui-même, n'ont pas ici une mission d'arrêt dans le genre de celle qu'on prête à ce nerf vis-à-vis de la circulation, car l'arrêt, lorsqu'il est artificiellement obtenu par l'électricité, ne résulte pas d'un relâchement de l'ensemble des muscles respirateurs, mais de la contraction tétanique de quelques-uns de ces muscles qui immobilisent le thorax et l'empêchent de se livrer à ses alternatives habituelles de resserrement et d'expansion. Le vague n'est donc pas un nerf modérateur dans l'acception du mot. De plus, ce phénomène est un produit purement artificiel, et ne résulte pas d'un mode d'action normal porté à son summum par l'électricité. C'est un pur accident, car l'ensemble des expériences relatées plus haut prouve qu'il est loin d'être constant et de s'offrir toujours avec les mêmes conditions. Du reste, ce qui ôte à ce fait tout caractère de spécialité, c'est que d'autres nerfs sensitifs, qui sont en dehors de la sphère de la respiration, peuvent le provoquer. Le centre respiratoire, dans cette circonstance, se conduit absolument comme tous les centres nerveux moteurs. Lorsqu'il est excité par une impression, il envoie des décharges plus multipliées aux muscles qu'il est appelé à faire contracter, et au cas particulier, il en résulte une plus grande fréquence des respirations. Lorsque l'impression est plus vive et porte l'excitation à un plus haut degré, les contractions intermittentes sont remplacées par une contraction permanente et tétanique, qui ne peut que communiquer une inertie apparente à des parois dont le travail consiste à s'éloigner et à se rapprocher alternativement. Au fond, elles deviennent immobiles et non inertes. Comme tous les centres moteurs aussi, le centre respiratoire ne peut pas suffire indéfiniment à cette dépense de tétanisation. Il vient un moment où il est épuisé. Il se fait alors un relâchement général et un arrêt réel qui ne durent pas, parce que le foyer central reprend bientôt assez de force pour essayer de nouvelles respirations intermittentes, qui sont d'abord faibles, mais qui s'accentuent de plus en plus au fur et à mesure que le centre revient de son épuisement primitif. Lorsque l'excitation est brusquement portée à un degré tout à fait extraordinaire, il en résulte pour le centre un ébranlement tel que ses éléments sont frappés comme de commotion. Ils se trouvent, pour ainsi dire, dérangés de leur position d'équilibre et ils ne peuvent plus fonctionner. De là, une suspension réelle du mécanisme de la respiration qui peut être mortelle. En cela, le centre respiratoire se conduit encore comme d'autres centres moteurs qui, au reçu d'une impression trop vive, produisent ce qu'on a appelé le myolèthe, soit le relâchement des sphincters, soit même une défaillance musculaire générale. L'impression a d'autant plus de chances de produire ces résultats qu'elle est apportée par les nerfs ayant les connexions les plus directes avec le foyer central de la respiration. C'est à ce titre que le vague et le laryngé amènent ces effets plus sûrement et plus vite que d'autres. Mais l'impression peut avoir encore de l'efficacité lorsqu'elle arrive par un autre point de l'axe cérébro-spinal ; voilà pourquoi l'irritation de beaucoup de nerfs cutanés influence aussi parfois le rhythme de la respiration. Cette interprétation est du reste justifiée par les expériences que Mantegazza a pratiquées dans un autre ordre d'idées. Il a vu que les douleurs, quel que soit leur siége, peuvent troubler la respiration ; que quand elles sont faibles, elles l'accélèrent ; que plus fortes, elles diminuent sa fréquence; que plus fortes encore, elles la suspendent. L'impression modificatrice peut même partir du cerveau lui-même, car les émotions morales reproduisent aussi les trois phases obtenues par l'électricité ou par la douleur. C'est ainsi qu'une émotion peut tuer.

Somme toute, les nombreuses théories et expériences qu'a fait naître l'application de l'électricité aux vagues ne sont pas de nature à nous éclairer beaucoup sur le mécanisme de la respiration régulière et normale. Elles nous font assister plutôt aux aberrations que peut présenter cette fonction et nous seront surtout profitables pour l'étude des troubles nerveux de la respiration. Un fait physiologique ressort cependant de là, c'est que bien certainement la mission du vague sensitif est de stimuler le fonctionnement de la partie mécanique de la respiration. Mais comment s'opère cette stimulation? Porte-t-elle sur l'ensemble du mécanisme et ne fait-elle que fouetter la machine située dans le bulbe, laquelle serait organisée de façon à dérouler de par elle-même ses alternatives d'actions inspiratoires et expiratoires? Ou bien la stimulation apportée par le vague est-elle double et alternante elle-même, de façon à provoquer l'une après l'autre l'inspiration et l'expiration? En tous cas, quel est ou quels sont les agents qui impressionnent le pneumo? Est-ce l'oxygène ou l'acide carbonique? Sont-ce les deux, et le rhythme résulte-t-il de la succession naturelle de ces deux agents? Telles sont les questions qui se présentent immédiatement à l'esprit quand on aborde ce sujet et auxquelles il est difficile de donner une réponse tout à fait satisfaisante. Il est regrettable que la théorie de Rosenthal se soit trouvée infirmée par les recherches de Schiff et de Bert; car il faut convenir qu'elle représentait une solution à la fois jolie et rationnelle, puisque le rhythme se trouvait résulter tout naturellement de l'antagonisme existant entre deux nerfs établissant un véritable jeu de bascule sensoriel, capable de faire osciller indéfiniment le thorax de l'inspiration à l'expiration. Puisqu'il ne nous est pas possible de trouver la raison du rhythme respiratoire dans l'existence de deux nerfs distincts, voyons si elle peut nous être fournie par l'existence des deux gaz qui, tour à tour, dominent dans l'atmosphère intrapulmonaire. On comprendrait assez que l'acide carbonique vienne provoquer le besoin d'oxygène et par suite l'inspiration, et qu'ensuite l'afflux de ce dernier gaz introduit par l'inspiration stimule, à son tour, trop vivement les extrémités du vague et appelle ainsi la réaction inverse, c'est-à-dire l'expiration. Je ne crois pas cependant qu'il en soit ainsi, parce qu'en général un nerf sensitif répond toujours par les mêmes effets réflexes, quelle que soit la nature du corps qui a irrité son extrémité périphérique. Je suis porté à penser que dans les conditions ordinaires le vague n'éveille directement et primitivement qu'un seul acte, celui de l'inspiration, et que le corps excitant est toujours l'acide carbonique. Il est vrai que Pratilli a placé des animaux dans des atmosphères limitées, contenant des quantités variables d'acide carbonique, et que les tracés graphiques de la respiration n'ont été nullement en rapport avec la richesse du milieu en cet acide. Mais dans ces conditions, ce gaz, par son excès même pourrait devenir, d'agent stimulant, une cause d'intoxication du système nerveux à effet paralytique. Il pouvait ainsi empêcher lui-même l'accroissement en puissance des mouvements inspiratoires. Il est probable que l'ébranlement engendré par l'acide carbonique et apporté par le vague, va retentir tout d'abord sur la série des noyaux affectés aux muscles inspirateurs, parce qu'ils se trouvent sans doute plus immédiatement en rapport avec ce nerf. Mais ces muscles sont limités dans leur action par la résistance des tissus, particulièrement par les fibres élastiques qui s'étendent d'une paroi à l'autre des vésicules pulmonaires. L'effort inspirateur est bien vite usé par cette élasticité contre laquelle il lutte; et celle-ci, redevenant libre, ramène bientôt les molécules des tissus dans leur position d'équilibre. Ce retrait par action élastique suffit, dans la respiration tranquille, pour entretenir la circulation de l'air suivant les proportions voulues. De cette façon, l'expiration n'est que la conséquence mécanique de l'inspiration et n'a pas besoin d'être précédée d'une impression nouvelle, ni de l'intervention d'un nouveau gaz. Le vague n'accomplit donc qu'un seul mode d'action; il n'a qu'à appeler l'inspiration, sans se préoccuper de l'expiration. Celle-ci se fera ensuite fatalement d'elle-même. Le retrait, une fois accompli, comme l'échange d'oxygène et d'acide carbonique se fait en tout temps, le petit espace que circonscrivent alors les vésicules se trouve bientôt saturé de ce dernier gaz, qui irrite de nouveau le pneumo; et le double phénomène se reproduit. Mais lorsqu'en raison, soit d'un obstacle mécanique, soit d'une viciation de l'atmosphère extérieure, la quantité d'acide carbonique se trouve être plus forte; ou lorsque l'air renferme d'autres gaz irritants; ou bien lorsque, la muqueuse étant irritée, les ramifications du vague sont devenues plus impressionnables, ce retrait passif ne suffit plus, et le besoin d'une expulsion plus complète se fait sentir. C'est alors que, grâce à son intensité, l'impression s'étend jusqu'aux noyaux des muscles expirateurs, et une expiration active, forcée et anormale s'exécute. Mais même dans ce cas, l'ébranlement sensoriel est obligé de frapper avant les noyaux des inspirateurs qui sont en relations plus intimes avec le vague; car l'expiration forcée est encore précédée d'une inspiration. Il en est ainsi dans la toux et dans toutes les circonstances où l'expiration est nécessitée par un sentiment de suffocation. Cette inspiration préliminaire devient même un moyen de perfectionnement, car plus il y aura d'air introduit, plus le torrent qui dans l'expiration doit balayer les bronches aura de puissance.

Le centre respiratoire répond toujours par une inspiration aux impressions qu'il reçoit, n'importe d'où elles viennent. Voilà pourquoi presque tous les nerfs cutanés peuvent réveiller ou stimuler la respiration. Voilà pourquoi les frictions et les dérivatifs appliqués sur la peau rappellent à la vie les asphyxiés. Voilà pourquoi enfin la respiration se continue, quoique faiblement, après la section de la 10ᵉ paire. Ainsi comprise, l'organisation du rhythme respiratoire me paraît assez simple et assez naturelle. Il n'est pas nécessaire de supposer l'existence dans le bulbe d'une machine marchant toute seule sans avoir besoin d'une provocation sensitive, ni d'aller invoquer l'action directe de l'oxygène sur le centre respiratoire par l'intermédiaire du sang qui circule dans les capillaires du bulbe. En résumé, le vague, comme nerf sensitif, a pour mission de fouetter le bulbe pour qu'il engendre l'inspiration. Ce n'est que lorsqu'il apporte une excitation trop vive que son action s'étend plus loin et gagne les noyaux des muscles expirateurs. Mais, dans le fonctionnement du poumon, son rôle sensitif n'est que le principal. Il peut aussi intervenir comme nerf moteur, puisqu'il anime les fibres lisses de cet organe. Par elles, il réagit contre certaines impressions apportées par ses fibres sensitives, telles que celles qui résultent du contact du mucus. Par elles, il vient encore aider le poumon à se vider de son contenu irritant.

3º La 10ᵉ paire semble exercer de l'action sur deux points différents de l'*appareil de la circulation*, sur le moteur central et sur quelques vaisseaux.

Les ganglions et les filets nerveux qui agissent directement sur les fibres musculaires du cœur sont reliés et, par conséquent, subordonnés au plexus cardiaque, dont ils semblent même n'être qu'une émanation. Ce plexus est, à son tour, relié au système du sympathique par des filets cardiaques émanant des ganglions cervicaux, et, d'autre part, au bulbe par d'autres filets cardiaques qui proviennent du pneumo-gastrique. Comme, avant de fournir ces derniers, la 10ᵉ paire se trouve avoir reçu toute la branche interne du spinal, on peut se demander *à priori* si ce nerf ne forme pas en totalité ou en partie ces filets destinés au cœur et s'il n'intervient pas dans le fonctionnement de cet organe. Geuzmer, sans avoir (que je sache) motivé sa conviction, exclut complétement le vague de l'innervation du cœur au profit du spinal. Schiff aussi ne met pas en doute la provenance spinale, mais il ne se prononce en ce sens que pour un petit groupe de fibres auxquelles il prête une action accélératrice. Le vague aurait, selon lui, perdu cette action particulière après l'extirpation de la 11ᵉ paire. Mais l'intervention du spinal ne s'imposerait d'une manière indiscutable que s'il était bien démontré que la 10ᵉ paire est purement sensitive. Dans ce cas, les phénomènes centrifuges que l'on obtient en irritant le vague au cou ne pourraient évidemment relever que du spinal. Or, nous avons été conduits antérieurement à lui reconnaître un pouvoir moteur propre. D'ailleurs, aux expériences de Schiff, qui sont toujours si compliquées et si difficiles à juger, nous pouvons opposer celles beaucoup plus nettes de Giannuzzi, qui prouvent qu'après l'arrachement complet du spinal rien n'est changé dans les effets cardiaques que l'on produit en agissant sur le tronc commun. C'est donc bien à la 10ᵉ paire qu'incombent ces effets.

Nous avons déjà implicitement indiqué, dans l'histoire du bulbe, le singulier rôle que l'expérimentation a fait attribuer au vague dans la circulation cardiaque. Du reste, c'est en opérant sur ce nerf que l'on a conçu, pour la première fois, l'idée de ce rôle, et si l'on a dirigé ensuite l'investigation sur le bulbe, c'est qu'il représentait naturellement le foyer central de cette action, dont le vague n'était que le conducteur. En 1845, les frères Weber et Budge ont montré qu'après la section de la 10ᵉ paire les battements du cœur se précipitaient, tandis qu'ils cessaient brusquement lorsqu'on électrisait le bout périphérique de ce nerf. En présence de ces résultats, il était rationnel de penser que le sympathique et le vague se trouvaient être en antagonisme sur le terrain cardiaque ; que le premier tendait à précipiter les battements du cœur, et que le second avait pour mission de les ralentir, puisque la suppression de l'action du vague avait pour effet d'accélérer les mouvements de cet organe, tandis que son exagération d'action amenait le summum d'une influence modératrice, c'est-à-dire la suspension complète. C'est pourquoi Weber et Budge ont considéré le vague comme un nerf paralysant du cœur, le sympathique en étant, au contraire, le nerf accélérateur, et ils ont pensé que le rhythme des mouvements cardiaques était la conséquence de l'association de ces deux modes d'intervention.

Quoiqu'il pût sembler bizarre que la nature eût combiné ainsi deux forces contraires tendant à se détruire mutuellement, au lieu de se contenter de fournir au cœur un seul excitateur parfaitement proportionné aux besoins de l'économie, cette idée a fait la fortune la plus complète, et, depuis, tous les efforts des physiologistes ont tendu à la développer. Le cœur, on le sait depuis longtemps, continue à battre quand il est détaché de l'économie et placé sur une table. Des fragments mêmes de cet organe continuent à exécuter leurs mouvements habituels, tout comme s'ils faisaient encore partie du système complet. Des dissections fines sont venues bientôt donner la clef du phénomène en montrant qu'il existe dans le cœur des ganglions d'où émanent les ramifications directement en rapport avec les fibres musculaires et auxquels aboutissent des filets partis de l'endocarde. Le cœur porte donc en lui-même tous les éléments nécessaires à une action réflexe. Le sang ou l'air impressionne les filets sensitifs de l'endocarde. Au reçu de cette impression, les ganglions, qui sont des centres de réflexion, font contracter le muscle par l'intermédiaire de leurs filets moteurs. C'est la manifestation la plus complète et la plus éclatante du pouvoir autonome du centre périphérique que nous présente l'économie. Comme, dans ces conditions d'isolement, le cœur conserve le même rhythme que s'il était encore soumis à l'action paralysante du vague et à l'action stimulante du sympathique, on a pensé qu'il devait y avoir dans cet organe des agents locaux de ces deux ordres d'influence, et on a cherché à déterminer quels étaient les ganglions qui continuaient dans le cœur le système physiologique du vague et quels étaient ceux continuant le système sympathique. On est arrivé à conférer le rôle de modérateur à un ganglion situé dans la cloison interauriculaire et appelé *ganglion de Ludwig*, celui d'accélérateurs aux *ganglions de Remak* et de *Bidder*, qui sont placés, le premier à l'embouchure de la veine cave inférieure, le second dans la cloison auriculo-ventriculaire gauche. Cette détermination s'est trouvée motivée par ce triple fait qu'un morceau du cœur, taillé de façon à renfermer seulement soit le ganglion de Remak, soit celui de Bidder, continue à s'agiter, parce qu'il se trouve exclusivement soumis à un agent excitateur ; qu'un morceau renfermant le ganglion de Ludwig plus un seul des deux autres reste inerte, parce qu'il est soumis à deux forces opposées, qui se neutralisent; enfin, qu'un morceau portant en lui les trois ganglions se meut, parce que les deux ganglions accélérateurs dominent à eux deux l'action du ganglion d'arrêt. Ainsi complétée, la théorie donne naturellement à supposer que le vague se met en connexion avec le ganglion de Ludwig, tandis que le sympathique aboutit aux deux autres.

Tous les expérimentateurs devinrent bientôt témoins du phénomène d'arrêt. Le fait, en lui-même, ne pouvant être nié, on accepta assez généralement l'interprétation qu'il avait fait naître, et la plupart des physiologistes qui se sont occupés de la question se sont attachés surtout à préciser les conditions du phénomène en l'analysant à l'aide de procédés variés et de plus en plus rigoureux. La méthode graphique, qui a été beaucoup employée depuis quelques années, a permis de constater : que l'action modératrice du vague droit est beaucoup plus forte que celle du gauche (Masoin, Arloing et Tripier); que l'arrêt est bien plus marqué si on agit sur le nerf coupé, que quand on se contente d'électriser le tronc intact (Arloing et Tripier); que l'effet de l'électrisation des nerfs vagues est atténué par la section préalable de la moelle (*idem*); que les courants faibles accélèrent les battements au lieu de les faire cesser (Schiff, Giannuzzi, Moleschott et Husschmid); que les courants moyens déterminent une diminution du nombre des battements (Arloing et Tripier); que, sous l'influence des courants forts, le cœur s'arrête un instant, puis exécute de nouveau des contractions, mais qui se succèdent lentement (*idem*); que chez les animaux à sang chaud, l'arrêt ne dure que 15 à 30 secondes et que, passé ce temps, on a beau continuer l'application de l'électricité, les contractions cardiaques reparaissent d'abord lentes mais énergiques, puis elles deviennent de plus en plus fréquentes (Onimus et Legros) ; que jamais le cœur ne devient immobile immédiatement, qu'il faut un certain nombre d'intermittences de la part de l'appareil d'induction pour obtenir ce résultat ; que celui-ci se réalise d'autant plus vite que l'animal est plus affaibli, soit par les souffrances ou l'inanition antérieures, soit par des hémorrhagies ; qu'il est encore plus rapide chez les animaux en hibernation ; que l'effet d'arrêt ne dépend nullement de l'intensité du courant, mais de la fréquence de ses interruptions, et qu'il faut au moins 15 excitations par seconde (*idem*).

On a aussi soumis le phénomène de l'arrêt à un autre genre d'investigation, à celui des substances toxiques. On en a trouvé un certain nombre qui immobilisaient le cœur et qu'on pourrait, par conséquent, considérer comme exaltant l'activité du vague. Telles sont l'antiarine, la vératrine, la digitaline, la muscarine. Toutefois, les trois premières n'amènent ce résultat qu'après avoir fait passer le cœur par une période de tétanisation, ce qui donnerait à penser qu'elles n'agissent que par épuisement. Il n'en est plus de même de la muscarine, qui semble produire un arrêt tout à fait direct. Schmiedeberg et Koppe ont constaté que, sous son influence, le cœur s'arrête toujours au bout d'un certain temps et toujours en diastole ; qu'il apparaît alors gonflé par une grande quantité de sang noir ; que, malgré cet état d'immobilité, il conserve toute son irritabilité. Enfin, ils ont vu que la section préalable des vagues n'empêche pas l'action de la muscarine sur le cœur de se manifester, ce qui les a conduits à conclure que cette substance agit directement sur les ganglions intracardiaques. Tous ces faits ont été confirmés depuis par le Dr Alison, de Baccarat. Ce laborieux médecin a, en outre, montré que l'arrêt est précédé d'un simple ralentissement et que, quand on prolonge l'intoxication par des injections intermittentes, les mouvements reparaissent de temps en temps avec une assez grande fréquence, pour diminuer ensuite et aboutir à un nouvel arrêt. Il a démontré enfin d'une manière plus positive que l'empoisonnement porte bien sur les ganglions, puisque le résultat reste le même, non-seulement quand on a sectionné les vagues, mais encore quand on détruit le bulbe, la moelle et même tout l'axe cérébro-spinal. On a aussi trouvé une substance qui, au lieu d'exalter l'action spéciale du vague, la paralyse, au contraire : c'est l'atropine. Chez l'animal soumis à ce poison, le courant le plus fort n'arrive pas à produire le phénomène de l'arrêt.

Il y a dans cet ensemble de matériaux scientifiques de quoi justifier, tout au moins en apparence, la théorie de Budge, et on comprend que beaucoup de physiologistes regardent l'action d'arrêt sur le cœur comme un des points les mieux acquis à la science.

Cette théorie a cependant trouvé des adversaires, même parmi ceux qui admettent le fait brut dans toute sa pureté primitive. Ainsi, Brown-Sequard interprète ce fait d'une tout autre manière. Il pense que le vague fournit des vaso-moteurs aux vaisseaux du cœur; que, par suite, son électrisation a pour effet de resserrer ces vaisseaux et d'anémier le cœur. Celui-ci deviendrait, par là, incapable de se contracter, et il en résulterait un arrêt paralytique de ses mouvements. Pour juger la valeur de cette explication, on a fermé la lumière de l'artère coronaire, soit par une ligature, soit par l'introduction d'une boulette de mie de pain; on a déterminé ainsi une anémie du cœur, aussi complète que possible, et cependant les mouvements ont continué à s'exécuter. Vulpian a, en outre, fait observer que l'électrisation des vagues produit aussi l'arrêt chez les grenouilles, dont le cœur est presque exsangue, et que, par conséquent, ce n'est pas dans les vaisseaux qu'il faut aller chercher l'explication demandée. Mais même en refusant, avec Vulpian, au vague toute espèce d'action vaso-motrice, on ne saurait aujourd'hui accepter sans réserves la théorie classique. Car, quand on scrute avec attention les relations fournies par les auteurs, on y trouve bon nombre d'assertions qui ôtent au fait de sa simplicité primitive et des allures positives qu'on lui a prêtées, et l'accord n'est pas aussi parfait qu'on veut bien le dire. Vous allez en juger.

Cl. Bernard, qui déclare qu'il a nettement constaté, par l'auscultation, que le cœur s'arrête, ajoute qu'il ne croit pas qu'il y ait là une force accélératrice et une force modératrice. Chez les grenouilles, dit-il, la section du vague n'accélère nullement les mouvements du cœur. Le fait ne serait donc pas général, ce qui est rare pour les procédés de la nature, d'autant plus que le système nerveux cardiaque de ces batraciens n'est qu'une légère variante du plan adopté pour les mammifères. Schiff va plus loin encore. Il refuse au sympathique toute action accélératrice. Selon lui, les fibres ayant ce pouvoir appartiennent toutes au tronc commun du vague et du spinal, où elles se trouvent conjointement avec les fibres modératrices. Il se base sur ce que l'irritation de la moelle ne modifie en rien le pouls chez l'animal dont on a coupé les vagues, chez lequel on a séparé la moelle du bulbe par une section transversale, chez lequel enfin on a supprimé la sensibilité de l'endocarde par l'atropine, afin de se mettre à l'abri de l'influence de la pression sanguine sur le cœur. Mosso de Florence est arrivé à des conclusions à peu près analogues.

Lui aussi a pu augmenter considérablement la fréquence des battements en irritant le tronc du vague avec de la potasse, tandis que l'excitation du sympathique restait sans effet. Il a, de plus, obtenu l'accélération en agissant sur les récurrents, et, dans les deux cas, l'augmentation des pulsations du cœur s'est montrée proportionnelle à l'intensité de l'irritation. Voilà donc déjà, suivant ces auteurs, le sympathique presque dépouillé de l'action spéciale que la théorie classique lui conférait d'une manière presque exclusive, et voilà le vague qui se trouve maintenant être l'auteur des deux effets opposés qui forment la base de cette doctrine, qu'il le doive à lui-même ou au spinal. D'autre part, Nuël, du Luxembourg, déclare avoir observé non pas un arrêt proprement dit, mais des pauses plus prolongées. C'est à peine, dit-il, si le tracé graphique accusait un abaissement des ascensions et, par suite, une diminution de la force ventriculaire. Cet abaissement ne s'est pas même montré chez les mammifères; la contraction ventriculaire gagnait même en énergie. Pagliani qui, à l'aide de petites incisions parfaitement ménagées, a cherché à déterminer le mode d'action des ganglions intracardiaques et des filets émanant du plexus cardiaque, a été conduit par ses expériences à conclure qu'il n'existe pas dans le cœur deux espèces de ganglions, dont les uns seraient modérateurs et les autres accélérateurs; que ces deux effets, qu'on a pu rencontrer, ne tiennent pas à leur spécialisation, mais aux variations mêmes des excitations employées. Quant aux fibres qu'ils reçoivent et qu'ils envoient, elles sont seulement plus ou moins excitables. Lorsque l'excitation vient à tomber sur les fibres les plus impressionnables, elle les épuise rapidement si elle est forte; elle augmente, au contraire, leur activité si elle est faible. Les fibres les moins excitables, au contraire, n'entrent en action qu'au prix d'une stimulation puissante. Moleschott va plus loin; il nie catégoriquement le fait de l'arrêt. Mais, même en laissant de côté tous les dissidents qui précèdent et en s'en tenant aux faits constatés par Arloing et Tripier, Onimus et Legros, on trouve encore des données qui s'allient mal avec l'idée d'une action spéciale, puisqu'elles établissent que le phénomène de l'arrêt n'est nullement en rapport avec l'intensité de l'excitant, tandis que tous les actes de l'économie s'exagèrent avec les causes qui les provoquent; puisque les courants faibles rendent, au contraire, l'activité du cœur plus grande, tandis qu'ils devraient déjà l'atténuer; puisque l'arrêt ne dure qu'un instant et que les contractions se répètent par séries entrecoupées de pauses de 15 à 30 secondes seulement, ce qui semble plutôt indiquer un épuisement intermittent qu'un frein appliqué et maintenu sur un organe musculaire; puisque enfin l'arrêt est obtenu beaucoup plus rapidement chez les animaux épuisés et chez ceux en hibernation, chez lesquels, par conséquent, l'action nerveuse se trouve déjà amoindrie.

Mais ce qui m'encourage surtout dans mes attaques contre la doctrine générale, c'est que Onimus et Legros, qui n'éprouvaient certainement pas tant de répugnance que moi à admettre des actions d'arrêt, ont été amenés, par des expériences tout à fait rigoureuses, à poser cette conclusion finale : « L'arrêt du cœur par l'excitation du nerf pneumo-gastrique n'est pas le résultat de la fonction de ce nerf. » Non! bien certainement, l'arrêt obtenu dans les laboratoires n'exprime pas le summum d'une action que le vague serait appelé à accomplir dans le jeu régulier de l'organisme. L'immobilité du cœur, comme celle du thorax, constitue un phénomène artificiel et purement accidentel. C'est un fait extraphysiologique qui n'appartient pas à l'ordre fonctionnel. Il n'est pas plus naturel que la commotion générale produite par la foudre. C'est un trouble morbide réalisé expérimentalement. Ces auteurs disent aussi avec raison que, dans ce genre d'expérimentation, le vague et le cœur obéissent simplement aux lois qui régissent toutes les manifestations du monde organique et inorganique. En effet, plus l'impulsion donnée par un moteur quelconque est énergique, plus la dépense est grande et plus il faut de temps pour la réparer si les moyens générateurs sont limités. Sous l'influence de l'excitation du vague, le cœur exécute tout d'abord des contractions plus énergiques. De là la nécessité de pauses réparatrices plus longues. Si la contraction et, par suite, la dépense sont outrées, l'usure peut être telle qu'elle ne soit réparable qu'au bout d'un temps relativement long. De là une inertie prolongée. A côté de cet épuisement, il faut aussi tenir compte de l'ébranlement physique transmis par le tronçon du vague jusque dans le réseau périphérique, ébranlement qui peut amener une perturbation moléculaire des ganglions capable de les empêcher de fonctionner. Lorsque cet ébranlement est brusque et considérable, il peut même probablement produire instantanément ce résultat et fournir le spectacle d'une syncope du cœur.

Ces messieurs donnent aussi de l'accélération produite par la section du vague, qui est admise par la plupart des physiologistes et niée seulement par quelques-uns, une explication qui me paraît assez heureuse. Ils comparent cette accélération à l'intensité plus grande qu'acquièrent les manifestations réflexes de la moelle lorsqu'elle est séparée de l'encéphale. A leurs yeux, le bulbe et le vague modéreraient l'action réflexe des ganglions cardiaques, comme l'encéphale modère les actions de la moelle, comme un supérieur modère et réglemente les actes de ses inférieurs. Le rapprochement me paraît exact si on veut bien y adapter le principe de la dissémination que nous avons appliqué à la moelle et à l'encéphale. Parmi les filets que le vague apporte au système cardiaque, il en est de sensitifs. Les impressions nées dans le cœur ne sont pas toujours réfléchies en totalité par les ganglions. Une partie de l'ébranlement sensoriel peut se propager au delà dans les fibres du vague et constituer une perte pour la réaction motrice, qui est toujours en raison de l'intensité du courant centripète réfléchi. Lors donc que le pneumo est sectionné, la dispersion se trouve limitée et le mouvement moléculaire reste concentré dans la sphère d'action des ganglions. De là leur activité plus grande.

Dans les conditions normales, c'est le réseau périphérique qui produit directement les mouvements rhythmiques du cœur, mais dans l'accomplissement de cette fonction, il est soumis à deux influences extrinsèques, celle du vague et celle du sympathique. Ce n'est pas encore ici le lieu de faire la part de ce dernier ; mais quand même il n'aurait qu'une destination vaso-motrice, et quand même le vague serait le seul excitateur fonctionnel du réseau, je crois qu'il a encore spécialement une autre mission à remplir, c'est de rattacher le système cardiaque à nos centres affectifs. C'est par lui que le cœur devient un agent de la mimique interne et intime. C'est par lui que nos émotions viennent se traduire par des palpitations ou des irrégularités dans le fonctionnement du cœur. Sur ce terrain, on rencontre parfois des faits qui trouveraient peut-être une explication plus facile avec le rôle d'arrêt. Il est des émotions qui suspendent le cœur et qui peuvent même produire par là une syncope mortelle. Il y a là un arrêt brusque qui semble indiquer, en effet, l'intervention d'un frein instantané, mais rien ne prouve que cette suspension des alternatives de dilatation et de resserrement du cœur n'est pas due à une tétanisation qui immobilise le cœur et avec lui la vie. Du reste, le résultat se comprend aussi très-bien avec l'idée d'un myolèthe du cœur dû au saisissement du centre cardiaque.

Chemin faisant, nous avons vu que Vulpian refuse au vague toute action vaso-motrice directe sur les organes dans lesquels il se rend, parce que la section de ce nerf ou son électrisation ne font point rougir ou pâlir, ni le poumon, ni l'estomac, ni le foie, ni le rein, ni le cœur, double effet qui devrait certainement se produire si la 10ᵉ paire renfermait des tubes vaso-moteurs. Cette opinion, qui semble prévaloir aujourd'hui, n'est cependant pas partagée par tous les expérimentateurs. Brown-Sequard, entre autres, lui fait animer les vaisseaux du cœur. La pathologie se montre aussi souvent en désaccord avec l'idée physiologique de Vulpian. Mais s'il est assez douteux que le vague soit par lui-même un nerf vaso-moteur et qu'il puisse modifier directement le calibre des vaisseaux de sa circonscription, il est bien établi aujourd'hui qu'indirectement, à titre de nerf sensitif, il peut exercer une influence très-marquée sur un grand nombre de vaisseaux qui se trouvent en dehors de ses propres ramifications. C'est à Cyon et à Ludwig que nous devons la découverte de ce grand fait physiologique dont l'application est presque journalière sur le terrain de la clinique. Tandis que les autres expérimentateurs se livraient à l'étude des effets centrifuges de l'électrisation du vague, ils s'occupèrent, eux, de chercher quels étaient les effets centripètes que pouvait produire cette même opération. Au lieu d'agir sur le bout central du tronc même de la 10ᵉ paire, ils appliquèrent l'irritation sur le filet que nous avons vu s'accoler au sympathique et qui a reçu depuis le nom de *nerf de Cyon*. De cette façon, ils ne mettaient évidemment en cause que des fibres sensitives provenant du cœur, et ils se trouvaient par conséquent en droit d'assimiler les effets observés à ceux que peuvent produire les impressions nées spontanément dans cet organe. Or, après avoir adapté à la carotide ou à la crurale un manomètre capable d'indiquer toutes les variations de la tension sanguine générale, ils ont toujours vu la colonne mercurielle accuser une diminution considérable de cette tension, lorsqu'ils électrisaient le bout central de ce nerf; tandis qu'elle restait immobile pendant l'électrisation du bout périphérique. Il était donc bien évident, d'après cela, que l'excitation du nerf de Cyon ne pouvait amener ce résultat qu'à titre d'action réflexe. D'autre part, comme la masse sanguine primitive ne se trouvait pas diminuée, l'abaissement de la tension devait être, évidemment, la conséquence de l'agrandissement du contenant; c'est-à-dire qu'il avait dû se produire une dilatation, soit partielle, soit générale des vaisseaux. En raison même du grand abaissement exprimé par le manomètre, ces auteurs ont pensé que cette dilatation portait surtout sur le département vasculaire le plus considérable et le plus extensible, c'est-à-dire sur les vaisseaux abdominaux dont les splanchniques représentent les vaso-moteurs. Ils justifièrent cette idée en montrant que la section des splanchniques en paralysant ces vaisseaux, amène un abaissement équivalent à celui que produit l'électrisation du nerf de Cyon ; que lorsqu'on empêche par la compression de l'aorte abdominale le sang d'arriver dans les vaisseaux abdominaux, la diminution déterminée par l'électrisation du nerf est excessivement faible, quoique le reste du système circulatoire se trouve libre d'accaparer une plus grande quantité de sang, sous l'influence d'une dilatation réflexe. Du reste, ils ont pu constater *de visu* la teinte rouge très-accentuée que prenait le rein chaque fois qu'ils électrisaient le nerf. Ces expériences ont été reproduites depuis par plusieurs observateurs et les assertions émises par Cyon et Ludwig ont été reconnues exactes, de sorte qu'il est bien établi aujourd'hui que l'excitation du nerf de Cyon va agir sur les centres vaso-moteurs de façon à les forcer de relâcher, par action réflexe, peut-être tous les vaisseaux, mais plus particulièrement ceux de l'abdomen. Ce nerf provoque par là une dépression de la tension sanguine. De là, le nom de *nerf dépresseur* qui lui a été donné. Ce qu'il fait d'une manière artificielle lorsqu'on l'électrise, il est évident qu'il le fait aussi physiologiquement, lorsqu'il est stimulé par une impression née sur l'endocarde. Lorsqu'il se trouve distendu par une trop grande quantité de sang, il en résulte pour ses parois une impression pénible qui, transmise aux centres vaso-moteurs par le nerf de Cyon, fait aussitôt dilater les vaisseaux de l'abdomen et lui ouvre ainsi un débouché suffisant pour lui permettre de se débarrasser du trop-plein qui le gêne. Il est pour lui une véritable soupape de sûreté. Le mal commande lui-même le remède.

Dans cette expérience, on observe un autre phénomène concomitant, qui se trouve en désaccord avec une des lois posées par Marey. D'après ce dernier, le cœur devrait battre d'autant plus souvent que les résistances qui s'opposent à la sortie du sang qu'il contient sont plus faibles. Ce principe paraît assez rationnel, puisque le cœur doit se débarrasser d'autant plus vite de son contenu qu'il peut le faire plus facilement, et ayant terminé plus rapidement son excursion, il peut la recommencer plus souvent. Eh bien! lorsque l'excitation du nerf de Cyon a ouvert une large issue à l'ondée sanguine et a diminué ainsi la résistance à vaincre, le cœur, loin d'accélérer ses mouvements, les ralentit. Mais, remarquez que la dilatation des vaisseaux abdominaux a pour effet de retenir la masse sanguine relativement immobile. D'où ralentissement de la circulation veineuse : par suite, le cœur reçoit moins vite une nouvelle ondée sanguine et il est moins rapidement excité à se contracter de nouveau. Le principe hydraulique, tout en restant vrai en lui-même, se trouve plus que contre-balancé par cette circonstance particulière.

4° Dans la physiologie pathologique du diabète, nous avons déjà exposé le rôle que Bernard fait jouer au vague relativement à la fonction glycogénique. Pour lui, il active la production du sucre d'une manière réflexe et à titre de nerf sensitif. Il apporte au bulbe une impression née sur la muqueuse pulmonaire et engendrée par l'oxygène. Cette impression stimule le centre glycogénique, qui réagit en augmentant le travail des cellules hépatiques. Pour admettre ce mode d'action, il s'appuie sur ce que la section du vague entre le poumon et le bulbe supprime la sécrétion, en même temps qu'elle empêche l'impression pulmonaire d'arriver à sa destination centrale, tandis que la section faite au-dessous du plexus pulmonaire ne 'entrave en rien, parce que l'impression conserve son libre parcours. Samson, nous l'avons vu aussi, interprète tout autrement l'influence du vague sur l'apparition du sucre dans le foie. Il prétend que ce nerf préside à la circulation intrahépatique et que, lorsqu'il congestionne cet organe, il favorise par le fait la transformation en sucre d'une plus grande quantité de la dextrine apportée par la digestion. Vulpian rejette les deux interprétations. A la théorie de Samson il répond que le vague ne peut pas congestionner le foie, puisqu'il n'est pas vaso-moteur, et puisque sa section, pas plus que son électrisation, ne modifie en rien la couleur de son tissu. Il fait observer en outre que ce nerf est même incapable de réagir comme nerf sensitif sur le véritable vaso-moteur du foie. Car on a beau électriser son bout central, on ne modifie en rien la vascularisation hépatique. Quant à la théorie de Bernard, sans avoir les éléments nécessaires pour la renverser, il se montre peu disposé à l'accepter. Il attribue la différence des résultats des sections faites au-dessus ou au-dessous du plexus pulmonaire à la différence des délabrements nécessités par les deux opérations. La section du vague troublerait bien plus l'économie lorsqu'elle est faite au cou qu'au-dessous du diaphragme, et elle supprimerait tout aussi bien les sécrétions gastrique et pancréatique que la fonction glycogénique. J'avoue que cette explication me satisfait beaucoup moins que celle de Bernard, qui s'allie si bien avec les faits observés.

D'après Vulpian, la section des vagues est suivie, chez les chiens, d'une exagération considérable de la sécrétion biliaire. Chez plusieurs de ces animaux il aurait même trouvé, dans l'organe, de petites granulations analogues aux granulations grises de la phthisie granuleuse chez l'homme. Je suis étonné qu'en présence du premier de ces faits, on n'ait pas encore eu l'idée de faire aussi du vague un nerf d'arrêt pour la sécrétion biliaire. Pour moi, je suis porté à penser que ce flux de bile est une conséquence indirecte de la perturbation apportée dans l'hématose et la nutrition intime par les troubles pulmonaires.

La science ne possède pas encore de données positives relativement à l'action du vague, tant sur la circulation que sur la sécrétion des reins. En effet, Bernard dit que la section de ce nerf ne produit aucune modification dans cet organe, mais que son électrisation donne, chez les lapins seulement, une teinte plus vive au sang de l'artère rénale et fait gonfler la veine émulgente. Mais, outre que, d'après les lois de la nature, le vague ne saurait avoir chez un animal, un mode d'action qu'il n'aurait pas sur un autre animal de la même classe, Vulpian déclare qu'il a en vain cherché à reproduire le résultat annoncé par Bernard. Enfin, les travaux de Cyon et de Ludwig nous montrent que ce sont les splanchniques qui agissent sur les vaisseaux des organes de l'abdomen, mais que le nerf dépresseur peut, par action réflexe, modifier la vascularisation du rein. Siegmund, à la suite d'un trop petit nombre d'expériences, a cru pouvoir attribuer au vague une certaine influence sur la sécrétion de l'urée; trois animaux, maintenus dans un régime constant, rejetèrent une plus forte quantité de cette substance après la section de la 10ᵉ paire.

Anatomie pathologique. — Le pneumo-gastrique a un trajet si long à parcourir, une disposition si éparpillée, il est en rapport avec tant d'organes, il peut rencontrer sur ses pas tant de processus morbides variés qu'il se trouve fréquemment compromis lui-même, soit par compression, soit par envahissement. Le récurrent devient victime de ces lésions de voisinage beaucoup plus souvent que le tronc principal et ses autres branches, ce qui tient évidemment à sa situation et à ses rapports plus directs avec les gros vaisseaux, le cartilage et le corps thyroïde. C'est ainsi qu'on l'a vu être manifestement comprimé par des anévrysmes intrathoraciques (Huguier, Malachia, Cristoforis et Gairdner), que Gaubric a rencontré les deux récurrents englobés dans une tumeur encéphaloïde du corps thyroïde; que chez un malade de Montaut, ils étaient comme étouffés au milieu de petites tumeurs cancéreuses. Les ganglions cervicaux et bronchiques, lorsqu'ils acquièrent un volume considérable, exercent presque fatalement une compression plus ou moins grande sur le pneumo-gastrique. Des observations de ce genre ont été rapportées par Andral, Hankel Ley, Kyll, Dupuy, Hayem, Biermer (de Zurich), Breventani, Becquerel, Johnson. J'assiste en ce moment à tous les effets de la compression du nerf vague sur un enfant chez lequel il est survenu au cou un engorgement ganglionnaire énorme à la suite d'une scarlatine. La pression, quelle que soit la nature de la cause qui la produit, n'a pas toujours uniquement des conséquences fonctionnelles. Le nerf se montre souvent lui-même consécutivement atteint, soit d'inflammation, soit de dégénérescence graisseuse, soit d'atrophie. Ces trois aspects sont du reste généralement les trois phases successives d'une même tendance à la destruction. Au début, la tumeur est purement irritante et enflamme le nerf, puis la compression augmentant, elle concourt avec l'inflammation du névrilème à faire dégénérer la moelle des tubes, qui finit par disparaître par résorption. Le voisinage d'un simple caillot veineux a suffi pour amener ce résultat. Le Dr Coé a vu un individu chez lequel une carie de la cavité du tympan amena la coagulation du sang de la jugulaire interne, et en outre une inflammation de sa gaîne qui s'étendit ultérieurement jusqu'au vague. Beck a observé un soldat atteint d'une thrombose du golfe de la veine jugulaire. Au même niveau, le névrilème du pneumo était imbibé de pus. Ses tubes avaient éprouvé la transformation graisseuse. Le ganglion offrait la même altération. La 10e paire peut enfin être compromise par un phlegmon ambiant. Gendrin l'a trouvée complétement dénudée par un abcès. — En raison même des connexions qu'il contracte avec les tumeurs cervicales, le vague est fréquemment exposé aux atteintes du bistouri du chirurgien; sa situation dans la tumeur peut même rendre inévitable sa résection dans une grande étendue. Les faits de blessure directe de ce nerf par des armes à feu commencent à être relativement nombreux. On l'a vu même être considérablement contusionné à la suite d'une simple chute. Il en fut ainsi chez une femme que renversa une voiture. Il en résulta en outre une fracture de la mâchoire et de la corne de l'os hyoïde dont les fragments ont pu contribuer à léser le cordon nerveux. La rareté des altérations propres et isolées de la 10e paire tient évidemment à l'insuffisance des investigations. On trouve toutefois dans la science la relation d'un assez grand nombre de cas de névrite. Dans une observation rapportée par Autenrieth, le processus inflammatoire était incontestable. Hermann-Kilian prétend avoir constaté la névrite du vague dans vingt cas de coqueluche. Dans la même maladie, Breschet l'a trouvé rouge et gonflé. Swan a vu les ramifications œsophagiennes injectées et tuméfiées chez un sujet dont le tronc du vague était au contraire atrophié. Ce nerf n'échappe pas non plus à ces processus connus sous le nom générique de névromes. Blandin a trouvé dans l'épaisseur même du cordon nerveux une tumeur du volume d'un gros pois, constituée par un tissu dur et grisâtre. Bigirardi cite également un cas où les deux vagues présentaient, le long de leur trajet, de petits névromes de couleur rosée et du volume des ganglions rachidiens. Enfin le pneumo-gastrique subit volontiers la dégénérescence granulo-graisseuse à la suite des fièvres typhoïdes graves. Plus souvent encore il éprouve la même altération sous l'influence de la diphthérie, parce qu'il se distribue tout justement à la muqueuse qui constitue un siége de prédilection pour cette affection.

Physiologie pathologique. — Comme le pneumo-gastrique est un nerf mixte, il est évident que lorsqu'il est compromis à un titre quelconque, il peut déterminer des troubles de motilité et de sensibilité, soit isolément, soit conjointement. Mais sa destination presque exclusivement viscérale fait que la paralysie du mouvement et celle du sentiment, considérées en elles-mêmes, s'effacent devant les conséquences fonctionnelles qu'elles entraînent. Pour cette raison, il vaudra mieux grouper les troubles morbides par fonctions, de sorte que nous aurons à examiner successivement : 1° les troubles de l'appareil digestif; 2° ceux de l'appareil de la respiration ; 3° ceux de l'appareil de la circulation; 4° ceux des appareils hépatique et rénal. Sachez seulement que ces différents groupes de troubles sont loin de s'isoler au lit du malade. Ainsi que les observations recueillies par Habersohn le démontrent, toute altération siégeant à l'origine du vague peut engendrer des phénomènes d'irritation dans toute la sphère de distribution de ce nerf : quand la cause morbide existe sur la continuité du cordon, non-seulement les symptômes peuvent aussi se généraliser, mais il peut apparaître des troubles de l'encéphale lui-même; enfin il peut s'établir une véritable alternance entre les différents symptômes fonctionnels. Un des malades signalés par cet auteur présentait alternativement de l'asthme, des palpitations, de la céphalalgie et des troubles gastriques.

1° Nous avons vu que dans les laboratoires le vague se montrait capable de réagir sur la corde du tympan et d'activer la sécrétion salivaire d'une manière réflexe. La pathologie nous fournit la reproduction naturelle de ce fait expérimental, car c'est par un mécanisme du même genre que les helminthes déterminent assez souvent du *ptyalisme*.

Les maladies de la 10° paire peuvent donner lieu à des troubles de la déglutition, car elles occupent une place notable dans l'étiologie de la *dysphagie*. Tantôt ce sont les muscles du pharynx qui font défaut; tantôt ceux de l'œsophage; tantôt les deux groupes musculaires sont frappés simultanément. Spring, Wilson, Esquirol ont vu l'œsophage être paralysé par la compression qu'exerçait une tumeur sur le vague. Le soldat de Beck avait les muscles du pharynx complétement inertes. Chez un malade de Zur Helle, dont le vague avait éprouvé la dégénérescence granulo-graisseuse, la déglutition était très-pénible et presque impossible. Il est vrai que l'auteur a cru devoir faire une réserve, il lui a semblé que ce qui empêchait surtout l'acte de s'accomplir, c'était la vive douleur qu'il provoquait au niveau du cartilage thyroïde, de sorte qu'à ses yeux le trouble était plutôt de nature sensitive que de nature motrice. La femme qui eut le vague contusionné dans une chute déterminée par une voiture, était dans l'impossibilité complète d'avaler. Il est vrai que la fracture de l'os hyoïde devait déjà par elle-même rendre cette opération difficile. Chez le malade de Gairdner, la déglutition s'effectuait à peine. La dégénérescence granulo-graisseuse que la diphthérie fait éprouver aux ramifications du vague entraîne particulièrement l'inertie des constricteurs du pharynx, ce qui entrave considérablement l'exécution de cet acte et qui détermine surtout la pénétration des matières alimentaires dans les voies pulmonaires. Le même fait est aussi fréquent à la suite des fièvres typhoïdes graves. Dans ces diverses circonstances, la paralysie n'est pas toujours complète et alors les aliments peuvent encore parvenir dans l'estomac sous l'influence combinée de la pesanteur et du *vis à tergo* que crée l'arrivée de nouvelles bouchées. Du reste, même quand la paralysie œsophagienne est complète, la déglutition s'opère encore si les muscles du pharynx sont restés intacts, ils suffisent pour pousser les aliments à travers ce conduit inerte. Remarquez que si la déglutition est rarement abolie sur le terrain clinique, cela tient à ce que, la plupart du temps, un des deux nerfs se trouve intact. L'acte peut être rendu difficile par une condition opposée, c'est-à-dire par l'exaltation du vague et le spasme des muscles pharyngiens et œsophagiens. Sous ce rapport, la 10e paire offre une tendance particulière à subir l'influence des névroses générales. La dysphagie spasmodique est en effet une des manifestations les plus constantes de l'hystérie, de l'épilepsie, du tétanos et de la rage. Dans cette dernière maladie, il y a là peut-être plus qu'un écho spécial de la souffrance des centres nerveux ; car on a déjà trouvé plusieurs fois dans cette circonstance le nerf atteint de dégénérescence granulo-graisseuse (Haden, Clifford, Allbutt). En raison même de ce travail de destruction, il est probable que la gêne de la déglutition est plutôt de nature paralytique que de nature spasmodique. La dysphagie spasmodique peut aussi naître sur place et n'emprunter aux centres que leur pouvoir de réflexion, car elle est souvent la conséquence d'une irritation directe des fibres sensitives du vague qui se trouve réfléchie sur ses fibres motrices. Il en est évidemment ainsi lorsque le spasme succède à l'ingestion d'un bol alimentaire trop chaud ou trop froid, ou d'un liquide irritant. Dans l'œsophage, le spasme se concentre souvent en certaines zones qu'il rétrécit en formant un véritable rétrécissement spasmodique. Cette contraction a pour résultat de comprimer les fibres sensitives du nerf. De là une douleur très-vive qui vient à son tour exagérer d'une manière réflexe la contraction primitive.

La physiologie expérimentale nous ayant montré que le vague préside à la sensibilité et à la motilité de l'estomac et qu'il intervient jusqu'à un certain point dans la sécrétion du suc gastrique, nous devons rechercher si les maladies de ce nerf produisent aussi des troubles sensitifs moteurs et sécréteurs. La sensibilité des ramifications stomacales du nerf vague, qui reste presque inconsciente dans l'état physiologique et semble n'être pas beaucoup supérieure à celle des filets du sympathique, peut acquérir dans l'état pathologique un très-haut degré d'intensité. Dans les plaies simples de l'estomac, le vague augmente souvent par lui-même la gravité de la blessure. En portant l'impression irritante qu'il puise au niveau de la solution de continuité dans le bulbe, c'est-à-dire dans un centre qui préside aux fonctions les plus importantes de la vie, il peut troubler celles-ci au point de donner lieu à une mort rapide. Ce n'est que de cette façon qu'on peut expliquer la cessation brusque de la vie chez des individus atteints de plaies stomacales très-petites et n'ayant déterminé encore ni péritonite, ni hémorrhagies. Le pneumo-gastrique se montre aussi frappé de névralgie presque aussi souvent que le trijumeau. La grande fréquence de la gastralgie tient d'abord à la disposition terminale des branches stomacales de la 10e paire. Rampant dans une muqueuse délicate etre couvertes d'un seul plan de cellules qui, en outre, sont souvent en desquamation, elles sont beaucoup plus exposées que les nerfs cutanés à souffrir du contact des corps étrangers. La masse alimentaire avec laquelle la muqueuse se trouve à chaque instant en rapport renferme parfois des corps durs, des fragments d'os qui peuvent même blesser directement les ramifications nerveuses. Bien des substances constituent aussi pour elles des irritants chimiques, telles que l'alcool, et beaucoup de celles qui sont administrées à titre de médicament. La cause d'irritation peut siéger plus haut, tout en ayant le même résultat, pourvu que, dans le tronc commun, elle touche les fibres destinées à devenir plus bas les rameaux stomacaux. Quel que soit son point d'application, elle fera naître des douleurs que le moi rapportera à l'extrémité périphérique du nerf. C'est ainsi que des tumeurs situées même sur une zone élevée du vague peuvent engendrer des douleurs gastralgiques. La plupart des phthisiques éprouvent des douleurs d'estomac très-tenaces et très-violentes. Il en est chez lesquels la gastralgie est, pendant longtemps, le symptôme dominant et même le seul apparent. L'hérédité paraît jouer un certain rôle dans la production de cette forme, car j'ai déjà rencontré plusieurs familles où la tuberculisation ne se manifestait qu'après avoir été précédée d'une gastralgie persistante. Doit-on voir là des irradiations douloureuses restant dans la sphère du vague, et la titillation que les granulations font éprouver aux ramifications pulmonaires est-elle réfléchie par le noyau du pneumo-gastrique sur des fibres sensitives stomacales? Ou bien la production des tubercules est-elle le résultat d'une déviation de la vie cellulaire provoquée par un état morbide primitif du centre respiratoire et de l'ensemble du pneumo-gastrique? J'avoue que la forme héréditaire, dont je viens de parler, me porte assez à supposer que quelquefois ce mécanisme pathogénique se réalise. Jaccoud a signalé, avec raison, une autre lésion ambiante qui peut engendrer spécialement et exclusivement la gastralgie : c'est pourquoi je ne l'ai pas indiquée dans l'anatomie pathologique : c'est le varicocèle qui, lorsqu'il rentre dans la cavité abdominale, augmente la tension du système veineux et exerce, par là, une pression sur le plexus solaire. Quel que soit le siége de la cause déterminante, les connexions que le vague contracte avec le sympathique dans le plexus solaire font que la douleur gastralgique peut aller retentir jusque sur les reins, le foie et même le cordon spermatique. A son extrémité encéphalique, ce même nerf se trouve, par l'intermédiaire du tubercule cendré, dans des rapports assez étroits avec le trijumeau. Là existe sans doute la clef de la céphalalgie qui accompagne si souvent la gastralgie et que provoquent, d'autre part aussi, les autres troubles de l'estomac. Les réactions motrices auxquelles le vague peut donner lieu lorsqu'il est dans l'état de névralgie, sont souvent plus étendues encore que celles qu'engendre la névralgie faciale. Dans beaucoup de cas, les muscles de la paroi abdominale se tétanisent, le crémaster fait remonter le testicule jusque contre l'anneau inguinal, la contraction tonique des muscles faciaux rend le visage crispé et hippocratique, et il en résulte le plus haut degré de la mimique de la souffrance. Souvent aussi la douleur stomacale détermine une constriction réflexe du pharynx et de l'œsophage. Elle crée aussi une dysphagie symptomatique. Ce qui différencie surtout le pneumo des autres nerfs cérébro-rachidiens, c'est l'aptitude qu'il a à réfléchir ses impressions sur les fibres lisses des vaisseaux. L'effacement général du système vasculaire périphérique produit la pâleur et le froid des extrémités et du visage. Les vaisseaux cérébraux peuvent aussi éprouver le même resserrement spasmodique. De là, les syncopes qu'on observe quelquefois. Cette aptitude n'a rien d'étonnant, puisque ce nerf aboutit directement au point où se trouvent centralisées toutes les actions vaso-motrices de la moelle et de l'encéphale. Il est l'agent sensitif par excellence des mouvements réflexes de la respiration et de la circulation. Il est l'accrédité du système nerveux de la vie de relation près du système nerveux de la vie végétative. C'est en cette qualité qu'il rend à son tour le cerveau solidaire des actes morbides qui se passent dans les viscères, particulièrement dans l'estomac. Ce retentissement encéphalique est d'autant plus marqué que le nerf est en état d'hyperesthésie. C'est pour cette raison que la gastralgie engendre souvent le vertige.

Les maladies organiques de l'estomac donnent ordinairement lieu à des douleurs qui sont parfaitement en rapport avec leur mode d'action sur les fibres du vague. La douleur liée à l'existence d'un ulcère simple a pour caractères d'être très-vive et d'apparaître seulement au moment de l'arrivée des aliments, tout justement parce que ceux-ci touchent directement des fibres nerveuses mises presque à nu. Pour la même raison, quand le cancer est ulcéré, la douleur s'exaspère lors de l'introduction des aliments et cesse par l'expulsion du contenu de l'estomac. Avant l'ulcération, la douleur est indépendante de cette introduction et elle est la conséquence de l'envahissement progressif de l'atmosphère des nerfs par la tumeur. Dans trois cas de cancer, ayant provoqué pendant la vie des douleurs atroces, on trouva les branches les plus volumineuses du vague atteintes par la production hétérogène. Lorsque la tumeur fait une saillie considérable dans l'estomac et rétrécit sa cavité, c'est une sensation de constriction. La cyrrhose de l'estomac, qui coagule, pour ainsi dire, le tissu et annihile ses éléments nerveux, constitue, au contraire, une affection indolore.

La pathologie, plus que la physiologie, prouve que c'est bien le vague qui est l'agent sensitif du sentiment de la *faim*. Il est vrai que Schiff a réuni quelques observations qui tendraient à prouver que l'estomac et, par conséquent, le pneumo, ne sont pour rien dans la production de cette sensation. Il en cite, entre autres, une de Busch, relative à une femme atteinte de plaie perforante du duodénum. L'estomac devait être satisfait pour son propre compte, puisqu'il continuait à recevoir des aliments et à les digérer, mais la malade était en proie à une faim continuelle, parce que le produit de cette digestion sortait par la fistule et était perdu pour la nutrition générale. Une autre observation est empruntée à Morgagni. Il s'agit d'un cas de ganglions tuberculeux du mésentère qui comprimaient l'intestin. Le sujet mangeait, digérait, mais restait tourmenté par la faim, parce que le chyme ne pouvait pas gagner le tube intestinal pour y être absorbé. Une troisième lui a été fournie par Morton, qui constata l'existence d'une faim constante chez un individu atteint de rupture du canal thoracique et dont l'économie ne pouvait pas profiter des produits de l'absorption. Mais ces faits d'exaltation de la faim, qui pouvaient, du reste, s'expliquer par l'irritation que ces divers produits pathologiques exerçaient sur les ramifications du vague, perdent certainement la signification qu'on a voulu leur prêter devant ce que nous enseigne journellement la clinique. En effet, l'état névralgique de ce nerf amène les aberrations les plus variées de cette sentinelle préposée à notre conservation. C'est tantôt une boulimie véritable; tantôt une fausse exagération de cette sensation. Le malade croit qu'il va tout dévorer, et, chose singulière, cette faim illusoire coïncide toujours avec une satiété anormale. Il n'a pas plutôt touché aux aliments qu'il se trouve rassasié, et cependant il est évident que son besoin de réparation n'est nullement satisfait. D'après Brinton, le cancer, qui étouffe dans sa prolifération les ramifications du vague, amène l'anorexie d'une manière constante. L'ulcère simple respecte, au contraire, la faim, parce qu'il met les filets nerveux à nu plutôt qu'il ne les détruit. Le malade de Swan, dont les ramifications stomacales étaient enflammées, ne pouvait se rassasier. La femme observée par Bignardi et qui avait des névromes sur le trajet du vague, avait une faim insatiable. La malade de Johnston, dont le pneumo était comprimé et complétement atrophié par une saillie de l'artère vertébrale, ne ressentait nullement la faim.

La tunique musculeuse de l'estomac peut devenir le siége de véritables convulsions. Souvent cette exaltation fonctionnelle des filets moteurs du vague est purement réflexe et est provoquée par la surexcitation que présentent ses fibres sensitives dans certaines gastralgies. Parfois, ces convulsions sont telles qu'on est presque témoin, à travers la paroi abdominale, du tumulte moteur dont l'estomac est le siége. Il est difficile de constater la paralysie de cette même musculeuse. Mais Brinton n'hésite pas à regarder l'affection dite *dilatation de l'estomac* comme le résultat de l'inertie musculaire de cet organe. Il attribue aussi la flatulence à une inertie passagère, parce que l'exhalation des gaz est toujours en raison inverse de la pression que leur fait subir le contenant.

Il est un phénomène morbide dans la production duquel le vague semble, *à priori*, pouvoir intervenir à la fois comme nerf sensitif et comme nerf moteur : c'est le *vomissement*. La sensation *nausée*, qui précède et appelle l'acte mécanique du vomissement, résulte bien certainement le plus souvent d'une impression apportée par le pneumo, car ce sont les causes qui agissent directement sur l'estomac, et les maladies de cet organe qui produisent le plus facilement cet acte. Le résultat peut être le même lorsque l'irritation porte sur les ramifications non stomacales du vague. C'est ainsi que les tubercules pulmonaires déterminent souvent des vomissements en irritant le noyau du pneumo-gastrique par l'intermédiaire du plexus pulmonaire. Il en est souvent de même aussi dans le cas d'excitation du laryngé supérieur ou du plexus cardiaque. Mais l'intervention sensitive du vague n'est nullement indispensable. Comme toutes les sensations, la nausée a un centre qui peut l'engendrer directement et en faire ainsi le pendant des autres sensations subjectives. C'est ainsi que les maladies de l'encéphale la font naître souvent. Tout en appartenant encore à l'encéphale comme origine, elle a déjà quelque chose de réflexe quand elle est provoquée par une émotion, ou un souvenir, ou un dégoût moral. Le courant centripète se fait des cellules affectives ou intellectuelles vers le centre nauséigène. Ce courant provocateur peut, du reste, être apporté par n'importe quel nerf, particulièrement par le glosso-pharyngien, le trijumeau, les plexus rénaux et hépatiques. Somme toute, le vague est seulement le nerf le mieux approprié à ce genre de provocation, sans doute parce qu'il contracte les connexions les plus directes avec le centre de la nausée. Il était rationnel qu'il en fût ainsi, puisque l'acte en lui-même a pour but utilitaire de débarrasser l'estomac d'un contenu qui l'irrite. Aussi le vomissement qui est amené par le vague est-il le seul naturel, le seul physiologique. Tous ceux qui ne reconnaissent pas cette origine sont des aberrations du vomissement. La première manifestation réflexe de la nausée porte sur la corde du tympan, car il se fait tout d'abord un afflux plus considérable de salive; puis vient ensuite la réaction capitale, celle qui détermine l'expulsion du contenu de l'estomac. Le vague remplit un rôle beaucoup moins important dans cette partie motrice du vomissement. On croyait autrefois que l'expulsion du contenu de la cavité stomacale était avant tout l'œuvre du resserrement de ses parois. Mais il est bien établi aujourd'hui, par l'examen direct et par l'expérience de Béclard, qui consiste à substituer une vessie inerte à l'estomac d'un animal, que le vomissement peut se réaliser sans l'action des parois stomacales. Toutefois, celles-ci peuvent intervenir, mais les mouvements qu'elles exécutent alors suivent la marche habituelle et n'ont rien d'antipéristaltique. Que le contenu doive sortir par le pylore ou l'œsophage, l'estomac agit de la même façon; il se contente de resserrer sa cavité sans imprimer à ce contenu une direction déterminée. Des expériences plus récentes, exécutées par Carl Grêve, de Berlin, sont encore venues démontrer que le vomissement peut parfaitement se passer de l'intervention motrice du vague. Il a administré à des animaux, auxquels il avait préalablement coupé la 10ᵉ paire, de l'apomorphine, dont l'action vomitive est constante et n'amène point de complications générales. Dans ces conditions, l'acte s'est toujours accompli avec son énergie habituelle. Disons toutefois que, dans ses vivisections, Schiff n'est pas arrivé à des conclusions tout à fait semblables. Selon lui, si le vomissement continue à s'effectuer après cette section, il le fait d'une manière plus pénible et plus irrégulière. Il se produit un défaut de coordination, une véritable ataxie de cet acte. L'auteur attribue ce résultat à ce que l'expulsion nécessite non-seulement la pression due aux parois abdominales, mais encore la dilatation active de la partie inférieure de l'œsophage. Or, comme celles-ci sont animées par le vague, elles ne peuvent plus accomplir cette condition lorsque ce nerf est coupé. Il en résulte que le contenu ne peut s'échapper librement et ne le fait qu'en bavant. En clinique, on n'a pas encore eu l'occasion de chercher à provoquer des vomissements alors que les deux vagues se trouvaient être paralysés, mais on a pu constater l'aptitude que ces nerfs sensitifs ont à engendrer la nausée et à déterminer l'acte mécanique. Le malade de Gairdner était en proie à des vomissements continuels. Il en fut de même de celui de Zur Helle. D'après Fano, la résection accidentelle de l'un des deux vagues est suivie du même phénomène pendant le premier mois, c'est-à-dire tant que le bout central se trouve être très-irrité. Pendant le second mois, il n'y a plus que des nausées, qui finissent par disparaître elles-mêmes. L'observation journalière démontre que la plupart des états morbides de l'estomac, gastralgie, cancer, ulcère, cyrrhose, etc., provoquent des vomissements qui sont une réaction réflexe de l'excitation éprouvée par la 10ᵉ paire. Elle nous montre aussi que beaucoup de phthisiques ont le même symptôme, sans qu'il soit déterminé mécaniquement par la toux, et uniquement à la suite de la titillation des filets pulmonaires par les tubercules. On s'est peu préoccupé, jusqu'à présent, de constater dans l'espèce humaine l'action du vague sur la sécrétion gastrique. Swan, seul, a signalé un fait qui tendrait à justifier les conclusions que nous avons données dans la physiologie normale. Chez son malade, les matières rendues par le vomissement n'offraient point les signes de la digestion.

2° En ce qui concerne l'appareil de la respiration, voyons d'abord si les maladies du vague engendrent chez l'homme des altérations matérielles du poumon, comme le fait la section de ce nerf chez les animaux. Il ne semble déjà pas en être ainsi dans le cas où le bistouri du chirurgien s'est vu forcé de sacrifier le vague. Car Labat, M'Clellan, Billroth citent des cas de résections considérables et accidentelles de ce nerf, à la suite d'extirpation de tumeurs, et dans lesquels les poumons sont restés sains. Dans les maladies spontanées, l'immunité est loin d'être aussi grande, sans être impossible. Le soldat observé par Beck présenta à l'autopsie des poumons complétement envahis par une congestion passive. Ces organes étaient aussi, comme à la suite de la section expérimentale, obstrués par des mucosités sanguinolentes. Le poumon droit contenait, en outre, six petits foyers lobulaires ramollis, pyohémiques. Le malade de Zur Helle eut une pneumonie du côté du nerf atteint. Par contre, celui de Swan avait les poumons sains. Évidemment, nous devons admettre, comme dans la physiologie normale, que ce n'est pas à titre de vaso-moteur que le vague agit dans la production de ces altérations matérielles. La pathologie nous le montre peut-être plus encore que les vivisections, car en clinique les poumons se montrent aussi souvent sains qu'altérés. Or, si la 10ᵉ paire présidait à la circulation pulmonaire, sa paralysie devrait toujours produire une congestion passive du poumon, et son excitation, soit de l'anémie, soit une congestion inflammatoire. Mais comment expliquer alors les troubles congestionnels lorsqu'ils existent ? Évidemment aussi, comme nous l'avons fait déjà pour les faits expérimentaux, en regardant le vague comme le provocateur sensitif spécial des actions réflexes des vaso-moteurs du poumon. Si cet agent sensitif, qui, par le fait, est appelé à doser la vascularisation de l'organe, puisque les réactions vaso-motrices sont toujours en raison des sensations provocatrices, est supprimé ou a perdu de sa valeur, les vaisseaux perdent à leur tour de leur *tonus* habituel, et il en résulte une congestion passive plus ou moins prononcée. Cet effet est d'autant plus marqué que le sympathique est lui-même dans un état de semi-paralysie, comme cela a lieu dans l'adynamie d'origine typhique ou autre. Voilà pourquoi dans les fièvres typhoïdes, on trouve une congestion passive plus souvent que dans la paralysie isolée du vague. Si, au contraire, la

10e paire est irritée, elle excite le sympathique à réaliser les conditions vasculaires d'une congestion active et inflammatoire. Or, en clinique, les tumeurs et tous les processus ambiants qui compromettent le vague tendent plutôt à l'irriter qu'à le paralyser. Quand ils le compriment, ils le font d'une manière incomplète et inconstante, de sorte que l'état paralytique se trouve toujours mélangé de bouffées d'excitation. Voilà pourquoi, chez l'homme, les maladies du pneumo déterminent plus souvent une pneumonie que l'expérimentation ne le fait chez les animaux. Du reste, même quand il y a paralysie réelle, il se fait encore des noyaux d'induration, parce que la perte de la sensibilité et de la contractilité des bronches laisse s'accumuler le mucus et les poussières de l'air qui, par leur contact, font dévier la vie cellulaire de ce tissu imbibé de sang. C'est pour cela qu'il peut survenir de la pneumonie même dans l'adynamie la plus complète. Je ne serais pas étonné que le vague intervienne comme excitant sensitif dans certaines pneumonies franches qui succèdent à des circonstances capables d'irriter les ramifications sensitives de ce nerf. Il est pour les vaso-moteurs du poumon ce qu'est un nerf collatéral du doigt pour les vaso-moteurs de cet appendice. Il tend à les mettre en activité inflammatoire lorsqu'il est irrité, ainsi que le fait le nerf collatéral lorsqu'il est piqué. Chez l'enfant dont je vous ai parlé, et qui a eu le vague droit compromis par une tumeur ganglionnaire du cou, la situation était excessivement complexe, puisqu'il était sous l'empire d'une albuminurie scarlatineuse. Mais je crois devoir mettre en grande partie sur le compte des alternatives de compression et d'excitation subies par le nerf (alternatives que rendaient incontestables les phénomènes glottiques), la mobilité des signes sthétoscopiques fournis par le poumon. Le souffle tubaire apparaissait, disparaissait et se déplaçait d'un jour à l'autre. A d'autres moments, on ne percevait que des râles d'hypostase. Mais la congestion passive, comme l'inflammation, restait toujours limitée au poumon droit, de sorte qu'il n'était pas permis de voir là un effet ordinaire de l'adynamie.

Pour les troubles fonctionnels de la respiration, nous considérerons encore à part ceux qui portent sur le mécanisme respiratoire de la glotte et ceux qui portent sur le mécanisme du thorax et des poumons. Sous le rapport des troubles glottiques, la pathologie reproduit assez exactement ce que l'expérimentation détermine chez les animaux. Dans les laboratoires, l'électrisation du bout périphérique du récurrent ou du vague produit un spasme tonique des muscles du larynx, d'où résulte une occlusion de la glotte, les constricteurs l'emportant de beaucoup sur les dilatateurs. Le malade de Coé éprouvait des suffocations qui rappelaient tout à fait le même genre de spasme, tout justement parce que la lésion ambiante avait déterminé une inflammation du récurrent qui devait exciter ce nerf et non le paralyser. C'est aussi par voie d'irritation que l'hypertrophie du thymus signalée par Kopp, et le développement des glandes cervicales peuvent engendrer le spasme de la glotte. Toutefois, dans ce résultat morbide c'est la portion spinale du récurrent qui joue le principal rôle, puisque ce sont les constricteurs qui produisent la dyspnée. Quand on soumet le bout central du vague à une électrisation trop intense, l'animal peut être tué brusquement. Or, dans l'espèce humaine, on a vu la mort être produite subitement par une simple cautérisation du larynx à l'aide de l'ammoniaque ou par l'introduction, dans ce conduit, d'un corps étranger d'un trop faible volume pour amener une obstruction complète et qui n'avait dû agir que par contact. Bert n'hésite pas à attribuer la mort, dans les deux cas, à une suspension brusque de la respiration due à l'ébranlement trop considérable du centre respiratoire.

Chez l'homme, la section accidentelle du vague peut n'entraîner aucun symptôme apparent, comme l'ont montré Labat, M'Clellan et Billroth. Cela tient sans doute à ce que non-seulement la solution de continuité n'a porté que sur un seul nerf, mais surtout à ce que le cordon envahi par la tumeur était perdu depuis longtemps pour le fonctionnement et à ce que le vague du côté opposé était habitué à exagérer son action dilatatrice, pour suppléer à l'absence de celle de son congénère. C'est tellement vrai que l'obstruction passive et paralytique s'est effectuée, absolument comme chez les animaux, dans les cas où la tumeur n'avait pas détruit le nerf peu à peu et dans ceux où celui-ci a été brusquement brisé par des armes à feu. Les malades de Beck, de Gairdner, de Guttman, de Swan, présentèrent tous le sifflement laryngé particulier à la paralysie artificielle de la glotte. Mais ce sont surtout les observations de Gerhard, de Riegel, de Peutzolot et de Ferth, qui ont de la valeur, parce que la paralysie semble y être restée limitée aux muscles dilatateurs et au vague lui-même, à l'exclusion du spinal, et parce qu'elles viennent démontrer sur le terrain clinique les deux affectations bien distinctes des deux nerfs qui concourent à la formation du récurrent. Dans toutes ces observations, l'exercice de la phonation s'est trouvé respecté. La dilatation inspiratoire seule a fait défaut. L'entrée de l'air se faisait avec peine et produisait un sifflement qu'on entendait à distance. L'expiration était au contraire facile et courte. Au laryngoscope il fut chaque fois constaté que, même pendant l'inspiration, la glotte restait au moins aussi rétrécie que pour l'exercice de la parole. On n'apercevait qu'une fente excessivement étroite.

Un fait m'avait frappé dans toutes les autopsies d'enfants ayant succombé au croup, dont j'avais pu être témoin, c'est que généralement l'obstruction produite par les fausses membranes était loin d'être complète. Il était évident pour moi qu'il restait toujours un passage suffisant pour empêcher l'asphyxie d'être mortelle. De concert avec mes maîtres, MM. Victor et Léon Parisot, j'avais pensé que les plaques diphthéritiques qui amènent la paralysie des muscles du voile du palais devaient aussi produire celle des muscles de la glotte, et que l'inertie de ces derniers complétait alors, suivant le mécanisme indiqué par Bérard, l'occlusion commencée par la présence des fausses membranes. L'insuffisance de l'obstruction par les productions diphthéritiques a été remarquée aussi par d'autres médecins, qui, pour expliquer la mort, ont supposé qu'il se produisait au contraire, sous l'influence de l'irritation de la muqueuse, un spasme opérant une fermeture complète. Niemeyer a déclaré, depuis, que l'idée de spasme n'est pas soutenable, parce que les muscles sous-jacents à une muqueuse enflammée sont pâles et œdématiés et par conséquent plutôt rendus inertes. Il ajoute avec raison que la dyspnée engendrée par le croup est identique à celle que produit la section des récurrents, mais, comme le microscope a démontré que dans la diphthérie les nerfs éprouvent la dégénérescence granulo-graisseuse, je crois que là se trouve la raison de l'inertie des muscles, plutôt que dans leur décoloration et leur infiltration. Mon collègue et ami le Dr Lallement, dans sa thèse inaugurale, a combiné les deux interprétations. Il pense qu'au début de la maladie, la suffocation est aggravée par des contractions spasmodiques, tandis qu'il y a paralysie dans la dernière période. Il est très-possible qu'il y ait des spasmes réflexes quand la muqueuse est simplement enflammée ; mais ce qu'il y a de certain, c'est que la mort est la conséquence directe de la paralysie, puisqu'à ce moment les nerfs sont moléculairement détruits.

Les maladies qui paralysent le vague troublent le mécanisme du thorax et du poumon, absolument comme le fait la section de ce nerf chez les animaux. Il en est ainsi surtout lorsque le nerf a éprouvé la dégénérescence granulo-graisseuse. Dans une des observations de Guttman, il est dit que la respiration rappelait tout à fait le type respiratoire de ces animaux. La dyspnée était très-grande. Les inspirations étaient lentes, mais très-profondes. Le malade de Bigirardi présentait aussi du ralentissement de la respiration. Chez le soldat de Beck, les mouvements du thorax étaient abolis du côté droit, à l'exception de ceux qui étaient dus au diaphragme. Le malade de Swan avait la respiration très-difficile. La présence de tumeurs, notamment d'anévrysmes dans le thorax, donne lieu à des manifestations dyspnéiques qui se distinguent des précédentes, parce qu'il ne s'agit plus d'une transformation moléculaire qui paralyse le nerf, mais d'une cause qui est encore plus irritante que comprimante. Elle engendre plutôt le désordre de la respiration que son anéantissement : c'est de l'ataxie dans la dyspnée. Elle crée même une véritable névralgie, et c'est pour cette raison, sans doute, que la dyspnée n'est pas constante et affecte souvent la forme d'accès. Il en fut ainsi dans les observations de Gairdner, d'Andral, de Hankel, Ley, Kyll.

Nous avons accordé (1er vol., p. 375) une certaine part dans les phénomènes de l'*asthme* au spasme des fibres musculaires des bronches. Nous avons vu aussi que le point de départ de cette affection se trouve souvent dans l'encéphale ; mais ce spasme peut être aussi la conséquence de l'excitation directe des nerfs bronchiques. Biermer (de Zurich) a observé plusieurs cas de ce genre déterminés par la tuméfaction des ganglions bronchiques. L'élément sensitif de ce spasme prend généralement naissance sur la surface d'étalement du vague, particulièrement sur la muqueuse laryngo-bronchique ; mais parfois il s'engendre sur la pituitaire, soit sous l'influence de l'inhalation de certains parfums, et c'est le nerf olfactif qui transmet l'impression, soit sous celle des poussières atmosphériques, comme dans l'asthme de foin, et c'est le trijumeau qui sert alors de conducteur. Enfin, il peut être provoqué par les lésions viscérales les plus variées où le sympathique devient le siége d'un courant centripète, et spécialement par des altérations circulatoires où les nerfs cardiaques sont alors mis en jeu. Il est vrai qu'on a contesté l'existence du spasme bronchique dans n'importe quel asthme, mais Biermer croit qu'elle est suffisamment démontrée par la forme même du rhythme respiratoire, par les bruits de sténose que l'on entend, et par ce fait qu'il cesse brusquement sous l'influence du chloral. C'est aussi mon impression. Le resserrement produit des espèces de diaphragmes qui semblent s'opposer davantage à la sortie de l'air, qu'à sa pénétration. Le malade, ne pouvant se débarrasser aisément de l'acide carbonique et de la vapeur d'eau emprisonnés dans ses alvéoles pulmonaires, fait tous ses efforts pour ajouter sans cesse de nouvelles quantités d'air pur à ce mélange irrespirable. De là, distension outrée des vésicules, plus grande sonorité et voussure. Il se passe le contraire de ce qui se produit lorsque le spasme existe à la glotte. Dans ce dernier cas, l'expiration s'exécute facilement, et c'est l'inspiration qui est exagérée. Aussi, tandis que dans le premier, le malade exalte instinctivement la contraction des inspirateurs, c'est au contraire avec les puissances expiratrices qu'il lutte dans l'asthme bronchique. Biermer pose même en principe que tout accès d'asthme qui dure plusieurs heures est dû à un spasme des bronches et non à la contraction tonique du diaphragme, car cette dernière ne saurait persister longtemps sans amener une asphyxie complète. Quoi qu'il en soit, du moment où nous avons été conduits antérieurement à accorder aux fibres de Reisseisen une certaine part dans les phénomènes moteurs de l'asthme, nous devons reconnaître que le vague intervient dans tous les accès pour exciter la motilité de ces fibres et qu'il intervient aussi le plus souvent comme nerf sensitif, pour provoquer le réflexe des fibres bronchiques et de certains muscles du thorax.

La *toux* est pour les voies pulmonaires ce que le vomissement est pour l'estomac. Dans l'un et l'autre cas, le but est d'expulser un contenu irritant, réel ou non. Dans les deux cas, c'est le plus souvent le vague qui fournit l'élément sensitif, et l'impression provocatrice peut prendre naissance sur n'importe quel point de son trajet. Kohts a pu provoquer constamment une toux convulsive chez les animaux en irritant successivement le tronc lui-même, le rameau pharyngien, le laryngé supérieur, les filets œsophagiens, trachéaux et bronchiques. Il n'y a que les filets stomacaux qui se soient montrés incapables d'engendrer la toux. Ces expériences n'ont fait que confirmer sur le terrain expérimental ce que nous enseigne la clinique d'une manière beaucoup plus large. La toux spasmodique se montre en effet toutes les fois que le tronc du vague est irrité par le voisinage d'une tumeur ou par un processus ambiant quelconque

(Gairdner, Montaut, Gaubric, Gendrin, etc.). Il en est de même lorsque les muqueuses pharyngienne, laryngée et bronchique sont excitées par une maladie spontanée ou traumatique. La clinique réalise même, sous ce rapport, ce que l'expérimentation est impuissante à produire ; car les névroses et les maladies organiques de l'estomac s'accompagnent souvent de quintes excessivement pénibles. Le courant centripète peut même prendre naissance dans le foie. J'ai vu, en effet, fréquemment les différentes affections de cet organe s'accompagner, surtout à leur début, d'une toux spasmodique que les malades eux-mêmes comparent à la coqueluche. Il y a toutefois des points de prédilection pour engendrer ce phénomène. La muqueuse bronchique amène bien plus constamment ce résultat que les causes d'irritation qui portent sur la muqueuse digestive ou sur le foie. Le point le plus apte est incontestablement la muqueuse de la glotte, et c'est le laryngé supérieur qui constitue le délicat moyen de transmission de cette sentinelle vigilante. De même aussi que pour le vomissement, le courant centripète peut être remplacé par un état du centre ou prendre naissance sur les nerfs sensitifs cutanés. C'est pour cette raison que l'eau froide appliquée sur la peau peut enrhumer. Le glosso-pharyngien surtout paraît apte à provoquer la réaction convulsive, mais le vague n'en est pas moins l'agent sensitif le mieux adapté au phénomène, en raison de ses connexions avec le centre respiratoire. De même enfin que pour le vomissement, les fibres musculaires du contenant ainsi que les filets moteurs du vague n'apportent qu'un contingent préparatoire et accessoire. Au besoin, l'acte pourrait s'exécuter avec les apparences de la même vigueur sans leur intervention, car la puissance expultrice est surtout développée par les muscles des parois thoraciques, qui tiennent ici le rôle des muscles abdominaux dans le vomissement.

Nous devons encore ici chercher à déterminer quel est le rôle du vague dans un phénomène dont nous nous sommes déjà occupés et qui est connu sous le nom de *respiration de Cheyne-Stokes*. D'après Filehne, l'intégrité de la 10e paire n'est nullement nécessaire à sa production, car il l'a obtenu chez des animaux auxquels il avait préalablement sectionné les deux vagues, en les soumettant à l'action toxique de la morphine, de l'éther et du chloroforme. Le seul effet imputable à l'absence des vagues a été une plus longue durée des pauses. Créant ainsi le phénomène à son gré, il a pu mieux l'analyser et il a conclu que deux conditions sont indispensables à sa réalisation. Il faut d'une part que le centre respiratoire soit affaibli et ait perdu considérablement de son excitabilité, et d'autre part, que le centre vaso-moteur, tout en étant affaibli lui-même, ait conservé cependant plus d'excitabilité que le premier. Il fait observer que, pendant la pause, le cœur se ralentit de plus en plus et finit par s'arrêter complétement. Il pense que l'accumulation de l'acide carbonique dans le sang qui se fait pendant cette pause a pour résultat d'exciter le bulbe, mais que le centre vaso-moteur subit le premier et seul les effets de cette excitation, parce qu'il est plus excitable et qu'il traduit son exaltation par l'excès de son fonctionnement normal, c'est-à-dire par l'arrêt du cœur et par la contraction de tout le système artériel. Mais le resserrement des vaisseaux du bulbe produit l'anémie de cet organe. Le centre respiratoire se trouvant alors totalement privé d'oxygène, entre à son tour dans un grand état d'exaltation et devient le siége d'un violent besoin d'inspiration. De là, la profondeur et la puissance des premières inspirations qui se manifestent. Mais bientôt celles-ci perdent de leur vigueur, parce que l'oxygène amené tout d'un coup en trop grande quantité rend de nouvelles introductions inutiles et paralyse le centre respiratoire. De là une nouvelle pause, pendant laquelle l'acide carbonique s'accumule de nouveau et reproduit la série de phénomènes indiquée. Il étaye cet échafaudage sur ce qu'on observe souvent alors une dilatation pupillaire qui d'habitude coïncide généralement avec une contraction des vaisseaux ; sur ce que, dans le même moment, la main sent que la fontanelle est moins tendue, ce qui ne peut tenir qu'à une contraction des artérioles du cerveau ; sur ce que chez une petite malade atteinte de méningite, il pouvait faire reparaître à volonté le phénomène de Cheyne-Stokes en exerçant une pression sur la grande fontanelle. J'avoue ne pas priser beaucoup toutes ces démonstrations indirectes, et je ne les juge pas capables de modifier l'opinion que j'ai émise à propos de la méningite tuberculeuse. Je persiste à croire que le phénomène s'explique parfaitement et simplement par l'affaiblissement que présente le bulbe dans les circonstances où la respiration de Cheyne-Stokes apparaît. Le centre respiratoire se conduit alors à la façon d'un homme qui s'efforce d'accomplir un acte dont sa faiblesse le rend incapable; quand il veut avancer, par exemple, il se met à courir, alors qu'il ne peut même pas marcher, et il tombe de suite épuisé. Le repos qu'il subit lui rend une apparence de force, et il fait un nouvel effort en retombant toujours dans la même faute. La morphine, le chloroforme, l'éther amoindrissent la puissance du centre respiratoire. Voilà pourquoi Filehne a pu faire avec eux ce que produisent les fièvres adynamiques. La section de la 10° paire rendait les pauses plus longues, parce que ce nerf ne pouvait plus venir fouetter le centre en lui transmettant l'impression que l'acide carbonique accumulé dans les vésicules fait éprouver à ses ramifications.

3° La pathologie est loin de justifier le rôle d'arrêt que l'expérimentation a conduit à accorder au vague dans la *circulation cardiaque*. Pour émettre cette assertion, je ne m'appuie pas sur l'absence de toute espèce de symptômes dans plusieurs des cas de résection accidentelle, car la lenteur de l'envahissement du nerf avait permis à la circulation cardiaque de se créer de nouvelles conditions d'équilibre. Ce qui me raffermit dans mon opinion négative, en cette circonstance, c'est que dans les observations recueillies jusqu'alors je ne vois nulle part, d'une manière nette, le cœur s'accélérer dans les cas de paralysie et se ralentir dans ceux d'irritation du nerf. Partout on aperçoit une perturbation, pouvant changer d'aspect à chaque instant. Ainsi chez le malade de Zur Helle le cœur se montra très-irrégulier dans ses allures. Par moments il présentait une énergie convulsive. Parfois, au contraire, le nombre de ses révolutions descendait à 25. En d'autres circonstances, l'impulsion faiblissait de plus en plus, sans que l'organe cherchât à suppléer par la fréquence à l'insuffisance de chaque contraction. Guttmann est le seul qui ait signalé une accélération constante et régulière du pouls. Dans tous les cas de tumeurs intrathoraciques ce que l'on signale, c'est un tumulte du cœur apparaissant par accès.

Il est une maladie variable dans son aspect et où le vague doit jouer souvent un rôle important, c'est l'*angine de poitrine*. Si on ne tient pas compte des renseignements que peut fournir l'auscultation, on peut dire que presque tous les cas que l'on a l'habitude de grouper sous cette étiquette commune consistent en une douleur atroce, qui apparaît brusquement au milieu des apparences de la santé la plus parfaite, qui siége derrière le sternum, mais qui peut s'irradier vers le cou et dans le bras; en un sentiment de suffocation complète qui jette le malade dans une angoisse et une terreur profondes. Il est convaincu qu'il meurt, et cela a lieu en effet parfois, car la crise peut aboutir à une syncope mortelle. Le tableau extérieur reste donc à peu près le même; mais quand on interroge par l'auscultation ce qui se passe du côté de la circulation et de la respiration, tantôt le cœur conserve son rhythme habituel, tantôt ses battements diminuent d'ampleur et présentent plus de fréquence, tantôt ils deviennent à peine appréciables et en même temps inégaux. Il peut enfin s'arrêter et produire une syncope passagère ou la mort. La respiration est presque toujours normale. Parfois seulement le rhythme offre un peu plus d'ampleur et de fréquence, mais toujours l'auscultation indique que l'air pénètre parfaitement, quoique le patient soit convaincu qu'il manque complétement d'air. C'est tout justement parce que la scène intime n'offre pas toujours le même aspect que le mécanisme de cette affection a été l'objet d'interprétations différentes. C'est ainsi que Maconde et Latham voient là le résultat d'un spasme momentané du myocarde; Darwin, d'un spasme du diaphragme; William Stokes, d'une syncope due à la diminution de la force musculaire du cœur; Bréra, Schæffer et John, d'une paralysie incomplète de cet organe; Beau, d'une asystolie où le système nerveux n'intervient peut-être pas; Butler, d'une goutte diaphragmatique. La plupart des autres médecins regardent la maladie comme étant constituée par une névralgie ; mais ils ne s'entendent pas sur le siége de l'éréthisme. Jaccoud localise la scène principale dans le vague qui, par suite de son état d'exaltation, arrête le cœur au lieu de se contenter de le modérer. Desportes en place aussi le foyer dans la 10e paire, avec irradiation ultérieure dans les filets cardiaques. Lartigue le met, au contraire, dans les filets cardiaques sympathiques avec extension ultérieure au pneumo. Cahen prétend que le phénomène initial est la névralgie brachiale et intercostale qui envahit ensuite le sympathique en provoquant de sa part la congestion des organes thoraciques.

Je crois avec Romberg, Parrot et Gairdner, que l'angine de poitrine pur sang, celle qui, par conséquent, mérite de constituer une entité morbide bien déterminée, a son siége principal dans le plexus cardiaque, qui manifeste ici son autonomie pathologique, car le siége de la douleur correspond exactement au point qu'occupe ce plexus, et dans un cas d'angine de poitrine franche rapporté par Gairdner, l'autopsie montra qu'il était directement et exclusivement compromis par un anévrysme de l'aorte. Enfin, la sensation éprouvée est tout à fait de la même nature que celles que produisent les plexus hépatique et rénal dans les coliques hépatique et néphrétique. L'exaltation de ce plexus peut tenir à des conditions intrinsèques ou au voisinage d'une cause d'irritation (tumeur, anévrysme, ganglion hypertrophié, embolie de l'artère coronaire, etc.). L'ébranlement né là, sur place, ne peut évidemment devenir une douleur qu'à la condition d'être transmis au centre sensitif. Or, deux voies seulement se présentent à lui pour atteindre ce but, le vague et le sympathique. Je suis assez porté à penser qu'il s'est engagé plus spécialement dans ce dernier, lorsque la douleur consiste simplement en une forte pression ; et qu'il a pris, au contraire, la voie du pneumo, lorsque la souffrance est aiguë et se rapproche des douleurs névralgiques des nerfs cérébro-rachidiens. Il se peut aussi que, dans cette circonstance, le nerf soit irrité lui-même et vienne centupler l'ébranlement né dans le plexus. Quant aux phénomènes moteurs, lorsqu'il s'en produit, ils sont le plus souvent réflexes et la conséquence de la douleur.

4° La pathologie ne nous a encore rien appris de positif sur les troubles hépatiques et rénaux que les maladies du vague peuvent engendrer. Il n'est pas irrationnel de se demander, toutefois, si ce n'est pas par l'intervention stimulante de ce nerf que la peur et la colère produisent l'ictère par hypersécrétion de la bile.

Nerf spinal.

Constitution anatomique. — Par son origine, le spinal est à la fois un nerf crânien et un nerf rachidien. Il est, en effet, formé par la fusion de deux ordres de racines. Les unes, dites *médullaires,* sont au nombre de 6 à 8 et s'échelonnent de façon à puiser leur innervation dans les deux tiers supérieurs de la moelle cervicale. Elles sont situées en avant des racines antérieures des nerfs cervicaux et émergent du cordon antéro-latéral. Les autres, dites *bulbaires,* sont au nombre de 4 ou 5 et émanent du faisceau intermédiaire du bulbe. Suivant Lockhart-Clarke, le noyau du spinal se dédouble en deux parties, reliées d'ailleurs entre elles par des fibres spéciales. Il serait en outre en relations anatomiques manifestes avec le corps restiforme d'une part, et avec le noyau de l'hypoglosse d'autre part. Cette dernière connexion semble justifiée par la physiologie, puisque la 12e paire est appelée à articuler les sons produits par la onzième. Toutes ces racines s'ajoutent successivement les unes aux autres, de façon à constituer enfin un seul tronc qui s'engage dans le trou déchiré postérieur, où il est logé dans un canal commun à lui et au vague. A ce niveau, il fournit assez souvent un ou deux filets au ganglion supérieur de ce dernier nerf; puis il se divise presque immédiatement en deux branches, distinguées en *interne* et *externe*. L'interne se jette dans le ganglion plexiforme, fait désormais partie du pneumo-gastrique et concourt avec lui à former particulièrement le récurrent et le laryngé supérieur. L'externe, qui est plus considérable que la précédente, s'épuise dans les muscles sterno-cléido-mastoïdien et trapèze après s'être anastomosée avec les branches antérieures des 2e, 3e et 4e nerfs cervicaux. La macération dans l'alcool a permis à quelques anatomistes de constater que la branche externe se continue plus spécialement avec les racines médullaires et que l'interne fait suite plus particulièrement aux racines bulbaires.

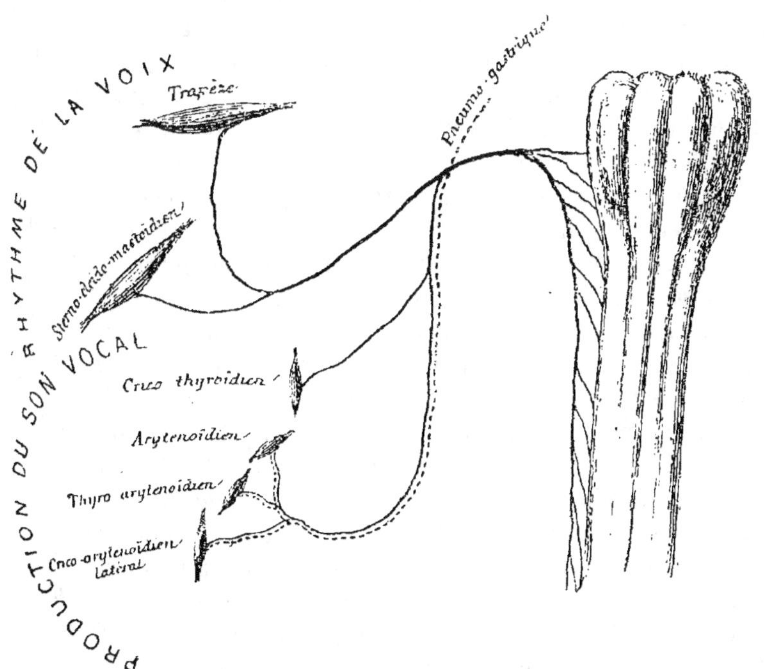

Fig. 65.

Physiologie normale. — On considère généralement aujourd'hui le spinal comme étant un nerf exclusivement moteur, et on ne lui accorde qu'une sensibilité récurrente qu'il devrait à ses anastomoses avec les paires cervicales. Cependant Van Kempen veut en faire un nerf mixte. Il prétend que sa branche externe seule est motrice, et que l'interne, celle qui vient s'ajouter au vague, est sensitive. Il refuse par conséquent au spinal toute action sur les muscles du larynx. Cet observateur a été sans doute induit en erreur par son mode d'expérimentation. Comme il agissait sur des animaux morts, il est possible qu'il ne soit pas parvenu à provoquer des contractions dans le larynx, en irritant les racines du spinal. L'action de ce nerf sur les muscles laryngés est devenue incontestable depuis les belles expériences de Cl. Bernard. Déjà, après avoir perfectionné le procédé de Bischoff, il était arrivé à couper les racines de la 11e paire sur des animaux vivants, et il avait constaté que, si la section des racines médullaires n'abolit pas la voix, il n'en est plus de même après celle des racines bulbaires. Mais il est arrivé, depuis, à des résultats beaucoup plus nets, en substituant l'arrachement à la section. Cette dernière opération nécessitait l'ouverture de la cavité crânienne et les animaux succombaient tellement vite, ils éprouvaient auparavant de tels troubles, que l'analyse ne pouvait pas être assez rigoureuse ni assez complète. Sur le cadavre, il reconnut que les racines du spinal sont plus adhérentes entre elles qu'au bulbe et à la moelle, qu'on peut, en pinçant le nerf à sa sortie du crâne et en lui imprimant un mouvement de torsion, l'arracher et entraîner avec lui toutes ses racines. Il mit à profit cette particularité et il put réaliser l'arrachement, sur des animaux vivants, presque sans délabrement. Une simple incision, étendue de l'apophyse mastoïde à l'apophyse transverse de l'atlas, permet, en effet, de découvrir la branche externe, au moment où elle va s'engager dans le sterno-cléido-mastoïdien. En la suivant de bas en haut, on est naturellement conduit au point où elle se réunit avec la branche interne. On les saisit toutes deux dans les mors d'une pince, à l'aide de laquelle on exerce sur la totalité du spinal une traction ferme et continue, et bientôt il cède entraînant avec lui toutes ses racines intactes. Au point de vue de la nature du nerf, on constate alors que la sensibilité n'a été modifiée nulle part, que l'arrachement n'a eu que des conséquences motrices, et que, par conséquent, le spinal est bien exclusivement moteur. Cl. Bernard a fait mieux encore. Avec son habileté habituelle, il est arrivé à arracher, à volonté et exclusivement, soit les racines médullaires, soit les racines bulbaires. Dans le premier cas, il n'a observé des troubles moteurs que dans la sphère de distribution de la branche externe ; dans le second, il n'y eut de compromis que le département commun au vague et à la branche interne. L'expérimentation confirme donc les résultats de la dissection, à savoir que la branche externe est d'origine médullaire, tandis que l'interne vient du bulbe. La méthode de l'arrachement a toutefois un inconvénient. Elle permet bien de constater la suppression de certains actes de nature motrice, mais elle ne montre pas quels sont les muscles atteints, par la raison que le sterno-cléido-mastoïdien et le trapèze continuent à recevoir des paires cervicales, et que les muscles du larynx sont encore, tout au moins en grande partie, sous l'empire du vague. Chauveau a cherché depuis à combler cette lacune en recourant de nouveau à l'irritation directe des racines du spinal sur des animaux tués par hémorrhagie et en se plaçant dans de meilleures conditions que celles adoptées par Van-Kempen. L'estomac, l'œsophage et les muscles du pharynx sont toujours restés inertes. Il faut toutefois excepter une petite zone supérieure du premier constricteur. Mais comme, pour obtenir sa contraction, il fallait agir dans un point très-rapproché des racines du vague, il est probable que ce résultat peut être négligé. Quant aux muscles du larynx, ils se sont toujours contractés d'une manière manifeste, tous moins un, le crico-thyroïdien. Ce dernier fait se trouve en désaccord avec ce que l'arrachement semble faire attribuer au spinal comme rôle fonctionnel. Cette réserve faite, plaçons-nous maintenant au point de vue le plus important, c'est-à-dire de la destination physiologique de la 11° paire, et déduisons les attributions fonctionnelles respectives des branches interne et externe, des troubles mêmes qu'engendre leur arrachement fait séparément. Il est évident, en effet, que chacune d'elles doit être chargée de faire ce qui cesse d'être exécuté après sa destruction.

Rôle fonctionnel de la branche interne. — Après la section des récurrents, la voix est complétement abolie, et en outre il y a une occlusion passive de la glotte qui amène une grande suffocation. Après l'arrachement du spinal, il y a aussi aphonie complète, mais la glotte reste béante et se montre même très-dilatée d'une manière persistante. La respiration continue à s'effectuer régulièrement comme auparavant. Le son glottique qui accompagne l'expiration a seul disparu et est remplacé par un faible souffle. Il est évident d'après cela que l'aphonie est la conséquence directe de la suppression du spinal, tandis que l'occlusion est au contraire celle de la paralysie du vague. Si la section du récurrent entraîne la perte de la voix comme l'arrachement du spinal, c'est parce qu'on ne peut le couper sans sacrifier à la fois les fibres d'origine spinale et celles qui viennent du vague. Mais ce qu'on observe à la suite de l'arrachement isolé,du spinal permet de faire le décompte et de reconnaître que le pneumo porte son influence motrice exclusivement sur le maintien de la béance et sur la dilatation de la glotte, qu'il est le nerf réellement respirateur, tandis que le spinal est le nerf réellement vocal. Ces faits, incontestables en eux-mêmes, peuvent cependant être appréciés de différentes manières.

Comme les cordes vocales ne sont capables de vibrer que lorsque la glotte offre un certain degré de constriction, et comme l'inspiration nécessite que cet orifice soit largement dilaté, il est assez naturel de penser que le vague anime exclusivement les muscles dilatateurs et que le spinal innerve seul les muscles constricteurs de la glotte et les tenseurs des cordes vocales, en sorte que le premier ne se trouverait affecté à la respiration et le second à la phonation qu'en raison même de leurs distributions anatomiques respectives. Il y aurait ainsi des muscles et un nerf phonateurs, les constricteurs et le spinal, des muscles et un nerf respirateurs, les dilatateurs et le vague.

On peut admettre avec tout autant de raison que les deux espèces de nerfs animent simultanément les deux espèces de muscles, mais qu'ils sont appelés chacun à les faire se contracter dans des circonstances différentes ; qu'ils obéissent au spinal lorsque leurs mouvements ont pour but de réaliser la phonation, et au vague lorsqu'ils se meuvent en vue de la respiration. Sans doute il faut, pour la production de la voix, que les lèvres de la glotte se rapprochent, afin qu'elles s'offrent de champ à la colonne d'air qui doit les faire vibrer ; il faut aussi qu'elles soient plus ou moins tendues, suivant la hauteur du son à réaliser. Mais en présence de la grande variété des manifestations de l'organe vocal, on est en droit de penser que ce rapprochement ne s'opère pas toujours dans les mêmes conditions, qu'il se fait sans doute de nombreuses combinaisons mettant en jeu dans des proportions différentes les muscles antagonistes les uns des autres. En cet état de choses, la répartition des constricteurs et des dilatateurs en agents de la phonation et de la respiration n'aurait plus lieu, et par suite la spécialisation n'existerait plus que dans le système nerveux. Les ordres supérieurs partiraient de deux points distincts des centres nerveux et seraient transmis par des conducteurs distincts aussi. Les mêmes muscles, en leur qualité d'agents directs, mais en sous-ordre, relèveraient tantôt du centre phonateur, tantôt du centre respiratoire. Mais leurs chefs nerveux, étant chargés de présider à des fonctions aussi différentes, auraient besoin de se spécialiser et ne pourraient plus cumuler. C'est à cette interprétation que s'est arrêté Cl. Bernard et il l'a développée avec la hauteur de vues qui lui est propre.

Les faits expérimentaux signalés par Chauveau conduisent nécessairement à une troisième interprétation d'après laquelle le vague conserverait le monopole de la respiration, mais prendrait une certaine part à l'exercice de la phonation. Par le crico-thyroïdien, il présiderait à la tension générale des cordes vocales, mais il laisserait au spinal la production de toutes les autres modifications que doivent éprouver les cordes vocales et la glotte pour les besoins de la phonation. Il n'y aurait qu'un seul nerf respirateur, mais il y aurait deux nerfs phonateurs.

Malgré la grande confiance que j'ai dans l'habileté expérimentale de M. Chauveau, je reste partisan de l'interprétation de Cl. Bernard, parce qu'elle me semble beaucoup plus en rapport avec les lois de l'innervation. L'appareil de la phonation devait naturellement être placé sur le trajet des voies pulmonaires, puisqu'il trouvait là un jeu de soufflet et un courant d'air parfaitement appropriés. Le point occupé par cet appareil avait besoin d'éprouver des variations de forme et de dimensions favorables, les unes à la production du son vocal, les autres à l'inspiration. Pour des raisons d'économie, à la fois anatomiques et physiologiques, la nature devait évidemment se servir des mêmes muscles pour réaliser toutes ces variations quel qu'en fût le but fonctionnel. Mais le double emploi devait cesser à partir du système nerveux, parce qu'à chaque fonction correspond un point de l'axe cérébro-spinal qu'on appelle son centre et où viennent en effet se centraliser tous les actes nerveux afférents à cette fonction ; c'est le point où vont se réfléchir tous les courants sensitifs capables de provoquer les phénomènes centrifuges qui constituent une manifestation fonctionnelle donnée. De là un groupement de connexions matérielles qui rendent la localisation indispensable. Au cas particulier, la division du travail central était d'autant plus nécessaire qu'il s'agit de deux fonctions que sépare toute la distance qui existe entre la vie végétative et la vie de relation. Les centres étant différents, les nerfs avaient besoin de l'être aussi, puisque les fibres devaient émaner de deux points de l'axe plus ou moins éloignés l'un de l'autre. Malgré cette déclaration, je ne peux m'abstenir de mentionner les expériences plus récentes de Schech, quoiqu'elles soient de nature à l'affaiblir. Ce qui caractérise ces nouvelles expériences, c'est que la section du nerf a été suivie de l'emploi du laryngoscope. Cet instrument lui a permis de constater qu'après la destruction du spinal, la glotte reste à jamais inerte comme sur le cadavre, malgré la persistance du vague. Aussi cet auteur croit-il que le spinal est le seul nerf moteur du larynx.

Les expériences de Van-Kempen et celles de Chauveau semblent enlever à la branche interne à peu près toute espèce d'influence motrice sur le pharynx. Cependant Cl. Bernard dit que, si après l'arrachement du spinal la déglutition n'est ni abolie, ni même amoindrie dans son énergie, les matières alimentaires dévient toutefois beaucoup plus souvent vers les voies pulmonaires, et il pense que cela tient à ce que ce nerf est particulièrement chargé de fermer la glotte par pression au moment de la descente du bol alimentaire. Pour lui, les muscles du pharynx seraient absolument dans les mêmes conditions que ceux du larynx. Ils seraient innervés simultanément par le vague et le spinal. Voilà pourquoi ils conserveraient encore leur contractilité après l'arrachement du dernier nerf. Ils obéiraient au vague pour l'exécution de l'acte de la déglutition considéré en lui-même, et au spinal quand il s'agirait des précautions à prendre pour protéger l'organe vocal. Il est certain, cependant, que la petite zone du constricteur supérieur, que Chauveau est arrivé à faire contracter, ne pourrait en rien remplir le but indiqué. Le segment inférieur du pharynx en serait seul capable. On comprend que cette portion ne paraisse point paralysée après l'arrachement du spinal, puisqu'elle continue à être sous l'empire du vague; mais si le spinal contribuait réellement à l'animer, on ne comprendrait plus qu'on ne puisse pas y provoquer des contractions, en irritant directement les racines de ce nerf. Or, sous ce rapport, l'électrisation a fourni des résultats négatifs. Aussi je doute que le spinal ait une action motrice sur le pharynx, et je crois que si après l'arrachement, les aliments font plus facilement fausse route, cela tient uniquement à ce que la glotte reste alors largement et constamment béante. Cette circonstance me paraît même indiquer que l'occlusion précautionnelle qui doit accompagner la déglutition normale est plutôt l'œuvre des muscles intrinsèques que des muscles extrinsèques du larynx. Du reste, si les muscles du pharynx avaient été, comme ceux du larynx, animés à la fois par le vague et le spinal, à deux points de vue fonctionnels différents, j'aurais compris tout autrement l'utilité de cette double intervention. Le pharynx fait partie du porte-voix qui surmonte l'organe producteur du son. Il contribue avec le voile du palais, la bouche et la langue, à modifier ce son de manière à le rendre articulé. Il est en outre pour beaucoup dans la formation du timbre. Il joue, en un mot, un rôle important dans la phonation, et du moment où le spinal est seul capable de donner l'impulsion motrice dans la partie glottique de l'appareil de cette fonction, il est assez naturel de penser qu'il doit en être de même dans sa partie pharyngée. Malheureusement, quand même l'électrisation du spinal provoquerait des mouvements très-manifestes du pharynx, il serait impossible de s'assurer qu'ils auraient une pareille destination; car non-seulement les animaux n'articulent guère le son brut né au niveau de la glotte, mais en outre, en arrachant la branche interne, on supprimerait, en même temps que les prétendus rameaux pharyngiens, ceux qui président à la formation du son vocal. Or, il ne peut plus être question ni de l'articulation, ni du timbre d'un son qui n'existe plus.

Rôle de la branche externe. — Lorsqu'on arrache le spinal dans son entier, on constate que l'aphonie s'accompagne d'une brièveté remarquable de l'expiration. Lorsqu'on arrache uniquement la branche externe, la voix persiste naturellement, mais la brièveté de l'expiration persiste encore et elle a pour effet fonctionnel de rendre la voix brève et saccadée. L'animal se trouve tout à fait dans l'impossibilité de filer les sons. Le larynx par lui-même ne produit qu'un son plus ou moins élevé. Quant à la durée, l'intensité et les modulations de ce son, elles dépendent de la manière dont s'effectue l'expiration. Ce sont les mouvements expiratoires qui filent, qui lâchent plus ou moins vite le courant d'air expiré, qui chassent la colonne d'air avec plus ou moins d'impétuosité et viennent ainsi moduler le son de mille manières. L'expiration n'est pas du tout la même pendant le chant et l'exercice de la parole que durant l'état de repos de l'organe vocal. Il y a en réalité deux espèces d'expiration : l'une simple, qu'on peut appeler *respiratoire,* qui n'a pour but que de débarrasser la poitrine de l'air altéré qu'elle renferme, et qui cherche à remplir ce but avec le plus de promptitude possible ;

l'autre complexe, qu'on peut appeler *vocale*, dans laquelle les organes pulmonaires servent avant tout de porte-vent à l'appareil de la phonation, dans laquelle les forces expiratrices ne chassent l'air que d'une manière mesurée et dosent le courant suivant les besoins de la phonation. Eh bien, c'est cette expiration complexe que les animaux ne sont plus capables d'exécuter lorsqu'on leur a arraché la branche externe, tout justement parce qu'elle anime le trapèze et le sterno-cleïdo-mastoïdien, muscles qui, d'après cela, semblent surtout chargés de ralentir l'expiration, de retenir le thorax dans son retrait par l'intermédiaire de la clavicule, de le descendre au lieu de l'abandonner à sa chute. Aussi l'animal qui a la branche externe coupée n'a plus qu'une voix entrecoupée. Elle ne dépasse jamais en durée celle de l'expiration ordinaire. Remarquez que ces deux muscles reçoivent aussi des filets des nerfs rachidiens ; mais aussi ils servent dans des actes de la locomotion et il est probable que dans ce cas seulement ils obéissent à ces autres sources nerveuses.

Tous les faits qui précèdent et dont nous sommes redevables à Cl. Bernard, montrent que le spinal est avant tout affecté à l'exercice de la phonation et qu'il mérite réellement d'être appelé *nerf vocal*. Par sa branche interne, il préside à la formation du son et à sa tonalité. Par sa branche externe, il préside à la durée, à l'intensité et à la modulation du son. Il règle le rhythme de la parole et du chant. Ces deux actions, celle des cordes vocales et celle du thorax, ayant besoin de se combiner entre elles et de s'approprier l'une à l'autre, il était nécessaire qu'elles fussent confiées à une seule et même paire. L'unité d'action se trouve ainsi bien plus assurée.

Après l'arrachement du spinal, les animaux ont non-seulement la voix brève, mais en outre ils sont devenus incapables de réaliser le phénomène effort. Aussi tous les actes de la vie qui nécessitent l'intervention de ce phénomène se trouvent-ils, par le fait, plus ou moins troublés. L'effort a pour but de fournir aux muscles des segments supérieurs des membres un point d'appui très-fixe leur permettant de développer toute leur puissance. Pour ce faire, il faut que le thorax cesse momentanément ses alternatives de dilatation et de resserrement, qu'il s'immobilise, et que l'air qu'il renferme fasse, pour ainsi dire, corps commun avec lui. Dans ce but, la glotte se ferme, afin de s'opposer à la sortie de l'air, pendant que les muscles expirateurs s'efforcent de le chasser par des contractions très-énergiques. Il en résulte que la vessie pulmonaire devient plus tendue et par suite plus résistante. Le trapèze et le sterno-cléïdo-mastoïdien viennent lutter avec l'occlusion de la glotte contre cette action des expirateurs. Ils maintiennent le thorax soulevé pendant que la glotte ferme l'issue. Quand le spinal est supprimé en entier, ces deux moyens antagonistes de l'expiration se trouvent supprimés et l'effort est devenu impossible. Les expirateurs ne font plus qu'affaisser le thorax sans le rendre résistant. Après l'arrachement de la branche externe, l'occlusion peut encore se faire, mais l'absence de l'action particulière du trapèze et du sterno-cleïdo-mastoïdien suffit pour rendre le phénomène incomplet, pour gêner la course, qui nécessite en effet un certain effort. La marche elle-même en souffre.

Physiologie pathologique. — La paralysie du spinal peut se montrer avec ou sans lésions matérielles. Dans ce dernier cas, elle porte presque toujours sur les deux côtés à la fois, ce qui prouve qu'elle dépend généralement d'une cause centrale. Jusqu'à présent il n'existe dans la science qu'un seul cas de paralysie unilatérale, *sine materiâ*. Il est dû à Morell-Mackensie. La voix s'y est montrée seulement faible, tandis qu'il y a aphonie complète lorsque la paralysie est générale. Dans celle-ci on constate en outre au laryngoscope que les lèvres ne vibrent pas et que l'ouverture glottique reste toujours béante. La paralysie peut cependant être plus partielle encore. On l'a vu se localiser dans le crico-aryténoïdien latéral et l'ary-aryténoïdien. Il en était résulté simplement de la dysphonie. Quelle que soit son étendue, la paralysie nerveuse est souvent une manifestation plus ou moins passagère d'une névrose générale. Elle se montre fréquemment dans l'hystérie. Elle peut être aussi de nature toxique et être engendrée par le plomb, la belladone ou la jusquiame. La syphilis elle-même paraît avoir des droits à figurer dans ce genre de causes. D'après Diday, l'aphonie se montre souvent chez les syphilitiques pendant la période secondaire, sans qu'il y ait d'ulcération ou toute autre altération matérielle. On a vu enfin l'aphonie être un produit de l'intoxication paludéenne. Dans cette circonstance, elle apparaissait par accès périodiques. Les émotions morales, particulièrement la peur, la joie et la colère, peuvent paralyser brusquement les cordes vocales. L'ébranlement moléculaire engendré par la couche affective vient produire dans le centre vocal un tel saisissement qu'il en reste, pour ainsi dire, interdit. Il est frappé de la même manière que les centres moteurs qui déterminent le myolèthe des sphincters. L'aphonie reconnaît parfois un mécanisme réflexe. Ainsi on l'a vue être produite par la présence de vers intestinaux dans l'intestin. Comment la titillation qu'exercent ces parasites sur la muqueuse intestinale arrive-t-elle à paralyser ainsi le noyau du spinal? Est-ce par le mécanisme indiqué par Brown-Sequard pour la moelle, c'est-à-dire en produisant l'effacement spasmodique et permanent des vaisseaux de ce point du bulbe? ou par la voie d'épuisement admise d'une façon générale par Jaccoud? Cette dernière interprétation me paraît peu admissible au cas particulier, car une impression sensitive ne peut guère épuiser directement qu'un centre sensitif; et encore faudrait-il des connexions beaucoup plus directes entre ce centre et les nerfs conducteurs. C'est pourquoi elle doit être due à un ébranlement analogue à celui que produit une émotion, ébranlement qui ici serait inconscient et à marche chronique. Dans l'aphonie réflexe, le courant centripète peut aussi être apporté par des nerfs cutanés et être engendré par le froid. Il est vrai que cette dernière influence détermine la plupart du temps une modification vaso-motrice qui congestionne la muqueuse des cordes vocales et qui produit un enrouement de nature tout à fait matérielle. Mais il est des cas où cet effet vaso-moteur fait complétement défaut et où il y a de l'aphonie réelle et non un simple enrouement. La sympathie préétablie entre les organes vocaux et génitaux se manifeste aussi par des troubles dans le fonctionnement du spinal. Chez quelques personnes l'aphonie se montre avec les menstrues et cesse avec elles. Le même fait peut se produire dans les maladies de matrice. On l'a vue aussi suivre les destinées d'une blennorrhagie. Ce réflexe entre ces organes qui se montrent en toutes circonstances sympathiquement liés ensemble, se comprend peut-être mieux encore avec l'anémie de Brown-Sequard qu'avec l'idée d'un ébranlement venant saisir et réduire à l'inertie le centre vocal. Les vaisseaux de ce centre se resserreraient pendant que ceux des organes génitaux se dilateraient sous l'influence de la maladie. Il s'établirait un flux et reflux entre ces deux pôles opposés.

Quand l'aphonie est la conséquence d'une lésion matérielle, celle-ci siége rarement sur le tronc du spinal lui-même. Turck l'a vue cependant être déterminée par la compression des deux nerfs dans le trou déchiré, à la suite de la dégénérescence cancéreuse de l'occipital. Les causes matérielles frappent beaucoup plus souvent le récurrent. C'est qu'en effet sa situation l'expose à être directement comprimé par les ganglions hypertrophiés, les tumeurs cancéreuses, les goîtres, les anévrysmes de l'aorte, de la carotide ou de la sous-clavière, enfin par les dépôts tuberculeux du sommet du poumon. Très-souvent l'aphonie ou au moins une altération profonde de la voix se montre bien avant qu'il y ait des tubercules et même de l'inflammation de la muqueuse laryngée. Il est aussi bien plus exposé à la dégénérescence granulo-graisseuse d'origine diphthéritique, à cause du siége ordinaire des fausses membranes. Dans toutes ces circonstances où le récurrent est seul atteint, le muscle crico-thyroïdien échappe naturellement à la paralysie, puisqu'il reçoit du laryngé supérieur. Gerhardt a vu trois fois la paralysie des cordes vocales être déterminée par des polypes du pharynx. Dans les trois cas, l'ablation de la tumeur fit disparaître rapidement l'altération de la voix. Dans un fait de Gairdner, l'aphonie était déterminée par un anévrysme de la crosse de l'aorte.

Lorsqu'au lieu d'être paralysée, la branche interne est en état d'irritation, il en résulte une véritable *chorée laryngée*. La voix est saccadée et se présente parfois sous forme de véritables aboiements. Chez d'autres, chaque mot prend le caractère du cri du coq. Souvent le malade émet, malgré lui, une série de sons vocaux. Les cordes vocales se rapprochent et se tendent contre sa volonté, et l'air expiré les fait forcément vibrer. Le spasme cesse pendant le sommeil. Cette névrose localisée est beaucoup plus fréquente chez les enfants que pendant l'âge adulte. Sous le nom de *crampe professionnelle du larynx*, Gerhardt a rapporté l'histoire d'un flûtiste dont la glotte produisait malgré lui un bruit continu d'une certaine intensité chaque fois qu'il jouait de son instrument. Le laryngoscope et l'introduction du doigt permettaient de constater qu'à ce moment les cartilages thyroïde et cricoïde se rapprochaient et que les cordes vibraient. On rencontre des individus chez lesquels la voix présente un chevrotement qui traduit manifestement une certaine irrégularité dans la tension des muscles laryngés. Quand c'est le crico-thyroïdien qui présente cette irrégularité de tension, la voix est chevrotante dans toute son étendue. Si ce sont le crico-aryténoïdien latéral et le thyro-aryténoïdien, le chevrotement ne porte que sur les sons du registre inférieur; les sons du registre supérieur ne deviennent tremblottants que lorsque les muscles aryténoïdiens transverse et oblique sont eux-mêmes compromis. Comme le fait se rencontre surtout chez les chanteurs qui ont abusé de leur voix ou qui ont voulu dépasser les bornes de l'échelle musicale dont la nature les avait doués, les spécialistes regardent cette affection comme résultant de l'atonie des muscles. J'ai été témoin de deux cas analogues. L'un d'eux a éveillé chez moi l'idée d'une ataxie locale ; l'autre m'a paru offrir une certaine analogie avec les phénomènes musculaires de la paralysie agitante. Il m'a semblé aussi que la cause était plutôt centrale que périphérique.

Jusqu'à présent nous n'avons envisagé que la branche interne ; mais la branche externe peut aussi être compromise, soit conjointement avec la précédente, soit isolément. Il apparaît alors une symptomatologie parfaitement en rapport avec sa destination. Après le facial, elle représente le cordon nerveux le plus apte à devenir le siége d'une paralysie *à frigore*. Très-souvent l'affection un peu variable dans son aspect qu'on appelle *torticolis*, est un phénomène morbide produit par ce mécanisme et relevant du spinal. Toutefois, dans ce cas, il n'est pas toujours facile de reconnaître cette origine et on peut être aussi bien en droit de mettre en cause d'autres muscles et le plexus cervical. Un malade de Guttman, qui présenta une dégénérescence granulo-graisseuse du spinal, a fourni la preuve de l'intervention possible du spinal. La paralysie portait même exclusivement sur la branche externe. La voix était bien un peu faible et nasillarde ; mais comme le laryngoscope faisait constater la parfaite intégrité des mouvements de la glotte, et comme d'autre part le voile du palais se montrait complétement inerte au moment de l'exercice de la phonation, on ne pouvait évidemment attribuer ces effets qu'à cette dernière cause. Les symptômes afférents à la branche externe étaient très-nets. Il y avait un torticolis sans contracture, dû à la paralysie du sterno-cleïdo-mastoïdien. La tête était constamment inclinée à droite. Le malade ne pouvait tourner la tête du côté gauche. Une observation de Bland-Radcliff nous offre la contre-partie de la précédente. Il s'agit d'un torticolis produit non plus par la paralysie du trapèze et du sterno-mastoïdien, mais par leur contracture. La déviation de la tête et du cou eut lieu naturellement du même côté que la lésion. J'ai cru constater chez un individu considéré comme étant en proie à un accès d'asthme, un arrêt intermittent de la respiration en inspiration, dû à la contraction spasmodique des muscles de la branche externe. Ce cas a fait naître chez moi la pensée que l'arrêt en inspiration obtenu parfois par l'électrisation du bout central du pneumo n'était autre que le résultat de la réflexion de l'impression sur le noyau du spinal. On observe plus fréquemment le spasme clonique des muscles animés par le spinal. C'est là une affection qui a été décrite sous le nom de *tic rotatoire du cou*. Le dernier se tord de façon à rejeter la tête en arrière d'une manière rhythmique. Le mouvement peut se répéter jusqu'à 20 ou 30 fois. Ce tic s'accompagne très-souvent d'une douleur au niveau de l'occiput, qui indique qu'il s'agit d'un spasme réflexe. L'intervention du centre est, du reste, démontrée par ce fait que le spasme reste rarement limité au département du spinal. Il s'étend à ceux du facial, du masticateur et des nerfs cervicaux.

Nerf grand hypoglosse.

Constitution anatomique. — Ce nerf naît du bulbe par 10 ou 12 radicules qui émergent du sillon de séparation des olives et des pyramides. Mayer, de Bonn et Vulpian ont signalé chez plusieurs animaux, notamment chez le chien, l'existence d'un autre groupe de radicules qui partent de la face postérieure de la moelle et qui, après avoir traversé un petit ganglion, vont concourir à la formation de l'hypoglosse. Ce nerf se trouverait donc ainsi avoir, comme les nerfs rachidiens, une racine postérieure ganglionnaire et une racine antérieure dépourvue de ganglion. Il présenterait en outre, comme le spinal, deux origines bien distinctes ; il prendrait sa source à la fois dans le bulbe et dans la moelle cervicale. Mais ce qui est la règle générale chez le chien se montre tout à fait exceptionnel dans l'espèce humaine. La racine ganglionnaire n'a été rencontrée chez l'homme qu'une seule fois par Vulpian et deux fois par Mayer, et encore elle n'existait que d'un seul côté chez un des sujets de ce dernier observateur. Une fois constitué, l'hypoglosse sort du crâne par le trou condylien et contracte presque immédiatement trois anastomoses importantes ; l'une avec le sympathique au niveau de son ganglion cervical supérieur ou de son rameau carotidien ; la seconde avec le pneumogastrique ; la troisième avec l'arcade formée par les deux premières paires cervicales. Il se porte ensuite en bas et en avant en décrivant une courbe à concavité antérieure. Au moment où cette courbe contourne la carotide interne, il fournit une branche importante, dite *descendante*. Cette branche descend verticalement jusqu'à la partie moyenne du cou, où elle s'anastomose avec la branche descendante interne du plexus cervical. Celle-ci vient là s'associer à l'hypoglosse d'une manière bien remarquable. Elle se divise en deux rameaux. L'un d'eux forme avec la descendante de l'hypoglosse un plexus d'où émergent des filets qui se

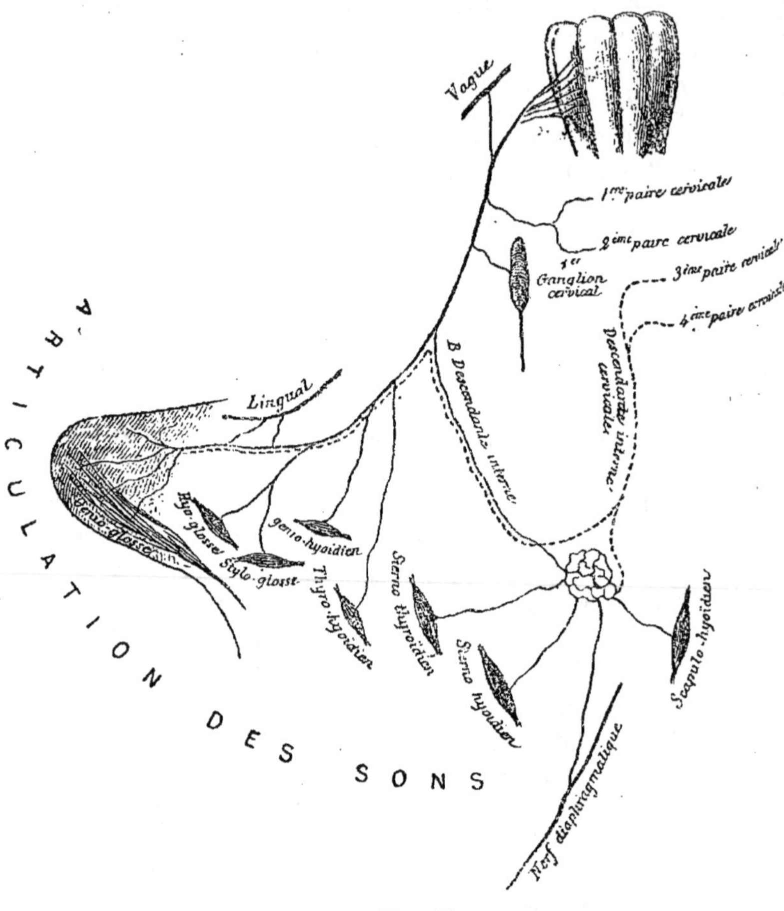

Fig. 66.

Grand hypoglosse.

rendent aux différents muscles de la région sous-hyoïdienne, scapulo-hyoïdien, sterno-hyoïdien, sterno-thyroïdien. L'autre s'applique sur la descendante de l'hypoglosse, se sert d'elle comme d'un conducteur pour remonter jusqu'au tronc même de la 12ᵉ paire, qu'elle accompagne ensuite vers sa terminaison ; de telle sorte que les nerfs cervicaux viennent manifestement contribuer avec l'hypoglosse à l'innervation des muscles de la région sous-hyoïdienne et qu'ils prennent en outre une certaine part à celle des muscles dans lesquels la 12ᵉ paire se termine. Le grand hypoglosse fournit ensuite successivement une branche au thyro-hyoïdien, une autre au génio-hyoïdien, une à l'hyo-glosse et une au stylo-glosse. Enfin il se termine dans le genio-glosse et dans les fibres musculaires intrinsèques de la langue, après s'être anastomosé avec le lingual par deux ou trois filets. D'après Wyman, les deux hypoglosses s'anastomoseraient ensemble à leur terminaison de façon à donner naissance à un plexus qui serait très-apparent chez quelques animaux.

Physiologie normale. — L'existence de la racine ganglionnaire est tellement exceptionnelle chez l'homme, que nous pouvons la négliger. Serait-elle constante, du reste, qu'on ne serait nullement autorisé à l'assimiler aux racines sensitives des nerfs rachidiens ; car aucune expérience positive n'est venue démontrer sa sensibilité dans l'espèce canine. D'ailleurs l'expérimentation prouve nettement que l'hypoglosse est par lui-même un nerf exclusivement moteur. Longet a pu agir sur les filets originels de la 12ᵉ paire sans enlever la voûte du crâne et en opérant seulement à travers l'espace occipito-atloïdien, et il a constaté que l'arrachement de ses racines ne s'accompagne jamais de douleur. L'animal, il est vrai, manifeste une vive souffrance lorsqu'on divise ou que l'on pince l'hypoglosse un peu au-dessus de l'os hyoïde. Mais ce n'est là évidemment qu'une sensibilité d'emprunt due à l'anastomose que ce nerf contracte avec l'arcade des deux premières paires cervicales. On doit de même attribuer aux anastomoses avec le lingual la sensibilité que présentent les branches terminales de l'hypoglosse. Chauveau est venu compléter la démonstration de l'insensibilité du tronc originel de ce nerf en montrant que l'électrisation de son bout central ne détermine aucun mouvement réflexe. Chaque fois que l'électricité est appliquée au bout périphérique, elle engendre immédiatement de très-vifs mouvements de la langue. L'électrisation du noyau central donne les mêmes résultats que celle des racines. L'expérience a besoin d'être faite, toutefois, très-peu de temps après la mort, car ce nerf perd assez vite son excitabilité. Si, au lieu de recourir à la voie de l'excitation, on supprime au contraire l'action de ce nerf par une section, on observe une série de faits qui prouvent sa nature purement motrice d'une manière plus positive encore. L'hypoglosse n'est pas plutôt coupé, que la langue reste désormais flasque et inerte au fond de la cavité buccale. Elle est devenue incapable de toute espèce de mouvement, ce qui indique non-seulement que ce nerf est moteur, mais en outre qu'il est le seul agent excitateur des muscles de cet organe. Après cette section, la langue n'a absolument rien perdu de sa sensibilité tactile habituelle. En effet, si par hasard la pointe de la langue vient, pendant les mouvements de la tête, à sortir par l'un ou par l'autre angle de la bouche, elle reste dehors sans que le chien puisse la retirer, et pendant les mouvements de mastication il la mord, ce qui lui fait pousser des cris de douleur. On peut s'assurer de la chose plus directement encore en piquant la langue dans tous les points de son étendue, depuis sa pointe jusqu'à sa base. A chaque piqûre l'animal donne des signes non équivoques de souffrance. La 12e paire n'est pas plus affectée à la sensibilité gustative qu'à la sensibilité tactile ; car si, après avoir pratiqué chez un chien la résection des deux hypoglosses, on touche sa langue avec une solution de coloquinte, aussitôt cet animal agite violemment sa tête et ses lèvres. Il exécute des mouvements brusques de mastication, comme s'il cherchait à se débarrasser d'une sensation désagréable. Du reste, la sensibilité gustative est complétement anéantie lorsqu'on a sacrifié les nerfs linguaux et les glosso-pharyngiens en respectant uniquement la 12e paire. Il est donc bien établi que l'hypoglosse est exclusivement moteur, et que, comme tel, il anime seul les muscles de la langue. Quant à ceux de la région sous-hyoïdienne, rien ne prouve que les anastomoses qu'il reçoit du plexus cervical ne viennent pas concourir avec lui à leur motilité. Mais il est probable que ces filets d'emprunt ont surtout pour but de fournir la sensibilité musculaire que l'hypoglosse ne saurait procurer par lui-même. Tel est évidemment aussi le but des anastomoses que ce nerf contracte avec le lingual.

Voyons maintenant quels sont les services fonctionnels que la 12e paire rend à l'économie à l'aide des mouvements qu'elle est chargée de faire exécuter ; chez certaines espèces animales elle est indispensable à la préhension des aliments. Si, dit Panizza, on laisse pendant quelque temps un chien auquel on a coupé ces deux nerfs, sans manger ni boire, et qu'on vienne lui présenter du lait, l'animal approche son museau avec avidité. Il exécute avec sa tête et sa mâchoire les mêmes mouvements qu'il ferait pour laper, mais il ne peut pas tirer sa langue hors de sa bouche. Bientôt, las de tentatives inutiles, il renonce à son entreprise. Comme la langue joue le rôle le plus important dans le premier temps de la déglutition, il est évident que c'est aussi à l'hypoglosse que revient la partie nerveuse de cette opération. Après la section de la 12e paire, l'animal mâche bien les aliments qu'on lui introduit dans la bouche, mais il ne peut pas former le bol alimentaire, ni donner à la langue la disposition d'un plan incliné. Il laisse tomber les fragments d'aliments, les reprend et les mâche pour les laisser tomber de nouveau. Si l'homme peut se passer de la langue pour la préhension des aliments, elle lui est indispensable pour la déglutition buccale; de sorte que l'hypoglosse préside en grande partie à cet acte, chez lui comme chez les animaux. Mais pour lui la 12e paire joue un rôle physiologique beaucoup plus important, qu'on ne peut pas surprendre chez les animaux, parce qu'il ne s'y présente que d'une façon tout à fait rudimentaire. C'est évidemment lui qui fait éprouver à la langue toutes ces modifications de forme et de situation à l'aide desquelles elle articule le bruit engendré au niveau des cordes vocales ; de sorte que si le spinal est le nerf de la voix, il est, lui, le nerf de la parole. Je ne sais pourquoi la nature a chargé l'hypoglosse d'innerver les muscles de la région sous-hyoïdienne, eux qui se trouvent, pour ainsi dire, dans la main du plexus cervical. Il est évident, cependant, que la branche descendante qui va les chercher au loin a sa raison d'être, et je suis porté à penser que c'est pour que ces muscles, qui peuvent par l'intermédiaire de l'os hyoïde modifier la situation de la langue, reçoivent le mot d'ordre du centre qui est directement et spécialement affecté à l'articulation des sons.

Physiologie pathologique. — Je n'ai trouvé dans les annales de la science que quatre observations à inscrire à l'actif pathologique de la 12e paire. Deux ont déjà été consignées par Longet. L'une est due à Jobert et est relative à une femme chez laquelle les deux hypoglosses avaient subi une telle pression que leur continuité était tout à fait interrompue. La contractilité de la langue et la parole étaient complétement abolies. La seconde a été fournie par Choisy et Montaut. Il s'agit d'un homme dont l'hypoglosse gauche avait été aminci par le voisinage d'une tumeur hydatique, au point d'être devenu tout à fait filiforme. La langue était, dans sa moitié correspondante, pâle et inerte. Tout en ayant perdu sa motilité, elle avait conservé ses sensibilités tactile et gustative. Toutes les fois que le malade sortait sa langue de la bouche, par l'action isolée des muscles de la moitié opposée, cet organe s'incurvait et se déviait vers la droite. Les mêmes symptômes ont été constatés par Clarke sur un sujet qui portait un cancer au sein, ce qui lui a fait supposer que l'hypoglosse devait être comprimé par une tumeur de même nature; et par Bayet chez un individu dont l'hypoglosse se trouvait être serré par un sequestre, après l'extraction duquel tout rentra dans l'ordre. Dans ces trois derniers cas, la paralysie s'accompagna manifestement d'une atrophie unilatérale de la langue. Du reste, Clarke a constaté sur un lapin auquel il avait sectionné un des hypoglosses, une atrophie considérable un mois même après l'opération.

Grand sympathique.

Nous arrivons à un vaste département du système nerveux qui en est à la fois la partie la plus compliquée au point de vue anatomique, et la partie la plus mystérieuse au point de vue physiologique. En effet, le sympathique, qu'on croyait autrefois réservé aux viscères de la vie végétative et qui, dans ce champ ainsi limité, offrait déjà à l'œil d'inextricables réseaux, a vu, grâce aux travaux modernes, son empire s'étendre beaucoup plus loin et devenir même à peu près général. Non-seulement les vaisseaux emportent avec eux des émanations de ce système partout où ils pénètrent eux-mêmes, mais presque tous les nerfs cérébro-rachidiens s'adjoignent aussi des filets de la même origine; de sorte que le sympathique prend une certaine part à l'innervation des organes de la vie de relation. Il ne constitue pas un système à part , comme quelques-uns l'ont admis. Il n'est pas davantage un nerf émanant de l'axe presque au même titre que les autres nerfs cérébro-rachidiens. Il est la réalisation la plus parfaite et la plus riche du centre périphérique ; mais il ne s'isole du système cérébro-rachidien ni à sa naissance, ni à sa terminaison. Car non-seulement il est relié à l'axe par des branches directes, mais en outre, pour la constitution des réseaux ultimes, il s'associe presque toujours des fibres provenant des nerfs cérébro-rachidiens, même pour l'innervation des viscères. Seulement, dans le mélange commun, il domine beaucoup plus sur le terrain de la vie végétative que sur celui de la vie de relation, où son domaine est peut-être limité à la vascularisation.

Constitution anatomique.

Classiquement, on reconnaît au sympathique une partie centrale et une partie périphérique. La première est constituée par deux longs cordons placés sur les côtés de la colonne vertébrale et s'étendant depuis l'extrémité coccygienne jusque dans l'intérieur du crâne. Ces cordons présentent de distance en distance et presque au niveau de chaque vertèbre, des renflements ou ganglions. La partie périphérique est représentée par l'ensemble des filets qui, émanant de ces cordons, vont rayonner dans tous les sens. On divise la portion centrale en régions correspondant aux divers segments du corps, en régions crânienne, cervicale, thoracique, lombaire et sacrée. Nous décrirons à part chacune de ces régions, en lui rapportant la portion périphérique qui lui correspond. Commençons par les régions cervicale et crânienne réunies. On ne saurait les séparer, en effet, sans briser avec les errements reçus, car la région crânienne est généralement envisagée comme une émanation de la cervicale. La région cervicale présente trois ganglions distingués en *supérieur*, *moyen* et *inférieur*. Le moyen manque quelquefois. Ils ont pour caractères d'être très-allongés et relativement assez volumineux. Le ganglion cervical supérieur donne, par son extrémité inférieure, naissance à un filet volumineux qui sert à le réunir au ganglion moyen ou inférieur et qui n'est par conséquent qu'une section du cordon central. Par son extrémité supérieure il fournit un premier rameau qui se divise lui-même en trois filets s'anastomosant avec le glosso-pharyngien, le pneumo-gastrique et le grand hypoglosse ; un second rameau plus considérable, appelé *filet carotidien*, qui est pour ainsi dire le germe du sympathique crânien. Il se porte sur la carotide interne, forme par ses divisions, autour de cette artère, un plexus très-serré appelé *plexus carotidien*. A ce plexus font suite des filets qui, au niveau du sinus caverneux, forment un nouveau plexus dit *caverneux*. Celui-ci se divise et se subdivise de façon à envelopper de ses mailles toutes les ramifications

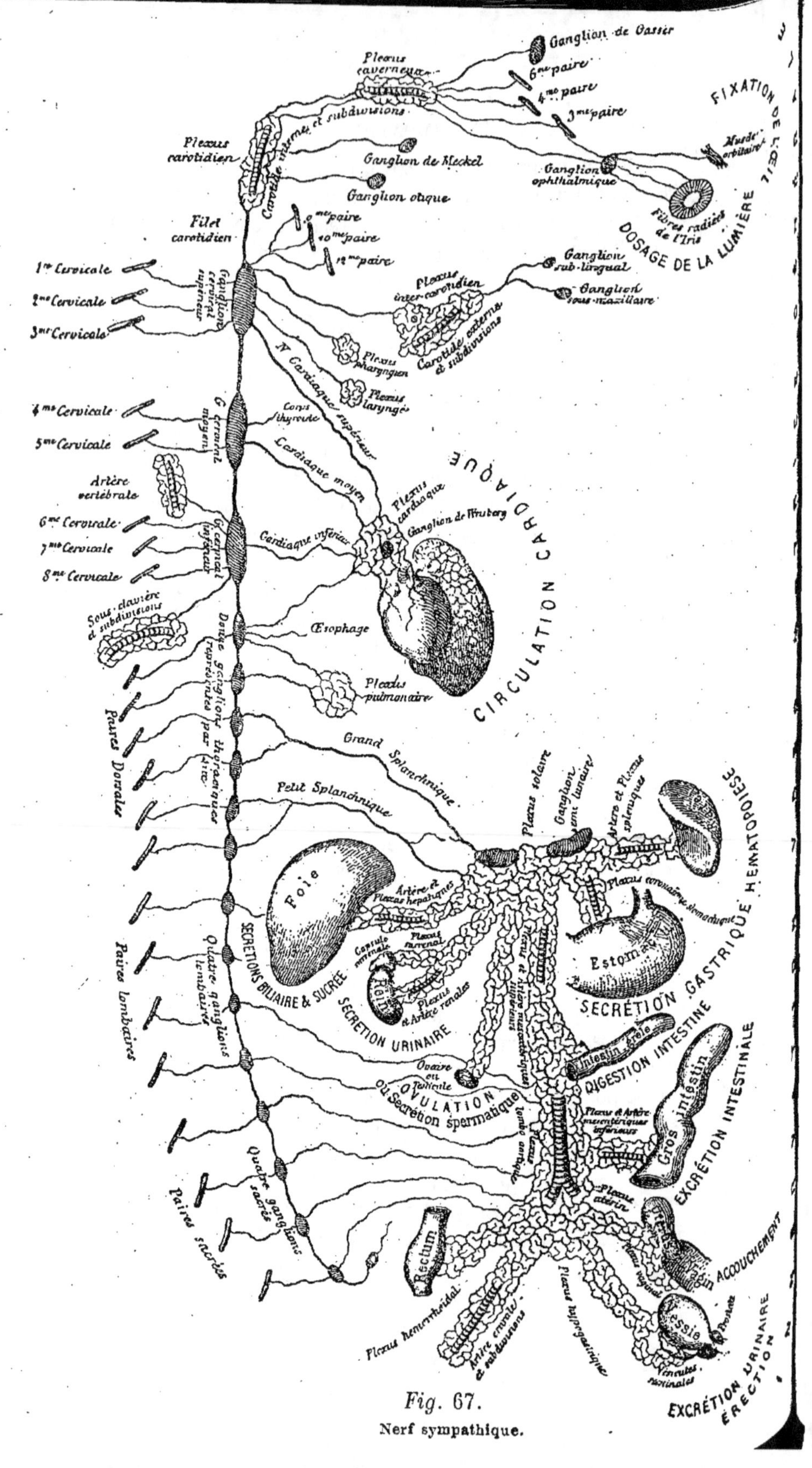

Fig. 67.
Nerf sympathique.

de la carotide interne. Le plexus carotidien fournit : 1° un filet qui s'engage dans la caisse du tympan pour s'y réunir au nerf de Jacobson et se rendre, par son intermédiaire sans doute, au ganglion otique qui, seul, ne semble pas avoir de racine végétative directe ; 2° un filet qui va concourir à la formation du nerf vidien et se rend par conséquent au ganglion de Meckel ; 3° un ou deux filets qui vont s'ajouter à la sixième paire et se répandre avec elle dans le muscle droit externe. Le plexus caverneux donne de son côté des filets à la muqueuse des sinus sphénoïdaux, à la dure-mère de la gouttière basilaire, au corps pituitaire, aux troisième, quatrième et sixième paires, au ganglion de Gasser et enfin un rameau relative- ment considérable au ganglion ophthalmique. Celui-ci constitue un petit centre qui est aussi directement relié à la troisième et à la cinquième paire, mais qui constitue avec les ganglions sphéno- palatin et otique la partie ganglionnaire du sympathique crânien, ou plutôt les trois quartiers principaux du centre périphérique de la région crânienne. A partir de ces trois centres, le sympathique devient un collaborateur des nerfs crâniens qui leur fournissent des racines, de sorte que, physiologiquement parlant, ces ganglions ne lui appartiennent pas plus qu'aux moteur commun, trijumeau ou autres nerfs d'origine encéphalique. Cependant l'ensemble du sym- pathique exerce une telle influence sur l'iris, que c'est surtout à son sujet qu'il convient d'indiquer la manière dont se terminent dans ce diaphragme les nerfs ciliaires émanant de ce ganglion. Après avoir traversé la sclérotique, ces nerfs vont former dans le muscle ciliaire un plexus ganglionnaire qu'on a appelé *ganglion orbiculaire*. De ce plexus partent des rameaux destinés les uns à la cornée, les au- tres au muscle ciliaire, les autres à l'iris. Ces derniers décrivent dans la zone la plus externe de ce diaphragme, des anses d'où nais- sent des ramuscules formant dans la zone moyenne un réseau à mailles excessivement fines, auquel fait suite dans la zone interne un réseau beaucoup plus fin encore. D'après Arnold, tous ces réseaux sont parsemés de petites masses granuleuses englobant une cel- lule nerveuse. Hénocque déclare ne les avoir pas rencontrées. Par son bord externe, le ganglion cervical supérieur est relié par 4 ou 6 branches aux 3 ou 4 premières paires cervicales, et, par leur inter- médiaire, avec la moelle. Par sa face postérieure, il fournit des filets au corps des deuxième, troisième et quatrième vertèbres et aux muscles le long du cou et grand droit antérieur. Par sa face antérieure, il envoie 3 ou 4 branches qui vont, de concert avec des émanations du glosso-pharyngien et du vague, former dans l'angle de bifurcation de la carotide primitive un plexus qui est appelé *plexus intercarotidien,* et qui présente à son centre un petit ganglion. Ce plexus se divise et se subdivise de façon à suivre les destinées anatomiques de toutes les branches de la carotide externe. La portion qui accompagne l'artère thyroïdienne supérieure va se répandre dans le larynx et surtout dans la thyroïde, où elle se fusionne avec un réseau nerveux excessivement riche, fait dont nous devons tenir compte pour l'analyse du goître exophthalmique. Celle qui suit l'artère linguale envoie, chemin faisant, un filet à un petit ganglion dit *sublingual,* d'où partent des rameaux destinés à la glande sublinguale. Celle qui entoure l'artère faciale fournit de même un filet aboutissant à un autre ganglion dit *sous-maxillaire,* qui reçoit aussi un filet de la corde du tympan et qui anime la glande sous-maxillaire. Pour ces glandes, il y a lieu de faire ce que nous avons fait pour l'iris, et par conséquent d'indiquer la disposition des filaments qu'elles reçoivent de ces ganglions, où viennent s'établir des conflits entre le sympathique et un nerf crânien. Ces filaments forment dans le tissu conjonctif de la glande salivaire des plexus nombreux et parsemés de ganglions. Pflüger et Besh prétendent avoir vu partir de ces réseaux des fibres nerveuses dépourvues de myéline et allant perforer la membrane propre de l'acinus pour aller se perdre ensuite dans l'intérieur des cellules glandulaires. Georg. Asp déclare au contraire n'avoir pu constater aucune connexion certaine entre les fibres du réseau et les éléments glandulaires. Kupffer a bien rencontré chez les mammifères, d'une part, des fibrilles nerveuses, pâles et fines partant du réseau ; d'autre part, les cellules sécrétoires, mais il n'a pas pu déterminer leur mode de connexion. Il a été plus heureux, il est vrai, sur les larves de muscidées ainsi que sur la *Blatta orientalis,* et pour ces animaux il admet la pénétration de la fibre-axe dans la cellule sécrétoire. Par son bord interne, il fournit : plusieurs branches qui concourent, avec la neuvième et la dixième paire, à la formation du plexus pharyngien ; des branches assez grêles qui vont former, avec des filets partis du laryngé supérieur, le plexus laryngé destiné à alimenter le larynx, une partie de l'œsophage et le corps thyroïde ; enfin des filets qui contribuent à constituer le *nerf cardiaque supérieur,* sur lequel nous reviendrons tout à l'heure. Le ganglion moyen, lorsqu'il existe, fournit, en dehors des filets qui l'unissent aux ganglions supérieur et inférieur et aux quatrième et cinquième paires cervicales, des fibres qui enlacent la thyroïdienne inférieure pour se rendre au corps thyroïde ; d'autres qui s'unissent au récurrent pour prendre part à sa distribution ; enfin le *nerf cardiaque moyen.* Le ganglion cervical inférieur donne en haut deux filets qui l'unissent au ganglion précédent, et un nerf plus volumineux appelé *nerf vertébral*, qui, après s'être relié par des communicantes avec les huitième, septième et sixième paires cervicales, vient former un plexus autour de l'artère vertébrale, dont il suit les divisions. Il se trouve ainsi conduit jusqu'au niveau du filet carotidien, avec lequel il s'anastomose ; en bas, il se réunit au premier ganglion thoracique par un cordon épais et court ; en dehors, il donne naissance à un réseau qui enveloppe l'artère sous-clavière en suivant toutes ses divisions et subdivisions dans le membre supérieur ; en dedans, il fournit le *nerf cardiaque inférieur*. Les six nerfs cardiaques d'origine sympathique s'entrelacent avec les nerfs cardiaques provenant du vague, de façon, dit-on, à donner naissance au plexus cardiaque. Je crois qu'il serait plus juste de dire que ces nerfs viennent aboutir à ce plexus, qui a ses fibres autochthones et par conséquent son existence propre. Quoi qu'il en soit, ce plexus occupe l'espace compris entre la crosse de l'aorte, le cordon fibreux du canal artériel et la branche droite de l'artère pulmonaire. Il présente à son centre un ganglion très-apparent dit de *Wrisberg*. Il communique par quelques filets avec le plexus pulmonaire ; puis plus bas il se décompose en deux plexus secondaires, distingués en *antérieur* et *postérieur*, qui pour pénétrer dans le cœur s'attachent le premier à l'artère coronaire antérieure, le second à l'artère coronaire postérieure, et dont les distributions respectives n'ont aucun intérêt physiologique. Ce qu'il nous importe de savoir, c'est que les ventricules sont plus riches en nerfs que les oreillettes ; que le ventricule gauche en possède plus que le droit ; que partout il existe des ganglions disséminés sur le trajet de ces nerfs, mais qu'ils abondent surtout dans le voisinage du sillon transversal et dans le septum des ventricules.

La région thoracique comprend 12 ganglions correspondant aux 12 vertèbres. Ils sont beaucoup plus petits que les précédents ; ils sont naturellement réunis entre eux par les différents segments du cordon-axe. Ils se relient en outre aux paires dorsales par des branches communicantes. Comme branches d'innervation d'organes, les quatre premiers ganglions envoient des filets aux corps des vertèbres correspondantes, à l'aorte, à l'œsophage, au plexus pulmonaire. Le premier ganglion fournit en outre deux ou trois filets au plexus cardiaque. Les filets internes fournis par les sept derniers ganglions se groupent de façon à former deux nerfs, distingués en *grand* et *petit splanchnique*. Le premier traverse le diaphragme et va se jeter dans l'angle externe d'un ganglion dit *semi-lunaire*. Le second, après avoir traversé aussi le diaphragme, se divise en trois branches, dont l'une va s'anastomoser avec le grand splanchnique, l'autre se rend dans un plexus dit *solaire*, et la troisième à un plexus appelé *rénal*.

Le ganglion semi-lunaire, dans lequel nous venons de voir se perdre le grand splanchnique, va devenir le point de départ de riches et nombreux réseaux. Comme il reçoit aussi plusieurs divisions des nerfs phréniques et la partie terminale du nerf vague droit, on regarde généralement cet ensemble de ganglions et de réseaux comme résultant de l'intrication des nombreuses divisions anastomotiques de ces trois ordres de filets. Mais il suffit de jeter un coup d'œil sur l'énorme disproportion qui existe entre ces filets, prétendus originels, et ces plexus, pour constater qu'en réalité il y a là un nouveau système ayant ses fibres propres et se trouvant seulement relié au sympathique par les splanchniques, à la moelle par les phréniques et à l'encéphale par le pneumo-gastrique. Il y a entre ce système et le sympathique proprement dit, la même délimitation qu'entre ce dernier et la moelle. Les splanchniques relient le plexus solaire et ses dépendances au sympathique, absolument comme les branches communicantes relient le cordon central à la moelle. Cependant, comme ce nouveau système se rattache anatomiquement à la portion thoracique du sympathique, il convient de l'étudier en lui-même à propos de ce segment. Quoique situé à peu près sur la ligne médiane, le ganglion semi-lunaire est double. Ces deux petites masses homologues sont réunies entre elles par des faisceaux plexiformes. Le bord inférieur de cet ensemble sert de point d'attache au plexus solaire. Du reste, ce dernier présente, même à l'œil nu, un grand nombre de ganglions interrompant çà et là ses diverses branches. Il suit le même système de transport que les autres parties du sympathique. Des mailles aussi délicates avaient besoin d'un support, et la nature ne pouvait mieux faire, dans ce but, que d'employer les vaisseaux qui ont tout justement les mêmes destinations que les nerfs. C'est pourquoi le plexus solaire, tout en entourant l'aorte, envoie un embranchement sur chaque branche qui naît de ce vaisseau principal pour se rendre à l'un des viscères de l'abdomen. Il en résulte une série de plexus secondaires qui tirent leurs noms de leurs destinations mêmes et qui sont : 1° le *plexus diaphragmatique inférieur*, qui s'engage dans l'épaisseur du muscle diaphragme ; 2° le *plexus coronaire stomachique*, qui, après avoir accompagné l'artère coronaire stomachique, se répand sous le péritoine, sur les deux faces de l'estomac, en formant des mailles très-larges et en présentant çà et là des ganglions très-petits. De ce premier réseau partent des branches qui aboutissent à un second plexus situé entre les deux couches musculaires et appelé *plexus d'Auerbach*. Ce dernier a un aspect tout à fait particulier. Il est formé par une multitude de ganglions irréguliers, aplatis, rapprochés les uns des autres, unis entre eux par des rameaux aplatis et formant des mailles très-irrégulières. Dans chaque ganglion il y a de 9 à 40 cellules plongées dans une atmosphère de granulations assez grosses. De ce second plexus partent encore des branches se rendant à un troisième, dit de *Meissner*, et situé immédiatement au-dessous de la muqueuse. Celui-ci est aussi très-riche en ganglions ; 3° le *plexus hépatique* qui, tout en suivant l'artère hépatique, envoie des prolongements à la portion pylorique de l'estomac, au duodénum, au pancréas, à la vésicule biliaire ; pénètre ensuite dans la capsule de Glisson, s'y divise absolument comme l'artère, de façon à créer en fin de compte un immense réseau qui envoie à chaque lobule une ou plusieurs divisions. Pflüger regarde chaque cellule hépatique comme une terminaison nerveuse, comme un organe inséparable des nerfs. Netterowski, dans un travail plus récent, prétend au contraire que les filets nerveux n'abandonnent pas les capillaires et ne contractent aucune connexion avec les cellules hépatiques. D'après Gerlach, la vésicule biliaire elle-même possède un plexus presque aussi riche en ganglions que celui d'Auerbach. Il est situé partie entre les tuniques séreuse et musculaire, partie dans cette dernière ; 4° le *plexus splénique*, qui n'enlace pas très-intimement l'artère splénique et qui après avoir fourni au pancréas, au cul-de-sac de l'estomac, se répand dans l'intérieur de la rate ; 5° le *plexus mésentérique supérieur*, qui suit l'artère mésentérique supérieure et se répand avec elle sous la tunique péritonéale de tout l'intestin grêle, du cœcum, du côlon ascendant et de la moitié droite du côlon transverse. Il en résulte un plexus sous-péritonéal qui est beaucoup moins serré que celui de l'estomac et qui se trouve aussi relié à un plexus intramusculaire reproduisant dans l'intestin le plexus d'Auerbach. Suivant Gerlach, ce second réseau est très-riche en cellules multipolaires, s'anastomosant entre elles et avec les fibres nerveuses, plongées dans une gangue de substance fondamentale identique à la névroglie des centres gris de l'axe. Il communique aussi avec un troisième réseau qui continue sous la muqueuse intestinale le plexus de Meissner. Celui-ci semble envoyer à son tour des prolongements dans les villosités. Thanhoffer a, en effet, trouvé dans ces appendices des cellules volumineuses, grenues, à plusieurs prolongements, offrant toute l'apparence et toutes les réactions des cellules ganglionnaires. Pour tous ces réseaux, les mailles sont toujours beaucoup plus larges sur le gros intestin que sur l'intestin grêle. Les ganglions y sont aussi plus rares ; 6° le *plexus rénal*, qui, accompagnant l'artère de ce nom, se répand dans l'épaisseur du rein. Il est relié par plusieurs rameaux au plexus spermatique ou ovarique, fait dont il faut tenir compte dans l'appréciation des douleurs de reins qui accompagnent les maladies du testicule ou de l'ovaire ; 7° le *plexus surrénal*, qui, quoique destiné à un organe excessivement petit, la capsule surrénale, n'en est pas moins d'une richesse extrême. Il contracte en outre des connexions très-nombreuses. Il se rattache par un grand nombre de rameaux non-seulement avec le plexus solaire, dont il est une des ramifications, mais encore avec le plexus diaphragmatique et rénal, avec le nerf phrénique et le petit splanchnique. Toutes ces conditions doivent être prises en grande considération dans l'étude de la maladie d'Addison.

La région lombaire comprend seulement 3 ou 4 ganglions de forme olivaire, réunis par des cordons entre eux et avec les nerfs lombaires. Tous les rameaux qui émanent de leur partie interne se groupent pour constituer sur la partie inférieure de l'aorte un plexus dit *lombo-aortique*, qui est la continuation, considérablement renforcée, de la queue du plexus solaire. Ses mailles sont moins serrées que celles de ce dernier ; il paraît aussi moins bien partagé sous le rapport des ganglions. Il envoie sur la mésentérique inférieure un réseau qui, suivant ses ramifications, se distribue à la moité gauche du côlon transverse au côlon descendant, à l'S iliaque du côlon et au rectum. Dans toutes ces parties se retrouvent, avec une pauvreté de plus en plus marquée, les trois réseaux sous-péritonéal, intramusculaire et sous-muqueux. Après avoir fourni cet embranchement, compris sous le nom de *plexus mésentérique inférieur*, le plexus lombo-aortique continue sa route sur l'aorte; puis au moment où cette artère bifurque, il se divise en deux faisceaux plexiformes qui gagnent un plexus intrapelvien regardé comme appartenant spécialement au segment sacré du sympathique. Il est un plexus qui est classé par les anatomistes parmi les dépendances du plexus solaire, quoique en réalité il ait trois racines, c'est le plexus *spermatique* ou *ovarique*. En dehors de ses conditions propres d'existence, il est un prolongement à la fois du plexus rénal, du plexus solaire et du plexus lombo-aortique. Il est inutile de rappeler que chez l'homme il entoure l'artère et les veines spermatiques et gagne sur ce tuteur l'épididyme et les canaux séminifères; que chez la femme il se répand sur l'ovaire et concourt à l'innervation de l'utérus.

La région sacrée est composée de quatre ganglions ellipsoïdes, unis, comme toujours, entre eux par le cordon-axe et aux nerfs sacrés par des branches communicantes. Elle fournit de petits rameaux internes destinés aux vertèbres elles-mêmes, et des rameaux antérieurs qui viennent former, avec les deux bifurcations inférieures du plexus lombo-aortique, le *plexus hypogastrique*. Celui-ci se décompose en six plexus secondaires, qui sont : le *plexus hémor-rhoïdal* destiné à la partie inférieure du rectum, où il vient s'anastomoser avec les nerfs hémorrhoïdaux inférieurs et recevoir ainsi un élément du système cérébro-rachidien ; le *plexus vésical*, qui reproduit dans les parois de la vessie le type adopté pour l'innervation de l'intestin, c'est-à-dire les trois réseaux sous-péritonéal, intramusculaire et sous-muqueux. Les deux premiers renferment un grand nombre de ganglions. D'après Engelmann, il serait loin d'en être ainsi pour les uretères. Leur réseau particulier ne posséderait aucun ganglion et constituerait une exception unique à la loi générale qui préside à la constitution de tous les plexus viscéraux ; le *plexus prostatique*, dont le nom indique la destination; le *plexus des vésicules séminales* et *du canal déférent*, qui, pas plus que le précédent, n'offre rien de particulier; le *plexus vaginal*, qui se relie avec les plexus vésical et hémorrhoïdal; le *plexus utérin*, qui est logé dans l'épaisseur du ligament large et vient ensuite couvrir de ses mailles les faces antérieure et postérieure de l'utérus. Il possède peu de ganglions et ceux-ci semblent se concentrer surtout près du col.

Les émanations plexiformes du sympathique, tout en se servant des vaisseaux comme d'un moyen de support, leur fournissent, chemin faisant, les éléments de leur propre innervation. Celle-ci s'opère toujours suivant un même plan qui se répète pour toutes les régions. La description des nerfs vasculaires, appartenant ainsi à la fois à toutes les portions du sympathique, devait naturellement être faite à part. Kölliker et His ont pu, les premiers, suivre des filets nerveux jusque sur les fibres musculaires de la tunique moyenne des artères. Plusieurs histologistes, entre autres Gimbert, y sont parvenus aussi ; Hénocque, seul, est arrivé à obtenir ce résultat chez l'homme. Mais ce qui est facile à constater pour tout le monde, c'est l'existence dans les vaisseaux de deux plexus propres, dont l'un est situé dans la tunique externe, et l'autre dans la tunique moyenne. Chez l'homme, on n'aperçoit de ganglion que dans le premier plexus. Les veines sont moins riches en fibres musculaires et reçoivent des rameaux nerveux moins nombreux.

Complétons ces considérations anatomiques par l'indication de quelques particularités histologiques. Quand on regarde au microscope les filets appartenant au système sympathique, ils apparaissent avec une structure tout à fait différente de celle des nerfs cérébro-rachidiens. Ils renferment bien un certain nombre de tubes qui possèdent une fibre-axe plongée dans de la substance médullaire, et qui ne se distinguent de ceux de la vie animale que par un diamètre un peu plus petit. Mais ces tubes sont la plupart du temps comme perdus au milieu de fibres qui sont connues sous le nom de *fibres de Remak*. Celles-ci sont pâles et aplaties ; leur diamètre est environ de $0^m,0024$; elles ont un aspect homogène. De distance en distance elles présentent des noyaux ovalaires, allongés ou fusiformes. Exceptionnellement, ces fibres se fendent et se divisent en fibrilles. De plus, cette division reste toujours incomplète. Beaucoup d'anatomistes se refusent à voir dans ces fibres des éléments nerveux et les regardent comme constituant une espèce particulière de tissu conjonctif. Mais, outre qu'elles ne rappellent en rien les faisceaux de fibrilles de ce tissu, on ne comprendrait pas la nécessité d'une pareille exubérance de charpente pour soutenir deux ou trois tubes à moelle. Il est en effet des filets du sympathique relativement volumineux qui ne renferment que deux tubes à moelle. Ces fibres de Remak semblent plutôt représenter un état primitif des tubes nerveux, une phase rudimentaire par laquelle ils sont tous obligés de passer, car chez l'embryon de l'homme et des autres mammifères, le système nerveux n'est absolument constitué que par ces fibres. Il est un poisson inférieur, du genre *petromyzon*, chez qui les nerfs conservent cette forme toute la vie. L'homme adulte lui-même en présente un spécimen permanent dans le nerf olfactif.

On n'est pas encore bien fixé sur le mode de terminaison des fibres sympathiques dans les muscles lisses. Suivant Krause, elles n'aboutiraient pas jusqu'à la fibre nerveuse elle-même; elles s'arrêteraient à des sortes de plaques terminales situées en dehors des éléments musculaires. Le nombre de ces plaques serait très-restreint, de sorte qu'une seule plaque innerverait un faisceau tout entier, Henocque et Arnold prétendent au contraire qu'elles pénètrent dans l'intérieur des fibres lisses. Le premier admet que chaque fibre nerveuse s'y termine par un nodule, et qu'une même fibre musculaire peut recevoir des fibrilles nerveuses provenant de plusieurs filets nerveux situés dans la substance cimentaire intermédiaire aux fibres musculaires. Le second a vu, dit-il, les fibrilles nerveuses s'engager dans le noyau et rappeler par leur disposition les fils et les plaques de cuivre qui, dans les piles de Bunsen, unissent le cylindre de charbon au zinc d'une pile voisine.

Les cellules des ganglions du sympathique sont toutes entourées d'une capsule épaisse, non fibrillaire et parsemée de noyaux. Autrefois on s'accordait à regarder cette coque comme étant formée par du tissu conjonctif, mais Béale et Remak lui accordent une nature nerveuse. Le fait est que si les fibres de Remak sont, comme il est probable, des éléments nerveux, on doit forcément accorder les mêmes attributs à la capsule, vu que les fibres précédentes se continuent avec elle. On a cru aussi que ces cellules étaient le plus souvent apolaires, mais il semble résulter des recherches nombreuses et délicates d'Arnold qu'elles sont toujours unipolaires. Toutefois, cet unique pôle se continuerait souvent par ses ramifications avec plusieurs fibres nerveuses. Il prétend enfin avoir constaté l'existence de fibres-spirales enroulées autour des fibres nerveuses au moment où celles-ci vont entrer dans la cellule. Béale a confirmé cette dernière assertion. Arndt avait signalé une différence, qu'il croyait exister, entre les cellules des ganglions spinaux et celles des ganglions sympathiques. Les secondes seraient toujours simples, tandis que les premières seraient toujours formées par deux ou trois cellules soudées ensemble; mais Thanhoffer a établi que Arndt a été trompé par une segmentation naturelle que certaines cellules étaient en train d'éprouver. Dans ces derniers temps, Svierczewski a signalé l'existence d'un mouvement particulier et remarquable par sa lenteur qu'exécuteraient les corpuscules contenus dans le noyau des cellules du sympathique; mais il est probable qu'il s'agit là d'un phénomène moléculaire de putréfaction dont on ne doit pas tenir compte dans l'analyse du mécanisme de l'innervation.

Physiologie normale.

Généralités. — L'anatomie nous indique elle-même que le sympathique doit avant tout contribuer, d'une manière quelconque, à la nutrition des tissus et aux phénomènes de la vie végétative. En effet, il se rend dans tous les viscères. Il n'y a guère que le pneumogastrique qui partage avec lui le droit de les innerver, et encore il va partout où se rendent les rameaux viscéraux de la 10e paire. L'anatomie nous montre aussi que le sympathique ne restreint pas son domaine aux viscères ; car il forme, sans exception aucune, des plexus autour des vaisseaux. Ces réseaux nerveux se divisent avec eux, les suivent en les enlaçant jusque dans leurs dernières ramifications. Ils pénètrent avec eux dans l'intimité de tous les tissus. Il n'est pas un muscle de la vie animale, pas un coin du corps qui échappe à son influence. La présence de ce nerf là où la sensibilité et la motilité se trouvent déjà assurées par des nerfs d'origine cérébro-rachidienne, indique qu'il doit venir remplir une mission d'une autre nature. Mais à quel titre la remplit-il et quelle est-elle ? Telles sont les deux questions capitales qui se posent tout naturellement devant nous.

Le sympathique n'est-il que le conducteur d'une action centrale dont l'axe cérébro-spinal est l'auteur ? ou bien est-il lui-même le générateur des actes qu'il réalise ? Autrement dit, doit-il être considéré comme un simple nerf ou comme un centre nerveux ? Legallois, Müller, Scarpa, Meckel, Zinn et Sappey le regardent comme allant puiser toute son activité dans le centre cérébro-spinal, et sur ce principe fondamental chacun d'eux a brodé à sa manière. Ainsi Legallois pense que les nombreux ganglions qu'il présente sur son trajet ne sont autre chose que des nœuds destinés à arrêter l'influence de la volonté et le passage de la sensation, pour nous éviter la conscience d'actes qui doivent s'exécuter à notre insu. Müller regarde ces renflements comme des réservoirs recevant l'influx cérébral et le conservant un certain temps pour le laisser s'écouler au fur et à mesure des besoins des viscères. Scarpa, Zinn, Meckel et Sappey les considèrent comme des tamis servant à diviser à l'infini les fibres nerveuses, et en même temps des poulies de réflexion leur permettant de s'irradier dans tous les sens. Winslow, Johnston, Prochaska, Bichat et Brachet en font au contraire un système nerveux à part, tout à fait indépendant du système cérébro-spinal, ayant ses centres et ses conducteurs particuliers. C'est dans ce dernier ordre d'idées que je crois aussi devoir entrer. Le sympathique est certainement plus qu'un conducteur. Il a sa vie propre, qu'il manifeste sur un théâtre qui lui est particulier. Il porte en lui-même tous les attributs d'un centre dont la disposition est seulement différente de celle du centre cérébro-spinal. Pour émettre cette opinion, je ne m'appuierai pas, comme on la fait, sur l'existence exclusive chez les animaux inférieurs d'un système nerveux rappelant le sympathique des êtres supérieurs, car l'analogie admise autrefois a été reconnue fausse depuis; ni sur ce que le système nerveux animal a besoin du repos intermittent, appelé sommeil, tandis que le travail du sympathique est perpétuel, car le sommeil est loin d'être absolu pour le cerveau et la moelle; ni sur ce que les maladies de l'encéphale ne suppriment que les fonctions de relation sans atteindre celles de la vie végétative, car nous avons vu que ces dernières sont aussi souvent compromises par les altérations de l'axe. Mais, tout en étant forcé de céder sur ces divers points, on se trouve encore suffisamment armé pour établir la nature centrale et l'autonomie du sympathique. L'histoire des amyélencéphales fournit en effet déjà un argument d'une très-grande valeur. Chez ces monstres qui sont dépourvus de moelle et de cerveau, le sympathique se trouve incontestablement livré à lui-même; et cependant ces êtres ont vécu pendant tout leur séjour dans la matrice. L'absorption, la circulation, la nutrition et les sécrétions ont eu lieu, puis que d'une part leurs tissus se sont développés, et que d'autre part on a trouvé de la bile et de l'urine dans leurs réservoirs respectifs. Dans certains cas d'amyélencéphalie, Méry et Sue ont même vu la vie et la respiration se continuer pendant 2 et même 7 heures après la naissance. Il est vrai qu'on a objecté que chez ces monstres les ganglions étaient tellement volumineux qu'ils représentaient plutôt le système nerveux des insectes que le sympathique des mammifères. Mais au fond on se trouvait en présence non pas d'un représentant de l'axe cérébro-spinal, mais d'un sympathique renforcé qui devait en partie son plus grand développement à ce que la force plastique de l'embryon se trouvait concentrée dans un champ plus restreint. Une preuve tout aussi éclatante, à mes yeux, de l'autonomie des ganglions du sympathique, même quand ils sont séparés les uns des autres, consiste dans les battements et les mouvements que le cœur et l'estomac continuent à exécuter lorsqu'ils ont été séparés du reste de l'économie. Il est vrai que ces manifestations n'ont qu'une durée limitée, mais elles persistent assez longtemps pour qu'on ne puisse pas les attribuer à de l'influx nerveux créé par l'axe cérébro-spinal et mis en réserve dans les ganglions. Si elles finissent par cesser, cela tient uniquement à ce que l'irrigation sanguine n'étant pas entretenue dans les capillaires de ces organes, leurs ganglions ne sont plus alimentés et deviennent bientôt incapables de toute production dynamique. Les expériences de Bernard sur les ganglions sous-maxillaires, celles de Liégeois et de Vulpian sur le ganglion cervical supérieur, expériences que nous rapporterons dans l'histoire particulière des diverses régions du sympathique, prouvent que les ganglions de ce système peuvent engendrer de leur chef, presque indéfiniment, des actes physiologiques quand on les a isolés tout en leur conservant leurs moyens d'irrigation sanguine et de vitalité. Du reste, si le rôle du sympathique était uniquement de transmettre, on ne comprendrait pas pourquoi la nature l'aurait si richement doté d'éléments à peu près identiques à ceux qui font de la moelle et du cerveau des centres nerveux. Les mêmes attributs anatomiques doivent forcément entraîner des attributs physiologiques de même nature. Enfin l'examen des branches communicantes plaide encore dans le même sens. Leur volume total est insignifiant à côté de la masse des branches que fournit le sympathique. Tandis que tous les nerfs cérébro-rachidiens, le vague lui-même, épuisent leur matière initiale au fur et à mesure qu'ils se divisent, le sympathique, au contraire, semble se renforcer à mesure qu'il agrandit davantage sa sphère de distribution. Il est vrai qu'on peut attribuer cet accroissement apparent à la grande quantité de névrilème que nécessitent pour se soutenir les filaments si minces du sympathique, mais les branches des nerfs rachidiens possèdent aussi ensemble plus de trame conjonctive que leur tronc mère. Du reste, ce qui fait croire à une surabondance de névrilème dans le sympathique, c'est que la plupart de ses fibres sont dépourvues de myéline.

Le sympathique constitue bien certainement une nouvelle organisation centrale qui est spécialement appropriée au mécanisme des fonctions viscérales et qui se rattache, seulement pour les besoins généraux de l'économie, à l'administration la plus supérieure de l'innervation. Ce système autonome particulier était nécessaire à un double titre. Le travail intime des viscères est tellement différent de celui des organes de la vie de relation, qu'il exigeait des conditions nerveuses tout à fait nouvelles. En outre, le but de ce travail est tellement indispensable à notre existence, qu'il devait être réglé par et pour lui-même, et échapper, autant que possible, à une influence trop marquée et trop constante des perturbations et des caprices de notre être sensible et intellectuel. Il fallait que l'innervation de cet empire végétatif ne dépendît de l'axe cérébro-spinal que d'une manière éloignée et exceptionnelle ; qu'il puisse se passer de lui, et qu'il n'en réfère à lui que dans les grandes circonstances et uniquement pour l'harmonisation générale; d'autre part, la vie de relation aurait perdu elle-même à être troublée à chaque instant par les impressions nées dans les viscères. Il valait mieux que les actes de sensibilité nécessaires à la vie végétative restassent circonscrites dans un système nerveux particulier où ils puissent s'épuiser en effets réflexes utiles. La nature a même réalisé sur ce terrain le plus haut degré du fractionnement de l'autonomie et y a multiplié à l'infini les divisions et subdivisions du régime féodal ; chaque îlot, presque chaque unité histologique, a son petit système nerveux particulier qui peut lui suffire dans de faibles limites. Puis un certain nombre de ces actions nerveuses élémentaires se groupent autour d'un petit centre commun. De là l'unité dans le fonctionnement des diverses fractions du lobule ou du représentant du lobule pour les organes à structure non glandulaire. Les actions nerveuses lobulaires se groupent à leur tour pour donner de la solidarité aux contingents fonctionnels de circonscriptions qui deviennent de plus en plus étendues. Le plexus extérieur, qui prend le nom de l'organe, centralise enfin l'ensemble de tous les phénomènes nerveux dont cet organe est le siége. Plusieurs viscères, tout en ayant des modes de travail différents, concourent par des voies distinctes à l'accomplissement d'une seule fonction. Ils devaient par conséquent ne pas rester tout à fait ignorés les uns des autres. De là l'utilité des plexus de premier ordre, tels que les plexus solaire et lombo-aortique, qui deviennent comme le lieu de réunion d'un conseil supérieur. Les fonctions présentent aussi entre elles certaines corrélations destinées à régulariser leurs rapports. Il fallait donc pour elles un moyen de contacts réciproques. De là l'utilité du cordon central du sympathique, qui est comme le théâtre d'un congrès international. Enfin, les communicantes sont là pour empêcher les deux mondes, végétatif et animal, de rester inconnus l'un de l'autre. La nutrition a en effet besoin de se mettre à l'unisson avec la vie de relation, puisque la première est appelée à alimenter matériellement les manifestations de la seconde. Le ravitaillement doit naturellement se proportionner à la dépense. L'anatomie de développement concorde parfaitement avec cette manière de comprendre l'organisation du système nerveux; car les différentes parties du sympathique naissent sur place et ne sont pas le résultat du bourgeonnement d'un axe central.

Les communicantes étant un simple lien physiologique entre les deux systèmes nerveux, on peut se demander si elles sont formées uniquement par des fibres envoyées par l'axe cérébro-spinal au sympathique, ou par des fibres de ce dernier se rendant au système nerveux animal, ou bien encore si elles comprennent un mélange de fibres de ces deux origines. La question, posée sous ce triple aspect, a un intérêt autant physiologique qu'anatomique, car avec une solution affirmative le premier cas conduirait à admettre une autocratie complète de l'axe cérébro-rachidien sur le sympathique; le deuxième cas indiquerait que les communicantes ont seulement pour but d'éclairer l'axe sur ce qui se passe dans le sympathique; enfin le troisième cas impliquerait la possibilité d'une influence réciproque des deux systèmes l'un sur l'autre. On a cherché à juger la question par la méthode Waller. Ce dernier a lui-même, dans ce but, coupé sur des grenouilles les nerfs rachidiens à leur sortie des trous de conjugaison. Deux mois après, les rameaux communicants n'avaient encore éprouvé aucune altération. Il en a conclu que ceux-ci ont leur centre trophique dans les ganglions du sympathique et sont par conséquent formés uniquement de fibres fournies par ce système végétatif. Schiff, au contraire, les a vus dégénérer complétement après l'ablation des ganglions spinaux correspondants ; et il les regarde, par conséquent, comme émanant entièrement de la moelle. A la suite de sections faites, tantôt en deçà, tantôt au delà des ganglions spinaux, Giannuzzi a été conduit à conclure que la plupart de leurs fibres proviennent de la moelle, mais qu'il en est un très-petit nombre qui émanent du sympathique. Courvoisier est arrivé à des conclusions identiques. En sorte que s'il est bien vrai qu'un centre préside à la nutrition des fibres auxquelles il donne origine, on doit admettre que l'axe cérébro-spinal et le sympathique s'envoient réciproquement des fibres, mais que celles qui émanent du premier centre sont de beaucoup les plus nombreuses. Le pouvoir propre et spécial du sympathique étant admis par nous, cherchons maintenant à déterminer les rôles que ce système peut accomplir avec ses moyens particuliers d'action.

Le sympathique est avant tout appelé à agir sur le système vasculaire ; c'est là certainement son rôle le plus général et le plus incontestable. Tout en se servant des artères comme moyen de support et de répartition, il est relié par d'innombrables filaments au réseau nerveux intrapariétal de ces vaisseaux, au point que tous les anatomistes regardent ce dernier comme n'étant que la continuation du réseau périvasculaire. Il est de la dernière évidence, d'après cela, qu'au point de vue physiologique le sympathique tient sous sa coupe le travail dont le réseau intrapariétal est susceptible. L'expérimentation l'a du reste amplement démontré. Dans l'histoire particulière des diverses régions du sympathique, nous verrons que partout la section des émanations de ce nerf détermine dans la circonscription correspondante une congestion passive due à la dilatation paralytique des vaisseaux, tandis que l'excitation de ces mêmes filets par l'électricité ou par tout autre irritant détermine une décoloration des tissus due au resserrement actif de ces mêmes vaisseaux. Il est donc bien évident que le sympathique a pour mission d'exciter les fibres musculaires dont la contraction entraîne une diminution du calibre des vaisseaux. Aussi l'action vaso-constrictive de ce nerf est-elle aujourd'hui un des faits physiologiques les mieux établis; personne ne songe même plus à la contester. Mais le même accord n'existe plus au sujet de l'origine, elle-même, de ce genre d'influence. Schiff n'accorde dans cette circonstance au sympathique qu'un simple rôle de transmission. Ce nerf ne ferait que conduire une force vaso-motrice engendrée en dehors de lui. La moelle elle-même n'en serait aussi que le conducteur. L'influx spécial prendrait exclusivement naissance dans le bulbe, qui serait ainsi le seul foyer central de toute l'innervation vaso-motrice. Il s'appuie sur ce qu'une hémisection du bulbe détermine la paralysie vaso-motrice de toute une moitié du corps et de la tête. Il semble, en effet, très-rationnel de conclure que cet organe est seul chargé d'alimenter les vaso-moteurs, puisqu'ils se trouvent tous paralysés simultanément lorsqu'une simple section les sépare de lui. Owsjan-nikow a depuis circonscrit davantage encore ce foyer général de l'innervation vaso-motrice. Il ne lui accorde qu'une étendue de 4 millimètres. Il serait situé sur le plancher du 4e ventricule et s'arrêterait en arrière, à 4 ou 5 millimètres des tubercules quadri-jumeaux. Brown-Sequard reconnaît l'importance de ce centre, mais ¡ pense que beaucoup de vaso-moteurs ont leur foyer dans la moelle, d'autres dans la protubérance ou dans le cervelet. Vulpian est entré plus largement encore dans la voie de la dissémination des centres vaso-moteurs. Il les échelonne tout particulièrement le long de la moelle et du bulbe. Il fait observer avec raison que de ce que la section du bulbe supprime l'action vaso-motrice sur tous les points du corps, il ne s'ensuit pas que cet organe soit le véritable et l'unique foyer de ce genre d'innervation, car cette section paralyse aussi bien les muscles de la vie animale, quoiqu'il soit bien évident que le bulbe n'est pas le centre de la locomotion. Il s'appuie surtout sur ce que la moelle fournit encore des réflexes vaso-mo-teurs lorsqu'elle est séparée du bulbe. On peut encore, dans ces conditions, modifier les vaisseaux de l'un des membres abdominaux en pinçant la peau de l'autre membre; d'autre part, on provoque un surcroît de dilatation en pratiquant de nouvelles sections au-dessous de la section primitive. Depuis il a été conduit à accorder aussi au sympathique un certain degré d'action génératrice. C'est du moins là une conséquence forcée de certaines expériences qu'il a pratiquées sur le ganglion cervical supérieur et sur quelques ganglions abdo-minaux. Chez des grenouilles, il a anéanti la protubérance, le bulbe et la moelle. Après cette mutilation, il survint dans la moitié cor-respondante de la bouche et de la langue une légère rougeur annonçant déjà un certain degré d'atonie des vaisseaux. Il arracha ensuite le ganglion cervical, et la rougeur devint immédiatement plus vive. Afin de rendre le résultat plus frappant encore, il a rendu une des grenouilles exsangue par l'ablation du cœur, après lui avoir arraché le ganglion cervical supérieur d'un coté. La moitié correspondante de la langue conserva une rougeur très-vive contrastant parfaitement avec la pâleur acquise par l'autre moitié sous l'influence de la rétraction de ses vaisseaux. L'arrachement du ganglion avait paralysé les vaisseaux correspondants d'une manière si complète qu'ils retenaient encore une certaine masse de sang, malgré l'hémorrhagie provoquée. Les vaisseaux du côté opposé, au contraire, avaient trouvé assez de force dans l'unique ganglion persistant pour suivre le sang dans son retrait. Par un procédé analogue, Vulpian a aussi rendu palpable l'action vaso-motrice propre des ganglions abdominaux. Après avoir enlevé l'encéphale et détruit la moelle, il a coupé tous les filets sympathiques fournis par ces ganglions à l'un des deux membres postérieurs, et les vaisseaux de la membrane interdigitale de ce membre apparurent beaucoup plus dilatés que ceux de la membrane interdigitale de l'autre côté.

En relatant ces expériences et ces diverses opinions, nous venons par le fait de soulever de nouveau une question que nous avons déjà résolue d'une manière générale, c'est celle de l'autonomie du sympathique. Mais il était nécessaire de la traiter au point de vue particulier de l'innervation vaso-motrice; car le sympathique, tout en jouant le rôle de centre pour d'autres genres d'actions, pourrait fort bien n'être que conducteur en ce qui concerne les vaisseaux. En admettant même des fibres continues allant de l'axe cérébro-spinal aux vaisseaux, on serait encore forcé de reconnaître que ces fibres ne sont capables de remplir leur office vaso-moteur qu'à la condition de passer par le sympathique; car même celles qui sont destinées à accompagner ultérieurement les nerfs cérébro-rachidiens s'en séparent un instant pour gagner les ganglions sympathiques avant de venir s'associer à eux d'une manière définitive. Mais le petit volume des communicantes ne permet même pas d'admettre cette continuité de fibres allant de l'axe cérébro-spinal jusque sur les vaisseaux eux-mêmes, car elles sont incapables de rendre compte du grand nombre de fibres vaso-motrices fournies ultérieurement par le sympathique. Du reste, les expériences de Vulpian démontrent que certains ganglions peuvent encore agir sur les vaisseaux lorsqu'ils sont complétement isolés, et il est probable que tous les ganglions du sympathique jouissent aussi du même pouvoir; de sorte qu'on est obligé de reconnaître que le sympathique vient tout au moins renforcer l'action vaso-motrice de l'axe. C'est là, je le reconnais, tout ce que l'expérimentation permet d'accorder, d'une manière positive, au sympathique. Mais la limite du positif étant ainsi reconnue et signalée, nous pouvons maintenant sans inconvénient entrer dans le domaine des hypothèses et chercher, en nous basant sur l'analogie, à nous représenter l'organisation possible de l'appareil vaso-moteur.

Nous avons vu (Ier volume, page 60, fig. 18) que chaque cellule motrice des cornes antérieures de la moelle se trouve reliée à l'encéphale par une fibre que nous avons appelée encéphalique et qui lui transmet les ordres de la volonté ; qu'elle reçoit d'autre part une fibre provenant soit des cellules sensitives des cornes postérieures, soit directement des racines rachidiennes postérieures, et venant lui apporter l'excitation sensitive nécessaire à la production des mouvements réflexes; enfin qu'elle envoie une fibre destinée à agir directement sur le muscle, que cette action soit commandée par la fibre encéphalique ou par la fibre excito-motrice. Si cette disposition des agents nerveux de la locomotion vient à être confirmée (et elle est bien près de l'être), il est à supposer que la nature l'a aussi adoptée pour les agents vaso-moteurs. En ce cas, les cellules de la colonne de Jacubowitz doivent être aussi munies d'une fibre encéphalique qui se prolonge peut-être indirectement jusqu'au centre affectif, afin de permettre au moral d'exercer une certaine influence sur l'action vaso-motrice, mais qui, avant, se relie directement au bulbe. Celui-ci se trouve ainsi réunir dans sa main toutes les fibres et devient capable de provoquer des modifications vaso-motrices sur tous les points du corps. Que cette centralisation se fasse, du reste, par des fibres ou par la série même des cellules de Jacubowitz, peu importe; son existence est incontestable, puisque l'hémisection du bulbe détermine un certain degré de paralysie vaso-motrice sur toute une moitié du corps. Mais je ne comprends pas cette centralisation de la même manière que Schiff. Je ne place pas en ce point un foyer ayant seul le pouvoir de créer une force spéciale que le reste du système n'aurait plus qu'à transmettre, mais un véritable quartier général où les représentants des vaso-moteurs de tout le corps viennent prendre le mot d'ordre. C'est là que se donne le diapason du tonus vasculaire qui convient au juste équilibre de la circulation. C'est là en effet qu'aboutit le nerf de Cyon, qui vient apporter les impressions subies par le cœur et provoquer d'une manière réflexe les modifications vaso-motrices capables de remédier à l'état de choses signalé par cette impression. La section du bulbe amène un relâchement des vaisseaux, non pas parce qu'elle les paralyse dans le sens du mot. Elle les rend en apparence inertes, de la même manière que la perte du sens musculaire le fait pour les muscles de la vie animale. Ce qui prouve que les vaisseaux ne sont pas réellement paralysés, c'est qu'on peut encore faire changer leur diamètre en agissant au-dessous de la première section. Le bulbe renferme le premier rouage de l'innervation vaso-motrice générale, au même titre qu'il possède le premier rouage de la respiration, c'est-à-dire parce que c'est là, et là seulement, que vient aboutir le nerf sensitif qui apporte le courant centripète capable de provoquer et de régler le mécanisme réflexe de ces deux fonctions. Le bulbe n'est donc pas le créateur de la force vaso-motrice. Il en est seulement le régulateur, de même qu'il est déjà celui des actions inspiratrices et expiratrices de la moelle. Il n'a pas, au fond, d'initiative ; son seul privilége est d'être le point d'arrivée du nerf sensitif qui lâche la détente des mécanismes préétablis de la respiration et de la circulation. La nature ne pouvait mieux faire, du reste, que de réunir dans un même organe ces divers ressorts nerveux ; car les modifications générales du système vasculaire doivent avant tout s'adapter aux besoins de la respiration et de la circulation cardiaque.

D'autre part, chaque cellule de Jacubowitz est reliée aux cellules sensitives de la moelle par une autre fibre qui la met en demeure d'agir au reçu des impressions apportées par la racine postérieure correspondante. C'est par son intermédiaire que se produisent toutes les modifications vaso-motrices réflexes que l'on peut faire naître en irritant le point du tégument où se distribue cette racine. Tandis que le bulbe préside, par l'intermédiaire des fibres encéphaliques, aux changements d'ensemble que nécessitent les conditions d'équilibre de la circulation générale, la fibre réflexo-motrice préside, elle, aux réactions vaso-motrices locales en rapport avec les impressions nées sur le segment correspondant du corps. L'expérimentation montre que les vaso-moteurs obéissent avec la plus grande facilité aux impressions sensitives apportées par les nerfs rachidiens. Mais dans ce cas les actions vaso-motrices ne sont jamais que passagères. Cyon, Owjannikow et Heidenhain ont constaté qu'elles ne sont pas les mêmes lorsque le cerveau est intact que lorsqu'il est détruit. En présence du cerveau, l'excitation des nerfs sensitifs pourrait produire soit une dilatation, soit une constriction. Mais, après la destruction du cerveau, l'effet réflexe serait toujours une constriction. Lorsque les actions vaso-motrices sont provoquées par les nerfs rachidiens sensitifs, elles obéissent, comme les autres mouvements réflexes, aux lois qui régissent le pouvoir réflexe de la moelle. L'effet peut devenir symétrique. Tholozan a montré que lorsqu'une seule main est soumise au froid, non-seulement les vaisseaux de cette main se resserrent, mais encore ceux de la main qui est restée abritée, parce que l'impression arrivée à la moelle finit par gagner la zone homologue de la colonne de Jacubowitz dans l'autre moitié de la moelle. Quand on excite le bout central d'un des nerfs sciatiques, la moelle fait d'abord contracter par réaction les vaso-moteurs du membre. Si l'irritation se prolonge ou est plus forte, la contraction vasculaire apparaît dans l'autre membre, parce que l'ébranlement passe dans l'autre moitié de la zone médullaire directement touchée. Si elle est plus forte encore, la dispersion devient plus grande aussi et peut aller frapper à la fois tous les points de la colonne de Jacubowitz, et les vaisseaux de tout le corps se contractent.

Enfin la cellule envoie une troisième fibre qui devient un des facteurs d'une communicante qui représente la racine antérieure des nerfs rachidiens et qui doit répercuter sur les vaisseaux l'ébranlement apporté, soit par la fibre encéphalique, soit par la fibre réflexo-motrice. Mais tandis que la racine antérieure des nerfs rachidiens va agir directement sur les muscles, le filet communicant va, lui, agir sur un nouveau système nerveux qui a seul le pouvoir d'exercer une action directe sur les vaisseaux. Le sympathique s'interpose entre le muscle vasculaire et la moelle. De plus, il est probable que ce filet communicant ébranle, par l'intermédiaire du ganglion auquel il se rend, plusieurs des filets qui en émergent, de telle sorte que sa sphère d'action se trouve considérablement amplifiée. Ce nouveau système auquel l'axe cérébro-spinal est obligé de recourir pour obtenir des résultats vaso-moteurs, est lui-même très-compliqué, ainsi que nous le montre l'anatomie. Ce n'est qu'à travers un grand nombre d'étapes que l'impulsion primitive arrive à obtenir l'effet final. Il est probable que ces étapes ganglionnaires multiplient le mouvement moléculaire, et elles l'adaptent de plus en plus à sa mission vaso-motrice; mais elles ont aussi une autre conséquence, c'est de mettre les vaisseaux à la merci de nouvelles causes modificatrices. En effet, ces ganglions reçoivent eux-mêmes des fibres sensitives qui leur sont propres et qui peuvent à leur tour réagir sur les fibres vaso-motrices qui en émanent. De là des actions vasculaires tout à fait indépendantes de celles qui sont commandées par la moelle. D'étape en étape, l'ébranlement arrive enfin à la dernière qui est représentée par le réseau intravasculaire. C'est lui qui envoie les ramifications qui s'adaptent directement à la fibre-cellule et qui réalise, par conséquent, l'effet spécial. Là encore peuvent apparaître de nouvelles causes provocatrices qui alors sont tout à fait locales. Ce réseau a en effet ses ganglions et par suite son autonomie, tout en restant subordonné à tout ce qui l'a précédé dans cette longue échelle hiérarchique. Les ganglions reçoivent des filets de la tunique interne et leur apportent des impressions nées à l'intérieur même des vaisseaux et au reçu desquelles ils réagissent immédiatement par les filets centrifuges qu'ils fournissent. Grâce à ses moyens d'action particuliers, ce réseau peut se mettre jusqu'à un certain point en antagonisme avec les incitations du nerf de Cyon. Celui-ci tend à faire dilater les artères pour soulager le cœur qui se trouve placé sous sa sauvegarde, mais le contact du sang sur les parois artérielles peut à son tour provoquer de la part du réseau une contraction réflexe qui refoule l'excès de contenu et qui soulage ainsi le système vasculaire au détriment du cœur. On a pu, du reste, constater directement que les artérioles se resserrent lorsque la pression sanguine augmente. De cette façon, ces vaisseaux résistent jusqu'à un certain point au dégorgement que le nerf de Cyon tend à procurer au cœur. Mais, même quand il n'existe aucun trouble de la circulation et quand l'équilibre de cette fonction est aussi parfait que possible, les artères sont toujours un peu dans la situation d'un estomac qui serait dans l'impossibilité de se vider de son contenu et qui, irrité par le contact de ce dernier, se contracterait pour s'en débarrasser, mais n'arriverait qu'à s'appliquer intimement à lui. Le réseau intravasculaire et les fibres musculaires qu'il amène sont sans cesse sollicités par le contact du sang. Ces fibres se contractent et ne sont limitées dans leur resserrement que par l'obstacle que leur oppose la colonne sanguine. Voilà pourquoi les artères arrivent à suivre cette colonne dans son retrait rapide lorsqu'une saignée diminue son diamètre, et pourquoi elles se moulent toujours sur la masse du sang, quelles que soient ses proportions.

L'activité de ce réseau survit quelque temps à celle des centres nerveux proprement dits. C'est pour cela que les artères se vident après la mort. On prétend même qu'au moment où la vie s'éteint les ganglions péri- et intravasculaires acquièrent momentanément un surcroît d'excitabilité. Il paraît, du reste, en être ainsi pour tout le sympathique ; car, au moment du dernier soupir, les pupilles se dilatent considérablement, les intestins sont tout à coup agités de mouvements spasmodiques qui peuvent même donner lieu à des évacuations alvines. On a vu aussi l'utérus réaliser l'accouchement *post mortem*. On peut être tenté, au premier abord, d'attribuer le retrait des vaisseaux qui se produit après la mort à l'élasticité même de leur tissu. Mais il y a bien là une action nerveuse, car le resserrement ne se produit pas dans les vaisseaux dont on a détruit préalablement les filets nerveux. Vulpian est arrivé à limiter l'effet à une moitié de la langue en enlevant le ganglion correspondant à la moitié opposée. Il a aussi empêché le retrait de se faire dans l'un des membres abdominaux en détruisant tous les nerfs sympathiques allant des plexus abdominaux à ce membre. Ce physiologiste place le siége de cette excitation posthume dans le bulbe, et il l'attribue à la cessation de l'hématose qui supprimerait le conflit habituel des éléments nerveux avec le sang oxygéné. Mais la rétraction s'opère encore jusqu'à un certain point chez les animaux dont on a sectionné le bulbe. Il est plus probable que la cause se trouve dans le sympathique lui-même. Les conditions de vitalité de ce dernier système sont sans doute plus simples et plus primitives que celles de l'axe cérébro-spinal, qui est rendu plus délicat par son haut degré de perfectionnement. Il en résulte que le système nerveux de la vie de relation meurt plus tôt que celui de la vie végétative. Dès lors le sympathique se trouve comme la moelle qui est débarrassée de l'encéphale. Les causes de dispersion diminuent. Les ébranlements nerveux conservent plus de force parce qu'ils restent enfermés dans un espace restreint.

Nous venons de concéder un véritable monopole au sympathique en le considérant comme un rouage ultime et tout à fait indispensable de la machine vaso-motrice. Il y a lieu cependant de faire des réserves à ce sujet. Vous savez déjà que les nerfs rachidiens renferment des filets vaso-moteurs, particulièrement dans les membres thoraciques et abdominaux. Car quand on coupe le sciatique, à sa sortie du bassin ou les branches terminales du plexus brachial, on donne lieu à un certain degré de congestion des tissus de ces membres. Dans ce cas, les vaisseaux éprouvent encore une dilatation paralytique qui est moins prononcée, il est vrai, qu'après la section des filets directs du sympathique, mais qui n'en est pas moins réelle. Il n'y a pas là, toutefois, une exception véritable, car ces filets vaso-moteurs qui font corps commun avec les nerfs rachidiens sont empruntés par ces derniers au sympathique lui-même, chemin faisant. En effet, quand on coupe les racines des plexus sacré et brachial dans le rachis, on ne produit plus rien du côté des vaisseaux. Il faut absolument, pour obtenir un résultat vasculaire, faire la section au niveau ou au delà du point d'abouchement des rameaux que le sympathique envoie à ces plexus. Mais il est d'autres faits anatomiques et expérimentaux qui montrent que parfois des nerfs cérébro-rachidiens viennent, sinon prendre part, du moins s'adapter à des lascis nerveux purement vasculaires. C'est ainsi que nous voyons le glosso-pharyngien envoyer une branche au plexus intercarotidien, sans qu'on ait cherché expérimentalement, que je sache, à savoir quel genre d'action cette branche pouvait avoir sur l'état des vaisseaux. C'est ainsi que nous avons vu la corde du tympan fournir un filet au ganglion sous-maxillaire et exercer une influence centrifuge sur l'état des vaisseaux de la région. Il est donc probable qu'en dehors de l'action que l'axe cérébro-spinal peut exercer sur les vaisseaux par l'intermédiaire de toute la filière du sympathique, il peut aller, par ses propres émanations, influencer directement les réseaux péri- et intravasculaires eux-mêmes. Quel peut être le but de cette influence immédiate? Ceci nous ramène à une question que nous avons touchée déjà à plusieurs reprises, c'est celle des nerfs vaso-dilatateurs.

Au premier abord, il semble qu'on peut se rendre compte de toutes les variations de volume des vaisseaux à l'aide d'une seule espèce de nerfs vaso-moteurs et d'un seul genre de fibres musculaires, l'activité de ces nerfs et de ces fibres musculaires produisant leur resserrement, et leur inactivité donnant lieu, au contraire, à leur dilatation. Mais comme l'expérimentation et la clinique surtout nous montrent que la dilatation des vaisseaux peut apparaître sous deux formes essentiellement distinctes, on a bientôt pensé que ces deux formes devaient être l'œuvre d'agents anatomiques tout aussi distincts. En effet, lorsque les vaisseaux se dilatent à la suite de la section des filets nerveux qui s'y rendent, on constate qu'ils le font d'une manière tout à fait passive ; que leurs parois restent flasques en s'écartant l'une de l'autre ; que le sang qui les remplit tend plutôt à stationner qu'a progresser, et qu'il ne profite nullement ni à la nutrition, ni au fonctionnement du tissu. On sent qu'il s'agit alors d'une dilatation véritablement paralytique. Lorsque la continuité des nerfs étant respectée, la dilatation se produit, soit spontanément, soit sous l'influence d'une irritation directe du tissu, elle se présente alors avec un cachet incontestable d'activité. Les vaisseaux, tout en s'ouvrant souvent plus largement que précédemment, semblent conserver leur fermeté habituelle. Le sang afflue et circule avec une rapidité beaucoup plus grande, et l'organe fonctionne d'une manière exagérée. En présence d'une différence aussi tranchée, on a pensé que cette dilatation n'était plus due à une paralysie, ou à un relâchement des nerfs et des muscles constricteurs, mais bien à l'activité d'agents antagonistes des précédents, et qu'il y avait par conséquent aussi des muscles et des nerfs dilatateurs. Les fibres musculaires dilatatrices sont restées introuvables jusqu'à présent. Mais il n'en est plus de même pour les nerfs dilatateurs, ou du moins on a trouvé des nerfs dont l'excitation centrifuge paraît engendrer la dilatation active sans le secours de fibres musculaires spéciales. Vous vous rappelez que la galvanisation de la corde du tympan dilate les vaisseaux de la glande maxillaire, qui devient alors le siége non-seulement d'une circulation plus active, mais aussi d'une sécrétion exagérée. Cl. Bernard, à qui nous sommes redevables de ce fait expérimental, a encore depuis rencontré d'autres nerfs doués du même mode d'action, l'auriculo-temporal dont les filets accompagnent les divisions de la carotide externe, le vague dont l'électrisation peut dilater les vaisseaux du rein, le nerf dorsal du pied dont l'excitation dilate l'artère saphène interne. Aussi, ce physiologiste, dans une œuvre récente et excesssivement remarquable, se prononce-t-il d'une manière presque formelle pour l'existence des nerfs vaso-dilatateurs. Selon lui, tous les vaisseaux sont soumis simultanément à deux espèces de filets nerveux. Les uns, provenant toujours du sympathique, ont pour mission exclusive de les resserrer. Il les appelle *vaso-constricteurs*. Les autres proviennent directement de l'axe cérébro-spinal et ont pour mission exclusive de les dilater. Il les nomme *vaso-dilatateurs*. Il ne pense pas toutefois que ces derniers agissent par l'intermédiaire de fibres musculaires dilatantes ; il croit plutôt que, dans les ganglions, ils entrent en conflit avec les fibres du sympathique, de façon à enrayer momentanément l'influence constrictive de ce nerf. Il compare leur mode d'action au phénomène connu en physique sous le nom d'interférence. Dans le monde physique, on voit, en effet, deux états actifs amener un état passif. De la lumière ajoutée à de la lumière peut produire de l'obscurité ; du son ajouté à du son peut engendrer le silence. Vulpian admet aussi les deux espèces de nerfs, mais il ne les parque pas d'une manière aussi exclusive dans des systèmes nerveux respectifs, parce qu'il a obtenu des effets vaso-dilatateurs en agissant sur les splanchniques. Schiff va plus loin. Il prétend que le cordon cervical renferme aussi les deux ordres de fibres, et que si l'électrisation de ce cordon produit toujours le resserrement des vaisseaux, cela tient à ce que les fibres constrictives y sont beaucoup plus abondantes que les dilatatrices. On comprend, du reste, que si les vaso-dilatateurs sont nécessaires aux organes de la vie de relation, ils doivent l'être aussi pour les viscères. Or, il n'y a qu'un seul nerf qui soit disposé de façon à pouvoir agir sur les plexus viscéraux à la manière de la corde du tympan, c'est le pneumo-gastrique, et cependant son électrisation ne produit point de congestion active dans l'intestin, ni même dans l'estomac. Enfin, Onimus et Legros ont opposé à la conception générale des nerfs vaso-dilatateurs leur théorie de la contraction spasmodique que nous avons déjà mise à profit plus d'une fois, et qui a pour elle l'aspect variqueux que présentent les vaisseaux dans les tissus enflammés.

Pour moi, je crois devoir rester encore dans le doute, non-seulement parce que l'interprétation d'Onimus peut parfaitement rendre compte des deux ordres de conditions de la dilatation, mais parce que celle de Bernard, tout en étant en apparence motivée par quelques faits expérimentaux, ne fait au fond que reculer la difficulté ; car si la corde du tympan agit en paralysant le sympathique, je ne vois pas trop pourquoi les effets de cette paralysie diffèrent de ceux de la paralysie due à la section du sympathique. Dans l'un et l'autre cas, il y a suppression de l'action de ce nerf. Ce qui m'engage surtout à maintenir ici un point d'interrogation, c'est que je crois que dans les congestions actives spontanées, l'état d'irritation des tissus, leur excitation fonctionnelle et par conséquent la vie cellulaire jouent un rôle capital d'où résulte peut-être leur aspect particulier. Or, rien ne prouve que la galvanisation de la corde n'agit pas à titre d'excitant fonctionnel de la glande. En tout cas, la mission vaso-constrictive du sympathique reste dès maintenant un fait inattaquable.

Il est certaines artères qui sont sur quelques points animées de mouvements rhythmiques qui exécutent des alternatives véritables de systole et de diastole, en opposition avec les mouvements du cœur. Tels sont surtout les terminaisons des deux veines caves, l'artère médiane de l'oreille du lapin, l'artère saphène interne, la mésentérique, etc. L'exécution de ces mouvements qui sont distincts du resserrement général du vaisseau, est-elle aussi l'œuvre du sympathique ? On est tenté de dire non en présence d'une expérience qui a fourni les mêmes résultats entre les mains de Schiff et de Vulpian. L'artère médiane de l'oreille reprend très-vite ses mouvements rhythmiques après la section du cordon cervical, et même après l'arrachement du ganglion supérieur. Mais c'est que l'organisation nerveuse de ces mouvements gît, comme celle des contractions du cœur et de l'estomac, dans le plexus intra-vasculaire. Ces vaisseaux continuent, en effet, à battre pendant plusieurs heures après qu'on les a arrachés du corps, absolument comme le cœur et l'estomac.

Le pouvoir vaso-moteur du sympathique ne porte-t-il que sur les artères et s'arrête-t-il aux capillaires ? Le microscope semble indiquer qu'il ne saurait avoir d'influence directe sur ceux-ci, car ces vaisseaux ne renferment pas de fibres musculaires. Aussi presque tous les physiologistes pensent que ce sont les variations des artères qui forcent les capillaires à varier eux-mêmes, mais d'une façon passive. Quand les artères sont dilatées, les capillaires reçoivent naturellement plus de sang et ils se laissent distendre. Ils reviennent ensuite sur eux-mêmes, par pure élasticité. Dans cette manière de voir, il y a toutefois un point qui me paraît pouvoir laisser à désirer. Au moment où les vaisseaux se contractent sous l'influence de l'électricité, il semble que le sang qu'ils renferment devrait être refoulé en grande partie dans les capillaires. De là devrait résulter naturellement un instant de rougeur qu'on n'observe pas, car la paleur est immédiate. On dirait qu'il se fait là une contraction harmonique des capillaires. Doit-on prendre en considération l'assertion de Stricker qui prétend que la substance protéique dont sont formées les cellules épithéliales des capillaires est douée de propriétés sarcodiques. L'action du sympathique sur les veines ne saurait être mise en doute, car elles ont des réseaux nerveux reliés manifestement aux émanations de ce nerf. Il est probable que ces vaisseaux peuvent, par leurs variations de diamètre, influencer la circulation capillaire, l'accélérer en se dilatant et en aspirant, pour ainsi dire, le sang; la retarder et produire des congestions, à *tergo*, en fermant au sang des capillaires ses débouchés. Quelques veinules sont animées de mouvements rhythmiques qui sont très-propres à pomper le sang des capillaires. Les terminaisons des veines caves et pulmonaires sont animées par des contractions beaucoup plus apparentes et constantes, et ont ainsi une influence notable sur la rapidité de la circulation générale. Le sympathique préside-t-il aussi à la contractilité des vaisseaux lymphatiques? C'est probable, car il est évident que le système lymphatique a aussi des fibres musculaires et comme elles sont du même ordre que celles des artères, il est à supposer que leurs moyens d'innervation leur sont aussi communs. Du reste, lorsqu'on électrise le nerf d'un muscle, la circulation lymphatique devient beaucoup plus active, absolument comme la circulation sanguine, et cela même quand on a empêché la contraction du muscle de se produire à l'aide du curare.

L'influence que le sympathique exerce sur la contraction et, par suite, sur le diamètre des vaisseaux, fait qu'il joue un rôle très-marqué dans une série de phénomènes physiques qui sont liés de la manière la plus intime aux conditions de capacité de ces conduits. C'est ainsi qu'il peut modifier la tension du sang. Le manomètre indique, en effet, que la section ou la paralysie de ce nerf augmente la pression du sang dans les vaisseaux, tandis que son excitation par l'électricité la fait diminuer. Par l'intermédiaire des variations de tension qu'il produit, il exerce une action indirecte sur la vitesse du cours du sang. Celle-ci augmente avec la pression et baisse avec elle. Le pouls lui-même se modifie sous son influence. En effet, les vaisseaux en se resserrant brident, pour ainsi dire, l'impulsion que le cœur communique à l'ondée sanguine. Il dose en outre le contingent de suc nutritif que reçoit chaque organe. En resserrant les vaisseaux, il réduit de plus en plus la somme de sang mise à la disposition de cet organe. Enfin, les variations de diamètre qu'il peut réaliser lui donnent aussi la main sur les phénomènes de calorification. Mais ce dernier genre d'influence paraît être plus complexe et il nécessite un examen plus étendu.

Pour interpréter le rôle calorifique du sympathique, il faut que nous esquissions, d'une manière rapide, l'état actuel de la question de la chaleur animale. Nous n'avons plus à tenir compte de la chaleur innée admise dans l'antiquité, ni des diverses hypothèses des chimiatres de l'époque de la renaissance, ni des théories mécaniques des iatro-mécaniciens, ni de celles de Brodie, de Chaussat et de Hunter, qui voyaient dans la chaleur animale un attribut du principe vital. La théorie chimique de Lavoisier peut seule être admise aujourd'hui. Mais elle laisse encore inexpliqués certains faits de détail, et on reste parfaitement en droit de se demander s'il n'existe dans l'économie que cette seule source de calorique.

Bernard admet l'existence de deux actes bien distincts et successifs dans la fonction calorification : 1° la création de la chaleur ; 2° la répartition de la chaleur produite. Le second de ces actes est incontestablement lié à l'action vaso-motrice du système nerveux. Le sang est en effet riche en calorique. Il en abandonne à tous les milieux qu'il traverse et il leur en fournit d'autant plus qu'il s'y trouve lui-même en plus grande quantité. Par contre, il peut en prendre à ces milieux et à ces organes s'ils sont plus chauds que lui. Comme il se porte partout, comme il passe et repasse dans les organes, il tend à réaliser un équilibre général de la température et à répartir également le calorique sur tous les points de l'organisme. Le système nerveux qui règle les circulations locales, lui qui peut faire qu'à un moment donné un organe reçoive plus ou moins de sang qu'antérieurement et que les organes voisins, se trouve capable par le fait d'augmenter ou de diminuer la chaleur relative de cet organe. Aussi la section des nerfs sympathiques, qui produit la dilatation passive des vaisseaux correspondants, élève-t-elle en même temps la température de la région, tandis que l'électrisation de ces mêmes nerfs, qui détermine le resserrement des vaisseaux abaisse la température de la circonscription. Appliquant à la calorification sa théorie des dilatateurs cérébro-rachidiens et des constricteurs sympathiques, Bernard confère aux premiers le nom de *nerfs calorifiques*, et aux seconds celui de *nerfs frigorifiques*, noms qui sont déjà parfaitement motivés au point de vue même de la répartition, puisque la chaleur est en raison de la quantité de sang et, par suite, du degré de dilatation, tandis que le froid est en raison de l'anémie locale et, par suite, du resserrement des vaisseaux. Le premier acte, celui de la création, n'est qu'une conséquence des phénomènes chimiques de la nutrition. Il s'opère surtout dans l'intimité des tissus et n'est qu'insignifiant dans le sang lui-même. Le système nerveux exerce encore une influence spéciale sur cette création, en dehors de celle qu'il exerce sur la répartition du calorique. En effet, la congestion produite par la section du sympathique disparaît au bout de quelques jours ; la vascularisation revient peu à peu au niveau de celle du côté opposé ; et cependant la température, tout en baissant un peu, reste de beaucoup supérieure à celle du côté opposé. Ce n'est donc pas uniquement parce que la région reçoit plus de sang qu'elle devient plus chaude. Pour varier la forme de la démonstration, Bernard s'est opposé à l'exagération de la circulation en liant les veines qui sortent de l'oreille ; cette ligature produit naturellement une stase sanguine et en même temps un abaissement de la température. Mais dès que l'on coupe le sympathique, la température s'élève, malgré l'obstacle apporté à la circulation. Mais ce qui, à ses yeux, prouve surtout que ce n'est pas uniquement l'afflux du sang qui échauffe un organe, c'est que si l'on détache un muscle du corps de l'animal de manière à faire cesser en lui toute circulation, et si l'on vient à le faire se contracter artificiellement, il se produit en ce moment un notable dégagement de calorique. Du reste, on a pu s'assurer qu'il se produit de la chaleur après la mort. En présence de ces résultats, Bernard pense que le système nerveux préside à la calorification à un double titre : d'une part, en faisant varier le diamètre des vaisseaux, et par suite la quantité de sang circulant dans un point donné ; d'autre part, en faisant varier le mouvement chimique de la nutrition, qui est la véritable source de la chaleur animale. Les systèmes nerveux cérébro-rachidien et sympathique seraient encore en opposition sur ce nouveau terrain. Les nerfs cérébro-rachidiens augmenteraient la température des organes, non-seulement en leur procurant plus de sang, mais aussi en activant leurs métamorphoses chimiques. Les nerfs sympathiques produiraient du froid, non-seulement en anémiant les tissus, mais encore en refrénant leur activité chimique. Loin de voir dans l'élévation de la température une conséquence de l'afflux du sang, il est presque tenté de dire que c'est la chaleur qui dilate les vaisseaux, comme cela a lieu lorsqu'on chauffe une région de la peau.

Tscheschichin a émis une hypothèse du même genre. Selon lui, les nerfs, surtout ceux d'origine sympathique, contiendraient des fibres modératrices des processus thermogènes. En vertu des affinités chimiques elles-mêmes, les combustions tendent à acquérir dans les tissus une activité dévorante. L'intérêt de notre conservation exige que cette activité soit tempérée par la haute intervention du système nerveux. Celui-ci enverrait dans ce but, au sein des divers tissus, des nerfs spéciaux à action modératrice. Ces nerfs modérateurs seraient sous la direction d'un point particulier de l'axe cérébro-spinal, qu'il appelle *centre modérateur* et qu'il place en avant du bulbe dans la protubérance. La section de ces nerfs aurait naturellement pour résultat d'abandonner les tissus à la voracité des combustions, de là une grande élévation de température. Leur faradisation porterait, au contraire, leur action modératrice à son summum ; les combustions se ralentiraient, d'où refroidissement. Son seul argument expérimental consiste dans l'élévation de la température que l'on constate après la section du bulbe et de la protubérance, mais cette section diminue le tonus vasculaire et cette semi-paralysie peut très-bien être la cause de l'augmentation de la chaleur. D'ailleurs Heidenhain assure que l'électrisation du point indiqué provoque aussi un accroissement du calorique, quoiqu'elle excite son action au lieu de la supprimer. D'autre part, Lewitzky dit que la section de ce même point ne donne lieu à une élévation de la température que lorsqu'elle détermine des convulsions, ce qui a lieu le plus souvent.

Vulpian regarde, de même que la plupart des physiologistes modernes, les combustions organiques comme la cause principale de la chaleur animale. Mais il fait aussi entrer en ligne de compte la formation chimique des produits sécrétés, parce que le sang qui sort des glandes est plus chaud que celui qui y entre. Il n'admet point les nerfs thermiques ou du moins il attaque les expériences que Bernard a données comme démontrant leur existence. Il fait observer que le nerf électrisé n'échauffe un muscle que parce qu'il le fait se contracter et que c'est cette contraction qui est la véritable cause de la production de calorique. Quand l'animal est curarisé, c'est-à-dire lorsque les nerfs sont devenus incapables de faire contracter les muscles, leur électrisation ne produit aucune élévation de température. De même pour la glande maxillaire, l'électrisation de la corde du tympan ne fait qu'activer la sécrétion salivaire, et ce sont les mutations moléculaires constituant cette sécrétion qui développent de la chaleur. Le sympathique ralentit au contraire ce travail. Voilà pourquoi il produit du froid. Il me semble que, dans son appréciation, Vulpian a été bien au delà de l'idée même de Cl. Bernard, car c'est aussi par l'intermédiaire des combinaisons chimiques que ce dernier fait agir ses nerfs thermiques. Il ne les présente pas comme des conducteurs amenant dans les tissus du calorique puisé dans les centres nerveux. Vulpian n'accorde au système nerveux d'autre influence sur la calorification que celle qu'il peut exercer à l'aide de ses vaso-moteurs. Comme la tempé-rature d'un organe est à peu près en raison de la quantité de sang qui le parcourt, et comme ce sont les vaso-moteurs qui règlent cette quantité de sang, il en résulte que la température d'un organe dépend du jeu même de ses vaso-moteurs. Lorsque les vaisseaux se dilatent, il y a plus de sang et, par suite, une plus grande quantité de calorique. Si, au contraire, ils se resserrent, il y a moins de sang et la température baisse. Cette influence indirecte peut avoir des conséquences considérables et retentir sur la température géné-rale du corps. En effet, lorsque l'ensemble des capillaires cutanés se trouve dilaté, une plus grande portion de la masse sanguine vient se soumettre au rayonnement, d'où une perte notable du ca-lorique sanguin. Lorsqu'au contraire les vaisseaux se resserrent, presque tout le sang se trouve être à l'abri dans les profondeurs de l'économie, et le calorique tend à s'accumuler. Tout est si bien calculé dans l'économie que le remède vient naturellement s'opposer au mal. Quand il fait froid, les vaisseaux de la peau se resserrent par action réflexe sous son influence et refoulent le sang à l'in-térieur, où il peut faire des économies de caloriques. Le sang trouve dans le tégument externe une autre cause de déperdition plus con-sidérable encore, c'est l'évaporation de la sueur, qui ne peut se faire qu'en empruntant du calorique aux parties sous-jacentes. Or, tout justement la sécrétion sueur est d'autant plus active que les capillaires cutanés sont plus gorgés de sang, de telle sorte que toutes les causes de refroidissement se trouvent tout justement portées à leur maximum lorsque le sang afflue à la périphérie et que l'économie peut envoyer le sang se rafraîchir. Il en est ainsi, lorsque les besoins de l'équilibre de la calorification animale l'exigent

Signalons encore, pour ne rien négliger, la singulière théorie enfantée par Lussana et Ambrossoli. Ces physiologistes prétendent qu'en faisant des sections sur le sympathique, on produit une élévation de température qui est purement pathologique, et qu'on ne fait pas, comme le dit Bernard, qu'exagérer un phénomène physiologique. La chaleur qui s'engendre alors ne serait pas normale, elle serait morbide. Pour eux, la chaleur normale serait produite par la combustion des aliments ; la chaleur pathologique, par la combustion des tissus. Cette dernière serait en outre incapable de préserver l'animal du froid.

Après cet exposé historique, je dois naturellement vous faire connaître mon sentiment. Il est d'abord un point incontestable, c'est celui qui concerne la répartition du calorique dans l'économie. Il est, en effet, de la dernière évidence que l'appareil vaso-moteur est un *régulateur thermique*. Le système circulatoire, considéré dans son ensemble, est comparable à ces systèmes de tuyaux qui sont parcourus par de la vapeur ou de l'eau chaude, et que l'on emploie comme moyens de chauffage dans certains établissements publics. Mais l'appareil de chauffage de l'animal est supérieur à ceux de l'industrie, en ce que ses tuyaux de distribution peuvent éprouver des modifications partielles de capacité et faire varier ainsi de mille manières la dose de calorique afférente aux divers compartiments de l'édifice, et il doit ce perfectionnement uniquement à son innervation vaso-motrice. En acceptant, même sans réserves, la division des agents vaso-moteurs établie par Bernard, on accorde encore au sympathique, seul, le rôle modérateur dans la dispensation du calorique. Il représente le robinet qui limite et restreint la distribution. Il reste par conséquent un facteur indispensable de la répartition, et rien ne prouve encore qu'il n'en soit pas l'agent unique et spécial. J'admets aussi toutes les déductions que Vulpian a tirées relativement aux conséquences que le mécanisme des vaso-moteurs peut apporter dans les rapports des causes de refroidissement avec celles de l'accumulation du calorique. Mais le rôle du système nerveux s'en tient-il à cette influence de pure répartition, comme le veut Vulpian ? N'intervient-il pas dans la création même du calorique ? L'élévation de température que la section du sympathique provoque quand la circulation est revenue à ses proportions normales, et même quand elle est supprimée, me paraît justifier suffisamment l'action que Bernard prête au système nerveux sur les mutations chimiques de l'économie. L'expérience contradictoire que Vulpian a faite sur des muscles curarisés n'amoindrit pas, à mes yeux, cette justification; car un muscle qui ne peut plus travailler, ne peut plus user; et n'usant pas, il ne peut plus réaliser de métamorphoses chimiques. J'irai plus loin que Bernard. Sans vouloir prétendre que les centres nerveux créent de la chaleur par un procédé qui leur serait particulier, sans mettre même à profit les résultats de Schiff sur l'échauffement du tissu nerveux, puisqu'ils prouvent seulement que, comme tous les organes, ce tissu ne fonctionne qu'au prix de mutations chimiques, je crois cependant que, dans certains cas, le système nerveux restitue à l'économie du calorique provenant de combustions antérieures qu'il détenait d'une manière latente. De même que les muscles consomment de la chaleur qu'ils manifestent ensuite sous la forme d'une force mécanique, de même aussi le dynamisme du système nerveux n'est peut-être, dans ses actes physiques, qu'une transformation particulière du calorique. De là l'accaparement, par ce système, d'une quantité considérable de la chaleur entretenue par les combustions; de là une véritable assimilation fonctionnelle qui fait échapper une partie du calorique produit à l'appréciation thermométrique, tant que cette portion trouve son emploi dans l'innervation. Mais que pour une raison ou pour une autre, la dépense nerveuse devienne, à un moment donné, inférieure à cette assimilation, la chaleur antérieurement transformée revient à sa forme primitive. De là un échauffement réel des parties ou de toute l'économie; et cette élévation de la température n'est qu'une restitution à la calorification d'un emprunt fait antérieurement. C'est surtout la chaleur morbide qui me paraît avoir fréquemment cette origine. Du reste, dans la paralysie produite artificiellement par une section ou de toute autre manière, le système nerveux peut déjà fournir un appoint de ce genre. Tout le calorique que les fibres musculaires devaient employer à maintenir le tonus vasculaire se trouve forcément restitué.

Le sympathique, que nous venons de voir intervenir d'une manière considérable dans la circulation et la calorification, a été présenté aussi par Remak et Muller, comme présidant spécialement à la nutrition des tissus. Ils chargeaient plus particulièrement de ce rôle les fibres grises à noyaux qui ont reçu le nom du premier de ces physiologistes. Aujourd'hui que la clinique a amplement démontré que la moelle et le cerveau ont une influence énorme sur les phénomènes de la nutrition, aujourd'hui que, malgré la connaissance de ce fait, on ne se trouve pas encore en droit d'admettre des nerfs trophiques, on accorde fort peu de créance au rôle nutritif qu'il avait semblé d'abord tout naturel d'attribuer au sympathique. Ollier a pratiqué un certain nombre d'expériences qui tendent à démontrer que la destruction du sympathique ne modifie en rien le travail nutritif de la région correspondante. Snellen prétend même que les plaies se cicatrisent plus vite dans les régions qui sont privées de leurs filets sympathiques que dans celles qui restent sous l'influence de ce nerf. Brown-Sequard déclare que l'activité de la nutrition n'est pas en rapport avec l'activité de la circulation. Robin, de Blainville, Auguste Comte considèrent les actes nutritifs comme étant une propriété inhérente aux éléments anatomiques. Cependant Bernard fait observer avec raison que, par son action vaso-motrice, ce nerf doit influencer d'une manière indirecte le travail d'assimilation, puisqu'il fait varier la tension sanguine. L'exhalation du plasma est en effet en raison de la pression du sang dans les capillaires, et par suite l'apport de la matière première se trouve jusqu'à un certain point réglée par les vaso-moteurs. Le système nerveux, dit ce physiologiste, n'agit pas directement sur l'élément figuré, mais médiatement en lui fournissant des conditions physiques propices. Les choses se passent comme pour les végétaux, dont l'accroissement a lieu quand le milieu présente les conditions favorables d'humidité et de chaleur.

Quelle peut être la part du sympathique dans les sécrétions ? A la suite de ses expériences sur les glandes salivaires, Bernard a été conduit à systématiser le mécanisme nerveux des sécrétions. Selon lui, les deux systèmes cérébro-rachidien et sympathique se feraient encore, en cette circonstance, mutuellement échec, comme pour l'innervation vaso-motrice et la calorification. Les nerfs de la vie animale seraient des excitateurs de l'activité des glandes, tandis que le sympathique en serait le modérateur. Nous avons déjà parlé de ces expériences à propos du facial. Nous y reviendrons encore dans l'étude de la région cervicale. Mais en ce moment nous devons seulement nous placer à un point de vue plus général. Or, si on consulte les résultats de l'expérimentation ayant porté sur tous les points de l'économie, on voit que tantôt ils parlent en faveur d'une influence directe du sympathique sur la formation du produit sécrété; que tantôt ils semblent devoir la lui faire refuser; que le plus souvent, enfin, ils paraissent indiquer qu'il partage l'action sécrétoire avec un nerf d'origine cérébro-rachidienne. L'inconstance des résultats se comprend très-bien avec l'organisation que me paraît présenter le centre périphérique; car c'est lui, et non pas les nerfs qui s'y rendent, qui agissent directement sur les éléments glandulaires. Ceux-ci élaborent le plasma de façon à en faire le produit sécrété par eux-mêmes, en vertu de leurs propriétés spéciales. Ce sont des ouvriers qui portent en eux les aptitudes nécessaires pour faire un ouvrage déterminé, mais des ouvriers qui ont besoin d'être dirigés et surtout stimulés. Leur activité propre a tendance à rester latente si un coup de fouet ne vient pas les faire sortir de leur inertie naturelle. Cette stimulation nécessaire leur est fournie par les fibres que leur envoie le plexus correspondant. Ce plexus, à son tour, tout en ayant peut-être un peu plus d'activité spontanée, a besoin cependant, pour en déployer d'une façon physiologique, d'être aussi stimulé. C'est là le lot des nerfs qui, des centres, aboutissent à ce plexus. Mais les filets sécréteurs qui s'insinuent dans les lobules glandulaires, ne sont pas leur continuation directe. Ils sont fournis par le plexus, et non pas par eux; de même que c'est le plexus qui fournit directement les fibres des vaisseaux, celles des tuniques muqueuses et celles des tuniques musculeuses des viscères. Comme dans les ganglions, les tubes nerveux s'abouchent avec des cellules, il est évident que les fibres finales ne sont jamais la continuation immédiate de celles qui réunissent les plexus aux centres nerveux. Sans doute celles de ces dernières qui s'abouchent avec les cellules d'où émergent, d'autre part, des filaments se rendant aux acini glandulaires, ou aux fibres musculaires, ou aux vaisseaux, doivent avoir, dans les conditions physiologiques, pour monopole d'exciter soit la sécrétion, soit la contraction des tuniques musculeuses, soit celles des vaisseaux. Mais ces ganglions, avec leurs cellules multipolaires, dont les prolongements s'abouchent avec des fibres différentes, avec la gangue granuleuse qu'ils renferment, sont très-propres à produire des phénomènes de diffusion, il peut ainsi s'établir, dans certaines circonstances, des suppléances inattendues, comme nous avons vu s'en présenter pour les organes de la vie de relation. Mais je crois que l'organisation intraganglionnaire est telle, que chaque glande est subordonnée à la fois aux impulsions d'un nerf sympathique et à celles d'un nerf cérébro-rachidien, et que c'est pour cette raison que beaucoup de sécrétions peuvent obéir aux influences morales, tout en étant dominées surtout par les besoins réellement organiques.

Théoriquement, on comprend que le sympathique n'ait aucune action sur l'absorption, qui consiste avant tout dans un phénomène d'endosmose. Entre les mains de Schiff, l'expérimentation a en effet donné un résultat négatif. Mais Cl. Bernard a constaté qu'une solution toxique introduite sous la peau de l'oreille est absorbée moins vite si on a fait préalablement la section du cordon cervical. Vulpian a détruit tous les vaso-moteurs d'un des membres abdominaux, et il a insinué le poison sous la peau de ce membre. L'absorption s'est faite moins vite que dans les conditions ordinaires. Je me demande si ce ralentissement n'est pas la conséquence de la congestion paralytique qui, en retenant le sang et le poison dans la région, retarde son arrivée sur les centres nerveux. Les choses se passeraient comme sous l'influence d'une ventouse. Il est d'autant plus probable que c'est là la cause du retard signalé, que le relâchement des fibres musculaires, en rendant les parois des vaisseaux moins denses, devraient au contraire favoriser l'absorption.

Hering, Goltz et Vulpian ont observé sur les grenouilles des faits dont les conséquences ne sauraient encore être appliquées à l'homme, mais qui pourraient fort bien plus tard mériter d'être pris en considération pour l'histoire physiologique des cellules plasmatiques, peut-être même pour celle de la pigmentation dans l'espèce humaine. Chez les grenouilles, la peau et le tissu conjonctif sont parsemés de cellules contractiles renfermant du pigment. Lorsque ces cellules étalent leurs prolongements, elles portent, par le fait, le pigment dans un certain rayon autour de leurs corps, et elles communiquent à la peau une teinte plus foncée. Lorsqu'au contraire elles rentrent leurs tentacules, les points que celles-ci occupaient avant redeviennent clairs, et à la teinte presque uniformément foncée qui existait, succède un fond non coloré sur lequel tranchent de petits points noirs. En un mot, ces cellules, par le fait même des mouvements qu'elles sont susceptibles d'exécuter, étalent ou concentrent le pigment qu'elles renferment et peuvent ainsi faire passer la teinte générale du tégument par les tons les plus variés. Or, ces mouvements paraissent être déterminés par le sympathique, car après l'ablation du ganglion cervical supérieur, la teinte de la moitié correspondante de la tête et du membre supérieur devient plus foncée, tout justement parce que les cellules pigmentaires, ayant perdu leur contractilité, laissent leurs prolongements dans l'étalement le plus complet, ce qui, pour ces petits éléments contractiles, correspond au relâchement des muscles. Les résultats se montrent les mêmes dans les membres postérieurs lorsqu'on détruit les filets que leur envoient les ganglions abdominaux. Ici encore le sympathique agit par lui-même, car les effets restent les mêmes lorsqu'on a détruit préalablement l'axe cérébro-spinal. Un fait intéressant aussi à signaler, quoiqu'il soit encore moins susceptible d'une application à l'espèce humaine, c'est que chez certains poissons, notamment chez le turbot, l'action du sympathique sur les cellules pigmentaires et sarcodiques est un réflexe auquel le nerf optique est surtout apte à fournir le courant centripète ou excitateur. Dans un but de protection, la nature les a doués du pouvoir de modifier la teinte de leur corps et de la mettre en rapport avec celle du fond maritime ou fluvial sur lequel ils reposent, de telle sorte qu'ils échappent mieux aux regards de leurs ennemis. Or, quand on leur enlève les yeux, ils perdent en même temps cette aptitude, parce que le renseignement centripète indispensable leur manque.

Le sympathique remplit deux rôles qui sont tout aussi généraux et tout aussi incontestables que son action vaso-motrice; il agit par l'intermédiaire des réseaux viscéraux sur la contractilité et sur la sensibilité des organes de la vie végétative, et même, exceptionnellement, d'agents de la vie de relation, comme l'iris. Ces actes de motilité et de sensibilité restent ordinairement enchaînés l'un à l'autre par une association réflexe, dont le centre se trouve le plus souvent dans le réseau lui-même. Mais ce centre peut, dans certaines circonstances, être reporté successivement dans les ganglions occupant un rang de plus en plus élevé dans la hiérarchie du sympathique. Plus exceptionnellement encore, l'impression viscérale remonte jusque dans la couche optique, c'est-à-dire jusque dans le centre conscient.

Autrefois on accordait exclusivement au sympathique le pouvoir d'établir entre les organes des rapports de réaction et de sympathie réciproques. De là, du reste, lui est venu le nom qu'il porte. On dit généralement qu'il y a sympathie lorsque, en vertu d'une solidarité préétablie, deux organes, quoique éloignés, s'influencent mutuellement, se communiquent leurs impressions et leurs modifications, soit physiologiques, soit morbides; de telle sorte qu'en toutes circonstances ils se donnent réciproquement l'écho. Ainsi, un bel exemple de sympathie physiologique est celle qui existe, d'une part, entre la mamelle et l'utérus, et d'autre part, entre le testicule et le larynx. Lorsque l'utérus est le siége de la congestion menstruelle, les seins deviennent plus sensibles et plus volumineux. Eux aussi sont le siége d'une fluxion manifeste. La grossesse donne lieu non-seulement à une congestion plus considérable; mais elle détermine des modifications de structure. Les glandules se développent et se mettent à sécréter. La peau de l'aréole devient plus brune et bourgeonne. Le testicule et le larynx marchent de front dans leur développement. C'est à l'époque de la puberté que le larynx prend, tout d'un coup, un accroissement qui décide du registre définitif de la voix. Pendant un certain temps, on a cru que ces connexions fonctionnelles s'établissaient par les innombrables anastomoses que contractent entre eux les filets sympathiques, et qui font d'eux un immense réseau régnant depuis le sommet jusqu'à la base du corps. Mais le courant d'idées actuel les considère comme étant, de même que les irradiations névralgiques, des phénomènes engendrés par les centres eux-mêmes. On met même le sympathique hors de cause dans ce travail central qui s'opérerait dans la moelle. Enfin, le sympathique est pour nous un agent d'expression de nos sentiments, mais un agent qui réserve pour nous-mêmes la traduction de nos émotions. C'est là que la nature a placé l'écho naturel de notre couche affective. C'est là que viennent retentir et s'épuiser tous les ébranlements nerveux engendrés par nos sentiments. Le rhythme du cœur est modifié de mille manières par nos impressions affectives. Le plexus cœliaque traduit, de son côté, celles qui apparaissent avec quelque chose d'inattendu, et il les traduit par une douleur qui a son cachet spécial, qu'il est impossible de peindre, mais que tout le monde a ressentie; que le bas peuple, du reste, exprime d'une manière pittoresque par les mots: un coup de poing dans l'estomac. Est-ce là une sensation purement subjective, comme un son que l'on croit entendre? La sensation de siége est tellement bien accentuée, que je crois que le phénomène n'est pas exclusivement central. Il doit y avoir un ébranlement réel du plexus, et le mouvement moléculaire central doit se propager jusqu'à la périphérie.

En résumé, le sympathique, considéré dans son ensemble, est

capable d'agir sur la circulation, la tension sanguine, la calorification, la nutrition, la sécrétion, l'absorption, la pigmentation, sur les phénomènes mécaniques et sensitifs des viscères, et il intervient dans les actes sympathiques et émotionnels. Suivons-le maintenant, avec ces aptitudes particulières, dans chacune de ses divisions régionales naturelles. Dans cette physiologie spéciale, nous nous conformerons aux habitudes imposées par les anatomistes, c'est-à-dire que nous rapporterons l'histoire des différents plexus aux sections du cordon central du sympathique, qui semblent leur fournir leurs racines principales. C'est ainsi que, suivant les errements établis, nous rattacherons le plexus cardiaque à la région cervicale, le plexus cœliaque et ses dépendances à la région thoracique. Cette marche n'est cependant pas exactement en rapport avec ce qui existe, car ces plexus ne sont pas l'épanouissement de telle ou telle partie. Ils existent par eux-mêmes et pour eux-mêmes. Chacun d'eux constitue le centre périphérique d'un organe déterminé. Seulement ils sont tous réunis par un ou plusieurs câbles de communication avec le cordon sympathique, et souvent en même temps avec l'axe cérébro-spinal par des nerfs cérébro-rachidiens. Ces traits d'union sympathiques ne sont même pas bornés à une seule région, car le plexus cardiaque, tout en se mettant principalement en connexion avec le cordon cervical, reçoit encore du cordon thoracique, et le plexus cœliaque possède en outre des splanchniques qu'il reçoit de la région thoracique des filaments qui le relient à la région abdominale.

Région cervicale. — C'est sur cette région que furent faites les premières tentatives expérimentales ayant pour but de percer le mystère du mécanisme fonctionnel du sympathique. Pourfour du Petit, en 1712, et Dupuy, en 1816, avaient déjà signalé quelques-unes des conséquences qu'entraîne la section du cordon cervical. Mais, en réalité, c'est à Bernard que revient l'honneur d'avoir su attirer l'attention du monde savant sur les faits observés et d'avoir trouvé leur véritable signification scientifique. A la suite de cette section, on observe dix phénomènes fondamentaux : 1° une dilatation très-marquée des vaisseaux de la sphère d'action du cordon cervical ; 2° une élévation de la température de la même région ; 3° le rétrécissement de la pupille ; 4° la rétraction du globe oculaire dans le fond de l'orbite ; 5° le resserrement et la déformation de l'ouverture palpébrale ; 6° l'aplatissement de la cornée et le rapetissement consécutif du globe oculaire; 7° le rétrécissement de la narine et de la moitié corpespondante de la bouche; 8° une teinte plus rouge du sang veineux; 9° une sueur abondante limitée mathématiquement à la région; 10° une augmentation de sa sensibilité cutanée. Tous ces résultats sont beaucoup plus marqués après l'ablation des ganglions qu'après la simple section. Ils sont en outre plus persistants. Leur durée devient même indéfinie dans ce cas, du moins pour quelques-uns. Si on électrise les ganglions ou le bout supérieur du cordon cervical avec des courants intermittents, il se produit des phéno-mènes inverses des précédents. Les artères s'effacent et, par suite, la peau et les muqueuses se décolorent. Le sang prend une teinte plus sombre. La température baisse. La pupille se dilate. L'œil est comme poussé en avant et est en exophthalmie. Les paupières s'ouvrent largement. La sensibilité cutanée devient plus obtuse, et la peau se montre sèche par suite du défaut de fonctionnement des glandes sudoripares. Un nouveau fait se manifeste dans ces condi-tions, c'est une modification de la sécrétion salivaire. Tels sont les faits expérimentaux que nous allons maintenant interpréter et dé-velopper en les rapportant aux différentes fonctions dont ils relèvent, et dans lesquelles, par conséquent, le sympathique cervical se trouve intervenir. Ce simple énoncé nous montre que cette région du sympathique, par action vaso-motrice, exerce de l'influence: 1° sur la circulation locale; 2° sur la calorification du même dépar-tement; 3° sur la sensibilité cutanée; 4° sur la sécrétion sueur; 5° sur l'insalivation; 6° sur plusieurs des actes afférents à la vision; 7° à côté de ces influences, qui se trouvent être impliquées par les résultats expérimentaux précédents, nous devons rechercher s'il ne faut pas en ajouter une septième portant sur la nutrition des tissus. Enfin, l'anatomie nous montre que la région cervicale doit exercer une certaine action sur la circulation cardiaque, action qui échappe aux effets de la section, en raison même de l'origine plus basse des nerfs cardiaques.

1° L'action *vaso-motrice* du cordon cervical est celle qui se ma-nifeste le plus dans l'expérimentation, du moins pour les téguments de la tête. Immédiatement après la section, ceux-ci deviennent le siége d'une congestion considérable qui se traduit par une teinte rouge très-appréciable. Les vaisseaux se dilatent énormément et deviennent parfois agités par des battements énergiques. Si on fait, à l'instar de Valler, une incision sur les deux oreilles, le sang s'écoule beaucoup plus rapidement du côté de la section sympathique. Ces effets sont particulièrement plus marqués après la section du ganglion supérieur qu'après la section du cordon faite au-dessous de ce renflement. Cela devait être, puisqu'en coupant le cordon on ne supprime que l'influence des ganglions sous-jacents, et les vaisseaux de la tête se trouvent encore soumis à l'activité propre du ganglion supérieur. Vulpian suppose que ce dernier ne peut continuer à agir que par les anastomoses qu'il reçoit du vague, de l'hypoglosse et du glosso-pharyngien, anastomoses qu'il considère comme des fibres vaso-motrices émanées de l'axe cérébro-spinal et préalablement annexées à ces nerfs. Mais, outre qu'on serait aussi bien en droit de regarder ces filets anastomotiques comme étant des fibres envoyées par le sympathique à ces nerfs pour les doter d'une action vaso-motrice, je crois que s'ils renferment aussi d'autres fibres s'étendant, au contraire, de ces cordons crâniens au ganglion, celles-ci constituent un trait d'union par lequel ces nerfs donnent des ordres au sympathique pour qu'il exécute des modifications vaso-motrices en rapport avec leurs propres fonctions, plutôt qu'un faisceau traversant la masse ganglionnaire pour se continuer elles-mêmes jusque sur les vaisseaux. La paralysie vasculaire ne dure pas indéfiniment après la section, ni même après l'arrachement complet. Il vient un moment où les vaisseaux de la tête se resserrent de nouveau et se rapprochent de leur tonus habituel. D'après Vulpian, ce retour de la contractilité vasculaire tient à ce que ces vaisseaux ne sont pas animés exclusivement par les émanations directes du sympathique, mais encore par quelques-uns des nerfs crâniens, qui renferment des fibres vaso-motrices empruntées directement au bulbe et à la protubérance. Ce contingent d'innervation vaso-motrice serait très-secondaire en temps ordinaire, mais, à l'instar des collatérales artérielles, ces filets acquerraient peu à peu une grande activité de suppléance. L'explication est rationnelle, mais il faudrait peut-être tenir compte de l'accroissement fonctionnel des divers ganglions, qui, par leur ensemble, représentent la région crânienne du sympathique.

L'électrisation du cordon cervical met encore bien plus hors de doute son action vaso-constrictive. Non-seulement la pâleur des tissus vient traduire l'effacement des vaisseaux, mais l'œil peut même les suivre dans leur resserrement. Pour rendre la constriction plus manifeste encore, Donders et Bernard ont provoqué préalablement une vive injection de la conjonctive par des applications d'ammoniaque, et ils ont pu, en électrisant le sympathique, faire disparaître instantanément cette congestion de nature inflammatoire. L'effet constrictif que l'on obtient par l'électricité est tel, que Valler a pu arrêter une hémorrhagie déterminée antérieurement par une incision de l'oreille. L'électricité n'est pas le seul agent irritant capable de produire cette grande constriction vasculaire. Il suffit de pincer ou de froisser le cordon cervical. Toutefois, ces actions mécaniques doivent être pratiquées d'une manière modérée, sans quoi il y a destruction des éléments nerveux, et on produit au contraire une paralysie.

Comme le cordon cervical envoie des ramifications sur la carotide interne aussi bien que sur l'externe, il est certain, même *à priori*, qu'il doit aussi exercer une action constrictive sur les vaisseaux des méninges et de l'encéphale. Du reste, un grand nombre d'expérimentateurs, Donders, Van der Becke, Callenfels, Nothnagel, ont constaté *de visu* les resserrements des vaisseaux de l'encéphale ou de la pie-mère, sous l'influence de l'électrisation du cordon cervical. Le dernier a signalé, en outre, la dilatation très-marquée qu'entraîne au contraire la section de ce cordon et surtout l'ablation du ganglion cervical supérieur. Il est vrai qu'il en est d'autres, Schultz, Riegel et Jolly, qui n'ont obtenu que des résultats négatifs. Mais cette circonstance peut parfaitement s'expliquer par les difficultés de ce genre d'expérimentation, qui fait souvent intervenir des conditions exceptionnelles et insaisissables. Dailleurs, un seul fait positif a plus de valeur que plusieurs faits négatifs. Le sympathique cervical n'a pas toutefois le monopole de l'innervation vaso-motrice de la tête. La plupart des physiologistes pensent que les nerfs crâniens sont munis de fibres vaso-motrices qu'ils empruntent directement à la protubérance et au bulbe, et qu'ils distribuent, chemin faisant, aux vaisseaux qu'ils rencontrent. Nothnagel a pu faire contracter, par action réflexe, les vaisseaux de la pie-mère en irritant le nerf crural chez un animal dont le ganglion cervical supérieur avait été arraché. Il est vrai aussi qu'au reçu de l'impression sensitive, les centres cérébraux ont pu réagir par l'intermédiaire du plexus carotidien. Du reste, sur divers points des téguments céphaliques viennent ramper des branches du plexus cervical qui, elles, paraissent plus incontestablement posséder des fibres vaso-motrices. L'expérience de Moreau en donne la preuve pour une de ces branches. Après la section du cordon cervical chez un animal débilité, l'oreille se montre peu congestionnée ; mais si on coupe, en outre, le nerf auriculaire antérieur, la vascularisation devient immédiatement plus prononcée.

Par son action vaso-motrice, le cordon cervical constitue déjà un agent très-important de la *mimique émotionnelle*. Il traduit la timidité et la pudeur en produisant une teinte rouge de la plus grande partie du visage; la colère et la joie, tantôt par la rougeur, tantôt par la pâleur de la région faciale, suivant le degré atteint par ces deux sentiments, ou suivant les dispositions personnelles. Il est de la dernière évidence que le ganglion cervical n'est ici mis en jeu qu'à l'instigation des centres vaso-moteurs de l'axe, sur lesquels viennent retentir les ébranlements de la couche affective. Peut-être même celle-ci agit-elle directement sur le réseau vasculaire par des nerfs crâniens? Peut-être est-ce au point de vue de la mimique que le glosso-pharyngien envoie un filet au plexus inter-carotidien? Dans le cas de pâleur, les vaso-moteurs sont évidemment surexcités, et il se produit un spasme réflexe des vaisseaux. Dans le cas de rougeur, les centres vaso-moteurs restent comme interdits, ou il se fait une paralysie réflexe. Mais les partisans de la dualité des vaso-moteurs sont parfaitement en droit d'invoquer une excitation des vaso-dilatateurs. L'étendue de ces modifications vasculaires varie suivant l'intensité des émotions et la susceptibilité des sujets. Ce sont les vaso-moteurs de la joue qui entrent les premiers en scène et qui y restent souvent seuls. Mais la congestion peut envahir tout le visage et encore le département de la carotide interne. De là des bruissements d'oreille, des troubles de la vue et de l'intelligence.

2° L'influence du cordon cervical sur la *calorification* de la tête est tout aussi marquée que la précédente. Après la section, on sent, même au toucher, la différence de température qui existe entre les deux côtés. Le thermomètre la fait constater d'une manière plus positive, qu'il soit appliqué dans la narine, sur la lèvre, sur le pavillon de l'oreille et même sur l'encéphale. L'écart peut être de 5, 10 et même 15 degrés. Quand on place l'animal dans un milieu froid, le côté de la section résiste beaucoup plus au froid que le côté opposé. L'effet calorifique persiste beaucoup plus que l'effet vaso-moteur. Il est même permanent, car on l'a encore retrouvé un an et demi après la section.

3° et 4° Il est probable que le cordon cervical ne peut exercer d'influence sur la sensibilité du visage que par les conditions de vascularisation qu'il crée pour les nerfs et les tissus. L'électricité enlève à ceux-ci leurs moyens d'alimentation en effaçant les vaisseaux ; c'est de la même façon que la pâleur due à une atmosphère froide s'accompagne d'une insensibilité telle, que les blessures peuvent passer inaperçues. La dilatation exagère, au contraire, la sensibilité, parce qu'elle place les tissus dans de trop bonnes conditions d'irrigation nutritive. Les effets sur l'activité des glandes sudoripares se manifestent dans les laboratoires, surtout chez les chevaux. Mais nous verrons qu'ils sont aussi très-apparents dans la pathologie humaine.

5° L'influence que le sympathique cervical exerce sur l'*insalivation* est une des mieux établies et sert même d'argument à ceux qui sont partisans des nerfs sécréteurs. En effet, lorsqu'on galvanise les filets nerveux que le sympathique envoie au ganglion sous-maxillaire, on détermine non-seulement une constriction manifeste des vaisseaux de la glande, mais encore l'apparition d'une salive qui a des qualités tout à fait particulières et à laquelle on a donné le nom de *salive sympathique*. Elle est trouble et très-visqueuse; elle montre au microscope de nombreuses granulations et une quantité prodigieuse de petits corps très-transparents et à formes variées. Les uns offrent les contours d'une cellule; d'autres ressemblent à des tubes qui peuvent être ramifiés et ont certainement pris moule dans les canaux de la glande. Quant aux granulations, il en est de graisseuses et de calcaires, car l'addition de quelques gouttes d'acide sulfurique donne lieu à un dégagement de bulles de gaz et à la formation de cristaux de sulfate de chaux. On obtient des résultats analogues du côté de la carotide. Eckhard, après avoir coupé le cordon cervical, en a irrité la portion céphalique, et il a vu s'écouler, par une fistule artificielle du canal de Sténon, une salive blanche, trouble, très-dense, parsemée de granulations; mais il n'a jamais pu rencontrer les corpuscules de proto-plasma dont il vient d'être question. Owjannikow et Ischiriew ont signalé les premiers un fait singulier en raison même du niveau d'émergence des splanchniques, c'est que l'électrisation du bout périphérique de ces nerfs détermine l'écoulement d'une notable quantité de salive. Comme l'excitation des splanchniques fait resserrer considérablement tous les vaisseaux abdominaux et augmente, par le fait, la tension sanguine générale en diminuant la capacité du système vasculaire, ces auteurs ont pensé que cette augmentation de tension, en favorisant l'exhalation dans la glande salivaire aussi bien que partout ailleurs, était la véritable cause de l'hypersécrétion salivaire. Vulpian, qui a été aussi témoin du phénomène, l'attribue plutôt à une action réflexe dans laquelle les splanchniques rempliraient le rôle sensitif et agiraient de la même façon que le lingual lorsque son excitation fait affluer la salive, parce que ces nerfs sont doués d'une assez vive sensibilité, et que dans l'expérience indiquée ils peuvent retentir sur la corde du tympan par des fibres récurrentes. Ce qui lui donne à penser que les choses se passent ainsi, c'est que l'électrisation de presque tous les nerfs sensitifs peut amener le même résultat. Il l'a obtenu en électrisant le sciatique, et Schiff, de même, en agissant sur le glosso-pharyngien.

La production de la salive sympathique, sous l'influence de l'électrisation des filets maxillaires, a été diversement interprétée. On a dit que les nerfs n'étaient pour rien dans le travail sécrétoire proprement dit, qu'ils ne faisaient que produire l'excrétion et que celle-ci pouvait être provoquée indifféremment par l'irritation des nerfs sympathiques ou par celle des nerfs cérébraux. Schiff adopte cette manière de voir. Pour lui, en outre, il n'y a qu'une seule et même salive qui se trouve seulement plus ou moins délayée. Bidder, au contraire, n'hésite pas à admettre pour les glandes salivaires deux espèces de nerfs sécréteurs, les uns d'origine sympathique, les autres d'origine cérébrale. Ces glandes ne fourniraient pas le même produit quand elles obéiraient aux filets sympathiques que lorsqu'elles subiraient l'influence des filets cérébraux. Dans le premier cas, elles donneraient de la salive blanche et épaisse; dans le second, de la salive aqueuse. Je suis peu porté à admettre l'existence de deux salives apparaissant tour à tour à l'instigation du cerveau ou du sympathique. Le but fonctionnel du liquide salivaire ne me semble pas motiver ces alternatives. Je crois qu'il n'y a, pour chaque glande, qu'une seule et même salive, qui se trouve seulement plus ou moins délayée par l'exhalation du sérum du sang. Lorsqu'on électrise les filets sympathiques, on resserre les vaisseaux, on diminue par suite l'irrigation sanguine de la glande et en même temps l'exhalation. Voilà pourquoi le produit apparaît alors si concentré. Sans l'expérience de Ludwig, qui a été signalée antérieurement, je crois que la salive sympathique ne suffirait pas non plus pour faire admettre des nerfs sécréteurs. On a bien dit que, puisque cette sécrétion se manifeste au moment où la glande reçoit à peine du sang, il faut bien la mettre sur le compte d'une pure excitation fonctionnelle, et non sur celui d'une plus grande abondance de matière première. Mais rien ne prouve que cette salive épaisse n'a pas été créée par les cellules avant l'électrisation, et que celle-ci n'a pas eu seulement pour effet de la faire expulser.

Dans tous les actes nerveux ayant rapport à la sécrétion salivaire, les filets sympathiques, comme la corde du tympan, ne font que commander et diriger le travail du ganglion sous-maxillaire qui, seul, a l'administration directe de la glande, et qui peut même subir, d'une manière immédiate, les incitations sensitives du nerf lingual. Après avoir coupé tous les filets que le sympathique envoie à ce ganglion, et le lingual immédiatement au-dessus du point où ce nerf fournit une ramification à ce même ganglion, Bernard a électrisé le second de ces nerfs tout près de la langue, et il a obtenu aussitôt une abondante sécrétion réflexe de salive. Or, dans ces conditions, l'électricité n'avait pu que déterminer un courant centripète dans le lingual, absolument comme le fait une substance sapide introduite dans la bouche. Mais ce courant n'avait pu, par suite de la section, gagner l'encéphale comme dans l'état normal, et être réfléchi ensuite vers la glande pour y provoquer un travail de sécrétion. Évidemment, le courant avait dû s'engager dans le rameau que le lingual fournit au ganglion, exciter ce dernier, qui avait agi ensuite sur la glande par ses fibres efférentes, car c'était là le seul cercle continu respecté par la double section. Le ganglion sous-maxillaire peut donc agir de par lui-même lorsqu'il est séparé de tout centre nerveux. Une des expériences de Vulpian prouve aussi que ce ganglion peut se passer de l'influence du ganglion cervical supérieur. Malgré la destruction de ce ganglion, l'électrisation de la corde du tympan détermine encore la dilatation des vaisseaux de la glande, ainsi que l'excrétion salivaire, et cependant on peut constater que les fibres sympathiques qui se rendent au ganglion sont complétement altérées.

6° L'intervention du sympathique dans la vision porte surtout sur le mécanisme de l'iris. Classiquement, on admet que ce diaphragme est constitué par des fibres radiées et des fibres circulaires formant un véritable sphincter dans la zone la plus centrale; que les premières sont animées par les filets ciliaires provenant du sympathique, et les secondes par ceux qui émanent de la 3e paire par l'intermédiaire de la courte racine du ganglion ophthalmique. Ainsi comprise, l'organisation de l'iris explique parfaitement pourquoi la section du cordon cervical produit le resserrement de la pupille, puisque les fibres radiées ou dilatatrices se trouveraient être seules paralysées, et pourquoi son électrisation détermine au contraire la dilatation de l'orifice pupillaire, puisqu'en exaltant le sympathique on fait prédominer l'action des fibres radiées sur celle des fibres circulaires. Mais, il y a quelques années, Rouget, frappé d'une part de la richesse de l'iris en vaisseaux, d'autre part de ce que l'électrisation du sympathique produisait, en même temps que la dilatation, un resserrement complet de ces vaisseaux, a pensé que les modifications de la pupille tenaient non pas à deux muscles antagonistes, dont l'existence n'est pas bien démontrée, mais aux variations de volume que peut présenter un organe lorsqu'il renferme plus ou moins de sang. Selon lui, le sympathique présiderait à la dilatation de la pupille, parce qu'il est le vaso-constricteur des vaisseaux de l'iris. En resserrant ces vaisseaux sous l'influence de son activité spontanée ou de l'activité artificielle que provoque l'électricité, il diminuerait l'étendue de l'iris et augmenterait d'autant l'orifice pupillaire. Dans le même ordre d'idées, la constriction pupillaire que produit la section du sympathique pourrait s'expliquer par les conditions vasculaires inverses. Les vaisseaux, privés ainsi de l'action constrictive de ce nerf, éprouveraient une dilatation paralytique; d'où congestion passive augmentant le volume et l'étendue de l'iris, et lui faisant empiéter sur l'orifice pupillaire. Mais, à côté de cette paralysie vaso-motrice, Rouget fait intervenir un nouvel élément qui assimile le resserrement de la pupille à l'érection du pénis. Il suppose que le muscle ciliaire se contracte spasmodiquement à l'instigation de la 3ᵉ paire, comprime les veines à leur sortie de l'iris, et force ainsi le sang à s'accumuler dans cette membrane. Au premier abord, cette thèse paraît parfaitement soutenable, car au moment où on électrise le sympathique, on peut constater que non-seulement la pupille se dilate, mais que les vaisseaux de l'iris se resserrent en effet, et de façon à rendre cet organe presque exsangue. De plus, il faut avouer que sur la nature la disposition en fibres radiées et circulaires n'apparaît pas aussi nette que la théorie veut bien la présenter. Mais cette interprétation est passible d'objections excessivement sérieuses; car on peut, avec l'électricité, faire dilater ou resserrer la pupille sur un cadavre, immédiatement après la mort, alors que le cœur ne bat plus et que les vaisseaux ne peuvent plus intervenir. Wagner a obtenu ce résultat sur un décapité. Chez les rats albinos, il est facile de reconnaître que, dans les mouvements naturels de l'iris, les vaisseaux ne semblent pas se modifier. Valler, en faisant saillir l'œil hors de l'orbite, a pu même examiner au microscope l'état de l'iris, et il a vu qu'au moment où la pupille se dilatait sous l'influence de l'atropine, les vaisseaux ne changaient point de diamètre et devenaient seulement plus flexueux, parce qu'ils étaient obligés de se loger dans un plus court espace. Du reste, Leber a fait observer avec raison que ce sont les artères et non les veines qui traversent le muscle ciliaire. C'est donc encore la théorie classique qui cadre le mieux avec les faits d'observation, et il est probable que le sympathique préside à la dilatation de la pupille, non pas à titre de nerf vaso-constricteur, mais comme nerf moteur d'un muscle radié spécial. Suivant Vulpian, ce muscle serait aussi animé par des fibres sympathiques qui ne proviennent pas du ganglion cervical supérieur, mais probablement soit du plexus de l'artère vertébrale, soit des nerfs crâniens. Il a pu en effet provoquer une dilatation de la pupille en galvanisant la peau de l'abdomen chez des animaux auxquels il avait non-seulement coupé le cordon cervical, mais encore arraché le ganglion cervical supérieur. Toutefois, il est bien certain que la tonicité des fibres radiées est surtout maintenue par le ganglion cervical supérieur, ainsi que le prouve l'expérience de Liégeois. Ce dernier a isolé ce ganglion par la section de ses racines médullaires et celle du cordon qui l'unit au ganglion moyen ou inférieur. Malgré cet isolement, c'est à peine si la pupille se modifia. Mais du moment où il détruisit le ganglion lui-même, la pupille se resserra au maximum. Cette expérience prouve, en outre, que ce ganglion ne tient pas sa force d'action de la moelle. Vulpian a même depuis complété la démonstration en détruisant la moelle elle-même. La pupille ne se modifia que d'une manière insignifiante tant que le ganglion fut respecté.

Le cordon cervical paraît aussi exercer une certaine influence sur la *sécrétion lacrymale*. D'après Wolferz, il y a deux nerfs dont l'excitation peut provoquer une hypersécrétion de larmes. Ce sont le lacrymal et les filets que le sympathique envoie à la glande. Il y aurait peut-être lieu de faire aussi une part au filet du pathétique décrit par Currie, mais il n'a été l'objet d'aucune expérience physiologique. Demtschenko prétend avoir constaté pour la glande lacrymale la même organisation nerveuse que pour les glandes salivaires. Il y aurait aussi des larmes sympathiques et des larmes cérébrales. Les premières seraient épaisses et troubles, les secondes limpides et aqueuses. Cette généralisation du phénomène me semble être, au contraire, une nouvelle preuve en faveur de l'interprétation à laquelle je me suis arrêté à propos de la sécrétion salivaire. Ici encore il doit y avoir un seul et même produit de sécrétion, qui devient d'autant plus aqueux que la circulation est elle-même plus active. L'existence de deux espèces de larmes me semblerait encore moins motivée que celle de deux salives.

Enfin, le sympathique agit encore sur l'appareil de la vision en contribuant à maintenir le globe oculaire dans une situation déterminée. Il anime, en effet, un muscle particulier découvert par H. Muller et appelé *muscle orbitaire*. C'est un muscle à fibres lisses, comme tous ceux qui sont du domaine du sympathique. Il est situé dans la cavité orbitaire et forme comme une capsule au globe de l'œil. En se contractant, il pousse celui-ci en avant. Voilà pourquoi l'électrisation du cordon cervical produit de l'exophthalmie ; la section de ce cordon a, au contraire, pour effet de refouler l'œil dans l'orbite, parce que les muscles droits et obliques n'étant plus contre-balancés par l'antagonisme du muscle de Muller, tirent l'œil en arrière.

7° Plusieurs physiologistes ont accordé une action nutritive aux ganglions cervicaux. Pourfour, Arnemann, John Reid et Cruisank déclarent que la congestion paralytique due à la section du cordon cervical peut déterminer au bout d'un certain temps des troubles matériels de nature inflammatoire. On voit, en effet, survenir exceptionnellement une sécrétion muco-purulente de la conjonctive, de l'opacité et même des ulcérations de la cornée. Mais il faut pour cela l'intervention de causes irritantes mettant en jeu directement la puissance morbide de la vie cellulaire. Chez plusieurs cobayes, auxquels il avait coupé le sympathique dix-huit mois auparavant, Brown-Sequard a trouvé le lobe cérébral correspondant notablement atrophié. Il est difficile de s'expliquer ce résultat en présence d'une congestion qui, quoique passive, n'en fournit pas moins au cerveau une plus grande quantité de matériaux. Vulpian le met sur le compte d'une contraction des vaisseaux qui, au bout d'un certain temps, remplacerait leur dilatation, et qui engendrerait une espèce d'anémie.

Mais, quand même cette contraction de réaction serait démontrée, elle devrait porter aussi bien sur les vaisseaux des os et des muscles de la tête. Or, dans les faits de Brown-Sequard, tandis que la substance cérébrale s'amoindrissait, les os et les muscles de la tête s'hypertrophiaient au contraire. Bidder, de son côté, a vu chez un lapin la section rendre l'oreille plus développée. Évidemment, si une même cause peut produire des effets si opposés, c'est qu'elle ne rencontre pas partout et toujours les mêmes conditions ambiantes. Peut-être le cerveau ne s'atrophie-t-il que parce que les os s'hypertrophient et empiètent sur la cavité crânienne. Il se passe là quelque chose d'analogue à ce qui a lieu chez les crétins. — Legros a enlevé le ganglion cervical supérieur à un coq peu de jours après sa naissance, et la moitié correspondante de la crête se montra de plus en plus atrophiée. On ne saurait assimiler tout à fait ce résultat à une atrophie ordinaire. C'est un manque de distension des cavités vasculaires, limitées par les trabécules du tissu érectile. Un tissu de ce genre se forme et acquiert du volume par le fait même de son fonctionnement. Ce sont les congestions spasmodiques dont il est le siége qui, en se répétant, écartent de plus en plus les plans musculaires et agrandissent les capillaires, comme la rétention d'urine augmente la capacité de la vessie, tout en hypertrophiant ses parois. Le défaut de développement indique, en tout cas, que c'est le ganglion qui engendre le spasme musculaire nécessaire au mécanisme de l'érection de la crête. En définitive, dans tous les faits signalés jusqu'alors, il n'y a rien qui puisse autoriser à attribuer au cordon cervical une action trophique directe. Tout ce qu'on a le droit de dire, c'est qu'en baignant les éléments histologiques d'une quantité de sang plus ou moins grande, il fournit à la vie cellulaire des moyens d'édification plus ou moins considérables. Quant à prétendre avec Sinitzin que l'intervention du cordon cervical peut même être fâcheuse au point de vue de la nutrition, après la section du trijumeau, cela n'est plus permis depuis qu'Eckhard a constaté que l'arrachement du ganglion cervical supérieur n'empêche pas le moins du monde la destruction de la 5° paire de produire ses troubles trophiques habituels.

8° C'est le plexus cardiaque qui règle directement le fonctionnement du cœur. Mais il est lui-même subordonné aux impulsions et aux indications que peuvent lui apporter les filets qu'il reçoit du sympathique et du pneumo-gastrique. Nous avons déterminé le mode d'action des filets d'origine cérébrale. Nous devons en faire autant pour les filets d'origine sympathique. Comme le cœur a des vaisseaux et a besoin, par suite, de recevoir des vaso-moteurs, il était naturel de supposer que ceux-ci lui sont apportés spécialement par les filets sympathiques. Mais Vulpian déclare que l'électrisation de ces derniers ne modifie en rien la teinte de cet organe. Il est probable que ses vaso-moteurs sont distribués par les artères coronaires, qui les empruntent directement au plexus qui entoure l'aorte. Quant aux filets cardiaques sympathiques, ils doivent plutôt agir sur les mouvements du cœur. D'après Cyon, l'irritation électrique de la 3e branche du ganglion cervical inférieur provoque une accélération des battements du cœur et une diminution de leur étendue; l'excitation de la 4e branche produit une légère élévation de la pression moyenne, sans changer le nombre des pulsations. Cyon appelle, pour cette raison, ces deux filets *nerfs accélérateurs du cœur*, et il les met en antagonisme avec les filets cardiaques du vague, qu'il regarde comme des modérateurs. Je me suis déjà expliqué sur ce que je pensais de ce prétendu antagonisme. Ces deux filets sont, comme tous les nerfs cardiaques, chargés de stimuler le cœur par l'intermédiaire du plexus, et s'il y a accélération dans ce genre d'expérience, c'est que l'électricité détermine une excitation qui dépasse en intensité les excitations dont ils peuvent être spontanément le siége. Quant aux deux premières branches du ganglion inférieur, qu'on avait toujours regardées comme émanant de lui, elles résultent du simple accolement au sympathique des filets du nerf dépresseur.

Région thoracique. — Cette région a une mission vaso-motrice assez étendue. Les expériences de Bernard et de Vulpian démontrent que le premier ganglion thoracique contribue avec le dernier cervical à innerver les vaisseaux du membre supérieur. Comme la faradisation des ganglions cervicaux n'a aucune action sur la teinte du tissu pulmonaire, il est probable que les vaso-moteurs du poumon sont fournis directement au plexus pulmonaire par les ganglions thoraciques correspondants. Du reste la section du cordon thoracique entraîne une vascularisation plus grande du poumon et de la plèvre du côté correspondant. Bernard a même observé une fois une pleurésie dans cette circonstance. Cette région alimente encore sous le même rapport la moelle, car quand on électrise un rameau communicant du thorax, on voit nettement dans la zone correspondante les vaisseaux de la pie-mère se resserrer et revenir à leur diamètre primitif, et même au delà, après la cessation de l'électrisation. Ce fait vient à l'appui de ce que je disais dans les généralités, à savoir que les impulsions vaso-motrices de l'axe cérébro-spinal ne peuvent avoir d'efficacité qu'après avoir passé par la main du sympathique, puisque cette moelle à laquelle on accorde des éléments vaso-moteurs capables de retentir sur toute l'économie est impuissante à régler elle-même sa vascularisation. Il est toutefois un fait signalé par Brown-Sequard qui laisse planer un certain doute sur la conclusion que nous venons de tirer du résultat de l'électrisation des communicantes thoraciques. Cet expérimentateur a vu, au moment où il liait l'ensemble des vaisseaux et des nerfs du rein, les vaisseaux de la pie-mère spinale se resserrer. Or, évidemment ici la ligature n'a pu que donner lieu à un courant sensitif qui est allé ensuite provoquer d'une manière réflexe la contraction des vaisseaux. On peut se demander si l'excitation des communicantes n'agit pas simplement au même titre.

Les vaso-moteurs fournis par cette région peuvent, de même que ceux de la portion cervicale, être mis à contribution par la couche affective pour la mimique des sentiments. Ça n'a lieu en général que chez les femmes nerveuses qui ont un pouvoir dispersif considérable. La rougeur émotionnelle s'étend alors de la face vers le tronc, qu'elle peut envahir jusqu'au niveau du creux épigastrique. Il arrive même parfois que le tronc seul rougit, la face n'éprouvant aucune modification, de sorte que cette région thoracique est par elle-même reliée à la couche affective à titre de sympathie réflexe, et que l'extension de la rougeur n'est pas toujours le résultat de l'extension de l'ébranlement central, de proche en proche, dans la colonne de Jaccubowitz. La congestion dont la portion thoracique est l'agent immédiat ne ressemble pas à celle qui se produit à la face. Au lieu d'une rougeur uniforme, on voit apparaître de petites plaques éloignées, mais qui finissent par se joindre en s'agrandissant. Elles viennent, pour ainsi dire, traduire à l'extérieur l'existence de petits ganglions préposés, chacun, à des départements vasculaires distincts.

Ce qui donne le plus d'importance à la région thoracique, c'est l'influence qu'elle peut exercer, par l'intermédiaire des nerfs splanchniques, sur le plexus solaire et sur les plexus secondaires qui sont regardés comme les dépendances du précédent. D'une manière générale, voici, je crois, comment on doit comprendre l'organisation de ce département du système sympathique. Chaque organe et, par suite, chaque fonction viscérale a son petit système nerveux périphérique qui est représenté par un ou plusieurs plexus spéciaux. Ceux-ci président directement à tous les actes de l'organe auquel ils sont préposés, mais en fait d'action centrifuge, ils ne peuvent en exercer que sur cet organe exclusivement. Leurs impressions sensitives seules peuvent exceptionnellement remonter plus haut et parcourir même toute la chaîne jusqu'à l'encéphale. Mais chacun d'eux, pour la plupart de ses manifestations centrifuges, peut subir l'influence des sections plus élevées. Comme ces plexus viscéraux viennent converger vers d'autres plexus qui sont pour eux ce qu'est une grande ligne ferrée pour les embranchements secondaires, il en résulte que plus on monte dans cet appareil, plus on trouve d'étendue à la sphère d'action de la section que l'on considère. C'est ainsi que si les plexus coronaire stomachique, hépatique, splénique, mésentérique et rénal, ne commandent qu'à l'estomac, au foie, à la rate, à l'intestin grêle et au rein, le plexus cœliaque se trouve commander à la fois à l'estomac, à la rate et au foie; que le plexus solaire peut retentir non-seulement sur le plexus cœliaque, mais encore sur tous ceux que nous venons d'énumérer ; que les splanchniques et le cordon thoracique peuvent à leur tour agir sur cet ensemble qui, par leur intermédiaire, est en outre capable de subir l'influence de la moelle et de l'encéphale. Cela étant, nous suivrons la marche suivante qui me paraît être la plus convenable. Nous allons indiquer d'abord ce que l'expérience nous aura appris sur le fonctionnement de chacun des plexus spéciaux. Nous ferons par là l'histoire du rôle du sympathique dans les fonctions stomacale, intestinale, hépatique, splénique et rénale. Puis, remontant les divers anneaux de la chaîne nerveuse, nous signalerons les faits expérimentaux relatifs aux plexus cœliaque et solaire, aux splanchniques, au cordon thoracique, et nous rechercherons enfin quelle influence éloignée l'axe cérébro-spinal peut exercer sur les plexus terminaux.

Le *plexus coronaire stomachique* avec ses annexes, les plexus d'Auerbach et de Meissner, est tellement bien organisé qu'il est un de ceux qui peuvent le plus se suffire à eux-mêmes. Il paraît même régler de sa propre autorité presque tous les actes vaso-moteurs qui se passent dans les parois stomacales. En effet, la section des splanchniques n'entraîne aucune modification de la teinte de la muqueuse.

Ce plexus suffit donc pour maintenir les vaisseaux dans leur tonus habituel. Il y a plus, même après la destruction du plexus cœliaque, ceux d'Auerbach et de Meissner continuent à maintenir les vaisseaux dans leur degré de constriction normale. Suivant Schiff, ces plexus suffisent, même après la suppression du plexus solaire, pour entretenir aussi les phénomènes mécaniques et chimiques de la digestion. Pour détruire le plexus solaire, Schiff n'a pas eu recours au scalpel, qui expose à des hémorrhagies en raison même des connexions intimes que ce lascis nerveux contracte avec les vaisseaux. Il s'est servi de la cautérisation avec l'ammoniaque. Ce procédé qui, dit-il, détériore suffisamment les filets nerveux et les ganglions, permet aux animaux de se remettre rapidement de l'action traumatique et de rentrer dans l'état normal. Après cette opération, ils continuent à prendre régulièrement leurs repas. Les aliments passent dans l'intestin, ce qui prouve que l'estomac peut encore exécuter ses mouvements. Le tournesol indique que le suc sécrété est encore acide. Du reste, il a pu réaliser des digestions artificielles avec du suc recueilli sur ces animaux. Mais il y a peut-être lieu de n'accepter ces expériences qu'avec une certaine réserve, car l'ammoniaque a bien pu ne pas amener toujours une destruction complète et a même peut-être sur certains points servi plutôt d'agent irritant. Les expériences de Lamansky ont bien plus de valeur. Il a extirpé complétement le plexus cœliaque en se mettant, autant que possible, à l'abri des hémorrhagies, et il a vu aussi la sécrétion gastrique et les mouvements stomacaux persister après. D'ailleurs il est bien établi que l'estomac continue à être agité par des contractions pendant un certain temps, après qu'il a été séparé et sorti de l'abdomen. Ces résultats semblent en désaccord avec ce qui paraît se produire après la section et l'électrisation du vague. Mais quand on y réfléchit, on voit que l'autonomie des plexus intrastomacaux s'établit très-bien avec l'influence spéciale que nous avons accordée à la 10e paire sur les mouvements de l'estomac. L'anatomie nous montre que le vague vient s'adapter au plexus d'Auerbach. Il n'est donc pas étonnant que son électrisation puisse provoquer des contractions de l'estomac. Il excite le plexus comme lui-même est excité par l'électricité. Mais au fond c'est le dernier rouage nerveux moteur, c'est-à-dire le plexus lui-même, qui fait la contraction. Dans les conditions physiologiques, le courant sensitif provocateur n'offre pas toujours la même étendue ; il va se réfléchir à des niveaux plus ou moins éloignés du point de départ de l'impression. Tantôt il ne dépasse pas le plexus d'Auerbach et est réfléchi immédiatement. Le fait, tant dans sa partie sensitive que dans sa partie motrice, reste circonscrit dans l'administration nerveuse locale. Tantôt la réflexion ne s'opère que dans les plexus cœliaque ou solaire, et il est probable que dans ce cas les mouvements sont de suite plus généraux. Tantôt enfin l'impression gagne l'encéphale par les fibres sensitives du vague et est réfléchie sur les fibres motrices du même nerf. L'effet trouve dans ce centre élevé des causes de modifications en rapport avec ce qui se passe dans d'autres points de l'économie. Ce même nerf vague peut aussi puiser le courant provocateur en dehors de lui-même et de la muqueuse stomacale. C'est pour cela qu'une douleur très-vive, développée en un point quelconque, ou une émotion morale peuvent déterminer des mouvements intempestifs de l'estomac et, par suite, troubler la digestion. C'est aussi le plexus qui excite, en dernière analyse, la sécrétion gastrique quand il est lui-même stimulé par le plexus solaire à l'instigation du vague ou des splanchniques. Mais il peut aussi le faire de par lui-même; toutefois il semble que quand l'appareil stimulateur est ainsi réduit à sa plus simple expression, il fournisse des produits moins bons que lorsqu'il est complet; car Lamansky déclare que si la digestion continue à se faire après la destruction du plexus cœliaque, les animaux cependant maigrissent et dépérissent.

Moreau a entrepris des expériences directes sur le *plexus mésentérique supérieur*. Selon lui, au moment où on détruit un groupe des filets que ce plexus envoie à l'intestin, les artères de l'anse correspondante cessent de battre, tandis que l'œil continue à percevoir les pulsations dans les anses voisines. En même temps ces artérioles pâlissent. Il se fait évidemment une contraction de ces vaisseaux; mais elle ne dure qu'un instant, parce qu'elle est due à l'irritation que la section fait naître tout d'abord dans le bout périphérique des nerfs. Elle est bientôt remplacée par une dilatation permanente, conséquence forcée de la paralysie vaso-motrice produite par la solution de continuité des filets nerveux. Cette dilatation donne en outre lieu à la production d'une grande quantité de liquide dans l'anse énervée. Cette exhalation peut aller jusqu'à 300 grammes. L'auteur attribue sa présence à une exagération de la sécrétion du suc intestinal. Quoiqu'il n'ait rien signalé du côté de la contractilité et de la sensibilité de l'anse intestinale énervée, la raison elle-même nous dit que les plexus intestinaux doivent exécuter tous les actes nerveux dont ils sont le siége. Les ganglions intestinaux peuvent aussi provoquer des modifications vaso-motrices réflexes, dont ils sont eux-mêmes les centres. C'est à eux qu'on doit attribuer la rougeur qui apparaît lorsqu'on expose l'intestin à l'air.

Quand on électrise le *plexus hépatique*, les vaisseaux du foie se contractent de la manière la plus manifeste, ainsi que le démontre la pâleur passagère de l'organe. On détermine en même temps un écoulement considérable de bile qui est bientôt suivi d'un ralentissement très-marqué. Le premier de ces deux phénomènes est sans doute dû à la contraction instantanée des canaux biliaires, d'où résulte une excrétion plus active. Le second doit tenir à la contraction plus persistante des vaisseaux qui diminue la tension sanguine locale et par suite la sécrétion. Heidenhain a constaté que ce mode d'action du plexus pouvait être commandé par la moelle elle-même, car son électrisation donne lieu aux mêmes résultats du côté du foie. Enfin un nerf sensitif cérébro-rachidien peut, à son tour, par action réflexe, forcer la moelle à produire ces effets. Ainsi cet auteur les a obtenus en électrisant le bout central du sciatique. Le plexus hépatique doit certainement intervenir dans la fonction glycogénique, puisque les expériences de Bernard démontrent que celle-ci est sous la dépendance du système nerveux. Il est bien certain aussi que cette intervention lui est commandée par le cordon du sympathique, puisque la section de la moelle au-dessous du bulbe enraye la formation de la matière glycogène, malgré le respect de la continuité du vague. Mais ces données positives laissent encore exister deux interprétations différentes. D'après Bernard, le sympathique et par suite le plexus auraient pour mission d'exciter le travail des cellules. Ils fourniraient donc des nerfs sécréteurs. D'après Samson, le plexus n'interviendrait dans la production du sucre que par l'intermédiaire d'une action vaso-motrice. En congestionnant le foie, il favoriserait la transformation purement chimique de la dextrine alimentaire en sucre.

Si on galvanise le *plexus splénique*, on voit la rate se décolorer et devenir inégale. Si on suspend l'électricité, la couleur normale revient vite, mais il se passe ceci de très-remarquable, c'est que, tout en reprenant sa couleur, la rate reste déformée, ce qui tient évidemment à ce que les fibres musculaires des trabécules restent plus longtemps contractées que celles des vaisseaux.

Kruner a sectioné le *plexus rénal*. La sécrétion urinaire a continué à se faire, mais l'urine était altérée, elle renfermait de l'albumine et une plus grande quantité de matière colorante que dans l'état normal. Mais les filets sont si nombreux qu'on ne pouvait être sûr de n'en avoir pas oublié. Muller et Peipers ont eu recours à un autre procédé pour détruire ce plexus. Ils ont appliqué sur l'artère une ligature excessivement serrée, de façon à broyer le réseau nerveux et à en interrompre la continuité physiologique. Ce résultat obtenu, ils ont ensuite enlevé la ligature afin de permettre à la circulation de se rétablir. À la suite de cette opération, la sécrétion urinaire fut complétement enrayée chez tous les animaux, excepté chez un seul, et encore l'urine de ce dernier était-elle sanguinolente. En procédant de la même manière, Moreau a aussi obtenu la suppression de la sécrétion. Les résultats de Marchand abondent encore dans le même sens, mais à un bien moindre degré. Il a vu qu'après la destruction de nerfs rénaux, l'urée tendait à s'accumuler dans le sang, ce qui indiquait une diminution dans son excrétion. Tous les observateurs qui précèdent ont constaté en outre le ramollissement consécutif de l'organe. Tels sont les faits que l'on peut porter à l'actif de l'influence directe du plexus rénal sur la sécrétion urinaire. Les autres expérimentateurs n'ont signalé que des troubles vaso-moteurs. Ranvier, Brown-Sequard et Vulpian n'ont obtenu qu'une légère congestion du rein. Bernard dit qu'après la section de ses nerfs, le tissu rénal devient rutilant et animé de battements. Un seul animal eut des urines sanguinolentes. La galvanisation de ces nerfs suspendit, il est vrai, chez tous l'écoulement de l'urine, mais uniquement pendant la durée de l'application. Vulpian a vu l'organe rougir sous l'influence de la section et pâlir sous celle de l'électricité. Les phénomènes vaso-moteurs ont même été contestés. Bert a non-seulement coupé le plexus, mais il a eu en outre la précaution de gratter la surface du rein, et cet organe n'a éprouvé aucune modification vasculaire. Quant à des altérations de tissu, aucun des expérimentateurs du second groupe n'en a rencontré.

Le *plexus cœliaque* étant le point de rencontre des plexus coronaire stomachique, hépatique et splénique, il est naturel de penser qu'il peut exercer une certaine influence sur l'estomac, le foie et la rate. Mais le scalpel investigateur n'a pas encore été souvent porté sur lui, d'une manière spéciale. On sait cependant que quand on l'électrise, les vaisseaux du foie se contractent. Schiff a presque toujours vu l'électrisation du ganglion cœliaque déterminer des mouvements très-apparents dans l'estomac. Suivant le même auteur, l'extirpation du plexus cœliaque ôte de la résistance à la muqueuse stomacale et digestive. La moindre cause suffit pour y faire naître une inflammation. Un simple poil resté accidentellement à la surface de l'estomac peut avoir ce résultat. Il peut en être de même lorsqu'on se contente de mettre le plexus à nu, mais l'effet est beaucoup moins certain.

L'anatomie donne à supposer que le *plexus solaire* doit commander à tous les plexus qui précèdent. La chose est certaine en ce qui concerne l'action vaso-motrice. A la suite de l'arrachement du ganglion semi-lunaire et à la suite de la section du plexus solaire, Budge et Bernard ont observé la dilatation des artères viscérales de l'abdomen et notamment des artères mésentériques. Parfois même, ils ont rencontré des suffusions sanguines dans la muqueuse intestinale. Mais ce plexus semble en outre capable d'agir d'une manière indirecte sur le cœur, quoique l'innervation de cet organe parte d'un point plus élevé du sympathique. D'après Brown-Sequard, une excitation brusque et violente de ce plexus détermine l'arrêt du cœur. L'effet est surtout très-constant et très-rapide si on écrase entre les mors d'une pince un des ganglions semi-lunaires, particulièrement le droit. La situation même de ce plexus indique qu'il ne peut produire ce résultat que par une action centripète et sensitive. Il est certain aussi que ce sont les splanchniques qui conduisent cette impression. Du reste, l'arrêt ne peut plus être obtenu après la section de ces nerfs. Brown-Sequard et Vulpian pensent que l'impression est ensuite réfléchie sur le vague qui, se trouvant alors excité, remplit d'une manière exagérée son rôle de modérateur. Pour admettre l'intervention centrifuge de la 10ᵉ paire, ces auteurs s'appuient sur ce que la section préalable de ce nerf empêche le phénomène de se produire tout aussi bien que celle des splanchniques. Depuis, Goltz a montré que le myolèthe du cœur se produit encore lorsque l'irritation porte sur les dépendances du plexus solaire. Il suffit, en effet, de frapper la masse intestinale et même d'appuyer sur elle le doigt pendant un moment. Cet expérimentateur a en outre signalé une circonstance qui fait tout au moins intervenir un nouvel élément dans la production du phénomène. Peu d'instants après le choc, les vaisseaux abdominaux se dilatent brusquement et se remplissent d'une quantité prodigieuse de sang. C'est au moment où se produit cette dilatation que le cœur s'arrête ; or, on sait que quand on provoque l'afflux du sang dans l'abdomen par l'excitation du nerf de Cyon, le cœur se ralentit en même temps que son impulsion faiblit, tout justement parce que le sang retenu à l'autre pôle vient moins susciter sa contraction.

Quelques médecins ont pensé que le plexus solaire n'était pour rien dans ce résultat et que le cœur était directement troublé dans son fonctionnement par le refoulement que lui fait éprouver le diaphragme lorsqu'il est lui-même repoussé par le choc communiqué à la masse intestinale. Suivant Ganz, l'arrêt du cœur et la mort qui survient même souvent dans ces circonstances seraient le résultat d'une véritable anémie de l'encéphale. L'excitation du plexus solaire mettrait en jeu d'une manière réflexe, non pas l'action d'arrêt du vague, mais tous les vaso-constricteurs, et en particulier ceux du cerveau. Il se base sur une expérience qui consiste à introduire de la glace dans l'estomac d'animaux auxquels on a adapté un appareil propre à mesurer la tension sanguine. Sitôt que l'impression s'est développée sur la muqueuse stomacale, tous les vaisseaux se resserrent au point d'augmenter considérablement la tension. Elle peut même doubler instantanément. Mayer et Pibram n'ont pas obtenu un résultat aussi positif en employant la glace ; mais l'effet a été très-marqué lorsqu'ils ont appliqué l'électricité ou une irritation mécanique sur la muqueuse stomacale. Ces expérimentateurs mettent toutefois le phénomène sur le compte de l'excitation du péritoine, et non sur celle de la muqueuse. Mais peu importe ! Que le point de départ soit dans le plexus sous-péritonéal ou dans celui de Meissner, c'est toujours dans une dépendance du plexus solaire. Enfin Dreschfelds, en se plaçant exactement dans les mêmes conditions que Ganz, a toujours observé au contraire une forte diminution de la tension, ce qui indiquerait donc une dilatation plutôt qu'une constriction des vaisseaux. Comme on le voit, les données sont assez contradictoires, et il est assez difficile de se prononcer en ce moment sur le mécanisme suivant lequel l'excitation du plexus solaire et de ses dépendances détermine l'arrêt du cœur et parfois la mort. On peut toutefois laisser de côté l'hypothèse qui attribue le trouble cardiaque à l'ascension brusque du diaphragme, car elle ne saurait s'appliquer aux expériences qui ont consisté en une simple irritation directe du plexus, et dans le cas de choc réel, le refoulement ne dépasse pas beaucoup les excursions physiologiques du diaphragme. D'ailleurs, puisque le phénomène ne se produit qu'autant qu'on fait naître une douleur très-vive, il est bien évident qu'il s'agit d'un mécanisme réellement nerveux. On est presque en droit de négliger aussi l'opinion de Ganz, puisque le même genre d'expérimentation a donné des résultats inverses entre les mains de Dreschfelds. Nous ne pouvons pas non plus accepter l'explication de Brown-Sequard et de Vulpian, du moins en ce qui concerne l'action d'arrêt du vague, puisque pour des raisons exposées antérieurement nous n'avons pas admis le rôle qu'on accorde à ce nerf. Il est vrai qu'après la section de ce dernier, l'irritation du plexus solaire ne trouble plus le cœur. Mais remarquez que le vague aboutit, de même que le splanchnique, au plexus solaire et qu'il est plus apte que lui encore à conduire rapidement l'impression douloureuse au bulbe, et a par conséquent plus de droits à constituer l'élément centripète de ce phénomène réflexe. L'opinion de Goltz est encore celle qui a le plus de chances d'être la vraie, car il se produit réellement une dilatation des vaisseaux abdominaux, et il est bien établi que celle-ci ralentit les battements du cœur. Il est donc possible que l'impression douloureuse apportée par le vague agisse sur le régulateur de l'innervation vasomotrice de la même manière que le nerf de Cyon. Mais la nécessité d'une douleur vive et la cessation complète des mouvements cardiaques me font penser qu'il y a ici quelque chose de plus et que l'impression agit en outre sur le régulateur cardiaque en l'annihilant momentanément par un ébranlement trop brusque et trop considérable. Quoi qu'il en soit de ces interprétations, les faits expérimentaux subsistent et ils sont de nature à nous rendre compte du danger qu'offrent les coups portant sur les régions épigastrique et abdominale. Même à la suite d'un choc relativement léger, on se sent défaillir, quoique la douleur soit beaucoup moins vive que d'autres développées ailleurs et ne produisant pas un pareil résultat. Si le choc est fort, il peut même en résulter une mort subite sans qu'il y ait rupture ni hémorrhagie.

Le plexus solaire constitue aussi un des principaux agents de la mimique interne. Toute surprise, toute frayeur, les émotions inattendues, donnent lieu à une sensation excessivement pénible qui siége au creux épigastrique. C'est une douleur qui n'a pas l'acuité de celles que peuvent engendrer les nerfs cérébro-rachidiens, mais qui jette dans une grande angoisse et qui s'accompagne d'une impression de constriction. Le vulgaire exprime cet écho viscéral par les mots « un coup de poing dans l'estomac ».

Les *nerfs splanchniques* ont un rôle physiologique important, parce qu'ils sont les liens principaux qui rattachent le plexus solaire au cordon thoracique et, par son intermédiaire, à la moelle. Aussi sont-ils capables, à titre de simples organes de transmission, d'influencer la plupart des actes de ce plexus et de toutes ses dépendances plexiformes. Ils ont d'abord une influence incontestable sur l'action vaso-motrice de ce département du sympathique. Le plexus solaire réalise bien par lui-même les modifications vaso-motrices de l'abdomen, mais dans les variations du tonus vasculaire général, l'action du plexus est réglée par les impressions que le nerf de Cyon puise dans le cœur et apporte au bulbe par le vague, auquel il se joint. L'ébranlement est réfléchi par le bulbe sur toute la colonne de Jaccubowitz, et une portion de cet ébranlement vient mettre en jeu le plexus solaire en suivant la voie des splanchniques. En effet, lorsqu'on coupe ces nerfs, les vaisseaux abdominaux deviennent le siége d'une dilatation passive, non pas parce que le plexus ne peut pas entretenir par lui-même un certain degré de tonus vasculaire, mais sans doute parce qu'il ne reçoit plus la stimulation engendrée par les impressions que transmet le nerf de Cyon. C'est le manque d'ordres et de renseignements qui font qu'il se relâche de ses fonctions, qui sont de maintenir les vaisseaux abdominaux dans les conditions nécessitées par les besoins du cœur. Il faut aussi probablement tenir compte de ce que dans ces circonstances le plexus se trouve réduit à son action propre et que le contingent dû aux ganglions thoraciques fait défaut. Lorsqu'au contraire on électrise le bout périphérique, on fait resserrer les vaisseaux parce que cette excitation vient exagérer l'action constrictive du plexus. Par le fait même de son rôle vaso-moteur, ce dernier se trouve avoir une influence considérable sur la tension sanguine générale et sur la circulation cardiaque. En faisant dilater le compartiment le plus considérable du système vasculaire, il fait éprouver à la tension un abaissement énorme, tandis que lorsqu'il le fait se resserrer, il l'augmente dans les mêmes proportions. En même temps qu'il diminue la tension, il ralentit les battements du cœur qui, ne recevant plus autant de sang, se trouve moins stimulé. Il les accélère quand il augmente la tension, parce qu'alors le cœur est tourmenté par la masse du sang qui ne possède plus un déversoir suffisant dans les vaisseaux de l'abdomen. Comme les splanchniques sont les excitateurs directs du fonctionnement du plexus solaire, il en résulte que ces nerfs, par son intermédiaire, exercent les mêmes influences sur la tension sanguine et la circulation cardiaque. Ainsi leur section abaisse la tension en même temps qu'elle ralentit le cœur, tandis que leur électrisation augmente la tension en même temps qu'elle accélère le cœur. Chose singulière! ces nerfs semblent influencer la vascularisation de l'intestin beaucoup plus que celle de l'estomac. Entre les mains de Schiff leur électrisation a bien fait pâlir manifestement la muqueuse stomacale, mais Vulpian déclare avoir été moins heureux. La teinte rouge est restée à peu près la même malgré l'électricité. Il reconnaît toutefois lui-même que les plexus intrapariétaux, excités par le contact de l'air, ont pu maintenir la teinte rouge, malgré les sollicitations des splanchniques en sens opposé. On n'a obtenu que très-exceptionnellement des contractions de la tunique musculeuse de l'estomac en électrisant les splanchniques, tandis que cet effet est constant quand on agit sur le vague. D'après Braam-Hoc Kgeest, les splanchniques seraient au contraire des nerfs d'arrêt pour les mouvements de l'estomac et de l'intestin. Leur faradisation suspendrait les mouvements spontanés de cet organe. Mais il ne nie pas que cette suspension puisse être la conséquence de l'anémie produite par la contraction des vaisseaux. Pflüger n'hésite pas à voir là une action spéciale d'arrêt. Schiff, Spiegelberg et Valentin disent au contraire que les courants faibles accélèrent les mouvements intestinaux. Ils avouent que les courants forts les arrêtent, mais ils pensent que l'arrêt est tout simplement un effet d'épuisement. Les splanchniques sont regardés par Bernard comme étant chargés de transmettre au foie l'action nerveuse centrifuge indispensable à la glycogénie. Ce physiologiste a toujours vu qu'après la section de ces nerfs, la piqûre du bulbe ne détermine plus le diabète. Le même fait a été constaté par Cyon et Aladoff; mais ils se rangent à l'opinion de Samson et ils pensent que ce n'est qu'à titre de nerfs vaso-moteurs que les splanchniques sont capables de produire le diabète. Vulpian, qui ne voit aussi dans les conducteurs glycogéniques que des vaso-moteurs ordinaires du foie, ne les fait pas passer par les splanchniques. Il les fait sortir de la moelle au niveau des derniers ganglions thoraciques pour se rendre immédiatement dans le plexus solaire. Il prétend n'avoir provoqué aucune modification de la teinte du foie, soit en électrisant, soit en sectionnant les splanchniques. Bochefontaine a constaté que les trabécules de la rate, qui se contractent après la mort au point de crisper considérablement cet organe, cessent de le faire si on a préalablement sectionné les splanchniques. Enfin, Vulpian a été frappé de la vive congestion paralytique qu'entraîne, du côté des reins, la section des splanchniques. La congestion est telle qu'il se fait très-souvent une transsudation de la matière colorante du sang. Il a aussi observé de la polyurie et de l'albuminurie. D'autre part, en électrisant le bout périphérique de ces nerfs, il a déterminé un rétrécissement notable de la veine émulgente et une pâleur incontestable du tissu rénal. Il a constaté en outre que l'électrisation du splanchnique donne lieu à des manifestations de douleur très-intenses qui vont même jusqu'à des troubles convulsifs. C'est là un fait dont il faut tenir compte dans l'étude des coliques néphrétiques. Bernard a vu aussi, après la section des splanchniques, l'urine continuer à couler, mais être sanguinolente. Leur galvanisation fit au contraire cesser l'écoulement. Eckhard déclare que la section du splanchnique donne lieu à une hydrurie qu'il regarde comme étant de nature paralytique. Knoll a aussi constaté une augmentation considérable de la quantité d'urine. Mais il n'accepte pas la désignation d'hydrurie, car le poids spécifique du liquide ne diminue pas d'une manière notable. L'animal se trouve même rejeter dans les 24 heures une plus grande quantité de matériaux solides et surtout d'urée que dans l'état normal. Il a vu aussi l'urine devenir albumineuse, mais l'apparition de l'albumine lui a semblé être plutôt due au traumatisme général qu'à la suppression même du splanchnique, car souvent cette substance se montrait avant la section.

Le cordon thoracique, que les splanchniques relient au plexus solaire, peut à son tour influencer quelques-uns des actes de ce réseau viscéral. Ainsi on obtient encore tous les troubles que nous venons de signaler du côté des reins en faisant la section du cordon thoracique au-dessus de la naissance des splanchniques. Eckhard a réalisé une partie de ces effets en opérant sur les deux premiers ganglions thoraciques et même sur le ganglion cervical supérieur. Dans les mêmes conditions la fonction glycogénique du foie se trouve aussi influencée. L'estomac seul n'éprouve aucune modification. L'axe cérébro-spinal lui-même conserve le droit d'influencer le travail propre du plexus, car Schiff a observé dans les parois stomacales de lapins chez lesquels il avait ponctionné des points variables de l'encéphale avec un bistouri, des stases sanguines et des ecchymoses. Il peut même survenir, dans ces circonstances, des troubles de nutrition. La muqueuse se ramollit, devient gélatineuse, boursouflée, puis elle s'ulcère. Mais Schiff pense que les vaso-moteurs ne font que préparer le terrain à ces altérations en les gorgeant d'un sang presque immobile, et que les ulcérations sont la conséquence directe de l'irritation provoquée, dans les parties ecchymosées, par le contact des corps durs mélangés aux aliments, car elles ne se forment pas chez les animaux nourris exclusivement avec du bouillon. Enfin le plexus des capsules surrénales est relié fonctionnellement à la moelle, car Brown-Sequard a démontré que les sections de la moelle déterminent une congestion considérable de ces petits organes. La congestion peut aller jusqu'à produire des hémorrhagies. Les capsules finissent même par s'hypertrophier.

Région lombaire. — Cette région n'a été l'objet que d'une seule expérience, c'est celle que Bernard a pratiquée dans le but de démontrer que les vaso-moteurs que renferme le nerf sciatique sont empruntés par lui, non pas à la moelle, mais à la portion lombaire du sympathique. Sur un chien de forte taille, il a fait une incision à la partie supérieure de l'aine gauche, puis, à l'aide d'un crochet insinué entre le péritoine et le psoas, il a détruit la chaîne des ganglions lombaires sans toucher aux nerfs du plexus lombo-sacré. Peu de temps après l'opération, il put constater que la température de la patte gauche dépassait de 5 degrés celle de la patte droite. Quant au plexus *mésentérique inférieur* que cette région tient spécialement sous sa dépendance, on n'a pas encore porté directement sur lui le scalpel investigateur, mais il est de la dernière évidence qu'il préside à tous les actes nerveux que nécessite le fonctionnement du gros intestin. C'est lui qui réalise d'une manière directe les modifications vaso-motrices, les mouvements et les phénomènes de sensibilité dont cette portion de l'appareil digestif peut être le siége. Dans les laboratoires il se montre tout à fait en dehors de la sphère d'action du vague. Car si parfois on peut encore agir sur l'intestin grêle par l'intermédiaire de ce nerf, le gros intestin échappe constamment à ce genre de retentissement. Mais au point de vue vaso-moteur, il est soumis à l'influence des splanchniques, tout autant que le plexus solaire. Quant au plexus spermatique, je ne trouve à signaler qu'un seul fait expérimental le concernant. Ololensky a vu un testicule s'atrophier sous l'influence de la section du nerf spermatique correspondant.

Région sacrée. — Le plexus hypogastrique, par les ramifications plexiformes qu'il envoie dans les corps caverneux de la verge et du clitoris, est certainement l'agent nerveux direct du phénomène érection. Chez la femme, dont les parties érectiles sont beaucoup plus étendues et plus disséminées, le plexus ovarique concourt aussi à cet acte. Mais comme les recherches expérimentales que les modernes ont entreprises sur le mécanisme de l'érection ont exclusivement porté sur le sexe masculin, il convenait d'étudier cette question à propos du plexus hypogastrique. A propos du centre génital de la moelle (Ier volume, page 81), nous avons indiqué comment Rouget interprète la production de l'érection. Celle-ci résulterait d'une contraction réflexe des fibres lisses des vésicules séminales, de la prostate et des trabécules, contraction qui s'établirait d'une manière péristaltique depuis les vésicules jusqu'à l'extrémité de la verge, et qui aurait pour effet d'effacer les veines tout en respectant la béance des artères, parce que celles-ci offriraient plus de résistance en raison de leur disposition en bouquets enchevêtrés les uns dans les autres. De là une accumulation de sang considérable, puisqu'il continue à arriver dans l'organe sans pouvoir en sortir. Dans cet ordre d'idées, la contraction serait probablement provoquée par l'impression que le contact du sperme développe sur la vésicule séminale et qui irait se réfléchir d'abord dans les ganglions du plexus hypogastrique, puis bientôt, lorsqu'elle serait un peu plus puissante, dans le centre génital de la moelle. Alors seulement le réflexe serait assez considérable et assez général pour que l'érection fût complète. Le courant centripète nécessaire peut aussi naître sur la verge, à la suite d'attouchements, et être amené directement au centre génital par les nerfs honteux. Dans d'autres circonstances la contraction serait commandée directement par la moelle, au reçu d'une impulsion communiquée à son centre génital par une idée érotique. Dans sa thèse inaugurale, Legros a proposé un mécanisme analogue, mais en déplaçant le siége de la contraction. Ce seraient les parois artérielles elles-mêmes qui produiraient l'érection en se contractant d'une manière péristaltique. En 1863, une expérience d'Eckhard a conduit un grand nombre de physiologistes à comprendre le mécanisme de l'érection d'une tout autre façon. Il a constaté que l'électrisation de deux des nerfs qui se rendent au plexus hypogastrique détermine d'une manière constante une érection immédiate. Ces deux nerfs ont naturellement reçu le nom de *nerfs érecteurs*. Ils sont d'origine rachidienne et non sympathique. Ils naissent en effet du plexus sacré, tantôt du 1er, tantôt du 2e, et exceptionnellement du 3e des nerfs sacrés. Ils vont se perdre dans le plexus hypogastrique au niveau de la prostate, et il est impossible de les suivre plus loin. Lorsqu'on se contente de les couper, il ne se produit aucune modification dans la verge ; mais sitôt qu'on électrise leur bout périphérique, cet organe s'érige. Le gonflement s'établit, ainsi que l'a signalé Loven, progressivement d'arrière en avant. On voit que les veines latérales se dilatent considérablement et que le sang qu'elles renferment prend une teinte moins sombre. La muqueuse du gland se congestionne. En même temps la sécrétion prostatique augmente. L'érection persiste encore un certain temps après qu'on a cessé l'électrisation. Quand on fait une incision sur la verge avant d'appliquer l'électricité sur les nerfs érecteurs, le sang ne s'écoule que goutte à goutte, mais du moment où on les électrise, l'écoulement devient continu et considérable. Ce qui prouve que ces nerfs exécutent là une mission spéciale, c'est que l'électrisation des honteux, qui eux se rendent directement dans les corps caverneux, ne détermine rien de semblable. Ils se distinguent, du reste, de ces derniers au point de vue anatomique. Ils sont parsemés, sur tout leur trajet, d'un grand nombre de cellules et même de ganglions nerveux. Loven et Eckhard pensent que c'est à titre de nerfs vaso-dilatateurs que ces nerfs produisent l'érection, dont le véritable mécanisme consisterait dans une congestion active, dans une véritable aspiration du sang par dilatation active des vaisseaux de l'organe. Ils seraient pour les plexus génitaux ce que la corde du tympan est pour le ganglion et la glande sous-maxillaires. Ils dilateraient les vaisseaux par un effet d'interférence réalisée dans les ganglions. Kölliker, qui reconnaît la vérité de tous ces faits expérimentaux, les interprète autrement. Il croit que les érecteurs agissent non sur les vaisseaux, mais sur les fibres musculaires des trabécules, dont la disposition serait telle qu'en se contractant, elles condenseraient ces cloisons, les écarteraient les unes des autres et augmenteraient ainsi les cavités des corps caverneux.

L'existence des érecteurs pourrait, au besoin, s'allier avec la théorie de Rouget. Ils seraient les excitateurs de la contraction des fibres lisses des trabécules, de la prostate et des vésicules séminales, contraction qui produirait, par pression, l'occlusion des veines rampant au milieu des plans musculaires. Mais Eckhard estime que cette interprétation est inacceptable, parce qu'on a beau lier les veines principales de la verge, on n'arrive pas à déterminer l'érection, quoique dans ce cas l'occlusion des veines soit bien plus complète que si elle était due à une compression par les fibres musculaires voisines ; et parce que, quand on a ouvert les veines pour laisser une libre issue au sang, l'électrisation des érecteurs provoque encore un certain degré d'érection. — Loven est moins exclusif. Tout en considérant l'action vaso-dilatatrice comme la cause principale de l'érection, il accorde encore une certaine part à l'occlusion. Elle aiderait la dilatation des capillaires à gonfler la verge. Il a vu qu'après la ligature des veines, l'électrisation donnait un résultat bien plus considérable. Vulpian admet aussi la nécessité de ces deux facteurs, d'une part l'excitation des nerfs érecteurs, d'autre part, l'obstacle créé au retour du sang veineux. Mais il réserve ce dernier rôle au muscle de Houston.

La nature du sujet nous oblige à donner place ici à un fait expérimental qui appartient cependant par son siége à l'histoire de la région cervicale. Les coqs et les dindons sont munis, comme vous savez, sur la tête et au cou, d'appendices érectiles qui constituent pour eux des organes d'expression. Ceux-ci entrent en effet en érection sous l'influence de certaines émotions, particulièrement de la colère. Or, Legros a constaté qu'après la section du cordon cervical, et surtout après l'ablation du ganglion supérieur, la moitié correspondante de ces appendices reste flasque et est devenue à jamais incapable de s'ériger, de sorte que tandis que toutes les autres parties de la tête se congestionnent sous l'influence de cette suppression du sympathique, ces organes, au contraire, sont moins riches en sang que dans les conditions physiologiques. Ce fait démontre, d'une manière incontestable, qu'une paralysie vaso-motrice, c'est-à-dire une congestion passive, ne suffit pas pour produire l'érection. Mais prouve-t-il, comme le veulent Vulpian et Eckhard, que cet acte consiste dans une action vaso-dilatatrice, c'est-à-dire dans une congestion active? Ce n'est cependant pas là le rôle habituel du sympathique qui, au contraire, est considéré comme étant toujours vaso-constricteur. L'innervation des fibres lisses des trabécules rentre beaucoup mieux dans ses attributions ordinaires. On se demande même à quoi peuvent servir ces fibres qui sont constantes et abondantes dans les trabécules, si l'érection nécessite seulement une action vaso-dilatatrice, à laquelle les vaisseaux, seuls, devraient prendre part. Remarquez aussi que la ligature des veines combinée avec l'excitation des érecteurs rend l'érection beaucoup plus complète, et que Vulpian a été conduit à reconnaître la nécessité du concours de l'occlusion des veines pour réaliser le phénomène dans son entier. En réalité, la doctrine d'Eckhard n'apparaît plus aujourd'hui avec le même cachet de certitude qu'au moment de son émission, et on n'est pas encore en droit de passer condamnation sur celle de Rouget. Il est donc possible que les nerfs érecteurs ne produisent l'érection que parce qu'ils excitent le plexus hypogastrique à faire contracter d'une manière péristaltique les fibres lisses de l'appareil génital. Ils seraient chargés de transmettre directement à ce plexus les ordres du centre génital de la moelle.

Chez la femme, le rôle génital du plexus hypogastrique est bien plus complexe. L'érection ne se borne pas au clitoris et au bulbe de l'urèthre; elle s'étend aux parois du vagin, à la trompe et à la portion bulbaire de l'ovaire. Mais sur ce dernier terrain le plexus ovarique joue le principal rôle. En raison du but des phénomènes d'érection qui se passent dans l'ovaire, le sympathique s'y trouve présider à une fonction nouvelle, celle de *l'excrétion de l'ovule*, car la rupture de la vésicule de Graaf est certainement avant tout la conséquence de la congestion considérable dont l'ovaire devient le siége en cette circonstance. On n'a pas encore trouvé de nerfs érecteurs spéciaux pour toutes ces parties, tels que les comprend Eckhard. Mais leur existence serait-elle démontrée, que je serais porté, plus encore pour l'ovaire que pour les corps caverneux, à les considérer comme excitant les plexus à déterminer la contraction de fibres musculaires capables de produire l'occlusion des veines, car le bulbe de cette glande m'a paru toujours excessivement riche en fibres-cellules, et je ne vois pas la possibilité de leur attribuer un autre rôle que celui que Rouget leur a accordé et qui consiste à forcer le sang à s'accumuler dans l'ovaire. Or, il est probable que le mécanisme de l'érection doit être le même sur tous les points du corps. Ainsi comprise, la congestion érective se trouve avoir une nature propre qui s'allie très-bien avec la spécialité apparente du phénomène. Ce n'est pas une congestion purement passive, comme celle que détermine la compression d'une veine par le voisinage d'une tumeur. On ne peut pas l'assimiler non plus, comme le veut la théorie d'Eckhard, à la turgescence de la glande salivaire sous l'influence de la corde du tympan. Ce qui en fait le cachet, dans cette conception, c'est le spasme extra-vasculaire qui force le sang à s'accumuler. Or les sensations de chacun, en cette circonstance, éveillent l'idée d'un véritable état spasmodique dans l'érection comme dans l'éjaculation.

L'*adaptation de la trompe*, qui coïncide avec l'excrétion de l'ovule, est aussi bien certainement sous la direction du sympathique, quel qu'en soit le mécanisme. Deux explications seulement me paraissent possibles aujourd'hui, celle par l'érection de l'organe, celle par la contraction d'un muscle situé dans le ligament large et disposé de façon à attirer le pavillon sur l'ovaire. Dans l'un et l'autre cas, le sympathique peut seul intervenir, soit pour provoquer la congestion érectile, soit pour engendrer le spasme de ce muscle. C'est cette dernière interprétation qui me paraît être la plus probable. C'est encore ce même nerf qui est l'agent nerveux des mouvements réalisés par les fibres musculaires de la trompe. Il doit être aussi celui du phénomène indirect qui consiste dans la pluie sanguine coïncidant avec chaque ponte spontanée de l'œuf, et qui constitue l'acte le plus apparent de la *menstruation*. Pour la production de l'écoulement des règles, Vulpian ne croit pas à la nécessité de la rupture des capillaires de la muqueuse utérine. Il pense qu'il se fait une simple transsudation et que les globules sortent surtout par diapédèse, par la raison que ces éléments sont beaucoup moins nombreux que dans le sang général. Selon lui, cette transsudation est elle-même due à une dilatation active, à une action vaso-dilatatrice qui est provoquée d'une manière réflexe par une impression prenant naissance dans la muqueuse utérine. Ici encore je préfère l'explication fournie par Rouget. J'ai pu constater aussi la présence de fibres lisses dans l'épaisseur de la partie du ligament large qui correspond à l'utérus. Les plexus veineux pampiniformes qui reçoivent le sang de cet organe sont situés de telle façon qu'ils ne peuvent qu'être comprimés par la contraction de ces fibres. De là, accumulation du sang dans les vaisseaux des parois utérines et, de proche en proche, jusque dans les capillaires de la muqueuse. La distension à laquelle ceux-ci se trouvent soumis finit par les rompre en fendillant en même temps l'épithélium; de là hémorrhagie. Il est probable que l'éréthisme, dont le système nerveux génital est le siége pendant la période menstruelle, produit simultanément le spasme musculaire du bulbe de l'ovaire qui amène la rupture de la vésicule de Graaf, celui du muscle adaptateur qui assure des moyens d'expulsion à l'ovule excrété, et celui du muscle lisse péri-utérin qui détermine l'occlusion des veines pampiniformes et les déchirures servant de soupape de sûreté à la congestion générale.

Il est probable aussi que, dans la menstruation, le point de départ de l'ensemble de ces phénomènes de nature spasmodique est un acte de la vie cellulaire. Lorsqu'un ovule, en vertu de sa force propre, a parcouru toutes les phases de son développement, lorsqu'il est arrivé à maturité, il devient une épine pour les filets sensitifs du plexus ovarique. L'ébranlement se propage peu à peu au centre génital de la moelle, qui réagit en provoquant tous ces spasmes musculaires. Ces mêmes actes spasmodiques peuvent aussi prendre naissance sous l'influence d'impressions sensitives accidentelles et relevant directement du système cérébro-rachidien, comme celles qu'engendre le coït. La rupture vésiculaire et l'adaptation peuvent se réaliser de cette façon, ainsi que le prouvent les conceptions éloignées des règles. Mais ordinairement, dans ce cas, le spasme ne s'étend pas jusqu'à l'atmosphère musculaire des plexus veineux de l'utérus, et la pluie sanguine ne se produit pas. Cependant le fait se rencontre encore quelquefois. L'ébranlement sensitif dû à la maturité de l'œuf s'étend, de même que celui qui est produit par le coït, au delà du centre génital médullaire. Il retentit sur tout l'axe cérébro-spinal et même sur la partie psychique de l'encéphale. De là les perturbations nerveuses, sensitives, motrices, intellectuelles et affectives qui accompagnent la période menstruelle. De là, entre autres, les idées érotiques plus ou moins masquées qu'engendre cet état. Goltz a été témoin d'un fait qui ne cadre pas avec l'idée d'une transmission par voie nerveuse, idée qui est cependant si rationnelle. Il a coupé la moelle chez une chienne. Malgré la paraplégie définitive qui en résulta, cette bête devint en chaleur, rechercha les caresses des chiens, devint pleine et accoucha. Des cas analogues ont été observés dans l'espèce humaine. Des femmes, dont la moelle était détruite par une myélite, ont pu éprouver le spasme général du coït, les troubles nerveux de la menstruation, devenir enceintes et accoucher aussi parfaitement. Les cliniciens qui ont observé ces faits, et Brachet, ont pensé que l'impression génitale était transmise à l'encéphale par le cordon du sympathique et non par la moelle. Goltz, sans donner aucun argument contre le sympathique, prétend que pendant la période du rut, des produits particuliers venant de l'ovaire sont versés dans le sang et arrivent avec ce véhicule jusque sur le cerveau. Je préfère de beaucoup la supposition d'une voie de suppléance offerte par le sympathique.

Le sympathique génital préside enfin à l'*accouchement*. En effet, cet acte mécanique peut encore s'exécuter chez des femmes dont la partie inférieure de la moelle est plus ou moins détruite par un processus morbide. C'est, du reste, parce que le sympathique résiste plus que l'axe cérébro-spinal à l'action toxique du chloroforme, que l'accouchement peut s'effectuer régulièrement, sans douleur, sous l'influence de cet agent anesthésique. D'après Cyon, les plexus utérins renferment la plupart, sinon la totalité, des nerfs moteurs de l'utérus. Lorsqu'on faradise le bout périphérique des nerfs de ce plexus, on détermine des contractions manifestes de cet organe, tandis que l'électrisation de leur bout central ne provoque que des nausées. Ce dernier fait nous rend compte des envies de vomir qui accompagnent souvent la grossesse et les maladies de l'utérus ; les plexus sont soumis à l'action réflexe de la moelle, et ils se trouvent ainsi subordonnés à l'impulsion sensitive de certains nerfs rachidiens. Schlesinger avait même prétendu que l'excitation de tous les nerfs sensitifs pouvait donner lieu à des contractions utérines. Mais Cyon croit qu'en généralisant ainsi les sympathies réflexes subies par l'utérus, il a été induit en erreur par l'effet vaso-moteur. En effet, l'irritation de tous les nerfs fait resserrer les vaisseaux de l'utérus ; il en résulte une diminution de volume et une espèce de durcissement de cet organe qui font croire à la contraction de ses fibres propres. En réalité, celles-ci ne sont influencées que par l'excitation du bout central des deux premières paires sacrées. Quant au *plexus vésical*, il est évident qu'il exécute directement les actes moteurs, sensitifs et vaso-moteurs de la vessie. Mais son fonctionnement est réglé par des fibres qui viennent du sympathique et par d'autres qui émanent directement de la moelle. Nous avons déjà indiqué (tome 1er, page 85) les parts respectives que les expériences de Giannuzi semblent devoir faire accorder à ces deux espèces de nerfs. Ajoutons seulement que l'excitation électrique des filets sympathiques produit non-seulement des contractions, mais encore de vives douleurs.

Anatomie pathologique.

L'anatomie pathologique du sympathique n'est même pas encore à l'état embryonnaire, ce qui tient aux difficultés que présente et à la patience qu'exige le genre d'investigations nécessaires. Nous ne possédons que quelques faits d'observations épars, qui ne se prêtent pas beaucoup à une exposition méthodique. Les recherches les plus sérieuses entreprises dans cette voie sont celles de Foa et de Lubimoff. Ce dernier surtout a fait preuve d'un zèle des plus louables. Il a examiné l'état du sympathique sur 250 cadavres. Chez plusieurs sujets très-affaiblis, il a rencontré une *anémie* complète de la chaîne ganglionnaire. La *congestion* des ganglions s'est montrée beaucoup plus fréquemment dans ses recherches nécroscopiques. Le sympathique paraît prendre facilement part aux nombreuses congestions qu'engendrent les maladies du cœur. Dans un cas de ce genre, rapporté par Foa, le ganglion cœliaque avait doublé de volume et présentait une teinte rouge des plus intenses. Dans l'intérieur, les veines apparaissaient variqueuses et gorgées d'hématies. Par sa persistance, l'engorgement sanguin augmente la pigmentation naturelle des éléments. Chez ce même malade les cellules nerveuses étaient remplies d'un pigment très-foncé. Les noyaux de l'endothélium étaient eux-mêmes tachés de brun. Il se fait aussi, sous l'influence de la tension, une diapédèse de globules blancs. Foa en a aperçu qui entouraient en grand nombre les cellules nerveuses, quelques-unes de celles-ci avaient même leur capsule distendue par une accumulation de leucocytes. Le même auteur a rencontré des altérations identiques chez un individu atteint d'anasarque. Giovanni a trouvé, chez un sujet atteint de maladie du cœur, les deux ganglions cervicaux supérieurs fortement hyperémiés et infiltrés de cellules embryonnaires. La congestion peut être locale et tout à fait indépendante des troubles de la circulation générale, ainsi que le montrent les résultats consignés par Lubimoff. Elle doit, du reste, passer souvent inaperçue, même dans les autopsies bien faites, car elle ne se traduit pas toujours à l'extérieur ; elle peut rester tout à fait confinée dans les profondeurs du ganglion et produire cependant des phénomènes paralytiques. Chez un malade qui, dans les derniers temps de sa vie, avait présenté une hypersécrétion de sueur limitée à l'une des moitiés de la tête, Erbstein a trouvé, dans les ganglions cervicaux du côté correspondant, des points de la grosseur d'un grain de sable, à contours arrondis, et fortement colorés en brun. Le microscope montra que ces points étaient formés par les vaisseaux sanguins dilatés et variqueux. Seguin n'a rencontré qu'une simple injection sanguine du ganglion cervical supérieur chez un individu qui, pendant la vie, avait présenté quelques-uns des phénomènes que provoque la section expérimentale du cordon cervical. La congestion peut aller jusqu'à produire de petites hémorrhagies interstitielles. Lubimoff a signalé à ce sujet un fait qui, s'il se confirmait, serait très-remarquable. Il a trouvé plusieurs fois des hémorrhagies dans le ganglion cervical supérieur chez des femmes qui avaient succombé à une métrite puerpérale, accompagnée de délire. Non-seulement le trouble vaso-moteur pourrait expliquer ce dernier symptôme, mais ce serait là encore une circonstance à inscrire à l'actif des relations sympathiques qui existent entre les organes génitaux et le cou.

Les cellules nerveuses du sympathique sont, même à l'état normal, pigmentées d'une manière très-appréciable, ainsi que j'ai pu m'en assurer dans mes recherches sur la paralysie générale des aliénés. Chez un individu qui n'avait jamais été malade et qui était mort accidentellement, je les ai trouvées encore notablement colorées. Il y a sous ce rapport une différence énorme avec les cellules ganglionnaires des animaux. Cette pigmentation normale n'a aucun rapport avec la couleur des cheveux. Elle est souvent d'une teinte plus foncée chez les blonds que chez les bruns; elle augmente avec l'âge, mais elle existe déjà chez le fœtus. Elle s'étend jusque dans les prolongements des cellules et envahit même les cellules du tissu connectif. Quoique Lubimoff ne lui accorde aucune valeur pathologique, j'affirme que chez les paralysés généraux la coloration atteint des proportions telles qu'elle doit être prise en grande considération au point de vue de la pathogénie de l'affection.

Lubimoff regarde la *dégénérescence graisseuse* des cellules comme très-rare; il ne l'a observée que dans un cas de cancer avec altération ganglionnaire générale. Par contre, il a rencontré souvent les fibres de Remack présentant des chapelets graisseux d'une longueur considérable. Il en fut ainsi dans cinq cas de pneumonie avec délire, chez des cancéreux et des tuberculeux. Un individu atteint de *delirium tremens* présenta dans le cordon cervical des tubes à moelle devenus graisseux, absolument comme on en trouve chez les animaux un mois après la section. Nicati regarde la dégénérescence graisseuse des ganglions et des filets du sympathique comme étant fréquente dans l'atrophie musculaire progressive et dans la paralysie pseudohypertrophique, et il la considère comme un des facteurs les plus importants de ces maladies. Plusieurs autres observateurs ont aussi prétendu que les maladies de la moelle capables de déterminer l'atrophie des muscles étaient compliquées d'une dégénérescence des ganglions du sympathique pouvant expliquer le trouble trophique des muscles. Mais, en 1875, Lubimoff a eu l'occasion d'examiner le sympathique dans un cas d'atrophie musculaire progressive spinale protopathique, et dans un cas de sclérose latérale amiotrophique, et il n'a rencontré ni dégénérescence graisseuse des éléments nerveux, ni hyperplasie du tissu conjonctif dans les ganglions du cou et du thorax, ainsi que dans le plexus cardiaque. La tuberculose paraît disposer les ganglions du sympathique à devenir le siége d'un travail irritatif qui aboutit à la production de noyaux et de globules blancs. Chez plusieurs tuberculeux, Foa a trouvé le ganglion cœliaque infiltré non-seulement de véritables leucocytes, mais encore de petites cellules incolores formées par un noyau entouré de protoplasma. Ces cellules lui ont paru n'avoir aucun rapport avec les éléments du tubercule. — Les cellules ganglionnaires s'infiltrent parfois des principes biliaires qui ont été résorbés dans le foie. Dans un cas de cyrrhose avec stase biliaire, Foa a trouvé le protoplasma des cellules ganglionnaires infiltré d'une matière jaune et graisseuse, tandis que le noyau était rouge et granuleux.

Lubimoff a souvent rencontré le tissu conjonctif des ganglions et des filets nerveux très-hyperplasié. Le processus envahit l'enveloppe particulière de chaque élément nerveux. La prolifération des noyaux est parfois tellement luxuriante qu'on n'aperçoit plus les fibres du tissu cellulaire et que les tubes nerveux sont comme noyés au milieu de ces masses nucléaires. C'est la reproduction de ce que Virchow a trouvé dans la lèpre anesthétique et dans ce qu'on a appelé *pleuresis interstitialis*. Plus tard, ces noyaux éprouvent la dégénérescence graisseuse; cette inflammation du tissu connectif peut, comme partout ailleurs, aboutir à la *sclérose*. Cependant Lubimoff regarde celle-ci comme très-rare. Il ne l'a trouvée très-marquée que sur un diabétique chez lequel les cellules étaient en outre plus petites qu'à l'état normal et elles avaient perdu leur noyau et leur protoplasma. Dans un cas d'angine de poitrine, Péter a trouvé les fibres du plexus cardiaque offrant une prolifération luxuriante du tissu conjonctif dont les noyaux avaient pris un développement énorme. Les fibres de Remack semblaient s'être multipliées. Les tubes nerveux, sous l'influence de la constriction que leur avait fait subir la névroglie, avaient éprouvé la dégénérescence graisseuse. Chez deux hypochondriaques qui avaient eu de vives douleurs d'entrailles, Voisin a trouvé les ganglions semi-lunaires offrant des altérations identiques aux précédentes. Leur tissu cellulaire était hypertrophié. Les noyaux avaient des proportions anormales. Les cellules nerveuses étaient au contraire atrophiées.

Suivant Lubimoff, les vaisseaux des ganglions seraient altérés plus souvent que leur tissu propre, ce qui, du reste, compromet tout autant le fonctionnement de ces organes. Dans plusieurs maladies aiguës ou chroniques, il a trouvé une multiplication des noyaux de la tunique adventice. Dans un cas d'empoisonnement par le phosphore, les vaisseaux du ganglion cœliaque avaient manifestement éprouvé la dégénérescence graisseuse. On voyait dans leurs parois un grand nombre de points brillants disparaissant sous l'influence de l'alcool et de l'éther et se colorant en noir par l'acide osmique. Chez trois sujets atteints, l'un de pyémie, l'autre de diphthérie, le troisième d'endocardite ulcéreuse, les vaisseaux du cœliaque étaient remplis d'une substance grise granuleuse constituée par des masses de micrococcus. Il s'en trouvait en même temps dans le parenchyme lui-même. Virchow a observé le même fait chez un cholérique ; les vaisseaux du sympathique présentaient un épaississement de leurs parois qui ne tenait pas au gonflement des éléments de leur tissu cellulaire. Il était surtout très-marqué dans le ganglion cœliaque. La dégénérescence *amyloïde*, suivant le même auteur, se rencontre fréquemment dans les cas chirurgicaux. Dans un cas où cette dégénérescence existait dans la rate, le foie, les reins et les lymphatiques, Foa a rencontré, au sein même du ganglion cœliaque, les tuniques des petites artères infiltrées par une substance d'aspect lardacé, qui présentait la réaction de la substance amyloïde.

Fournier avait déjà émis l'opinion que le sympathique subit parfois l'influence de la syphilis. Il avait observé, en effet, chez des individus atteints de cette affection, des symptômes qui ne pouvaient relever que de cette portion du système nerveux. La même idée avait été aussi exprimée par Lancereaux, qui a réuni des faits qu'il regarde comme probants et dans lesquels les manifestations cliniques ont consisté en gastralgie, entéralgie et hépatalgie. Quoiqu'il n'ait pas pratiqué d'autopsies, il n'hésite pas à déclarer que le sympathique peut être matériellement intéressé par la syphilis, tout comme les nerfs crâniens. Ses prévisions ont été confirmées par Petrow. Ce dernier a examiné le plexus solaire, les cordons cervical et thoracique du sympathique chez douze syphilitiques, et il a toujours trouvé deux ordres d'altérations portant les unes sur les éléments nerveux, les autres sur le tissu conjonctif. Les premières se sont montrées les plus constantes. Les tubes et les cellules éprouvent la dégénérescence graisseuse et finissent par s'atrophier. Le tissu conjonctif, au contraire, prolifère, puis se sclérose. L'endothélium qui entoure les cellules nerveuses s'hypertrophie lui-même, et ses noyaux se multiplient.

Le sympathique n'échappe pas au traumatisme, particulièrement dans sa portion cervicale. Le cordon cervical fut blessé par une balle chez un soldat de la guerre de sécession, dont l'observation a été publiée par Gunshot. Seeligmuller a rapporté l'histoire d'un officier prussien qui, pendant la guerre de 1870, eut le ganglion cervical inférieur atteint par une balle ayant pénétré par l'épaule. Le même auteur a observé des signes de paralysie du sympathique chez un enfant qui avait eu la clavicule et l'omoplate fracturées pendant le travail de l'accouchement. Il en fut de même chez un homme blessé gravement à l'épaule par un convoi de chemin de fer. Le cordon cervical a été même coupé pendant des opérations chirurgicales. L'accident est arrivé à Trélat pendant qu'il enlevait une tumeur enchondromateuse du côté droit du cou. La simple ligature de la carotide peut par elle-même donner lieu à des symptômes paralytiques relevant du sympathique. Le fait s'est produit dans le service de Verneuil. Il est probable que la ligature agit de deux manières, en compromettant le plexus qui entoure l'artère et en privant le sympathique de ses moyens d'alimentation sanguine.

Le sympathique est beaucoup plus fréquemment compromis dans son fonctionnement par des causes extrinsèques, surtout par des tumeurs avoisinantes. Gairdner a vu ce résultat se produire deux fois sous l'influence d'un anévrysme de l'aorte thoracique. Panas a été témoin de la paralysie du sympathique cervical par le voisinage d'une tumeur siégeant à la partie moyenne de la région cervicale gauche, et dont le volume ne dépassait pas celui d'un œuf de poule.

Le même effet a été déterminé chez un malade de Ogle par une tumeur du côté droit du cou. Nicati l'a observé chez une femme de soixante ans, dont la thyroïde était surtout développée à gauche ; chez un homme de vingt-huit ans, dont le lobe thyroïdien droit était hypertrophié, et chez une jeune fille de seize ans, ayant un goître du lobe droit. De même Eulenbourg chez une jeune fille tuberculeuse atteinte d'un goître vasculaire, et chez un homme ayant un engorgement ganglionnaire du cou. Poiteau a pu réunir dix-neuf observations de maladies du sympathique cervical, dues, les unes à des dilacérations accidentelles de ce nerf, les autres à des tumeurs diverses. Parmi ces dernières, on voit figurer deux anévrysmes de l'aorte, deux abcès profonds du cou, deux cancers du cou, deux engorgements ganglionnaires, un enchondrome de la parotide. Il est à remarquer que parmi tous les cas de tumeur publiés jusqu'à présent, on n'a constaté encore que quatre fois des troubles d'excitation du sympathique. Dans tous les autres faits, il n'existe que des symptômes de paralysie. Enfin, les maladies de la moelle peuvent aussi retentir sur le fonctionnement du sympathique, tout justement parce que dans le système vaso-moteur général, il se trouve engrené avec elle de la manière la plus intime. Indiquons enfin, seulement pour mémoire, certains faits d'anatomie pathologique recueillis avant l'application du microscope aux investigations nécroscopiques et qui pour cette raison n'ont plus grande valeur aujourd'hui. Lobstein a trouvé ; chez un homme mort de la colique saturnine, de petits tubercules infiltrés dans l'épaisseur du ganglion semi-lunaire. Le même auteur a vu ce ganglion très-enflammé chez une femme qui avait succombé à des vomissements incoercibles. Dans un cas de cachexie cancéreuse, Rayer a rencontré une altération profonde, mais indéterminée de plusieurs des ganglions du sympathique. Bérard a trouvé sur un cadavre, dont l'histoire clinique est restée inconnue, le ganglion cervical supérieur excessivement hypertrophié. Autenrieth affirme que la portion thoracique du sympathique s'enflamme souvent.

Physiologie pathologique générale.

Les manifestations morbides, tant matérielles que fonctionnelles, du sympathique ont des allures qui sont un peu dictées par l'organisation même de ce système nerveux. Les dégénérescences procèdent d'abord par lobules ; l'envahissement devient ensuite de plus en plus général. Le foyer morbide primitif peut aussi retentir sur les organes qui se trouvent sous la coupe d'un plexus commun, et même sur les organes des autres fonctions, par l'intermédiaire du cordon central. Enfin, grâce aux communicantes, les deux systèmes, végétatif et animal, peuvent s'influencer mutuellement par leurs déviations morbides. De là des sympathies pathologiques qui peuvent varier à l'infini ; de là aussi cette grande mobilité de formes et de siéges que présentent certains vices morbides, comme la diathèse rhumatismale, par exemple, dont on a voulu à tort chercher la cause dans la continuité et la généralisation de l'appareil connectif. En outre, comme il est peu de maladies qui ne soient accompagnées de modifications vaso-motrices d'un ou de plusieurs organes, il en résulte que le sympathique intervient d'une manière tout au moins secondaire dans tous les faits cliniques. Il serait impossible de suivre la pathologie de ce nerf dans tous les composés morbides qu'il peut réaliser ou auxquels il peut prendre part, et la méthode exige que dans ces généralités nous groupions les troubles d'origine sympathique d'après leurs natures. Nous aurons à étudier ainsi, successivement et à part, les troubles vasculaires, calorifiques nutritifs, ceux de la sécrétion sueur, de l'appareil de la vision, de l'appareil cardiaque, de la digestion, de la fonction urinaire, de la menstruation, de l'appareil hépatique, de la sensibilité et de l'intelligence. Enfin nous terminerons la physiologie pathologique générale du sympathique par la recherche du mécanisme d'un phénomène qui est presque toujours en scène sur le théâtre de la clinique, c'est celui qui est connu sous le nom de fièvre.

Troubles vasculaires. — Les faits d'anatomie pathologique que la science possède concernent surtout, nous l'avons vu, la région cervicale du sympathique. Or, il est à remarquer que, tandis que dans toutes les observations correspondantes on a eu à noter des symptômes oculaires, les modifications vaso-motrices ne sont au contraire mentionnées que dans quelques-unes. Cette rareté n'est pas l'effet d'une négligence des auteurs, puisqu'ils signalent eux-mêmes cette absence de symptômes vasculaires. Elle doit tenir évidemment aux conditions respectives de ces deux espèces de manifestations. Eulenburg pense que dans le cordon cervical les fibres à action pupillaire sont plus superficielles que celles à action vasculaire, et qu'elles sont pour cette raison plus exposées à subir les conséquences des processus ambiants. Vulpian n'admet pas cette explication, parce que le cordon est trop mince pour qu'il ne souffre pas dans son entier. Il est persuadé que les troubles vasculaires échappent souvent à l'observateur, parce qu'ils doivent être passagers comme dans les faits expérimentaux. Quoi qu'il en soit de ces interprétations, le nombre des malades ayant offert une paralysie vaso-motrice de la tête dans les cas de lésion du sympathique cervical, est suffisant pour qu'on puisse affirmer que la pathologie concorde parfaitement avec ce que nous a appris l'expérimentation. Le malade de Panas avait la conjonctive oculaire, l'oreille et la moitié de la face fortement congestionnées. Celui de Verneuil offrait une rougeur intense de la tempe et des gencives. Toute la face et la conjonctive étaient excessivement rouges chez un de ceux de Poiteau. L'opéré de Trélat eut la face congestionnée et parsemée de plaques rouges, violacées, couleur lie de vin. Chez le malade d'Ogle, la congestion était des plus marquées à l'oreille, à la joue et sur la conjonctive. Dans les trois faits signalés par Nicati, le côté de la face correspondant à la lésion était plus coloré. La congestion chez le blessé de Siegmuller ne s'accusait que sous l'influence des émotions et de la boisson. Il y avait alors une différence notable entre le côté paralysé et le côté sain. Perroud, de Lyon, se basant sur deux observations, déclare qu'il peut exister des paralysies permanentes des vaso-moteurs de la face, de même qu'il existe des paralysies permanentes des nerfs sensitifs et moteurs de la vie animale. Il pense qu'elles doivent leur permanence à des lésions matérielles des nerfs vaso-moteurs restées inconnues jusqu'alors. Elles peuvent durer plusieurs années sans altérer la nutrition des tissus.

Si l'on rencontre rarement l'innervation vaso-motrice de la tête troublée par une lésion directe du cordon cervical, en revanche, elle est très-souvent atteinte d'une manière réflexe dans les circonstances morbides les plus variées. Elle semble servir à la mimique de la plupart des souffrances d'origine pathologique, comme elle sert à la mimique des émotions. Le trouble vasculaire est alors sympathique de maladies viscérales irritant un plexus éloigné du point où il se montre. On sait que la pneumonie et la tuberculose pulmonaire déterminent presque toujours une rougeur caractéristique des pommettes. Gubler a fait ressortir l'importance de ce symptôme dans la première de ces maladies, et il a été établi que dans le cas de pneumonie unilatérale, c'est sur la joue du côté correspondant au poumon atteint que la rougeur apparaît. La titillation et l'éréthisme du plexus pulmonaire provoquent cette dilatation réflexe dans le département céphalique. Les maladies de l'utérus donnent lieu à une congestion qui souvent reste limitée au sommet de la tête. La malade y éprouve une douleur brûlante, et le thermomètre accuse une véritable élévation de température. Pendant la grossesse, la période menstruelle et l'époque du retour, il se fait à chaque instant des fluxions sanguines vers la tête, qui sont connues sous le nom de bouffées de chaleur. Les digestions pénibles et la constipation portent le sang à la tête. Les plexus utérin, coronaire, stomachique et hémorrhoïdal peuvent donc, de même que le plexus pulmonaire, provoquer des modifications réflexes dans le département vasculaire du cordon cervical. Il est un genre de troubles vasculaires siégeant à la tête, qui a été signalé par Willers. En général, les blessures graves de l'abdomen donnent lieu à une dilatation considérable des vaisseaux de la tête, dilatation qui peut aller jusqu'à la production de ruptures, d'ecchymoses et même de bosses sanguines. Il est possible que cette congestion soit réflexe et due à la contusion indirecte subie par le sympathique abdominal, mais il est impossible de ne pas tenir compte aussi du reflux brusque du sang qui est, pour ainsi dire, chassé des vaisseaux abdominaux par pression.

La clinique nous fait aussi assister souvent à des troubles vasculaires réflexes qui siégent dans d'autres départements du système sympathique. Les maladies de l'utérus font encore fréquemment dilater les vaisseaux de la région lombaire et y font naître la sensation d'une chaleur mordicante. L'innervation vaso-motrice se montre troublée parfois dans différents points chez les syphilitiques. Ils ont des refroidissements partiels, des algidités locales, des frissons passagers, des bouffées de chaleur à la tête. Très-souvent les brûlures des téguments donnent lieu à des congestions viscérales, particulièrement de la muqueuse intestinale. Ce sont là évidemment des congestions réflexes dans lesquelles les nerfs cutanés cérébro-rachidiens sont le siége du courant centripète, tandis que le sympathique livre passage au courant centrifuge. Quant au centre de réflexion, il se trouve évidemment dans l'axe cérébro-spinal, au point d'aboutissement des nerfs sensitifs. Du reste, Brown-Sequard a fait, à ce sujet, des expériences directes qui démontrent que c'est bien dans la moelle que se réfléchissent de cette façon les impressions engendrées par les brûlures du tronc et des membres. La congestion viscérale, dans ce cas, prend fréquemment un caractère inflammatoire et finit même par déterminer des altérations nutritives. C'est qu'en effet le réflexe qui s'opère sur les vaso-moteurs peut naturellement provoquer une contraction péristaltique et spasmodique des vaisseaux. Il peut même se faire en même temps sur les nerfs fonctionnels, et déterminer, par leur intermédiaire, une activité morbide des éléments histologiques, qui dès lors sont enclins à créer des produits anormaux.

Le sympathique joue aussi un rôle important dans la plupart des hémorrhagies spontanées, qui souvent ne sont que la conséquence mécanique d'une congestion réflexe portée à un très-haut degré. Il peut se faire alors, soit une sortie des globules par diapédèse sous l'influence de l'exagération de tension, soit une rupture des vaisseaux qui livrent passage au sang dans son entier. Les choses se passent certainement ainsi pour les hémorrhagies intestinales qui viennent compliquer les brûlures graves. Il n'est plus admissible aujourd'hui d'expliquer les épistaxis et les hémorrhagies utérines qui se montrent dans la fièvre typhoïde et autres pyrexies par l'état chimique du sang. — Ces hémorrhagies sont certainement produites par des congestions qui viennent traduire la perturbation vaso-motrice et par suite l'intoxication du système nerveux. Les vaso-moteurs déterminent une dilatation des vaisseaux de la pituitaire et de la muqueuse utérine.

Tout en étant l'agent direct de l'innervation vaso-motrice, le sympathique, sur le terrain pathologique comme sur le terrain physiologique, subit l'influence des états de l'axe cérébro-spinal. Aussi voit-on survenir des effets, tantôt paralytiques, tantôt d'exaltation, dans la sphère du sympathique, sous l'influence des maladies de la moelle, surtout quand celles-ci sont d'origine traumatique. Les membres et particulièrement leurs extrémités sont pâles ou cyanosés. D'autres fois, au contraire, leurs téguments prennent une teinte rouge vif. Il en est de même souvent dans l'hystérie, quoique la moelle ne soit alors troublée que dans son fonctionnement et passagèrement. L'influence pathologique que la moelle peut exercer sur le sympathique a été mise théoriquement à profit pour les besoins de la thérapeutique. Un médecin anglais, Chapman, a conseillé d'appliquer de la glace sur la colonne vertébrale, afin d'engourdir le pouvoir vaso-moteur de la moelle, de paralyser ainsi indirectement le sympathique et produire un afflux de sang à la périphérie. La pratique n'a nullement cadré avec la théorie. Les vaso-moteurs que le sympathique confie aux nerfs cérébro-rachidiens ne les suivent pas toujours, cependant, dans leurs destinées pathologiques. Dans un cas de paralysie *à frigore* du nerf radial, Vulpian a constaté que l'électricité pouvait encore faire naître dans son département des modifications vaso-motrices. Il en a été de même dans un cas de paralysie saturnine.

Les maladies du cerveau, elles-mêmes, retentissent sur le fonctionnement du sympathique et lui donnent des allures anormales. Il existe, en effet, dans ce cas un certain relâchement des vaisseaux des membres paralysés, et il est plus facile, ainsi que l'indique Gubler, de produire la tache méningitique. Ce médecin attribue l'apparition facile de cette tache à l'affaiblissement de l'innervation vaso-motrice, qui se trouve privée de l'apport normal de l'encéphale. Vulpian croit que la rougeur produite tient, non pas à une dilatation paralytique des vaisseaux, mais à une action vaso-dilatatrice, et que cette plus grande facilité de production traduit au contraire une plus grande impressionnabilité de la moelle, résultant elle-même de ce que ce centre nerveux se trouve débarrassé de l'action modératrice du cerveau. Il se base sur ce qu'en électrisant la peau, on peut obtenir une saillie plus rapide et plus accusée des follicules pileux sur les régions paralysées que sur celles qui dépendent de l'hémisphère sain, ce qui indique bien que la portion de la moelle qui échappe au cerveau, a acquis un pouvoir réflexe plus considérable. Sans admettre d'une façon certaine l'action vaso-dilatatrice comme ce physiologiste la comprend, je pense avec lui qu'il s'agit ici d'un effet d'irritabilité et non de paralysie, d'autant plus que le moyen mécanique provocateur est plutôt de nature à exciter qu'à paralyser. Il est possible, en outre, que le réflexe ne se fasse pas dans la moelle et que tout se passe dans le plexus péri-vasculaire. C'est peut-être, grâce à cette plus grande impressionnabilité vaso-motrice, que les tissus s'enflamment plus facilement sous l'influence des causes les plus légères d'irritation.

Les troubles vasculaires peuvent engendrer indirectement des bruits de souffle dans les vaisseaux, de sorte que ce symptôme peut être d'origine nerveuse. Laennec, qui ne connaissait pas l'existence des vaso-moteurs, avait déjà dit que le souffle vasculaire des hypochondriaques tient au spasme de leurs vaisseaux. Depuis Chauveau on a encore mieux précisé le mécanisme dans le même sens.

Selon lui, pour qu'il y ait bruit de souffle, il faut la production d'une veine liquide. Or, en se contractant, les vaisseaux déterminent un rétrécissement qui est tout justement la condition physique voulue pour la formation d'une veine liquide. Sée, au contraire, prétend que les bruits de souffle sont engendrés par la paralysie ou l'affaiblissement des vaso-moteurs, parce que le relâchement des vaisseaux diminue la tension du sang, et que c'est cette diminution de tension qui permet au bruit de prendre naissance. Il fait observer qu'il en existe, en effet, dans la fièvre ou les pyrexies, maladies dans lesquelles il y a un affaiblissement considérable des vaso-moteurs. La vérité se trouve probablement dans l'opinion mixte de Trousseau, qui croit qu'il suffit que les vaisseaux se modifient, en se relâchant ou se resserrant, pour qu'il se produise une veine liquide. En tout cas, il est certain que le sympathique joue un rôle dans la production des souffles vasculaires.

Troubles de la calorification. — La chaleur des tissus est naturellement solidaire de leurs modifications vasculaires. Aussi toutes les causes morbides capables d'irriter les vaso-moteurs d'une région font-elles baisser sa température relative, en même temps qu'ils la décolorent. Toutes celles, au contraire, qui paralysent ces mêmes nerfs déterminent l'échauffement et la rougeur de ces organes. C'est ainsi que les tumeurs du cou et du thorax, qui compromettent le cordon cervical, modifient la température de la moitié correspondante de la tête. Chez le malade de Panas, il y avait une différence de deux degrés entre les deux côtés. L'excès de chaleur était même appréciable à la main. L'opéré de Verneuil offrait aussi une élévation de la température locale. Le malade d'Ogle avait manifestement l'oreille correspondante plus chaude ; elle résistait mieux au froid que l'autre. L'application de la glace augmentait la différence ; celle-ci diminuait au contraire par l'application de l'eau chaude, mais elle grandissait surtout sous l'influence de la marche, en même temps que la vascularisation se prononçait davantage. Je crois que ce double effet tenait seulement à ce que la marche activait les battements du cœur. De là l'envoi d'une plus grande quantité de sang que pendant le repos. Le côté malade en acceptait plus que le côté sain, parce que les parois de ses vaisseaux n'offraient aucune résistance à l'impulsion cardiaque. Chez le blessé de Siegmuller, la différence de température ne fut que d'un dixième de degré. La jeune fille d'Eulenburg avait un écart de 0°,3 à 0°,4 ; son jeune homme un écart de 0°,4. Poiteau a constaté une augmentation constante et considérable de la température du côté paralysé. La différence était de 0°,35 à 1°,10 chez l'un des malades de Nicati ; chez un autre elle variait de 0°,10 à 0°,80. Cet auteur a analysé en détail les caractères des troubles calorifiques qui surviennent dans cette circonstance. Dans les premiers temps de la paralysie, la température de la moitié correspondante de la tête est plus élevée que celle de l'autre moitié. La première offre aussi plus de résistance au froid. Aussi, quand l'atmosphère est très-réfrigérante, la différence de température qui existe entre les deux côtés tend-elle à s'accentuer de plus en plus. La région paraît aussi moins apte à s'approprier le calorique extérieur, car la différence diminue à mesure que la chaleur ambiante augmente, et même lorsque celle-ci a atteint 50 degrés, le côté sain est plus chaud que le côté malade. Lorsque la paralysie est ancienne, on observe un état inverse. C'est le côté paralysé qui présente une température plus basse. — Pour les troubles de la calorification, comme pour les troubles vasculaires, le sympathique subit l'influence des états morbides de la moelle. Reale a vu la température s'élever à 50 degrés, sous l'influence d'un traumatisme de la colonne vertébrale. Ce chiffre est tellement élevé qu'on est tenté de croire à une erreur.

Les chirurgiens ont constaté depuis longtemps que, quand on applique une ligature sur l'artère principale d'un membre, ce dernier éprouve immédiatement un refroidissement notable qui s'explique très-bien, puisque l'arrivée du sang se trouve tout à coup supprimée ainsi que celle du calorique qu'il apporte ordinairement avec lui. Mais Broca a poussé plus loin l'observation et il a signalé un fait consécutif qui était d'abord resté inaperçu : c'est que, au bout de deux heures, la température de ce même membre commence à s'élever et finit par dépasser de 3 ou 4 degrés celle du membre sain. Cela tient d'abord à ce que les collatérales tendent à se dilater de plus en plus, de façon à suppléer la portion du tronc principal qui se trouve obstruée. Mais tout ce que cette suppléance semblerait devoir faire, ce serait de ramener l'irrigation sanguine au niveau qu'elle présentait avant l'opération ; et sa température devrait seulement devenir égale à celle du côté opposé. Pourquoi fait-elle plus et élève-t-elle la température au delà de la normale ? Brown-Sequard a répondu à cette question en disant que sans doute la ligature détruisait les vaso-moteurs du tronc artériel et par suite ceux des branches naissant au-dessous ; que cet ensemble de vaisseaux éprouvait, par le fait, une dilatation paralytique qui leur faisait admettre une plus grande quantité de sang que le compartiment artériel homologue qui se trouvait encore en état de tonus vasculaire. Cette explication me paraît, comme à Vulpian, parfaitement suffisante. Tel n'est pas le sentiment de Broca, qui pense que l'élévation de température précède l'augmentation de diamètre des collatérales et tient à la dilatation immédiate de tous les capillaires qui, par leur ensemble, offrent une capacité beaucoup plus grande que celles de toutes les artères, même dilatées au maximum. Lorsque plus tard la circulation collatérale serait suffisamment rétablie, les capillaires reviendraient à leurs dimensions primitives et à ce moment la température redescendrait à la normale.

On rencontre parfois des modifications locales de température, qui sont dues à une action réflexe produite sur le sympathique par l'inflammation d'un organe plus ou moins éloigné. Lépine a constaté dans la pneumonie, la pleurésie et la phthisie une différence de température entre les membres homologues, qui est presque toujours à l'avantage de ceux qui correspondent au côté de l'organe malade.

Troubles de la nutrition. — Nous avons vu que la section, et par conséquent la paralysie du cordon cervical ne détermine, par elle-même, aucun trouble trophique dans la région qu'il innerve. Le résultat a été tout aussi négatif dans les paralysies spontanées que l'on a eu l'occasion d'observer dans l'espèce humaine, car aucune altération de tissu ne se trouve mentionnée dans les observations publiées jusqu'à présent. Mais si la paralysie du sympathique ne paraît pas avoir des conséquences directes pour l'intégrité des organes, tout porte à croire cependant que ce nerf peut, lorsqu'il fonctionne, contribuer à la réalisation de certains états morbides à effets matériels, notamment de l'inflammation et de l'œdème.

Le rôle considérable que les vaisseaux jouent dans le processus dit *inflammation,* indique *à priori* que le sympathique intervient dans ce trouble de la nutrition. Pour apprécier son mode d'intervention, il faut que nous reproduisions les diverses hypothèses émises sur le mécanisme du travail inflammatoire. Suivant Saviotti, il y a au début une simple dilatation des vaisseaux. Au bout d'un certain temps, il s'opère une transsudation de globules par diapédèse. Ces deux phénomènes sont eux-mêmes la conséquence d'une action nerveuse réflexe. Dès les premiers moments, le tissu devient le siége d'un travail cellulaire qui irrite les nerfs sensitifs. Ceux-ci transmettent cette impression aux centres vaso-moteurs qui, se trouvant ainsi troublés dans leur activité tonique, cessent d'entretenir le tonus vasculaire. De là une dilatation qui, dans les artères, rend les battements plus forts, et qui, dans les capillaires, rend la marche du sang saccadée. Küss et Virchow accordent une importance bien plus grande à la vie cellulaire, et rejettent au second plan l'intervention nerveuse. Il y a avant tout un trouble dans le travail que chaque élément histologique opère pour les besoins de sa propre nutrition intime. Ces éléments attirent à eux plus de sang pour suffire à leur travail exagéré ; ils l'élaborent d'une manière vicieuse. De là égestion de produits plus ou moins anormaux de désassimilation. Quant à la modification vaso-motrice, quoiqu'elle ait lieu au début de l'inflammation, elle n'en est pas moins très-secondaire, puisque l'ablation des ganglions cervicaux ne crée pas d'inflammation.

L'école de Paris donne aujourd'hui à l'action vaso-motrice une importance majeure dans les phénomènes inflammatoires. Mais son mécanisme, en cette circonstance, n'y est pas compris par tout le monde de la même manière. Les partisans des vaso-dilatateurs les regardent comme étant seuls capables de réaliser un travail inflammatoire. D'autres, avec Onimus et Legros, ne mettent en scène que les vaso-constricteurs, c'est-à-dire les filets propres du sympathique, et leur font déterminer une contraction spasmodique et irrégulière des vaisseaux, qui serait la condition vasculaire spéciale de tout travail inflammatoire.

Il est incontestable que la vie cellulaire joue le rôle à la fois initial et capital dans l'inflammation. L'irritation des éléments histologiques ouvre la marche dans la plupart des cas. Dès le début, ils montrent une suractivité morbide qui exige une plus grande quantité de sang, mais même quand ce sang serait attiré, uniquement et toujours, par eux, son afflux ne pourrait encore se réaliser qu'à l'aide de modifications vasculaires, pour lesquelles l'innervation vaso-motrice est indispensable. En outre, la contraction spasmodique des vaisseaux, que je crois, avec Onimus et Legros, exister dans cette circonstance, viendrait à son tour entretenir et exagérer la suractivité spontanée des tissus, mais il y a plus. Dans bien des cas, c'est certainement le système nerveux qui engendre, lui-même, l'excitation des éléments histologiques. Il en est évidemment ainsi dans les inflammations que déterminent à distance les maladies des centres nerveux, et dans celles qui se produisent d'une manière réflexe. Du reste, il est une expérience de Vulpian qui prouve que l'irritation directe des tissus, par traumatisme, a besoin du concours du système nerveux pour entraîner une inflammation vive et franche. Si l'on coupe le nerf auriculo-temporal et les nerfs cervico-auriculaires d'un côté sur un lapin, c'est-à-dire les filets qui donnent la sensibilité à l'oreille correspondante, et si on irrite avec un fil de fer rougi les deux appendices auriculaires, on constate que l'inflammation devient beaucoup plus vive dans l'oreille qui possède encore ses nerfs sensitifs que dans celle qui les a perdus. Il est même probable qu'il ne se fait un peu de congestion active dans cette dernière que parce qu'elle renferme encore quelques fibres sensitives provenant du vague et du sympathique. Il faut donc, pour que l'irritation du tissu détermine une inflammation, qu'elle donne lieu à une douleur et que cette douleur soit transmise aux centres nerveux. Or, ce courant centripète ne peut évidemment servir qu'à provoquer de la part de ces centres la contraction vasculaire nécessaire. Il résulte de là que, dans toute espèce de travail inflammatoire, le sympathique devient le siége du courant centrifuge qui donne aux vaisseaux les conditions favorables au processus.

Il est aussi un point d'observation sur lequel on n'est même pas d'accord. La plupart des observateurs ont trouvé la température de la région enflammée plus élevée que celle des autres régions. Quelques-uns l'ont rencontrée au contraire plus basse. L'élévation, qui constitue le fait le plus constant, est-elle due à l'afflux du sang qui apporte toujours avec lui une grande quantité de calorique; ou bien est-elle l'œuvre de la suractivité chimique des éléments histologiques? En réalité, ces deux facteurs doivent être pris en considération. Ce que nous avons dit dans la partie physiologique prouve qu'on doit tenir un grand compte de la production de calorique par le tissu lui-même. Il est vrai qu'Estor et de Saint-Pierre prétendent que le sang revenant du foyer d'inflammation est plus riche en oxygène et plus pauvre en acide carbonique, ce qui semble indiquer une diminution des phénomènes de combustion. Mais le fait serait-il tout à fait démontré qu'il ne permettrait nullement d'exclure l'idée d'une plus grande formation de calorique sur place; car ce sont plutôt les produits intermédiaires que les produits finaux de la combustion qui prennent naissance dans cette perturbation du travail nutritif.

Pendant longtemps on a regardé l'*œdème* comme étant un effet purement mécanique de l'obstruction des veines, soit par une ligature, soit par une compression. On supposait que, sous l'influence de l'augmentation de la pression intravasculaire, le sérum du sang transsudait à travers les parois des vaisseaux. Les observations cliniques de Bouillaud et les expériences de Richard Lower semblaient justifier pleinement cette manière de voir. Ranvier, le premier, a fait intervenir le système nerveux dans la production de ce phénomène pathologique. Il a lié sur des chiens la veine fémorale au-dessus de l'anneau crural, sans qu'il en résultât de l'œdème. Il en fut de même après la ligature de la veine cave inférieure dans l'abdomen. Mais, du moment où il ajoutait à la ligature de ces veines la section du nerf sciatique, l'œdème se montrait avec une grande rapidité. Il augmentait pendant 3 jours, commençait à diminuer le 4ᵉ et disparaissait complétement le 5ᵉ. Il faut donc deux conditions pour la production de l'œdème, la gêne de la circulation et la suppression de l'action nerveuse. Ce qui doit manquer pour que l'œdème se produise, ce n'est ni l'action motrice, ni l'action sensitive que les racines antérieures et postérieures confèrent au sciatique, mais l'action vaso-motrice que chaque nerf rachidien peut exercer, grâce aux fibres qu'il emprunte au sympathique. En effet, si la section, au lieu de porter sur le sciatique lui-même, est faite dans le canal vertébral sur les racines qui entrent dans la composition de ce nerf, l'infiltration séreuse ne se fait plus, c'est donc bien le sympathique, et le sympathique seul, qui joue le rôle nerveux dans la production de l'œdème. Boddaert est arrivé à des conclusions analogues en expérimentant sur une autre région. La simple ligature de la jugulaire ne produisit rien. En y joignant la section du cordon cervical, l'œdème se forma. La signification des expériences précédentes s'est trouvée un peu amoindrie à la suite de celles de Strauss, de Mathias Duval et de Vulpian. Les deux premiers ont fait voir que l'œdème se produit, même sans sections nerveuses, si à la ligature de la crurale on joint celle de la veine cave, de façon à rendre moins facile le rétablissement de la circulation par les collatérales. Vulpian n'a rien obtenu en reproduisant le procédé suivi par Boddaert, mais il reconnaît que la section des nerfs rend du moins l'œdème plus rapide dans les membres inférieurs. Théodore Rott abonde dans le sens de Vulpian. D'après lui, la simple ligature veineuse peut occasionner l'œdème quand elle porte sur un nombre considérable de veines. La section des vaso-moteurs, sans être indispensable, rend partout les conditions plus favorables.

En tenant compte de toutes les données qui précèdent, il me semble incontestable que la paralysie vaso-motrice vient tout au moins aider considérablement à la production de l'œdème. Est-ce seulement en permettant une dilatation plus grande des vaisseaux et un afflux plus considérable du sang artériel, qui continue à pouvoir arriver ? Je crois qu'il est encore une autre circonstance dont il faut tenir compte, c'est la moindre densité d'une membrane qui n'est plus crispée par le tonus de ses fibres musculaires. Du reste, même dans l'expérience de Strauss et Duval, la double ligature ne fait pas que créer un double obstacle au cours du sang ; elle détruit en partie les vaso-moteurs du système veineux du membre inférieur et elle place les veines dans les conditions de dilatation passive que la section du sciatique crée pour les artères. Enfin, Brown-Sequard a montré que les lésions des ganglions du sympathique produisent parfois de l'œdème, mais qu'il faut pour cela que le ganglion ne soit pas détruit en entier. L'intervention spéciale du sympathique dans la production des œdèmes chez les malades me paraît donc possible; sinon constante. C'est certainement à cause de leur rôle vaso-moteur que les lésions traumatiques des nerfs déterminent souvent des œdèmes qui ont même un certain cachet inflammatoire. Il en est de même pour les œdèmes qu'on voit apparaître à la fin de certaines névralgies. La main du système nerveux est encore bien plus évidente dans les œdèmes qui naissent sous l'influence du froid. C'est évidemment un effet réflexe de l'impression développée sur le tégument.

A côté de ces deux états pathologiques importants, le sympathique a été considéré par quelques médecins comme jouant un certain rôle dans d'autres affections matérielles. Remak prétend que si la diphthérie siége presque toujours au pharynx, cela tient à ce que cette affection est la conséquence d'une altération du sympathique cervical. Dans un cas de paralysie pseudo-hypertrophique, Ord avait constaté une élévation de température dans les parties hypertrophiées. Comme l'augmentation de la chaleur traduit ordinairement une paralysie vaso-motrice, il a pensé que l'affection, et par suite le trouble nutritif, devait tenir à une maladie du sympathique. Mais depuis, Cohnheim a trouvé ce nerf parfaitement intact dans un cas de ce genre. Enfin, on peut encore rattacher aux troubles de nutrition les modifications que le sang peut éprouver dans les maladies du sympathique. La paralysie du cordon cervical entraîne, comme sa section sur les animaux, la coloration rouge du sang veineux dans la région correspondante. Ainsi Charcot a constaté que, lorsque les tumeurs intrathoraciques sont capables de paralyser le cordon du sympathique, il circule du sang rouge dans les veines recevant leurs vaso-moteurs de la portion comprimée.

Troubles de la sécrétion Sueur. — Dans le cas de tumeurs intrathoraciques, on voit parfois apparaître des sueurs locales très-abondantes, au moment où ces produits morbides arrivent à paralyser le cordon sympathique. Ces sueurs disparaissent plus tard, quand la nutrition et la vascularisation finissent par s'amoindrir dans la région. Dans le fait de Gairdner, la face présentait des sueurs froides accompagnées de rougeur de la peau. Il en fut de même chez un autre malade offrant les signes d'une maladie du cœur ou d'un anévrysme. Il se produisit aussi, à la suite de la ligature posée par Verneuil, des sueurs locales sur la tempe et la moitié correspondante de la face. La transpiration était plus forte du côté comprimé chez la jeune fille de Nicati. Fournier a observé chez les syphilitiques tantôt des sueurs générales et intermittentes, tantôt des sueurs partielles et continues. Il existait une transpiration intense et unilatérale de la tête chez le malade de Seguin, dont le ganglion cervical était simplement congestionné. Dans quelques-unes de ses dix-neuf observations, Poiteau signale des sueurs profuses du côté lésé, mais elles ont toujours été éphémères. Même quand l'hypersécrétion de la sueur n'apparaît pas dans l'état de repos, elle peut se développer en restant toujours locale sous l'influence de la marche. Il en était ainsi pour le malade d'Ogle. De simples dilatations des vaisseaux intraganglionnaires suffisent pour déterminer une hyperhydrose partielle, parfaitement limitée à la région qui relève des ganglions contaminés. L'observation rapportée par Ebstein le prouve. Il est probable que ces vaisseaux, en se dilatant, exercent sur les éléments nerveux une pression suffisante pour les paralyser et reproduire, sur le terrain clinique, une des conséquences de la section expérimentale du cordon cervical. Les maladies de la moelle, lorsqu'elles dilatent les vaisseaux du tégument, y déterminent aussi souvent en même temps une hypersécrétion de sueur.

C'est encore par l'intermédiaire du sympathique que se produisent ces sueurs de sang qu'il n'est plus possible de nier maintenant et qu'on a observées particulièrement chez des femmes atteintes d'hystérie ou d'hystéro-épilepsie. Dans ces circonstances, on peut dire que l'hémorrhagie est exclusivement nerveuse. C'est l'éréthisme général du système nerveux qui porte ses effets sur les vaso-moteurs des glandes sudoripares. Vulpian attribue cette maladie, qui a été appelée *hémathydrose*, à une paralysie momentanée des centres vaso-moteurs. Cette paralysie serait réflexe et engendrée par l'état névralgique des nerfs sensitifs de la région, et même parfois de ceux d'une région autre que celle qui devient le siége de l'hémorrhagie. Dans le cas où la sueur de sang n'est ni accompagnée, ni précédée de douleurs et où elle se montre pendant la crise convulsive, la paralysie serait alors produite par l'ébranlement général de tout le système nerveux. — Je crois qu'une paralysie purement passive des vaso-moteurs des glandes sudoripares ne saurait expliquer le phénomène, car la section du sympathique cervical qui détermine une paralysie de ce genre, aussi complète que possible, donne lieu à une hypersécrétion de sueurs, mais ne produit jamais l'hémathydrose. Je crois qu'il se fait plutôt une contraction spasmodique et irrégulière des vaisseaux qui, en emprisonnant le sang dans des dilatations en ampoule et en le soumettant à une pression forte et mal répartie, donne lieu soit à des ruptures des parois vasculaires, soit à la transsudation du contenu. C'est d'autant plus probable que dans le même moment il existe un spasme de tout ce qui est musculaire. C'est une congestion inflammatoire déviée, parce que la contraction vasculaire n'est pas assez franche d'allure et surtout parce qu'il manque l'excitation nutritive des éléments cellulaires. Le sang n'est pas utilisé ou est poussé dehors avant de l'être. Il est probable qu'il se passe aussi quelque chose d'analogue dans les épistaxis et les hémorrhagies utérines des pyrexies.

Troubles de l'appareil de la vision. — Ce sont ceux qui ont été le plus souvent signalés par les auteurs. Ils sont particulièrement produits par les tumeurs capables de comprimer le cordon cervical; celles du cou en déterminent plus souvent que celles du thorax. Ils se sont montrés, la plupart du temps, de nature paralytique et ont consisté surtout dans le resserrement de la pupille. Ce symptôme a été constant pour les cas recueillis par Poiteau. Il est signalé aussi par Gairdner, Panas, Verneuil, Trélat, Nicati et Ogle. Il existait chez les deux blessés de Siegmuller et le soldat américain. Ce dernier présentait en outre une déformation de l'orifice pupillaire qui était devenu tout à fait ovale. Disons toutefois qu'Ogle prétend que ces symptômes pupillaires n'indiquent pas toujours une lésion du sympathique, parce qu'ils peuvent être produits par la simple compression de la jugulaire. Brown-Sequard a soutenu la même thèse, qui s'allie si bien avec le mécanisme purement vasculaire qu'il attribue à l'iris. Il a déclaré que toute espèce d'afflux de sang vers la tête fait resserrer immédiatement la pupille ; que pour obtenir ce résultat, il suffit de mettre la tête dans une position déclive. Giovanni a, depuis, émis une assertion qui abonde encore dans le même sens. Suivant lui, les maladies organiques du cœur tendraient parfois à produire le resserrement de la pupille. Dans trois cas de ce genre, il a observé une contraction bilatérale permanente de cet orifice. Le resserrement augmentait quand les troubles circulatoires s'aggravaient et diminuait avec eux. Mais la constriction que l'on observe dans l'expérience d'Ogle, comme dans celle de Brown-Sequard, est tellement faible qu'il n'y a pas lieu de la prendre en grande considération. Quant aux faits de Giovanni, je me demande s'ils n'étaient pas dus à un spasme des fibres circulaires et de la 3e paire, résultant lui-même de la congestion cérébrale engendrée par la maladie de cœur. Un fait qui se montre d'une façon moins constante que la contraction pupillaire, est la rétraction de l'œil dans la cavité orbitaire. Ce retrait serait dû, suivant Nicati, à trois causes : à la paralysie des fibres lisses de l'orbite, à l'atrophie du coussin cellulo-adipeux rétro-oculaire et à la réduction du volume de l'œil. Cette réduction a été plusieurs fois constatée et était surtout très-marquée chez le soldat américain. Elle est liée à un autre phénomène, la diminution de la tension intra-oculaire. Il est à remarquer que cet abaissement de la tension persiste même quand plus tard les vaisseaux s'affaissent. Il ne dépend donc pas des proportions de la vascularisation. L'aplatissement de la cornée, qui n'est que la conséquence de cette moindre tension, n'a été consigné que par Poitcau. Le rétrécissement de l'orifice palpébral est loin de se rencontrer aussi souvent chez l'homme que chez les animaux. Il a été mentionné toutefois par Panas, Ogle et Poiteau. Eulenburg et Guttmann prétendent que la paralysie du sympathique trouble la fonction accommodation et produit toujours un certain degré de myopie. Mais Nicati déclare qu'il n'a jamais observé aucune modification dans l'acuité visuelle, ni dans le mécanisme de la réfraction et de l'accommodation.

La clinique nous a surtout fourni des troubles de l'appareil de la vision traduisant la paralysie du cordon cervical. Mais les troubles d'une nature opposée et exprimant l'exaltation du sympathique ne sont pas aussi rares qu'on a bien voulu le dire. Il existe aujourd'hui quatre cas de tumeurs ayant déterminé une irritation du cordon cervical, s'affirmant, du côté de l'œil, par une dilatation considérable de la pupille. Dans l'un d'eux il y eut en outre de l'exophthalmie, comme chez les animaux. Du reste, je suis convaincu que tous les malades chez lesquels la paralysie a été seule signalée avaient traversé auparavant une période d'excitation qui avait passé inaperçue, tout justement parce qu'elle avait dû coïncider avec le moment où la tumeur ne pouvait jouer que le rôle d'épine et était encore trop petite pour attirer l'attention. L'excitation du sympathique cervical se montre aussi, et plus souvent, sans qu'il soit lui-même directement atteint. On voit en effet fréquemment la pupille se dilater d'une manière réflexe lorsque certains plexus viscéraux sont irrités par une cause quelconque. On peut voir aussi apparaître des symptômes pupillaires soit de paralysie, soit d'excitation, lorsque la cause morbide siége dans la moelle, à la partie inférieure de la région cervicale. Mais il y a ceci de particulier que très-souvent ils ne sont pas accompagnés de symptômes vasculaires. Bernard a fourni l'explication de cette immunité des fibres vaso-motrices. Il a montré en effet que ces fibres communiquent avec la moelle par l'intermédiaire de la 3ᵉ paire dorsale, et non par celui des deux premières, comme on l'avait cru.

Troubles cardiaques. — Les tumeurs intrathoraciques, à leur début, déterminent souvent une accélération considérable des battements du cœur. Comme on constate en même temps, dans les autres départements fonctionnels, des symptômes d'excitation du sympathique, William Nicati et Gairdner voient dans cette accélération une conséquence du rôle accélérateur de ce nerf. Sans tenir compte de l'antagonisme admis entre le vague et le sympathique, que nous avons cru devoir condamner, il est évident que les filets cardiaques sympathiques sont, comme le vague, des excitateurs du plexus cardiaque, et que, quand ils sont irrités, ils doivent remplir ce rôle d'une manière exagérée. Seulement je me demande si, dans le cas de tumeurs thoraciques, la titillation directe du cœur et du plexus ne constitue pas un élément plus efficace encore que la compression même du cordon. Ce qui se passe lorsque la pression a acquis un degré suffisant pour paralyser le sympathique, plaide contre le rôle d'arrêt du vague. Car alors il n'existe plus aucun symptôme cardiaque et cependant la théorie exigerait en ce moment un ralentissement considérable du cœur. Les malades d'Eulenburg et Guttmann, tout en offrant des symptômes pupillaires incontestables, n'éprouvaient rien du côté du cœur. Ces auteurs ont pensé que l'immunité de cet organe tenait à ce que, dans le cordon sympathique, les fibres oculo-pupillaires sont plus superficielles que les filets cardiaques et sont plus disposées à subir l'effet compressif. Nicati, qui a observé aussi la même absence de troubles cardiaques, pense, lui, que les filets cardiaques de l'autre côté suffisent pour lutter avec efficacité contre l'action modératrice du vague. Moi, je renverserai l'interprétation, en disant que le vague, aidé des filets cardiaques restés sains, suffit pour régler d'une manière convenable le travail du plexus cardiaque. — L'excitatation des plexus abdominaux et sacrés peut réagir sur le plexus cardiaque et produire des palpitations réflexes. C'est ainsi que la gastralgie, l'entéralgie, les maladies utéro-ovariennes et les helminthes en produisent très-souvent.

Troubles de l'appareil de la digestion. — La *diarrhée* s'accompagne toujours d'une perturbation soit directe, soit indirecte dans le fonctionnement des plexus mésentériques. Ces plexus sont évidemment seuls mis en cause dans ces flux séreux qui sont provoqués par une vive émotion. Le réflexe qui se produit alors consiste-t-il dans une excitation des nerfs sécréteurs et le flux intestinal, dans ce cas, est-il comparable aux larmes que les émotions font aussi couler, ou bien consiste-t-il dans une dilatation des vaisseaux engendrant tout à coup une exhalation considérable ? Il est difficile de se prononcer. Budge, Bernard, Brown-Sequard et Schiff ont bien, il est vrai, constaté que l'ablation des ganglions du plexus solaire produisait, en même temps que la paralysie des vaisseaux abdominaux, une diarrhée séreuse. Mais ces expériences ont été faites sur des lapins, et ces animaux ont de la diarrhée à la suite d'opérations plus simples et ne portant pas sur un point si rapproché de la masse intestinale. Quoi qu'il en soit, le mécanisme doit être le même pour la diarrhée réflexe que détermine souvent le refroidissement du tégument externe. Or, dans ce cas tout porte à penser qu'il se fait une congestion de la muqueuse intestinale, car, en général, le froid, en resserrant les vaisseaux périphériques, tend à dilater ceux des viscères. C'est ainsi que cette même cause peut engendrer une pneumonie. Du reste il n'est pas impossible que le réflexe réalise simultanément une dilatation vasculaire et une stimulation des nerfs sécréteurs. Ce sont là deux éléments qui ont besoin de s'entr'aider dans l'œuvre commune, le sang, pour fournir les matériaux de l'hypersécrétion, l'activité sécrétante, pour réaliser le produit. On doit aussi probablement faire rentrer dans le même mécanisme la diarrhée due au travail de la dentition. Celle qui accompagne la cyrrhose et toutes les maladies capables d'obstruer la veine porte, semble pouvoir s'expliquer par la congestion que cet état de choses entretient dans l'intestin. Cependant elle a un certain caractère inflammatoire qui fait penser à Vulpian qu'il y a en outre excitation des nerfs sécréteurs. Suivant le même auteur, la diarrhée symptomatique de l'entérite est elle-même réflexe, seulement le réflexe ne dépasse pas les plexus intestinaux. L'inflammation des éléments cellulaires irrite les extrémités nerveuses sensitives, et le plexus réagit en modifiant la vascularisation et l'action des nerfs sécréteurs. Les choses se passeraient de même dans le cas de purgatifs. Ils irriteraient la muqueuse et les nerfs périphériques. Les ganglions répondraient à l'impression reçue en dilatant les vaisseaux et en excitant les nerfs des glandes de Lieberkuhn.

C'est à tort qu'on attribue au vague seul les phénomènes douloureux de la gastralgie. Lorsque cette affection donne lieu à des irradiations douloureuses dans les hypochondres, les reins et les cordons spermatiques, il est évident qu'alors le plexus solaire est intéressé dans sa totalité. Romberg admet même, pour cette raison, deux espèces de gastralgie : celle due à l'hyperesthésie du nerf vague, qu'il appelle *gastrodynie*; celle due à l'hyperesthésie du plexus solaire, qu'il nomme *névralgie cœliaque.*

Les plexus abdominaux sont certainement mis en cause dans la *colique saturnine.* Quelques médecins pensent, sans en avoir pu acquérir la preuve, que le plomb détermine directement un spasme musculaire de l'intestin et que la douleur n'est que la conséquence de la pression que cette contracture doit faire subir aux fibres sensitives. D'autres pensent que le plomb exalte directement la sensibilité du plexus et que la contraction ne fait qu'aggraver les douleurs initiales. De plus, le spasme musculaire ne serait que la conséquence réflexe de la névralgie. Ce serait le tic douloureux de l'intestin. Quant à la constipation, qui constitue la caractéristique des coliques de plomb, elle a été diversement interprétée. Eulenburg et Landois voient là une preuve que la névralgie ne s'accompagne pas de convulsions intestinales; ils croient que les agents moteurs, nerveux et musculaires, sont au contraire paralysés et que la constipation est la conséquence toute naturelle de l'inertie de l'intestin. N'acceptant pas cette association de phénomènes de paralysie et d'excitation, quelques physiologistes ont mis à profit l'action d'arrêt qu'on a prêtée aux splanchniques. Ils seraient exaltés comme les nerfs sensitifs et ils rendraient l'intestin inerte, comme le vague est supposé rendre le cœur immobile. Vulpian, qui sans doute ne se sent pas en mesure de nier l'état convulsif, est tenté d'attribuer la constipation à la paralysie des nerfs sécréteurs ; d'où une sécheresse qui ne se prêterait pas à la progression des matières fécales.

En dehors de toute cause toxique, on peut rencontrer la névralgie pure et simple des plexus mésentériques. C'est ce qu'on appelle en clinique *entéralgie*, affection qui est pour l'intestin ce que la gastralgie est pour l'estomac. La douleur a un cachet spécial qu'on ne saurait décrire. Le malade lui-même déclare que la souffrance est d'une nature particulière et qu'elle ne ressemble pas à celle qu'engendre la névralgie des nerfs cérébro-rachidiens. Elle fait comprendre elle-même qu'il s'agit d'un autre système nerveux dont les conditions périphériques sont différentes. Tout en prenant naissance dans un réseau dont les impressions sont physiologiquement destinées à rester inconscientes, cette douleur n'en est pas moins excessivement violente. Elle arrache des cris au malade, mais elle se fait surtout remarquer par le retentissement considérable qu'elle a sur l'ensemble de l'innervation. L'action réflexe porte d'abord sur le facial, qui fait traduire à la physionomie la souffrance éprouvée. Presque en même temps la partie vaso-motrice du sympathique donne l'écho. Les vaisseaux périphériques sont pris d'un spasme qui, non-seulement donne lieu au froid des extrémités, mais produit souvent en outre leur teinte bleuâtre, parce que le sang se trouve emprisonné, par places, sous l'influence de cette contraction irrégulière, sans pouvoir se revivifier. La face se couvre aussi fréquemment de sueurs froides. Il y a donc là deux faits qui, au point de vue du mécanisme physiologique, sont inconciliables. Car c'est ordinairement la paralysie du sympathique qui détermine l'hypersécrétion de la sueur. Mais outre que, dans certains cas, le spasme vasculaire alterne avec des relâchements de réaction pendant lesquels la sécrétion pourrait s'exagérer, il est à remarquer que généralement cette sueur froide est peu abondante et tient, non pas à une hypersécrétion, mais à une excrétion forcée. Les fibres lisses qui coiffent la glomérule des glandes sudoripares sont contractées, comme celles des vaisseaux, et chassent le liquide sécrété antérieurement. Lorsque la douleur est très-intense, le spasme réflexe finit par envahir les vaisseaux de l'encéphale, d'où une anémie brusque de cet organe et syncope. Il arrive aussi que, tant qu'il n'y a pas syncope, les battements du cœur se montrent petits, mais accélérés. Il semble que l'action motrice du sympathique est exaltée dans ses nerfs cardiaques comme dans ses vaso-constricteurs. Mais il faut avant tout tenir compte du reflux vers le cœur du sang périphérique qui vient titiller les fibres sensitives de cet organe et qui le provoque à se débarrasser de cette cause de gêne. Cette névralgie des plexus mésentériques peut être engendrée par l'action du froid sur les téguments et reconnaître par conséquent le mécanisme dit *à frigore*. C'est ainsi que doivent être comprises les prétendues coliques végétale, d'Espagne, du Poitou, etc., car le froid et l'humidité de l'atmosphère sont la véritable cause dans toutes ces circonstances. L'éréthisme reste alors rarement limité à ce foyer primitif. Il s'étend au plexus de la vessie, d'où ténesme vésical ; au plexus cardiaque, d'où oppression et anxiété précordiale. Le système cérébro-spinal est lui-même envahi : c'est d'abord le nerf phrénique qui entre en scène, d'où hoquet ; puis viennent les nerfs des membres, qui donnent lieu à des crampes. Enfin, exceptionnellement, il peut se produire des convulsions épileptiformes.

Le plexus hémorrhoïdal joue un certain rôle dans les fluxions plus ou moins périodiques auxquelles donnent lieu les tumeurs veineuses de l'anus. Ces prétendues varices ont quelque chose de plus que les dilatations variqueuses des membres. Elles sont entourées d'un lacis de fibres lisses qui leur crée les conditions du tissu érectile. Chacune des fluxions correspond à un spasme de ses fibres, qui est lui-même engendré par l'éréthisme du plexus hémorrhoïdal et qui fait naître là une congestion sanguine tout à fait comparable, par son mécanisme comme par ses allures, au spasme musculaire de la menstruation.

Troubles hépatiques. — Le plexus hépatique constitue bien certainement l'acteur principal de ces crises douloureuses connues sous le nom de *coliques hépatiques*. Ces coliques consistent le plus souvent en une contracture des fibres lisses des canaux excréteurs du foie. C'est là l'opinion de Trousseau, de Sénac, de Traube, de G. Sée, de Dujardin-Beaumetz et d'Audigé. La contractilité de ces canaux ne saurait être mise en doute, du reste. Non-seulement Legros et Renaut ont constaté dans leurs parois la présence des fibres lisses, mais Haller, Mayer et Colin ont vu ces canaux se contracter. La contracture morbide peut être provoquée par un calcul, et il en résulte les coliques hépatiques proprement dites. Le calcul, par son contact, irrite la muqueuse ; de là une impression qui retentit immédiatement dans le riche plexus qui entoure ces canaux ; celui-ci y répond par une contraction réflexe, d'autant plus violente que l'impression est elle-même plus intense. Cette contraction spasmodique, loin de favoriser le cheminement du calcul, le retarde en lui fermant le passage au-devant de lui. La douleur ne résulte pas seulement de la sensation de déchirement déterminée par les aspérités du calcul, mais encore de la constriction des filets sensitifs du plexus par les fibres musculaires elles-mêmes. De là un élément douloureux tout à fait comparable à celui qui caractérise les douleurs de la dilatation dans l'accouchement. Les observations cliniques combinées avec les études nécroscopiques démontrent qu'un spasme identique dans son aspect peut naître spontanément sans être provoqué par un calcul. C'est là la colique hépatique nerveuse, qui prouve bien que la déchirure produite par le corps étranger n'est pas l'élément principal de la douleur. L'ictère peut même apparaître dans ces conditions, parce qu'une contracture d'une certaine durée peut entraver le cours de la bile autant qu'un obstacle matériel. Existe-t-il aussi une hépatalgie simple, une névralgie pure du plexus hépatique sans spasme musculaire ? C'est probable, mais la démonstration en est difficile à obtenir.

En toutes circonstances, les diverses parties du vaste réseau du système sympathique deviennent solidaires les unes des autres. Une fois que la tempête éclate dans un point, elle produit bien vite de l'agitation dans les autres départements. Aussi les coliques hépatiques éveillent-elles, comme les coliques saturnine et nerveuse, de l'anxiété au niveau du plexus cardiaque. Les douleurs s'irradient presque immédiatement dans le plexus coronaire stomachique. Celui-ci exprime l'ébranlement qu'il reçoit par deux autres phénomènes bien remarquables. Ce sont des battements épigastriques et de la tympanite stomacale. Le premier de ces deux phénomènes indique la dilatation des artères, car l'impulsion cardiaque se conserve d'autant plus avec ses caractères initiaux que la colonne sanguine est moins comprimée par son contenant. Le deuxième doit avoir son origine dans cette même dilatation, car l'exhalation gazeuse s'accompagne presque toujours de battements. On comprend, du reste, qu'en diminuant de densité, les parois vasculaires se prêtent plus à cette exhalation. L'éréthisme s'étend ordinairement aussi au vague ; de là des nausées et des vomissements. Chez beaucoup de sujets il gagne même l'encéphale ; d'où des vertiges, du délire et des convulsions.

Troubles spléniques. — Rochefontaine a pratiqué des expériences qui nous rendent témoins des conditions qui peuvent favoriser la production, dans la rate, de ce qu'on a appelé la *fluxion veineuse rétrograde.* Lorsque l'artère principale d'un organe se trouve obstruée et que le sang artériel ne vient plus pousser devant lui le contenu des capillaires et des veines, il peut arriver qu'une partie du sang du système veineux vienne, par une marche rétrograde, envahir cet organe qui ne reçoit plus de sang de son artère ; et on assiste au spectacle singulier d'un viscère qui se congestionne alors qu'il paraît être mis dans l'impossibilité de recevoir du sang. La distension rapide dont la rate est susceptible la rend très-apte à devenir le siége de ce phénomène, mais il paraît qu'une condition indispensable est l'inertie du plexus splénique. Si on lie l'artère splénique de façon à respecter le réseau nerveux qui l'entoure, on ne voit aucune congestion se produire. Mais lorsqu'on comprend dans la ligature deux ou trois filets, on remarque que deux ou trois îlots de la rate se tuméfient et débordent de beaucoup la surface de l'organe. Il est permis de se demander si, dans la fièvre intermittente et toutes les pyrexies, la turgescence sanguine de la rate n'est pas le résultat de l'affaissement du système nerveux sympathique, d'autant plus que cet état anatomique ne se présente que dans le cas d'adynamie prononcée. Le reflux si considérable que peut fournir le système porte rend, plus facilement encore qu'une dilatation paralytique de l'artère, compte de cette abondance d'un sang qui, du reste, offre les caractères veineux. Je crois que le relâchement des trabécules est aussi pour beaucoup dans cette véritable aspiration du sang. On a mis en doute l'existence de fibres lisses dans ces cloisons chez l'homme ; mais je ne partage pas ce doute, parce que j'en ai rencontré et parce que j'ai été frappé des résultats rapides que fournit l'emploi de la strychnine contre l'hypertrophie de la rate due à l'intoxication paludéenne.

Troubles de la menstruation. — Les règles s'arrêtent souvent sous l'influence, soit du froid, soit d'une vive émotion. Avec la théorie Rouget, que nous avons adoptée pour le mécanisme de la menstruation, ces arrêts doivent s'expliquer par un véritable myolèthe dû au saisissement éprouvé par les centres nerveux. Le muscle du ligament large, qu'animent les plexus ovarique et utérin, se relâche brusquement, de la même manière que pourrait le faire le sphincter de l'anus ou celui de la vessie. Le sang, trouvant dès lors sa voie de retour libre, n'a plus besoin de faire irruption dans la cavité utérine. Mais tout ne se borne pas toujours à une simple cessation de l'écoulement menstruel : on voit parfois survenir des congestions et même des hémorrhagies, siégeant dans des points variables et plus ou moins éloignés de la matrice. Ces hémorrhagies viennent, pour ainsi dire, suppléer la menstruation absente. C'est alors que l'on observe, tout au moins, la rougeur de la peau dans diverses régions du corps, notamment à la tête, ainsi que des troubles visuels, des tintements d'oreille, des vertiges, qui accusent une congestion de l'encéphale, du globe oculaire et de l'oreille. On comprend qu'en présence de ces faits, on ait eu tout d'abord l'idée d'une véritable métastase du sang et qu'on ait vu là un reflux de la portion de ce liquide qui n'a pas pu trouver issue par la voie naturelle. Mais, en réalité, la suppléance est exécutée par l'innervation vaso-motrice et non par la masse sanguine elle-même. C'est un trouble vaso-moteur régional qui se substitue à un autre. Je suis porté à croire que l'époque menstruelle correspond à un moment de trop plein nerveux, auquel le spasme génital sert de soupape en l'usant. Du moment où cette soupape cesse de fonctionner, il faut absolument que l'excès de tension nerveuse se fasse sentir ailleurs et que le surcroît d'activité vienne s'user autrement, soit par un éréthisme général, comme dans l'hystérie, soit par un éréthisme vaso-moteur local quelconque. Le myolèthe, qui fait cesser la compression des veines utérines et l'écoulement sanguin, supprime souvent en même temps l'adaptation de la trompe, et là se trouve probablement la cause de beaucoup d'hématocèles. Le sang auquel la rupture de l'ovaire donne issue tombe dans le péritoine. Il est vrai que Virchow suppose que, comme pour les hématocèles de la dure-mère, il y a d'abord péritonite pour une cause ou pour une autre ; que des néomembranes se produisent et sont munies de vaisseaux de nouvelle formation, très-friables ; et que l'hémorrhagie, loin de provoquer l'enkystement, n'en est que la conséquence. Mais la coïncidence avec l'époque menstruelle, l'absence de causes extérieures de péritonite, plaident en faveur de la première interprétation. Il est des femmes chez lesquelles les règles font défaut pendant de nombreux mois. Comme ce fait a lieu surtout chez des personnes scrofuleuses ou chlorotiques, qui sont regardées comme ayant le sang appauvri, on attribue généralement leur aménorrhée à cette absence relative de sang. C'est là une explication assez naturelle, mais un peu trop simple. Chez les premières, il y a avant tout un état de la vitalité et surtout de l'activité nerveuse qui donne de la lenteur et de la mollesse à tous les phénomènes de la vie. Les muscles n'ont point d'énergie. Les impressions sensitives sont plus obscures, les actions réflexes plus lentes et plus faibles. Ce qui manque le plus au point de vue de la menstruation, c'est l'éréthisme nerveux et par conséquent la contraction des fibres du ligament large. Chez les secondes, l'aménorrhée n'est pas seulement due à la pauvreté matérielle du sang, mais encore à l'atonie et à l'irrégularité d'une innervation bizarre. Remarquez aussi que les intoxications qui, comme celle due au plomb, déterminent une paralysie motrice, produisent en même temps la suppression des règles. Le travail exagéré peut avoir les mêmes conséquences. Il fait dominer le pôle intellectuel sur le pôle génital. Il détourne à son profit toute la consommation nerveuse. Il étend la vie de relation au détriment de la vie de génération. Par contre, dans cet ordre d'idées, les règles trop abondantes et trop prolongées doivent être attribuées aux diverses conditions, morales et physiques, capables de développer le pôle génital, d'exalter l'éréthisme du plexus utérin et de donner lieu à un spasme exagéré des ligaments larges. Dans la dysménorrhée, caractérisée par des règles douloureuses, le spasme du muscle du ligament large est à la fois irrégulier et tellement intense, qu'il comprime les filets sensitifs des plexus génitaux au point d'y faire naître des douleurs, c'est la crampe de ce muscle. Elle donne lieu à des irradiations douloureuses qui s'étendent aux reins et aux cuisses. Le pneumogastrique est lui-même mis en cause, car il se produit généralement des vomissements. Du reste, le plexus utérin, lorsqu'il est irrité par les conditions de l'organe qu'il innerve, peut provoquer des réflexes très-éloignés. Ainsi Malachia a vu une antéversion de la matrice donner lieu à une toux convulsive des plus pénibles. L'application d'un pessaire la fit cesser. La toux reparut chaque fois qu'on ôta le pessaire.

Troubles de l'appareil urinaire. — Le plexus rénal est exposé, comme le plexus hépatique, à être irrité par le passage d'un calcul. Les douleurs auxquelles il donne lieu sont peut-être plus vives que dans les coliques hépatiques. On voit ici encore la tendance que l'ébranlement a à se propager dans toutes les parties du système nerveux. Le refroidissement des extrémités et les sueurs froides viennent encore attester l'existence d'un spasme réflexe des vaisseaux et des fibres lisses des glandes sudoripares. Les vomissements, le délire, les convulsions, traduisent l'ébranlement du système cérébro-spinal, mais le siége du foyer initial vient se spécialiser par la rapidité avec laquelle le plexus vésical entre en scène, en raison de ses connexions anatomiques et physiologiques. Il y a un spasme de la vessie qui donne lieu à l'excrétion fréquente d'une petite quantité d'urine. Dans certains cas il y a anurie complète. Ce n'est pas seulement parce que les calculs constituent un obstacle mécanique pour la sortie de l'urine, car on peut observer encore l'absence complète de ce liquide lorsqu'un seul uretère se trouve oblitéré. Il est probable que ces corps étrangers provoquent par action réflexe une contraction spasmodique des vaisseaux rénaux, qui rend l'exhalation impossible et qui s'étend aussi au rein resté sain, par suite des connexions centrales que présentent les vaso-moteurs des deux reins. C'est sans doute un spasme vasculaire du même genre qui produit l'anurie dans l'hystérie.

Le plexus vésical est parfois le siége d'une névralgie qui, presque toujours, détermine un spasme réflexe de la musculeuse de la vessie, de sorte qu'elle se manifeste à la fois par des douleurs et des besoins d'uriner. En raison de son voisinage avec le plexus hémorrhoïdal, il prend souvent part à l'exaltation de ce dernier. C'est ainsi que la névralgie vésicale peut être engendrée par des hémorrhoïdes. Du reste, ces deux plexus réagissent toujours l'un sur l'autre, car la névralgie vésicale s'accompagne ordinairement de douleurs et de ténesme à l'anus. Il subit aussi l'influence des irritations du plexus utérin. Les maladies de l'utérus provoquent souvent le spasme vésical.

Troubles de la sensibilité. — Par ce titre, je ne veux point comprendre les manifestations douloureuses siégeant dans le sympathique lui-même et dont il a été question à propos des plexus viscéraux, mais les troubles que les maladies du sympathique peuvent apporter dans le fonctionnement des nerfs sensitifs d'origine cérébro-rachidienne. Chez les animaux, la section du cordon cervical a pour effet d'exalter la sensibilité des téguments de la tête. Il paraît en être de même dans les paralysies morbides chez l'homme. Poiteau a constaté dans la plupart de ses observations une exagération de la sensibilité de la face. Eulenburg a observé une céphalalgie revenant par accès chez un individu dont le cordon cervical était irrité par le voisinage d'une tumeur ganglionnaire. Comme celle-ci était trop éloignée du trijumeau pour pouvoir agir directement sur lui, deux explications seulement pouvaient être mises en ligne de compte : ou bien l'éréthisme des rameaux du trijumeau était dû à l'anémie que leur faisait éprouver le spasme des vaisseaux ambiants ; ou bien les filets sensitifs du sympathique étaient eux-mêmes le *substratum* de la douleur. La première hypothèse trouve un argument dans ce fait que chez le malade les crises douloureuses coïncidaient toujours avec les moments où les vaisseaux étaient le plus effacés. La deuxième s'est trouvée au contraire appuyée par un nouveau cas où les accès de douleur s'accompagnaient d'une rougeur très-vive de la face. Il est donc évident qu'un même genre de douleur peut se montrer indifféremment avec l'effacement ou avec la dilatation des vaisseaux. De plus, chez ce dernier malade on déterminait une douleur très-vive et parfaitement localisée en exerçant une légère pression sur le ganglion cervical supérieur. Il constituait donc un véritable foyer névralgique. Aussi Eulenburg n'hésite pas à regarder la céphalalgie qui accompagne les maladies du sympathique cervical comme siégeant dans ce nerf lui-même et il l'appelle *céphalalgie vaso-motrice*. Dans le cas de congestion concomitante, elle se montre avec un cachet qui tient à l'embarras que l'afflux de sang crée pour le fonctionnement du cerveau. Il y a alors une pesanteur de tête qui rend le malade incapable de tout travail. Enfin, elle s'accompagne d'une forte sensation de chaleur, qui est réelle, du reste, puisque la température s'élève par le fait même de la plus grande sanguification.

Troubles psychiques. — Pendant la période paralytique, à laquelle les tumeurs de la région cervicale peuvent donner lieu, l'hyperémie passive de la pie-mère et de l'encéphale suffit pour troubler le fonctionnement des cellules intellectuelles. De là des troubles psychiques variables. Vous vous rappelez, du reste, que nous avons été conduits, Bonnet et moi, à attribuer le début d'un grand nombre de paralysies générales des aliénés à un état paralytique du sympathique. Nous avons vu aussi (tome II, page 255) la relation intime qui existe entre les plexus viscéraux et les facultés affectives. Aux faits déjà énoncés, j'ajouterai que les coliques hépatiques rendent les gens hypochondriaques. Il en est de même des coliques de l'estomac et de l'intestin. Elles conduisent même au suicide.

Mécanisme de la fièvre. — Comme la fièvre est avant tout caractérisée par une élévation de la température animale, et comme le sympathique joue un rôle important dans la calorification, il est assez naturel de penser que ce nerf intervient dans cette circonstance pathologique ; et, quelle que puisse être l'importance de cette intervention, on est parfaitement autorisé à étudier le mécanisme de l'état fébrile, à propos de l'histoire de ce cordon nerveux. Dans cette étude, nous allons d'abord passer en revue les principales théories émises sur ce sujet ; puis nous essaierons d'en formuler une, à notre tour.

Après avoir été successivement regardée par l'école d'Hippocrate comme étant due à une altération des humeurs, par les chimiatres comme consistant en une fermentation, par les iatro-mécaniciens comme résultant d'un accroissement du calorique dû aux divers frottements, la fièvre a été mise pour la première fois sur le compte du système nerveux par Brown. Cullen et Lobstein l'ont bientôt suivi dans cette voie. Ces trois auteurs ne pouvaient que concevoir un mode d'action non en rapport avec les découvertes récentes de la physiologie, mais ils n'en ont pas moins eu le mérite de fournir un nouveau terrain à la question. Depuis, l'intervention du système nerveux dans l'état fébrile a été diversement interprétée et même niée. Quoiqu'elles soient très-variées dans leurs formes, les interprétations modernes peuvent être classées dans trois catégories se rapportant aux trois principes généraux suivants : 1° il n'y a point excès de production de calorique dans la fièvre, et l'élévation de la température tient à un travail de répartition qui est commandé par le système nerveux ; 2° la fièvre tient exclusivement à une exagération des phénomènes chimiques de la nutrition et est indépendante du système nerveux ; 3° il y a à la fois exagération des contributions organiques et intervention indispensable du système nerveux.

1° Marey attribue la fièvre exclusivement aux modifications vasomotrices. Par conséquent, il en fait l'œuvre propre et directe du système nerveux vaso-moteur. Les combustions ne sont ni augmentées, ni diminuées. Si le thermomètre accuse une élévation de température, quoique les sources de calorique soient restées les mêmes, cela tient uniquement au changement qui survient dans la répartition du sang et aux précautions ambiantes qui sont prises en cette circonstance. Pendant la période du frisson, il y a spasme des vaisseaux périphériques. La plus grande partie de la masse sanguine est refoulée à l'intérieur, où elle se trouve à l'abri des principales causes de refroidissement : rayonnement, contact et évaporation de la sueur. Il en résulte que le calorique sanguin se conserve mieux et s'accumule. De là l'élévation générale de la température. Pendant la seconde période, dite de chaleur, il y a dilatation des vaisseaux de la périphérie ; le sang revient dans les régions précédemment abandonnées, où il pourrait être soumis de nouveau aux causes de déperdition. Mais il leur échappe encore, parce que l'état morbide étant reconnu, le fébricitant s'est mis au lit dans une chambre chaude, s'est couvert plus que d'habitude et a pris des boissons chaudes, de sorte que non-seulement il a évité de perdre de son calorique, mais il a pu en emprunter à l'extérieur, et l'élévation acquise ne peut que se maintenir, ou même grandir. — Traube a exprimé la même manière de voir. Il admet encore que dans la fièvre il ne se produit pas plus de calorique, mais que les causes de perte diminuent. Toutefois il tient à peine compte des précautions ambiantes. Le spasme vasculaire suffit à ses yeux. Dans la période de chaleur, le sang vient manifester et user à la périphérie le calorique accumulé pendant la période du frisson. — En 1873, Hueter, entraîné sans doute par le succès actuel de la pathogénie par les parasites, a prétendu que, dans la fièvre, le sang renferme des micrococcus qui s'agglomèrent avec les globules blancs et forment ainsi des bouchons obstruant un grand nombre de capillaires cutanés et pulmonaires. Il en résulte que le sang vient en moindre quantité se soumettre au refroidissement produit par les exhalations pulmonaire et cutanée pendant la période de chaleur comme pendant le stade de frisson. De là une accumulation de calorique qui tient à la diminution des causes de perte. Toutefois il ne voit là que la raison principale et permanente de l'accumulation de la chaleur. Il reconnaît qu'au début le spasme vasculaire agit dans le même sens. Il n'est pas éloigné de croire qu'il y a en même temps une plus grande activité des combustions et par conséquent production plus forte de calorique. C'est là un premier exemple des concessions que nous verrons les deux camps opposés être obligés de se faire. Du reste, Marey lui-même se montre moins exclusif que Traube, car il semble admettre que, puisque l'exhalation de l'acide carbonique augmente dans la fièvre, il doit y avoir aussi une certaine augmentation des combustions.

2° Dans la catégorie des expérimentateurs qui se sont prononcés pour une production exagérée de calorique, il faut inscrire Zimmermann, de Weber, John Simon, Billroth, Ewald, Hirtz, Sénator et Jaccoud. Pour eux, cette production exagérée est générale; elle s'opère sur tous les points de l'économie. Même dans la fièvre liée à une inflammation locale, la chaleur plus abondante que l'organe enflammé abandonne au sang qui le traverse, ne suffit pas pour expliquer l'élévation de la température générale. Billroth ayant enflammé le vagin, chez des chiennes, à l'aide de l'iode, a trouvé la température de ce canal inférieure à celle du rectum, et même à celle du creux axillaire. Weber a injecté chez des chiens du pus. Une fois la fièvre allumée, ces animaux ont perdu de leur poids beaucoup plus que d'autres chiens semblables soumis à l'inanition. La matière brûle donc plus pendant la fièvre que dans l'état normal. Du reste, Leyden a constaté que, si pendant la fièvre chaque expiration fournit moins d'acide carbonique, la quantité absolue de ce gaz n'en augmente pas moins considérablement, vu la grande fréquence des respirations. Ewald, de Berlin, a de son côté reconnu que, pendant la fièvre, l'urine renferme une plus forte quantité de cet acide. Mais les théories les plus complètes qui ont été conçues dans cet ordre d'idées sont celles de Hirtz, de Sénator et de Jaccoud. Sénator s'est montré le plus radical. Pour lui, l'élévation de température qui caractérise la fièvre est tout à fait indépendante des modifications vaso-motrices, et l'innervation n'apporte qu'un concours accidentel et tout à fait accessoire. Il accorde seulement que, pendant la fièvre, il se produit de temps en temps une diminution de la chaleur perdue, grâce à la contraction des vaisseaux cutanés. Il se base sur des expériences qui ont consisté à suivre *de visu* l'état des vaisseaux auriculaires sur des lapins albinos chez lesquels il avait provoqué la fièvre par l'injection de matières septiques. Dans ces conditions, il a constaté que dans l'un et l'autre stade, alors que la température se maintenait également élevée, ces vaisseaux éprouvaient des alternatives de dilatation, de resserrement et de *statu quo*. Il en a conclu qu'il n'y a jamais ni spasme, ni tétanos permanent des vaisseaux. L'élévation tient donc à peu près exclusivement à l'activité des combustions; mais comme il a cru constater une diminution de l'exhalation d'acide carbonique chez les fébricitants, il pense que ce sont surtout les albuminoïdes qui brûlent en se dédoublant, et que l'aptitude des tissus à éprouver la dégénérescence graisseuse pendant la fièvre tient à ce que les hydrocarbonés cessent de brûler.

Dans un travail des plus remarquables, Hirtz s'est attaché à prouver, par des recherches rigoureuses, que les combustions organiques sont bien plus actives pendant la fièvre que dans l'état normal. Il a analysé tous les produits qui résultent de ces combustions et que l'économie rejette hors d'elle par les diverses voies d'excrétion dont elle est douée, et il a constaté que tous, sans exception, augmentent de quantité. Comme preuve complémentaire, il a démontré, de même que Weber, que le poids du corps diminue. Tout en regardant l'excès de combustion comme la base même de la pathogénie de la fièvre, Hirtz ne met pas complétement le système nerveux hors de cause. Il accorde aux vaso-moteurs le pouvoir de diminuer l'émission du calorique. Remontant plus haut, il recherche quelle peut être la cause première qui donne plus d'activité aux combustions organiques. Il la trouve, pour les fièvres infectieuses, dans le miasme absorbé par le sang ; pour les fièvres zymotiques, dans le poison septique ; pour les fièvres liées à une inflammation locale, à l'altération qu'éprouve le sang pendant qu'il passe dans l'organe enflammé. Descendant ensuite aux détails, il explique le frisson initial par un spasme réflexe des fibres lisses des vaisseaux et de la peau. Cette contraction, serait provoquée par les nerfs sensitifs cutanés, qui transmettraient à l'axe cérébro-spinal la sensation d'un froid relatif, par rapport à la chaleur des centres nerveux. Le spasme, en chassant le sang, rendrait la différence de température plus considérable encore, et l'impression provocatrice, en grandissant ainsi, ferait grandir encore la contraction réflexe. Gorgés et irrités par le reflux du sang, le cœur et les gros vaisseaux exécuteraient des mouvements tumultueux et énergiques qui injecteraient le sang là où la contraction ne lui fermerait pas l'accès, notamment dans la moelle, dont la congestion provoque à son tour la courbature générale, le claquement de dents, parfois même des convulsions. Lorsque le spasme vasculaire cesse et est remplacé par la dilatation, le sang afflue à la périphérie. Malgré le refroidissement qui peut en résulter pour lui, la température reste élevée parce qu'il continue à y avoir excès de combustion. De là, la chaleur brûlante de la peau. En vertu des lois de l'hydraulique, cette dilatation ralentit la circulation capillaire. Ce ralentissement explique, à ses yeux, la suppression des sueurs, les congestions, les gangrènes, les fuliginosités des lèvres, les pétéchies et même les hémorrhagies qui se produisent souvent chez les fébricitants. Faisant enfin intervenir la chaleur par elle-même, il pense que son excès trouble directement les centres nerveux et détermine la céphalalgie, l'insomnie, les rêves, les soubresauts tendineux, l'adynamie et l'ataxie. En un mot, tout dérive de l'excès de combustion, et le système nerveux n'intervient que parce qu'il y est provoqué par le calorique, soit directement pour ces derniers phénomènes, soit d'une manière réflexe pour la production du frisson.

Jaccoud n'a fait, au fond, que consolider la théorie précédente par de nouveaux arguments. Il fait observer que l'élévation de la température précède de deux à trois heures le frisson, c'est-à-dire le premier phénomène où on aperçoive réellement la main du système nerveux ; que du reste le frisson peut manquer totalement, même dans les fièvres les mieux dessinées, et que s'il y avait réellement pendant la seconde période paralysie du sympathique, le cœur devrait se ralentir à ce moment, tandis qu'il se montre plus accéléré encore que pendant la période d'excitation du sympathique. Dans ce second groupe il y a encore lieu de faire entrer Murri. Mais les expériences qu'il a entreprises ont eu surtout pour but de réfuter une des théories de la troisième catégorie, à propos de laquelle nous les mentionnerons.

3° Liebermeister admet une grande suractivité des combustions organiques, mais il l'attribue exclusivement à l'influence du système nerveux. Suivant lui, il existe dans l'encéphale un centre spécial qui a pour mission de modérer les combustions chimiques dans l'économie et dont la paralysie se traduirait par la fièvre. Les substances pyrogènes, miasmatiques ou septiques, sont des poisons capables de paralyser ce centre. Pour justifier indirectement sa théorie, Liebermeister a cherché à détruire l'idée d'une économie de calorique réalisée par le reflux du sang vers l'intérieur. Il a placé des fébricitants dans des bains froids et il a constaté qu'ils cédaient à l'eau plus de calorique que des sujets sains, une fois et demie à deux fois plus. Murri, ainsi que nous l'avons dit, s'est chargé de ruiner cette théorie. Il a vu la température baisser, après la section de la moelle, dans les parties qui se trouvaient ainsi séparées du prétendu centre modérateur, et continuer à s'élever après cette section, alors que des substances pyrogènes, introduites dans le sang, ne pouvaient plus influencer qu'un centre privé de ses agents périphériques. Il en conclut que ces substances agissent directement sur les tissus et non par l'intermédiaire du système nerveux, et que la fièvre consiste uniquement dans un trouble des processus organo-chimiques de la matière vivante.

Une formule mixte qui tend à se répandre dans le monde médical, sans nom d'auteur, est celle-ci : Les substances pyrogènes et toutes les circonstances capables d'engendrer la fièvre exercent tout d'abord une action irritante sur les centres vaso-moteurs, qui se traduit par le spasme des vaisseaux périphériques ; d'où le frisson, qui ne s'accompagne d'une élévation de température que parce qu'il diminue les causes de perte. Ensuite, soit sous l'influence de l'épuisement de ces centres, soit par continuation de l'action toxique, un effet inverse se produit, c'est-à-dire la paralysie vaso-motrice. De là, une irrigation plus considérable des tissus, qui permet aux combinaisons organiques de prendre une activité plus grande, et il en résulte une production réelle d'une plus grande quantité de calorique. Munro a voulu préciser la manière dont cette paralysie prend naissance dans les fièvres palustres en particulier. Selon lui, elle ne serait pas l'œuvre d'un miasme, mais de l'électricité qu'engendre la chaleur atmosphérique en agissant sur les matières végétales en voie de putréfaction. Armaingault fait, de son côté, de la fièvre intermittente une névrose vaso-motrice d'origine spinale.

Cl. Bernard a appliqué naturellement à la fièvre sa théorie des nerfs frigorifiques ou vaso-constricteurs d'origine sympathique, et des nerfs calorifiques ou vaso-dilatateurs d'origine cérébro-rachidienne. Pour lui, le système nerveux agit à un double titre dans la fièvre, de même que dans la calorification normale. Il agit à la fois comme présidant à la répartition du calorique déjà acquis, et comme excitateur plus ou moins direct des réactions chimiques de l'économie. En sa qualité de répartiteur, il réalise la constriction et la dilatation des vaisseaux qui caractérisent les deux stades. Il peut ainsi contribuer à modérer les pertes de chaleur. En sa qualité d'excitateur, il active par ses vaso-dilatateurs les réactions chimiques et augmente par le fait la source de chaleur. Pour Bernard, « il y a « deux ordres de phénomènes nutritifs : les uns de destruction, de « dédoublement, de désorganisation matérielle ou de combustion ; « les autres d'organisation ou de synthèse organique. Ces derniers

« phénomènes sont sous l'influence des nerfs frigorifiques ; les phé-
« nomènes de combustion sont plus spécialement régis par les nerfs
« vaso-moteurs dilatateurs ou calorifiques. Or, la fièvre n'est qu'une
« exagération de l'action de ces nerfs calorifiques qui partent de la
« moelle, et non une paralysie des vaso-constricteurs. »

En présence de solutions si nombreuses et si différentes, j'hésite
à venir encore encombrer la question en lui fournissant une nouvelle variante, mais il est de mon devoir de vous faire connaître
mon propre sentiment. De tout temps, j'ai été porté à voir dans la
fièvre un état morbide de l'ensemble du système nerveux. Il est en
effet digne de remarque qu'elle se montre beaucoup plus facilement
et avec plus d'intensité chez les sujets dont le système nerveux est
très-impressionnable. C'est ainsi qu'elle naît sous la moindre influence chez les enfants et les femmes. Une simple émotion suffit
même parfois pour la développer. L'un de ses premiers symptômes,
le frisson, qui, il est vrai, peut manquer, est incontestablement un
phénomène nerveux. C'est une convulsion des fibres lisses, vasculaires et cutanées, qui est certainement commandée par les centres
nerveux en souffrance. Limité ordinairement chez les adultes à ces
éléments de la vie végétative, l'éréthisme moteur tend à s'étendre
aux centres locomoteurs chez les sujets doués d'une grande irritabilité nerveuse et d'un grand pouvoir de dispersion. Voilà pourquoi
le frisson vient si souvent se transformer en des convulsions chez
les enfants, qui ont du reste les centres locomoteurs prédominants.
Il est possible aussi que l'effacement des vaisseaux cérébraux ait lieu
et donne aux convulsions un cachet épileptiforme. Le même envahissement se fait avec autant de facilité chez les femmes hystériques ;
le spasme musculaire prend seulement d'autres allures. D'autre part,
on voit un état fébrile des plus intenses être engendré par une simple
sensation ; c'est ainsi que cela a lieu fréquemment à la suite du ca-
thétérisme. Dans cette circonstance, il est évident que l'introduction
de la sonde produit un courant nerveux centripète au reçu duquel
les centres réagissent en établissant le mouvement fébrile. D'ailleurs,
dans toutes les régions les nerfs sensitifs paraissent jouer un rôle
important dans la production de la fièvre. En effet, une expérience
de Bernard tend à prouver qu'une blessure entraîne une réaction
générale beaucoup plus sûrement lorsque les nerfs sensitifs de la
région blessée ont été respectés que lorsqu'ils ont été coupés, parce
que, dans ce dernier cas, le point lésé ne peut plus être en com-

munication centripète avec l'axe cérébro-spinal. Lorsqu'on enfonce sur un cheval un clou dans la partie supérieure du pied recouverte par le sabot, il se développe, toujours et rapidement, une fièvre assez intense ; mais si on a préalablement coupé tous les nerfs sensitifs qui partent du pied, la fièvre fait complétement défaut. Il est vrai que Vulpian n'accorde pas à cette expérience la signification que son auteur lui attribue, parce qu'elle n'a pas donné les mêmes résultats sur des animaux d'une autre espèce, et parce que les expériences de Mantegazza tendent à prouver que les douleurs vives produisent plutôt un abaissement de la température générale. Malgré ces objections, je crois que la déduction énoncée par Bernard est exacte, parce que j'ai vu bien des fois des inflammations survenir dans des membres paralysés sans éveiller la moindre réaction générale. Enfin, il est une remarque qui a été faite par Hirtz et qui est très-juste, c'est que toutes les substances fébrifuges, susceptibles de faire baisser la température générale, constituent incontestablement des poisons du système nerveux. Dans sa naissance, dans ses manifestations et dans ses moyens d'extinction, la fièvre nous apparaît donc avec des caractères de nature nerveuse.

A une époque où je n'étais pas encore convaincu de l'augmentation des combustions pendant l'état fébrile, je rendais sans hésitation le système nerveux seul responsable de l'élévation de la température. Sans négliger complétement l'influence conservatrice exercée par la constriction des vaisseaux périphériques et signalée par Marey et Traube, je la mettais surtout sur le compte de l'inertie que présentent en cette circonstance le système nerveux et la vie tout entière. Même au moment du frisson, c'est-à-dire au moment où le système nerveux offre une excitation partielle, on peut dire qu'il est dans une inertie relative. A ce moment, l'activité est limitée au système vaso-moteur. Toute la vie de relation et bien des actes de la vie végétative sont comme anéantis. Le fébricitant est déjà devenu incapable d'exécuter la plupart des fonctions animales. Il est comme absorbé dans son frisson. Cette inertie devient bien plus complète et plus générale dans la seconde période. Le malade ne marche plus, ne parle plus et reste plongé dans un demi-sommeil. La pensée est lourde et comme morte. Le tonus vasculaire cesse lui-même d'être maintenu. Il y a bien çà et là quelques bouffées d'excitation, soit dans l'ordre intellectuel, soit dans l'ordre locomoteur. Mais ce sont des éclairs qui s'éteignent rapidement et qui n'occasionnent qu'une dépense partielle et insignifiante, de sorte qu'on peut dire que la fièvre est caractérisée par le relâchement de toute l'innervation et, par suite, de toutes les manifestations fonctionnelles. Il n'y a qu'un seul groupe de phénomènes qui paraissent se continuer dans l'économie du fébricitant, ce sont les phénomènes de combustion. La production de calorique ne diminue pas, et c'est là surtout ce qui distingue l'inertie de la fièvre de l'inertie du sommeil. Or, dans les conditions ordinaires, le calorique s'use en grande partie par voie de transformation dans la réalisation des actes mécaniques de l'organisme. Pendant la fièvre, celui-ci se trouve donc dans les conditions d'une machine qui ne fonctionne pas et que l'on continue à chauffer ; il s'échauffe. Tout le calorique qui ne peut plus trouver son emploi fonctionnel, vient élever la température générale. Il y a même peut-être restitution du calorique latent, et acquis antérieurement, qui était destiné à alimenter le fonctionnement du système nerveux. Dans cette conception, ma formule était celle-ci : « Pendant la fièvre, la matière s'use sans production fonctionnelle. L'élévation de la température, qui constitue la condition caractéristique de cet état mordide, est due à ce que les combustions continuent pendant que la dépense dynamique est réduite à sa plus simple expression ; et ce qui rend la dépense presque nulle, c'est l'inertie du système nerveux qui devient ainsi la base de cet état morbide. » Cette formule supposait la continuation et non l'exagération des mutations chimiques, mais après les recherches de Leyden et surtout celles de Hirtz, il est impossible de nier l'existence de cette exagération. Constitue-t-elle une raison suffisante pour condamner l'interprétation précédente ? Je ne le crois pas, car l'excès de combustion pourrait très-bien être la conséquence de la plus grande richesse d'irrigation sanguine que présentent la plupart des tissus. L'élévation que l'on constate, même pendant le frisson, se comprendrait aussi, puisque les viscères doivent nécessairement en ce moment regorger de sang par suite du reflux de celui de la périphérie. Aussi ce qui me ferait plutôt renoncer à ma formule, ce seraient les faits énoncés par Cl. Bernard. Si l'existence générale des nerfs vaso-dilatateurs et calorifiques, tels que les comprend ce physiologiste, se trouve être démontrée de plus en plus, je crois que sa théorie de la fièvre s'imposerait d'elle-même. Le stade de chaleur deviendrait une période d'activité et non de paralysie. Mais comme cette activité se trouverait limitée à l'innervation vaso-motrice et à la vie végétative, il y aurait encore lieu de tenir compte du défaut d'utilisation de la chaleur dans les actes de la vie de relation et du collapsus relatif de l'axe cérébro-spinal.

PHYSIOLOGIE PATHOLOGIQUE SPÉCIALE.

L'analyse physiologique de cinq maladies, à physionomie spéciale, trouve naturellement place dans l'histoire du sympathique, parce que ce nerf semble, tout au moins, y jouer un rôle de premier ordre. Ces cinq maladies sont : la gangrène symétrique des extrémités, la migraine, le goître exophthalmique, la maladie d'Addison et le choléra. Dans l'analyse que nous allons en faire, nous réduirons à leur plus simple expression les sommaires descriptifs, qui n'ont, en définitive, d'autre but que de rappeler les traits les plus caractéristiques des affections dont nous recherchons le mécanisme. Pour la première, qui n'a pas encore pris rang dans le cadre classique, nous fusionnerons même la description avec l'interprétation.

Gangrène symétrique des extrémités.

Sous ce nom, Raynaud a décrit, dans ces dernières années, une maladie qui pourrait bien constituer une véritable névrose spasmodique du sympathique, car ce genre de gangrène ne s'accompagne d'aucune altération du cœur et des vaisseaux, à laquelle on puisse l'attribuer. La mort des tissus se produit d'une manière symétrique dans les deux pieds, souvent en même temps dans les deux mains ; parfois le nez et les oreilles sont en outre victimes du travail de destruction. Cette gangrène doit certainement avoir son point de départ dans le système nerveux, car elle ne s'observe que chez les individus névropathiques, et elle est beaucoup plus fréquente chez les femmes que chez les hommes. Il est à noter encore qu'elle se développe surtout pendant la menstruation, à une époque où l'éréthisme nerveux est considérable. Elle doit être en outre regardée comme le résultat réflexe d'une perturbation éprouvée par le système nerveux, car cette affection est provoquée, tantôt par le froid, tantôt par des émotions morales. Il est aussi évident que ce réflexe agit en entravant la circulation dans les parties atteintes, car avant de se gangrener, ces régions sont longtemps pâles et exsangues. Weber a eu la singulière idée d'attribuer l'effacement des vaisseaux à une cause extrinsèque, à une crampe des muscles peauciers, c'est-à-dire aux fibres dartoïques du derme. Je crois avec Raynaud, Vulpian et Fischer, qu'il tient plutôt à un spasme des vaisseaux eux-mêmes. Cette contracture vasculaire n'est pas toujours régulière. Elle manque par place ; de là des taches rouges d'abord, cyanosées ensuite, qui se dessinent sur un fond blanc et qui sont dues à ce que le sang se trouve çà et là emprisonné, sans possibilité de renouvellement. Cette anémie rend les extrémités périphériques des nerfs sensitifs incapables de recueillir les impressions d'origine extérieure. Aussi peut-on piquer et pincer ces parties sans que le malade s'en aperçoive. Si, pour une raison ou pour une autre, le spasme cesse avant que les choses soient plus avancées, la circulation locale peut se rétablir et la nutrition des tissus finit par rentrer dans l'ordre. Mais si la contraction persiste, on voit bientôt des phlyctènes roussâtres se produire, ou bien chez d'autres sujets les tissus se dessèchent en se ratatinant. Ils se parcheminent et prennent une teinte noire.

Durosier fait de cette affection une névrose tout à fait spéciale du sympathique. Raynaud pense que le centre de réflexion doit se trouver dans un point capable de retentir à la fois sur les quatre membres, c'est-à-dire dans le myélencéphale. Mais Vulpian se demande si la symétrie ne peut s'expliquer que par l'intervention de l'axe, car le froid peut agir directement et au même degré sur les deux extrémités. Quoique cette manière de voir mette en jeu l'autonomie des plexus vasculaires, telle que je la crois possible, je suis porté à penser que la symétrie trouve souvent sa cause dans les centres puisqu'elle existe aussi lorsque l'affection est d'origine morale. Il est probable que le sympathique ne fait qu'obéir aux influences médullaires. C'est un véritable tétanos des vaso-moteurs et de la colonne de Jaccubowitz.

Migraine.

Sommaire descriptif. — Cette affection se manifeste sous forme d'accès plus ou moins fréquents, qui peuvent être provoqués par un excès de table, l'inanition, la constipation, un exercice excessif de la vision, des odeurs fortes, les veilles prolongées, un travail intellectuel trop considérable. Comme causes prédisposantes, on a signalé la goutte, la chlorose, l'hystérie, les hémorrhoïdes, les menstruations défectueuses. Généralement, sinon toujours, l'accès débute par une pâleur caractéristique du visage, accompagnée souvent de petits frissons. En même temps apparaît une douleur diffuse qui se répand dans tout le cuir chevelu. Ce premier genre de douleur est bientôt masqué par un autre, qui consiste en des lancées douloureuses d'une grande acuité, et qui occupe plus particulièrement les régions frontale et temporale. Au moment où ces lancées ont le plus d'intensité, on peut constater que la pâleur est remplacée par un état congestionnel et que les artères battent avec vigueur. Cette céphalalgie a pour cachet d'ôter toute énergie morale et physique et de donner lieu à une hyperesthésie très-accentuée des organes des sens. Ceux-ci sont aussi le siége de sensations subjectives. Un fait à peu près constant est l'existence de nausées, suivies ou non de vomissements. Une sueur abondante vient en général marquer le déclin de l'accès.

Analyse physiologique. — Une interprétation qui est assez répandue dans le monde est celle qui attribue la migraine à la sympathie qui existe entre l'estomac et le cerveau. Beaucoup de médecins, appliquant à ce fait les données de la physiologie moderne, pensent que la céphalalgie est un effet réflexe de l'impression que le vague — va puiser dans l'estomac. Le Dr Villiam Dale était lui-même atteint d'une migraine que précédaient toujours et qu'engendraient des troubles gastriques. Il est arrivé à se guérir, rien qu'en se soumettant à une diète sévère. Clifford-Allbutt accorde aussi le principal rôle aux troubles des viscères abdominaux, parce que le vomissement de la migraine diffère essentiellement, selon lui, du vomissement d'origine cérébrale, par la durée de la nausée préparatoire et par la nature bilieuse du liquide rejeté. Il s'appuie en outre sur ce que le foie est lui-même souvent mis en cause, puisqu'il est douloureux à la pression et qu'il existe une légère teinte ictérique ; sur l'anorexie et la dyspepsie qui précèdent, accompagnent et suivent les accès de migraine; enfin sur ce que cette affection est souvent produite par un écart de régime et cède surtout aux médicaments qui s'adressent directement à l'état des voies digestives. Niemeyer est plus explicite encore. Il ne voit dans la migraine que l'expression d'une congestion du foie.

Hasse en fait simplement une névralgie du trijumeau, mais un névralgie qui s'étendrait jusque dans les rameaux que ce nerf envoie aux méninges et aux os du crâne, ce qui donnerait à la douleur l'apparence d'un siége intracrânien. Elle serait assez intense pour retentir non-seulement sur les nerfs sensoriels, mais encore sur les nerfs viscéraux. Anstie, qui partage cette opinion, prétend que cette névralgie trifaciale se particularise en ce qu'elle tient à un état anatomique spécial. Elle serait due à une irritation moléculaire atrophique des racines du trijumeau. Wepfer, Tissot et Lebert se contentent de spécialiser la névralgie trifaciale de la migraine en la circonscrivant dans une seule des branches du trijumeau. Pour eux, c'est la névralgie exclusive du nerf sus-orbitaire. Piorry place la migraine sur un terrain commun au sympathique et à la cinquième paire, dans une dépendance du ganglion ophthalmique, le réseau nerveux de l'iris. Pour lui, c'est une *irisalgie;* c'est pourquoi cette affection est avant tout caractérisée par un grand endolorissement du globe oculaire et par des sensations lumineuses subjectives. — Se basant sur la profondeur de la sensation éprouvée et sur ce que les douleurs s'accompagnent de troubles dans les nerfs des organes des sens, Romberg et Calmeil regardent la migraine comme étant un état névralgique du cerveau lui-même. C'est l'hyperesthésie cérébrale.

Bois-Reymond étant lui-même atteint de fréquentes migraines en a profité pour analyser les phénomènes dont il était le théâtre. Il fut surtout frappé du resserrement manifeste qu'éprouvait son artère temporale, de la pâleur qu'offrait à ce même moment tout son visage, de la grande dilatation de sa pupille et de la rétraction de son globe oculaire. Retrouvant là quatre des effets constants de l'électrisation du cordon cervical chez les animaux, il a pensé que la migraine était la conséquence d'une exaltation du sympathique cervical, trouvant elle-même sa cause première dans un état morbide de la région cilio-spinale de la moelle. Cette dernière supposition était motivée par la douleur qu'il éprouvait lorsqu'on exerçait une pression sur les apophyses épineuses des vertèbres correspondantes. Il admet que le point de départ peut aussi se trouver dans le cordon cervical lui-même, parce que Brunner a observé sur lui et sur sa mère une sensibilité douloureuse dans la région des ganglions cervicaux, supérieur et moyen. Quant à la douleur, il croit qu'elle n'est que la conséquence de la compression que la crampe vasculaire fait subir aux filets sensitifs contenus dans les parois des vaisseaux. Il la compare aux coliques utérines dans l'accouchement. Il attribue les nausées, les vomissements et les bluettes aux modifications que les vaisseaux font éprouver à la tension intra-encéphalique. Une interprétation diamétralement opposée a été émise par Mœllendorf. Il prétend qu'il s'agit au contraire d'une paralysie temporaire de ce cordon cervical, parce que l'ophthalmoscope lui a permis de constater que, pendant la migraine, les artères de la rétine sont excessivement dilatées, parce que le côté correspondant de la tête se couvre souvent de sueurs, et parce que la compression de la carotide diminue la maladie. — Jaccoud a cherché à les mettre d'accord tous les deux en admettant, pour la migraine, deux périodes se succédant régulièrement, l'une d'excitation et l'autre de paralysie, par suite d'épuisement. Il suppose que les deux auteurs précédents n'ont pas pris leurs observations pendant la même période. — Latham adopte l'éclectisme de Jaccoud. Il admet aussi deux périodes, l'une de tétanisation, l'autre de relâchement des vaisseaux, et il apporte des arguments nouveaux. Il fait observer que la pâleur initiale est ensuite remplacée par la rougeur de la joue et l'injection de la conjonctive ; que dans le même moment l'urine est très-claire et très-abondante, tandis que la salive devient gluante et désagréable, absolument comme quand on a coupé les splanchniques et les filets salivaires du sympathique ; qu'au début de la crise on voit au contraire des phénomènes qui traduisent une excitation de ce nerf dans son ensemble, tels que le froid des extrémités, des sensations lumineuses analogues aux phosphènes qu'engendrent les poisons capables d'exciter le système nerveux des fibres lisses. Cet auteur a décrit avec soin les troubles visuels qui précèdent chez quelques sujets les douleurs péri-orbitaires. Ils consistent en un obscurcissement partiel du champ visuel et en l'apparition d'une zone lumineuse, vacillante, quelquefois colorée, qui entoure le point obscur. Cet obscurcissement semble indiquer qu'au début il y a un resserrement partiel et mobile des vaisseaux de la rétine. — Eulenburg et Guttmann admettent aussi les deux périodes opposées. Ils disent que s'il y a parfois dilatation de la pupille au début, on observe très-souvent un rétrécissement de cet orifice vers la fin de l'accès. Wilks l'a aussi constaté. Quant à la douleur, qui est en effet plus marquée au commencement, ils l'attribuent, comme Bois-Reymond, à la crampe vasculaire ; mais ils font aussi entrer en ligne de compte l'anémie que la tétanisation des vaisseaux fait éprouver aux filets du trijumeau et qui a pour conséquence naturelle d'exalter leur sensibilité. Selon eux, la migraine a tendance à disparaître avec l'âge, uniquement parce que les vaisseaux perdent de leur contractilité et, par suite, l'aptitude à se tétaniser. — Vulpian reconnaît que dans beaucoup de cas il y a des symptômes qui dépendent incontestablement du sympathique cervical. Mais il fait remarquer que ces symptômes ne se manifestent que quand la migraine occupe les régions frontale et orbitaire, et encore pas toujours. Il déclare que dans l'état actuel de la science il est impossible de préciser le mécanisme de cette affection. Mais il se montre porté à accorder une large part aux troubles gastriques.

Leveing regarde cette affection comme une véritable éruption volcanique venant débarrasser de temps en temps le système nerveux d'un excès de tension acquis par la force nerveuse. Le besoin de cette soupape de sûreté se transmet héréditairement comme le nervosisme, mais elle peut être rendue nécessaire par le genre de vie lui-même. Chaque crise est précédée d'un état de malaise indéfinissable, dans lequel le malade a le sentiment d'une tension contenue, mais prête à éclater. Quand elle est terminée, il en résulte un soulagement général, un état de bien-être qui indique que le repos qu'on éprouve tient à ce que l'activité morbide est épuisée. La décharge s'opère par des phénomènes plus ou moins explosifs et appartenant surtout à la sphère sensorielle. Elle puise son impulsion initiale dans l'isthme de l'encéphale. La migraine n'est, du reste, qu'une des formes variées par lesquelles la décharge nécessaire peut s'effectuer et qui constituent tout autant de névroses distinctes dans leur siége et leurs allures, mais reconnaissant une seule et même cause, l'excès de tension nerveuse. Il condamne toute espèce de théorie attribuant la migraine à un état vasculaire ou à une irritation des nerfs périphériques se propageant aux centres.

Hervez de Chégoin a combiné l'idée de pléthore nerveuse avec le mécanisme vasculaire, c'est-à-dire qu'il localise cette pléthore et ses manifestations dans le sympathique. Mais il néglige ou n'admet pas la période de tétanisation des vaisseaux. Il met exclusivement en scène leur dilatation, dont l'artère temporale offre un spécimen très-appréciable à l'œil. Il place la douleur elle-même dans le réseau péri-vasculaire, et, pour justifier cette localisation, il fait observer que la douleur de la migraine est bien différente de celle qu'on ressent dans la névralgie du trijumeau. Tandis que celle-ci est vive, de courte durée, intermittente, et parcourt, comme un éclair, le trajet anatomique des branches et rameaux de la 5e paire, celle de la migraine se montre continue et dessine parfaitement la distribution des artères, ce qui leur donne un caractère rongeant et réticulé. Suivant son expression heureuse : dans la migraine, ce n'est plus un éclair de douleur, c'est une ondée. Chaque battement des artères l'exagère, tout justement parce que le réseau sensitif reçoit directement le choc de la colonne sanguine. Le malade éprouve en outre un sentiment de distension et de compression qui est dû à la dilatation des vaisseaux intracrâniens. Quant aux troubles de l'estomac, il n'en fait point des phénomènes sympathiques de la céphalalgie, mais bien une explosion s'effectuant concurremment dans un autre département du sympathique. C'est, pour ainsi dire, un cratère abdominal qui vomit, en même temps que le cratère céphalique, l'excès de tension qui tourmente le sympathique. « La migraine, « dit-il, est liée au tempérament nerveux qui a ses pléthores ner- « veuses, comme le tempérament sanguin à ses pléthores sanguines. « Les unes se dissipent par une espèce de décharge électrique, « comme les autres cessent par une hémorrhagie. »

Cette affection a été, comme vous le voyez, l'objet d'un grand nombre d'interprétations dont les auteurs ont trouvé, chacun, des faits qui plaident en faveur de leurs opinions. C'est qu'en effet la vérité se trouve un peu dans toutes et non dans une seule. Les auteurs n'ont qu'un tort, c'est de généraliser et de prendre pour base une seule des faces de la maladie, celle que le hasard leur a fait entrevoir prédominante. Cette affection met certainement en jeu un groupe déterminé de plusieurs départements du système nerveux. Mais ceux-ci n'entrent pas toujours tous en scène et ils ne s'enchaînent pas toujours de la même façon. De là vient qu'on a pris des causes pour des effets et réciproquement. Si j'en juge d'après les nombreux cas dont j'ai été témoin, je crois pouvoir poser comme un fait incontestable que dans la migraine il y a toujours, au point de vue de la vascularisation de la tête, deux phases nettement enchaînées l'une à l'autre, l'une de pâleur, l'autre de rougeur. La première dure beaucoup moins que la seconde et peut même passer inaperçue. D'après ce que l'on sait sur le mécanisme de la vascularisation, il est donc évident que les vaisseaux passent par deux états, l'un de contraction spasmodique, l'autre de relâchement. Il se passe là exactement ce qui se passe dans tout le système artériel pendant l'état fébrile. C'est la fièvre de l'extrémité céphalique. — La douleur m'a paru se présenter sous deux aspects qui sont, jusqu'à un certain point, en rapport avec ces deux phases de la vascularisation. Au début, elle a quelque chose de sourd, mais d'insupportable, qui ne ressemble en rien à la névralgie de la 5e paire. Le malade a un sentiment de crispation. Il dit que sa tête est comme serrée dans un étau. Le genre de souffrance a réellement en ce moment tous les caractères dépeints par Hervez de Chégoin. Elle doit probablement siéger, en effet, dans le réseau péri-vasculaire et être engendrée par le spasme des vaisseaux lui-même ; c'est une crampe douloureuse qui se sent du berceau sympathique où elle prend naissance, et qui n'a pas l'acuité des crampes où les nerfs rachidiens sont mis en cause. Plus tard, alors que la rougeur existe, la douleur change d'aspect ; elle tend à revêtir la forme d'une névralgie du trifacial, et il est probable que ce nerf est vraiment mis en cause, soit parce que l'éréthisme nerveux l'a envahi à son tour, soit parce qu'il est irrité par la congestion que la dilatation des vaisseaux fait éprouver à son noyau et à ses branches. On comprend que les médecins qui ont porté leur attention surtout sur cette période, aient été conduits à faire de la migraine une névralgie du trijumeau. Les troubles cérébraux et sensoriels semblent aussi être la conséquence ou tout au moins être en rapport avec ces deux états de la vascularisation. Au moment de la pâleur, le malade distingue mal les objets. Une vapeur, un nuage le sépare de tout ce qui l'entoure. Il y a des lacunes nombreuses et plus ou moins étendues dans son champ visuel. S'il veut lire, une partie des lettres de chaque mot fait défaut. Il y a une semi-amaurose qui doit être due à l'anémie de la rétine résultant de la contraction de ses vaisseaux. Ces phénomènes sont partiels et très-mobiles parce que la contracture vasculaire n'est pas générale et se déplace à chaque instant. Dans le même moment, il perçoit vaguement les sons ; il ne peut pas les saisir, parce que les vaisseaux du labyrinthe sont dans la même situation. C'est encore par l'appauvrissement de la circulation cérébrale qu'on doit expliquer l'espèce d'incapacité intellectuelle qui se montre dès le début de la crise. Le malade n'a plus d'idées, ou celles-ci ne peuvent plus s'enchaîner qu'au prix d'efforts insurmontables. Pendant la période de rougeur, ce ne sont pas des nuages et des mouches qui empêchent l'exercice de la vision. La rétine, devenue congestionnée, se montre atteinte d'hyperesthésie. Le malade ferme les yeux, parce que la lumière lui fait mal ; alors aussi se montrent, sous l'influence de la congestion de la rétine et de la couche optique, des sensations lumineuses subjectives. De même du côté de l'audition, aucun bruit ne peut plus être supporté, et il existe des bourdonnements et des tintements d'oreille. A ce moment, enfin, le travail intellectuel est plutôt fatigant qu'impuissant. La tête, selon l'expression même du malade, n'est plus vide ; elle est lourde. Quant aux nausées et aux vomissements qui se montrent chez ceux qui ne présentaient pas antérieurement de troubles gastriques, il est possible qu'ils soient la conséquence des changements de la tension intracrânienne et des modifications vasculaires éprouvées par l'encéphale ; qu'ils soient en partie ou en totalité d'origine centrale et comparables aux vomissements de la méningite. Mais rien ne prouve que l'éréthisme reste limité à la portion cervicale du sympathique. Il peut aussi bien éclater en même temps dans le plexus coronaire stomachique. Il peut se produire un spasme insensible de la musculeuse de l'estomac qui, en malaxant les extrémités périphériques du vague, fait naître la sensation nausée, laquelle provoque à son tour la réaction vomissement. Pour les migraines héréditaires et pour toutes celles qui apparaissent périodiquement sans motifs bien déterminés, je suis très-partisan de la pléthore nerveuse, car tous les spasmes capables de procurer un dégorgement nerveux peuvent prévenir les accès. Bien des confidences m'ont appris qu'un coït peut faire disparaître le malaise précurseur et éloigner les accès. La continence peut au contraire les faire augmenter d'intensité et de fréquence. Chez beaucoup de femmes, la dysménorrhée se traduit par des migraines. Dès que le spasme menstruel est bien établi, le trouble céphalique cesse. Avant, la pléthore cherchait son débouché en tâtonnant. Chez l'homme, les hémorrhoïdes, qui, elles aussi, s'accompagnent d'un spasme musculaire, exposent aux mêmes phénomènes. Mais je reconnais que la migraine peut avoir d'autres origines ; c'est alors un spasme réflexe du sympathique cervical qui peut être provoqué par des courants centripètes variés. C'est ainsi qu'une émotion, qu'une épine morbide siégeant dans l'utérus, le foie ou l'estomac, sont souvent le point de départ de ces accès. C'est dans quelques-unes de ces circonstances exceptionnelles qu'on a pu dire avec raison que la migraine était le résultat d'un trouble gastrique.

Goître exophthalmique.

Sommaire descriptif. — Cette affection attire l'attention de l'observateur par trois symptômes des plus saillants, dont on a caractérisé l'association par l'expression heureuse de *triade symptomatique*. Ce sont : le développement de la thyroïde, la saillie du globe oculaire et des troubles cardiaques. On peut toutefois mettre sur le même rang un quatrième élément qui est encore plus constant que les précédents, mais qui frappe ou étonne moins, c'est la dilatation de tous les vaisseaux qui relèvent du sympathique cervical. Le goître qui survient dans cette circonstance est tout à fait caractéristique. Il atteint son maximum très-rapidement, laisse toujours à l'organe une consistance demi-molle et s'accompagne de battements artériels très-manifestes. L'exophthalmie s'efface momentanément sous la pression du doigt pour se reproduire immédiatement après. L'œil est toujours larmoyant, très-souvent injecté, et s'enflamme parfois. La plupart du temps, la pupille conserve son diamètre normal et sa mobilité habituelle. Chez quelques malades seulement, elle est resserrée. Plus rarement encore elle se montre dilatée. La paupière supérieure ne suit plus la cornée dans ses mouvements d'élévation. Les battements du cœur acquièrent une fréquence excessive. Ils peuvent même aller à deux cents pulsations par minute, sous l'influence des émotions ou de la locomotion. Ils ont généralement aussi une grande énergie, mais ils restent réguliers et ne s'accompagnent qu'exceptionnellement de bruits de souffle. Parfois la percussion indique un léger développement de l'organe, notamment du ventricule gauche. Les artères du cou battent de la manière la plus apparente. Il y a aussi souvent une certaine stase veineuse. Ces modifications vasculaires peuvent s'étendre à l'ensemble du système artériel. Le facies exprime l'égarement et l'angoisse. Il existe une grande irritabilité de caractère, un haut degré d'agitation physique et morale. Il peut survenir quelques troubles intellectuels. Morell, Mackensie, Meynert et Robertson ont même vu de véritables manies être engendrées par cette affection. On avait prétendu qu'elle ne s'accompagnait d'aucune modification de la calorification, mais l'élévation de la température a été démontrée par Teissier, Trousseau, Peter, Gillebert d'Hercourt, etc. Chez beaucoup de malades, il survient de l'amaigrissement, des nausées, des vomissements, de la diarrhée séreuse, des sueurs profuses, des épistaxis et même des hémorrhagies viscérales, des gangrènes, de la pneumonie, une véritable maladie de cœur. Ce sont ces derniers accidents qui déterminent la mort, lorsqu'elle a lieu. A l'autopsie, on trouve le cœur le plus souvent normal. Il est parfois dilaté ou hypertrophié. Les valvules sont rarement altérées. Le corps thyroïde offre ordinairement les conditions anatomiques d'un simple goître vasculaire. Souvent le coussin adipeux de l'orbite est augmenté de volume. Les vaisseaux de l'œil sont dilatés. On a signalé exceptionnellement la dégénérescence athéromateuse de l'artère ophthalmique, ainsi que la dégénérescence graisseuse des muscles de l'orbite. Guttmann et Eulenburg ont réuni huit observations où l'on a pu constater une altération du sympathique cervical dont les ganglions étaient atrophiés avec ou sans hyperplasie de leur atmosphère conjonctive. Geigel a trouvé, dans un cas, une sclérose de la substance grise de la moelle cervicale.

Analyse physiologique. — Les nombreuses hypothèses qui ont été formulées au sujet de cette maladie se rattachent aux quatre ordres d'idées suivants : 1° elle est due à un état défectueux du sang ; 2° elle n'est que la conséquence d'une affection du cœur ; 3° elle constitue une maladie spéciale du système nerveux ; 4° elle n'est que l'effet mécanique d'un goître.

1° Fischer s'est attaché à en expliquer tous les symptômes par un état de pauvreté du sang. L'idée d'anémie pure et simple a été aussi soutenue par Begbie, Helfft et Gros. Ce dernier voit là une des formes variées qui peuvent exprimer l'état névropathique qu'engendre la pauvreté du sang. Beau regarde le goître exophthalmique comme la conséquence d'une chloro-anémie compliquée d'une dilatation hypertrophique curable du cœur. Cette complication aurait pour effet d'augmenter considérablement les troubles cardiaques que l'état du sang tend déjà à produire par lui-même. Bassedow, qui a donné son nom à cette affection, en fait le résultat d'une dyscrasie scrofuleuse. Bouillaud la regarde comme une espèce de dégénérescence de l'organisme analogue au crétinisme. Pour motiver cette détermination, il présente les manifestations pathologiques du cœur comme étant tout à fait secondaires et pouvant être négligées ; il place la caractéristique de la maladie dans le goître et l'exophthalmie, double symptôme qui se retrouve jusqu'à un certain point dans le crétinisme. Les crétins, qui sont presque toujours goîtreux, ont en effet souvent aussi les yeux gros et saillants. Il est en outre tenté de mettre cette dégénérescence sur le compte de l'onanisme et des excès vénériens. Enfin, Marchal de Calvi en fait une des modalités de la diathèse urique. C'est une des formes de ce qu'il a appelé *la goutte dans le sang.*

2° Stokes, tout en admettant que cette maladie puisse être engendrée, d'une manière éloignée, par une affection de l'utérus, pense qu'elle a pour origine directe un trouble du cœur qui, étant purement fonctionnel au début, peut à la longue prendre une nature organique. Hervieux, ne voulant pas mettre tout à fait hors de cause le système nerveux, dit qu'il n'intervient que pour exciter les mouvements du cœur, d'où dérive ensuite toute la série des phénomènes caractéristiques. Luton se montre peu disposé à en faire une entité morbide spéciale. Il ne voit là qu'un appareil symptomatique se rattachant à certains troubles fonctionnels ou organiques du cœur, ayant particulièrement pour résultat de modifier le jeu de la valvule tricuspide. Il fait observer que le phénomène effort dans lequel cette valvule joue un grand rôle, reproduit les principaux symptômes du globe exophthalmique. L'idée de Luton a été appuyée jusqu'à un certain point par Wymie-Foot et Walshe, qui font observer que le goître exophthalmique peut prendre naissance sous l'influence de tous les actes qui nécessitent des efforts considérables, tels que la danse, les ascensions et les coïts répétés.

3° La plus vague des théories nerveuses est celle de Graves. Elle pourrait même prendre place dans la catégorie précédente, car le cœur y joue encore un rôle capital. Ce médecin voit dans cette association de symptômes la conséquence de la sympathie qui existe entre l'utérus, le cœur et le corps thyroïde ; la glande thyroïde est solidaire des évolutions de la matrice. D'autre part, celle-ci, lorsqu'elle est malade, donne lieu fréquemment à des palpitations du cœur. Ce dernier organe doit être aussi bien lié à l'associé de l'utérus qu'à lui-même, c'est-à-dire aux états de la thyroïde. Du reste, selon cet auteur, l'exaltation cardiaque et le développement thyroïdien trouvent le plus souvent leur cause commune dans une maladie de la matrice. — Aran en fait une névrose du sympathique dont l'action se concentre surtout sur les nerfs cardiaques. — Trousseau rend cette névrose plus générale et en précise mieux la nature. Elle est essentiellement congestive et tient à une altération de tout le système ganglionnaire. Aussi peut-elle donner lieu à des congestions multiples et à siége variable. Il admet en outre que ces congestions peuvent à la longue déterminer des troubles matériels des organes. — Charcot l'envisage comme une perturbation de l'innervation sans siége déterminé et d'origine morale. — Delasiauve lui accorde aussi une nature psychique. Il trouve particulièrement que l'état moral des malades atteints de cette affection offre la plus grande analogie avec celui des épileptiques. — Jaccoud place le point de départ de cette maladie dans la paralysie des nerfs vaso-moteurs cardiaques et cervicaux. Les palpitations elles-mêmes n'en scraient qu'une conséquence indirecte, et il n'est pas besoin, pour les expliquer, de supposer l'association d'une excitation des nerfs cardiaques avec une paralysie vaso-motrice. Appliquant ici la loi de Marey, cet auteur voit dans ce cas un effet tout mécanique de la résistance moindre que le cœur rencontre dans un système vasculaire considérablement dilaté. Par ses battements exagérés, le cœur vient à son tour augmenter cette dilatation et l'engorgement sanguin. De là la tuméfaction de la glande thyroïde. L'axe cérébro-spinal, recevant de son côté plus de sang, se trouve surexcité. Aussi le cerveau produit-il des troubles psychiques, tandis que la région cilio-spinale, dans son irritation, produit l'exophthalmie par suite du spasme des muscles orbitaires et palpébraux de Muller, et la dilatation de la pupille par suite du spasme des fibres radiées de l'iris. — Le Dr Daviller, qui a étudié cette maladie avec soin dans sa thèse inaugurale, voit dans tous ses symptômes l'œuvre d'une exaltation du sympathique, qui ne serait elle-même que l'écho d'une excitation de la région cilio-spinale de la moelle. Cette région se trouverait être le siége d'une anémie qui exagérerait son pouvoir réflexe. La maladie de Bassedow serait engendrée par une anémie spinale, comme l'épilepsie est engendrée par une anémie cérébrale. — Eulenburg et Guttmann en font un état paralytique du sympathique cervical, et ils s'appuient sur huit cas dans lesquels ce cordon fut trouvé atrophié et sclérosé. — Boddaert admet aussi une paralysie du sympathique d'où découleraient tous les symptômes observés. Il dit qu'en liant à la fois la jugulaire et le cordon cervical, on fait gonfler la thyroïde et saillir l'œil.

4° Enfin, Piorry ne voit dans cette affection que des effets indirects d'un goître ordinaire, qui se trouve dans des conditions de volume, de siége et de direction, telles qu'il vient gêner par pure compression, à la fois la circulation de la tête, le fonctionnement du cœur par l'intermédiaire des gros vaisseaux, le jeu des organes respiratoires et digestifs. Kœben admet aussi, comme point de départ, une compression exercée par un goître quelconque. Mais il le fait porter sur le cordon cervical lui-même et non sur les vaisseaux. La tumeur cérébrale agit non pas en créant un obstacle mécanique à la circulation sanguine, mais en paralysant le sympathique.

Sous le rapport de cette maladie, le hasard m'a assez favorisé, car j'en ai déjà rencontré huit cas parfaitement dessinés, et je me crois en mesure de déclarer qu'elle a tous les droits possibles à être maintenue comme constituant une entité bien définie dans le cadre nosologique. Je dirai même qu'il existe peu d'affections offrant une physionomie aussi caractéristique. C'est au point que, pour le premier cas que je voyais, j'ai été fixé sur le diagnostic dès le premier coup d'œil et avant d'avoir pris le moindre renseignement. Chez les autres malades, l'étiquette m'a toujours paru écrite en caractères aussi frappants. Relativement à sa nature, l'idée de chloro-anémie n'est pas soutenable, même *à priori*, car on voit journellement des femmes qui sont chlorotiques au dernier degré et qui n'éprouvent rien qui puisse ressembler, même de loin, au goître exophthalmique. L'idée d'une maladie de cœur initiale n'est pas plus admissible, car on ne voit jamais les véritables affections organiques de ce moteur central donner lieu aux symptômes caractéristiques du goître exophthalmique, et cependant ces affections sont excessivement répandues. Il en est de même de l'opinion qui met tout sur le compte d'un goître quelconque; car dans les pays où le goître est endémique, on rencontre à chaque pas des développements de la thyroïde très-propres à comprimer les vaisseaux et le cordon cervical et qui n'engendrent pas le cortége spécial de la maladie de Bassedow. Quiconque a vu un certain nombre de cas de cette entité morbide, doit rester convaincu que l'exophthalmie, le goître et les troubles cardiaques sont des effets d'une seule et même cause, et qu'aucun de ces trois phénomènes pathognomoniques n'engendre les deux autres, car chacun d'eux peut, à tour de rôle, dominer sur les autres et entrer en scène le premier. C'est aussi certainement le système nerveux qui est mis en cause, car non-seulement l'expérimentation physiologique peut, en agissant sur le cordon cervical, reproduire isolément l'exophthalmie, un certain gonflement de la thyroïde et les battements du cœur; mais tout dans la manière d'être de ces malades annonce une grande perturbation de l'innervation. L'étude des causes de cette affection semble aussi indiquer qu'il en est ainsi. Elle ne se rencontre guère que chez les femmes et particulièrement chez celles qui étaient déjà antérieurement en état de nervosisme. Si Graves a pu faire jouer un grand rôle à l'utérus, c'est que cet organe constitue une des épines les plus efficaces pour l'ensemble du système nerveux, et parce que les sympathies préétablies le portent à réagir particulièrement sur le département vasculaire auquel la thyroïde appartient. Elle est souvent préparée par une longue série d'émotions morales, et parfois c'est une secousse de cet ordre qui la fait éclater. Si on sonde les dossiers pathologiques des familles, on trouve des maladies mentales plus ou moins accusées, de l'hystérie, de l'épilepsie, de la goutte, des manifestations herpétiques, de l'albuminurie et du diabète. Ces deux dernières affections se montrent même pendant le cours du goître exophthalmique. J'en ai été témoin une fois pour le diabète, deux fois pour l'albuminurie. Begbie prétend même que celle-ci ne manque jamais et qu'elle se montre dès le début. Il est vrai que cet auteur pense que cette excrétion d'albumine est due à la paralysie vaso-motrice que le sympathique malade doit produire aussi bien dans les reins que dans l'extrémité céphalique.

Dans tous les cas, la possibilité de ces diverses transformations n'est pas niable. Il semble qu'il y ait là une disposition morbide qui, suivant les circonstances, vient se traduire par des états cliniques qui au premier abord paraissent n'avoir aucun rapport entre eux. Que cette disposition soit due à un vice du sang, à la diathèse urique, comme le veut Marchal de Calvi, ou à une aptitude organique insaisissable dans sa nature, peu importe ; ce qui me paraît ressortir de l'ensemble de la pathologie, c'est que cette aptitude, quelle qu'elle soit, porte particulièrement son influence sur le système nerveux ; qu'elle tend à se concentrer sur des départements variables de ce système, et que c'est de là que vient son caractère protéiforme. C'est ainsi qu'elle engendre des troubles psychiques lors qu'elle frappe surtout le cerveau, des phénomènes convulsifs ou paralytiques lorsqu'elle envahit les centres moteurs, des troubles de l'ordre nutritif ou vasculaire lorsqu'elle touche le bulbe. C'est peut-être dans les attributions de ce dernier segment que se trouve la cause de la parenté plus grande qui existe entre le goître exophthalmique, l'albuminurie et le diabète, car si le bulbe possède le

centre glycogénique, s'il peut être le point de départ de l'albuminurie, il est certain qu'il peut aussi influencer le système vaso-moteur de n'importe quelle région, puisqu'il est le point où viennent
aboutir les renseignements nécessaires à la régularisation des modifications vaso-motrices. Je ne veux pas, par là, localiser le siége de
cette maladie dans le bulbe. Il est seulement un des rouages les
plus élevés où elle peut éclore. Mais je ne conteste pas qu'elle puisse
trouver son étincelle dans la région cilio-spinale, comme l'admet
Daviller, c'est-à-dire dans les rouages médullaires qui se rattachent
au sympathique cervical et qui ne font qu'être soumis aux impulsions bulbaires. Il est même probable que le foyer initial peut siéger
plus excentriquement, dans le cordon cervical lui-même, ainsi que
semblent l'indiquer les autopsies relatées par Eulenburg et Guttmann;
mais que le sympathique agisse par lui-même ou qu'il obéisse aux
incitations morbides de la moelle ou du bulbe, il est bien certain que les symptômes caractéristiques sont toujours produits directement par lui. A la périphérie, c'est toujours une maladie du
sympathique qui semble avoir son quartier principal dans sa sphère
cervicale , et c'est sur ce terrain que nous devons rester dans l'analyse du genre et des détails de la maladie.

Les médecins qui admettent cette base (et ils sont les plus nombreux) sont loin de s'entendre sur la manière d'être du sympathique
en cette circonstance. Les uns le regardent comme étant en voie
d'exaltation, les autres comme étant au contraire paralysé. La maladie offre en effet des arguments aux deux thèses. L'exophthalmie
doit être le résultat d'un spasme du muscle de Müller; car dans les
laboratoires c'est bien l'électrisation du cordon cervical qui fait
saillir l'œil , tandis que la section le fait s'enfoncer davantage dans
l'orbite. Il en est de même pour les battements du cœur. Ils traduisent aussi une suractivité des nerfs cardiaques sympathiques.
D'autre part, le gonflement de la thyroïde qui paraît être dû à une
accumulation de sang, la vascularisation de la tête, les battements
artériels, supposent une dilatation des vaisseaux qui est ordinairement la conséquence d'une paralysie vaso-motrice. Les partisans
de cet état paralytique peuvent encore expliquer l'exophthalmie par
la plus grande vascularisation de l'œil et de l'orbite, d'autant plus
que la pression du doigt la fait disparaître momentanément. Mais ce
dernier fait n'exclut pas positivement l'idée d'un spasme musculaire,
et d'ailleurs la précipitation des battements du cœur resterait tou-

jours inexplicable. En présence de ces difficultés, quelques-uns ont pris un moyen terme et ont supposé que les différents ordres de fibres du sympathique étaient simultanément dans deux états opposés ; que les fibres cardiaques et oculo-pupillaires étaient excitées pendant que les fibres vasculaires étaient au contraire déprimées. Ces situations respectives ne sont peut-être pas aussi impossibles que semble le penser Jaccoud, mais je crois qu'il n'est pas nécessaire de recourir à ce subterfuge pour expliquer ces incompatibilités apparentes. Au point de vue vasculaire, il n'y a pas de paralysie véritable. Je n'ai vu exister que passagèrement cette rougeur des téguments, qui devient permanente chez les animaux auxquels on a pratiqué la section du cordon cervical, et chez les hommes qui ont le sympathique comprimé par une tumeur. Ce que j'ai constaté, particulièrement pour les joues, c'est une grande mobilité de teinte. Sous la moindre influence, et même sans cause appréciable, les sujets pâlissent et rougissent alternativement et très-rapidement. S'il est un de ces états qui domine sur l'autre, c'est certainement la pâleur, c'est-à-dire la contraction des vaisseaux. Il en est ici comme dans l'hystérie, où l'innervation est pour ainsi dire folle. La paralysie et la surexcitation se marient ensemble à chaque instant. On dirait que dans cette maladie le sympathique exécute d'une manière désordonnée le rôle qu'il remplit dans la mimique des émotions. L'exophthalmie, elle-même, pourrait être considérée comme un phénomène du même genre, car le globe oculaire intervient par sa propulsion et sa rétrocession dans le jeu de la physionomie. La saillie, suivant son degré, exprime l'étonnement ou l'égarement. L'expression vulgaire d'*yeux écarquillés* apporte à cette assertion une consécration par l'observation de tout le monde. Tous les médecins qui ont rencontré des faits de goître exophthalmique disent que les malades ont l'œil hagard. La rétrocession indique au contraire l'affaissement moral, et je crois que l'œil cerné qui se produit parfois si rapidement, est plus souvent le résultat d'un relâchement du muscle de Müller que d'une résorption du coussin adipeux. C'est aussi parce que les fibres pupillaires peuvent, dans leur perturbation, passer dans deux états opposés, qu'on observe tantôt le resserrement, tantôt la dilatation de la pupille. Le développement de la thyroïde, lui-même, ne m'a pas semblé être le résultat d'une congestion purement passive. Comme tous les autres symptômes, cette congestion m'a paru revêtir un caractère d'activité plutôt que d'inertie. C'est un véritable goître aigu, analogue à celui qu'on voit apparaître épidémiquement dans certains établissements publics ; c'est analogue au goître de la grossesse. Du moment où l'existence des vaso-dilatateurs sera bien établie, je n'hésiterai pas à voir là leur œuvre et non pas celle d'une paralysie des vaso-constricteurs. En tout cas, il y a certainement une contraction spasmodique et irrégulière créant çà et là des ampoules vasculaires. C'est presque une érection. C'est en raison de ces conditions actives que les vésicules thyroïdiennes deviennent turgescentes et que le tissu de la glande finit même par s'altérer. Quant aux battements artériels, ils ne sont pas constants, ils apparaissent et disparaissent alternativement. Ils ne ressemblent pas non plus à ceux qu'on observe dans une véritable paralysie du sympathique. Ils sont plutôt dus à l'énergie de l'impulsion cardiaque qu'au relâchement des parois vasculaires.

La scène principale de cette maladie appartient incontestablement à la sphère d'action du cordon cervical. Mais elle est loin de rester limitée à cette section du sympathique. Ce dernier se montre en voie de perturbation sur différents points à la fois. Il y a d'habitude des battements très-manifestes du tronc cœliaque. A certains moments les malades éprouvent des douleurs abdominales qui viennent encore exprimer l'état d'exaltation du système nerveux végétatif. Il est possible que ces douleurs s'accompagnent de contractions intestinales. Il y a aussi très-fréquemment une diarrhée abondante, un véritable flux intestinal. Les partisans d'un état exclusivement paralytique voient dans cette diarrhée un résultat de la transsudation à laquelle donnerait lieu la dilatation passive des vaisseaux de l'intestin. Mais il s'agit bien d'une véritable hypersécrétion due à un travail sub-inflammatoire qui tient à ce que les modifications vaso-motrices ont quelque chose d'actif et de spasmodique. C'est sous la même influence qu'on voit apparaître des bronchites catarrhales et des pneumonies mal dessinées. Le système cérébro-spinal ne reste pas non plus muet. L'intelligence est toujours plus ou moins atteinte et il peut même survenir une véritable manie. Mais ce qui frappe surtout, c'est la grande exaltation émotive du malade. Son corps est presque toujours en proie à un genre de tremblement qui n'a rien de commun ni avec celui du frisson, ni avec celui de la *paralysis agitans* et qui est particulier à l'individu timide qui craint de mal faire. Il suffit de le regarder en face ou de lui adresser la parole pour le jeter dans un grand trouble. Il met toujours un air empressé et maladroit à exécuter ce qu'on lui demande et à aller même au-devant de ce qu'il croit être le désir de son interlocuteur. C'est de l'hyperesthésie de la couche affective qui vient s'exprimer par une incoordination spéciale. Somme toute, partout on trouve des signes de suractivité plutôt que de paralysie. Si ces troubles des facultés affectives n'autorisent pas à placer le point de départ de cette affection dans la partie émotionnelle des centres psychiques, il est certain que ces centres subissent tout au moins le contre-coup de l'état, soit du sympathique, soit de la moelle, soit du bulbe. Ce genre de retentissement était dans l'ordre des choses, puisque le cordon cervical, qui agit directement sur le cœur et sur la vascularisation du visage, constitue par le fait un des agents importants de l'expression périphérique des émotions. La diarrhée elle-même a le caractère de ces flux auxquels les impressions morales vives donnent brusquement lieu. Enfin, chez trois des sujets que j'ai eus en observation, le facial, qui joue un si grand rôle dans le jeu de la physionomie, prenait une part des plus manifestes à cette perturbation émotive.

Maladie bronzée ou d'Addison.

Sommaire descriptif. — Cette maladie est essentiellement caractérisée par l'association de quatre ordres de phénomènes morbides qui sont : 1° des douleurs lombo-abdominales assez vives ; 2° des troubles digestifs ; 3° une teinte brune plus ou moins prononcée de la peau ; 4° une grande faiblesse générale. Ce dernier symptôme s'accuse d'abord par une simple fatigue qui, en augmentant, rend le malade de plus en plus incapable de se livrer à ses occupations habituelles. Cette incapacité est portée à un tel degré que le moindre effort provoque des syncopes. Il y a ceci de singulier que cette grande faiblesse ne s'accompagne pas d'amaigrissement et qu'elle n'est provoquée ni par des hémorrhagies, ni par de l'albuminurie, ni par de la diarrhée, ni par une augmentation des globules blancs. Le dépôt de pigment dans les téguments s'opère d'une manière assez uniforme. La teinte est seulement plus prononcée sur les parties découvertes. Elle communique au malade la nuance du mulâtre. Les troubles digestifs se traduisent presque exclusivement par des vomissements très-fréquents. Quant aux douleurs, on ne peut que les énoncer. La mort termine constamment cette scène morbide.

A l'autopsie, les capsules se montrent la plupart du temps altérées, mais la nature de l'altération est excessivement variable. Elle peut consister en tubercules, en un abcès, un cancer, une dégénérescence graisseuse, un kyste, une atrophie, une hypertrophie et même une simple congestion. Toutefois, ces diverses lésions peuvent se rencontrer sans donner lieu à la symptomatologie de la maladie d'Addison, de même que celle-ci peut se réaliser sans que les capsules soient modifiées en rien. Mais ce sont là des exceptions, relativement à la généralité des cas. En toutes circonstances, l'état anatomique ne se concentre pas exclusivement dans les capsules surrénales. On peut trouver l'estomac congestionné, ulcéré ou cancéreux ; le foie hypertrophié, tuberculeux, graisseux, sclérosé, abcédé ou cancéreux ; la rate gorgée de sang ou tuberculeuse ; le pancréas injecté ou tuberculeux ; les glandes de l'intestin tuméfiées, sa muqueuse ulcérée ; le péritoine enflammé avec dégénérescence tuberculeuse ; les poumons enflammés ou tuberculeux ; le cœur hypertrophié ou graisseux ; les ganglions lymphatiques, abdominaux et thoraciques, hypertrophiés ou tuberculeux ; les reins congestionnés, graisseux ou tuberculeux ; l'ovaire atteint de kystes et l'utérus cancéreux.

Analyse physiologique. — C'est en 1855 qu'Addison a attiré, le premier, l'attention du monde médical sur cette singulière affection. Il a de suite signalé les connexions qu'elle présente avec l'état des capsules surrénales. Il a présenté leur lésion comme constante et tout à fait caractéristique, au même titre que l'altération des plaques de Peyer pour la fièvre typhoïde, c'est-à-dire qu'il en a fait un des effets constants et non la cause de la maladie. Les faits cliniques rapportés par Addison inspirèrent à Brown-Sequard l'idée de pratiquer des expériences portant directement sur les capsules surrénales, et voyant dans les lésions annoncées une cause de destruction de ces organes, il en a pratiqué l'ablation chez des animaux. Tous ses opérés succombèrent très-rapidement et leur sang se montra surchargé de plaques de pigment. En présence de ces résultats, il a imaginé de charger les capsules surrénales d'une mission des plus bizarres, celle d'être préposées à la destruction d'une substance qui serait destinée à se transformer ultérieurement en pigment et qui prendrait constamment naissance sous l'influence des mutations chimiques de l'économie. Cette destruction serait rendue indispensable par l'insolubilité même de la matière pigmentaire qui, pour cette raison, ne pourrait transsuder à travers les divers émonctoires de l'organisme. Les animaux auxquels on a enlevé les capsules surrénales se trouveraient donc dans l'impossibilité de détruire le pigment qu'ils engendrent constamment. Celui-ci s'accumulerait dans le sang en formant des plaques de plus en plus grandes qui bientôt acquerraient un diamètre supérieur à celui des capillaires du cerveau. De là des embolies pigmentaires qui pourraient arrêter brusquement le fonctionnement de l'encéphale et déterminer une mort rapide. Les expériences de Gratiolet vinrent confirmer les assertions de Brown-Sequard, du moins en ce qui concerne la rapidité de la mort après l'ablation des capsules. Mais il n'en fut pas de même de celles de Philipeaux, qui put conserver bien portants des rats ayant subi cette mutilation. Toutefois, comme ces rats étaient albinos, on pouvait objecter que ces animaux, produisant peu ou point de pigment, pouvaient se passer d'organes chargés de détruire cette substance. Pour juger l'objection, le Dr Chatelain a pratiqué, sous la direction de M. le professeur Michel, la même expérience sur des lapins qui survécurent parfaitement. Depuis on a complétement renoncé à la théorie de Brown-Sequard, et on s'accorde à mettre la mort rapide qui suit ordinairement l'ablation des capsules sur le compte du traumatisme du riche plexus nerveux qui entoure ces organes. Aujourd'hui qu'on reste sur le terrain clinique, il n'y a plus en présence que deux théories, celle de Sée et celle de Schmidt, développée par Jaccoud. Sée fait de la maladie d'Addison une cachexie résultant d'un trouble survenu dans le fonctionnement des glandes vasculaires sanguines en général, et en particulier des capsules surrénales. Il explique les phénomènes nerveux et la prostration énorme qui accompagnent cette cachexie, par la texture nerveuse des capsules. — Schmidt et Jaccoud regardent cette affection comme une maladie de l'ensemble du sympathique abdominal. Elle pourrait être engendrée par n'importe quelle épine siégeant sur un point quelconque du département de ce système nerveux végétatif. Mais les altérations des capsules surrénales seraient surtout très-aptes à la produire en raison même de leur richesse en éléments nerveux. De là cette épine peut titiller constamment le plexus solaire et les ganglions cœliaques. L'irritation peut même se propager, par l'intermédiaire du cordon central et des communicantes, jusqu'à l'axe cérébro-spinal; mais même, en s'arrêtant aux ganglions cœliaques, elle se réfléchit tout naturellement vers les plexus des autres viscères abdominaux et vient ainsi retentir sur le fonctionnement et l'état matériel de ces organes. De là un cortége de symptômes complexes qui tendent toujours à s'associer, quels que soient la nature et le siége de l'épine provocatrice. Les douleurs gastriques, hépatiques, intestinales et lombaires, les nausées et les vomissements, sont l'expression directe de l'excitation morbide des plexus stomachique, hépatique et mésentérique. La tuméfaction des ganglions mésentériques et des glandes intestinales résulte de la propagation de l'excitation aux plexus d'Auerbach et de Messner. Les palpitations sont dues au retentissement de l'ébranlement jusque dans les ganglions thoraciques et cervicaux. Les syncopes tiennent à la contraction des vaisseaux cérébraux provoquée par l'impression que le vague vient puiser dans le ganglion cœliaque. Quant à l'asthénie, Jaccoud l'attribue à ce que l'excitation du sympathique entraîne une dépense de force nerveuse qui finit par épuiser l'axe cérébro-spinal d'où ce nerf tire toute sa puissance. Obligé de subvenir ainsi à la suractivité du système végétatif, l'axe ne peut plus entretenir suffisamment les fonctions qui relèvent de lui plus directement, et la locomotion devient presque impossible. Il explique la mélanodermie par la surexcitation des nerfs sécréteurs et vaso-moteurs émanant du sympathique.

Si j'ai consacré ici un chapitre particulier à cette maladie, c'est uniquement pour lui accorder la place et le rang qui lui reviennent, et non pour la soumettre à une véritable analyse physiologique, car, n'ayant pas eu l'occasion d'en observer un seul cas par moi-même, je ne saurais formuler à son sujet une opinion personnelle bien motivée. Je ne peux qu'exprimer un sentiment appuyé sur la connaissance des lois générales qui régissent l'organisme à l'état pathologique et à l'état physiologique. Dans ces conditions, je crois devoir me ranger à l'opinion de Jaccoud, car elle seule satisfait à toutes les exigences des faits, et elle ressort d'une enquête aussi complète qu'impartiale. En outre, elle s'est trouvée confirmée depuis par un relevé plus considérable encore d'observations recueillies par Headlam Grennhow. Les symptômes observés supposent en effet la mise en jeu de tous les organes qui dépendent du sympathique abdominal. D'autre part, comme les lois de l'innervation nous apprennent qu'un département nerveux peut être entraîné dans un même état d'exaltation, quand il est irrité en un point quelconque de sa sphère, par les altérations organiques les plus variables, on s'explique très-bien pourquoi le même cortége symptomatique peut exister avec ou sans lésion des capsules surrénales, car l'irritation initiale peut partir d'un autre viscère abdominal. On comprend aussi que les capsules puissent être altérées sans déterminer la manifestation indiquée, puisque l'extension de l'irritation peut ne pas s'opérer en raison des conditions personnelles ou des circonstances ambiantes. On s'explique encore que ces symptômes puissent se réaliser sans aucune altération matérielle, puisque partout nous voyons les névroses produire les mêmes effets que les lésions matérielles. Les conditions anatomiques nous rendent parfaitement compte de l'aptitude que les capsules offrent à engendrer l'état d'Addison ; car un organe retentit d'autant plus sur le système nerveux que sa propre innervation est plus riche. Or, Bergmann a démontré que les capsules sont excessivement riches en nerfs et en ganglions. D'après Virchow, la substance médullaire est avant tout constituée par des cellules nerveuses. Kölliker ne regarde que la substance corticale comme constituant une glande vasculaire sanguine, et il fait de la médullaire un appareil nerveux dépendant du sympathique abdominal. Enfin, on a déjà pu constater, dans un certain nombre de cas, une altération matérielle de ce sympathique abdominal lui-même, soit une atrophie, soit une dégénérescence graisseuse.

Choléra.

Sommaire descriptif. — Après quelques heures à peine d'un malaise indéterminé, on voit éclater une diarrhée, dite prémonitoire, qui est bientôt remplacée par des évacuations alvines tout à fait caractéristiques. Elles sont formées par un liquide blanchâtre et grumeleux que l'on a comparé à une décoction de riz. En même temps se produisent des vomissements aqueux, incolores ou légèrement teints en vert. Ces troubles gastriques s'accompagnent d'une vive anxiété à la région précordiale et d'une vive douleur à l'épigastre. Surviennent généralement ensuite des vertiges, des bourdonnements d'oreille, de l'agitation avec tendance aux syncopes, des crampes violentes siégeant surtout dans les membres inférieurs. Le pouls s'accélère en perdant considérablement de sa force. Il devient de plus en plus filiforme et cesse d'être perçu successivement des extrémités vers le tronc. La température de la partie périphérique du corps va en s'abaissant et la peau prend une teinte cyanosée. Les traits s'altèrent, les yeux s'enfoncent dans l'orbite. La cornée s'affaisse et se flétrit. La voix s'éteint. La sécrétion urinaire s'arrête. Les sens et l'intelligence s'obscurcissent de plus en plus. Dans le cas de mort, pendant cette première période, dite algide, on trouve les tuniques intestinales congestionnées et même parfois parsemées de taches ecchymotiques. La muqueuse est parsemée de petits corps durs d'un blanc mat, du volume d'une tête d'épingle à celui d'un grain de chènevis. C'est là la lésion désignée sous le nom de psorentérie. Si on se sert du microscope, on constate que ces petits corps ne sont autres que les follicules clos hypertrophiés et gorgés de corpuscules lymphatiques ; que les villosités sont devenues le siége d'une desquammation excessivement active. Les reins sont congestionnés et leurs canalicules sont remplis de cellules épithéliales à granulations graisseuses. Les centres nerveux sont le siége d'une congestion veineuse. Le foie et les poumons sont sains.

Les malades qui résistent à la phase d'algidité, ont la plupart du temps à traverser une période dite de réaction, pendant laquelle les symptômes précédents disparaissent, mais sont souvent remplacés par des symptômes diamétralement opposés et qui peuvent être aussi mortels. C'est une véritable fièvre angéiotonique qui se produit et qui peut déterminer une congestion de l'encéphale et plus rarement des viscères abdominaux. Plus souvent encore, cette réaction devient un véritable état adynamique ou ataxo-adynamique. Chez les individus qui succombent pendant cette seconde période, la congestion veineuse se montre remplacée par une congestion artérielle. Plusieurs muqueuses offrent des foyers disséminés d'inflammation diphthéritique. Le foie, la rate et les poumons sont fortement injectés. Il y a même souvent une pneumonie lobulaire. Les méninges sont enflammées et présentent même des fausses membranes.

Analyse physiologique. — L'idée d'attribuer cette maladie à une intoxication du système nerveux n'est pas neuve. Chapman, s'en tenant aux enveloppes de l'axe, faisait de cette affection une espèce de méningite cérébro-spinale. Foy, de Larroque et Laugier en plaçaient le point de départ dans la moelle. Briquet et Mignot lui ont accordé une base plus étendue et comprenant à la fois la moelle et l'encéphale. Scipion, Pinel et Auroux eurent les premiers la pensée de placer le siége principal de cette maladie dans le sympathique, mais c'est surtout Marey qui est arrivé à systématiser le mieux cette idée, en l'appropriant aux données de la physiologie moderne. Selon lui, le poison, quel qu'il soit, a pour effet immédiat d'exciter le sympathique. De là un spasme vasculaire qui tend à intercepter le passage de l'ondée sanguine, qui affaiblit et supprime même le pouls dans les vaisseaux contractés. Cette rétraction des vaisseaux a aussi pour effet de diminuer le volume des tissus en les rendant exsangues. C'est ainsi que Marey explique l'amincissement du nez et l'enfoncement des yeux dans l'orbite. Un résultat de ce spasme des vaisseaux périphériques plus facile à comprendre est le refroidissement des organes superficiels, tandis que le reflux du sang vers les viscères doit élever considérablement leur température. Les fibres musculaires des bronches sont plongées dans le même état spasmodique, d'où obstacle à la pénétration de l'air, défaut d'oxygénation du sang et teinte cyanosée. Le sang, chargé d'acide carbonique, apporte avec lui un nouveau poison aux centres nerveux. De là résulte la production des crampes. La seconde période n'est autre que la réaction vasculaire, la dilatation qui succède ordinairement à la contraction des vaisseaux. Cl. Bernard professe à peu près la même manière de voir. Sans entrer dans les détails du mécanisme, il dit qu'on pourrait considérer cette maladie comme un état d'éréthisme exagéré du système sympathique.

Beaucoup de médecins, surtout à l'étranger, ne font jouer aucun rôle au système nerveux dans le choléra. Le poison porterait directement son action spéciale sur l'intestin, où il provoquerait une desquammation considérable. La muqueuse, ainsi dépouillée de son épithélium, laisserait transsuder une grande partie de la sérosité du sang. La masse sanguine s'épaissirait de plus en plus et deviendrait impropre à la circulation et à la nutrition. De là il serait facile de faire découler la série des symptômes particuliers au choléra. La perte de la sérosité du sang ferait baisser la tension artérielle, ce qui entraînerait la suppression des sécrétions et en particulier de la sécrétion urinaire. Pour la même raison, la nutrition des tissus ne s'effectuerait plus. Le cœur, mal nourri, ne se contracterait plus que faiblement. La circulation serait enrayée et le sang ne viendrait plus se revivifier convenablement dans les poumons. Bientôt les globules s'altéreraient sous l'influence de la surcharge d'acide carbonique et il y aurait une véritable asphyxie globulaire. Hamernik en particulier a cherché à compléter le tableau, en présentant la période typhoïde comme n'étant autre chose qu'une urémie engendrée par l'abolition de la sécrétion rénale. Cette dernière interprétation a trouvé toutefois peu de crédit parce que, ainsi que Sée l'a fait judicieusement observer, le choléra ne donne jamais lieu à ces convulsions qui sont à peu près constantes dans l'urémie.

D'autres auteurs ont pris un moyen terme en mettant en scène à la fois l'intestin et le système nerveux. Ainsi Gombault, tout en faisant jouer un rôle capital à la concentration du sang que produit la transsudation intestinale, n'en admet pas moins l'intoxication du système nerveux. Il reconnaît même que les troubles nerveux précèdent les phénomènes intestinaux, qu'ils peuvent parfois, dans les cas foudroyants, tuer avant l'apparition de ceux-ci. Eulenburg compare les troubles circulatoires que l'on observe dans le choléra à ceux que Goltz déterminait en contusionnant l'intestin. En toutes circonstances les traumatismes éprouvés par le canal digestif retentissent d'une manière réflexe sur le système circulatoire. C'est pour cette raison que la hernie étranglée, les coliques hépatiques et néphrétiques amènent de la cyanose. C'est aussi parce que la muqueuse intestinale est profondément lésée dans le choléra que cette dernière maladie en produit une si caractéristique. A côté de cet effet réflexe, Eulenburg fait intervenir deux circonstances capables aussi d'entraver le jeu régulier de la circulation. Ce sont : la transsudation intestinale qui diminue la masse liquide que la veine cave apporte à l'oreillette, et la propagation de l'irritation des nerfs intestinaux à travers la moelle jusque dans le bulbe, qui se trouve ainsi entraîné à exagérer son action d'arrêt sur le cœur. Dans un travail récent, M. Netter donne beaucoup plus d'importance à la transsudation intestinale. Pour lui, c'est le véritable et unique point de départ. La constriction des vaisseaux, elle-même, n'est à ses yeux que la conséquence de ce phénomène initial. Le poison, ou ferment toxique, limite son action à l'intestin. Il y entre par l'intermédiaire des boissons et il en sort avec les déjections, mais, pendant son séjour dans la cavité intestinale, il provoque une transsudation qui prive les éléments histologiques de la muqueuse de l'eau qui leur est nécessaire. En raison de la puissance de la vie cellulaire, ces éléments éprouvent un véritable besoin d'eau. Ils font appel à l'artère de la circulation locale qui, au reçu de cette impression sensitive inconsciente, se contracte et pousse ainsi vers ces éléments le liquide réclamé. Puis, se dilatant de nouveau, elle attire le sang du tronc artériel principal. Cette succion se répétant sans cesse, puisque la transsudation continue, les emprunts épuisent de plus en plus la masse sanguine, épuisent même l'eau des éléments des autres tissus qui, à leur tour, éprouvent le même besoin, et la soif cellulaire, qui était d'abord locale, devient bientôt générale. Il en est de même du resserrement des vaisseaux, mais cette contraction vasculaire n'est pas due à l'empoisonnement direct du système vaso-moteur. Elle est due à la souffrance que le poison fait éprouver aux éléments histologiques.

Le fait d'un empoisonnement est incontestable, qu'il soit dû à un simple miasme ou à des parasites spéciaux, peu importe ; car, comme physiologistes, nous devons seulement rechercher le mécanisme morbide que ce poison met en mouvement. Pour prétendre avec Netter que le poison n'agit absolument que sur la muqueuse digestive et qu'il ne pénètre jamais dans le sang, il faudrait d'abord qu'il fût parfaitement démontré que le choléra se transmet exclusivement par les *ingesta*. Or si, comme l'a dit Littré, cette affection ne semble pas obéir à la direction des courants atmosphériques, il n'en est pas moins probable que, d'individu à individu, la transmission peut s'opérer par l'absorption pulmonaire et cutanée ; car j'ai vu des personnes qui, n'ayant ni bu ni mangé au foyer même de l'infection et ayant seulement respiré un instant l'air des cholériques, ont été atteintes et ont à leur tour transporté la maladie dans des lieux éloignés. D'ailleurs, quand même le ferment s'engagerait exclusivement dans les voies digestives, il serait difficile d'admettre qu'il pourrait échapper à la puissance de l'absorption intestinale. Serait-il insoluble, que sa pénétration ne serait pas encore plus impossible que la diapédèse des globules. De sorte que, en tout état de cause, il est bien probable que l'intoxication est générale, que le sang en est le véhicule et que ce liquide toxique va forcément imprégner le système nerveux. Mais ce serait tomber dans une erreur opposée, de croire que le poison n'agit que sur ce système, car il se répand partout avec le sang et il imbibe tous les tissus à la fois. Il en résulte que la vie cellulaire peut aussi être mise directement en cause. Du reste, tous les actes de la vie, à l'état pathologique comme à l'état normal, supposent toujours deux facteurs, l'organe, c'est-à-dire l'élément cellulaire, et l'élément nerveux. Mais l'élément dominant peut être tantôt l'un, tantôt l'autre. A mes yeux, un poison mérite d'être dit du système nerveux, lorsqu'il trouble ce système plus encore que les unités histologiques elles-mêmes, et non pas quand il agit exclusivement sur ce système, ce qui n'est peut-être pas possible. Il suffit que ce dernier joue le principal rôle sur la scène. Or, c'est ce qui arrive dans le choléra. Dans bon nombre de cas, la diarrhée est, je le reconnais, le premier phénomène apparent. De là son nom de *prémonitoire*. Mais il en est ainsi, la plupart du temps, pour les intoxications par des miasmes d'origine animale, quand bien même ceux-ci ont pénétré par la voie pulmonaire ou cutanée. Beaucoup de personnes ne peuvent apparaître dans un amphithéâtre sans être prises d'une diarrhée abondante. Dans l'un et l'autre cas, elle résulte sans doute du besoin d'élimination que provoque tout corps étranger à l'économie. Il est même à remarquer que l'intestin est presque toujours l'émonctoire d'élection des miasmes animaux. C'est même pour cette raison que les matières fécales constituent le moyen le plus efficace de la propagation du choléra. D'ailleurs ce travail d'élimination suppose des contractions intestinales, peut-être même l'excitation des nerfs sécréteurs, et met par conséquent déjà en cause le système nerveux. En tout cas, celui-ci prend bientôt le rôle principal et il le conserve ensuite jusqu'au bout.

Le resserrement des vaisseaux de la périphérie est certainement son œuvre. Ce n'est pas là un simple retrait des parois vasculaires dû à l'amoindrissement de la colonne sanguine, car parfois il éclate avant le flux intestinal, et dans tous les autres cas il se montre avant que la transsudation ait pu produire une déshydratation suffisante. Du reste, la simple cholérine, qui amène une perte de sérosité tout aussi considérable, ne donne pas lieu au même phénomène vasculaire ; c'est même l'absence d'algidité qui différencie surtout les deux affections. Dans le choléra, les vaisseaux de la périphérie sont incontestablement le siége d'une contraction tétanique. C'est un véritable spasme tonique. Ce spasme vasculaire est peut-être moins intense que dans l'empoisonnement par l'arsenic, qui offre tant d'analogie avec le choléra, mais il n'en est pas moins réel. J'ai pu m'en convaincre dans les deux épidémies dont j'ai été témoin. C'est à tort que Gombault attaque Marey en disant que la contraction des vaisseaux intestinaux ne saurait se concilier avec la diarrhée, qui suppose, au contraire, une circulation locale plus active. Mais il faut bien que le sang reflue quelque part et il est probable que, comme dans la fièvre, les vaisseaux périphériques sont seuls en contraction. Il est à supposer que, dans le choléra et dans le frisson fébrile, le malaise que le reflux du sang périphérique fait éprouver au cœur est immédiatement transmis par le nerf de Cyon aux centres vasomoteurs, qui, sous l'influence de cette excitation sensitive, forcent les vaisseaux abdominaux à se dilater malgré la surexcitation vaso-constrictive générale; de sorte que le système sympathique vient lui-même favoriser la pluie séreuse qui doit le débarrasser du poison qui l'excite. — Comme les souffrances abdominales ont une grande aptitude à provoquer d'une manière réflexe le spasme des vaisseaux cutanés, ainsi qu'on le constate dans la crampe de l'estomac, les coliques hépatiques et néphrétiques, on pourrait se demander si ce n'est pas par le même mécanisme indirect qu'il se montre dans le choléra. Mais il est plus probable qu'il est dû à l'intoxication directe du système vaso-moteur, car les douleurs abdominales ne sont pas très-vives dans cette maladie. De plus, il n'a pas lieu dans la cholérine, qui est tout aussi douloureuse. Mais, tout en admettant un spasme des vaisseaux résultant de l'excitation des centres vaso-moteurs par le poison, je crois qu'il faut aussi tenir compte du retrait, par simple tonus, qui est la conséquence presque mécanique de l'atténuation de la colonne sanguine qu'épuise sans cesse la transsudation intestinale. Toutefois, ce n'est là qu'un complément qui intervient tardivement et qui se montre d'une manière isolée à la fin de la cholérine et du choléra infantile.

Le spasme des vaisseaux, qui n'est pas toujours régulier, emprisonne le sang dans certains points, et contribue par là à la production de la cyanose caractéristique du choléra, mais il n'est qu'un des facteurs de ce phénomène dont la genèse est sans doute très-complexe. La perte d'eau qui résulte de l'abondance des vomissements et des selles porte le sang à un très-haut degré de concentration, et prive les globules du milieu séreux nécessaire à leur fonctionnement dans l'hématose. Cette cause d'asphyxie capillaire, sur laquelle Hayem a beaucoup insisté, doit être prise en grande considération, d'autant plus que, lorsqu'on concentre la masse sanguine d'une grenouille vivante en la plongeant dans du sel marin, on observe des effets qui rappellent les conditions de l'hématose chez les cholériques. Il faut aussi tenir un grand compte de l'altération qu'éprouvent les globules dans cette affection et dans l'empoisonnement par l'arsenic. Feltz et Ritter, dans ce dernier cas, les ont trouvés agglomérés ensemble et crénelés. Chez les cholériques, plusieurs observateurs ont signalé la présence dans le sang de petits globules rouges qui ont été regardés comme résultant d'une atrophie progressive des globules normaux. Il est vrai qu'Hayem déclare avoir vu là des fragments de globules et non des globules atrophiés, mais qu'ils soient fragmentés ou atrophiés, ils n'en sont pas moins malades et il est possible qu'ils perdent leur aptitude à fixer l'oxygène. Enfin, il ne faut pas négliger non plus l'état du mécanisme même de la respiration. J'ai toujours été frappé, chez les cholériques que j'ai eu à soigner, soit de la lenteur, soit de la faiblesse des excursions respiratoires, soit de l'existence de ces deux conditions à la fois. Par moments on dirait que le malade ne respire pas du tout. D'autres fois il paraît haletant, mais il n'exécute qu'un simulacre de respiration, comme dans la mimique de certaines émotions. Avec cet ensemble de conditions, il n'est pas étonnant que la revivification du sang ne s'opère pas, et comme les combustions ne sont complétement enrayées que lorsquetout l'oxygène du sang est épuisé, on comprend qu'il se fasse dans ce liquide une accumulation d'acide carbonique. Il est possible que cette substance toxique soit pour quelque chose dans la production des crampes. Mais elles peuvent tout aussi bien être dues à l'action du ferment cholérique sur les centres nerveux. C'est, sur le terrain de la motilité animale, la reproduction de ce qui se passe du côté de la motilité végétative. Quant à la suppression de la sécrétion urinaire, elle n'est probablement que la conséquence de l'insuffisance de la désassimilation et avant tout de la surabondance de l'élimination d'eau par l'intestin. C'est l'application de la loi de l'antagonisme des sécrétions. La période de réaction n'est que l'observation d'une autre loi qui domine la plupart des pyrexies et des empoisonnements. Dans ces états morbides, on voit souvent un état paralytique succéder à la période d'excitation. C'est le stade de chaleur de la fièvre compliqué de l'épuisement considérable que le poison a fait éprouver à l'innervation.

BIBLIOGRAPHIE

DES PRINCIPAUX TRAVAUX CITÉS DANS LES TROIS VOLUMES

Bibliographie générale.

GALL. Recherches sur le système nerveux en général et sur celui du cerveau en particulier. Paris, 1809 ; in-4°, avec figures.

GALL et SPURZHEIM. Anatomie et physiologie du système nerveux en général et de celui du cerveau en particulier. Paris, 1810-1819 ; 4 vol. in-fol. de texte et atlas de 100 planches gravées.

FLOURENS. Recherches sur les fonctions et les propriétés du système nerveux dans les animaux vertébrés. Paris, 1842 ; in-8°, 2° édition.

LONGET. Anatomie et physiologie du système nerveux. Paris, 1842 ; 2 vol. in-8°.

ROMBERG. Lehrbuch der Nervenkrankheiten des Menschen. 3te Auflage. Berlin, 1857.

BERNARD (Claude). Leçons sur la physiologie et la pathologie du système nerveux. Paris, 1858 ; 2 vol.

LEUBUSCHER. Die Krankheiten des Nervensystems. Leipzig, 1860.

REMAK. Galvanothérapie, ou du Traitement des maladies nerveuses et musculaires par le galvanisme, trad. de l'allemand par Morpain. Paris, 1860.

VALENTIN (G. G.). Beiträge zur Anatomie und Physiologie des Nerven- und Muskel-Systems. Leipzig, 1863 ; in-8°. — Versuch einer physiologischen Pathologie der Nerven. Leipzig, 1864.

LUYS. Recherches sur le système nerveux cérébro-spinal, sa structure, ses fonctions et ses maladies. Paris, 1865; in-8° et atlas.

VULPIAN. Leçons sur la physiologie générale et comparée du système nerveux. Paris, 1866.

DUCHENNE (de Boulogne). De l'Électrisation localisée et de son application à la physiologie, à la pathologie et à la thérapeutique. 3ᵉ édition. Paris, 1872.

KÜSS et Mathias DUVAL. Cours de physiologie professé à la Faculté de médecine de Strasbourg. Paris, 1872 ; 3ᵉ édition, 1876.

BEAUNIS. Nouveaux Éléments de physiologie humaine. Paris, 1876; 1 vol. in-8°, avec planches.

Généralités.

MOLESCHOTT. De l'Alimentation et du régime, traduit par Ferdinand Flocon. Paris, 1858.

CHARCOT. Note sur quelques cas d'affection de la peau dépendant d'une influence du système nerveux. 1859. (*Journal de la Physiologie*, tome II, page 108.)

JANET (Paul). Examen du système du docteur Büchner. Paris, 1864.

Moelle.

BROWN SEQUARD. Des Différences d'énergie de la faculté réflexe suivant les espèces et les âges dans les cinq classes d'animaux vertébrés. (*Comptes rendus de la Société de biologie*, 1849.)

— Des Rapports qui existent entre les lésions des racines motrices et celles des racines sensitives. (*Comptes rendus de la Société de biologie*, 1849, page 15.)

— Recherches sur les moyens de mesurer l'anesthésie et l'hyperesthésie. (*Comptes rendus de la Société de biologie*, 1849, p. 162.)

GÉRARD. De la Chorée. Thèse de Paris, 1850; n° 66.

SÉE (Germain). De la Chorée et des affections nerveuses en général, avec leurs rapports avec des diathèses et principalement avec le rhumatisme. (*Mémoires de l'Académie de médecine*, 1850, tome XIV.)

BROWN SEQUARD. Expériences sur les plaies de la moelle épinière. (*Comptes rendus de la Société de biologie*, tome I, 1849, page 17 ; 1850, tome II, page 3 ; 1851, tome III, page 77.)

LOCKART CLARKE. On the spinal Cord. (*Philos. Transactions*. London, 1851, 1853, 1858, 1859.)

GRATIOLET. Structure de la moelle. (*Institut*, 1852 et 1855.)

SCHILLING. De medullæ spinalis textura. Dorpat, 1852.

OwJANISKOW. Disquisitiones micr. de medullæ spin. textura in piscibus. Dorpat, 1854.

ROKITANSKY. Ueber das Auswaschen der Bindegewebssubstanzen. (*Académie de Vienne*, 1854.)

SCHIFF. Sur la Transmission des impressions sensitives dans la moelle épinière. (*Comptes rendus de l'Académie des sciences*, 22 mai 1854.)

SCHRÖDER VAN DER KOLK. Verhandelingen der kön. Akademie von Wetenschappen. Amsterdam, 1854.

MOLZER. De medullæ spinalis avium textura. Dorpat, 1855.

WALLER. Observations sur la section de la moelle épinière. (*Compte rendu de la Société de biologie*, 1855, page 138.)

LEROY D'ÉTIOLLES (Raoul). Des Paralysies des membres inférieurs. Paris, 1856.

TURK. Ueber Degeneration einzelner Rückenmarksstränge. (*Akademie der Wissenschaften zu Wien, math. naturwissenschaftliche Classe*, 1856.)

VALENTINER UND FRERICHS. Ueber die Sklerose des Gehirns und Rückenmarks. (*Deutsche Klinik*, 1856.)

CHAUVEAU. Sur la physiologie de la moelle épinière. (*Union médicale*, 6 juin 1857.)

JACUBOWITSCH. Mittheilungen über die feinere Structur des Gehirns und Rückenmarks. Breslau, 1857.

ROKITANSKY. Ueber Bindegewebswucherungen im Nervensystem, 1857.

BEZOLD (de). Zeitschrift für wissenschaftliche Zoologie. 1858, tome I, page 307.

BUDGE (J.). Comptes rendus de l'Académie des sciences. Paris, 1858, page 586 ; 1859, page 437.

GULL. Mémoires de 1856. Medico-chirurgical Transactions, cases of paraplegy. *Guy's Hospital Reports*, 1858.

JACUBOWITSCH. Comptes rendus de l'Académie des sciences de Paris, 1858, tome XLVII, page 581.

LANDRY. Paralysie ascendante aiguë. (*Gazette hebdomadaire*. Paris, 1859, p. 470.)

OPPOLZER. Zur Lehre von den Krankheiten des Rückenmarks. (*Allg. Wiener med. Zeitung*, 1859, n°ˢ 22, 25, 29.)

BOND. Pathologie de la chorée. (*The british and foreign medicochirurgical Review*, 1860, tome XXVI, page 201.)

BOUCHARD. Dégénérescence secondaire de la moelle. Paris, 1860.

BROWN SEQUARD. Lectures on the Physiology and Pathology of the central nervous System. Philadelphia, 1860.

GOLL. Beiträge zur feineren Anatomie des menschlichen Rückenmarks. Zürich, 1860.

HARTMANN. Zur Pathogenie und Therapie der Spinal-Krankheiten. (*Deutsche Klinik*, 1860 ; tome II.)

HILLAIRET. Comptes rendus des séances de la Société de biologie, 1860, tome II, 2ᵉ série.

GRAVES. Leçons de clinique médicale, traduct. Jaccoud. 1862.

JOHN DEHAN. Anatomie microscopique du renflement lombaire. (*Journal de Physiologie*, 1861, tome IV, page 449.)

MEYER (Mor.). Die Elektricität in ihrer Anwendung auf praktische Medicin. 2ᵗᵉ Auflage. Berlin, 1861.

OPPOLZER. Myelitis acuta. (*Allg. Wiener med. Zeitung*, 1861, nᵒˢ 16 et 17.)

BUHLE. Ueber Rückenmarkserkrankungen. Greifswald, *medical. Leiter*, 1863, Band I, p. 1.

BROWN SEQUARD. Recherches sur la transmission des impressions dans la moelle épinière. (*Journal de la Physiologie*, 1863, tome VI, page 124.)

GIANNUZZI. Recherches physiologiques sur les nerfs moteurs de la vessie. (*Journal de la Physiologie*, 1863, tome VI, page 22.)

KUSSMAUL. Zur Lehre von der Paraplegia urinaria. (*Würtzburger medicinische Zeitschrift*, 1863, tome VI.)

LEYDEN. Ueber graue Degeneration des Rückenmarks. (*Deutsche Klinik*, 1863.)

RINDFLEISCH. Histologisches Detail zu der grauen Degeneration von Gehirn und Rückenmark. (*Virchow's Archiv für pathol. Anatomie*. Berlin, 1863, nᵒ 20.)

VULPIAN. Sur les Faisceaux antéro-latéraux de la moelle épinière. (*Bulletin de la Société philomatique*, 1864, page 133.)

LUYS (J.). Recherches sur le système nerveux cérébro-spinal. Paris, 1865, in-8ᵒ et atlas.

ZENKER. Beitrag zur Sklerose des Hirns und Rückenmarks. (*Zeitschrift für rationelle Medicin*, Heidelberg, 1865.)

CHARCOT. Douleurs fulgurantes de l'ataxie sans incoordination des mouvements ; sclérose commençante des cordons postérieurs. (*Société de biologie*, 1866.)

Cyon et Ludwig. Centralblatt für die medicinischen Wissenschaften. Berlin, 1866.

Vulpian. Physiologie générale et comparée du système nerveux. Paris, 1866.

Bezold (de) et Uspensky. Ueber den Einfluss der hinteren Rückenmarkswurzeln auf die Erregbarkeit der Vorderen. (*Centralblatt für die medicinisch. Wissensch.* Berlin, 1867, n°s 39 et 52.)

Hayem. Note sur un cas d'atrophie musculaire progressive avec lésion de la moelle. (*Arch. de physiologie*, 1867, page 213.)

Masius. Du Centre ano-spinal. (*Bulletin de l'Acad. roy. de Belgique*, 1867, tome XXIV, n°s 9 et 10, page 312, et *Journal de l'Anatomie*, 1868, tome V, page 197.)

Schültze (Max. Joh.). Observationes de structura cellularum fibrarumque nervesium. Bonn, 1868.

Stricker (S.). Handbuch der Lehre von den Geweben. Leipzig, 1868.

Stilling. Neue Untersuchung über den Bau des Rückenmarks. Cassel, 1859 ; 5 livraisons avec atlas de 30 planches lithographiées.

Brown Sequard. Des Voies conductrices des divers mouvements et impressions. (*Archives de physiologie*, 1868, page 60, et 1869.)

Bourneville et Guérard. De la Sclérose en plaques disséminées. Paris, 1869.

Budge. Ueber die Reizbarkeit der vorderen Rückenmarksstränge. (*Pflüger's Arch. für die gesammte Physiologie.* Bonn, 1869, page 511.)

Charcot et Joffroy. Deux cas d'atrophie musculaire progressive de la moelle. (*Archives de physiologie*, 1869, tome II.)

Ollivier (Aug.). Des Atrophies musculaires. Thèse de concours d'agrégation. Paris, 1869.

Vulpian. Note sur un cas de méningite spinale et de sclérose corticale annulaire de la moelle. (*Arch. de physiologie*, 1869.)

Baerwinkel. Archiv. der Heilkunde. Leipzig, 1870.

Charcot et Joffroy. Note sur une lésion de la substance grise de la moelle. (*Arch. de physiologie*, 1870, tome III.)

— Observation de paralysie infantile. (*Arch. de physiologie*, 1870, tome III, page 134.)

— Note sur une lésion de la substance grise de la moelle épinière observée dans un cas d'arthropathie liée à l'ataxie locomotrice progressive. (*Arch. de physiologie normale et pathologique*, 1870, tome III, page 306.)

CHARCOT et JOFFROY. Observations d'ataxielo comotrice avec arthropathie. (*Archives de physiologie*, 1870, tome III, page 306.)

MASIUS et VANLAIR. Recherches expérimentales sur la régénération anatomique et fonctionnelle de la moelle épinière. (*Mémoires de l'Académie royale de Belgique*, 1870, tome XXI.)

PIERRET. Sur les Altérations de la substance grise de la moelle dans l'ataxie locomotrice. (*Arch. de physiologie*, 1870, t. III, p. 599.)

VULPIAN. Observations de lésions des cornes antérieures de la substance grise de la moelle. (*Archives de physiologie*, 1870, tome III, page 316.)

BOURNEVILLE. Gazette médicale de Paris, 1871, page 451.

CHARCOT. Sur la Tuméfaction des cellules nerveuses motrices et des cylindres d'axe des tubes nerveux dans certains cas de myélite. (*Arch. de physiologie*, 1871-1872, tome IV, page 93.)

— Un cas de paralysie pseudo-hypertrophique. (*Archives de physiologie*, 1871-1872, tome IV, page 228.)

HALLOPEAU. Des Myélites chroniques diffuses. (*Arch. générales de médecine*, 1871 et 1872.)

— Nouveau Dictionnaire de médecine et de chirurgie pratiques. Paris, 1876, tome XXII, article *Moelle*.

LEGROS et ONIMUS. Recherches sur les mouvements choréiformes du chien. (*Journal de l'Anatomie*, 1870-1871, tome VII, page 103.)

MICHAUD. Méningite et myélite dans le mal vertébral. Thèse de Paris, 1871.

PIERRET. Note sur la sclérose des cordons postérieurs dans l'ataxie locomotrice progressive. (*Archives de physiologie*, 1871-1872, tome IV, page 364.)

DUJARDIN-BEAUMETZ. Myélite aiguë. Thèse d'agrégation. Paris, 1872.

HENRY THOMPSON. Clinical lecture on a fatal case of Chorea. (*Med. Times and Gaz.*, 1872.)

VAN KEMPFEN. Expériences physiologiques sur la transmission de la sensibilité et du mouvement dans la moelle épinière. (*Journal de Brown Sequard*, 1872, page 517.)

BOLL. Die Histologie und Histogenese der nervösen Centralorgane. (*Arch. für Physiologie*, 1873.)

PIERRET. Sur le faisceau postérieur de la moelle. (*Archives de physiologie normale et pathologique*, 1873, page 534.)

— Note sur un cas de sclérose primitive du faisceau médian des cordons postérieurs. (*Arch. de physiologie*, 1873.)

BIBLIOGRAPHIE. 567

RANVIER. Comptes rendus de l'Académie des sciences de Paris, 1873, tome LXXVII, page 1299.

HAMMOND. A treatise on Diseases of the nervous system. New-York, 1874 ; traduit en français par Labadie-Lagrave. Paris, 1876.

Bulbe.

SCHIFF (Moritz). Untersuchungen zur Physiologie des Nervensystems mit Berücksichtigung der Pathologie. 1855, Frankfurt am Mein.

BROWN SEQUARD. Recherches sur les causes de mort après l'ablation du nœud vital. (*Journal de la Physiologie*, 1858, tome I, p. 217.)

— Observation de Jobert de Lamballe sur un cas de destruction de l'un des corps restiformes. (*Journal de la Physiologie*, 1858, tome I, page 526.)

LEUDET. Recherches cliniques sur l'influence des maladies cérébrales sur la production du diabète. (*Comptes rendus des séances de la Société de biologie*. Paris, 1858, tome IV, 2e série.)

FRITZ. Du Diabète dans ses rapports avec les maladies cérébrales. (*Gazette hebdomadaire*, 1859, pages 274, 294, 344, 374.)

GOODMAN. New-Orleans medical and surgical Journal, 1859.

LEVRAT. Cas de glycosurie déterminée par une tumeur colloïde du 4e ventricule. Thèse de Paris, 1859.

OGLE. The British and foreign medico-chirurgical Review. October 1859, page 500.

PAVY. Lessons on Diabetes. (*British medical Journal*, 1859.)

SÉE (Germain). Nouveau Dictionnaire de médecine et de chirurgie pratiques. Paris, 1865, tome III, article *Asthme*. Physiologie de l'asthme et des dyspnées. (*Journal de physiologie et d'anatomie*, 1866, tome II, page 382.)

FAUCONNEAU-DUFRESNE. De l'Influence du système nerveux dans la production du diabète. (*Gazette hebdomadaire*, 1860, page 133.)

SEMMOLA. Sur la pathologie du diabète. (*Comptes rendus de l'Académie des sciences*, 1861, tome LIII, page 399.)

MESNET. Apoplexie du bulbe. (*Comptes rendus de l'Académie des sciences*, août 1861, page 237.)

CALMETTES. Recherches expérimentales sur l'albuminurie. (*Archives de physiologie*, 1870, tome III, page 26.)

CHARCOT. Observation de paralysie labio-glosso-laryngée. (*Arch. de physiologie*, 1870, tome III, page 245.)

DUCHENNE et JOFFROY. Atrophie aiguë et chronique des cellules nerveuses de la moelle et du bulbe rachidien. (*Arch. de physiologie*, 1870, tome III, page 499.)

GOMBAULT. Observation de paralysie labio-glosso-laryngée avec atrophie musculaire progressive. (*Arch. de physiologie*, 1871-1872, tome IV, page 509.)

PIERRET. Note sur un cas d'atrophie périphérique du cervelet avec lésion des olives bulbaires. (*Arch. de physiologie*, 1871-1872, tome IV, page 765.)

JOFFROY. Sur un cas de paralysie labio-glosso-laryngée, à forme apoplectique, d'origine bulbaire. (*Société de biologie*, août 1872.)

HALLOPEAU. Des Paralysies bulbaires. Thèse de concours d'agrégation. Paris, 1875, avec planches.

Protubérance.

GODELIER. Gazette médicale de Strasbourg. 1850, n° 10.

HERPIN (de Genève). Du Pronostic et du Traitement de l'épilepsie. Paris, 1852, in-8°.

ECKER. Dissertation anatomique. Thèse inaugurale, 1853.

ARCHAMBAULT. Des Hémorrhagies de la protubérance. Thèse inaugurale. Paris, 1855.

SÉNAC. Observation d'hémorrhagie de la protubérance. (*Bulletin de la Société anatomique de Paris*, 1856, tome I, page 206.)

BROWN SEQUARD. Researches on Epilepsy, artificial production in animals. Boston, 1857.

MAILLEFER. Des Maladies de la protubérance. Thèse inaugurale. Paris, 1857.

BROWN SEQUARD. Recherches sur la physiologie et la pathologie de la protubérance. (*Journal de la Physiologie*, 1858, tome I, pages 525 et 735 ; 1859, tome II, page 121.)

KUSSMAUL et A. TANNER. Recherches sur l'origine et les conditions d'existence des convulsions épileptiformes. (*Journal de la Physiologie*, 1858, tome I, page 201.)

SIREDEY. Observation d'hémorrhagie de la protubérance. (*Bulletin de la Société anatomique de Paris*, 1858, tome III, page 446.)

GUBLER. De l'Hémiplégie alterne envisagée comme signe de lésion de la protubérance. 1859.

LANDRY (O.). Traité complet des paralysies. 1859.

RADCLIFFE. Leçons sur la théorie des maladies convulsives. (*The Lancet*, 1859, vol. II.)

CORNIL. Observation d'hémorrhagie de la protubérance. (*Bulletin de la Société anatomique de Paris*, 1860, tome V, page 201.)

CRUVEILHIER. Rapport sur une observation d'hémorrhagie de la protubérance. (*Bulletin de la Société anatomique de Paris*, 1860, 2e série, tome V, page 319.)

GUÉNIOT. Observation d'hémorrhagie de la protubérance. (*Bulletin de la Société anatomique de Paris*, 1860, tome V, page 321.)

HILLAIRET. Ramollissement hémorrhagique de la protubérance. (*Mémoires de la Société de biologie*, 1860, pages 6 et 73.)

MARTINEAU. Observation d'hémorrhagie de la protubérance. (*Bulletin de la Société anatomique de Paris*, 1860, tome V, page 311.)

PARIS (H.). Note sur un cas de mouvement de manége par suite d'hémorrhagie de la protubérance. (*Journal de la Physiologie*, 1860, tome III, page 717.)

DANIEL MEADOWS. Observation de tétanos. (*Medico-chirurgical Transactions*, 1861, page 279.)

MESNET. Apoplexie du bulbe rachidien en arrière de la protubérance. (*Comptes rendus de l'Académie des sciences*, 1861, page 237. *Archives générales de médecine*, 1861, 5e série, tome XVIII, page 362.)

LABORDE. Bulletin de la Société anatomique de Paris. 1862, tome VII, page 476.)

BLAND RADCLIFFE. Lectures on Epilepsy. London, 1864.

DEBROU. Sur le tic non douloureux de la face. (*Archives générales de médecine*, 1864, 6e série, tome III, page 641.)

LADAME. Des Tumeurs de la protubérance. (*Archives générales de médecine*, 1865, 6e série, tome VI, page 131.)

LUYS (J.). Comptes rendus de la Société de biologie. 1866, page 157.

FELTZ. Étude clinique et expérimentale des embolies capillaires. Paris, 1868, in-8°, avec planches.

LARCHER (O.). Pathologie de la protubérance. Paris, 1868.

ARLOING et TRIPIER. Recherches expérimentales et cliniques sur la pathogénie et le traitement du tétanos. (*Archives de Physiologie*, 1870, tome III, page 235.)

ONIMUS. Recherches expérimentales sur les phénomènes consécutifs à l'ablation du cerveau et sur les mouvements de rotation. (*Journal de l'Anatomie*, 1870-1871, tome VII, page 633.)

Joffroy. Trois cas de paralysie agitante. (*Archives de physiologie*, 1871-1872, tome IV, page 106.)

Michaud. Recherches anatomo-pathologiques sur l'état du système nerveux central et périphérique dans le tétanos traumatique. (*Archives de physiologie*, 1871-1872, tome IV, page 59.)

Cervelet et pédoncules cérébelleux.

Laborde. Tumeur kystique du cervelet. (*Union médicale*, 1859, page 356.)

Ogle. Anévrisme comprimant les pédoncules cérébelleux. (*Medico-chirurgical Transactions*, 1859.)

Gratiolet et Leven. Sur les Mouvements de rotation sur l'axe que déterminent les lésions du cervelet. (*Comptes rendus de l'Académie des sciences*, 1860, page 917.)

Bourillon. Sur la physiologie du cervelet. Thèse de Paris, 1861.

Cotton. Tubercule du cervelet. (*The Lancet*, 1861, page 434.)

Fuller. Kyste du cervelet. (*The Lancet*, 1861, page 422.)

Marcé (L. V.). Kyste du cervelet. (*Comptes rendus de la Société de biologie*, 3ᵉ série, 1861, tome III, page 252.)

Wittshire. Tubercule du cervelet. (*The Lancet*, 1861, page 485.)

Lussana. Leçons sur les fonctions du cervelet. (*Journal de la Physiologie*, 1862, tome V, page 418.)

Couches optiques.

Torel. Beiträge zur Kenntniss des Calamus opticus und der ihn umgebenden Gebilde bei den Säugethieren. (*Sitzungsberichte der k. k. Akademie der Wissensch*. Vienne, 1872.)

Corps striés.

Jeffrey a Marston. Cas de ramollissement des corps striés. (*Edinburgh medical Journal*, 1859, page 256.)

Tubercules quadrijumeaux.

Joire. Observation de destruction des tubercules quadrijumeaux. (*Revue médicale*, 1860, page 155.)

Wood (Al.). Tumeur ayant détruit les tubercules quadrijumeaux. (*Edinburgh medical Journal*, janvier 1860, page 603.)

Cerveau.

Michéa. De l'Anesthésie de douleur dans l'aliénation mentale. (*Gazette hebdomadaire*, 1855, tome II, page 719.)

Calmeil. Traité des maladies inflammatoires du cerveau, ou Histoire anatomo-pathologique des congestions encéphaliques. 1859.

Dumont. Influence de la cécité sur la fonction intellectuelle. (*Moniteur des Hôpitaux*, 1859, page 245.)

Durham. Physiologie du sommeil. (*British medical Journal*, 1859.)

Azam. Hypnotisme. (*Archives générales de médecine*, janvier 1860.)

Bouisson. Démence et cécité guéries par l'opération de la cataracte. (*Bulletin de l'Académie de médecine*, séance du 20 octobre 1870, tome XXVI, page 6, et *Montpellier médical*, 1860.)

Flourens. Diagnostic des apoplexies. (*Comptes rendus de l'Académie des sciences*, 1860, page 747.)

Jackson. Abcès du cerveau. (*Boston medical and surgical Journal*, 1860, page 353.)

Krackowitzer. Sur un cas d'abcès du cerveau. (*Journal de la Physiologie*, 1860, tome III, page 729.)

Martenot. Blessure du lobe antérieur du cerveau. (*Gazette médicale*, 1860, page 162.)

Mesnet. Études sur le somnambulisme. (*Archives générales de médecine*, 1860.)

Wood (Al.). Observation de tumeur du cerveau. (*Edinburgh medical Journal*, 1860, page 603.)

Nicolasa. Maladie du sommeil. (*Gazette hebdomadaire*, 1861, page 717.)

Reichert (K. B.). Der Bau des menschlichen Gehirns. Leipzig, 1859-1861, 2. Abtheil., mit Kupfertafeln.

Voisin (Auguste). Ramollissement de la partie antérieure de l'hémisphère gauche. (*Comptes rendus de la Société de biologie*, 1861, 3e série, tome III, page 6.)

Wagner. Recherches sur les fonctions du cerveau. (*Journal de la Physiologie*, 1861, tome IV, page 242.)

Brierre de Boismont. Des Hallucinations. Paris, 1862, 3e édition, in-8°.

DAGONET. Traité des maladies mentales. 1862.

FALRET (J. P.). Des Maladies mentales. Paris, 1864 ; in-8°.

BRIERRE DE BOISMONT. Du Suicide et de la folie du suicide. 1865.

DEITERS (O.). Untersuchungen über Gehirn und Rückenmark des Menschen und der Säugethiere. Braunschweig, 1865 ; in-8°, avec pl.

GRIESINGER. Traité des maladies mentales. Traduction de Doumic. Paris, 1865.

JACUBOWITSCH. Études sur la structure intime du cerveau. (*Annales des sciences naturelles*, 1870, page 188.)

SCHIFF (Moritz). Sur l'Échauffement des nerfs et des centres nerveux. (*Archives de physiologie*, 1870, tome III.)

GOLGI. Contribuzione alla fina anatomia degli organi centrali del sistema nervoso. (*Rivista clinica*, novembre 1871, page 98.)

MIERZEJEWSKY. Die Ventrikel des Gehirns. (*Centralblatt für med. Wissensch.*, 1872, page 40.)

FOURNIÉ (Ed.). Recherches expérimentales sur le fonctionnement du cerveau. Paris, 1873.

MITCHELL. Cases illustrative of the use of the ophthalmoscope in the diagnosis of intracranial lesions. (*The American Journal of the medicine*, 1873, page 91.)

LÉPINE. De la Localisation dans les maladies cérébrales. Thèse de concours. 1875.

BOUCHUT. Atlas d'ophthalmoscopie médicale. Paris, 1876. Grand in-4° avec 14 planches.

DAGONET. Nouveau Traité des maladies mentales. Paris, 1876.

Annexes.

GUILLABERT. Essai sur le mal de mer. Thèse de Paris, 1859.

CHRISTIAN. Hémorrhagie extra-méningée survenue à la suite d'une indigestion chez un imbécile maniaque. (*Gazette médicale de Strasbourg*, 1864, n° 16.)

HUBNER. Archiv der Heilkunde, 1868, page 417.

LIOUVILLE. Contribution à l'étude anatomo-pathologique de la méningite cérébro-spinale. (*Arch. de physiologie*, 1870, t. III, p. 400.)

RINDFLEISCH. Zur Kenntniss der Nervenendigung in der Hirnrinde. (*Centralblatt für medicin. Wissensch.*, 1872, page 277).

BENEDIKT. Ueber die Nerven des Plexus choroïdeus. (*Zeitschrift für practische Heilkunde*, 1873, 4 juillet, n° 27.)

BUDGE. Einige Untersuchungen über das Verhalten der Nerven in den pacinischen Körperchen, den quergestreiften Muskeln und den sympathischen Ganglien. (*Centralblatt für die medicinische Wissensch.*, 1873.)

HASSE SCHWALB. Ein neues Injectionsverfahren zur Behandlung von Carcinomen. (*Berliner klin. Wochenschrift*, 1873.)

JOFFROY. Pachyméningite spinale. Thèse, 1873.

KEY et RETZIUS. Studier i Nervsystemets Anatomi. (*Astr. ur. Nord. med. Archiv.*, Band IV, Nr. 21, oct. 25.) Analysé par P. Berger dans la *Revue des Sciences médicales de Hayem*, 1873, tome I, page 6.

LEWIS SMITH. Cerebro-spinal fever with Facts and Statistic of the recent Epidemie in New-York City. (*The American Journal of med. Science*, oct. 1873.)

MARTY. Thrombose des sinus de la dure-mère. Thèse inaugurale de Paris, 1873.

MIERZEJEWSKY. Die Ventrikel des Gehirns. (*Centralblatt für die medizinischen Wissenschaften*, 1872, n° 40.) Analysé par P. Berger dans la *Revue de Hayem*, 1873, tome I, page 13.

MOSEN. Pachymeningites hæmorrhagica chronica interna. (*Jahrb. für Kinderheilkunde*, 1873, VI. Jahrgang.)

RENDU. Recherches cliniques et anatomiques sur les paralysies liées à la méningite tuberculeuse. Paris, 1873.

RODENSTEIN. Thermometry in cerebro-spinal Meningites. (*Archives of scientific and pract. Medicine*. New-York, 1873.)

VINSONNEAU. Contributions à l'étude anatomo-pathologique de l'hydrocéphalie chronique. Thèse de Paris, 1873.

HITZIG. Ueber den Ort der extraventriculären Cerebral-Flüssigkeit. (*Arch. für Anatomie de Reichert et Du Bois-Reymond*, 1874.)

TRAUBE. Zur Theorie des Cheyne Stokes'schen Athmungsphänomens. (*Berlin. klin. Wochenschrift*, 1874, n°s 16 et 18.)

LANDOUZY (L.) Contribution à l'étude des convulsions et paralysies liées aux méningo-encéphalites fronto-pariétales. Paris, 1876.

Généralités sur les nerfs.

SCHROEDER VAN DER KOLK. Sydenham Society. 1854, vol. IV, pages 8 et 9.

CORNIL. Sur la Production des tumeurs épithéliales dans les nerfs. (*Journal de l'Anat. et de la Physiol. normale et path. de l'homme et des animaux*, 1858, tome I, page 183.)

POUCHET (G.). Sur la Vascularité des faisceaux primitifs des nerfs. (*Journal de l'Anat. et de la Physiol.*, 1860, tome III, page 438.)

WALLER. Proceedings of the royal Society of London, 1862, tome XI.

EULENBURG et Léonard LANDOIS. Berliner klinische Wochenschrift, 1864.

MITSCHELL, MOREHOUSE and KEEN. Gunshot Wounds and other Injuries of Nerves. Philadelphia, 1864.

PAGET. Medical Times and Gazette. 1864, tome I, page 331.

LAVERAN. Recherches expérimentales sur la régénération des nerfs. (*Journal de l'Anatomie*, Paris, 1868, tome V, page 305.)

ROUGET. Structure intime des corpuscules nerveux de la conjonctive et des corpuscules du tact chez l'homme. (*Comptes rendus de l'Académie des sciences*, 27 avril 1868.)

SAPPEY. Recherches sur la structure de l'enveloppe fibreuse des nerfs. (*Journal de l'Anatomie*, Paris, 1868, tome V, page 47.)

GRANDRY. De la Structure intime du cylindre-axe et des cellules nerveuses. (*Journal de l'Anatomie*, 1869, tome VI, page 289.)

LABBÉ (Léon) et LEGROS. Étude anatomo-pathologique de trois cas de névromes. (*Journal de l'Anatomie*, Paris, 1870-1871, tome VII, page 171.)

FOA. Rivista clinica di Bologna, fév. 1871.

COYNE. Zona spontané. (*Annales de dermatologie*, 1872.)

JULLIEN (L.). Contribution à l'étude du péritoine, ses nerfs et leurs terminaisons. (*Lyon médical*, 10 novembre 1872, n° 23.)

LANNELONGUE. Contusion du nerf radial, abolition du mouvement. (*Gazette des Hôpitaux*, 1872, page 970.)

LANDOWSKY. Das Saugadersystem und die Nerven der Cornea. (*Arch. für microsk. Anatomie*, 1872, VIII° vol., page 538,)

RANVIER. Comptes rendus de l'Académie des sciences, 1872 et 1873.

VULPIAN. Recherches relatives à l'influence des lésions traumatiques des nerfs sur les propriétés physiologiques et la structure des muscles. (*Archives de physiologie*, 1872, n° 56.)

BERGER. Zur Lehre von den Gelenk-Nevralgien. (*Berliner klinische Wochenschr.*, 1873, n°ˢ 22-24.) Analysé par Bex dans la *Revue de Hayem*, 1873, tome II, page 892.

Bianchi. Il Crampo degli scrittori. (*Il Morgagni de Naples*, 1873, page 38.)

Brown Sequard. Remarks of some interesting effects of injuries of nerves. (*Arch. of scientific and pract. Medicine*. New-York, 1873.)

Capozzi. Contribuzione alla patologia e terapia delle mallatie nervose. (*Il Morgagni de Naples*, 1873, fasc. 1, page 47.) Analysé par Baréty dans la *Revue de Hayem*, 1873, tome II, page 707.

Duplay. Recherches sur la nature et la pathogénie du mal perforant du pied. (*Archives générales de médecine*, mars-avril et mai 1873.)

Gerlach. Ueber das Verhalten der Nerven in den quergestreiften Muskelfäden der Wirbelthiere. (*Sitzungsberichte der phys. med. Soc. in Erlangen*, 1873.) Analysé par Exchaquet dans la *Revue de Hayem*, 1874, tome III, page 13.

Handfield. Brit. med. Journal, 31 mai 1873.

Hayem. Note sur deux cas de lésions cutanées consécutives à la section des nerfs. (*Archives de physiologie*, 1873.)

Krause. Histologische Notizen. (*Centralblatt*. Berlin, 1873.)

Kupffer. Das Verhältniss von Drüsennerven und Drüsenzellen. (*Arch. für mikr. Anat.*, 1873, tome IX, 2e fasc.)

Langerhans. Ueber Tactkörperchen. (*Arch. für mikr. Anat.*, 1873, page 726.)

— Terminaison dans l'organe du toucher. (*Arch. für mikrosk. Anat.*, 1873, page 123.)

Nicoladoni. Untersuchungen über die Nerven der Kniegelenk-Kapsel des Kaninchens. (*Stricker's Arch.*, 1873, page 401.)

Letiévant (de Lyon). Traité des sections nerveuses. Physiologie pathologique, etc. Paris, 1873. In-8°.

Panas. De la Paralysie réputée rhumatismale du nerf radial. (*Archives de médecine*, juin 1873.)

Richelot. Note sur la distribution des nerfs collatéraux des doigts et sur les sections nerveuses des membres supérieurs. (*Union médicale*, 1873, et *Archives de physiologie*. Paris, 1875.)

Robin et Laloulbène. Comptes rendus de l'Académie des sciences, 25 août 1873, tome LXXVII, page 511.)

Rosenthal. Untersuchungen über Reflexe. (Extrait des *Comptes rendus de la Soc. phys.-méd. d'Erlangen. Berliner klinische Wochenschrift*, 1873, n° 27.)

THIN (G.). On the structure of the tactile corpuscles. (*Journ. of Anatomy and Phys.*, 1873, vol. VIII.) Analysé par Renaut dans la *Revue de Hayem*, tome III, page 481.

VULPIAN. Paralysie *à frigore* du nerf radial. (*Comptes rendus de la Société de biologie*, séance du 22 mars 1873, et *Gazette médicale*, 1873, page 183.)

ARLOING et TRIPIER. De la Sensibilité récurrente. (*Gazette hebdomadaire*, 4 septembre 1874.)

BROADBENT. Lettsonian lectures on Syphilis as a cause of diseases of the nervous System. (*Brit. med. Journal*, 24 novembre 1874, n° 17.)

CHAPOY (Léon). Paralysie du nerf radial. Paris, 1874.

LANDOUZY (L.). De la Sciatique et de l'Atrophie musculaire qui peut la compliquer. (*Archives générales de médecine*, avril et mai 1875.)

PUTZEYS et TARCHANOFF. Ueber den Einfluss des Nervensystems auf den Zustand der Gefässe. (*Arch. für Anat. von Reichert u. Du Bois-Reymond*, 1874, pages 371-391.) Analysé par Strauss dans la *Revue des Sciences médic. de Hayem*, 1875, tome VI, page 31.

RÆUBER. Ueber die Vaterschen Körper der Gelenk-Kapsel. (*Centralblatt*. Berlin, 1874, page 305.)

SACHS. Physiologische und anatomische Untersuchungen über die sensiblen Nerven der Muskeln. (*Arch. von Reichert und Du Boys-Reymond*, 1874, n° 2, page 175.)

WESTPHAL. Ueber eine Veränderung des Nervus radialis bei Bleilähmung. (*Arch. für Psychiatrie und Nervenkrankheiten*, 1874, 3. Heft.)

Nerfs rachidiens.

SCHIFF (Moritz). Sur la prétendue Nature aesthésodique des ganglions spinaux. (*Journal de la Physiologie*, 1858, tome I, page 207.)

ROUDANOWSKY. Ueber den Bau der Wurzeln der Rückenmarksnerven. (*Centralblatt für die medicinischen Wissenchaften*. Berlin, 1865, p. 148.)

POLAILLON. Études sur la texture des ganglions nerveux périphériques. (*Journal d'Anatomie et de Physiologie*, 1866, tome III, page 42.)

Nerf olfactif.

OWJANISKOW. Sur la structure des lobes olfactifs. (*Arch. für Anatomie, Physiologie und wissenschaftliche Medicin*, 1859.)

PRÉVOST. Atrophie des nerfs olfactifs chez les vieillards. (*Comptes rendus de la Société de biologie*, 1866, page 69.)

ROBERTSON. Remarkable nervous Perturbation. (*The Boston med. and surg. Journ.*, 1873, page 280.)

Nerf optique.

DESMARRES (L. A.). Traité théorique et pratique des maladies des yeux. Paris, 1854.

HELMHOLTZ. Optique physiologique. (Traduction d'Émile Javal et Klein. Paris, 1857.)

FANO (S.). Maladies des yeux. Paris, 1866.

WECKER. Maladies des yeux. 1867.

FOLLIN et DUPLAY. Traité élémentaire de pathologie externe. Paris, 1870, tome IV, fasc. 2. — Maladies de l'appareil de la vision.

IWANOFF. Observations sur l'anatomie pathologique des gliomes de la rétine. (*Journal d'Anatomie*, 1870, tome VII, page 225.)

GALEZOWSKI. Traité des maladies des yeux. Paris, 1872 ; 2ᵉ édition, 1875, in-8°.

DUVAL (Mathias). Structure et usage de la rétine. Thèse de concours d'agrégation. Paris, 1872.

RYDAL. Ein Beitrag zur Lehre vom Glaucom. (*Arch. für Ophthalm.* Berlin, 1872, tome XVIII, 1ʳᵉ partie.)

MANDELSTAMM. Ueber Sehnervenerkrankung und Hemiopie. (*Arch. für Ophthalmologie*, 1873, tome XIX, 2ᵉ partie, page 39.)

SCHÖN. Ueber die Grenzen der Farbenempfindungen in pathologischen Fällen. (*Centralb. et Klinische Monatsblætter für Augenheilkunde*, juillet et août 1873.)

STEFFAN. Zur Anesthesia retinæ mit concentrischer Gesichtsfeldbeschränkung. (*Klinische Monatsblætter für Augenheilkunde*, 1873, tome XIX, 3ᵉ partie, page 165.)

ABADIE. Considérations théoriques et pratiques sur certaines formes de cécité subite. (*Union médicale*, 1874, pages 189-197.)

578 BIBLIOGRAPHIE.

ANNÜSKE DEKANGBERG. Die Neuritis optica bei Tumor Cerebri. (*Arch. für Ophthalmologie,* 1873, tome XIX, 3ᵉ partie, page 165.) Analysé par Abadie dans la *Revue des Sciences médic. de Hayem,* 1874, tome IV, page 272.

BRECHT. Ueber concentrische Einengung des Gesichtsfeldes, sympathisch entstanden. (*Arch. für Ophthalmologie,* 1874, tome XX, 1ʳᵉ partie, page 97.) Analysé par Abadie dans la *Revue des Sciences médicales de Hayem,* 1875, page 286.

COHN. Hemiopie bei Hirnleiden. (*Klinische Monatsblætter für Augenheilkunde,* 1874, tome XII, page 204.) Analysé par Abadie dans la *Revue des Sciences médicales de Hayem,* 1874, tome IV, page 664.

HOCK. Ueber Sehnervenerkrankung bei Gehirnleiden der Kinder. (*Oesterr. Jahrb. für Pædiatrik,* V. Jahrg. 1874, Wien.)

MANZ. Ueber Veränderungen an Sehnerven bei Entzündung des Gehirns. (*Klinische Monatsblætter für Augenheilkunde,* 1874, page 447.)

POUCHET. Note sur l'influence de l'ablation des yeux sur la coloration de certaines espèces animales. (*Journ. d'Anat. et de Phys. de Ch. Robin,* oct. 1874.)

WALDEMAR KRENCHEL (de Copenhague). Recherches sur les lésions consécutives à la section des nerfs optiques chez la grenouille. (*Derde Recks,* 1874.)

Nerf moteur oculaire commun.

BAUDOT. Paralysie du moteur oculaire commun. (*Union médicale,* 1859, tome I, page 115.)

LAWSON (Georges). Quatre cas de paralysie du muscle ciliaire. (*The Lancet,* 1861, page 438.)

ZAMBACO. Des Affections nerveuses syphilitiques. Paris, 1862; 1 vol. in-8°.

LANGLEBERT. Traité des maladies vénériennes. 1864.

FRÉMY (H.). Trophonévrose faciale. Thèse de Paris, 1872.

CUIGNET. Paralysie du petit oblique gauche. (*Journ. d'ophth.,* août et septembre 1872.)

SCHMIDT. Sur la névrite optique intra-oculaire due aux tumeurs cérébrales. (*Comptes rendus du Congrès de Londres* de 1872.)

Duwez. Réfutation de Priesley Smith. (*Annales d'oculistique*, mars et avril 1874, page 136.)

Macnamara. Case of paralysis of the inferior branch of the third nerve. (*The Lancet*, 26 sept. 1874.)

Nerf pathétique.

Curie. Sur un filet moteur affecté à la glande lacrymale. (*Journal de la Physiologie*, 1858, tome I, page 805.)

Exner. Versuch über Trochlearis. (*Sitzungsberichte der Wiener Akademie*, 1874, vol. LXX, page 15.)

Nerf trijumeau.

Ludwig. Zeitschrift für ration. Medicin, 1852.

Carnochan. Trois cas de section du maxillaire supérieur. (*Journal de la Physiologie*, 1858, tome I, page 414.)

Snellen. Recherches sur l'influence des nerfs sur l'inflammation. (Analysé dans le *Journal de la Physiologie*, 1858, tome I, page 208.)

Anstie. Altérations de la nutrition et de la circulation dans les névralgies de la 5ᵉ paire. (*The Lancet*, nov. 1866.)

Gillette. Névralgie rebelle de la 5ᵉ paire. (*Union médicale*, octobre 1872, page 649.)

Ollivier. Quelques Réflexions sur la pathogénie de l'angine herpétique. (*Gazette médicale*, 2 novembre 1872, page 533.)

Emminghaus. Weiteres über halbseitige Gesichtsatrophie. (*Deutsches Arch. für klinische Medicin*, 1873, vol. XII.) Analysé par Hallopeau dans la *Revue de Hayem*, 1874, tome III, page 609.

Lincoln. A case of cerebral congestion, with peculiar reaction of the supra-orbital nerve. (*The Boston med. and surg. Journal*, mars 1873.)

Prévost. Nouvelles Expériences relatives aux fonctions gustatives du nerf lingual. (*Arch. de physiologie*, 1873, nᵒˢ 3 et 4.)

Rollet. Wiener medicinische Presse, December 1873.

Vulpian. Note sur de nouvelles expériences relatives à la réunion bout à bout du nerf lingual et du nerf hypoglosse. (*Archives de physiologie*, 1873, nᵒ 5.)

Vulpian. Phénomènes consécutifs à la section de la 5e paire. (*Société de biologie*, 5e série, tome V, et *Gazette médicale*, 1873, page 385.)

— Des Altérations de la cornée consécutives à la section de la 5e paire. (*Société de biologie*, 5e série, tome V, page 258. Séance du 28 juin 1873. *Gazette médicale*, page 385.)

Merkel. Die trophische Wurzel des Trigemius. (*Anstalt zu Rostock*, 1874, page 121 ; et *Centralblatt*, 1874, page 902.)

Wilhite. Trismus nascentium. (*The American Journal of the medical science*, avril 1875.)

Nerf moteur oculaire externe.

Beyran. Paralysie syphilitique du nerf moteur oculaire externe. (*Union médicale*, 1860, pages 38 et 315.)

Luton. Paralysie syphilitique du nerf moteur oculaire externe. (*Union médicale*, 1860, tome VII, page 597.)

Nerf facial.

Bernard (Claude). Sur les Variations de couleur dans le sang veineux des organes glandulaires suivant l'état de fonction ou de repos. (*Journal de la Physiologie*, 1858, tome I, pages 241 et 649.)

Landouzy. Cause de l'hyperesthésie auditive dans la paralysie du facial. (*Journal de la Physiologie*, 1858, tome I, page 429.)

Gairdner (W. T.). Paralysie des deux côtés de la face. (*The Lancet*, 1861, tome I, page 477.)

Schiff (Mor.). Leçons sur la physiologie de la digestion. Turin, 1867, tome I, page 282.

Emminghaus. Ueber halbseitige Gesichtsatrophie. (*Deutsches Arch. für klinische Medicin*, 1872, vol. XI, 1re partie.)

Frémy (Henry). Étude critique de la trophonévrose faciale. Thèse de doctorat. Paris, 1872.

Prévost. Distribution de la corde du tympan. (*Comptes rendus de l'Académie des sciences*, 30 décembre 1872.)

Vulpian. Sur la Corde du tympan ; distribution et usages. (*Comptes rendus de l'Académie des sciences de Paris*. 3 janvier 1873. *Société de biologie*, 1873, tome V, page 22, et *Gazette médicale*, 1873.)

GRÜTZNER et CHTERPOWSKY. Beiträge zur Physiologie der Speichel-secretion. (*Pflüger's Archiv für die gesammte Physiologie.* Bonn, 1872, Band VII, page 523.) Analysé par Straus dans la *Revue des Sciences médicales de Hayem*, 1873, tome II, page 567.

LETIEVANT. Physiologie pathologique après la section des nerfs de la face *in* Traité des sections nerveuses. Paris, 1873, page 163.

VULPIAN. Expériences relatives à la physiologie des nerfs vaso-dila-tateurs. (*Arch. de physiologie*, janvier 1874, tome VII, page 175.)

Nerf auditif.

TRIQUET. Traité des maladies de l'oreille. Paris, 1857, in-8°.

BROWN SEQUARD. Note sur la production des symptômes cérébraux à la suite de certaines lésions du nerf auditif. (*Gazette hebdoma-daire*, 1861, page 56.)

MÉNIÈRE. Maladies de l'oreille interne offrant les symptômes de la congestion cérébrale apoplectique. (*Gazette médicale de Paris*, 1861.)

BROWN SEQUARD. Remarques sur la physiologie du nerf auditif. (*Journal de la Physiologie.* Paris, 1862, page 484.)

KATOLINSKY. Recherches sur les phénomènes physiologiques dus à l'irritation du nerf auditif par le courant galvanique. (*Journal de la Physiologie*, 1863, tome VI, page 193.)

LOEVENBERG. La Lame spirale du limaçon de l'oreille de l'homme et des mammifères. (*Journal de l'Anat. et de la Physiologie*, 1866, tome III, page 105.)

BERTHOLD. Ueber die Function der Bogengänge des Ohrlabyrinths. (*Arch. für Ohrenheilkunde*, 1874.)

BOETTCHER. Ueber die Durchschneidung der Bogengänge des Gehör-labyrinths und die sich daran knüpfenden Hypothesen. (*Arch. für Ohrenheilk.*, 1874, vol. IX, page 1.) Analysé par Klein dans la *Revue des Sciences médicales de Hayem*, 1874, tome IV, page 405.

HELMHOLTZ. Théorie physiologique de la musique, fondée sur l'étude des sensations auditives. Traduction française par Gué-roult. Paris, 1874.

NUSSBAUM. Sur les perceptions subjectives de couleurs, résultant des sensations objectives de l'ouïe. (*Journ. de l'Anatomie*, 1874, tome X, page 222.) Analysé d'après le *Centralblatt*, 3 mai 1873, n° 20.

TOYNBEE. Maladies de l'oreille. Traduit et annoté par le docteur G. Darin. Paris, 1874, in-8°, avec figures.

Nerf glosso-pharyngien.

WALLER et PRÉVOST. Étude relative aux nerfs sensitifs qui président aux phénomènes réflexes de la déglutition. (*Archives de physiologie*, 1870, tome III, page 185.)

LUSSANA. Sur les Nerfs du goût. (*Archives de physiologie*, 1871-1872, tome IV, page 150.)

ISAMBERT. Essai de classification des maladies du larynx et du pharynx. (*Annales des maladies de l'oreille et du larynx*, 1875, tome I, n° 1, page 10.)

VULPIAN. De l'Action vaso-dilatatrice exercée sur les nerfs glosso-pharyngiens et sur les vaisseaux de la membrane muqueuse de la base de la langue. (*Comptes rendus de l'Académie des sciences*, 2 février 1875.)

Nerf pneumo-gastrique.

BROWN SEQUARD. Note sur l'association des efforts inspiratoires avec l'arrêt des mouvements du cœur. (*Journal de la Physiologie*, 1858, tome I, page 512.)

TROUSSEAU. Sur les Effets de la ligature de l'œsophage. (*Bulletin de l'Académie de médecine*. Séance du 20 juillet 1858. *Journal de la Physiologie*, tome I, page 777.)

CHAUVEAU, BERTOLUS et LAROYENNE. De l'Influence exercée par la section des vagues sur la circulation artérielle. (*Journal de la Physiologie*, 1860, tome III, page 709.)

CAPELLE. De l'Angine de poitrine. Thèse de Paris, 1861.

ROSENTHAL. De l'Influence du pneumo sur les mouvements du diaphragme. (*Comptes rendus de l'Académie des sciences*, 1861.)

BEAU. De l'Angine de poitrine. (*Gazette des Hôpitaux*, 17 juillet 1862, page 329.)

BODDAERT. Recherches expérimentales sur les lésions pulmonaires consécutives à la section du pneumo. (*Journal de la Physiologie*, 1862, tome V, page 442.)

CHAUVEAU. Du Pneumo-gastrique considéré comme agent de déglutition. (*Journal de la Physiologie*, 1862, tome V, page 190.)

BIBLIOGRAPHIE.

MOLESCHOTT. De l'Influence des nerfs du cœur sur la fréquence de ses battements. (*Journal de la Physiologie*, 1862, tome V, page 124.)

JOLYET. Essai sur la détermination des nerfs qui président aux mouvements de l'œsophage. Thèse de Paris, 1866.

LUDWIG et CYON. Arbeiten aus der physiologischen Anstalt zu Leipzig, 1866, page 128.

CYON et LUDWIG. Action réflexe d'un des nerfs sensibles du cœur sur les nerfs vaso-moteurs. (*Journal d'Anatomie et de Physiologie*, 1867, tome IV, page 472.)

SCHIFF. Leçons sur la physiologie de la digestion. Turin, 1867.

BERNARD (Claude). Rapport sur le mémoire de Cyon intitulé : De l'Action réflexe d'un des nerfs sensibles du cœur sur les nerfs moteurs des vaisseaux sanguins. (*Comptes rendus de l'Académie des sciences*, 1868, tome LXVI, page 938, et *Journal d'anatomie de Robin*, 1868, tome V, page 338.)

CYON. Sur l'Innervation du cœur. (*Journal de l'Anatomie*, 1868, tome V, page 441.)

BERT (Paul). Leçons sur la physiologie comparée de la respiration. Paris, 1870.

ARLOING et TRIPIER. Contribution à la physiologie des nerfs vagues. (*Archives de physiologie*, 1872, pages 411 et 732.)

MAYER et PIBRAN. Sitzungsberichte der Wiener Akademie der Wissenschaften, 1872, tome LXVI.

MOSSO. Sull' Irritazione chimica dei nervi cardiaci. (*Lo Sperimentale de Florence*, fasc. 10, octobre 1872.) Analysé par Barety. *Revue des Sciences médicales de Hayem*, 1873, tome I, page 68.)

ONIMUS et LEGROS. Recherches expérimentales sur certains points de la physiologie des nerfs pneumo-gastriques. (*Comptes rendus de l'Académie des sciences*, 10 novembre 1872, tome LXXV, n° 20.)

— Comptes rendus de l'Académie des sciences, séance du 14 novembre 1872. — Recherches expérimentales sur la physiologie des nerfs pneumo. (*Journal de l'Anatomie*, 1872, tome VIII, page 561.)

SCHIFF. Il Nervo vago come acceleratore dei Movimenti cardiaci. (*Lo sperimentale de Florence*, 1872, fasc. II.)

PETER. De la Névralgie diaphragmatique. (*Gazette des Hôpitaux*, 24 octobre 1872, page 990.)

FILEHNE. Ueber die Wirkung eines energischen Kohlensäure-Stroms auf die Schleimhäute des Respirations-Apparats und über den Einfluss auf verschiedene Krampfformen. (*Archives de Reichert et Du Bois-Reymond*, 1873, page 161.)

GEUZMER. Gründe für die pathologischen Veränderungen der Lungen nach doppelseitiger Vagusdurchschneidung. (*Pflüger's Archiv für Physiologie*. Bonn, 1873, volume VIII, page 101.)

KOTHS. Experimentelle Untersuchungen über den Husten. (*Archiv für path. Anatomie u. Physiol.*, tome LX, livre 2, 1873.) Analysé par Kelsch dans la *Revue de Hayem*, 1874, tome IV, page 489.

LAYCOCK. Notes on a clinical lecture on brief recurrent apnee as a case of stuplessness in cardial diseases. (*Med. Times and Gazette*, 26 avril 1873.)

SCHIFF. Il Nervo vago come acceleratore dei movimenti cardiaci. (*Lo Sperimentale de Florence*, fasc. XI, novembre 1872.) Analysé par Baréty dans la *Revue des Sciences médicales de Hayem*, 1873, tome I, page 36.

ZURHELLE. Secundärerkrankung beider Nervi Vagi im Verlaufe eines Typhoids. (*Berliner klinische Wochenschrift*, 1873, n° 29.)

BIERMER (de Zurich). De l'Asthme bronchique. (*Archives générales de médecine de Paris*, octobre 1874, page 403.)

GUTTMANN. Zur Kenntniss der Vagus-Lähmung beim Menschen. (*Arch. für pathologische Anatomie u. Physiologie*, 1874, tome LIX.)

RUTHERFORD. Influence of the vagus nerve upon the vascular system. (*Brit. med. Journal*, 23 août 1873.) — Analysé par Gouguenheim. (*Revue des Sciences médicales de Hayem*, 1874, tome III, page 58.)

HABERSHON. Some clinical facts connected with the Pathology of the Pneumo-gastric Nerve. (*Guy's Hospital Reports*, 1875, 3° série, volume XX, page 127.) Analysé par Gingeot dans la *Revue de Hayem*, 1875, page 491.

HUTTENBRENNER. Das Cheyne-Stockes'sche Respirationsphänomen beobachtet an einem 2½ Jahr alten diphtheritischen Knaben. (*Jahrb. für Kinderheilkunde*, 1875, 15 mai.)

QUINKE (de Berne). Ueber Vagusreizung bei Menschen. (*Berliner klin. Wochenschrift*, 12 et 19 avril 1875.)

Nerf spinal.

VAN KEMPEN. Recherches sur la nature fonctionnelle des racines des nerfs vague et spinal. (*Journal de la Physiologie*, 1863, tome IV, page 284.)

GERHARDT. Laryngologische Beiträge. (*Deutsches Archiv für klinische Medicin*, juillet 1873, volume XI, 6° partie.)

SCHECH. Experimentelle Untersuchungen über die Functionen der
Nerven und Muskeln des Kehlkopfs. (*Zeitschrift für Biologie.*
Munich, 1873 ; volume IX, page 258.) Analysé par Exchaquet
dans la *Revue de Hayem*, 1873, tome II, page 560.)

FEITH. Ueber die doppelseitige Lähmung der Glottiserweiterer. (*Berliner klinische Wochenschrift*, 1874.)

SAWYER. On some Nevroses of the larynx. (*Brit. medical Journal*,
31 octobre 1874.)

Nerf grand hypoglosse.

VULPIAN. Sur la Racine postérieure du grand hypoglosse. (*Journal
de la Physiologie*, 1862, tome V, page 1.)

Nerf grand sympathique.

BRACHET. Recherches sur les fonctions du système nerveux ganglionnaire. 2° édition, 1837.

ROUGET. Note sur les nerfs de la copulation. (*Comptes rendus et Mémoires de la Société de biologie*, tome V, 1853. Paris, 1854.)

BROWN SEQUARD. Expériences prouvant qu'un simple afflux de sang
peut être suivi d'effets semblables à la section du cordon cervical.
(*Comptes rendus de l'Académie des sciences*, 1854, tome XXXVIII,
page 117.)

VULPIAN. Influence de l'extirpation du ganglion cervical supérieur
sur les mouvements de l'iris. (*Archives générales de médecine*,
1854, 2° série, tome I, page 177.)

NOTHNAGEL. Kallenfeld's Zeitschrift, 1855, 2° série, tome VII.

BROWN SEQUARD. Recherches expérimentales sur la physiologie et la
pathologie des capsules surrénales. (*Comptes rendus de l'Académie des sciences de Paris*, 1856, pages 422 et 542.)

CZERMAK (Joh.). Sitzungsberichte der kaiserlichen Akademie der
Wissenschaften. Mathematisch naturwissenschaftliche Classe. Wien,
1857, tome XXV, page 3.)

BENVENISTI. Sulle granulazioni grassos come elemento morfologico
normale cassale soprarenali. (*Lo Sperimentale*, 1858.)

BROWN SEQUARD. Nouvelles Recherches sur l'importance des fonc-

586   BIBLIOGRAPHIE.

tions des capsules surrénales. I, 160-73. (*Archives générales de médecine*, 1858. *Journal de la Physiologie*, 1858, tome I.)

GUBLER. Recherches sur la rougeur des pommettes dans la pneumonie. (*Journal de la Physiologie*, 1858, tome I, page 410.)

PFLÜGER. Ueber das Hemmungsnervensystem für die peristaltischen Bewegungen der Gedärme. Berlin, 1857. (*Journal de la Physiologie*. Paris, 1858, tome I, page 421.)

BERNARD (Claude). Leçons sur les liquides de l'organisme. Paris, 1859, tome II, page 169.

BROWN SEQUARD. Recherches sur l'influence de la lumière, du froid et de la chaleur sur l'iris. (*Journal de la Physiologie*, 1859, tome I, page 281.)

CHARCOT. Sur la Maladie de Basedow. (*Gazette hebdomadaire*, 1859, page 216.)

ROGER (Henri). Recherches expérimentales sur la température dans le choléra. (*Bulletin de la Société de médecine des hôpitaux de Paris pour les années 1849, 1850, 1851 et 1852*. Paris, 1860, tome I.)

SAMUEL. Principes fondamentaux de l'histoire du système nerveux nutritif. (*Journal de la Physiologie*, 1860, tome III, page 572.)

SCHMIDT. Sur la Maladie d'Addison. (*Arch. für die hollændischen Beitræge zur Natur- und Heilkunde*, 1860, page 166.)

WAGNER (Rudolph). Note sur quelques expériences sur la partie cervicale du sympathique chez une femme décapitée. (*Journal de Physiologie*, 1860, tome III, page 174.)

DU BOIS REYMOND. De l'hémicrânie. (*Journal de la Physiologie de l'homme et des animaux*, 1861, tome IV, page 130.)

BERNARD (Claude). Recherches expérimentales sur les nerfs vasculaires et calorifiques du grand sympathique. (*Journal de la Physiologie*, 1862, tome V, page 383.)

CAHEN. Des Névroses vaso-motrices. (*Archives de médecine*, 1863, tome II, page 428.)

ECKHARD. Beiträge zur Anatomie und Physiologie. Giessen, 1863, VII. Abhandlung.

KÖLLIKER. Éléments d'histologie humaine; traduit par Marc Sée. Paris, 1868, in-8°.

PHILIPPEAUX et VULPIAN. Recherches expérimentales sur la réunion bout à bout des nerfs de fonctions différentes. (*Journal de la Physiologie*, 1863, tome VI, page 421.)

SCHIFF. Sull estirpazione delle capsule soprarenali. (*L'Imparziale*, Firenze, 1863.)

ARNOLD (J.). Ueber die feinen histologischen Verhältnisse in dem Sympathicus des Frosches. (*Centralblatt für die medicinischen Wissenschaften*. Berlin, 1864 ; n° 42.)

GILLEBERT D'HERCOURT. Comptes rendus des séances de la Société de médecine de la Seine, 19 août 1864.

LEUDET. Étude clinique des troubles nerveux périphériques vaso-moteurs survenant dans le cours des maladies chroniques. (*Arch. de médecine*, 1864, 6e série, tome III, page 150.)

PETER (Michel). Notes pour servir à l'histoire du goître exophthalmique. (*Gazette hebdomadaire*, 1864, page 180.)

PANAS. Sur la Compression par tumeur de la portion cervicale et intrathoracique du sympathique et sur les signes qui caractérisent cette compression. (*Société de chirurgie*, 1854, tome V, page 120.)

PERROUD. Note sur les hémorrhagies dites inter-arachnoïdiennes. (*Mémoires de la Société des sciences médicales de Lyon*, 1864.)

VERNEUIL. Communication sur un cas de ligature de la carotide primitive. (*Bulletin de la Société de chirurgie*, 1864, page 167.)

JACCOUD. Article *Bronzée (Maladie)*. (*Nouveau dictionnaire de médecine et de chirurgie pratiques*, 1866, tome V.)

LOWEN. Arbeiten aus der physiologischen Anstalt zu Leipzig, 1866.

ASP. Arbeiten aus der physiologischen Anstalt zu Leipzig, 1867, p. 131.

CYON. Sur l'Innervation du cœur. (*Comptes rendus de l'Académie des sciences*, 25 mars 1867, page 670.)

EULENBURG et LANDOIS. Névroses vaso-motrices. (*Gazette hebdomadaire*, 1867, 741.)

EULENBURG. Sur les Troubles de la circulation dans la période asphyxique du choléra. (*Gazette hebdomodaire*, 1867, page 31.)

FOURNIER. De la Non-Existence d'une diathèse blennorrhagique. (*Société médicale des hôpitaux*, séance du 11 janvier 1867.)

MOUGEOT (J. B. A.). Recherches sur quelques troubles de nutrition consécutifs aux affections des nerfs. Thèse de doctorat. Paris, 1867.

POZNANSKI. La Pathologie du choléra, ses périodes et ses degrés. (*Bulletin de l'Académie de médecine*, 22 octobre 1867, tome XXXII, page 1190.)

CHÉRON. Des Conditions anatomiques de la production des actions réflexes. (*Comptes rendus de l'Académie des sciences*, 16 mars 1868, page 842.)

Légie. Enchondrome à marche rapide. (*Gazette des Hôpitaux*, 2 juin 1868.)

Legros et Onimus. Recherches expérimentales sur les mouvements de l'utérus. (*Journal de l'Anatomie,* 1869, tome VI, pages 37 et 163.)

Parrot. Étude sur la sueur de sang et les hémorrhagies névropathiques. (*Gazette hebdomadaire*, 1859, page 633.)

Poiteau. Des Lésions de la portion cervicale du sympathique. Thèse de Paris, 1869, n° 2.

Proust. Des Troubles de nutrition consécutifs aux affections des nerfs. Revue critique. (*Archives de médecine*, 1869, page 210.)

Svierczewski. Zur Physiologie des Kernes und Kernkörperchens der Nervenzellen des Sympathicus. (*Centralblatt*, 1869, page 641.)

Clifford Abbutt. The Practitioner, janvier 1870.

Henocque. Du Mode de distribution et de la terminaison des nerfs dans les muscles lisses. (*Archives de physiologie*, 1870, t. III, p. 397.)

Schiff (Moritz). Recherches sur l'échauffement des nerfs et des centres nerveux. (*Archives de physiologie*, 1870, tome III, page 1.)

Budge. Ueber das Centrum der Gefässnerven. (*Archiv für die gesammte Physiologie des Menschen und der Thiere* von Pflüger. Bonn, 1872, tome VI.)

Duret. Comptes rendus de la Société de biologie, 10 février 1872.

Holles. Muscular Tremors in their relation to lead poisoning. (*Brit. medical Journal,* 14 décembre 1872.)

Liégeois. Comptes rendus de la Société de biologie, 1872, page 71.

Moreau. Sur un Phénomène de vascularisation diminuée dans l'énervation de l'intestin. (*Archives de physiologie*, 1871-1872, tome IV, page 115.)

Moreau. Sur le Rôle du filet sympathique cervical et du nerf auriculaire dans la vascularisation de l'oreille du lapin (*Archives de physiologie*, 1871-1872, tome IV, page 667.)

Petrow. Ueber die Veränderungen des sympathischen Nervensystems bei constitutioneller Syphilis. (*Arch. für path. Anatomie und Physiologie*, 1872, tome LXII, cahier I.)

Pouchet (Georges). Du Rôle des nerfs dans les changements de coloration des poissons. (*Journal d'Anatomie*, 1872, t. VIII, p. 71.)

Seeligmuller. Berliner klinische Wochenschrift, 1872, n° 4.

Seguin. The American Journal of the medical Sciences, octobre 1872.

Vulpian. Sur l'Atrophie des muscles. (*Comptes rendus des séances de la Société de biologie*, 1872.)

ANSTIE. The abdominal complications of migraine and their treatment. (*The Practitioner*, 1873.)

BACH. Die Hemmung der Darmbewegung durch die Nervi splanchnici. (*Allg. Wiener med. Zeitung*, 1873, page 571.)

BOCHEFONTAINE. Contribution à l'étude de la physiologie de la rate. (*Archives de physiologie normale et pathologique*, septembre et novembre 1873.)

BREAM HONCKGEEST. Zweite Mittheilung über Magen- und Darmperistaltik. (*Pflüger's Archiv für Physiologie*. Bonn, 1873; vol. VIII.)

CLIFFORD ABBUTT. On Migraine. (*The Practitioner*, 1873.)

CUMMINGHAM. Microscopical and physiological researches into the nature of the agent or agents producing cholera. (*The Lancet*, 1873.)

DITTMAR. Ueber die Lage des sogenannten Gefässcentrums in der Medulla oblongata. (*Arbeiten aus der phys. Anstalt zu Leipzig*, 1873, page 103.)

DUJARDIN-BEAUMETZ. Étude sur le spasme des voies biliaires. (*Bulletin général de thérapeutique*, 1873, tome LXXXV, page 385.)

ECKHARD. Bemerkungen zu dem Aufsatz der Sinitzin zur Frage über den Nerveneinfluss des Nervensympathicus auf das Gesichtsorgan. (*Centralblatt*, Berlin, 1873.)

EULENBURG. Zur Pathologie des Sympathicus. (*Berliner klinische Wochenschrift*, 1873, n° 15.)

GERLACH. Ueber den Auerbach'schen Plexus myenterius. (*Arbeiten aus der physiologischen Anstalt zu Leipzig*, 1873.)

— Ueber die Nerven der Gallenblase. (*Centralblatt*. Berlin, 1873.)

HORWATH. Zur Physiologie der Darmbewegungen. (*Centralblatt*. Berlin, 1873.)

HUETER. Ueber den Kreislauf und die Kreislaufstörungen in der Froschlunge. — Versuch zur Begründung einer mechanischen Fieberlehre. (*Centralblatt*, 1873, n° 5.)

LATHAM. On sick headache. (*Brit. med. Journal*, 1er février 1873.)

LEGROS. Des Nerfs vaso-moteurs. (Thèse d'agrégation. Paris, 1873.)

LIVEING. On megrin sick headache and some allied disorders. A Contribution to the pathology of nerve streams. London, 1873.

LYONS. Cholera in Alipore. (*The Indian Annals of medical Science*. Calcutta, 1873.)

MAGNAN. Comptes rendus de la Société de biologie, 1873, p. 75 et 83.

MURRI. Del potere regollatore della temperatura animale. (*Lo sperimentale de Florence*, mars 1873, pages 43, 117 et 229.) — Analysé par Baréty dans la *Revue des Sciences médicales de Hayem*, 1873, tome II, page 41.

Nicati. Étude clinique sur la paralysie du nerf sympathique cervical. Paris, 1873.

Onimus. Effets de l'électrisation du ganglion cervical. (*Comptes rendus de la Société de biologie*, 1873, page 382.)

Owjaniskow et Ischiriew. Archives de physiologie, 1873, tome V, page 90.

Petrow. Ueber die Veränderungen des sympathischen Nervensystems bei constitutioneller Syphilis. (*Institut de Saint-Pétersbourg*, 1873, volume LXII, livre I.)

Robinson. Ueber die entzündlichen Veränderungen der Ganglienzellen des Sympathicus. (*Stricker's Jahrbücher*, 1873, page 438.)

Seconet. Thèse de Paris, avril 1873.

Targanoff. Ueber die Innervation der Milz und deren Beziehung zur Leucocythämie. (*Pflüger's Archiv für die gesammte Physiologie*. Bonn, 1873.)

Dale (William). On Migraine. (*The Practitioner*, mars 1873.) Analysé par Chouppe dans la *Revue des Sciences médicales de Hayem*, 1873, tome II, page 689.

Anstie. On tissue destruction in the febrile state and its relations to treatment. (*The Practitioner*, mars et mai 1874.)

Arloing et Tripier. Des Conditions de la persistance de la sensibilité dans le bout périphérique des nerfs sectionnés. (*Comptes rendus de l'Académie des sciences*, 1874.)

Audigé (R. H. J.). Recherches expérimentales sur le spasme des voies biliaires à propos du traitement de la colique hépatique. (Thèse de Paris, 1874, n° 22.)

Berthier. Des Névroses menstruelles. Paris, 1874, in-8°.

Bidder. Hypertrophie des Ohres nach Excision eines Stückes vom Halssympathicus des Kaninchens. (*Centralblatt für Chirurgie*, n° 7, 16 mai 1874.) Compte rendu dans Hayem, *Revue des sciences médicales*, 1874, tome IV, page 433.

Bochefontaine. Comptes rendus de la Société de biologie, 10 et 24 juillet 1874. — Influence de la ligature de l'artère splénique sur la rate. (*Archives de physiologie*, 1874, 2ᵉ série, t. I, p. 698.)

Bodiwitgh et Sedgwick Minot. The influence of Anæsthesis on the vaso-motor centres. (*The Boston medic. and surg. Journal*, 1874.)

Charcot. Leçons sur le système nerveux. Paris, 1875.

Cyon. Zur Physiologie der Darmbewegungen. (*Pflüger's Archiv für die gesammte Physiologie.* Bonn, 1874, tome IX, page 499.)

— Ueber reflektorische Innervation der Gefässe. (*Comptes rendus in Berliner klinische Wochenschrift*, 1874, n° 6.)

Féréol (S.). Note sur un cas singulier de goître exophthalmique. (*Union médicale*, 1874, page 929.)

Foa. Di alcune alterazioni del sistema gangliare simpatica et spinale. (*Rivista clinica de Bologne*, 1874.)

Frey. Die Gefässnerven des Armes. (*Arch. für Anat., Phys. und mikrosk. Medicin*, 1874, page 633.)

Darwin (Francis). Contribution to the Anatomy of the sympathic ganglia of the vascular System. (*Quarterly Journal of microsc. science*, 1874, tome VIII, page 109.)

Goltz. Ueber gefässerweiternde Nerven. (*Pflüger's Arch. für Physiologie.* Bonn, 1874, vol. IX, page 174.)

Hervez de Chegoin. De la Migraine. (*Union méd.*, octobre 1874, page 505.)

Lubimoff. Recherches sur l'état du sympathique dans un cas d'atrophie musculaire progressive et dans un cas de sclérose latérale. (*Archives de physiologie*, 1874, 2ᵉ série, page 889.) — Beiträge zur Histologie und pathologischen Anatomie des sympathischen Nervensystems. (*Arch. für path. Anat. und Phys.*, 1874, tome IX, page 145.)

Murri (Auguste). Sulla teoria della Febre. Florence, 1874. Analysé par Pitres dans la *Revue de Hayem*, 1875, tome V, page 110.

Netter. Vues nouvelles sur le choléra. Nancy, 1874.

Pagliani. Ricerche sulla funzione fisiologica dei gangli nervosi del Cuore. Torino, 1874. Analysé par Pitres dans la *Revue de Hayem*, 1875, tome V, page 30.

Putzeys. Sur les Centres des nerfs vaso-moteurs. (*Bulletin de l'Académie des sciences et beaux-arts de Belgique*, 1874, page 405.)

Raynaud (Maurice). Nouvelles Recherches sur la nature et le traitement de l'asphyxie locale des extrémités. (*Archives de médecine*, janvier et février 1874.)

Rott. Ueber die Entstehung vom Oedem. (*Berliner klinische Wochenschrift*, 1874, n° 9.)

Sokolow. Sur les Transformations des terminaisons des nerfs dans les muscles de la grenouille après la section des nerfs. (*Archives de physiologie*, 1874, n° 2.)

VULPIAN. Note relative à l'influence de l'extirpation du ganglion cervical supérieur sur les mouvements de l'iris. (*Archives de physiologie*, 2e série, page 177.) — Expériences relatives à la physiologie des nerfs vaso-dilatateurs. (*Arch. de phys.*, 1874, n° 1.)

WARBURTON BEGBIE. Albuminura in cases of vascular Bronchocele and Exophthalmos. (*Edinburgh medical Journal*, 1874.)

DEBOUZY. Considérations sur les mouvements de l'iris. Thèse de Paris, 1875.

FISCHER. Der symetrische Brand. (*Archiv für klin. Chirurgie*, tome XVIII, 1875, page 335.) Analysé par P. Berger dans la *Revue de Hayem*, 1875, tome VI, page 498.

ROBERSTON. On grave diseases with insanity. (*The Journal of mental science*, 1875.)

TABLE ANALYTIQUE

DES MATIÈRES CONTENUES DANS LES TROIS VOLUMES

TABLE DES MATIÈRES

CONTENUES DANS LE TROISIÈME VOLUME

Nancy. — Imp. Berger-Levrault et Cⁱᵉ.